CAX工程应用丛书

2021中文版

AutoCAD 给排水设计与天正给排水TWT工程实践

张传记 李 可 编著

清華大学出版社
北 京

内 容 简 介

本书从CAD制图技术与行业应用出发，以AutoCAD 2021和T20天正给排水V7.0（T20-WT V7.0）为工具，全方位介绍CAD制图技术和各类给排水图的绘制方法、流程与技巧，使读者掌握基本知识，获取技能，快速成为给排水制图专业高手。

全书内容共包括12章，第1～9章以常用给排水图块为范例，讲解AutoCAD各种基本操作及其给排水制图应用；第10章和第11章选用21个实用案例分专题介绍水处理工程制图和建筑给排水工程制图，内容涉及各类给排水图纸的内容、绘制方法与技巧，并给出常用图例，方便查阅；第12章通过4个典型案例介绍天正给排水与AutoCAD结合起来绘制给排水工程图的技巧和方法。

本书立足行业应用，内容全面、系统、实用，技术含量高，是针对给排水行业的AutoCAD初、中级读者开发的实用教材，也适用于职业院校作为技能型人才培养的实践型教材。

图书在版编目（CIP）数据

AutoCAD给排水设计与天正给排水TWT工程实践：2021中文版 / 张传记，李可编著.—北京：清华大学出版社，2022.5
（CAX工程应用丛书）
ISBN 978-7-302-60643-7

I. ①A… II. ①张… ②李… III. ①给排水系统－计算机辅助设计－AutoCAD软件 IV. ①TU991.02-39

中国版本图书馆CIP数据核字（2022）第068157号

责任编辑：夏毓彦
封面设计：王　翔
责任校对：闫秀华
责任印制：丛怀宇

出版发行：清华大学出版社
网　　址：http://www.tup.com.cn，http://www.wqbook.com
地　　址：北京清华大学学研大厦A座　　**邮　　编：**100084
社 总 机：010-83470000　　**邮　　购：**010-62786544
投稿与读者服务：010-62776969，c-service@tup.tsinghua.edu.cn
质 量 反 馈：010-62772015，zhiliang@tup.tsinghua.edu.cn

印 装 者：北京嘉实印刷有限公司
经　　销：全国新华书店
开　　本：190mm×260mm　　**印　　张：**27　　**字　　数：**728千字
版　　次：2022年6月第1版　　**印　　次：**2022年6月第1次印刷
定　　价：99.00元

产品编号：095347-01

前言
Preface

AutoCAD 是工程设计领域中应用最为广泛的计算机辅助绘图与设计软件，现已成为给排水专业从业人员必须掌握的软件技术之一。AutoCAD 2021 版本在保留之前版本强大功能的基础上，还在三维建模、三维视图和网络功能方面进行了加强。天正给排水是天正公司总结多年从事给排水软件开发经验，在 AutoCAD 的基础上向广大设计人员推出的专业高效插件。AutoCAD 和天正给排水的配合使用可以帮助给排水工程师快速地绘制出想要的给排水图纸。

本书通过多个绘图实例，详细介绍了利用 AutoCAD 2021 和 T20-WT V7.0 绘制给水排水相关图纸的方法。本书包括 12 章，编写时先讲解 AutoCAD 2021 和 T20-WT V7.0 中各个绘图模块的基本操作知识，再根据具体实例讲述其在绘制给水排水图纸中的应用。

本书内容

第 1 章和第 2 章简单介绍了 AutoCAD 2021 的基础知识，包括 AutoCAD 2021 的基本界面、基础操作、系统常用参数的设置等。

第 3 章介绍了在 AutoCAD 2021 中基本图形的绘制，主要包括点、直线、圆、圆环、圆弧、椭圆、矩形、正多边形、多段线、多线、样条曲线等。

第 4 章介绍了图形的精确绘制方法，包括捕捉、对象捕捉、对象追踪等，在不输入坐标的情况下快速、精确地绘制图形。

第 5 章讲述了平面图的基本编辑方法，包括选择对象、编辑对象等。

第 6 章介绍了图块的高效编辑技巧，包括创建图块、利用设计中心等。

第 7 章介绍了给排水制图中文字和表格的应用，包括给排水文字样式的创建、单行/多行文字的创建、表格的绘制和编辑等。

第 8 章介绍了给排水制图中的尺寸标注方法，包括尺寸标注的创建和编辑、给排水尺寸标注样式要求等。

第 9 章介绍了图案填充和给排水样板图的制作。

第 10 章介绍了水处理工程的绘图方法，包括水处理工艺流程图的绘制、水处理构筑物及设备工艺图的绘制、水处理构筑物剖面图的绘制、水处理厂总平面图和高程图的绘制。

第 11 章介绍了建筑给排水工程制图的绘制，包括建筑给排水工程制图的国标规定、建筑给排水标准层平面图的绘制、建筑给排水底层平面图的绘制、建筑给排水屋顶平面图的绘制、建筑给排水系统图的绘制、室内自喷平面图和系统图的绘制。

第 12 章介绍了 T20 天正给排水 V7.0 的基础知识和绘图方法，包括标准层给排水平面图的绘制、自动生成给排水系统图的绘制、自喷平面图的绘制等。

本书特点

本书实例典型，内容丰富，有很强的针对性。书中各章不仅详细介绍了实例的具体操作步骤，还配有大量的上机操作题供读者学习使用。

资源下载

为了帮助读者更加直观地学习本书，笔者将书中实例所涉及的全部操作文件都收录到云盘中供读者下载。主要内容包括两大部分：sample 文件夹和 video 文件夹。前者包含书中所有实例.dwg 源文件和工程文件；后者提供了适合 AutoCAD 多个版本学习的多媒体语音视频教学文件。可以扫描以下二维码下载，如果下载有问题，请用电子邮件联系 booksaga@126.com，邮件主题为“AutoCAD 给排水设计与天正给排水 TWT 工程实践：2021 中文版”。

本书内容在原畅销书《AutoCAD 给排水设计与天正给排水 TWT 工程实践（2014 中文版）》的基础上跨越了 AutoCAD 软件 6 个版本的变化而进行升级与修订，主要由张传记、胡勇完成。对于前期版本的作者孙明、张秀梅等人的奉献，在此表示衷心的感谢。

作者力图使本书的知识性和实用性相得益彰，但由于作者水平有限，书中纰漏之处难免，欢迎广大读者、同仁批评斧正。

编　者

2022.2

目 录
Contents

第1章 AutoCAD 制图基础

导言

计算机辅助设计（Computer Aided Design，CAD），是一门基于计算机技术而发展起来与专业技术相互渗透、相互结合的多学科综合性技术。

计算机绘图是20世纪60年代发展起来的新型学科，随着计算机图形学理论及其技术的发展而发展。图与数在客观上存在着相互对应的关系。把数字化了的图形信息通过计算机存储、处理，并通过输出设备将图形显示或打印出来。AutoCAD 作为最强大的绘图软件，具有掌握容易、使用方便、体系结构开放等优点，能够绘制二维图形与三维图形、标注尺寸、渲染图形以及打印输出图纸等功能，被广泛应用于机械、建筑、电子、航天、造船、石油化工、土木工程、给排水、冶金、地质、气象、纺织、轻工和商业等领域。本书主要介绍 AutoCAD 2021 在给排水专业绘图中的应用。

1.1 计算机绘图基础知识

计算机绘图系统是基于计算机的系统，由软件系统和硬件系统组成。软件是计算机绘图系统的核心，硬件则为软件的正常运行提供了基础保障和运行环境。任何功能强大的计算机绘图系统都只是一个辅助工具，系统的运行离不开使用人员的创造性思维活动。因此，使用计算机绘图系统的技术人员也属于系统组成的一部分，将软件、硬件及人这三者有效地融合在一起，是发挥计算机绘图系统强大功能的前提。

一个完整的 CAD 系统由科学计算、图形系统和工程数据库组成。科学计算包括有限元分析、可靠性分析、动态分析、产品的常规设计和优化设计等；图形系统包括几何造型、自动绘图、动态仿真等；工程数据库对设计过程中需要使用和产生的数据、图形、文档等进行存储和管理。

1.1.1 AutoCAD 概述

美国 Autodesk 公司于 1982 年 12 月推出了计算机辅助设计与绘图软件 AutoCAD，从第一版 AutoCAD R1.0 起，经历了若干次升级，现在已经到达 AutoCAD 2021。

Autodesk 产品在全世界范围内有广泛的市场。Autodesk 极其重视产品的推广教育，在全世界授权了上千家培训中心，每年超过几百万的学生在全世界的工科院校或培训机构接受

Autodesk 产品的培训。全世界有上百种 AutoCAD 和其他 Autodesk 产品的书籍在流行，有十几种关于 AutoCAD 和其他 Autodesk 产品的专业杂志在发行。

AutoCAD 在我国已有十多年的应用历史，用户量达到数十万，与众多领域的设计、生产、科研和教学息息相关。

1.1.2 AutoCAD 主要功能

AutoCAD 自 1982 年问世以来，每一次升级在功能上都得到了增强，且日趋完善，它已成为工程设计领域中应用最为广泛的计算机辅助绘图与设计软件之一。

计算机辅助设计是指利用计算机的计算功能和高效的图形处理功能，对产品进行辅助设计分析、修改和优化。它综合了计算机知识和工程设计知识的成果，并且随着计算机硬件性能和软件功能的不断提高而逐渐完善。

AutoCAD 不仅具有强大的绘图功能，还具有数据库管理、Internet 发布等功能。

1. 绘制与编辑图形

在 AutoCAD 中，可以使用“绘图”工具和“修改”工具绘制 3 种类型的图形，即二维图形、三维图形和轴测图。

AutoCAD 的“绘图”面板中有丰富的绘图命令，能够绘制直线、构造线、多段线、圆、椭圆、矩形和多边形等基本图形，也可以将绘制的图形转换为面域并填充。借助“修改”面板中的“修改”命令，便可以绘制各种各样的二维图形。

二维绘图命令是 AutoCAD 的基础部分，也是实际应用较多的命令，因为无论多么复杂的二维图形，都是由点、线、圆、弧、椭圆等简单基本的图元组合而成的。利用前面所提到的绘图命令的组合并通过一些编辑命令的修改和补充，就可以很轻松、方便地绘制出所需要的任何复杂的二维图形，如图 1-1 所示为使用 AutoCAD 绘制的二维图形。当然，如何快速、准确、灵活地绘制图形，关键还在于是否熟练掌握并理解了绘图命令、编辑命令的使用方法和技巧。

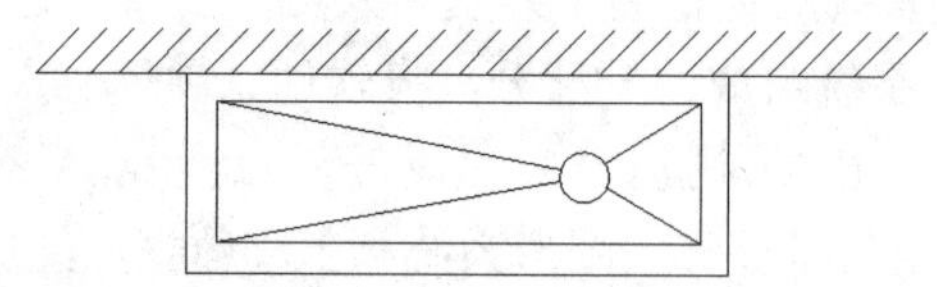

图 1-1 使用 AutoCAD 2021 绘制的二维图形

为了便于用户绘制二维和三维图形，新版的 AutoCAD 提供了不同的工作空间，例如绘制二维图形时可以在“草图与注释”工作空间内进行；绘制较简单的三维模型时可以选用 AutoCAD 提供的“三维基础”工作空间；绘制复杂的三维模型时可以选用“三维建模”工作空间。每种工作空间内各功能区面板的排列都不尽相同，用户可以根据自己绘图的需要选用合适的工作空间。

利用 AutoCAD，不仅可以将一些二维图形通过拉伸、设置标高和厚度转换为三维图形，还可以在“三维建模”工作空间的功能区面板中，使用各种三维建模工具进行创建三维曲面、三维网格以及创建圆柱体、球体、长方体等各类基本的三维实体模型。此外，借助“修改”和“实体编辑”等面板中的有关命令，还可以绘制各种各样的三维图形。如图 1-2 所示为使用 AutoCAD 绘制的三维图形。在三维空间中观察实体，感觉它的真实形状和构造，将有助于用户形成设计概念以及设计人员之间的交流。采用计算机绘制三维图形的技术称为三维几何建模。根据建模方法及其在计算机中的存储方式的不同，三维几何建模分为线框模型、表面模型和实体模型 3 种。

在工程设计中，常常会遇到轴测图，其看似三维图形，实际上是二维图形。轴测图是采用一种二维绘图技术，模拟三维对象沿特定视点产生的三维平行投影效果，但在绘制方法上不同于二维图形。使用 AutoCAD 可以非常方便地绘制出轴测图。在轴测模式下，可以将直线绘制成与坐标轴成 30°、90°、150° 等角度，将圆绘制成椭圆形。如图 1-3 所示为使用 AutoCAD 绘制的轴测图。

图 1-2　使用 AutoCAD 绘制的三维图形

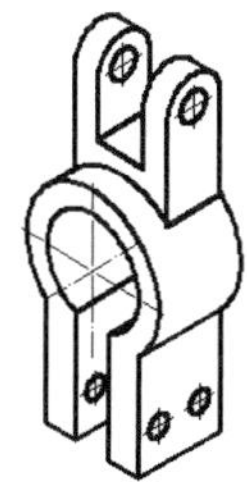

图 1-3　使用 AutoCAD 绘制的轴测图

2. 标注图形尺寸

标注尺寸是向图形中添加测量注释的过程，是整个绘图过程中不可缺少的一步。AutoCAD 的“注释”选项卡|“标注”面板中包含了一系列的尺寸标注和编辑命令，可用于在图形的各个方向上创建各种类型的标注，也可以方便、快速地创建符合行业或项目标准的标注。

标注显示了对象的测量值、对象之间的距离、角度、特征距指定原点的距离。在 AutoCAD 中提供了线性、半径和角度 3 种基本的标注类型，可以进行水平、垂直、对齐、旋转、坐标、基线或连续等标注。此外，还可以进行引线标注、公差标注和自定义粗糙度标注。标注的对象可以是二维图形或三维图形。如图 1-4 所示为使用 AutoCAD 标注的二维图形和三维图形。

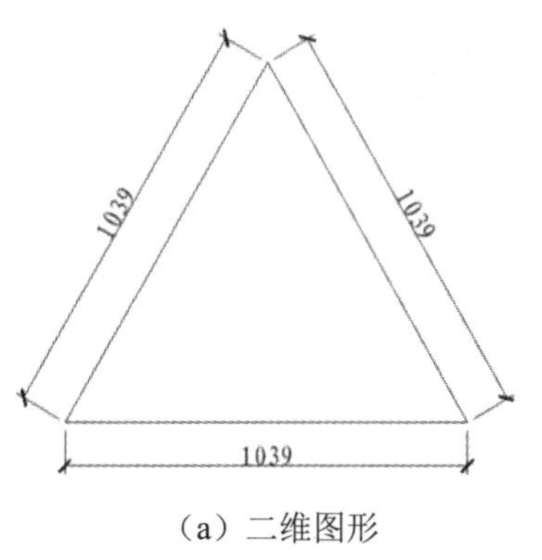

（a）二维图形

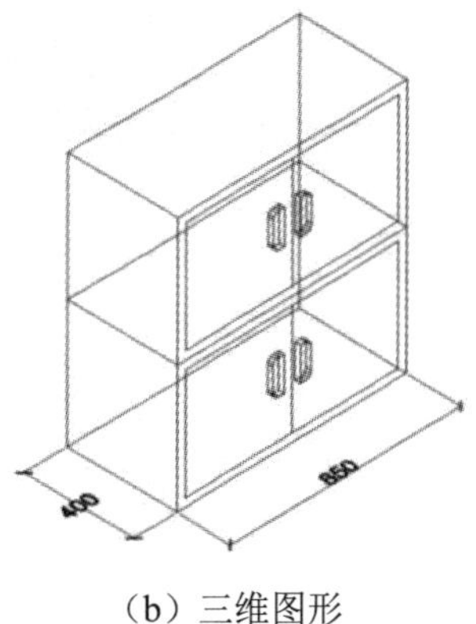

（b）三维图形

图 1-4　使用 AutoCAD 标注的二维图形和三维图形

3. 渲染图形

在 AutoCAD 中，可以运用几何图形、光源和材质，将模型渲染为具有真实感的图像。如果是为了演示，可以渲染全部对象；如果时间有限，或者显示设备和图形设备不能提供足够的灰度等级和颜色，就不必精细渲染；如果只需快速查看设计的整体效果，则可以消隐或着色图像。如图 1-5 所示为使用 AutoCAD 进行的照片级光线跟踪渲染效果。

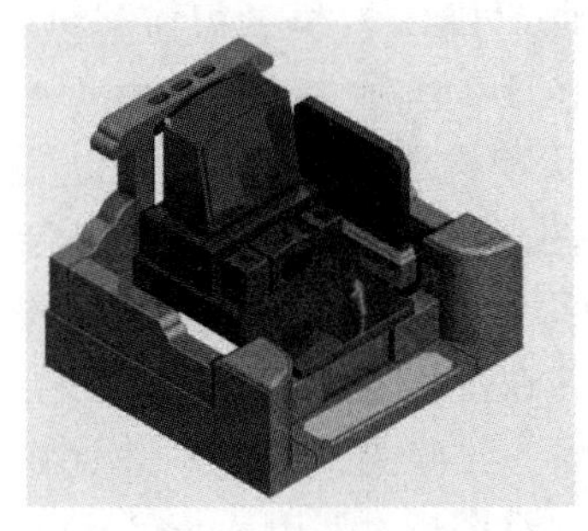

图 1-5　使用 AutoCAD 渲染的效果图

4. 控制图形显示

在 AutoCAD 中，可以非常方便地以各种方式放大或缩小图形。对于三维图形，可以改变观察视点，从不同观看方向显示图形；也可以将绘图窗口分成多个视口，从而能够在各个视口中以不同方位显示同一图形。AutoCAD 还提供三维动态观察器，可以动态地观察三维图形。

5. 打印图形

AutoCAD 不仅允许将所绘图形以不同样式通过绘图仪或打印机输出，还能够将不同格式的图形导入 AutoCAD 或将 AutoCAD 图形以其他格式输出。因此，当图形绘制完成之后，可以使用多种方法将其输出。例如，可以将图形打印在图纸上，或者创建成文件以供其他应用程序使用。

1.1.3　有效地使用帮助系统

选择“帮助”|“帮助”命令，或者在命令行中输入 HELP，都可以打开如图 1-6 所示的“Autodesk AutoCAD 2021 帮助”界面。

图 1-6　“Autodesk AutoCAD 2021 帮助”对话框

在界面中用户可以下载脱机帮助和示例文件，还可以连接到 Autodesk 社区、讨论组、博客和 AUGI，以获取一些资源文件信息。

在使用 AutoCAD 的过程中，用户不可避免地会遇到一些问题，在这种情况下，AutoCAD 强大的帮助功能便可以发挥作用。另外，用户也可以在标题栏上的搜索区域中，直接输入想要查找的主题关键字，譬如输入 help，如图 1-7 所示，按 Enter 键，则弹出如图 1-8 所示的“Autodesk AutoCAD 2021 帮助”对话框，显示与关键字相关的帮助主题，此时选中所需要的主题进行阅读即可。

图 1-7　输入帮助信息

图 1-8　显示帮助主题

1.2　AutoCAD 2021 快速入门

1.2.1　启动 AutoCAD 2021

当安装 AutoCAD 2021 软件后，在“开始”菜单中选择“程序”|“Autodesk”|“AutoCAD 2021-Simplified Chinese”|“AutoCAD 2021”命令，或者双击桌面上的快捷图标 A，均可启动 AutoCAD 2021。

当启动 AutoCAD 2021 后，系统将对其界面进行初始化，这可能需要一段时间，用户须耐心等待。初始化完毕后，弹出如图 1-9 所示的“开始”启动界面，在此界面内可以快速新建绘图文件、打开已存盘文件或最近使用过的文件等，登录 CAD 账号访问联机服务、发送反馈等。

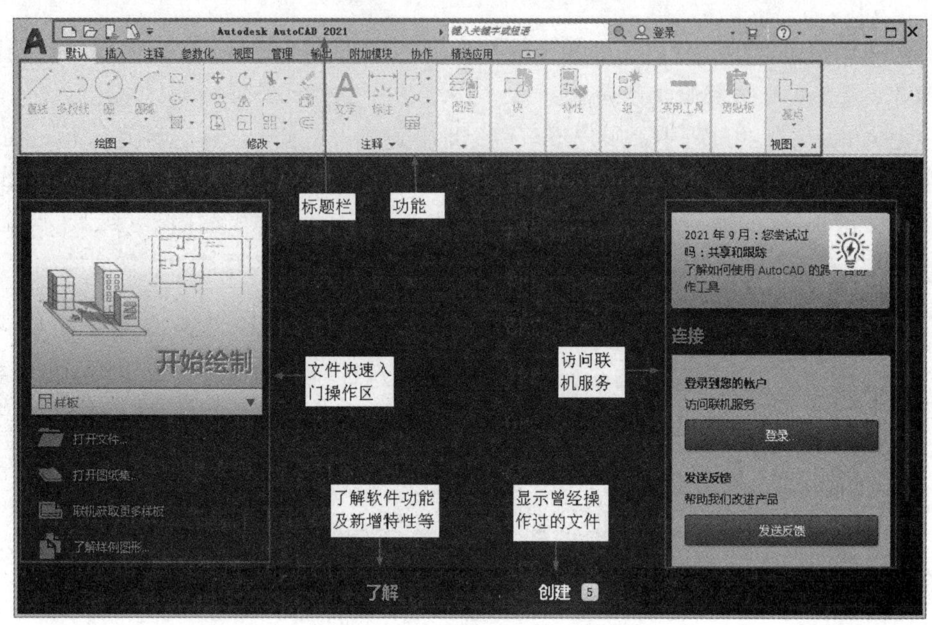

图 1-9　“开始”启动界面

单击界面下面的“了解”按钮，则弹出如图 1-10 所示的“了解”界面，通过该界面可以了解软件功能及新增特性等，并可获取快速入门学习视频、学习提示以及访问联机等资源。“创建”区域主要用于显示最近使用过的文件及文件数目。

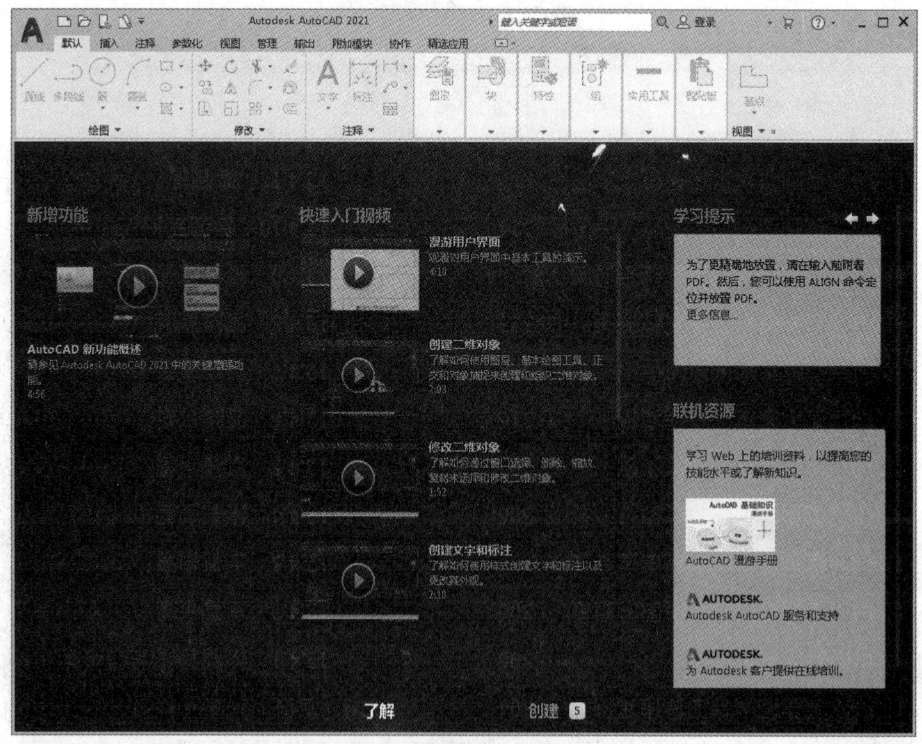

图 1-10　“开始”启动界面

如图 1-9 所示，在“文件快速入门”区新建或打开一个文件后，则会进入 AutoCAD 2021 软件界面，默认进入的是“草图与注释”工作空间下的界面，如图 1-11 所示。该工作空间仅包含与二维草图和注释相关的选项卡和各功能区面板。

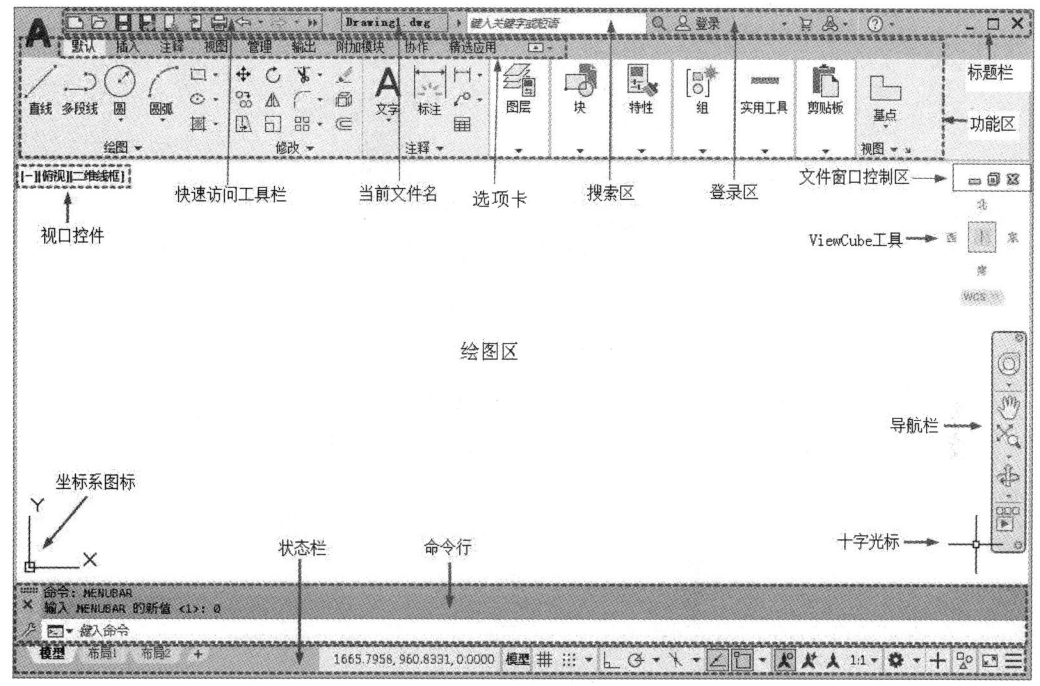

图 1-11　“草图与注释”工作空间

如果需要切换到其他工作空间，可以通过单击状态栏上的“切换工作空间”按钮，在展开的菜单中切换工作空间，如图 1-12 所示，还可以展开“快速访问工具栏”上的“工作空间”下拉列表，进行切换、设置和另存为工作空间，如图 1-13 所示。

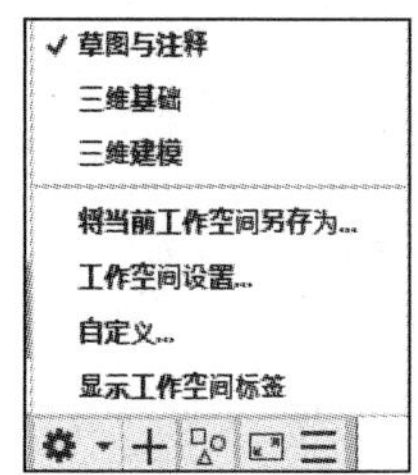

图 1-12　“工作空间”菜单

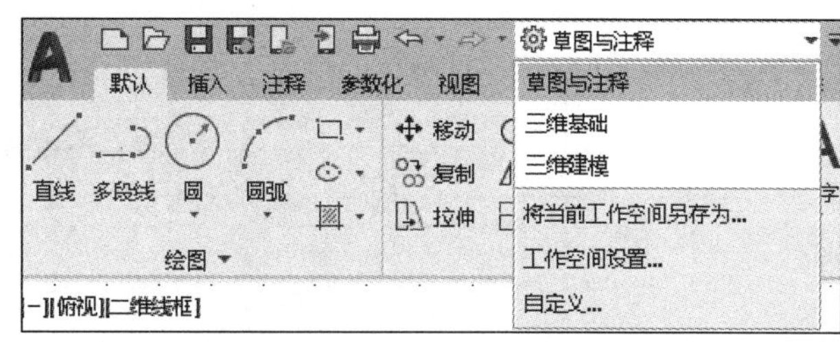

图 1-13　“工作空间”下拉列表

在新版的各种工作空间内，都隐藏了传统的菜单和工具栏等界面元素，取而代之的是选项卡、功能区面板以及绘图区中的一些常用的便于快速访问的小工具，比如绘图区左上角的视口、视图等控件，右侧的导航栏等。对于老用户来说，如果比较习惯传统的工作界面，可以进行自定义工作空间。通过在命令行设置系统变量 MENUBAR 值为 1，在界面中显示传统的菜单栏，而选择菜单“工具”|“工具栏”|“AutoCAD”，可以调出传统的各种工具栏，如图 1-14 所示。

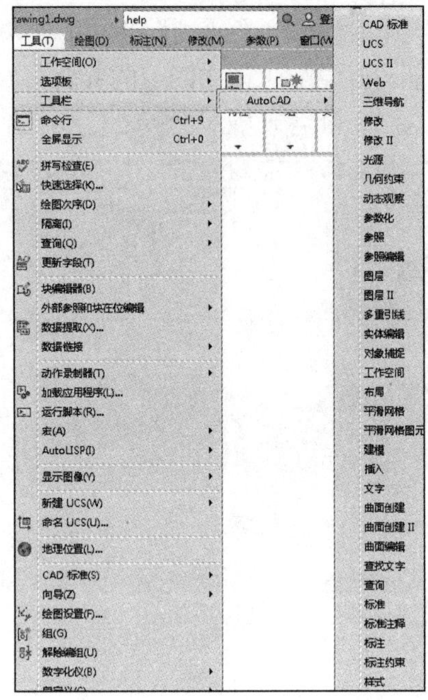

图 1-14　AutoCAD 工具栏

1.2.2　AutoCAD 2021 的界面

在 AutoCAD 2021 中，绘图窗口是绘图的区域，所有的绘图结果都显示在这个窗口中。可以根据需要，隐藏或关闭界面内的功能区面板及其他小工具，以扩大绘图空间。还可以通过按 Ctrl+0 组合键，进行全屏显示，如图 1-15 所示。

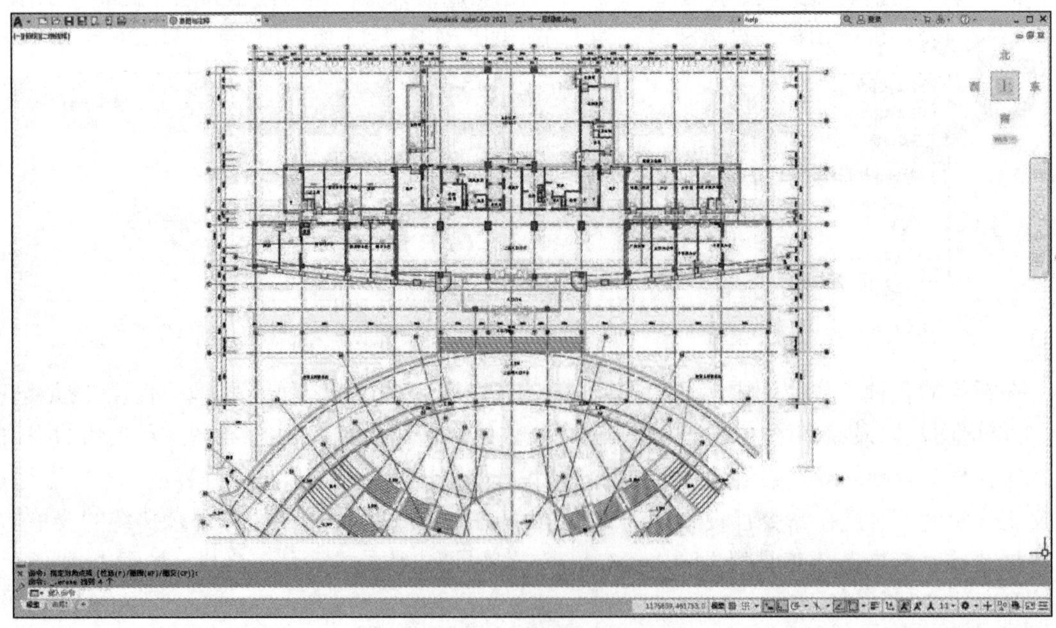

图 1-15　全屏显示

在绘图窗口中除了显示当前的绘图效果外，还显示了当前使用的坐标系类型以及坐标原点、X 轴、Y 轴、Z 轴的方向等。默认情况下，坐标系为世界坐标系（World Coordinate System，WCS）。

绘图窗口的下方有“模型”和“布局”标签，单击可以在模型空间与图纸空间之间切换。

AutoCAD 2021 起始界面的绘图区是黑色的，这不太符合一般人的习惯。在黑色的绘图区域右击，在弹出的快捷菜单中选择“选项”命令，打开“选项”对话框。打开“显示”选项卡，单击“颜色”按钮，打开“图形窗口颜色”对话框。在“颜色”下拉列表框中选择“白”选项，如图 1-16 所示，得到绘图区为白色的 AutoCAD 2021 绘图界面。

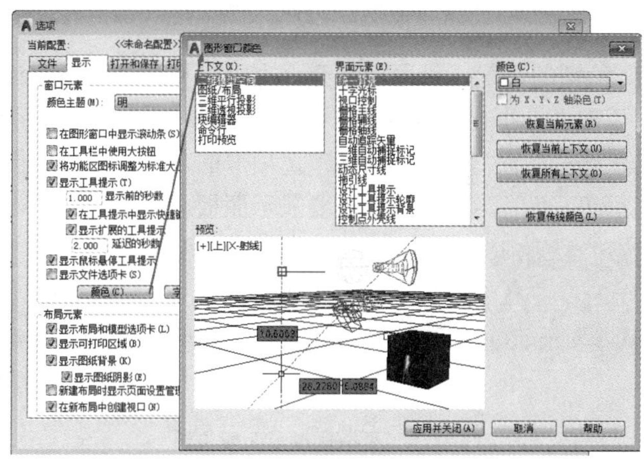

图 1-16 “图形窗口颜色”对话框

AutoCAD 2021 界面中大部分元素的用法和功能与 Windows 软件类似。下面以“草图与注释”工作空间为例介绍界面元素。

AutoCAD 2021“草图与注释”工作空间主要包括标题栏、选项卡功能区、绘图区、命令行、状态栏等元素，除此之外，还有隐藏的菜单栏和工具栏。具体内容如下。

1. 标题栏

标题栏位于软件主窗口的最上方，由菜单浏览器、快速访问工具栏、标题、搜索命令、登录 Autodesk 360 按钮、帮助按钮、最小化（最大化）按钮、关闭按钮等组成。

- 菜单浏览器集中了一些常用的菜单选项，用户可以在菜单浏览器中查看最近使用过的文件和菜单命令，还可以查看打开文件的列表。
- 快速访问工具栏定义了一系列经常使用的工具，单击相应的按钮即可执行相应的操作，用户可以自定义快速访问工具。系统默认提供工作空间、新建、打开、保存、另存为、打印、放弃和重做 8 个快速访问工具，用户将光标移动到相应的按钮上，会弹出功能提示。
- 搜索命令可以帮助用户同时搜索多个源（例如，帮助、新功能专题研习、网址和指定的文件），也可以搜索单个文件或位置。
- 标题显示了当前文档的名称、最小化按钮、最大化（还原）按钮、关闭按钮，控制应用程序和当前图形文件的最小化、最大化和关闭。

2. 功能区

功能区为当前工作空间的相关操作提供了一个单一、简洁的放置区域。使用功能区时无需显示多个工具栏，这使得应用程序窗口变得简洁有序。功能区由若干个选项卡组成，每个选项卡又由若干个面板组成，面板上放置了与面板名称相关的工具按钮，效果如图 1-17 所示。

默认 插入 注释 参数化 视图 管理 输出 附加模块 协作 精选应用
直线 多段线 圆 圆弧
文字 标注
图层 块 特性 组 实用工具 剪贴板 基点
绘图 修改 注释 视图

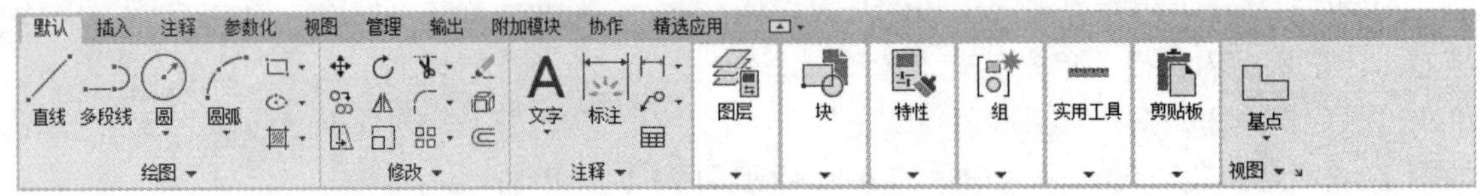

图 1-17　功能区

用户可以根据实际绘图的情况，将面板展开，也可以将选项卡最小化，只保留面板按钮，如图 1-18 所示；再次单击“最小化为选项卡”按钮，可只保留标题，效果如图 1-19 所示；也可以再次单击“最小化为选项卡”按钮，只保留选项卡的名称，效果如图 1-20 所示，这样就可以获得最大的工作区域。当然，用户如果需要显示面板，只需再次单击该按钮即可。

默认 插入 注释 参数化 视图 管理 输出 附加模块 协作 精选应用
绘图 修改 注释 图层 块 特性 组 实用工具 剪贴板 视图
单击上三角按钮

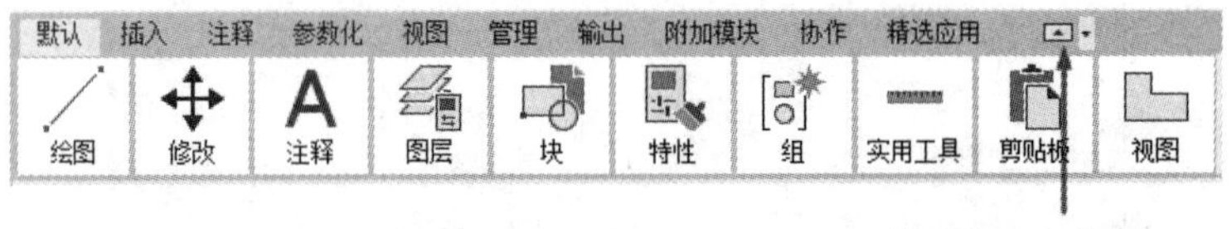

图 1-18　最小化保留面板按钮

默认 插入 注释 参数化 视图 管理 输出 附加模块 协作 精选应用
绘图 修改 注释 图层 块 特性 组 实用工具 剪贴板 视图

图 1-19　最小化保留面板标题

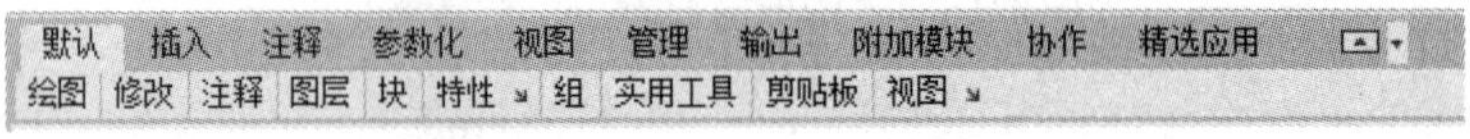

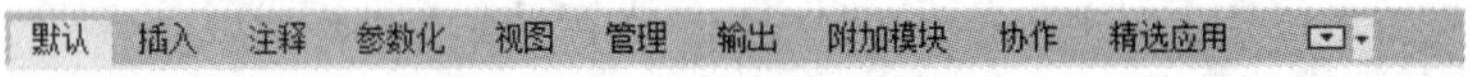

默认 插入 注释 参数化 视图 管理 输出 附加模块 协作 精选应用

图 1-20　最小化保留选项卡名称

功能区可以水平显示、垂直显示或显示为浮动选项板。创建或打开图形时，默认情况下，在绘图区的顶部将水平显示功能区。用户可以在选项卡标题、面板标题或功能区标题右击，会弹出相关的快捷菜单，从而可以对选项卡、面板或功能区进行操作，还可以控制显示方式、是否浮动等。

另外，在功能区任一位置上右击，通过快捷菜单上的“显示选项卡”级联菜单，也可以控制选项卡及面板的显示与隐藏状态。

3. 程序快捷菜单

单击 AutoCAD 操作界面左上角的程序 A 按钮，可打开如图 1-21 所示的应用程序快捷菜单，通过此菜单可以对文件进行基本的操作，比如文件的打开、新建、保存、另存为、输入、输出、发布、打印和关闭等。除此之外，此快捷菜单中还可查看和访问最近使用的文件、快速搜索软件命令、打开“选项”对话框进行软件基本设置以及退出软件等。

图 1-21　应用程序快捷菜单

4. 绘图区

绘图区是用户的工作窗口，用户所做的一切工作（如绘制图形、输入文本、标注尺寸等）均要在该区中得到体现。该窗口内的选项卡用于图形输出时模型空间和图纸空间的切换。

在绘图区的左下方可见一个 L 型箭头轮廓，这就是坐标系图标，它指出了绘图的方位，三维绘图很依赖这个图标。图标上的 X 和 Y 指出了图形的 X 轴和 Y 轴方向，图标说明用户正在使用世界坐标系。

视口控件显示在绘图区左上角，提供更改视图、视觉样式和其他设置的便捷方式。

十字光标用于定位点、选择和绘制对象，由定点设备（如鼠标、光笔）控制。当移动定点设备时，十字光标的位置会相应地移动，就像手工绘图中的笔一样方便，并且可以通过选择“工具”|“选项”命令，在弹出的“选项”对话框中改变十字光标的大小（默认大小是 5）。

5. 命令行

命令行提示区是显示通过键盘输入的命令、数据等信息的地方，用户通过菜单和工具栏执行的命令也将在命令行中显示执行过程。每个图形文件都有自己的命令行，默认状态下，命令行位于系统窗口的下方，用户也可以将其拖动到屏幕的任意位置。

文本窗口是记录 AutoCAD 命令的窗口，也是放大的命令行窗口，它记录了用户已执行的命令，也可以用来输入新命令。在 AutoCAD 2021 中，用户可以通过下面 3 种方式来打开文本窗口：选择“视图”|“显示”|“文本窗口”命令；在命令行中执行 TEXTSCR 命令；按 F2 键。

6. 状态栏

状态栏位于工作界面的底部，坐标显示区显示十字光标当前的坐标位置，单击一次，则呈灰度显示，固定当前坐标值，数值不再随光标的移动而改变，再次单击则恢复。辅助工具区集成了用于辅助制图的一些工具，常用工具区集成了一些在制图过程中经常会用到工具，如图 1-22 所示。

模型 布局1 布局2 + 8.5308, 33.9737, 0.0000 模型 1:1

图 1-22　状态栏

7. 工具栏与菜单栏

工具栏是一些由图标表示的工具按钮，单击这些按钮则执行该按钮所代表的命令。在默认状态下界面中并不包含工具栏，用户选择菜单“工具”|“工具栏”|“AutoCAD”命令，会弹出 AutoCAD 工具栏的子菜单，在子菜单中用户可以选择相应的工具栏显示在界面上。

当变量 MENUBAR 值为 1 时，界面中则显示菜单栏，位于标题栏之下，包含 12 个主菜单选项，如图 1-23 所示。用户也可以根据需要将自己或别人的自定义菜单加进去。单击任意菜单命令，将弹出一个下拉式菜单，可以选择其中的命令进行操作。对于某些菜单项，如果后面有...符号，则表示选择该选项将会弹出一个对话框，以提供进一步的选择和设置；如果菜单项右方有一个实心的小三角形▸，则表明该菜单项有若干子菜单，将光标移到该菜单项上，将弹出子菜单；如果某个菜单命令是灰色的，则表示在当前的条件下该项功能不能使用。

文件(F) 编辑(E) 视图(V) 插入(I) 格式(O) 工具(T) 绘图(D) 标注(N) 修改(M) 参数(P) 窗口(W) 帮助(H)

图 1-23　菜单栏

在下拉菜单中的某些菜单选项后还有组合键，如“打开”菜单项后的 Ctrl+O 组合键。该组合键被称为快捷键，即不必打开下拉菜单，便可通过按该组合键来完成某项功能。例如，使用 Ctrl+O 组合键来打开图形文件，相当于“打开”命令。AutoCAD 2021 还提供了一种快捷菜单，当右击时将弹出快捷菜单。快捷菜单的选项因环境的不同而有所变化，快捷菜单提供了快速执行命令的方法。

1.3　命令的操作

命令是在 AutoCAD 2021 中绘图时最常用的操作，可以选择某一菜单命令，或者在命令行中输入命令和系统变量来执行某一命令。

1.3.1　命令的启动

在绘图窗口中，光标通常显示为“十字线”形式。当光标移动至菜单选项或工具栏对话框中时会变成一个箭头。无论光标是十字线形式还是箭头形式，选取鼠标键时都会执行相应的命令或动作。在 AutoCAD 2021 中，鼠标键是按照下述规则定义的。

- 拾取键：通常指鼠标左键，用于制定屏幕上的点，也可以用来选择 Windows 对象、AutoCAD 对象、工具栏按钮和菜单命令等。
- Enter 键：指鼠标右键，用于结束当前使用的命令，此时系统将根据当前绘图状态而弹出不同的快捷菜单。
- 弹出菜单：当使用 Shift 键和鼠标右键的组合时，系统将弹出一个快捷菜单，用于设置捕捉点的方法。对于三键鼠标，弹出按钮通常是鼠标的中间按钮。

另外在 AutoCAD 2021 中，大部分的绘图动能、编辑功能也可以通过键盘输入来完成。通过键盘可以输入命令、系统变量。此外，键盘还是输入文本对象、数值参数、点的坐标或进行参数选择的唯一方法。

1.3.2　命令的终止

在命令执行过程中，可以随时按 Esc 键终止执行任何命令，因为 Esc 键是 Windows 程序用于取消操作的标准键。在早期的 AutoCAD 版本中，可以使用 Ctrl+C 组合键来取消命令。用户如果要在 AutoCAD 中使用自己定义的组合键命令，可以在绘图区右击键选择快捷菜单上的“选项”命令，打开“选项”对话框，在“用户系统配置”选项卡的“Windows 标准操作”选项组中单击“自定义右键单击”按钮，在弹出“选项”对话框的“用户系统配置”选项卡中进行设置。

1.3.3　命令的重复、撤销与重做

在 AutoCAD 2021 中，可以方便地重复执行同一条命令，或者撤销前面执行的一条或多条命令。此外，撤销前面执行的命令后，还可以通过重做来恢复前面执行的命令。

1. 重复命令

可以使用多种方法来重复执行 AutoCAD 2021 命令。例如，要重复执行上一个命令，可以按 Enter 键或空格键，或者在绘图区域中右击，从弹出的快捷菜单中选择“重复”命令。要重复执行最近使用过的 6 个命令中的某一个命令，可以在命令窗口或文本窗口中右击，从弹出的快捷菜单中选择“近期使用的命令”下最近使用过的命令之一。要多次重复执行同一个命令，可以在命令提示行中输入 MULTIPLE 命令，然后在命令行的“输入要重复的命令名:”提示下输入需要重复执行的命令，这样，AutoCAD 将重复执行该命令，直到按 Esc 键为止。

2. 撤销前面所进行的操作

有多种方法可以放弃最近一个或多个操作，最简单的就是使用 UNDO 命令来放弃单个操作，也可以一次撤销前面进行的多步操作。这时可在命令提示行中输入 UNDO 命令，然后在命令行中输入要放弃的操作数目。如果要放弃最近的 6 个操作，应输入 6，AutoCAD 将显示放弃的命令或系统变量设置。

执行 UNDO 命令，命令行提示如下：

```
命令: UNDO
当前设置: 自动 = 开, 控制 = 全部, 合并 = 是, 图层 = 是
```

```
输入要放弃的操作数目或 [自动(A)/控制(C)/开始(BE)/结束(E)/标记(M)/后退(B)] <1>:
```

使用“标记（M）”选项来标记一个操作，然后用“后退（B）”选项放弃在标记的操作之后执行的所有操作；也可以使用“开始（BE）”选项和“结束（E）”选项来放弃一组预先定义的操作。

3. 重做命令

按 Ctrl+Y 组合键，或在命令行输入 MREDO 命令，都可以执行“重做”命令，此命令可以恢复之前几个用 UNDO 或 U 命令放弃的操作。执行 MREDO 命令后，命令行提示如下：

```
命令: _mredo
输入动作数目或 [全部(A)/上一个(L)]:
```

可以直接输入需要恢复的动作数目，也可以使用“全部”选项恢复所有放弃的操作，使用“上一个”选项仅可以恢复最近放弃的一个操作。

在 AutoCAD 2021 的命令行中，可以通过输入命令来执行相应的菜单命令，命令可以是大写、小写或同时使用大小写，本书统一用大写。

1.4 图形文件管理

在 AutoCAD 2021 中，图形文件管理包括创建新的图形文件、打开已有的图形文件、关闭图形文件及保存图形文件等操作。

1.4.1 创建新图形文件

选择“文件”|“新建”（NEW）命令，或单击“快速访问”工具栏上的“新建”按钮，可以新建文件，此时将打开“选择样板”对话框，如图 1-24 所示。

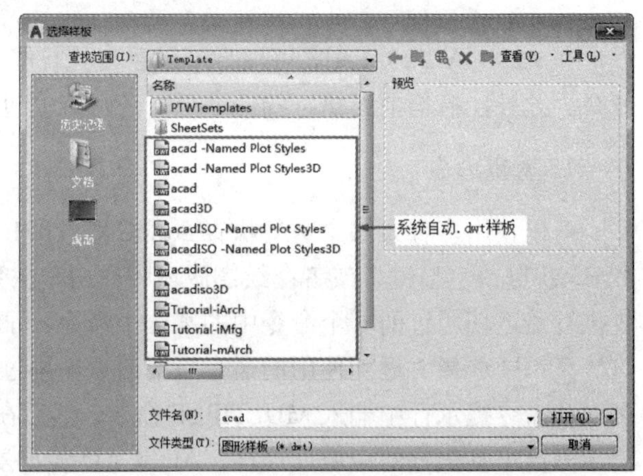

图 1-24 “选择样板”对话框

在“选择样板”对话框中，可以在样板列表框中选中某个样板文件，在其右面的“预览”框中将显示出该样板的预览图像。单击“打开”按钮，以选中的样板文件为样板创建新图形。

样板文件中通常包含有与绘图相关的一些通用设置，如图层、线型、文字样式和尺寸标注样式等的设置。此外还可以包括一些通用图形对象，如标题栏、图幅框等。利用样板创建新图新，可以避免每次绘制新图形时要进行的绘图设置、绘制相同图形对象等重复操作，不仅提高了绘图效率，而且还保证了图形的一致性。

单击“打开”按钮右侧的下三角按钮，弹出如图 1-25 所示的菜单，用户可以采用英制或公制的无样板菜单创建新图形。执行无样板操作后，新建的图形不以任何样板为基础。

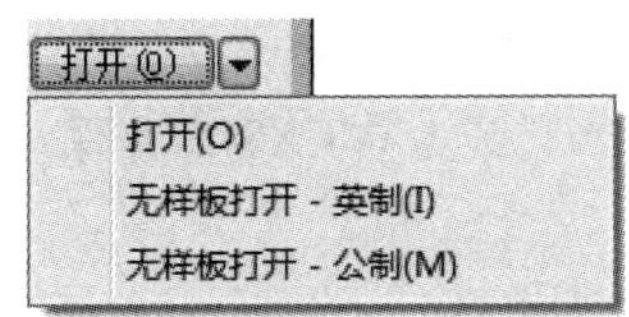

图 1-25 “打开”菜单

1.4.2 打开图形文件

当查看、使用或编辑已经存盘的图形文件时，可以使用“打开”命令。选择菜单“文件”|“打开”命令，或单击“快速访问”工具栏上的按钮，弹出如图 1-26 所示的“选择文件”对话框，在“搜索”下拉列表框中选择要打开的图形文件，单击“打开”按钮，便可以打开已有文件。系统默认打开的图形文件的格式为“.dwg”格式。

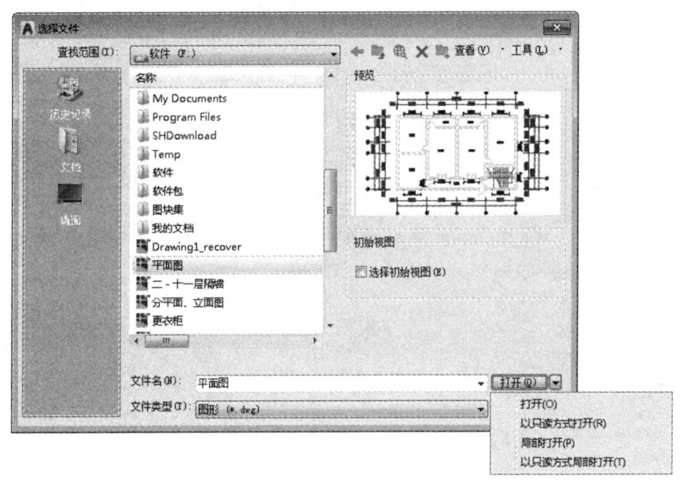

图 1-26 “选择文件”对话框

在 AutoCAD 中，有以下 4 种打开图形文件的方式：

- 打开。
- 以只读方式打开。
- 局部打开。
- 以只读方式局部打开。

当以“打开”或“局部打开”方式打开图形时，可以对打开的图形进行编辑；当以“只读方式打开”或“以只读方式局部打开”方式打开图形时，则无法编辑打开的图形，但是可以打开选定视图中选中图层上的对象。

1.4.3 保存图形文件

在 AutoCAD 2021 中，可以使用多种方式将所绘制的图形以文件形式存入磁盘。以其中一种方法为例：选择“文件”|“保存”（QSAVE）命令，单击“快速访问”工具栏上的按钮，

以当前使用的文件名保存图形。当然也可以选择“文件”|“另存为”（SAVEAS）命令，将当前图形以新的名字保存。执行 QSAVE 或 SAVEAS 命令保存图形后，AutoCAD 并不结束对当前图形的编辑操作。

第一次保存创建的图形时，系统将打开“图形另存为”对话框，如图 1-27 所示。默认情况下，文件以“AutoCAD 2018 图形（*.dwg）”格式保存，也可以在“文件类型”下拉列表框中选择其他格式，如图 1-28 所示。在保存格式中，DWG 是 AutoCAD 的图形文件，DWT 是 AutoCAD 的样板文件，这两种格式最常用。

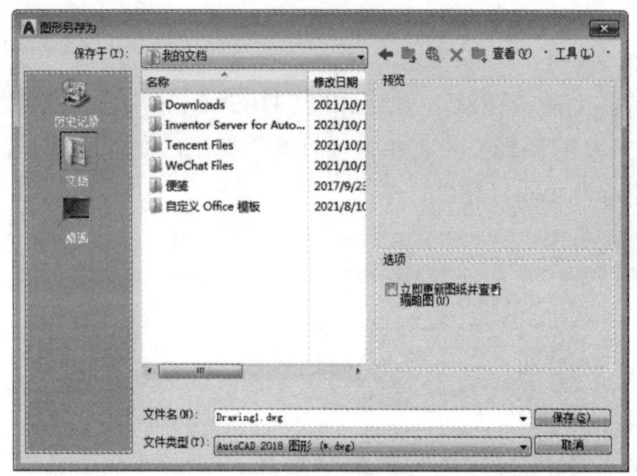

图 1-27 “图形另存为”对话框

AutoCAD 2018 图形 (*.dwg)
AutoCAD 2018 图形 (*.dwg)
AutoCAD 2013/LT2013 图形 (*.dwg)
AutoCAD 2010/LT2010 图形 (*.dwg)
AutoCAD 2007/LT2007 图形 (*.dwg)
AutoCAD 2004/LT2004 图形 (*.dwg)
AutoCAD 2000/LT2000 图形 (*.dwg)
AutoCAD R14/LT98/LT97 图形 (*.dwg)
AutoCAD 图形标准 (*.dws)
AutoCAD 图形样板 (*.dwt)
AutoCAD 2018 DXF (*.dxf)
AutoCAD 2013/LT2013 DXF (*.dxf)
AutoCAD 2010/LT2010 DXF (*.dxf)
AutoCAD 2007/LT2007 DXF (*.dxf)
AutoCAD 2004/LT2004 DXF (*.dxf)
AutoCAD 2000/LT2000 DXF (*.dxf)
AutoCAD R12/LT2 DXF (*.dxf)

图 1-28 “文件类型”下拉列表框

1.4.4 关闭图形文件

选择“文件”|“关闭”（CLOSE）命令，或者在绘图窗口中单击“关闭”按钮关闭当前文件。

执行 CLOSE 命令后，如果当前图形没有存盘，系统会弹出“AutoCAD”警告对话框，如图 1-29 所示，询问是否保存文件。此时，单击“是”按钮或直接按 Enter 键，可以保存当前图形文件并将其关闭；单击“否”按钮，可以关闭当前图形文件但不存盘；单击“取消”按钮，将取消关闭当前图形文件操作，既不保存也不关闭。

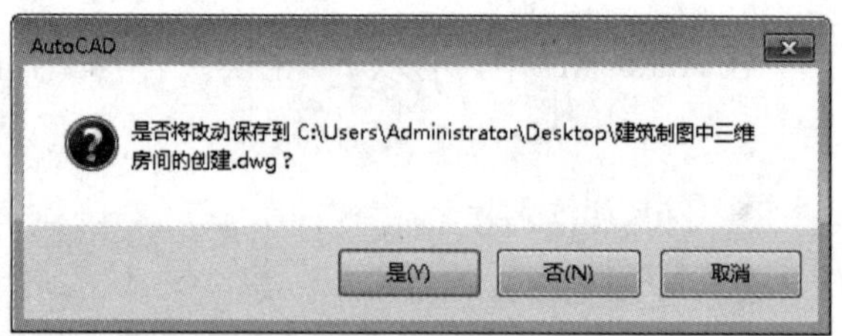

图 1-29 存盘显示

如果当前所编辑的图形文件没有命名，那么单击“是”按钮后，AutoCAD 2021 会打开“图形另存为”对话框，要求选择图形文件存放的位置和名字。

1.5 管理命名对象

AutoCAD 2021 图形文件包括图形对象和非图形对象两种。使用图形对象（如直线、圆弧和圆）进行设计时，同时可以使用非图形信息（也叫命名对象，如文字样式、标注样式、命名图层和视图）管理设计。例如，如果经常使用一组线型特性，将其保存为命名线型，以后就可以直接把这些线型应用到图形中的直线上。

AutoCAD 2021 在符号表和数据词典中存储命名对象，每一种命名对象都有一个符号表或数据词典，每个符号表或数据词典都可以存储多个命名对象。例如，如果创建了 10 种标注样式，图形的标注样式符号表或数据词典将有 10 个标注样式记录。除非创建 LISP 例程或对 AutoCAD 编程，否则不能直接处理符号表或数据词典。可以使用 AutoCAD 2021 的对话框或命令行查看和修订所有命名对象，表 1-1 所示为 AutoCAD 2021 命名对象列表。

表 1-1　AutoCAD 2021 命名对象

命名对象	说　明
块	包含块名称、基点和部件对象
标注样式	存储标注设置，控制标注外观
编组	定义对象选择
图层	组织图形数据的方式，类似在图形上覆盖多层包含不同内容的透明硫酸纸。图层符号表存储设置的图层特性，如颜色和线型等
布局	定义打印环境，可以创建和设计图纸空间的浮动视口
线型	存储控制显示直线或曲线的信息，如显示直线是实线还是虚线
多线样式	定义多线特性的样式
打印设置	定义用于打印的页面设置信息
打印样式	定义对象特性，指定颜色、抖动、灰度、笔指定、淡显、线型、线宽、端点样式、连接样式及填充样式等的一组替代集。打印图形时应指定打印样式
文字样式	存储控制文字字符外观的设置。如拉伸、压缩、倾斜、镜像或垂直列等设置
UCS	存储 X 轴、Y 轴和 Z 轴及原点的位置。用于定义图形中的坐标系
视图	存储空间中特定位置（视点）所显示模型的图形表现
视口配置	存储平铺视口的阵列

1.5.1　命名对象

命名对象的名称最多可以包含 255 个字符。除了字母和数字以外，名称中还可以包含空格（AutoCAD 将删除直接在名称前面或后面出现的空格）和特殊字符，但这些特殊字符不能在 Microsoft Windows 或 AutoCAD 中有其他用途。

不能使用的特殊字符包括：大于号（>）和小于号（<）、斜杠（\）和反斜杠（/）、引号（“）、冒号（:）、分号（;）、问号（？）、逗号（,）、星号（*）、竖杠（|）、等号（=）和反引号（”）。此外，不能使用 Unicode 字体创建的特殊字符。

1.5.2　重命名对象

当图形越来越复杂时，可以重命名这些命名对象以保证对象的名称易于识别和查找。如果插入到主图形的图形中包含相互冲突的名称，重命名就可以解决冲突。除了 AutoCAD 2021 默认的命名对象（如图层 0）外，可以重命名任意的命名对象。

要为命名对象重命名，可以选择菜单“格式”|“重命名”命令，打开“重命名”对话框，在“命名对象”列表框中选择对象类型，在“项目”列表框中选择命名对象的项目，或者在“旧名称”文本框中输入名称，在“重命名为”文本框中输入新名称，单击“重命名为”按钮即可，如图 1-30 所示。

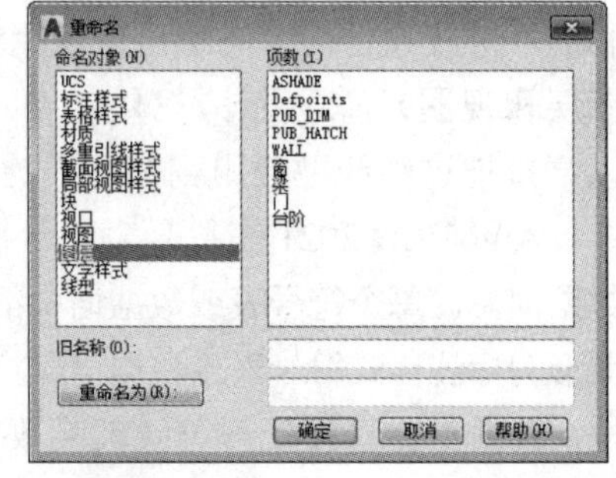

图 1-30 “重命名”对话框

1.5.3 使用通配符

在 AutoCAD 2021 中，可以使用通配符过滤图层。也可以使用通配符为命名对象组重命名。如果要只显示以 mech 开头的图层，可以在“图层名”列表中输入 mech*，然后按 Enter 键即可；如果要将图层 STAIR$LEVEL-2 重命名为 S-LEVEL-2，可以在“旧名称”文本框中输入 STAIR$*，在“重命名为”文本框中输入 S-*。AutoCAD 2021 中可以使用的有效通配符如表 1-2 所示。

表 1-2 有效通配符

字 符	定 义
#（井号）	匹配任何数字字符
@（At）	匹配任何字母字符
。（句号）	匹配任何非字母数字字符
*（星号）	匹配任何字符串，可在搜索字符串的任何位置使用
？（问号）	匹配任何单个字符。例如，？BC 匹配 ABC、3BC 等
~（波折号）	匹配不包含自身的任何字符串。例如，~*AB*匹配所有不包含 AB 的字符串
[ ]	匹配括号中包含的任一字符。例如，[AB]C 匹配 AC 和 BC
[~]	匹配括号中未包含的任意字符。例如，[AB]C 匹配 XC 而不匹配 AC
[-]（连字符）	在方括号中为单个字符指定区间。例如，[A-G]C 匹配 AC、BC 等直到 GC，但不匹配 HC
'（单引号）	逐字读取字符。例如，'*AB 匹配*AB

如果在命名对象的名称中使用通配符字符，必须在这些字符前面加上单引号（'），AutoCAD 才不会将这些字符解释为通配符。

1.5.4 清理命名对象

在绘图过程中，图形中可能会积累一些没用的命名对象。例如，图形文字不再使用的文字样式，或者不包含任何图形对象的图层。通过清理命名对象，能够有效地缩减图形尺寸。可以清理单独的命名对象、特定类型的所有样式和定义及图形中的所有命名对象等，但不能清理被其他图形对象引用的对象。例如，不能因清理某个图层而删除对某一线型的唯一引用，除非使用线型选项再次进行清理，否则该线型清理不掉。

清理未被使用的命名对象时，可以单击“管理”选项卡|“清理”面板上的“清理”按钮，或者在命令行输入 PVRGE 后按 Enter 键，打开“清理”对话框，可以查看当前图形中

能清理的项目和不能清理的项目。单击“清理选中的项目”或“全部清理”按钮，可以清除所有选定的项目或所有未使用的项目，如图 1-31 所示。

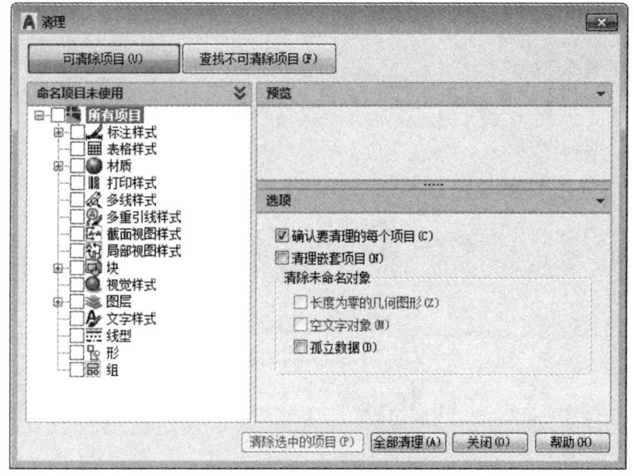

图 1-31 “清理”对话框

1.6 输入、输出与打印图形

AutoCAD 2021 提供了图形输入与输出接口，不仅可以将在其他应用程序中处理好的数据传给 AutoCAD 2021 来显示其图形，还可以将在 AutoCAD 2021 中绘制好的图形打印出来，或者把信息传送给其他应用程序。

在绘制图形时，可以随时单击“快速访问工具栏”|“打印”按钮，或单击“输出”选项卡|“打印”面板|“打印”按钮来打印草图。在很多情况下，需要在一张图纸中输出图形的多个视图、添加标题块等，这时需要使用图纸空间。图纸空间是完全模拟图纸页面的一种工具，用在绘图之前或之后安排图形的输出格局。

AutoCAD 2021 除了可以打开和保存 DWG 格式的图形文件外，还可以导入或导出其他格式的图形。

1.6.1 图形的输入、输出

1. 导入图形

在 AutoCAD 2021 功能区中单击“插入”选项卡|“输入”面板|“输入”按钮，或者在命令行输入 IMPORT，都可执行“输入”命令，打开“输入文件”对话框。在 “文件类型”下拉列表框中可以看到，系统允许输入“图元文件”、ACIS、3D Studio 等十几种图形格式的文件，如图 1-32 所示。

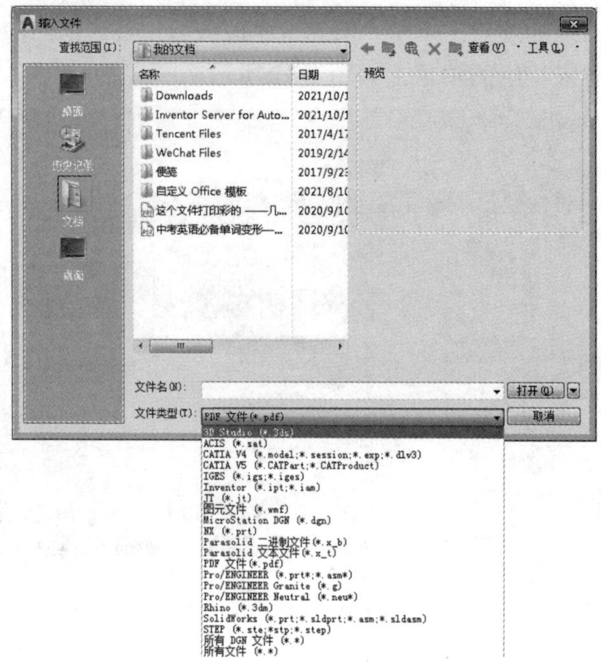

图 1-32 “输入文件”对话框

2. 输入与输出 DXF 文件

（1）DXF 图形文件组成

DXF 格式文件即图形交换文件，可以把图形保存为 DXF 格式，也可以打开 DXF 格式的文件。

DXF 图形文件是标准的 ASCII 码文本文件，其结构由以下 5 个部分组成。

- 标题段：存储图形的一般信息，由用来确定 AutoCAD 制图状态和参数的标题变量组成，而且大多数变量与 AutoCAD 2021 的系统变量相同。
- 表段：表段包含表 1-3 所示的 7 个列表，每个列表中包含不同数量的表项。

表 1-3 DXF 文件表段包含列表项

列 表 名	描述图形中的线型信息
层表	描述图形的图层状态、颜色及线型等信息
字体样式表	描述图形中字体样式信息
视图表	描述视图的高度、宽度、中心及投影方向等信息
用户坐标系统表	描述用户坐标系统原点、X 轴、Y 轴方向等信息
视口配置表	描述各视口的位置、高宽比、栅格捕捉及栅格显示等信息
尺寸标注字体样式表	描述尺寸标注字体样式及相关标注信息表
登记申请表	该表中的表项用于为应用建立索引

- 块段：描述图形中块的有关信息，如块名、插入点、所在图层及块的组成对象等。
- 实体段：描述图中所有图形对象及块的信息，是 DXF 文件的主要信息段。
- 结束段：DXF 文件结束段，位于文件的最后两行。

（2）DXF 文件的输入与输出

在 AutoCAD 中，可以使用两种方法打开 DXF 格式的文件：一是执行 OPEN 命令，使用“选择文件”对话框打开；二是执行 DXFIN 命令，使用“选择文件”对话框打开，如图 1-33 所示。

如果要以 DXF 格式输出图形，可以单击“快速访问工具栏”上的“保存”按钮或“另存为”按钮，在打开的“图形另存为”对话框的“文件类型”下拉列表框中选中 DXF 格式，然后在对话框右上角选择“工具”|“选项”命令，打开“另存为选项”对话框，如图 1-34 所示，在“DXF 选项”选项卡中设置保存格式，如“ASCII 格式”或者“二进制”格式。

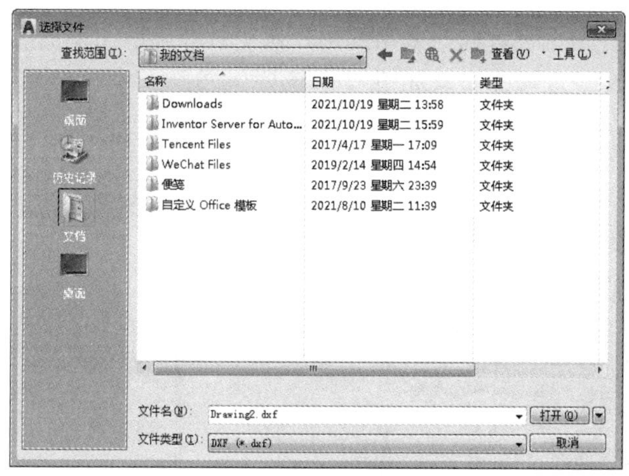

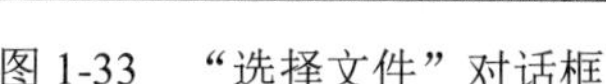
图 1-33 “选择文件”对话框

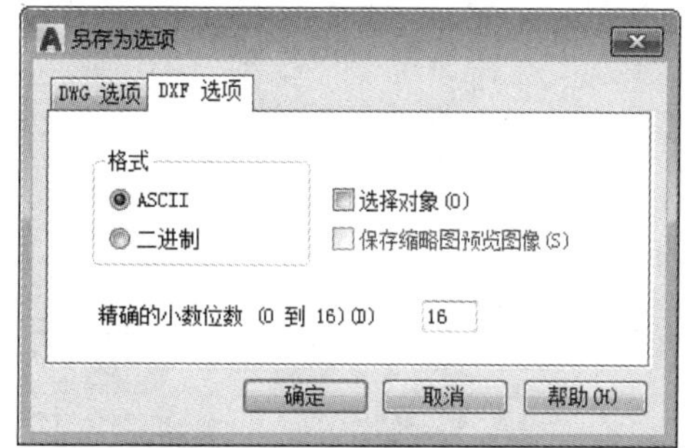

图 1-34 “另存为选项”对话框

二进制格式的 DXF 文件包含 ASCII 格式、DXF 格式文件的全部信息，但它更为紧凑，AutoCAD 2021 对其读写速度也有很大的提高。此外，可以通过此对话框确定是否只将指定的对象以 DXF 格式保存以及是否保存微缩预览图像。如果图形以 ASCII 格式保存，还能够设置小数保存精度。

3. 插入 OLE 对象

对象链接与嵌入（Object Linking and Embedding，OLE），是在 Windows 环境下实现不同 Windows 实用程序之间共享数据和程序功能的一种方法。

在功能区中单击“插入”选项卡|“数据”面板|“OLE 对象”按钮，或者在命令行输入 INSERTOBJ，或者选择菜单“插入”|“OLE 对象”命令，打开“插入对象”对话框，可以插入对象链接或嵌入对象，如图 1-35 所示。

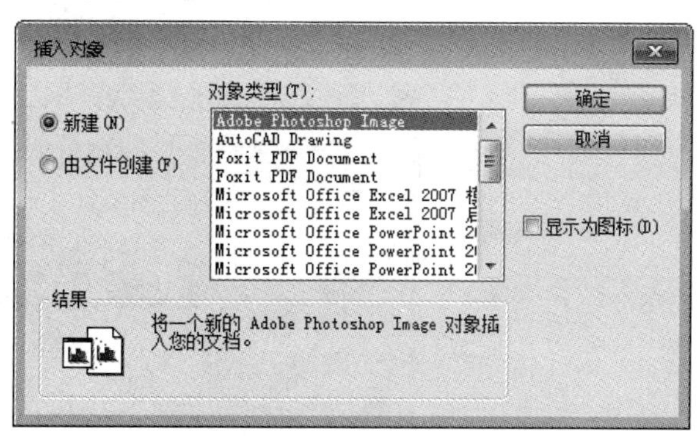

图 1-35 “插入对象”对话框

1.6.2 打印图形

作为强大的图形设计及处理软件，AutoCAD 提供了强大的设置打印功能。它不但可以直接打印图形文件，还可以将文件的一个视图以及用户自定义的一部分打印出来；可以在模型空间中直接打印图形，也可以在创建布局后打印布局出图。一般的打印输出的主要步骤是：选择打印设备→打印页面设置→打印预览→打印出图。

1. 添加绘图仪

AutoCAD 2021 提供了打印机管理器和打印机设置向导来帮助用户快速且准确地在单机或网络环境中设置打印机（绘图仪）。添加绘图仪的操作步骤如下：

步骤 01 在功能区单击“输出”选项卡|“打印”面板|“绘图仪管理器”按钮，打开 Plotters 窗口，如图 1-36 所示。

图 1-36 Plotters 窗口

步骤 02 在 Plotters 窗口中双击“添加绘图仪向导”图标按钮，出现“添加绘图仪-简介”，如图 1-37 所示。

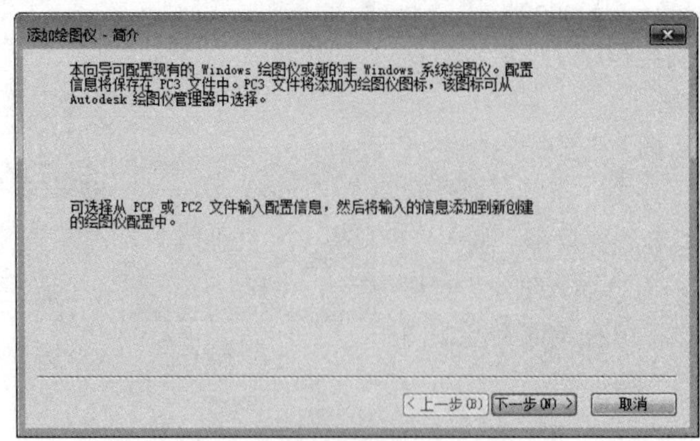

图 1-37 “添加绘图仪-简介”对话框

步骤 03 单击“下一步”按钮打开“添加绘图仪-开始”对话框，如图 1-38 所示。

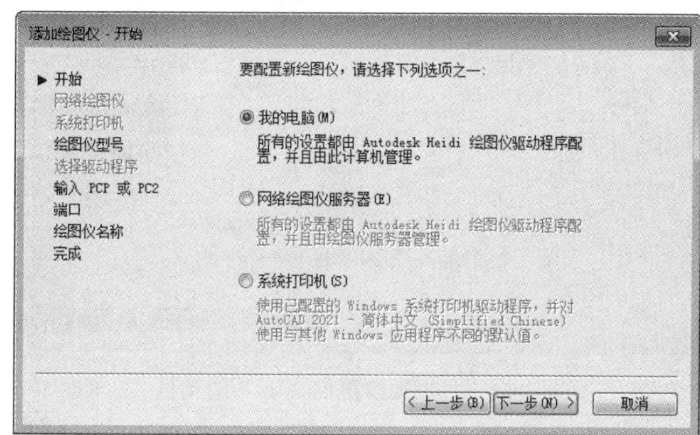

图 1-38 “添加绘图仪-开始”对话框

步骤 04 单击“下一步”按钮打开“添加绘图仪-绘图仪型号”对话框，如图 1-39 所示。

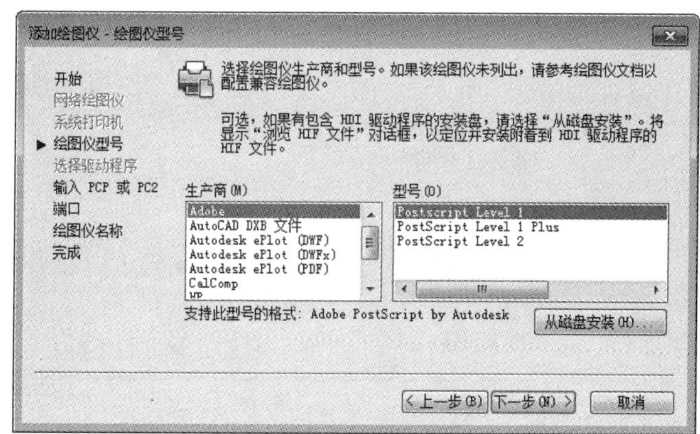

图 1-39 “添加绘图仪-绘图仪型号”对话框

步骤 05 单击“下一步”按钮打开“添加绘图仪-输入 PCP 或 PC2”对话框，如图 1-40 所示。

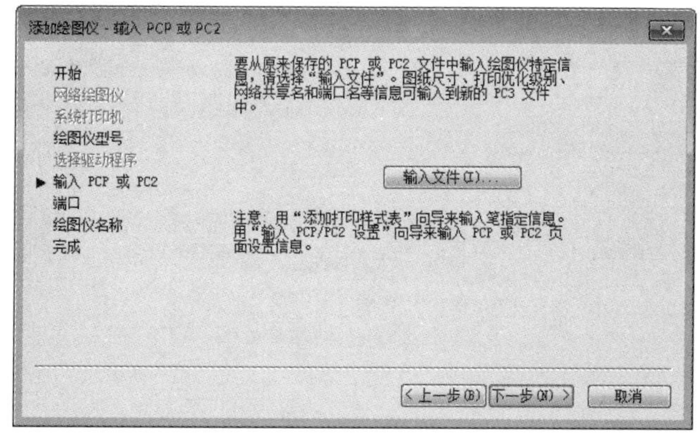

图 1-40 “添加绘图仪-输入 PCP 或 PC2”对话框

步骤 06 单击“下一步”按钮打开“添加绘图仪-端口”对话框，如图 1-41 所示。

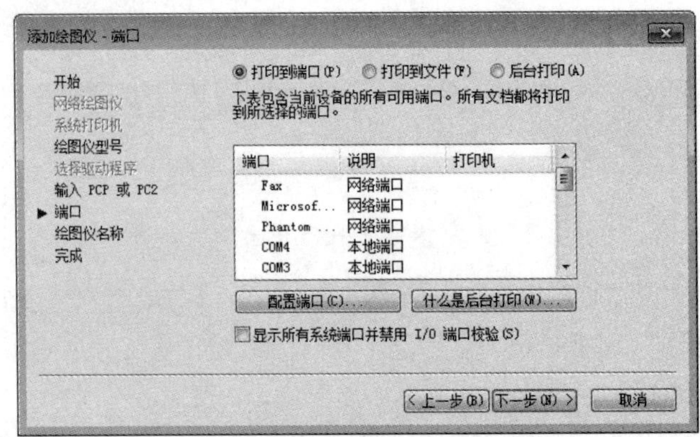

图 1-41　“添加绘图仪-端口”对话框

步骤 07 选择相应端口后，单击“下一步”按钮打开“添加绘图仪-绘图仪名称”对话框，如图 1-42 所示。

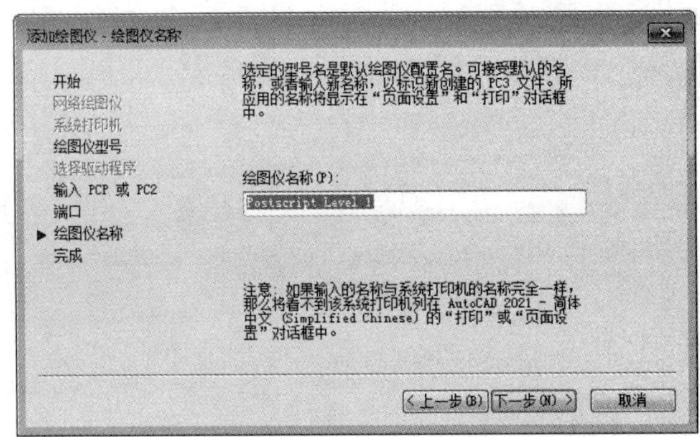

图 1-42　“添加绘图仪-绘图仪名称”对话框

步骤 08 输入绘图仪名称后，单击“下一步”按钮打开“添加绘图仪-完成”对话框，如图 1-43 所示。确认设置无误后单击“完成”按钮即可，若需要修改某些内容，单击“上一步”按钮返回到相关对话框中重新设置。

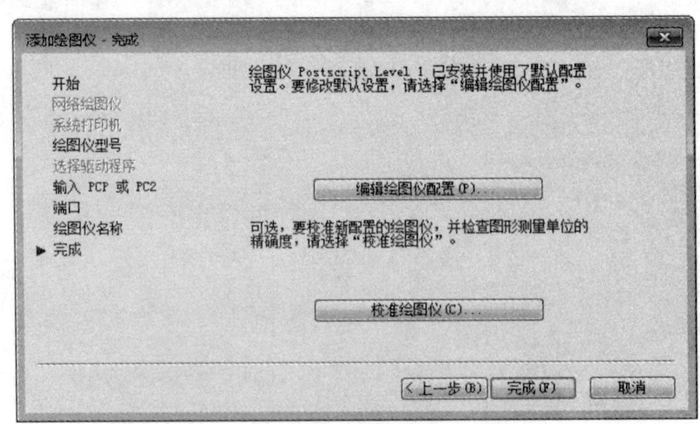

图 1-43　“添加绘图仪-完成”对话框

2. 打印页面设置

无论从模型空间还是布局中打印图形，都需要进行页面设置，主要内容包括图纸尺寸、图形方向、打印区域和打印比例等。

在功能区单击“输出”选项卡|“打印”面板|“页面设置管理器”按钮，打开“页面设置管理器”对话框，如图 1-44 所示。“选定页面设置的详细信息”选项组显示了“当前页面设置”列表框中选中的当前页面设置打印的详细信息，如设备名、绘图仪、打印大小、位置、说明等。如果要修改当前的页面设置，以满足图纸打印的需要，可以单击图 1-44 中的“修改”按钮，打开“页面设置-模型”对话框，如图 1-45 所示，重新设置打印机/绘图仪、图纸尺寸、打印区域、打印偏移、打印比例、打印样式表、着色窗口选项、打印选项、图纸方向等，直到满足绘图的需要。

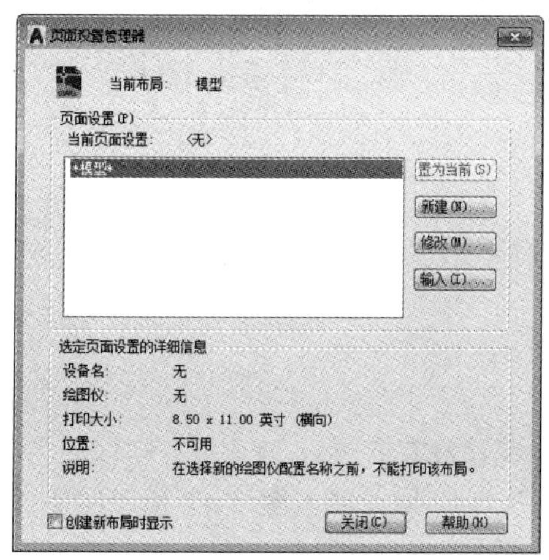

图 1-44 “页面设置管理器”对话框

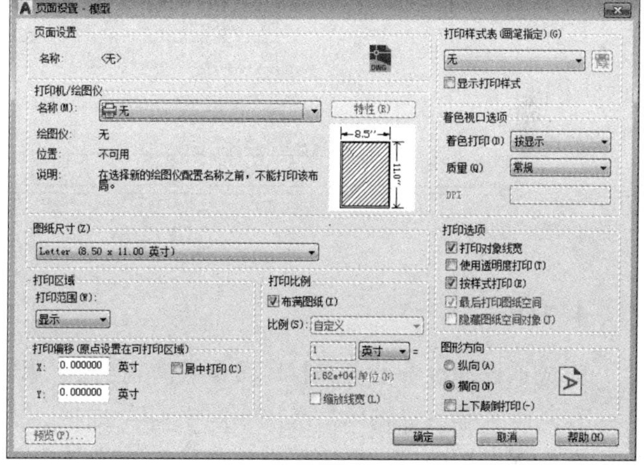

图 1-45 “页面设置-模型”对话框

3. 打印预览

在打印输出图形之前还可以预览输出结果，以检查设置是否正确，如图形是否都在有效输出区域内等。预览输出结果的方法有以下 3 种：

- 在功能区单击“输出”选项卡|“打印”面板|“预览”按钮。
- 选择“文件”|“打印预览”命令。
- 在命令提示行中输入 PREVIEW 命令。

AutoCAD 2021 将按照当前所做的页面设置、绘图设备设置、绘图样式等，在屏幕上绘制最终要输出的图纸，如图 1-46 所示。

在预览窗口中，光标的作用变成了放大镜效果，向上拖动光标可以放大图像，向下拖动光标可以缩小图像，要结束全部的预览操作，直接按 Esc 键即可。

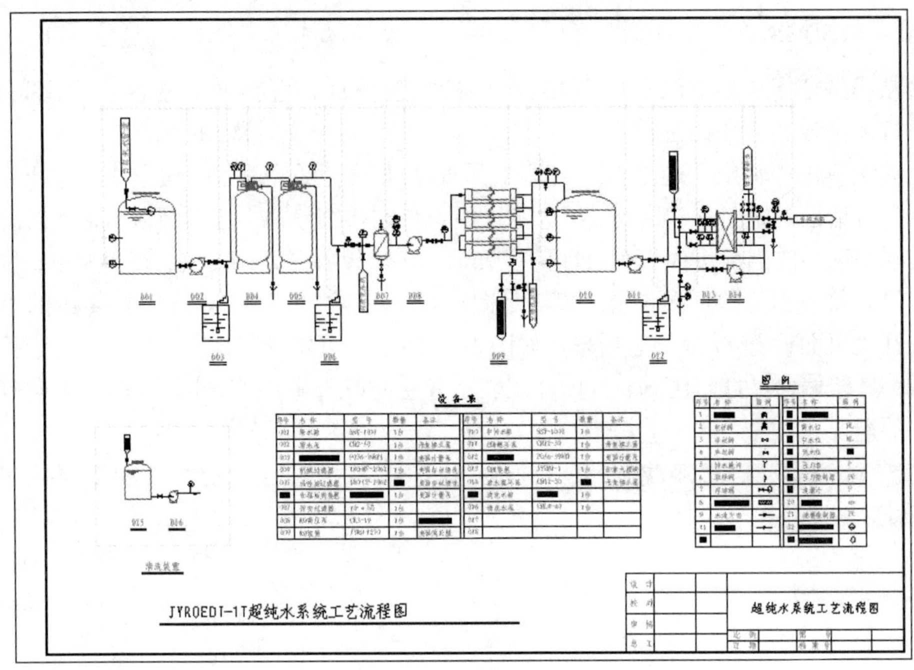

图 1-46　打印预览图

4. 打印

完成了打印设备设置和打印页面设置，在打印预览中确认没有问题后，就可以打印出图了。

在功能区单击“输出”选项卡|“打印”面板|“打印”按钮，弹出图 1-47 所示的“打印”对话框，在该对话框中可以对打印的一些参数进行设置。

- 在“页面设置”选项组中的“名称”下拉列表框中选择所要应用的页面设置名称，也可以单击“添加”按钮添加其他的页面设置，如果没有进行页面设置，则选择“无”选项。
- 在“打印机/绘图仪”选项组中的“名称”下拉列表框中选择要使用的绘图仪。选中“打印到文件”复选框，则图形输出到文件后再打印，而不是直接从绘图仪或打印机打印。
- 在“图纸尺寸”选项组的下拉列表框中选择合适的图纸幅面，在右上角可以预览图纸幅面的大小。
- 在“打印区域”选项组中，可以通过 4 种方法来确定打印范围。“图形界限”选项表示打印布局时，将打印指定图纸尺寸的页边距内的所有内容，其原点从布局中的（0,0）点计算得出。“模型”选项表示打印图形界限定义的整个图形区域；“显示”选项表示打印选定的“模型”选项卡当前视口中的视图或布局中的当前图纸空间视图；“窗口”选项表示打印指定的图形的任何部分，此选项是直接在模型空间打印图形时最常用的方法，选择“窗口”选项后，命令行会提示用户在绘图区指定打印区域；“范围”选项用于打印图形的当前空间部分（该部分包含对象），当前空间内的所有几何图形都将被打印。
- 在“打印比例”选项组中，选中“布满图纸”复选框后，其他选项显示为灰色，不能更改。撤选“布满图纸”复选框，可以对比例进行设置。

单击“打印”对话框右下角的按钮，则展开“打印”对话框，如图 1-48 所示。

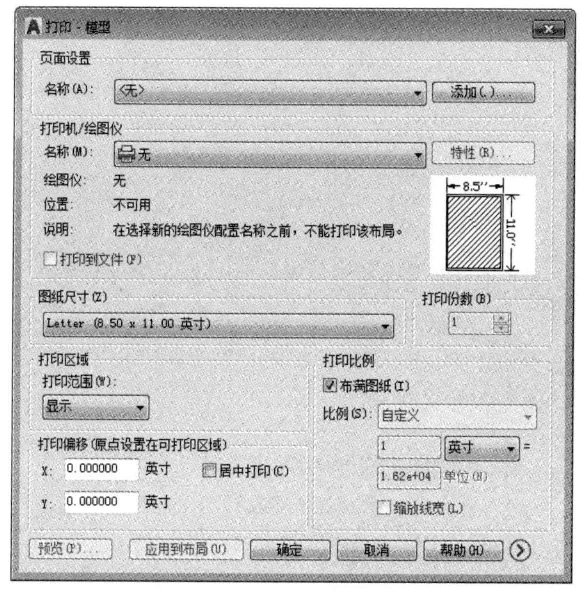
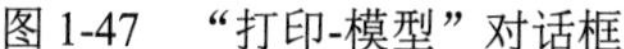

图 1-47 “打印-模型”对话框

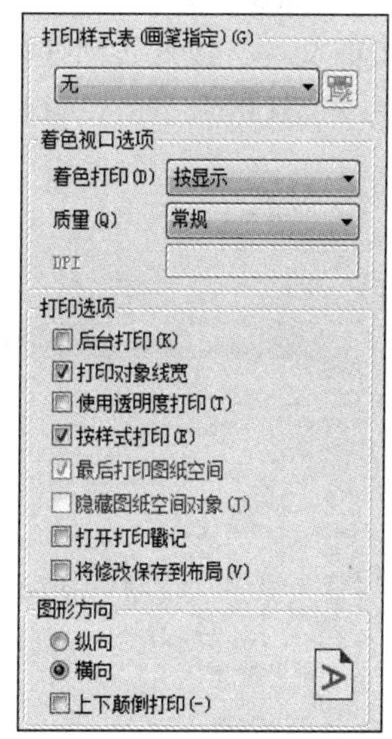

图 1-48 “打印”对话框展开部分

在展开选项中，在“打印样式表”选项组的下拉列表框中选择合适的打印样式表，在“图纸方向”选项组中选择图形打印的方向和文字的位置，如果选中“反向打印”复选框，则打印内容将要反向。

单击“预览”按钮可以对打印图形效果进行预览，若对某些设置不满意可以返回修改。在预览中，按 Enter 键可以退出预览返回“打印”对话框，单击“确定”按钮进行打印。

1.6.3 AutoCAD 的 Internet 功能

为了能够快速有效地共享设计信息，可以在 Internet 上访问或存储 AutoCAD 图形及相关文件；可以给图形对象建立超链接；可以创建 Web 格式的文件（DWF），以便用户预览、打印 DWF 文件；可以快速地创建 AutoCAD 图形的 Web 页。

1. 提供电子格式输出

AutoCAD 2021 提供了以电子格式输出图形文件的方法，即 ePlot 格式（电子格式输出，Electronic Plot）。ePlot 格式是一种安全的、适用于 Internet 上发布的文件格式，它将图形以 Web 格式保存（即 DWF 格式）。可以通过网址 www.autodesk.com/whip 下载并安装，DWF 格式支持实时显示缩放、实时显示移动，同时还支持对图层、命名视图和嵌套超链接等方面的控制。

创建 DWF 格式文件的方法为：单击“输出”选项卡|“打印”面板|“打印”按钮，打开“打印”对话框，在该对话框进行其他输出设置后，在“打印机/绘图仪”选项组中的“名称”下拉列表框中选择后缀为.pc3 的文件输出格式，如图 1-49 所示，选中“打印到文件”复选框，单击“确定”按钮，即可创建出电子格式的文件。

2. 图形发布

AutoCAD 2021 提供了图形发布命令 PUBLISH，此命令可以将图形发布为 DWF、DWFx 和 PDF 文件，或发布到打印机或绘图仪上。选择菜单“文件”|“发布”命令，或者在命令行输入 PUBLISH，都可执行“发布”命令，弹出如图 1-50 所示的“发布”对话框。

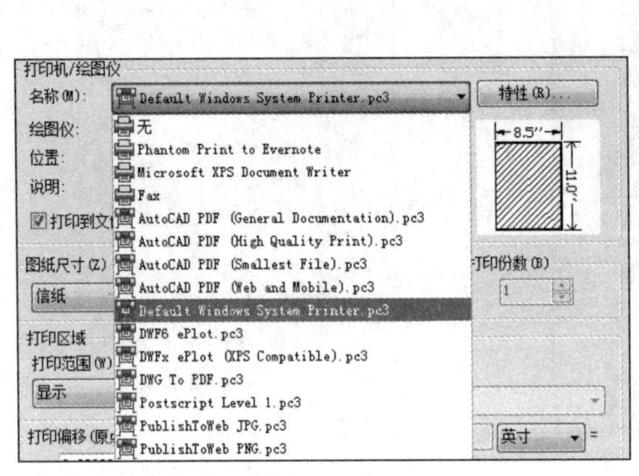

图 1-49　选择文件输出格式

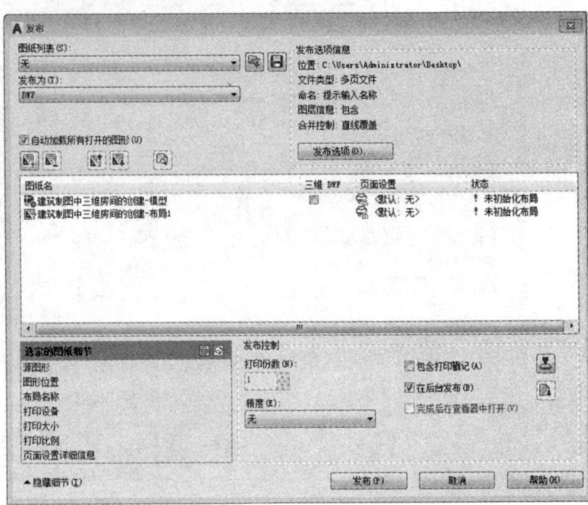

图 1-50　“发布”对话框

1.7　本章小结

本章主要介绍了 AutoCAD 绘图概述及主要功能、AutoCAD 2021 的安装和启动、AutoCAD 2021 的基本界面、命令的基本操作、图形文件管理、管理命名对象等基本知识和操作。学习完本章后，用户应该对 AutoCAD 2021 界面及基本的命令操作有了初步的了解，为接下来的学习打下了基础。

第 2 章 AutoCAD 2021 基本绘图参数设置

导言

由于计算机所用外部设备（如显示器、输入设备和输出设备类型等）、计算机目录设置和风格不同，所以每一台计算机都是独特的。通常安装好 AutoCAD 2021 后就可以在默认状态下绘制图形，但有时为了使用特殊的定点设备或提高绘图效率，就需要在绘制图形前做一些准备工作。例如，对系统参数、绘图环境、图形显示做一些必要的设置。本章将对常见的一些参数设置进行讲解。

2.1 设置系统参数选项

AutoCAD 2021 是一个开放的绘图平台，可以非常方便地设置系统参数选项，包含文件存放路径、绘图界面中的窗口元素等内容。

在命令行输入 OPTIONS 命令后按 Enter 键，打开“选项”对话框，如图 2-1 所示，可以在“文件”“显示”“打开和保存”“打印和发布”“系统”“用户系统配置”“绘图”“三维建模”“选择集”和“配置”10 个选项卡中设置相关参数。当然在没有执行任何命令时，可以在绘图区域或命令行窗口中右击，从弹出的快捷键菜单中选择“选项”命令来打开“选项”对话框。

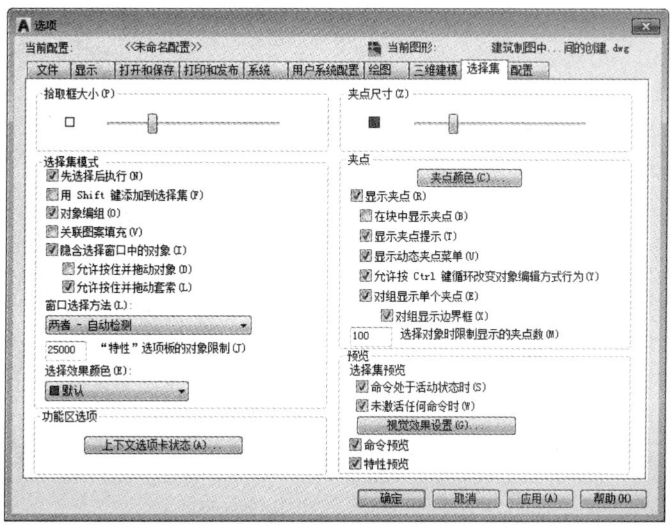

图 2-1　“选项”对话框

2.1.1 设置显示性能

在“选项”对话框中，可以使用“显示”选项卡对绘图工作界面的显示格式、图形显示精度等显示性能进行设置。“显示”选项卡如图 2-2 所示。

“显示”选项卡中包括 6 个选项组：窗口元素、显示精度、布局元素、显示性能、十字光标大小和淡入度控制。下面仅对常用的“窗口元素”“显示精度”和“十字光标大小”选项组中的主要参数进行讲解。

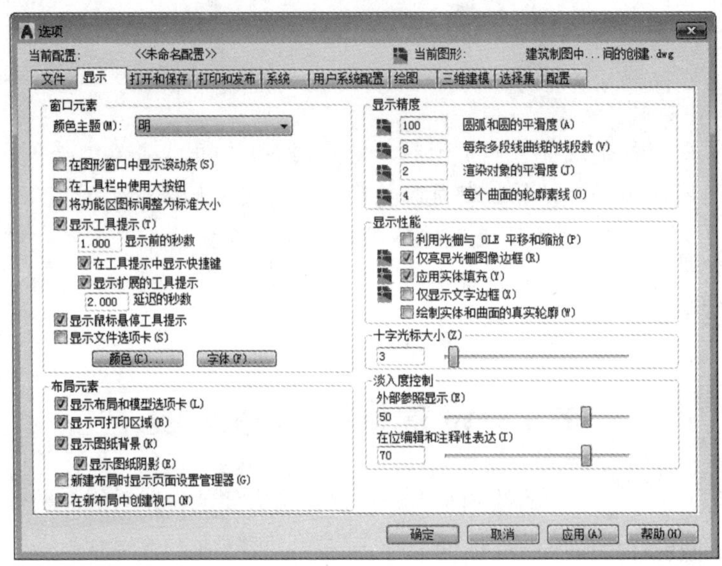

图 2-2 “显示”选项卡

1. 窗口元素

在“窗口元素”选项组中可以设置 AutoCAD 2021 绘图环境中基本元素的显示方式，主要选项具体功能如下：

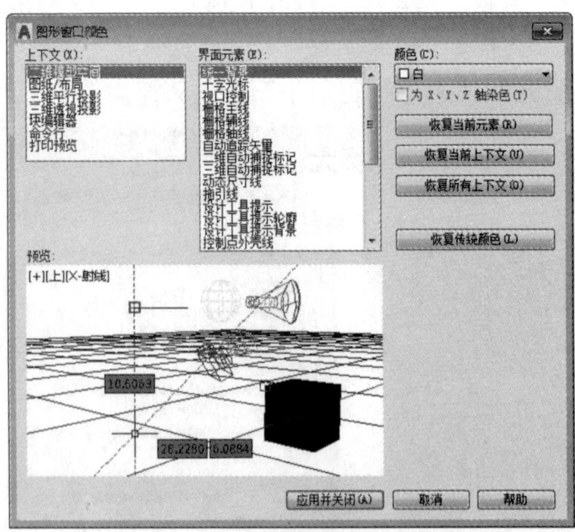

图 2-3 “图形窗口颜色”对话框

- “显示工具提示”复选框：设置在光标移动到工具栏按钮上时是否显示工具栏提示。选中此项后，当光标移动到工具栏的按钮上时，显示工具栏提示。
- “颜色”按钮：设置 AutoCAD 2021 工作界面中一些区域的背景和界面元素的颜色，单击该按钮后打开“图形窗口颜色”对话框，如图 2-3 所示。
- “字体”按钮：设置命令行窗口中的字体样式，如字体、字形和字号等。单击“字体”按钮即可打开“命令行窗口字体”对话框，如图 2-4 所示。

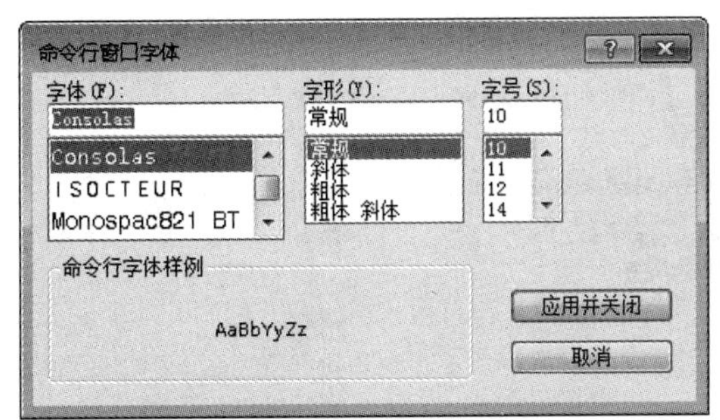

图 2-4　“命令行窗口字体”对话框

2. 显示精度

在“显示精度”选项组中，可以对圆弧/圆的平滑度、每条多段线曲线的线段数、渲染对象的平滑度和每个曲面轮廓线等显示精度进行设置。其中主要选项的意义如下：

- “圆弧和圆的平滑度”文本框：控制圆、圆弧、椭圆、椭圆弧的平滑度，其有效取值范围是 1~20000，默认值为 100。值越大对象越光滑，但重新生成、显示缩放、显示移动时需要的时间也就越长。该设置保存在图形中，也可以通过系统变量 VIEWRES 设置圆和圆弧的平滑度，不同的图形也可以有不同的平滑度。
- “每条多段线曲线的线段数”文本框：设置每条多段线曲线的线段数，其有效长度取值范围是-32768~32767，默认值为 8。此设置保存在图形中，也可以通过系统变量 SPLINESEGS 确定每条多段线曲线的线段数。
- “渲染对象的平滑度”文本框：设置渲染实体对象的平滑度，其有效取值范围是 0.01~10，默认值是 0.5。此设置保存在图形中，也可以通过系统变量 FACETRES 来设置。
- “每个曲面的轮廓索线”文本框：设置对象上每个曲面的轮廓索线数目，其有效取值范围是 0~2047，默认值是 4。此设置保存在图形中，也可以通过系统变量 ISOLINES 来设置。

3. 十字光标大小

十字光标（系统变量 CURSORSIZE）的尺寸有效值的范围为全屏幕的 1%~100%。当设置为 100%时，看不到十字光标的末端；当尺寸减为 99%或更小时，十字光标才有有限的尺寸，当光标的末端位于绘图区域的边界时才可见；默认尺寸为 5%。

2.1.2　设置文件的打开与保存方式

在“选项”对话框中，可以使用“打开和保存”选项卡设置打开和保存图形文件有关操作，例如文件保存、文件打开、文件安全措施、外部参照、ObjectARX 应用程序等，如图 2-5 所示。

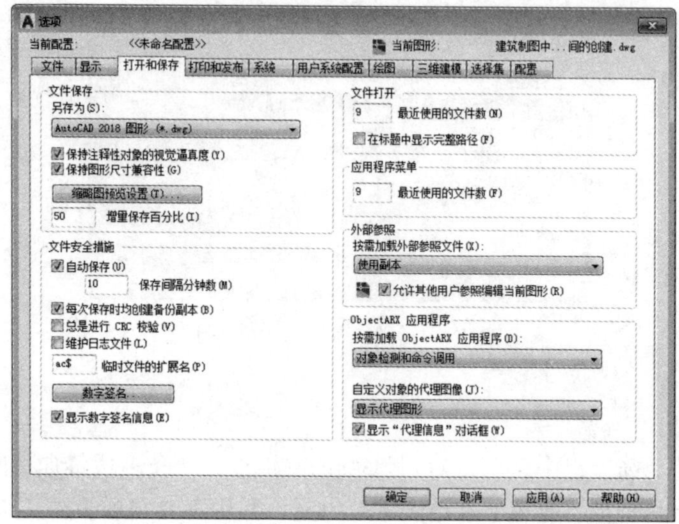

图 2-5　“打开和保存”选项卡

1. 文件保存

“文件保存”选项组的主要作用是控制保存文件的相关设置，其主要功能如下：

- “另存为”下拉列表框：显示在使用 SAVE、SAVEAS、QSAVE 和 WBLOCK 命令保存文件时的有效文件格式。下拉列表框的文件格式是使用 SAVE、SAVEAS、QSAVE 和 WBLOCK 命令时保存所有图形时所用的默认格式。
- “缩略图预览设置”按钮：显示“缩微预览设置”对话框，此对话框控制保存图形时是否更新缩略图预览。

2. 文件打开

“文件打开”选项组的主要作用是控制最近使用过的文件及打开的文件相关的设置。

- “最近使用的文件数”文本框：控制“文件”菜单中所列出的最近使用过的文件的数目，以便快速访问。有效值范围为 0~9。
- “在标题中显示完整路径”复选框：最大化图形后，在图形的标题栏或应用程序窗口的标题栏中显示活动图形的完整路径。

3. 文件安全措施

“文件安全措施”选项组帮助避免数据丢失以及检测错误，主要参数功能如下：

- “自动保存”复选框：以指定的时间间隔自动保存图形。可以用 SAVEFILEPATH 系统变量指定所有“自动保存”文件的位置。SAVEFILE 系统变量（只读）可存储“自动保存”文件名。注意块编辑器处于打开状态时，自动保存被禁用。
- “保存间隔分钟数”文本框（系统变量 SAVETIME）：在“自动保存”为开的情况下，指定多长时间保存一次图形。
- “每次保存时均创建备份副本”复选框（系统变量 ISAVEBAK）：指定在保存图形时是否

创建图形的备份副本。创建的备份副本和图形位于相同的位置。

- “临时文件的扩展名”文本框：指定临时保存文件的唯一扩展名，默认的扩展名为.ac$。
- “安全选项”按钮：提供数字签名和密码选项，保存文件时将调用这些选项。
- “显示数字签名信息”复选框：打开带有有效数字签名文件时显示数字签名信息。

2.1.3　设置打印和发布选项

在“选项”对话框中，也可以使用“打印和发布”选项卡来设置打印机和打印参数，如图 2-6 所示。

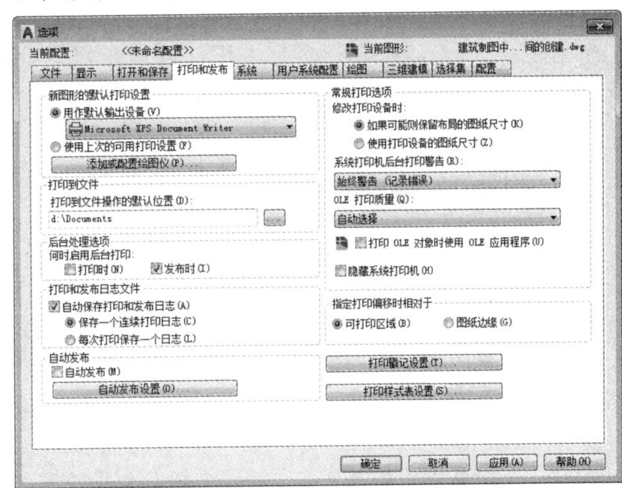

图 2-6　“打印和发布”选项卡

1. 新图形的默认打印设置

在“打印和发布”选项卡的“新图形的默认打印设置”选项组中，可以设置新图形的默认打印，其功能介绍如下：

- “用作默认输出设备”单选按钮：设置新图形的默认输出设备以及在 AutoCAD R14 或更早版本格式保存的图形的默认输出设备。在其下拉列表框中，显示从打印机配置搜索路径中找到的所有打印机配置文件（PC3）及系统中配置的所有系统打印机。
- “使用上次的可用打印设置”单选按钮：设置与上一次成功打印的设置相匹配的打印设置。可以设置与 AutoCAD 早期版本同样方式的默认打印设置。
- “添加或配置绘图仪”按钮：单击该按钮，可打开 Plotters（打印机管理器）窗口，如图 2-7 所示，通过该窗口可以添加或配置绘图仪。具体操作参照 1.6 节输入、输出与打印图形。

图 2-7　Plotters 窗口

2. 打印到文件

在“打印到文件”选项组中，可以在“打印到文件操作的默认位置”文本框中设置默认文件打印位置。也可以选取文本框后的…按钮，在打开的“为所有打印到文件的操作选择默认设置”对话框中设置打印位置。

2.1.4 设置用户系统配置

在“用户系统配置”选项卡中，通过设置如下内容来优化 AutoCAD 的工作方式，包含 Windows 标准操作、插入比例、字段、坐标数据输入的优先级、关联标注、超链接、放弃/重做、线宽设置和默认比例列表等，如图 2-8 所示。

1. Windows 标准操作

在“Windows 标准操作”选项组中，设置是否采用 Windows 标准，其主要功能如下：

- “双击进行编辑”复选框：设置在绘图区域内双击时，是选中目标还是对对象进行编辑。
- “绘图区域中使用快捷菜单”复选框：设置在绘图区域内右击时，是弹出快捷菜单还是执行回车操作。
- “自定义右键单击”按钮：单击该按钮，将打开“自定义右键单击”对话框，如图 2-9 所示。可以从中设置右击功能，还可以通过系统变量 SHORTCUTMENU 来设置。

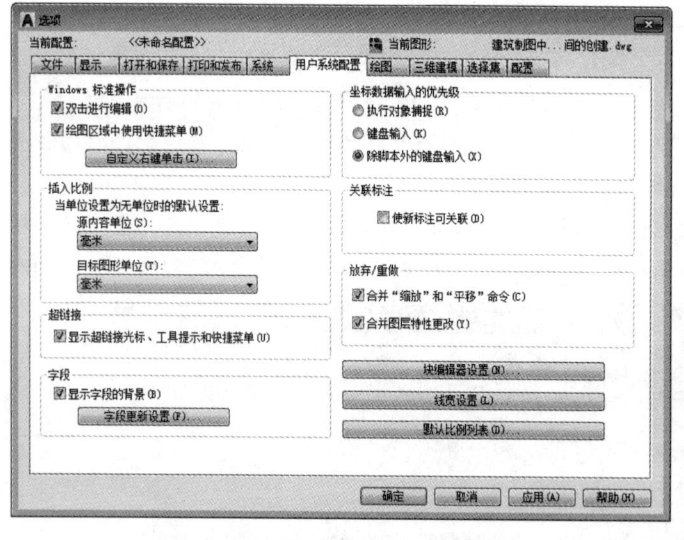

图 2-8 “用户系统配置”选项卡

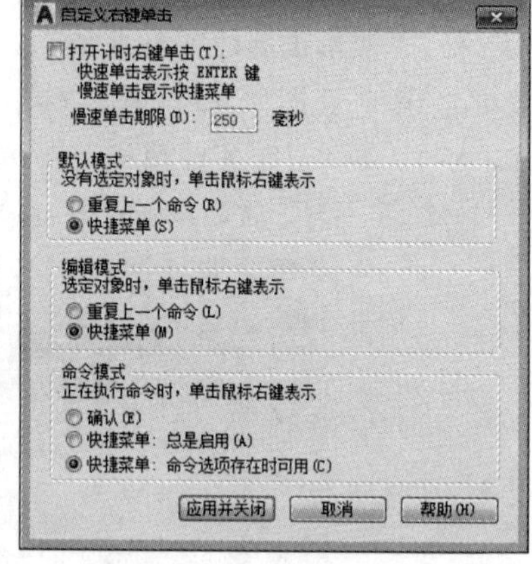

图 2-9 “自定义右键单击”对话框

2. 插入比例

在“插入比例”选项组中，设置使用设计中心或 I-drop 将对象拖入图形的默认比例，其功能如下：

- “源内容单位”下拉列表框：如果选择了“不指定-无单位”选项，则在插入对象时不进行缩放，还可以选择除毫米之外的其他单位，包括厘米、米、千米等。
- “目标图形单位”下拉列表框：当没有使用 INSUNITS 系统变量指定插入单位时，设置 AutoCAD 2021 在当前图形中使用的单位。也可以通过系统变量 INSUNITSDEFTARFET 来设置。

3. 线宽设置

单击“线宽设置”按钮，系统打开“线宽设置”对话框，在此可以对线宽进行详细设置，如图 2-10 所示。

4. 默认比例列表

单击“默认比例列表”按钮，系统打开“默认比例列表”对话框，在对话框中设置图纸单位和图形单位的缩放比，如图 2-11 所示。

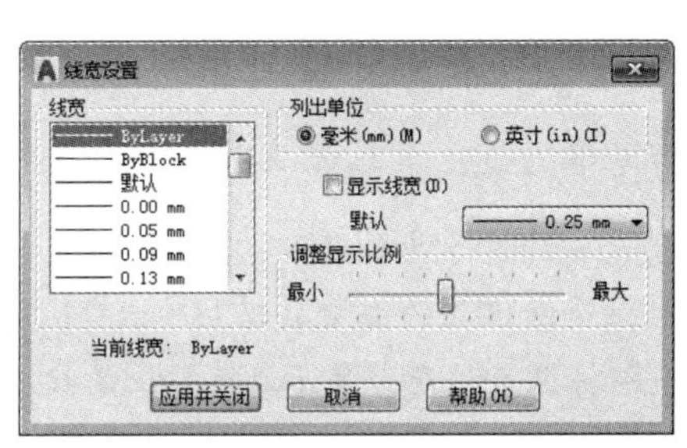

图 2-10 “线宽设置”对话框

图 2-11 “默认比例列表”对话框

2.1.5 设置草图

在“选项”对话框中，打开“绘图”选项卡，设置自动捕捉设置、自动捕捉标记大小、对象捕捉选项、AutoTrack 设置、对齐点获取、靶框大小、设计工具栏提示设置、光线轮廓设置、相机轮廓设置等，如图 2-12 所示。

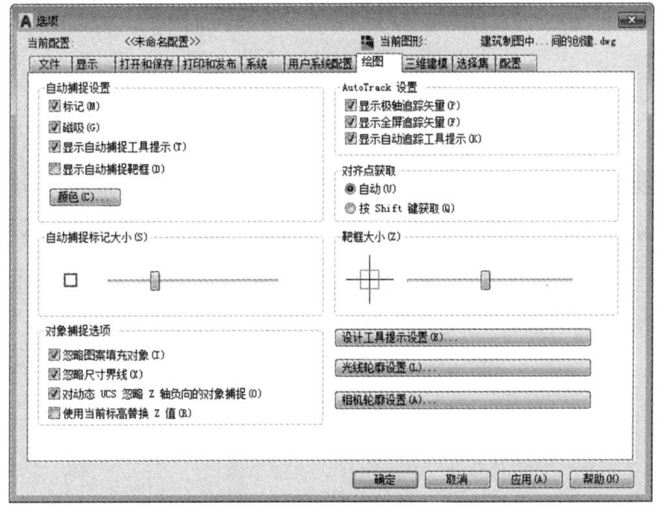

图 2-12 “绘图”选项卡

1. 自动捕捉设置

在“自动捕捉设置”选项组中可以设置自动捕捉的方式，其具体功能如下：

- “标记”复选框：设置自动捕捉到特征点时，是否显示特征标记框。
- “磁吸”复选框：设置自动捕捉到特征点时，是否像磁铁一样把光标吸到特征点上。
- “显示自动捕捉工具提示”复选框：设置自动捕捉到特征点时，是否显示“对象捕捉”工具栏上相应按钮的提示文字。
- “显示自动捕捉靶框”复选框：设置是否捕捉靶框。靶框是一个比捕捉标记大 2 倍的矩形框。
- “颜色”按钮：单击“颜色”按钮，在弹出的对话框中，设置自动捕捉的颜色。

2. AutoTrack 设置

在“AutoTrack 设置”选项组中，设置自动追踪的方式，其具体功能如下：

- “显示极轴追踪矢量”复选框：设置是否显示极轴追踪的矢量数据。
- “显示全屏追踪矢量”复选框：设置是否显示全屏追踪的矢量数据。
- “显示自动追踪工具提示”复选框：设置追踪特征点时是否显示工具栏上的相应按钮的提示文字。

3. 自动捕捉标记大小

通过左右拖动滑块来选择自动捕捉标记的大小。

4. 对齐点获取

在“对齐点获取”选项组中，设置在图形显示对齐矢量的方法，包含“自动”和“按 Shift 键获取”两个选项。选中“自动”时，当靶框移到对象捕捉上时，系统将自动显示追踪矢量；选中“按 Shift 键获取”时，当按 Shift 键并将靶框移到对象捕捉上时，系统将显示追踪矢量。

5. 靶框大小

同“自动捕捉标记大小”一样，通过左右拖动滑块来选择靶框的大小。

6. 对象捕捉选项

- “忽略图案填充对象”复选框：在使用对象捕捉功能时，忽略对图案填充对象的捕捉。
- “使用当前标高替换 Z 值”复选框：用当前设置的标高代替当前用户坐标系的 Z 轴坐标值。
- “对动态 UCS 忽略 Z 轴负向的对象捕捉”复选框：设置在动态 UCS 中，忽略 Z 轴负向的对象捕捉。

2.1.6 设置选择集

在“选项”对话框中选中“选择集”复选框，进行以下内容的设置：拾取框大小、夹点、夹点尺寸、选择集预览、选择集模式等，如图 2-13 所示。

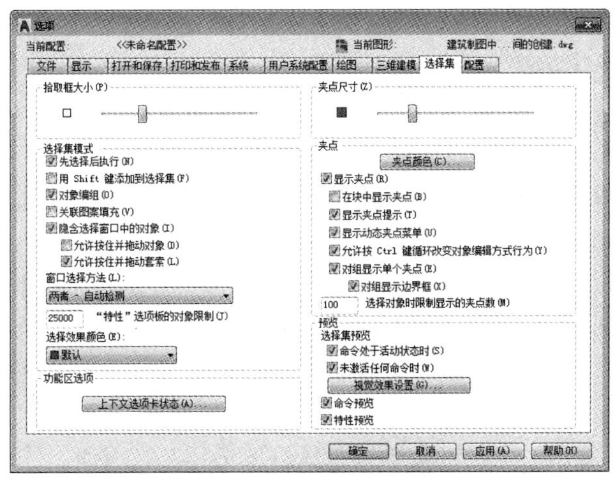

图 2-13 “选择集”选项卡

1. 拾取框大小

通过左右拖动“拾取框大小”选项组中的滑块来设置拾取框的大小。

2. 夹点

主要作用是控制与夹点相关的设置。在对象被选中后，其上将显示夹点，即一些小方块。主要参数功能如下：

- “夹点颜色”按钮：单击该按钮，弹出“夹点颜色”对话框，可以分别设置“未选中夹点颜色”“选中夹点颜色”“悬停夹点颜色”和“夹点轮廓颜色”。
- “显示夹点”复选框（系统变量 GRIPS）：选择对象时，在对象上显示夹点。通过选择夹点和使用快捷菜单，可以用夹点来编辑对象。在图形中显示夹点会明显降低性能。清除此选项可优化性能。
- “在块中显示夹点”复选框（系统变量 GRIPBLOCK）：控制在选中块后如何在块上显示夹点。如果选择此选项，将显示块中每个对象的所有夹点。如果清除此选项，将在块的插入点处显示一个夹点。通过选择夹点和使用快捷菜单，可以用夹点来编辑对象。
- “显示夹点提示”复选框（系统变量 GRIPTIPS）：当光标悬停在支持夹点提示的自定义对象的夹点上时，显示夹点的特定提示，此选项对标准对象无效。
- “选择对象时限制显示的夹点数”文本框（系统变量 GRIPOBJLIMIT）：当初始选择集包括多于指定数目的对象时，将不显示夹点。有效值的范围从 1~32767，默认设置是 100。

3. 夹点尺寸

通过左右拖动“夹点尺寸”选项组中的滑块，来设置夹点的大小。

4. 选择集模式

在“选择集模式”选项组中，设置选择集的模式，其具体功能如下。

- “先选择后执行”复选框：设置是否可以先选择对象构造出一个选择集，然后再调用该选择集进行编辑操作的命令。
- “用Shift键添加到选择集”复选框：设置向已有的选择集添加对象的方式。如果选择此项，则在向已有选择集中添加对象时必须同时按Shift键。
- “允许按住并拖动对象”复选框：设置自定义选择窗口的方式。选择此项，则必须按住拾取键并拖动才可以生成一个选择窗口；不选择此项时，可以单独地分两次在屏幕上自定义选择窗口的角点，在给定了第一个角点后，也会出现一个动态的选择窗口。
- “对象编组”复选框：设置是否可以自动按组选择对象。选择此项，当选择某个对象组中的一个对象时，将会选中这个对象组中的所有对象。

2.2 设置绘图比例与单位

2.2.1 绘图比例

图样中图形要素的线性尺寸与实际物体相应要素的线性尺寸之比称为比例。国标规定，在绘制图样时一般采用规定的比例，如表2-1所示（其中n为正整数）。

表2-1 规定的比例

类 型	比 例
与实物相同	1:1
缩小的比例	1:1.5、1:2、1:3、1:4、1:5、$1:10^n$、$1:1.5\times10^n$、$1:2\times10^n$、$1:2.5\times10^n$、$1:5\times10^n$
放大的比例	2:1、2.5:1、4:1、10^n:1

图样不论放大或缩小，在标注尺寸时都按机件的实际尺寸标注。每张图样上均要在标题栏的“比例”栏中填写比例，如1:1或1:2等。

绘制图样时，尽可能按机件的实际大小（比例为1:1）画出，以便直接从图样看出机件的真实大小。由于机件的大小及其结构复杂程度不同，对大而简单的机件可采用缩小的比例，对小而复杂的机件则可采用放大的比例。

如果按1:n的比例变换图形，则比例因子就是n。例如，假定绘图比例为1:20，则比例因子就是20。假定要绘制一个40cm×60cm的机件，使用的图纸为A3幅面（297mm×420mm），要考虑到绘图时留出约25mm边界，标题栏区域为56mm×180mm，则图纸上实际可用的区域为190mm×215mm。由于400/190=2.1，600/215=2.79，比例因子取两者之中较大者2.79，因此比例因子采用3。

2.2.2 图形单位

AutoCAD 2021提供了适合任何专业绘图的绘图单位，如英寸、毫米等，而且精度范围大。在命令行输入UNITS后按Enter键，执行“单位”命令，打开“图形单位”对话框，可以设置绘图时使用的长度和角度单位以及单位的显示格式和精度等参数，如图2-14所示。

- “长度”选项组：分别在“类型”和“精度”下拉列表框中设置单位的长度类型和精度。默认情况下，长度“类型”为“小数”，“精度”为 0.0000。
- “角度”选项组：设置图形角度的类型、精度和是否采用顺时针。在“类型”下拉列表框中，有“百分度”“度/分/秒”“弧度”“勘测单位”和“十进制度数”5 种角度类型；在“精度”下拉列表框中精度有 0、0.0、0.00、0.000、0.0000、0.00000、0.000000、0.0000000、0.00000000 九种类型；还可以选择是否采用顺时针角度为正。默认情况下，采用逆时针为角度的正方向。
- “插入时的缩放单位”选项组：在“用于缩放插入内容的单位”下拉列表框中，可以选择设计中心块的图形单位，默认情况下为单位与新建文件时所选择的样板文件有关，当选择了 acadiso 类型的样板时，默认单位则为毫米，反之为英寸。
- “光源”选项组：可以在“用于指定光源强度的单位”下拉列表框中选择光源强度的单位，有“国际”“美国”“常规”3 种单位，默认情况下为“国际”。
- “方向”按钮：单击此按钮，打开“方向控制”对话框，设置起始角度 0° 的方向。默认情况下 0° 方向是正东方向，逆时针方向为角度增加的正方向，如图 2-15 所示。当选中“其他”选项时，可以单击“拾取角度”按钮，切换到图形窗口中，通过拾取两个点来确定基准角度的 0° 方向。

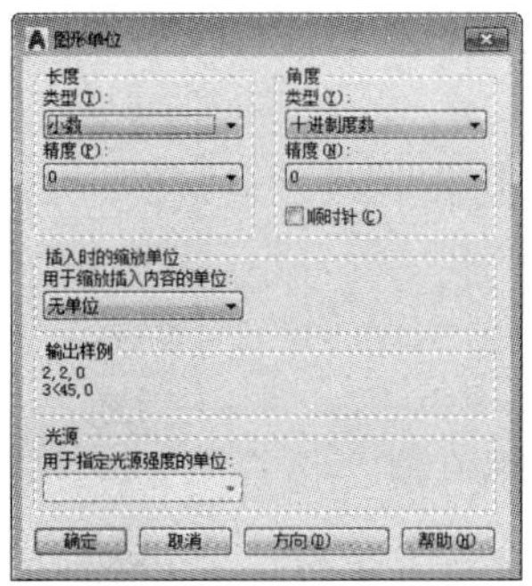

图 2-14 “图形单位”对话框

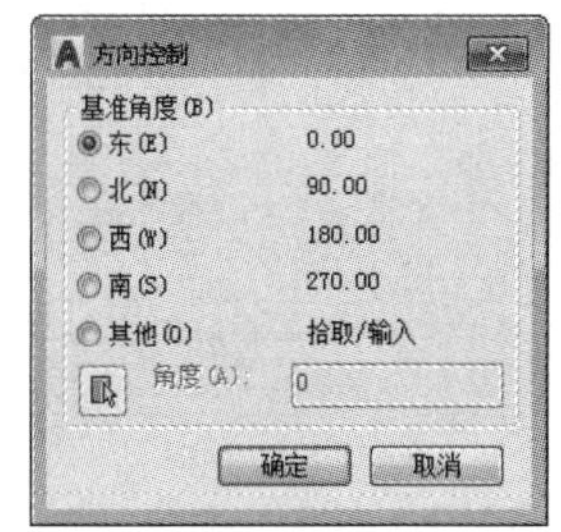

图 2-15 “方向控制”对话框

2.2.3 给排水专业图案比例要求

给排水专业制图常用比例，宜符合表 2-2 的规定。

表 2-2 给排水专业制图常用比例

名 称	比 例	备 注
区域规划图	1:50000、1:25000、1:10000	宜与总图专业一致
区域位置图	1:5000、1:2000	
总平面图	1:1000、1:500、1:300	宜与总图专业一致
管道纵断面图	纵向：1:200、1:100、1:50 横向：1:1000、1:500、1:300	
水处理厂（站）平面图	1:500、1:200、1:100	
水处理构筑物、设备间、卫生间、泵房平面图和剖面图	1:100、1:50、1:40、1:30	
建筑给排水平面图	1:200、1:150、1:100	宜与总图专业一致
建筑给排水轴测图	1:150、1:100、1:50	宜与总图专业一致
详图	1:50、1:30、1:20、1:10、1:5、1:2、1:1、2:1	

在绘图过程中，比例的使用应注意以下几点：

- 在管道纵断面图中，可根据需要对纵向与横向采用不同的组合比例。
- 在建筑给排水轴侧图中，如局部表达有困难时，该处可不按比例绘制。
- 水处理流程图、水处理高程图和建筑给排水系统原理图均不按比例绘制。

2.3 设置绘图界限

在 AutoCAD 2021 中，无论使用真实尺寸绘图，还是使用变化后的数据绘图，都可以在模型空间中设置一个想象的矩形绘图区域，称为图限，以使绘图更规范和便于检查。设置绘图界限的命令为 LIMITS，可以配合使用“栅格”功能和“全部缩放”功能来显示图限区域，如图 2-16 所示。

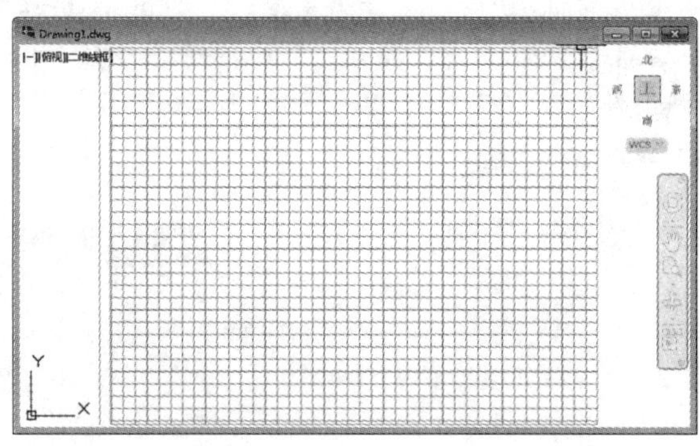

图 2-16　使用栅格显示图限区域

在世界坐标系下，图限由一对二维点确定，即左下角点和右上角点。选择菜单“格式”|“图形界限”命令，或者在命令行输入 LIMITS 后按 Enter 键，命令行提示如下：

```
命令: LIMITS
重新设置模型空间界限:
指定左下角点或 [开(ON)/关(OFF)] <0.0000,0.0000>: 50,50      //输入左下角点坐标
指定右上角点 <420.0000,297.0000>:644,470                    //输入右上角点坐标
```

设置完成后，在状态栏中单击“显示图形栅格”按钮▦，使用栅格显示图限区域，如图 2-16 所示，以图纸左下角点（50,50），右上角点（644,470）为图限范围设置该图纸的图限（即 A2 图纸的尺寸）。在设置了图形界限后，需要使用视图的“全部缩放”功能进行调整，以方便全部显示出所设置的图形界限，确定绘图的区域。

“开（ON）|关（OFF）”选项可以设置能否在图限之外指定一点。选择“开”将打开界限检查，不能在图限之外结束一个对象，也不能使用“移动”或“复制”等命令将图形移动到图限之外，可以指定两个点（中心和圆周上的点）来画圆，但圆的一部分可能在界限之外；选择“关”（默认值）将禁止界限检查，可以在图限之外绘制对象或指定点。

界限检查可避免将图形画在假想的矩形区域之外。对于避免非故意在图形界限之外指定点，界限检查是一种安全检查机制。如需要指定这样的点，则界限检查是个障碍。

2.4 设置图层

工程图样必须用规定的线型、线宽绘制。在 AutoCAD 2021 中，图形的线型、线宽、颜色等非几何信息称为对象的属性。如果根据属性进行分类，将具有相同性质的对象分在同一个组，那么就可以用对一个组所共有属性的描述来代替对这个组的每个对象属性的描述，从而大大地减少了重复性的工作，这个“组”就是图层。

可以把每个图层想象为一张没有厚度的透明纸，在图层上画图就相当于在透明纸上画图。各个图层之间完全对齐，即一个层上的某一基准点，准确无误地对齐其他各层上的同一基准点。在各层上画完图后，把这些层对齐重叠在一起就构成了一张整图。

2.4.1 图层性质

图层的性质一般有以下 4 个方面：

- 名称是使用图层的标志，图层名称最多由 255 个字符组成。当建立一张新图时，AutoCAD 自动生成一个 0 层，且 0 层不能被改名和删除。
- 图层可以被指定线型、线宽、颜色和打印样式等。
- 一张图可以包含多个图层，但只能设置一个“当前层”。只能在当前层上绘图，并且用当前层的线型、线宽、颜色。
- 图层可以被打开或关闭、冻结或解冻、锁定或解锁。如果图层被关闭，则该图层上的图形不被显示，也不能打印输出；但该图层仍是图形的一部分。

2.4.2 图层控制

1. 设置图层

在功能区单击“默认”选项卡|“图层”面板上的“图层特性”按钮，或者在命令行输入 LAYER 后按 Enter 键，都可执行“图层”命令，弹出如图 2-17 所示的“图层特性管理器”选项板。单击“新建图层”按钮，可创建一个新图层，系统赋予每个图层一种默认的颜色、线宽、线型。

在“图层特性管理器”选项板刚打开时，默认存在一个 0 图层，用户可以在这个基础上创建其他的图层，并对图层的特性进行修改，如修改图层的名称、状态等。新建图层后，默认名称处于可编辑状态，可以输入新的名称。对于已经创建的图层，如果要修改名称，需要单击该图层的名称，使图层名处于可编辑状态，再输入新的名称即可。

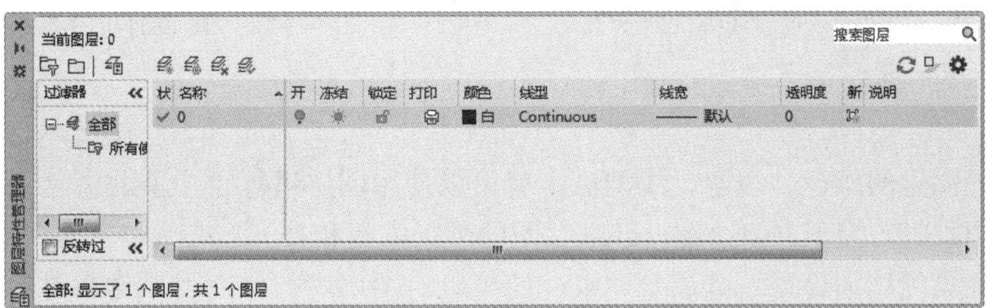

图 2-17　“图层特性管理器”选项板

通过“图层特性管理器”选项板可以进行如下设置：

- 在“图层特性管理器”选项板的图层列表中，在图层颜色区域单击■白，系统将打开“选择颜色”对话框，如图 2-18 所示，在此可以对图层进行颜色设置。
- 在“图层特性管理器”选项板中的图层列表中，在图层线型区域单击Continuous，系统将打开“选择线型”对话框，如图 2-19 所示，可以直接选择一种线型。如果没有所需要的线型，可单击“加载”按钮，系统将打开“加载或重载线型”对话框，如图 2-20 所示。可以在该对话框中选择所需要的线型，被选中的线型高亮显示，单击“确定”按钮回到“选择线型”对话框。

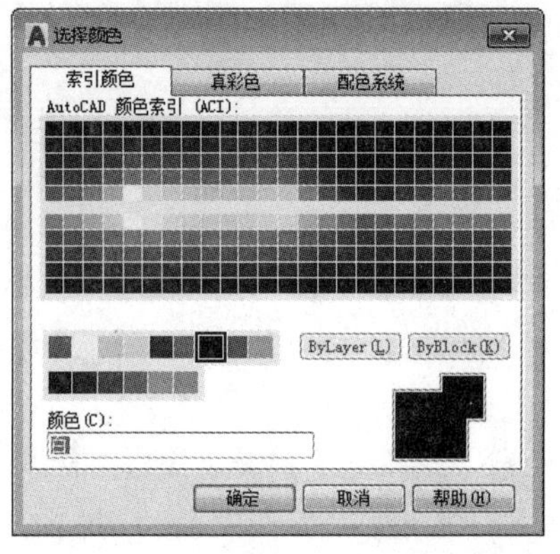

图 2-18 “选择颜色”对话框

图 2-19 “选择线型”对话框

- 在“图层特性管理器”选项板的图层列表中，在图层线宽区域单击——默认，系统将打开“线宽”对话框，如图 2-21 所示。直接选择一种线宽，单击“确定”按钮即可。

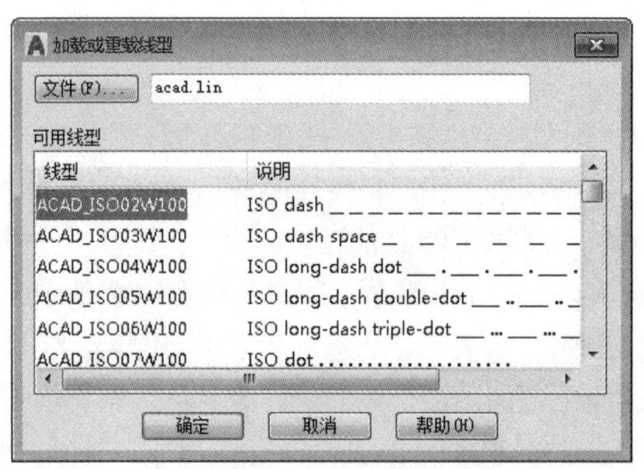

图 2-20 “加载或重载线型”对话框

图 2-21 “线宽”对话框

2. 使用图层

在设置好图层的颜色、线宽、线型后，就可以使用图层进行绘图了。

在使用图层时，为了方便绘图，可以对图层进行关闭和打开、冻结和解冻、锁定和解锁等操作。此外如果图层的设置不能满足要求，还可以对图层进行修改。

（1）设置当前层

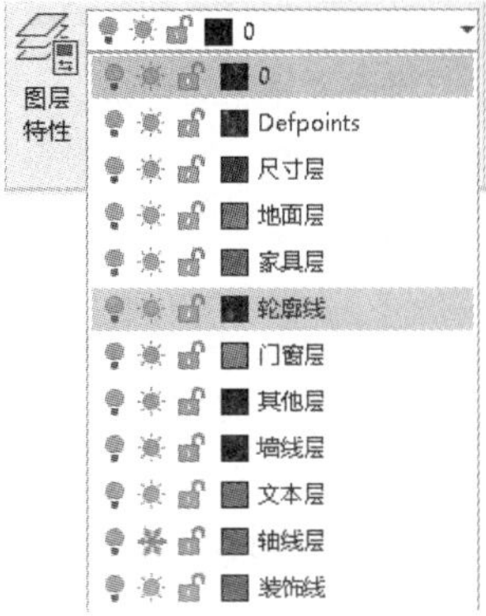

在屏幕上绘出的任何对象都在当前图层上，并被赋予该图层的颜色、线型和线宽。对于包含多个图层的图样，在绘图前，要将所要绘制的图层置为当前层。设置当前层的方法是：直接执行“图层”命令，在打开的”图层特性管理器”选项板中设置当前图层。也可以展开“默认”选项卡|“图层”面板|“图层”下拉列表，进行设置当前图层，如图 2-22 所示。

图 2-22 “图层”下拉列表

（2）图层的关闭和打开、冻结和解冻、锁定和解锁

开/关 / 用于控制图层的开关状态。默认状态下的图层都为打开的图层，按钮显示为黄色的 ，位于图层上的对象都是可见的，并且可在该层上进行绘图和修改操作；在按钮上单击，即可关闭该图层，按钮显示为蓝色的 。图层被关闭后，位于图层上的所有图形对象被隐藏，该层上的图形也不能被打印或由绘图仪输出，但重新生成图形时，图层上的实体仍将重新生成。

解冻/冻结 / 用于在所有视图窗口中解冻或冻结图层。默认状态下图层是被解冻的，按钮显示为黄色小太阳形状 ；在该按钮上单击，按钮显示为蓝色雪花状 ，位于该层上的内容不能在屏幕上显示或由绘图仪输出，不能进行重生成、消隐、渲染、打印等操作。

解锁与锁定 / 用于解锁图层或锁定图层。默认状态下图层是解锁的，按钮显示为黄色的 ，在此按钮上单击，图层被锁定，按钮显示为蓝色 ，用户只能观察该层上的图形，不能对其编辑和修改，但该层上的图形仍可以显示和输出。当前图层不能被冻结，但可以被关闭和锁定。

（3）修改对象属性

在绘制图形时，AutoCAD 2021 根据对象所属图层的特性来显示对象，即“ByLayer”。也可以根据自己的需要覆盖该层的定义，重新设置对象的颜色、线型等。功能区“默认”选项卡|“特性”面板|“对象颜色”下拉列表框用于显示设置对象的颜色。要设置对象的颜色为图层定义的颜色，从列表中选择“ByLayer”；要设置对象的颜色为块定义的颜色，从列表中选择“ByBlock”；要设置对象的颜色为标准颜色，从列表中直接选择某种颜色即可。

2.5 创建 CAD 样板图样

在创建新图形时，进行有关绘图设置，可避免绘制相同图形对象的重复操作，不仅提高了绘图效率，还保证了图形的一致性。

系统变量 FILEDIA 的作用是控制对话框的显示，当变量的值为 0 时，在执行相应的命令时，将不显示对话框，所有操作将在命令行中执行；当变量的值为 1 时，将显示对话框。通常情况下，系统默认变量值为 1，一般不要修改该变量。

系统变量 STARTUP 的作用是当选择“文件”|“新建”命令时，控制是否打开“创建新图形”对话框，当变量的值为 1 时，选择“文件”|“新建”命令，打开“创建新图形”对话框，如图 2-23 所示。

在命令行输入 STARTUP，将其值设置为 1。命令行提示如下：

```
命令：STARTUP
输入 STARTUP 的新值 <1>：1     //输入 STARTUP 的新值 1
命令：FILEDIA
输入 FILEDIA 的新值 <1>：1     //输入 FILEDIA 的新值 1
```

在此对话框中选择创建 CAD 样板图样有 3 种方法：使用向导新建一张图、使用样板新建一张工程图和使用默认设置新建一张工程图。

2.5.1 使用向导创建工程图

将系统变量 STARTUP 的值设置为 1 时，当单击“快速访问工具栏”上的“新建”按钮，系统打开“创建新图形”对话框，如图 2-23 所示。单击“使用向导”按钮，系统显示使用向导“创建新图形”对话框，如图 2-24 所示，可以设置新图形的单位、角度、角度测量、角度方向和区域，设置方法有以下两种。

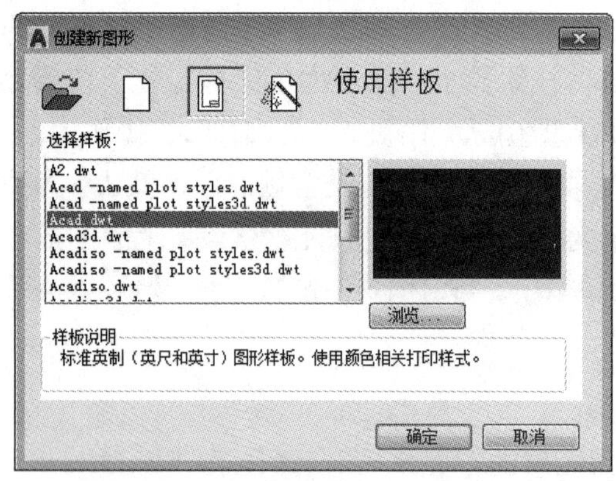

图 2-23 “创建新图形”对话框

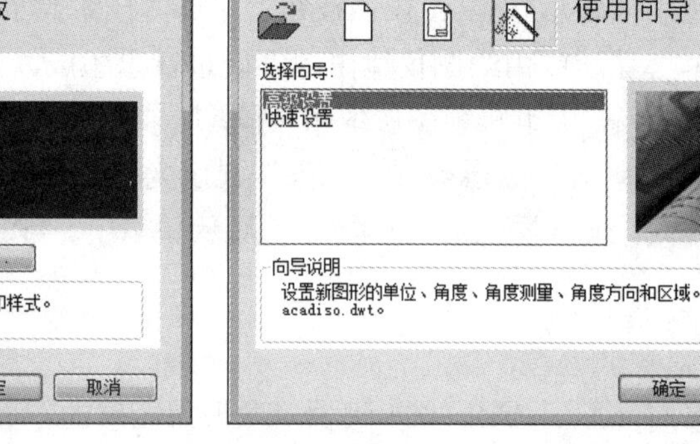

图 2-24 使用向导创建新图形

1. 快速设置

选择“选择向导”列表框中的“快速设置”选项，并单击“确定”按钮，将出现“快速设置”对话框，如图 2-25 所示。“快速设置”是基于样板 acadiso.dat 对新图形的单位和区域进行设置。“快速设置”向导还可以设置文字高度和捕捉间距等参数，以修改成合适的比例。

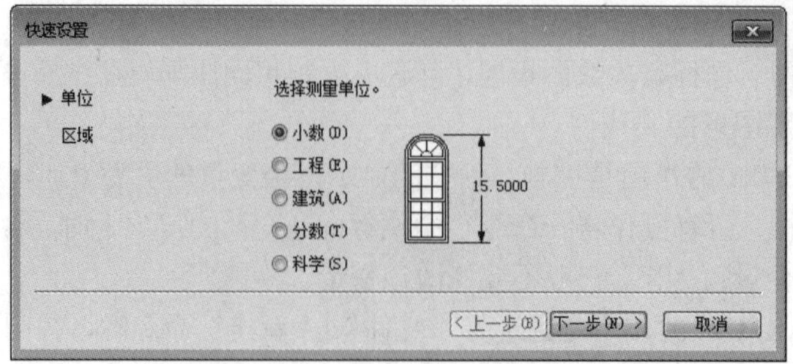

图 2-25 “快速设置”对话框

“快速设置”分为“单位”和“区域”两个设置步骤。

步骤01 选择“快速设置”命令，在弹出的对话框中先设置“单位”（见图 2-25），AutoCAD 2021 提供了 5 种测量单位：“小数”“工程”“建筑”“分数”和“科学”。

步骤02 选择完成后，单击“下一步”按钮，系统打开对区域的设置对话框界面，如图 2-26 所示。在此选择图纸大小，如图 2-26 中所示的是 A3 图纸的大小，宽度为 420mm，长度为 297mm。

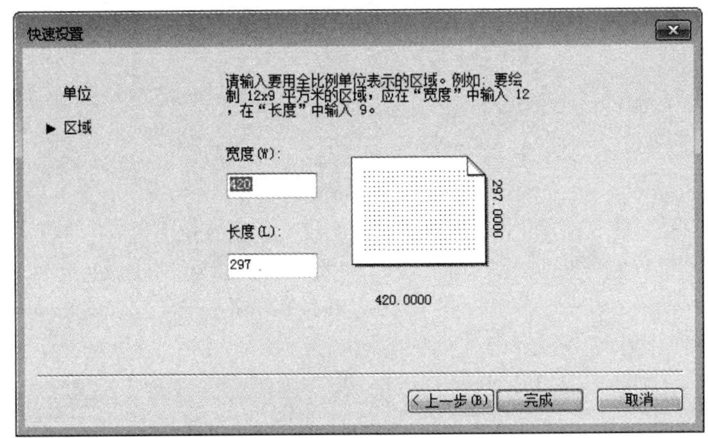

图 2-26　对“区域”设置的对话框界面

2. 高级设置

在图 2-24 中选择“高级设置”选项，并单击“确定”按钮，将出现高级设置对话框，如图 2-27 所示。

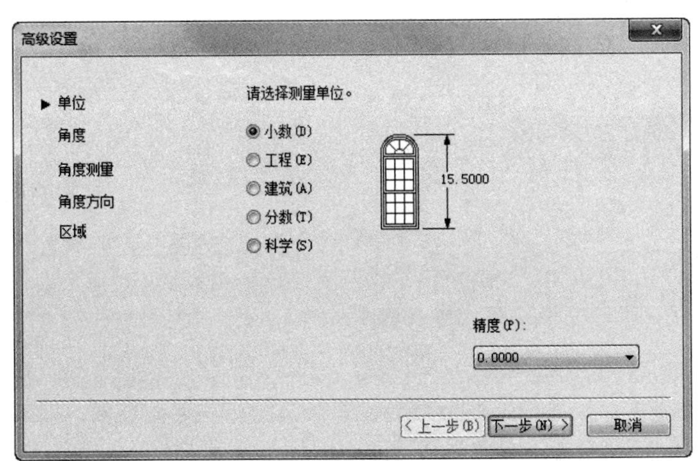

图 2-27　“高级设置”对话框

在“高级设置”中，除了可以设置单位和区域外，还可以进行角度、角度测量和角度方向的设置，包括文字高度和捕捉间距等参数，设置成合适的比例。

“高级设置”共有“单位”“角度”“角度测量”“角度方向”和“区域”5 个设置项。

步骤01 “单位”设置的方法和“快速设置”基本相同，此外还增加了“单位精度设置”。用户设置完毕后单击“下一步”按钮，系统打开“角度”设置对话框，如图 2-28 所示。

步骤02 在该对话框中选择 5 种角度单位，如“十进制度数”“度/分/秒”“百分度”“弧度”和“勘测”，在“精度”下拉列表框中设置角度测量单位的精度格式。“角度”设置完毕后，单击“下一步”按钮，系统打开“角度测量”对话框，如图 2-29 所示。

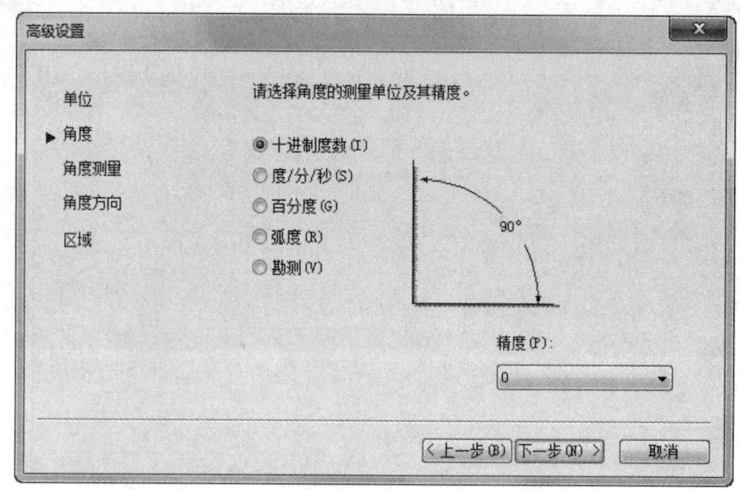

图 2-28　对“角度”设置的对话框界面

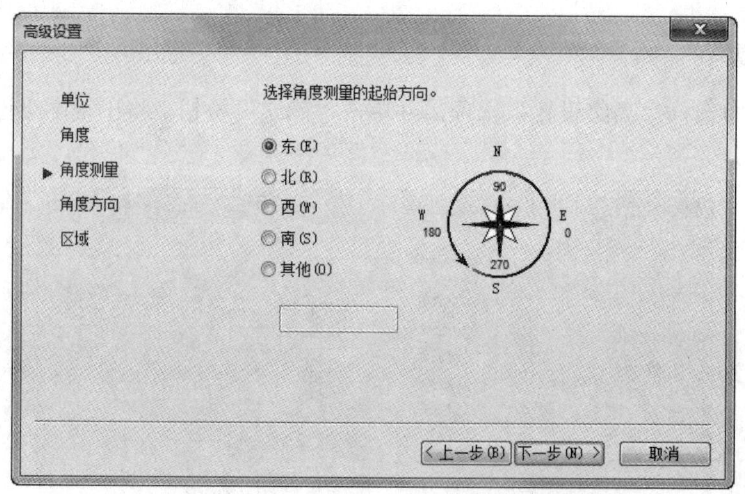

图 2-29　对“角度测量”设置的对话框界面

步骤03 设置角度测量的起始方向，AutoCAD 2021 提供了 5 种起始方向，如“东”“北”“西”“南”和“其他”。选中“其他”单选按钮，其下面的文本框被激活，可以输入合适的角度作为测量的起始方向。

步骤04 “角度测量”设置完毕后，单击“下一步”按钮，打开对“角度方向”进行设置的对话框界面，如图 2-30 所示。AutoCAD 2021 提供了“逆时针”和“顺时针”两种角度起始方向。系统默认的是逆时针方向为角度的起始方向。

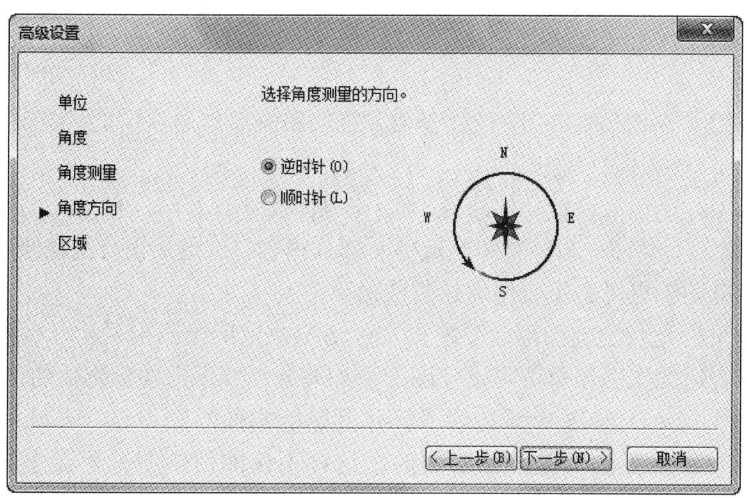

图 2-30　对“角度方向”设置的对话框界面

步骤 05　“角度方向”设置完毕后，单击“下一步”按钮，系统打开“区域”设置对话框，设置方法和“快速设置”相同，不再详细介绍。

2.5.2　使用样板创建工程图

单击图 2-24 中的“使用样板”按钮，打开使用样板“创建新图形”对话框，如图 2-31 所示。在“选择样板”选项中选择相应的样板文件，单击“确定”按钮即自动生成一张工程图。

2.5.3　使用默认设置创建工程图

单击图 2-24 中的“从草图开始”按钮，开从草图开始“创建新图形”对话框，如图 2-32 所示。在此对话框中选择“公制”或者“英制”两种方式创建新图形，单击“确定”按钮后，系统将使用“公制”或者“英制”作为默认的设置。

图 2-31　“使用样板创建新图形”对话框

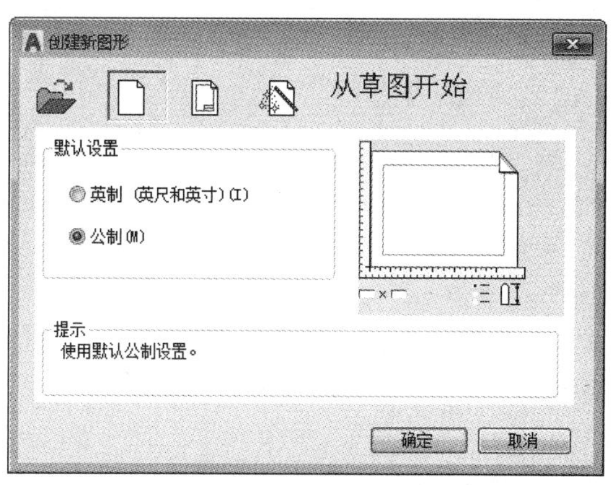

图 2-32　“从草图开始创建新图形”对话框

2.6 本章小结

本章主要介绍了 AutoCAD 2021 绘图基础，包括系统参数选项设置、绘图比例与单位、图层设置和建立 CAD 样板图样等知识点。

系统参数选项设置包括设置文件路径、显示性能、文件打开与保存方式、打印和发布选项、系统、用户系统配置、草图、选择集和配置等 9 部分内容。这些知识点是在绘图前需要了解的必要系统设置，有助于更快、更方便地绘制图形。

绘图比例和单位是在绘制图形前要根据实际情况决定所绘图形采用什么样的比例和单位进行绘制。选择合适的比例和单位可以使图形更加充分地表示出实际物体的信息。

图层是每一个 CAD 绘图者都必须了解并且熟练掌握的知识点。在绘制复杂图形时，用不同的图层绘制不同的部分是非常必要的，这样不仅能使绘图过程清楚明了，而且在修改时也非常方便。

CAD 图样可以使用户避免绘制新图形时要进行的有关绘图设置、绘制相同图形对象等重复操作，不仅提高了绘图效率，还保证了图形的一致性。

第 3 章 给排水基本图形元素的绘制

导言

基本图形元素主要是指点、直线、圆、圆环、圆弧、椭圆、矩形、正多边形、多段线、多线和样条曲线等，它们是构成任何一幅 CAD 图的基本元素。

本章主要介绍 AutoCAD 2021 提供的绘图工具，并运用绘图工具来创建给排水基本图形元素。

3.1 点的绘制

在利用 AutoCAD 2021 绘制图形时，经常需要先绘制一些辅助点来帮助准确定位，完成绘制图形后再删除它们。点是组成图形最基本的实体对象之一，节点或参照几何图形的点对象对于对象捕捉和相对偏移非常有用，因此要熟练掌握点的绘制。在 AutoCAD 2021 中，可以绘制单点、多点、等分点、等距点等。在绘制点之前可以预先设置点的样式和大小。

3.1.1 设置点的显示模式和大小

在默认设置下，绘制的点以一个小点显示，如果在某图线上绘制了点，那么将会看不到所绘制的点，为此，AutoCAD 为用户提供了多种点的样式，用户可以根据需要进行设置当前点的显示样式。

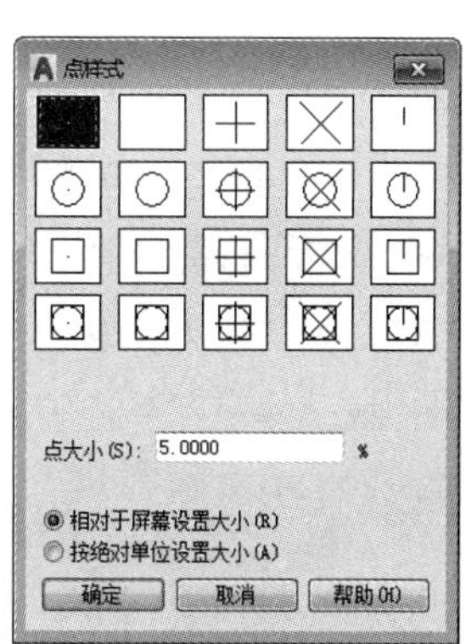

图 3-1 “点样式”对话框

设置点的格式和大小的步骤如下：

步骤 01 在命令行输入 PTYPE 后按 Enter 键，系统打开“点样式”对话框，如图 3-1 所示。

步骤 02 “点样式”对话框中提供了 20 种点样式，根据需要选择其中一种，然后单击“确定”按钮，即可以在下次的绘制点命令中使用该种样式。

步骤 03 在该对话框中采取以下两种方式设置点的大小：

- “相对于屏幕设置大小”单选按钮：按屏幕尺寸的百分比设置点的显示大小。当执行显示缩放时，显示出的点的大小不改变。

- “按绝对单位设置大小”单选按钮：按实际单位设置点的显示大小。当执行显示缩放时，显示出的点的大小随之改变。

一个图形文件中，点的样式都是一致的，一旦更改了一个点的样式，除了被锁住或冻结的图层上的点，该文件中所有的点都会发生变化，但是将该图层解锁或解冻后，点的样式和其他图层一样会发生变化。

3.1.2 绘制单点和多点

1. 绘制单点

在命令行直接输入 POINT 或者 PO 后按 Enter 键，可以执行“单点”命令，一次只能绘制一个点对象。

2. 绘制多点

在功能区直接单击“默认”选项卡|“绘图”面板|“多点”按钮 ∴，可以执行“多点”命令，绘制多个点对象，直到按下 Esc 键结束命令为止。执行“多点”命令。

单击“绘图”面板|“多点”按钮 ∴，命令行提示如下：

```
命令：_POINT
当前点模式：  PDMODE=0  PDSIZE=0.0000
指定点：        //要求输入点的坐标或指定点位置
指定点：        //要求输入点的坐标或指定点位置
指定点：        //要求输入点的坐标或指定点位置
…
指定点：        //按 Esc 键，结束命令
```

在输入第一个点的坐标时，必须输入绝对坐标，以后的点可以使用相对坐标输入。

输入点的时候，可能知道 B 点相对于 A 点（已存在的点或知道绝对坐标的点）的位置距离关系，却不知道 B 点的具体绝对坐标，这就没有办法通过绝对坐标或“点”命令来直接绘制 B 点，这个时候的 B 点可以通过相对坐标法来进行绘制，这个方法在绘制二维平面图形中经常使用。以点命令为例，命令行提示如下：

```
命令：_POINT
当前点模式：  PDMODE=0  PDSIZE=0.0000
指定点：FROM //通过相对坐标法确定点，都需要先输入 FROM，按 Enter 键
基点：          //输入作为参考点的绝对坐标或捕捉参考点，即 A 点
<偏移>：        //输入目标点相对于参考点的相对位置关系，即相对坐标，即 B 点相对于 A 点的坐标
```

3.1.3 绘制定数等分点

“定数等分”命令可以将已有图形按照一定数目进行等分。对象定数等分的结果是仅仅在等分位置上放置了点的标记符号或图块，而实际上对象并没有被等分为多个对象。绘制定数等分点对象包括圆、圆弧、椭圆、椭圆弧和样条曲线。

1. 定数等分命令

单击"默认"选项卡|"绘图"面板上的"定数等分"按钮，或者在命令行中输入 DIVIDE 后按 Enter 键，都可执行"定数等分"命令，绘制定数等分点。

单击"绘图"面板上的"定数等分"按钮，命令行提示如下：

```
命令：DIVIDE                        //输入命令
选择要定数等分的对象：              //单击选取对象
输入线段数目或[块(B)]：             //在命令行输入线段数目
```

2. 方形地漏操作实例

【例 3-1】在如图 3-2 所示图形的基础上完成给排水中方形地漏的绘制，如图 3-3 所示（其中要将直线进行四等分）。

图 3-2　方形地漏框架　　　　图 3-3　方形地漏

步骤 01 首先执行"点样式"命令，设置点的样式为⊕，然后单击"默认"选项卡|"绘图"面板上的"定数等分"按钮。命令行提示如下：

```
命令：DIVIDE                    //输入命令
选择要定数等分的对象：          //用鼠标选择矩形的上边直线
输入线段数目或[块(B)]：4        //在命令行输入线段数目 4，然后按 Enter 键，完成等分
```

步骤 02 使用同样的方法对矩形的下边直线进行等分，等分效果如图 3-4 所示。

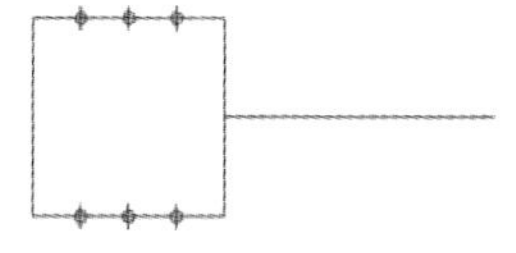

图 3-4　定数等分直线效果

步骤 03 等分完毕后，单击"默认"选项卡|"绘图"面板上的"直线"按钮，将各对应点用直线连接起来，并删除定数等分点，完成方形地漏绘制，结果如图 3-3 所示。

3. 注意事项

使用等分命令时应注意以下几点：

- 因输入的是等分数，所以如果将所选择对象分成 N 份，则实际上只生成 N-1 个点，此种现象只适合于非闭合对象的等分，如果是闭合对象进行定数等分，那么等分数就是等分的点数。
- 每次只能对一个对象进行等分操作，而不能同时对一组对象进行等分操作。
- 对于非闭合的图形对象，定数等分点的位置是唯一的，而闭合的图形对象的定数等分点的位置和选择对象时的单击位置有关。

- 有时候绘制完等分点后可能看不到，这是因为等分点与所操作的对象重合了，可以将点设置为其他便于观察的样式。

3.1.4 绘制定距等分点

在AutoCAD 2021中，可以按照一定的间距绘制点。单击“默认”选项卡|“绘图”面板上的“定距等分”按钮，或者在命令行中输入MEASURE或ME后按Enter键，都可执行“定距等分”命令，可以在指定的对象上绘制定距等分点。

单击“绘图”面板|“定距等分”按钮，命令行提示如下：

```
命令：MEASURE                    //输入命令
选择要定数等分的对象               //单击选取对象
输入线段长度或[块（B）]：          //在命令行输入线段长度
```

如果要将已经绘制好的直线定数等分，如图3-5所示，长度为60mm，分为每段10mm，可以使用定距等分命令。选择直线后，在“输入线段长度或[块(B)]：”的提示行输入10，按Enter键即可，等分效果如图3-6所示。

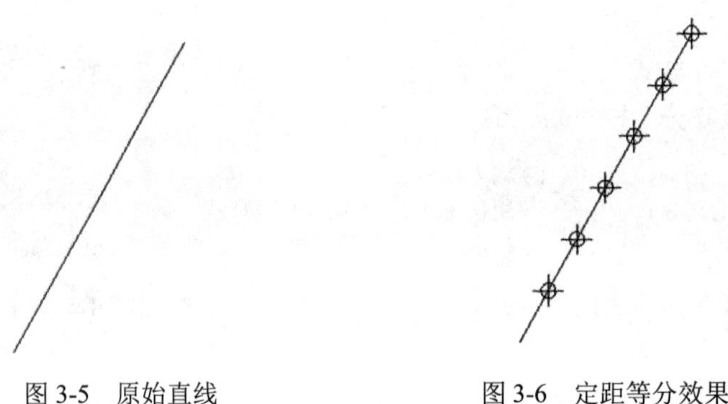

图3-5　原始直线　　图3-6　定距等分效果

3.2 线的绘制

3.2.1 绘制构造线

向两个方向无限延伸的直线称为构造线。构造线没有起点和终点，可以放置在三维空间的任何地方，在绘图中主要用作辅助线，以便精确绘图。单击“默认”选项卡|“绘图”面板上的“构造线”按钮，或者在命令行中输入XLINE或XL后按Enter键，都可以执行“构造线”命令。

单击“绘图”面板|“构造线”按钮，命令行提示如下：

```
命令：XLINE
指定点或[水平(H)/垂直(V)/角度(A)/二等分(B)/偏移(O)]：
```

按照上述命令行提示信息，通过指定两点来定义构造线，第一点（即根）为构造线概念上的中点。该命令行提示的其他选项功能介绍如下：

- “水平（H）”选项：创建经过指定点（中点）且平行于 X 轴的构造线。
- “垂直（V）”选项：创建经过指定点（中点）且平行于 Y 轴的构造线。
- “角度（A）”选项：创建与 X 轴成指定角度的构造线。先选择一条参考线，再指定直线与构造线的角度；或者先指定构造线的角度，再设置必经的点。选择该选项后，命令行提示如下：

```
输入构造线角度(O)或[参照 R]：    //输入 45 并按 Enter 键
输入线通过的一点：               //指定通过点的位置，效果如图 3-7 所示
```

- “二等分（B）”选项：创建二等分指定角度的构造线，需要指定等分角的顶点、起点和端点。选择该选项后，命令行提示如下：

```
指定角的顶点：        //指定角的顶点位置 A
指定角的起点：        //指定角的起点位置 B
指定角的端点：        //指定角的端点位置 C
指定角的端点：        //按 Enter 键结束命令，效果如图 3-8 所示
```

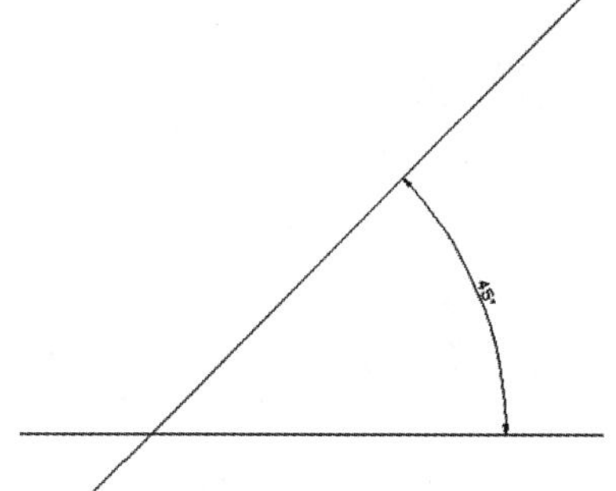

图 3-7　与水平方向成 45° 的构造线

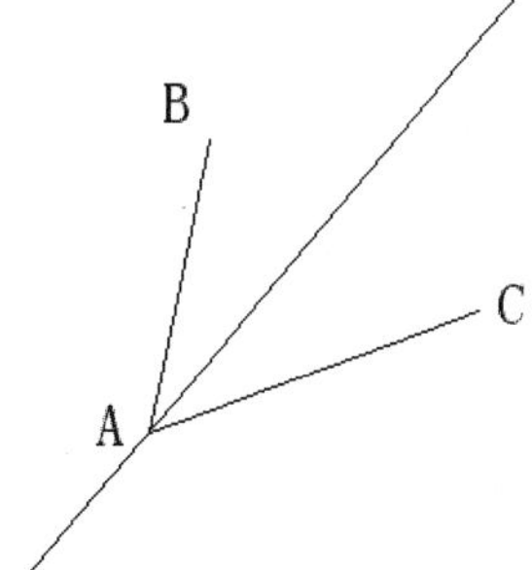

图 3-8　平分角度的构造线

- “偏移（O）”选项：创建平行于指定基线的构造线。先指定偏移距离，选择基线，然后指明构造线位于基线的哪一侧。选择该选项后，命令行提示如下：

```
指定偏移距离或[通过(T)]<1.0000>：  //输入偏移距离 30
选择直线对象：                     //选择直线 AC
指定向哪侧偏移：                   //在直线 AC 的右上方单击，效果如图 3-9 所示
```

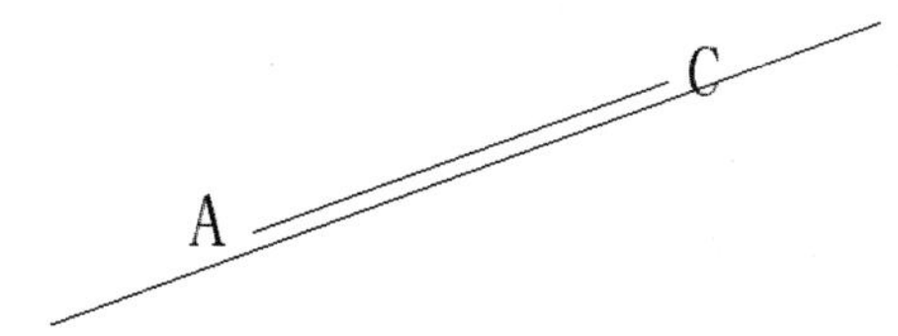

图 3-9　平行构造线

3.2.2　绘制和编辑多线

多线是数目和间距可以调整的多条平行线组成的图形对象，常用于绘制建筑的墙体、电子线路等平行线对象。

1. 绘制多线

在命令行中输入MLINE或ML后按Enter键，都可以执行“多线”命令，执行“多线”命令。此时命令行提示如下：

```
命令：MLINE
当前设置：对正=上，比例=20.00，样式=STANDARD
指定起点或[对正(J)/比例(S)/样式(ST)]:
```

在命令行中，“当前设置：对正=上，比例=20.00，样式=STANDARD”提示信息显示了当前多线绘图格式的对正方式、比例及多线样式。

各选项的功能介绍如下：

- “指定起点”选项：默认选项，指定多线的起点。指定起点后，命令行提示如下：

```
    指定下一点：//要求输入一点，画出第一条按当前样式的多线
    指定下一点或[放弃(U)]：//要求再输入一点，画出第二条多线，或者放弃多线操作
    指定下一点或[闭合(C)/放弃(U)]：//如果选择“闭合(C)”，将使下一段多线与起点相连，
并对所有多线之间的接头进行圆弧过渡，然后结束该命令；如果选择“放弃(U)”，将删除最后画
的一条多线，然后提示指定下一点
```

- “对正（J）”选项：指定多线的对正方式。选择此选项后，命令行提示“输入对正类型[上(T)/无(Z)/下(B)]<上>”。“上（T）”选项表示当从左向右绘制多线时，多线上最顶端的线将随着光标移动；“无(Z)”选项表示绘制多线时，多线的中心线将随着光标点移动；“下(B)”选项表示从左向右绘制多线时，多线上最底端的线将随着光标点移动。
- “比例（S）”选项：指定所绘制的多线的宽度相对于多线的定义宽度的比例因子，该选项不影响多线的线型比例。
- “样式（ST）”选项：指定绘制多线的样式，默认为STANDARD（标准）型。当命令行提示“输入多线样式名或[？]”时，可以直接输入已有的多线样式名，也可以输入“？”显示已定义的多线样式。

2. 使用多线样式对话框

“多线样式”命令主要用于设置多线的样式，比如多线元素，元素的线型、线宽以及元素间的距离等。选择“格式”|“多线样式”命令，或者在命令行中直接输入MLSTYLE，执行“多线样式”命令，打开“多线样式”对话框，如图3-10所示，根据需要创建多线样式，设置其线条数目和线的拐角方式。

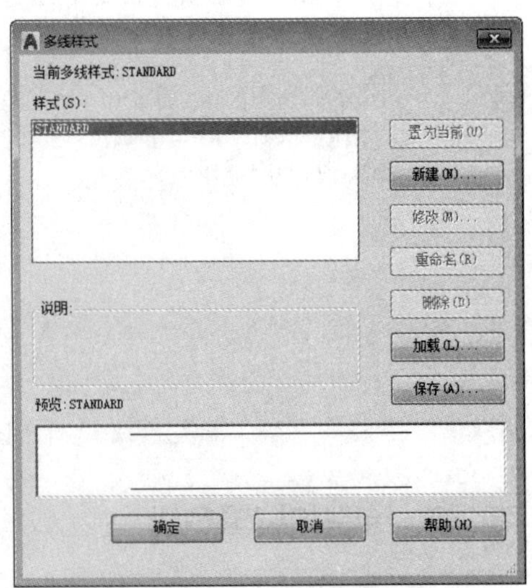

图3-10 “多线样式”对话框

在“多线样式”对话框中，“当前多线样式”显示当前正在使用的多线样式，“样式”列表框显示已经创建好的多线样式，“预览”框显示当前选中的多线样式的形状，“说明”文本框为当前多线样式附加的说明和描述。“置为当前”“新建”“修改”“重命名”“删除”“加载”和“保存”7个按钮的作用如下：

- “置为当前”按钮：在“样式”列表框中选择需要使用的多线样式后，单击该按钮，可以将其设置为当前样式。
- “新建”按钮：单击该按钮，打开“创建新的多线样式”对话框，如图 3-11 所示，在此创建新多线样式。
- “修改”按钮：单击该按钮，打开“修改多线样式”对话框在此修改创建的多线样式。
- “重命名”按钮：重命名“样式”列表框中选中的多线样式名称，但是不能重命名标准样式（STANDARD）。
- “删除”按钮：可以从“样式”列表框中删除当前选定的多线样式，此操作并不会删除 MLN 文件中的样式。
- “加载”按钮：单击该按钮，打开“加载多线样式”对话框，如图 3-12 所示。从中选择多线样式并将其加载到当前图形中；也可以单击“文件”按钮，打开“从文件加载多线样式”对话框，如图 3-13 所示，选择多线样式文件。默认情况下 AutoCAD 2021 提供的多线样式文件名为 acad.mln。

图 3-11　“创建新的多线样式”对话框

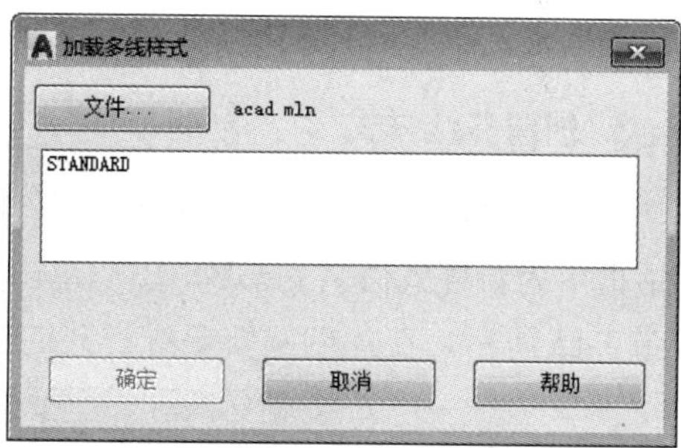

图 3-12　“加载多线样式”对话框

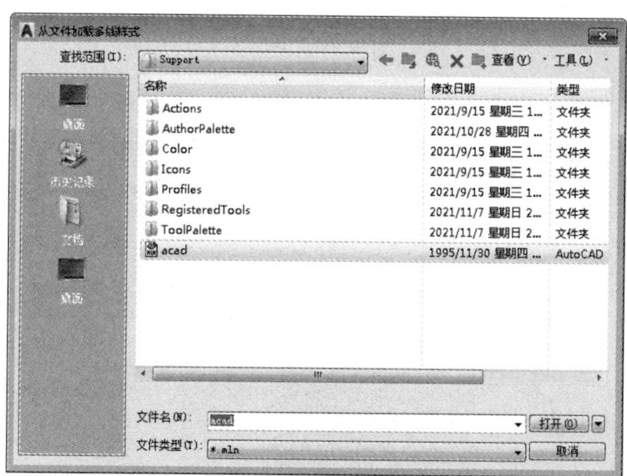

图 3-13　“从文件加载多线样式”对话框

- “保存”按钮：单击该按钮，将打开“保存多线样式”对话框，如图 3-14 所示，用户可以将多线样式保存或复制到多线库（MLN）文件。如果指定了一个已存在的 MLN 文件，新样式定义将添加到此文件中，并且不会删除其中已有的定义，默认文件名是 acad.mln。

图 3-14　“保存多线样式”对话框

当选中一种多线样式后，在“多线样式”对话框中的“说明”和“预览”区中将显示该多线样式的说明信息和样式预览。

3. 创建多线样式

单击“多线样式”对话框中的“新建”按钮 新建(N)...，在弹出的“创建新的多线样式”对话框中为新样式命名为 GB，然后单击“继续”按钮，系统打开“新建多线样式”对话框，如图 3-15 所示，在此创建新多线样式的封口、填充和图元等内容。

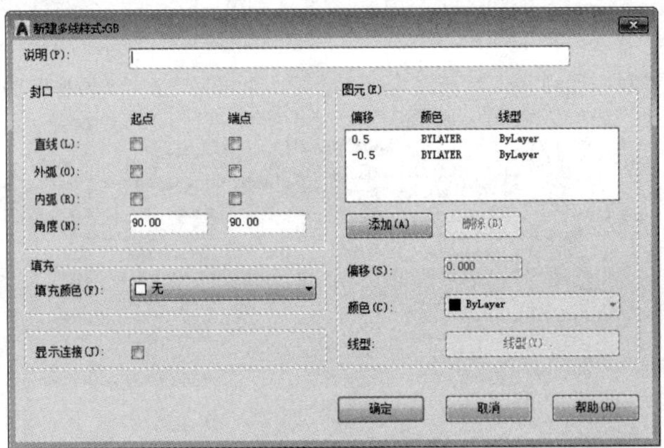

图 3-15　“新建多线样式”对话框

“新建多线样式”对话框中各选项的功能介绍如下：

- “说明”文本框：输入多线样式的说明信息。当在“多线样式”列表框中选中多线时，说明信息将显示在“说明”区域中。
- “封口”选项组：控制多线起点和端点样式，在此为多线的每个端点选择一条直线或弧线，并输入角度。“直线”穿过整个多线的端点，“外弧”连接最外层元素的端点，“内弧”连接成对元素，如果有奇数个元素，则中心线不相连，如图 3-16 所示。

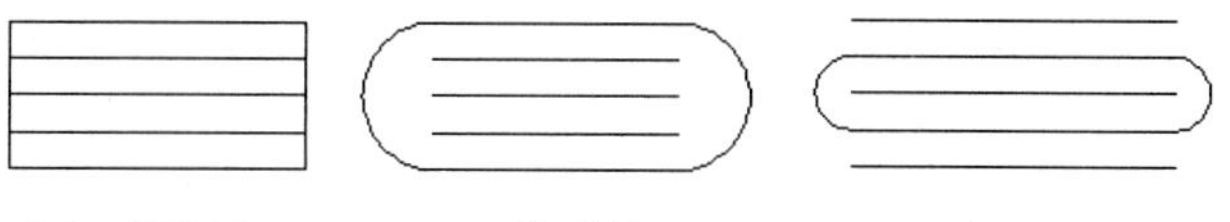

（a）直线封口　　（b）外弧封口　　（c）内弧封口

图 3-16　多线的封口样式

- “填充”选项组：设置是否填充多线的背景，在“填充颜色”下拉列表框中选择所需要的填充颜色作为多线的背景。如果不使用填充色，则在“填充颜色”下拉列表框中选择“无”即可。
- “显示连接”复选框：可以在多线拐角处显示连接线。如图 3-17 所示为显示连接和不显示连接图形的对比。

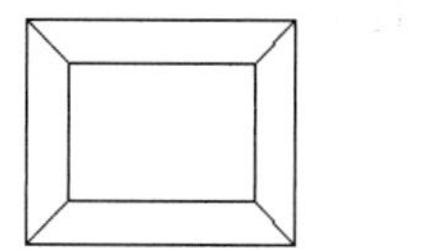

（a）显示连接　　（b）不显示连接

图 3-17　显示连接和不显示连连图形的对比

- “图元”选项组：设置多线样式的元素特性，包括多线的线条数目、每条线的颜色和线型特性。“元素”列表框中列举了当前多线样式中各线条元素及特性，包括线条元素相对于多线中心线的偏移量、线条颜色和线型。如果要增加多线中的线条数目，可单击“添加”按钮，在“元素”列表框中将加入一个偏移量为 0.5 的新线条元素；通过“偏移”文本框设置线条元素的偏移量；在“颜色”下拉列表框中设置当前线条颜色；单击“线型”按钮，打开“选择线型”对话框，如图 3-18 所示，设置元素的线型。如果要删除某一线条，可在“元素”列表框中选中该线条元素，然后单击“删除”按钮。

【例 3-2】绘制如图 3-19 所示房屋墙体图。

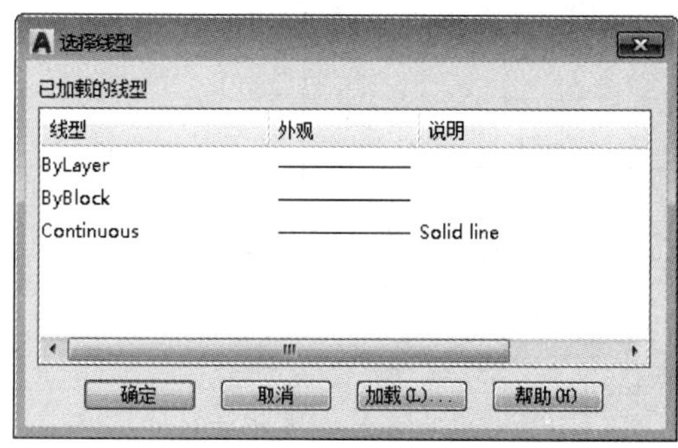

图 3-18　“选择线型”对话框

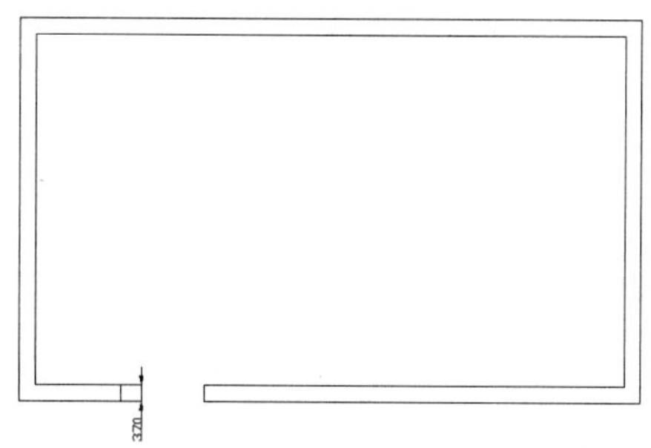

图 3-19　房屋墙体图

要绘制如图 3-19 所示的房屋墙体图，可以选择“绘图”|“多线”命令，命令行提示如下：

```
命令：_MLINE
当前设置：对正=上，比例=20.00，样式=STANDARD
指定起点或[对正(J)|比例(S)|样式(ST)]：S
指定多线比例：370                              //输入多线比例
```

```
指定起点或[对正(J)|比例(S)|样式(ST)]:        //在绘图区域单击，拾取一点
指定下一点：@10000<0                          //通过距离和角度方式来指定下一点坐标
指定下一点或[放弃(U)]：@8000<90                //通过距离和角度方式来指定下一点坐标
指定下一点或[放弃(U)]：@14000<180              //通过距离和角度方式来指定下一点坐标
指定下一点或[放弃(U)]：@8000<90                //通过距离和角度方式来指定下一点坐标
指定下一点或[放弃(U)]：@2000<0                 //通过距离和角度方式来指定下一点坐标
指定下一点或[放弃(U)]:                         //按 Enter 键，结束命令
```

在绘制图 3-19 所示的房屋墙体图时，要预先将多线样式设置为直线封口样式。

4. 编辑多线

如果所绘多线不理想，可以再次编辑多线。在命令行中输入 MLEDIT 后 Enter 键，或者在需要编辑的多线上双击，都可以执行“多线编辑”命令，打开“多线编辑工具”对话框，如图 3-20 所示。

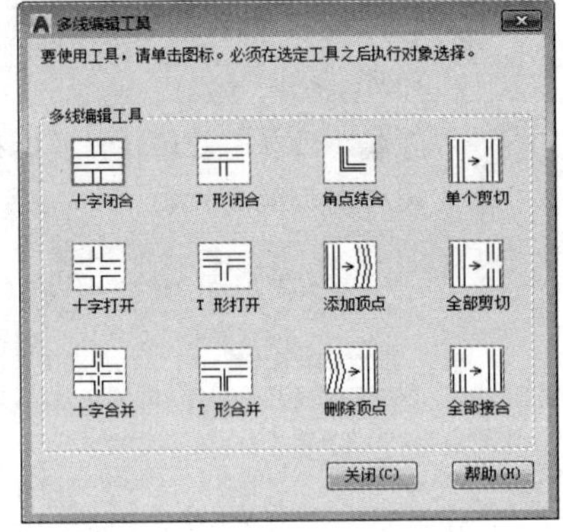

图 3-20 “多线编辑工具”对话框

在此对话框中，系统提供了 12 种编辑多线工具，其具体功能介绍如下：

- 使用 3 个十字形工具，如“十字闭合”“十字打开”“十字合并”，可以消除各种相交线，各自效果如图 3-21 所示。

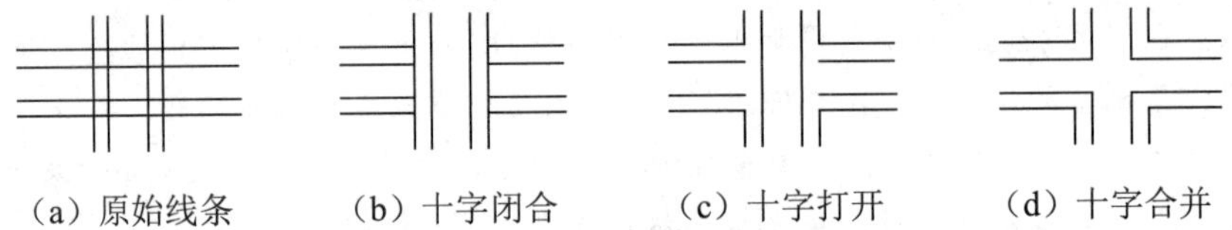

（a）原始线条 （b）十字闭合 （c）十字打开 （d）十字合并

图 3-21 多线的十字形编辑效果

- 使用 3 个 T 字形工具，如“T 形闭合”“T 形打开”“T 形合并”，可以消除相交线，各自效果如图 3-22 所示。

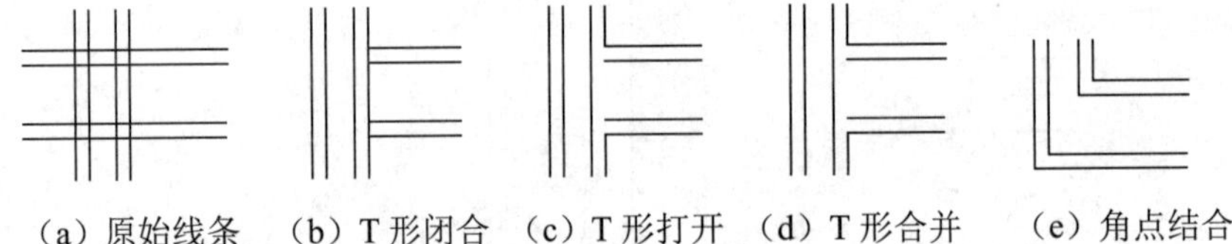

（a）原始线条 （b）T 形闭合 （c）T 形打开 （d）T 形合并 （e）角点结合

图 3-22 多线的 T 形编辑效果

- 使用“角点结合”工具也可以消除相交线，同时还可以消除多线一侧的延伸线，从而形成直角，其效果如图 3-22（e）所示。
- 使用“添加顶点”工具可以为多线增加若干顶点。
- 使用“删除顶点”工具可以从包含 3 个或更多顶点的多线上删除顶点。
- 使用“单个剪切”工具可以切断多线中的一条，只需简单地拾取要切断的多线某一元素上的亮点，这两点中的连线即被删除（实际上不显示）。

- 使用“全部剪切”工具切断整条多线。
- 使用“全部接合”工具可以连接多线中的所有可见间断，但不能用来连接两条单独的多线。

在使用上述工具编辑多线时，应该注意以下两点：

- 当选择十字形时，还需要选取两条多线，AutoCAD 2021 总是切断所选的第一条多线，并根据所选工具切断第二条多线。在使用“十字合并”工具时，可以生成配对元素的直角，如果没有配对元素，多线将不被删除。
- 使用 T 字型工具时，需要选择两条多线，在要保留的多线某部分上拾取点，AutoCAD 2021 就会将多线剪裁或延伸到它们的相交点。

3.2.3 绘制和编辑多段线

多段线是由相连的多段直线或弧线组成，但被作为单一的对象使用，当用户选择组成多段线的其中任意一段直线或弧线时将选择整个多段线。多段线中的线条可以设置成不同的线宽以及不同的线型，具有很强的实用性。

1. 绘制多段线

在功能区面板中单击“默认”选项卡|“绘图”面板上的 “多段线”按钮，或者在命令行中输入 PL 后按 Enter 键，都可以执行“多段线”命令。

单击“绘图”面板|“多段线”按钮，命令行提示如下：

```
命令：_PLINE
指定起点：  //在绘图区域任意位置单击
当前线宽为 0.0000
指定下一个点或[圆弧(A)/半宽(H)/长度(L)/放弃(U)/宽度(W)]：
```

在绘图区域多次重复绘制线段，最后得到一条满意的多段线。其他选项的功能介绍如下。

- “圆弧（A)”选项：从绘制直线方式切换到绘制圆弧方式。
- “半宽（H)”选项：设置多段线的半宽度，即多段线的宽度等于输入值的 2 倍，可以分别指定对象的起点半宽和端点半宽。
- “长度（L)”选项：指定绘制的直线段的长度，AutoCAD 2021 将以该长度沿着上一段直线的方向绘制直线段。如果前一段对象是圆弧，则该段直线在上一段圆弧端点的切线方向上。
- “放弃（U)”选项：删除多段线上的上一次绘制的直线或圆弧段，从而及时修改在绘制过程中出现的错误。
- “宽度（W)”选项：设置多段线的宽度，可以分别指定对象的起点半宽和端点半宽。具有宽度的多段线填充与否可以通过 FILL 命令设置。将模式设置为“开（ON)”，则绘制的多段线是填充的；将模式设置为“关（OFF)”，则所绘制的多段线是不填充的。

如果选择了“圆弧（A）选项”，绘制圆弧，命令行提示如下：

```
指定圆弧的端点或[角度(A)/圆心(CE)/方向(D)/半宽(H)/直线(L)/半径(R)/第二个点(S)/放弃
```

```
(U)/宽度(W)]:
```

该命令行提示信息中的各选项的功能介绍如下：

- “角度（A）”选项：根据圆弧对应的圆形角度来绘制圆弧段。选择该选项后，需要在命令行输入圆弧的包含角。圆弧的方向与角度的正负有关，也与当前角度的测量方向有关。
- “圆心（CE）”选项：根据圆弧的圆心位置来绘制圆弧段。选择该项后，需要按命令行的提示，在绘图区域指定圆弧的圆心，然后指定圆弧的端点、包含角度或对应弦长中的一个条件来绘制圆弧。
- “方向（D）”选项：根据起始点处的切线方向来绘制圆弧。选择该选项后，通过输入起始点方向与水平方向的夹角来确定圆弧的起点切向；也可以按命令行提示确定一点，系统将把圆弧的起点与该点的连线作为圆弧的起点切向，再确定圆弧的另一个端点即可绘制圆弧。
- “半宽（H）”选项：设置圆弧起点和终点的半宽度。
- “直线（L）”选项：将多段线命令由绘制圆弧方式切换到绘制直线的方式，此时，命令行提示返回到“指定下一个点或[圆弧(A)/半宽(H)/长度(L)/放弃(U)/|宽度(W)]:”。
- “半径（R）”选项：根据半径来绘制圆弧。选择该选项后，需要输入圆弧的半径，并通过指定端点或包含的角度来绘制圆弧。
- “第二个点（S）”选项：根据 3 点来绘制圆弧。
- “放弃（U）”选项：取消上一次绘制的圆弧。
- “宽度（W）”选项：设置圆弧的起点宽度和终点宽度。

2. 压力调节阀操作实例

【例 3-3】利用多段线命令绘制给排水中的压力调节阀，如图 3-23 所示。

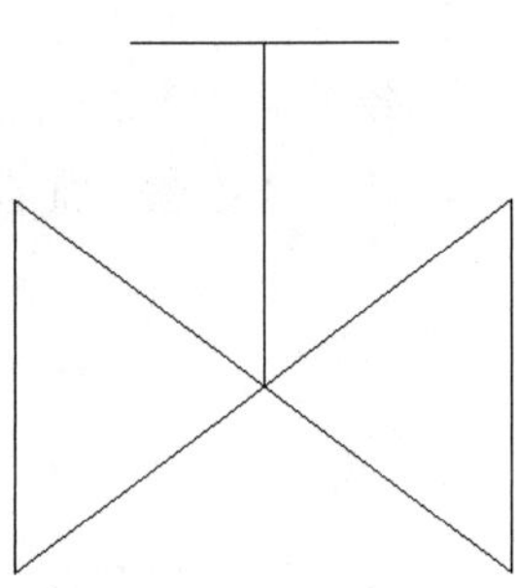

图 3-23 压力调节阀

步骤01 单击“默认”选项卡|“绘图”面板上的“多段线”按钮，执行“多段线”命令，配合坐标输入功能绘制调节阀下侧闭合轮廓线，命令行提示如下：

```
命令：_PLINE
指定起点：100,100//输入多段线起点
当前线宽为 0
指定下一个点或 [圆弧(A)/半宽(H)/长度(L)/放弃(U)/宽度(W)]: 100,400//输入点的坐标
指定下一点或 [圆弧(A)/闭合(C)/半宽(H)/长度(L)/放弃(U)/宽度(W)]: 500,100//输入点的坐标
指定下一点或 [圆弧(A)/闭合(C)/半宽(H)/长度(L)/放弃(U)/宽度(W)]: 500,400//输入点的坐标
指定下一点或 [圆弧(A)/闭合(C)/半宽(H)/长度(L)/放弃(U)/宽度(W)]: 100,100//输入点的坐标
指定下一点或 [圆弧(A)/闭合(C)/半宽(H)/长度(L)/放弃(U)/宽度(W)]://按 Enter 键结束命令
```

步骤02 单击“默认”选项卡|“绘图”面板上的“多段线”按钮，继续绘制调节阀。命令行提示如下：

```
命令：_PLINE
指定起点：300,250//输入多段线起点
当前线宽为 0
指定下一点或 [圆弧(A)/闭合(C)/半宽(H)/长度(L)/放弃(U)/宽度(W)]: 300,450//输入点的坐标
```

```
指定下一点或 [圆弧(A)/闭合(C)/半宽(H)/长度(L)/放弃(U)/宽度(W)]://按Enter键，结束命令
```

步骤03 单击“默认”选项卡|“绘图”面板上的“多段线”按钮，继续绘制调节阀。命令行提示如下：

```
命令：_PLINE
指定起点：250，450//输入多段线起点
当前线宽为 0
指定下一点或 [圆弧(A)/闭合(C)/半宽(H)/长度(L)/放弃(U)/宽度(W)]：350,450//输入点的坐标
指定下一点或 [圆弧(A)/闭合(C)/半宽(H)/长度(L)/放弃(U)/宽度(W)]://按Enter键结束命令
```

步骤04 单击“默认”选项卡|“绘图”面板上的“多段线”按钮，继续绘制调节阀。命令行提示如下：

```
命令：_PLINE
指定起点：250,500//输入多段线起点坐标
当前线宽为 0
指定下一个点或 [圆弧(A)/半宽(H)/长度(L)/放弃(U)/宽度(W)]：350,500//输入点的坐标
指定下一点或 [圆弧(A)/闭合(C)/半宽(H)/长度(L)/放弃(U)/宽度(W)]://按Enter键结束命令
```

绘制效果如图3-23所示。

3. 编辑多段线

绘制完多段线后，可以通过“编辑多段线”命令来得到自己需要的图形，如图3-24和图3-25所示。

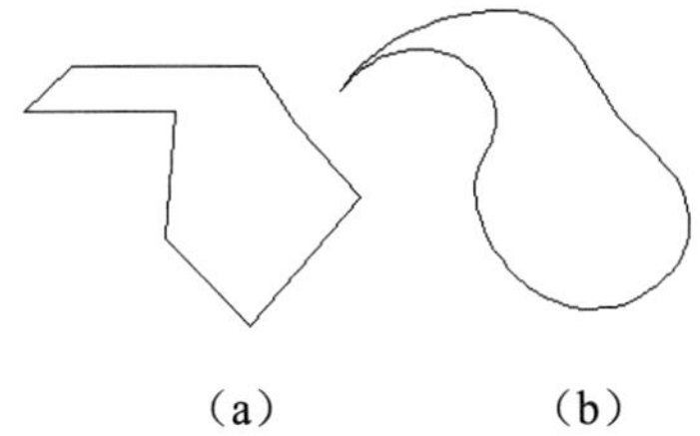

图3-24 拟合多段线前后对比

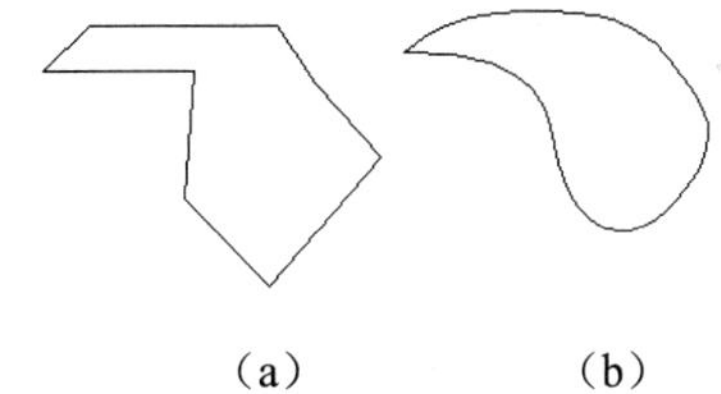

图3-25 样条曲线拟合多段线前后对比

（1）多段线编辑命令

AutoCAD 2021的多段线编辑命令功能可以同时编辑一条或多条多段线。单击功能区“默认”选项卡|“修改”面板上的 “编辑多段线”按钮，或者在命令行中输入PEDIT命令后按Enter键，即可执行“多段线编辑”命令。

单击“修改”面板|“编辑多段线”按钮，命令行提示如下：

```
命令：_Pedit
选择多段线或 [多条(M)]：   //系统提示选择需要编辑的多段线。如果用户选择了直线或圆弧，而不是多段线，系统出现如下提示：
选定的对象不是多段线。
是否将其转换为多段线？<Y>：   //输入“Y”，将选择的对象即直线或圆弧转换为多段线，再进行编辑。如果选择的对象是多段线，系统出现如下提示：
输入选项 [闭合(C)/合并(J)/宽度(W)/编辑顶点(E)/拟合(F)/样条曲线(S)/非曲线化(D)/线型生
```

```
成(L)/反转(R)/放弃(U)]:
```

上述命令行中提示的主要选项功能介绍如下：

- “闭合（C）”选项：封闭所编辑的多段线，自动以最后一段的绘图模式（直线或圆弧）连接原多段线的起点和终点。
- “合并（J）”选项：将直线段、圆弧或多段线连接到指定的非闭合多段线上。如果编辑的是单个多段线，将连续选取首尾连接的直线、圆弧和多段线等对象，并将它们连接成一条多段线；如果编辑的是多个多段线，系统将提示输入合并多段线的允许距离。选择该选项时，要连接的各相邻对象必须在形式上首尾相连。
- “宽度（W）”选项：重新设置所编辑的多段线的宽度。当输入新的线宽值后，所选的多段线均变成该宽度。
- “样条曲线（S）”选项：用样条曲线拟合多段线，且拟合时以多段线的各顶点作为样条曲线的控制点。
- “放弃（U）”选项：取消编辑命令的上一次操作。
- “编辑顶点（E）”选项：编辑多段线的顶点，只能对单个的多段线操作。

（2）多段线顶点编辑命令

在编辑多段线的顶点时，在屏幕上会有小叉标记多段线的当前编辑点，命令行提示如下：

```
输入顶点编辑选项
[下一个(N)/上一个(P)/打断(B)/插入(I)/移动(M)/重生成(R)/拉直(S)/切向(T)/宽度(W)/退出(X)]<N>:
```

编辑多段线顶点提示中的选项功能介绍如下：

- “下一个（N）”选项：将顶点标记移动到多段线的下一顶点，改变当前的编辑顶点。
- “上一个（P）”选项：将顶点标记移动到多段线的前一个顶点。
- “打断（B）”选项：删除多段线上指定两顶点之间的线段。
- “插入（I）”选项：在当前编辑的顶点后面插入一个新的顶点，只需要确定新顶点的位置即可。
- “移动（M）”选项：将当前编辑的顶点移动到新位置，需要指定标记顶点的位置。
- “重生成（R）”选项：重新生成多段线，常与“宽度”选项连用。
- “拉直（S）”选项：拉直多段线中位于指定两个顶点之间的线段。
- “切向（T）”选项：改变当前所编辑顶点的切线方向。可以直接输入表示切线方向的角度值。也可以确定一点，系统将多段线上的当前点与该点的连线方向作为切线方向。
- “宽度（W）”选项：修改多段线中当前编辑顶点之后的那条线段的起始宽度和终止宽度。
- “退出（X）”选项：退出编辑顶点操作，返回到上一级提示。

在编辑多段线时，需要注意以下两点：

（1）执行 PEDIT 命令后，如果选择的对象不是多段线，系统将显示“是否将其转换为多段线？<Y>”提示信息。此时，如果输入 Y，将选中的对象转换为多段线，并在命令行中显示与前面相同的提示。

(2)在编辑多段线顶点时，顶点的切向将影响对多段线进行拟合操作或样条曲线化的结果。

3.2.4 绘制样条曲线

所谓“样条曲线”，指的是由某些拟合点（控制点）拟合生成的光滑曲线，所绘制的曲线可以是二维曲线，也可是三维曲线。样条曲线是工程应用中的一类曲线，通过一些已测得的数据点，拟合这些数据点的方式绘制出。这类曲线属于非均匀关系基本样条曲线，适于表达具有不规则变化曲率半径的曲线。

1. 使用“拟合点”绘制样条曲线

单击“默认”选项卡|“绘图”面板上的“样条曲线拟合”按钮，或者在命令行中输入 SPLINE 后，通过选项功能“方式（M）”|“拟合（F）”进行绘制拟合样条曲线，所绘制的样条曲线由拟合点进行定义，并且默认设置下样条曲线。

单击“绘图”面板|“样条曲线拟合”按钮，命令行提示如下：

```
命令: _spline
当前设置: 方式=拟合    节点=弦
指定第一个点或 [方式(M)/节点(K)/对象(O)]:                    //定位第一点
输入下一个点或 [起点切向(T)/公差(L)]:                        //定位第二点
输入下一个点或 [端点相切(T)/公差(L)/放弃(U)]:                //定位第三点
输入下一个点或 [端点相切(T)/公差(L)/放弃(U)/闭合(C)]:        //定位第四点
输入下一个点或 [端点相切(T)/公差(L)/放弃(U)/闭合(C)]:        //定位第五点
输入下一个点或 [端点相切(T)/公差(L)/放弃(U)/闭合(C)]:
                    //按 Enter 键，结束命令，绘制后的效果及夹点效果如图 3-26 所示
```

图 3-26　创建拟合样条曲线

- “方式”选项：用于设置是使用“拟合点”还是使用“控制点”绘制样条曲线。
- “节点”选项：用于指定节点参数化，用来确定样条曲线中连续拟合点之间的曲线如何过渡。
- “对象”选项：用于将二维或三维的二次或三次样条曲线拟合多段线转换成等效的样条曲线。
- “起点相切”选项：用于指定在样条曲线起点的相切条件。
- “端点相切”选项：用于指定在样条曲线终点的相切条件。
- “公差”选项：用于指定样条曲线可以偏离指定拟合点的距离。公差值 0（零）要求生成的样条曲线直接通过拟合点。公差值适用于所有拟合点（拟合点的起点和终点除外），始终具有为 0（零）的公差。
- “放弃”选项：用于删除最后一个指定点。
- “闭合”选项：用于通过定义与第一个点重合的最后一个点，以闭合样条曲线。默认设置下，闭合的样条曲线沿整个环保持曲率连续性。

2. 使用“控制点”绘制样条曲线

单击“默认”选项卡|“绘图”面板上的“样条曲线控制点”按钮，或者在命令行中输入 SPLINE 后，通过选项功能“方式（M）”|“控制点（CV）”，通过指定控制点来绘制样条曲线，使用此方法创建 1 阶（线性）、2 阶（二次）、3 阶（三次）直到最高为 10 阶的样条曲线。通过移动控制点调整样条曲线的形状通常可以提供比移动拟合点更好的效果。

单击“绘图”面板|“样条曲线控制点”按钮，命令行提示如下：

```
命令: _SPLINE
当前设置: 方式=控制点    阶数=3
指定第一个点或 [方式(M)/阶数(D)/对象(O)]: _M
输入样条曲线创建方式 [拟合(F)/控制点(CV)] <控制点>: _CV
当前设置: 方式=控制点    阶数=3
指定第一个点或 [方式(M)/阶数(D)/对象(O)]:          //定位第一点
输入下一个点:                                      //定位第二点
输入下一个点或 [放弃(U)]:                          //定位第三点
输入下一个点或 [闭合(C)/放弃(U)]:                  //定位第四点
输入下一个点或 [闭合(C)/放弃(U)]:                  //定位第五点
输入下一个点或 [闭合(C)/放弃(U)]:                  //定位第六点
输入下一个点或 [闭合(C)/放弃(U)]:
                    //按 Enter 键，结束命令，绘制后的效果及夹点效果如图 3-27 所示
```

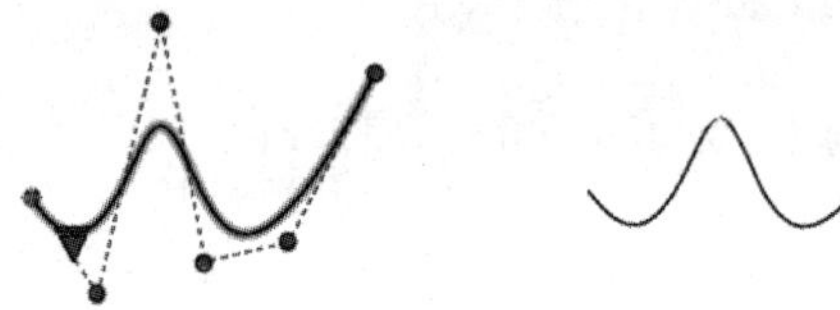

图 3-27　使用控制点创建样条曲线

- “阶数”选项：用于设置生成的样条曲线的多项式阶数。使用此选项可以创建 1 阶（线性）、2 阶（二次）、 3 阶（三次）直到最高 10 阶的样条曲线。

3. 编辑样条曲线

绘制完样条曲线后，可以通过“编辑样条曲线”命令来得到自己满意的图形。“编辑样条曲线”命令是一个单对象编辑命令，一次只能编辑一个样条曲线对象。单击“默认”选项卡|“修改”面板上的“编辑样条曲线”按钮，或者在命令行中输入 SPLINEDIT 后按 Enter 键，都可以执行“编辑样条曲线”命令，命令行提示如下：

```
命令: _splinedit
选择样条曲线://选择需要编辑的样条曲线
输入选项 [闭合(C)/合并(J)/拟合数据(F)/编辑顶点(E)/转换为多段线(P)/反转(R)/放弃(U)/退出(X)] <退出>://输入样条曲线编辑选项
```

SPLINEDIT 命令提示中有 8 个选项，各选项含义如下：

- 合并（J）：该选项用于将选定的样条曲线、直线和圆弧在重合端点处合并到现有样条曲线。
- 闭合（C）：该选项用于闭合开放的样条曲线，并使之在端点处相切连续（光滑）。若选择的样条曲线是闭合的，则“闭合”选项换为“打开”选项。“打开”选项用于打开闭合的

样条曲线，将其起点和端点恢复到原始状态，移去在该点的相切连续性，即不再光滑连接。

- 拟合数据（F）：主要是对样条曲线的拟合点、起点及端点进行拟合编辑。在命令行中输入 F，命令行提示如下：

```
…
输入选项 [闭合(C)/合并(J)/拟合数据(F)/编辑顶点(E)/转换为多段线(P)/反转(R)/放弃(U)/退出(X)] <退出>:F//选择拟合数据
输入拟合数据选项
[添加(A)/闭合(C)/删除(D)/移动(M)/清理(P)/相切(T)/公差(L)/退出(X)] <退出>:
```

在讲解样条曲线编辑之前，首先讲解控制点和拟合点的问题：经过点 1、2、3、4、5 的样条曲线，点 1、2、3、4、5 为拟合点，如图 3-28（左）所示；而图 3-28（右）所示的直线上有 7 个点，为控制点。

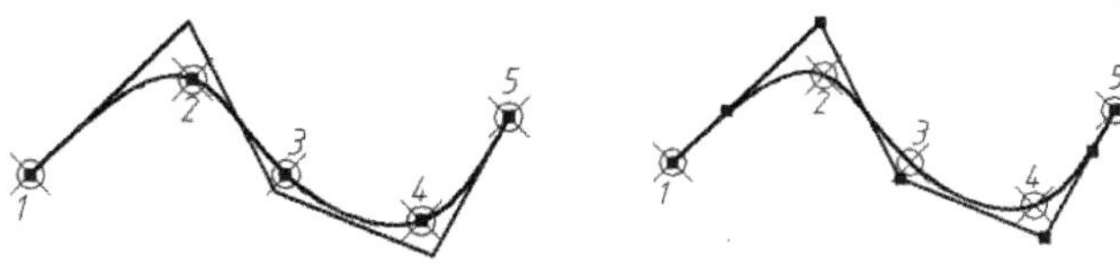

图 3-28　拟合点与控制点

“拟合数据”选项有 8 个子选项，其中“添加（A）”选项用于为指定的样条曲线添加拟合点；“闭合（C）”选项用于样条曲线的闭合开放，并使之在端点处相切连续（光滑），如果起点和端点重合，那么在两点处都相切连续（即光滑过渡），若选择的是闭合的样条曲线，则选项为“打开”，功能为打开闭合的样条曲线；“删除（D）”选项用于删除样条曲线上的拟合点并通过剩下的拟合点重新拟合；“移动（M）”选项用于移动拟合点到新的位置；“清理（P）”选项用于从图形数据库中删除该样条曲线的拟合数据；“相切（T）”选项用于编辑样条曲线的起始和终止切线的方向；“公差（T）”选项用于改变当前样条曲线的拟合公差大小；“退出（E）”选项是退出“拟合数据”选项，返回 SPLINEDIT 命令提示状态。

- 编辑顶点（E）：该选项用于对样条曲线控制点进行操作，可以添加、删除、移动、提高阶数、设置新权值等。
- 转换为多段线（P）：该选项用于将样条曲线转换为多段线。
- 反转（R）：该选项用于将样条曲线方向反转，不影响样条曲线的控制点和拟合点。
- 放弃（U）：该选项用于取消最后一步的编辑操作。
- 退出（X）：该选项表示退出 SPLINEDIT 命令。

3.3　矩形和正多边形的绘制

3.3.1　绘制矩形

矩形是一种使用频率较高的基本图形，使用“矩形”命令可以绘制具有不同属性的矩形，比如倒角矩形、圆角矩形、有厚度的矩形等。

单击“默认”选项卡|“绘图”面板上的“矩形”按钮，或者在命令行中输入 REC 后按 Enter 键，都可以执行“矩形”命令。

单击“绘图”面板|“矩形”按钮，命令行提示如下：

```
命令：_RECTANG    //启动绘制矩形的命令
指定第一个角点或 [倒角(C)/标高(E)/圆角(F)/厚度(T)/宽度(W)]://指定矩形第一个角点
指定另一个角点或 [面积(A)/尺寸(D)/旋转(R)]:
```

该命令行提示信息中各选项的功能介绍如下：

- “倒角（C）”选项：绘制一个带倒角的矩形。指定矩形的两个倒角距离，仍返回“指定第一个角点或[倒角(C)/标高(E)/圆角(F)/厚度(T)/宽度(W)]”，按提示完成矩形绘制。例如要绘制一个倒角为 5、长度为 50、宽度为 100 的倒角矩形，其命令行提示如下：

```
命令：_RECTANG
指定第一个角点或[倒角(C)/标高(E)/圆角(F)/厚度(T)/宽度(W)]：C
指定矩形的第一个倒角距离：5  //输入倒角距离值
指定矩形的第二个倒角距离：5  //输入倒角距离值
指定第一个角点或[倒角(C)/标高(E)/圆角(F)/厚度(T)/宽度(W)]：//在绘图区指定一点作为形一个角点
指定另一个角点或[尺寸(D)]：  //@50,100，输入矩形对角点，绘制结果如图 3-29 所示
```

- “标高（E）”选项：指定矩形所在的平面高度，默认矩形在 XY 平面内，一般用于绘制三维图形。
- “圆角（F）”选项：绘制一个带圆角的矩形需要指定圆角矩形的圆角半径。例如要绘制一个圆角为 5、长度为 50、宽度为 100 的圆角矩形，其命令行提示如下：

```
命令：_RECTANG
指定第一个角点或[倒角(C)/标高(E)/圆角(F)/厚度(T)/宽度(W)]：//F，选择圆角选项
指定圆角的半径：5              //输入圆角半径
指定第一个角点或[倒角(C)/标高(E)/圆角(F)/厚度(T)/宽度(W)]：
                               //在绘图区指定一点作为第一个角点
指定另一个角点或[尺寸(D)]：  //@50,100，输入矩形对角点，绘制结果如图 3-30 所示
```

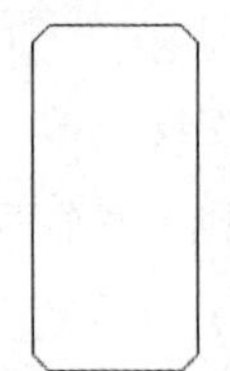

图 3-29　4 个拐角倒角为 5 的矩形

图 3-30　4 个拐角为圆角 5 的矩形

- “厚度（T）”选项：按已设置的厚度绘制矩形，一般用于绘制三维图形。
- “宽度（W）”选项：按已设置的线宽绘制矩形，需要指定矩形的线宽。

当指定第一角点后，命令行提示如下：

```
选择另一个角点的方式包括面积(A)/尺寸(D)和旋转(R)：
```

该命令行提示信息中，各选项的功能介绍如下：

- “面积（A）”选项：在命令行中输入 A，则使用面积和长度或宽度二者之一创建矩形。例如要创建一个面积为 200 的矩形（采用图形单位），命令行提示如下：

```
命令： _RECTANG    //输入绘制矩形的命令
指定第一个角点或[倒角(C)/标高(E)/圆角(F)/厚度(T)/宽度(W)]://指定矩形第一个角点
指定另一个角点或 [面积(A)/尺寸(D)/旋转(R)]:A //选择以面积的方式绘制矩形
输入以当前单位计算的矩形面积 <100.0000>: 200 //输入要绘制的矩形的面积
计算矩形标注时依据 [长度(L)/宽度(W)] <长度>:L //再选择长度或宽度
输入矩形长度 <10.0000>:20                  //输入一个非零值，效果如图 3-31 所示
```

- “尺寸（D）”选项：如果用户在命令行输入 D，将使用长和宽的尺寸来绘制矩形。例如要创建一个面积为 200 的矩形（采用图形单位），其命令行提示如下：

```
指定另一个角点或 [面积(A)/尺寸(D)/旋转(R)]:D //选择以尺寸的方式绘制矩形
输入矩形的长度 <0.0000>:20                 //输入一个非零值
输入矩形的宽度 <0.0000>:10                 //输入一个非零值
```

- “旋转（R）”选项：若在另一角点输入时输入 R，将按指定的旋转角度创建矩形。例如要创建一个面积为 200 的矩形（采用图形单位），与 X 轴成 60° 的夹角，如图 3-32 所示，其命令行提示如下：

```
指定另一个角点或 [面积(A)/尺寸(D)/旋转(R)]:R //选择以旋转角的方式绘制矩形
指定旋转角度或 [拾取点(P)] <0>:60          //输入旋转角角度
指定另一个角点或 [面积(A)/尺寸(D)/旋转(R)]:D //继续使用尺寸或面积方式绘制矩形
输入矩形的长度 <0.0000>:20                 //输入一个非零值
输入矩形的宽度 <0.0000>:10                 //输入一个非零值
```

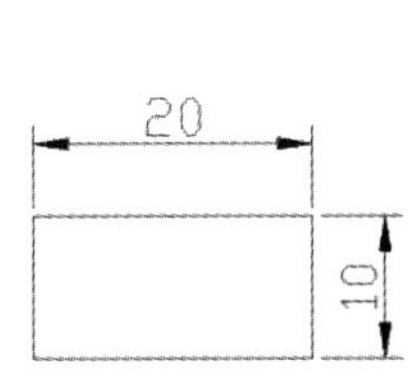

图 3-31　按面积绘制的矩形

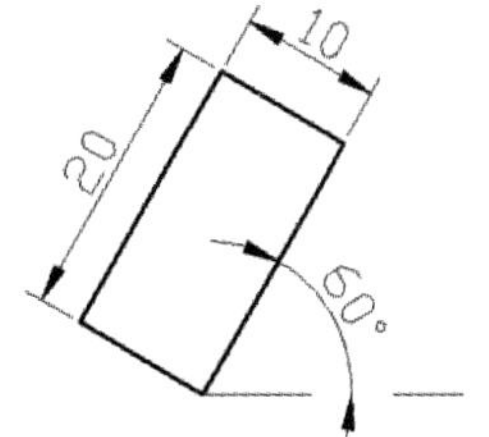

图 3-32　绘制旋转的矩形

3.3.2 绘制正多边形

在 AutoCAD 2021 中，正多边形的边数可在 3~1024 之间任意选取。绘制正多边形时，可以给定某一边的长度和边数来定义一个正多边形，也可以通过给定一个基准圆和多边形的边数来绘制正多边形，该正多边形可以内接或外切这个圆。

单击“默认”选项卡|“绘图”面板上的“正多边形”按钮，或者在命令行输入 POLYGON 后按 Enter 键，都可以执行“正多边形”命令。

单击“绘图”面板|“正多边形”按钮，命令行提示如下：

```
命令： _POLYGON
```

```
输入侧面数 <4>:                              //输入正多边形边的数目
指定正多边形的中心点或[边(E)]:               //输入正多边形的中心点坐标
输入选项 [内接于圆(I)/外切于圆(C)] <I>: //确认绘制多边形的方式
指定圆的半径:                                //输入圆半径
```

该命令行提示信息中各选项的功能介绍如下：

- “中心点”选项：选择了该选项后，命令行提示如下：

```
输入选项[内接于圆(I)/外切于圆(C)]:
```

- 内接于圆（I)：根据多边形的外接圆确定多边形。例如要绘制一个 12 条边，外接圆直径为 200 的正边形，如图 3-33 所示，命令行提示如下：

```
命令：_POLYGON
输入侧面数 <4>：12
指定正多边形的中心点或[边(E)]：500，500
输入选项[内接于圆(I)|外切于圆(C)]<I>：I  //选择内接于圆选项
指定圆的半径：100
```

- 外切于圆（C)：根据多边形的内切圆来确定多边形。例如要绘制一个 12 条边，内切圆直径为 200 的正边形，如图 3-34 所示，命令行提示如下：

```
命令：_polygon
输入侧面数 <4>：12
指定正多边形的中心点或[边（E）]：100，100
输入选项[内接于圆（I）/外切于圆（C）]<I>：C  //选择外切于圆选项
指定圆的半径：100
```

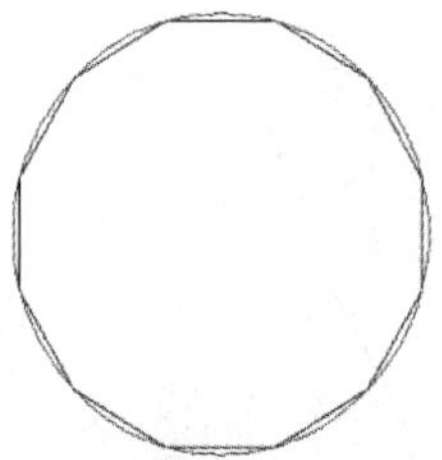

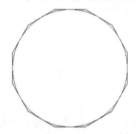

图 3-33　12 条边内接直径 200 的正多边形

图 3-34　12 条边外切直径 200 的正多边形

- “边（E)”选项：选择该选项后，输入第一个端点和第二个端点，即可由边数和一条边确定正多边形。例如要绘制一个 12 条边的正多边形，命令行提示如下：

```
命令：_POLYGON
输入侧面数 <12>:12                    //输入边的数目
指定正多边形的中心点或 [边(E)]: E     //选择以边的方式来绘制正多边形
指定边的第一个端点:                   //拾取第一个端点
指定边的第二个端点:                   //拾取第二个端点
```

3.4　曲线对象的绘制

在 AutoCAD 2021 中，曲线对象包括圆、圆弧、椭圆和椭圆弧，绘制方法比较多，但也相对较复杂一些。

3.4.1 绘制圆

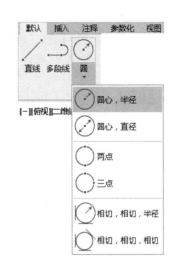

单击“默认”选项卡|“绘图”面板上的“圆”按钮，如图 3-35 所示，或者在命令行中输入 C 后按 Enter 键，都可执行“圆”命令，如图 3-35 所示为 AutoCAD 2021 中绘制圆的 6 种方法。

图 3-35 “圆”子菜单

- “圆心、半径”命令：通过指定圆的圆心和半径绘制圆。
- “圆心、直径”命令：通过指定圆的圆心和直径绘制圆。
- “两点”命令：指定两个点，并以两个点之间的距离为直径来绘制圆。
- “三点”命令：通过指定圆上的三个点来绘制圆。
- “相切、相切、半径”命令：以指定的值为半径，绘制与两个对象相切的圆。在绘制时，需要先指定与圆相切的两个对象，然后指定圆的半径。
- “相切、相切、相切”命令：依次指定与圆相切的 3 个对象来绘制圆。

如果按命令行提示输入半径或直径时所输入的值无效，如英文字母、负值等，将提示“需要数值距离或第二点”“值必须为正且非零”等信息，需要重新输入值或推出该命令；“相切、相切、半径”命令是在距离拾取点最近的部位绘制相切圆，拾取相切对象时，拾取的位置不同，得到的结果也有可能不同；“相切、相切、相切”选取切点要落在实体上并靠近切点，切圆半径应大于两切点距离的 1/2。

单击“默认”选项卡|“绘图”面板上的“相切、相切、相切”按钮，绘制相切圆，命令行提示如下：

```
指定第一个点：_TAN 到              //移动光标在直线 L1 上捕捉递延切点
指定圆上的第二个点：_TAN 到        //移动光标在直线 L2 上捕捉递延切点
指定圆上的第二个点：_TAN 到        //移动光标在直线 L3 上捕捉递延切点
```

移动光标捕捉 L3 上的递延切点后，系统自动完成计算，确定内切圆的半径绘制出内切圆，如图 3-36 所示。

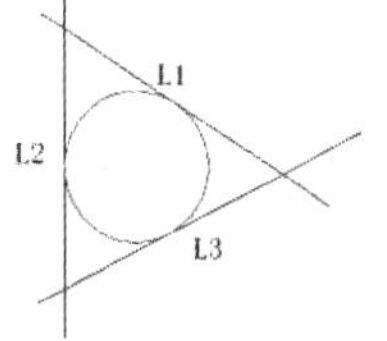

图 3-36 使用“相切、相切、相切”命令绘制的圆

3.4.2 绘制圆环

DONUT 命令用于绘制填充圆环，填充圆环可以有任意的内径和外径。内径为 0 的填充圆环是一个实心圆；如果内径与外径相等，则填充圆环就是一个普通圆。圆环填充与否，可以通过 FILL 命令来控制。系统默认情况下，填充命令是打开的。

单击“默认”选项卡|“绘图”面板上的“圆环”按钮，或者在命令行中输入 DONUT 后按 Enter 键，都可以执行“圆环”命令。

单击“绘图”面板|“圆环”按钮，命令行提示如下：

```
命令：_DONUT
指定圆环的内径：     //输入圆环的内径
指定圆环的外径：     //输入圆环的外径
指定圆环的中心点：   //输入圆环的中心点
```

通过指定圆环的中心点来连续绘制圆环，直到按 Enter 键或 Esc 键结束命令，绘制效果如图 3-37 所示。

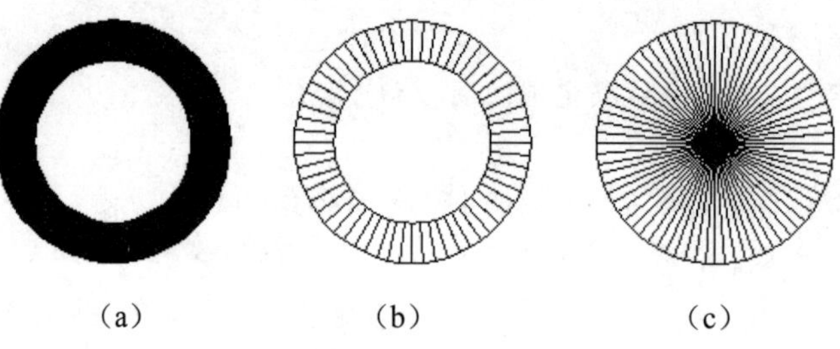

（a）　　（b）　　（c）

图 3-37　绘制的圆环

系统默认情况下，填充命令是打开的，绘制的圆环如图 3-37（a）所示。

当填充命令关闭后，绘制的圆环如图 3-37（b）所示。

当圆环的内径为 0 时，绘制的圆环如图 3-37（c）所示。

3.4.3　绘制圆弧

在功能区中单击“默认”选项卡|“绘图”面板上的“圆弧”按钮菜单，如图 3-38 所示，或者在命令行中输入 ARC 后按 Enter 键，都可以执行“圆弧”命令。

如图 3-38 所示，列出了 AutoCAD 绘制圆弧的 11 种命令，其具体功能如下：

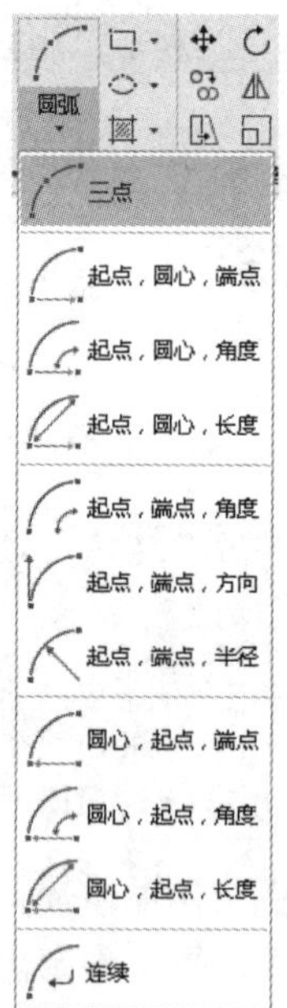

图 3-38　“圆弧”子菜单

- “三点（P）”命令：通过给定 3 个点绘制一段圆弧，需要指定圆弧的起点、通过的第二个点和端点。
- “起点、圆心、端点（S）”命令：通过指定圆弧的起点、圆心和端点绘制圆弧。
- “起点、圆心、角度（T）”命令：通过指定圆弧的起点、圆心和角度绘制圆弧。选择此命令后，根据命令行提示“指定包含角：”输入角度值。如果当前环境设置逆时针为角度方向，并输入正的角度值，则所绘制的圆弧从起点逆时针方向绕圆心绘制圆弧；如果输入负角度值，则沿顺时针方向绘制圆弧。

- “起点、圆心、长度（A）”命令：通过指定圆弧的起点、圆心和弦长来绘制圆弧。选择此命令后，命令行提示“指定弦长：”，如果所输入的值为负值，则该值的绝对值将作为整圆的空缺部分圆弧的弦长。并且弦长不超过起点到圆心距离的 2 倍。
- “起点、端点、角度（N）”命令：通过指定圆弧的起点、端点和角度绘制圆弧。
- “起点、端点、方向（D）”命令：通过指定圆弧的起点、端点和方向绘制圆弧。根据命令行提示“指定圆弧的起点切向”，拖动鼠标动态地确定圆弧在起始点处的切线方向与水平方向的夹角，系统会在当前光标与圆弧起始点之间形成一条橡皮筋线，此橡皮筋线即为圆弧在起始点处的切线。拖动鼠标确定圆弧在起始点处的切线方向后，单击即可绘制出相应的圆弧。
- “起点、端点、半径（R）”命令：通过指定圆弧的起点、端点和半径绘制圆弧。
- “圆心、起点、端点（C）”命令：通过指定圆弧的圆心、起点和端点绘制圆弧。
- “圆心、起点、角度（E）”命令：通过指定圆弧的圆心、起点和角度绘制圆弧。
- “圆心、起点、长度（L）”命令：通过指定圆弧的圆心、起点和长度绘制圆弧。
- “继续（O）”命令：选择该命令后，命令行提示“指定圆弧的起点或[圆心(C)]:”。直接按 Enter 键，系统将以最后一次绘制的线段或圆弧过程中确定的最后一点作为新圆弧的起点，以最后所绘制的线段方向或圆弧终止点的切线方向为新圆弧在起始点处的切线方向，再指定一点，就可以绘制出一个圆弧。

提 示

有些圆弧不适合用圆弧命令绘制，而适合用 CIRCLE 命令结合 TRIM 命令生成。

选择“绘图”|“圆弧”|“起点、圆心、长度”命令，执行绘制圆弧命令。命令行提示如下：

```
命令: _ARC
指定圆弧的起点或[圆心(C)]:                    //捕捉圆弧起点 A
指定圆弧的第二个点或[圆心(C)|端点(E)]: C
指定圆弧的圆心: 100,100                       //捕捉圆心 B
指定圆弧的端点或[角度(A)/弦长(L)]: L          //选择弦长选项
指定弦长: 50                                  //效果如图 3-39(a)所示
```

提 示

如果输入的弦长为正，则得到图 3-39（a）所示图形；输入的弦长为负时，则得到图 3-39（b）所示图形。

（a）弦长为正时　　（b）弦长为负时

图 3-39　使用“起点、圆心、长度”命令绘制的圆弧

3.4.4 绘制椭圆

单击“默认”选项卡|“绘图”面板上的“椭圆”按钮或，或者在命令行中输入 ELLIPSE 后按 Enter 键，都可以执行“椭圆”命令，AutoCAD 2021 提供了两种绘制椭圆的方法。

- “中心点（C）”命令：通过指定椭圆中心，一个轴的端点（主轴）和另一个轴的半轴长度来绘制椭圆。
- “轴、端点（E）”命令：通过指定一个轴的两个端点（主轴）和另一个轴的半轴长度来绘制椭圆。

单击“默认”选项卡|“绘图”面板上的“圆心”按钮，使用“中心点”方式绘制长轴为 200、端轴为 100 的椭圆。命令行提示如下：

```
命令：_ellipse
指定椭圆的轴端点或 [圆弧(A)/中心点(C)]：_c
指定椭圆的中心点：                    //在绘图区拾取一点作为椭圆中心点
指定轴的端点：                        //@50,0,输入轴的端点
指定另一条半轴长度或 [旋转(R)]：//100 Enter，输入另一条轴的半长，绘制结果如图 3-40 所示
```

单击“默认”选项卡|“绘图”面板上的“轴、端点”按钮，使用“轴、端点”方式绘制长轴为 200、端轴为 100 的椭圆。命令行提示如下：

```
命令：_ellipse
指定椭圆的轴端点或[圆弧(A)/中心点(C)]://在绘图区拾取一点作为轴的一个端点
指定轴的另一个端点：                //@100,0 Enter，输入轴的另一个端点
指定另一条半轴长度或[旋转(R)]://100Enter，输入另一条轴的半长，绘制结果如图 3-40 所示
```

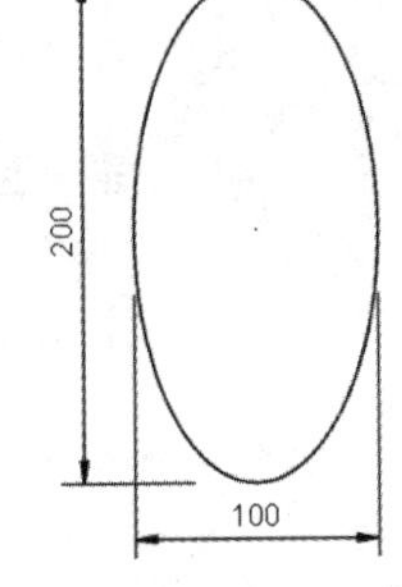

图 3-40　绘制的椭圆

3.4.5 绘制椭圆弧

在 AutoCAD 2021 中，椭圆和椭圆弧的绘图命令都是 ELLIPSE，但命令行的提示不同。

单击“默认”选项卡|“绘图”面板上的“椭圆弧”按钮，或者在命令行中输入 ELLIPSE 后按 Enter 键，都可以执行“椭圆弧”命令。

单击“绘图”面板|“椭圆弧”按钮，命令行提示如下：

```
命令：_ELLIPSE
指定椭圆的轴端点或[圆弧(A)/中心点(C)]：A       //选择椭圆弧选项
指定椭圆弧的轴端点或[中心点(C)]：              //输入轴端点坐标
指定轴的另一个端点：                           //输入另一轴端点坐标
指定另一条半轴长或[旋转(R)]：                  //选择旋转选项
指定起始角度或[参数(P)]：                      //输入起始角度值
指定终止角度或[参数(P)/包含角度(I)]：          //输入终止角度，确定旋转角度
```

命令行中各选项的含义如下：

- 指定起始角度：通过给定椭圆弧的起始角度来确定椭圆弧。
- 指定终止角度：给定椭圆弧的终止角度，从而确定椭圆弧的另一个端点位置。

- “参数（P）”选项：将通过参数确定椭圆弧另一个端点的位置。输入参数 n 后，系统将使用公式 P(n)=c+a×cos(n)+b×sin(n)来计算椭圆弧的起始角度。c 是椭圆弧的半焦距，a 和 b 分别是椭圆的长半轴与短半轴的轴长。
- “包含角度（I）”选项：根据椭圆弧的包含角来确定椭圆弧。

提 示

系统变量 PELLIPSE 决定椭圆的类型。当该变量为 0 时，所绘制的椭圆是由 NURBS 曲线表示的真椭圆；当该变量为 1 时，所绘制的椭圆是由多段线近似表示的椭圆，调用 ELLIPSE 命令后没有“弧”选项。

3.5　徒手绘制

在 AutoCAD 2021 中，SKETCH 命令用于徒手绘制图形，创建一系列徒手绘制的线段，如图 3-41 所示。此命令对于创建不规则边界或使用数字化仪追踪非常有用。在徒手绘制之前，指定对象类型（直线、多段线或样条曲线）、增量和公差，然后只需将定点设备沿着屏幕移动，系统会自动采集移动的轨迹，生成草图线。在绘制不规则外形的图形（如波浪线、地图、美术设计或签名等）时多使用此命令。

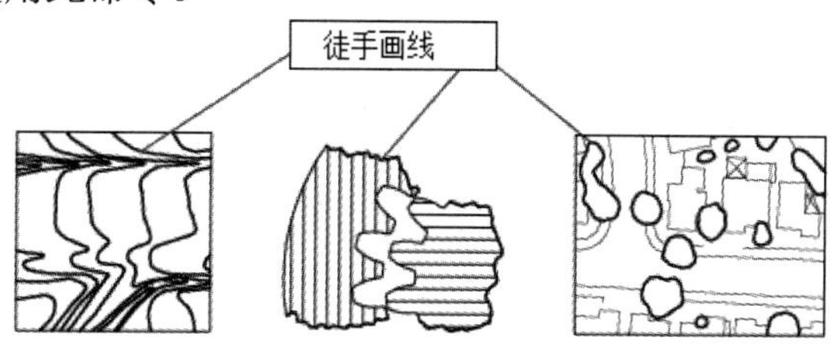

图 3-41　徒手画线示例

在命令行中输入 SKETCH 后按 Enter 键，命令行提示如下：

```
命令：SKETCH
类型 = 直线  增量 = 0.1000  公差 = 0.5000
指定草图或 [类型(T)/增量(I)/公差(L)]:    //按住鼠标左键不放，沿着所需位置移动后松开，再次按下左键继续绘制第二条图线…
指定草图:                                //按 Enter 键，结束命令
已记录 109 条直线
```

上述命令行提示中各选项具体功能介绍如下：

- “类型”选项：用于设置手画线的对象类型，包括“直线、多段线和样条曲线”三种类型。
- “增量”选项：用于设置每条手画直线段的长度。定点设备所移动的距离必须大于增量值，才能生成一条直线。
- “公差”选项：是对于“样条曲线”类型来说的，用于指定样条曲线布满手画线草图的紧密程度。

3.6 修订云线

“修订云线”命令用于通过拖动光标来创建新的修订云线，也可以将对象（例如：圆、多段线、样条曲线或椭圆）转换为修订云线。在实际绘图过程中常使用修订云线圈住亮显要查看的图形部分，以作标记，提醒注意，如图 3-42 所示。

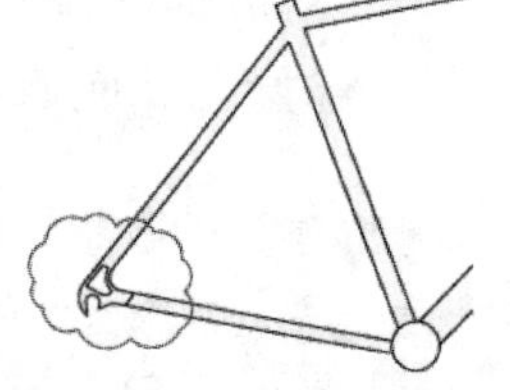

图 3-42 修订云线示例

3.6.1 绘制修订云线

在功能区单击“默认”选项卡|“绘图”面板上的“徒手画修订云线”按钮、“矩形修订云线”按钮或“多边形修订云线”按钮，也可以在命令行输入 REVCLOUD 后按 Enter 键，在命令行执行相应的功能。

单击“绘图”面板|“徒手画修订云线”按钮，命令行提示如下：

```
命令: revcloud
最小弧长: 181.6626    最大弧长: 363.3252    样式: 普通    类型: 多边形
指定起点或 [弧长(A)/对象(O)/矩形(R)/多边形(P)/徒手画(F)/样式(S)/修改(M)] <对象>: _F
最小弧长: 181.6626    最大弧长: 363.3252    样式: 普通    类型: 徒手画
指定第一个点或 [弧长(A)/对象(O)/矩形(R)/多边形(P)/徒手画(F)/样式(S)/修改(M)] <对象>:
//按住鼠标左键不放，沿所需路径引导光标以绘制修订云线，如果光标移动到起点时，则绘制闭合的修订云线，并自动结束命令；如果绘制非闭合的修订云线，则需要按 Enter 键
沿云线路径引导十字光标…
反转方向 [是(Y)/否(N)] <否>: //根据绘图需要选择是否反转方向
修订云线完成。
修订云线完成
```

命令行选项功能如下：

- “弧长（A）”选项：用于指定每个圆弧的弦长的近似值。圆弧的弦长是圆弧端点之间的距离。首次在图形中创建修订云线时，将自动确定弧弦长的默认值。
- “对象（O）”选项：用于将现有对象转化为修订云线，如多段线、直线、圆、矩形、多边形等，此时命令行显示“选择对象：反转方向[是(Y)/否(N)]<否>:”，用户如果输入 Y，则圆弧方向向内；如果输入 N，则圆弧方向向外。
- “矩形（R）”选项：用于指定点作为对角点绘制矩形修订云线，此选项功能等同于“绘图”面板 | “矩形修订云线”按钮，其命令行提示如下：

```
命令: _revcloud
最小弧长: 181.6626    最大弧长: 363.3252    样式: 普通    类型: 徒手画
指定第一个点或[弧长(A)/对象(O)/矩形(R)/多边形(P)/徒手画(F)/样式(S)/修改(M)]<对象>:_R
最小弧长: 181.6626    最大弧长: 363.3252    样式: 普通    类型: 矩形
指定第一个角点或 [弧长(A)/对象(O)/矩形(R)/多边形(P)/徒手画(F)/样式(S)/修改(M)] <对象>:
//在绘图区指定矩形修订云线的第一个角点
指定对角点:   //在绘图区指定矩形修订云线的对角点，结束命令，绘制效果如图 3-43（左）所示
```

- “多边形（P）”选项：用于创建由三个或更多点定义的修订云线，以用作生成修订云线的多边形顶点。此选项功能等同于“绘图”面板|“多边形修订云线”按钮，其命令行提示如下：

```
命令：_revcloud
最小弧长：181.6626    最大弧长：363.3252    样式：普通    类型：矩形
指定第一个角点或 [弧长(A)/对象(O)/矩形(R)/多边形(P)/徒手画(F)/样式(S)/修改(M)] <对象>：_P
最小弧长：181.6626    最大弧长：363.3252    样式：普通    类型：多边形
指定起点或 [弧长(A)/对象(O)/矩形(R)/多边形(P)/徒手画(F)/样式(S)/修改(M)] <对象>：
                                        //指定第一个角点
指定下一点：                             //指定第二个角点
指定下一点或 [放弃(U)]：                 //指定第三个角点
指定下一点或 [放弃(U)]：                 //指定第四个角点
指定下一点或 [放弃(U)]：                 //指定第五个角点
指定下一点或 [放弃(U)]：                 //按 Enter 键，结束命令，效果如图 3-43（右）所示
```

图 3-43　矩形和多边形修订云线示例

- “徒手画（F）”选项：用于创建徒手画修订云线。此选项功能等同于“绘图”面板 | “徒手画修订云线”按钮。
- “样式（S）”选项：用于设置修订云线的样式，包括“普通”和“手绘”两种，其中“普通”样式是使用默认字体创建修订云线；“手绘”样式是创建外观类似于手绘效果的修订云线。两种样式下的效果如图 3-44 所示。

图 3-44　普通和手绘示例

- “修改（M）”选项：用于修改现有的修订云线或多段线，将现有修订云线或多段线的指定部分替换为输入点定义的新部分，如图 3-45 所示。

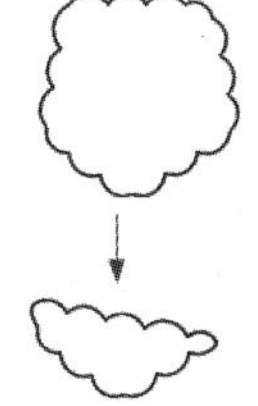
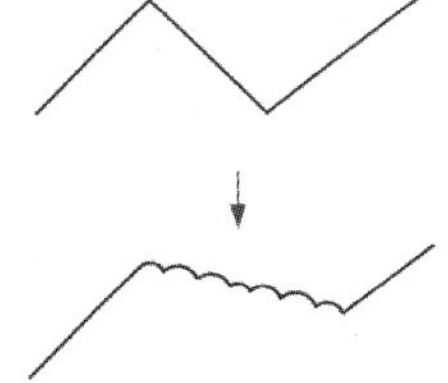

图 3-45　修订云线修改示例

3.6.2 修改修订云线

使用“修订云线”命令中的“修改”选项功能，将图 3-45（上）所示的修订云线和多段线编辑为图 3-45（下）所示的状态。学习“修改”选项的具体操作技能。

步骤 01 新建文件，然后使用“多边形修订云线”和“多段线”命令随意绘制如图 3-46 所示的多边形云线和多段线。

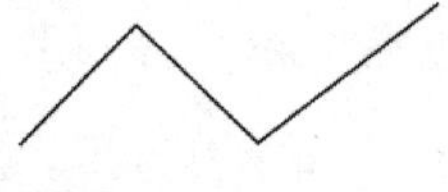

图 3-46 绘制多边形云线和多段线

步骤 02 单击“默认”选项卡|“绘图”面板 | “徒手画修订云线”按钮，使用命令中的“修改”选项对多边形云线进行修改。命令行提示如下：

```
命令: _revcloud
最小弧长: 4.4153    最大弧长: 8.8305    样式: 普通    类型: 多边形
指定起点或 [弧长(A)/对象(O)/矩形(R)/多边形(P)/徒手画(F)/样式(S)/修改(M)] <对象>: _F
最小弧长: 4.4153    最大弧长: 8.8305    样式: 普通    类型: 徒手画
指定第一个点或 [弧长(A)/对象(O)/矩形(R)/多边形(P)/徒手画(F)/样式(S)/修改(M)] <对象>:
//M Enter，激活“修改”选项
选择要修改的多段线:                //在多边形修订云线左下角单击
指定下一个点或 [第一个点(F)]:      //在如图 3-47（左）所示的位置单击
拾取要删除的边:                    //在如图 3-47（中）所示的位置单击，指定删除部分
反转方向 [是(Y)/否(N)] <否>:       //按 Enter 键，结束命令，修改结果如图 3-47（右）所示
```

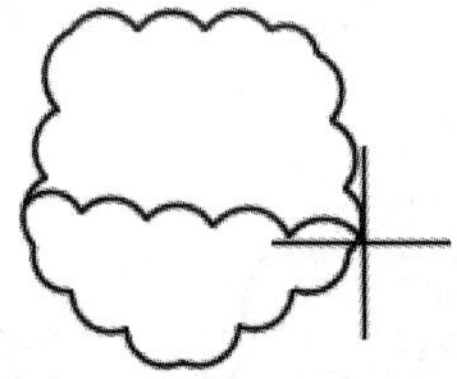

图 3-47 修改多边形云线

步骤 03 再次单击“绘图”面板 | “徒手画修订云线”按钮，使用命令中的“修改”选项对多段线进行修改。命令行提示如下：

```
命令: _revcloud
最小弧长: 4.4153    最大弧长: 8.8305    样式: 普通    类型: 多边形
指定起点或 [弧长(A)/对象(O)/矩形(R)/多边形(P)/徒手画(F)/样式(S)/修改(M)] <对象>: _F
最小弧长: 4.4153    最大弧长: 8.8305    样式: 普通    类型: 徒手画
指定第一个点或 [弧长(A)/对象(O)/矩形(R)/多边形(P)/徒手画(F)/样式(S)/修改(M)] <对象>:
//M Enter，激活“修改”选项
选择要修改的多段线:                //在多段线第二个端点处单击
指定下一个点或 [第一个点(F)]:      //在如图 3-48（左）所示的位置单击
拾取要删除的边:                    //在如图 3-48（中）所示的位置单击，指定删除部分
反转方向 [是(Y)/否(N)] <否>:       //按 Enter 键，结束命令，修改结果如图 3-48（右）所示
```

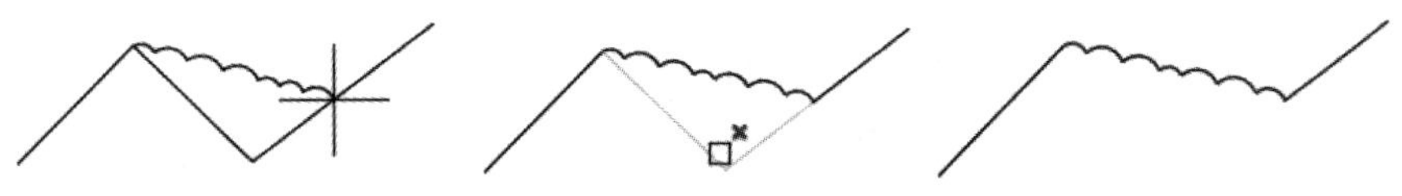

图 3-48 修改多段线

3.7 擦除对象的绘制

擦除对象即在现有对象上生成一个空白区域，用于添加注释详细的屏蔽信息。该区域与擦除边框绑定，可以打开此区域进行编辑或打印。

在功能区单击“默认”选项卡|“绘图”面板上的“区域覆盖”按钮，或者在命令行中输入 WIPEOUT 命令，都可以执行“区域覆盖”命令。

单击“绘图”面板|“区域覆盖”按钮，命令行提示如下：

```
命令: _wipeout
指定第一点或 [边框(F)/多段线(P)] <多段线>:
指定下一点:
指定下一点或 [放弃(U)]:
指定下一点或 [闭合(C)/放弃(U)]:
指定下一点或 [闭合(C)/放弃(U)]:
```

命令行提示中各选项功能如下：

- “指定第一点”选项：默认情况下，可以通过指定一系列点来定义擦除的边界。
- “边框（F）”选项：确定是否显示擦除对象的边界。选择此选项后，命令行提示“输入模式[开(ON)/关(OFF)]<ON>”，选择“开（ON）”可显示边界；选择“关（OFF）”可隐藏绘图窗口中所有擦除对象的边界。
- “多段线（P）”选项：使用以封闭多段线创建的多边形作为擦除对象的边界。

在使用“区域覆盖”命令时，要注意以下几点：

（1）如果使用多段线创建擦除对象，则多段线必须是闭合的，只包括宽度为零的直线段。

（2）可以在图纸空间的布局上创建擦除对象，以便在模型空间中屏蔽对象。必须在打印之前撤选“页面设置”对话框中“打印选项”选项组中的“最后打印图纸空间”复选框，以确保擦除对象可以正常打印。

（3）区域覆盖与光栅图像相似，它与光栅图像的打印要求相同，需要一台带有 ADI4.3 光栅驱动程序或系统打印驱动程序的光栅打印机。

3.8 综合操作实例

3.8.1 绘制温度调节阀操作实例

【**例 3-4**】用 PLINE 命令绘制如图 3-49 所示的给排水专业中的温度调节阀图形。

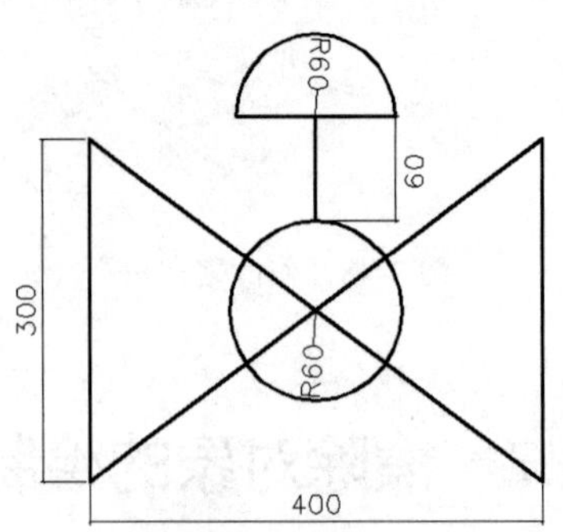

图 3-49　温度调节阀

步骤 01 单击“默认”选项卡|“绘图”面板上的“多段线”按钮，配合坐标输入功能绘制调节阀下侧轮廓线，命令行提示如下：

```
命令: _PLINE
指定起点: 100,100                         //输入多段线起点坐标
当前线宽为 0
指定下一个点或 [圆弧(A)/半宽(H)/长度(L)/放弃(U)/宽度(W)]: 100,400
                                          //输入点坐标
指定下一点或 [圆弧(A)/闭合(C)/半宽(H)/长度(L)/放弃(U)/宽度(W)]: 500,100
                                          //输入点坐标
指定下一点或 [圆弧(A)/闭合(C)/半宽(H)/长度(L)/放弃(U)/宽度(W)]: 500,400
                                          //输入点坐标
指定下一点或 [圆弧(A)/闭合(C)/半宽(H)/长度(L)/放弃(U)/宽度(W)]: 100,100
                                          //输入点坐标
指定下一点或 [圆弧(A)/闭合(C)/半宽(H)/长度(L)/放弃(U)/宽度(W)]:
                                          //按 Enter 键结束命令，效果如图 3-50 所示
```

步骤 02 单击“默认”选项卡|“绘图”面板上的“圆”按钮，绘制半径为 60 的圆，命令行提示如下：

```
命令: _CIRCLE
指定圆的圆心或 [三点(3P)/两点(2P)/ 切点、切点、半径(T)]: 300,250  //输入圆心坐标
指定圆的半径或 [直径(D)]: 60          //输入圆的半径，效果如图 3-51 所示
```

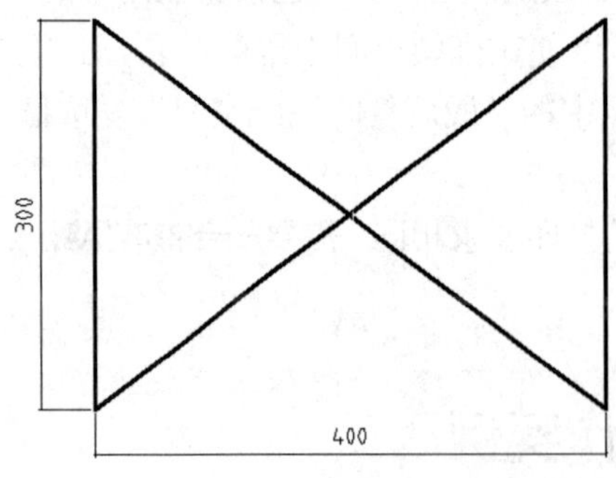

图 3-50　初步绘制的多段线

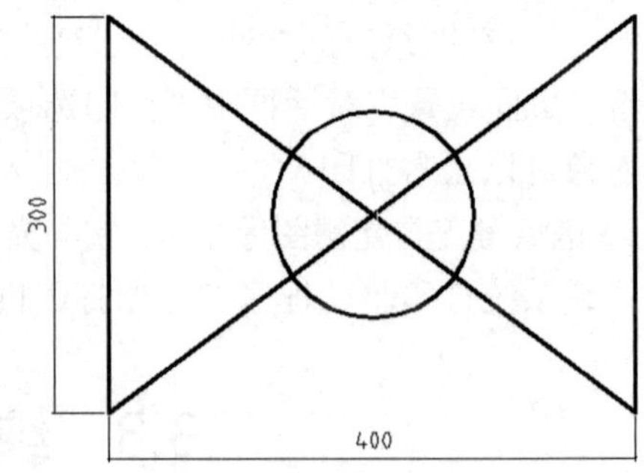

图 3-51　绘制圆

步骤 03 单击“默认”选项卡|“绘图”面板上的“直线”按钮，配合坐标输入功能绘制调节阀上侧轮廓线，命令行提示如下：

```
命令: _LINE 指定第一点: 300,310          //输入点坐标
指定下一点或 [放弃(U)]: 300,370          //输入点坐标
指定下一点或 [放弃(U)]: 240,370          //输入点坐标
指定下一点或 [放弃(U)]: 360,370          //输入点坐标
指定下一点或 [放弃(U)]:                  //按 Enter 键结束命令，效果如图 3-52 所示
```

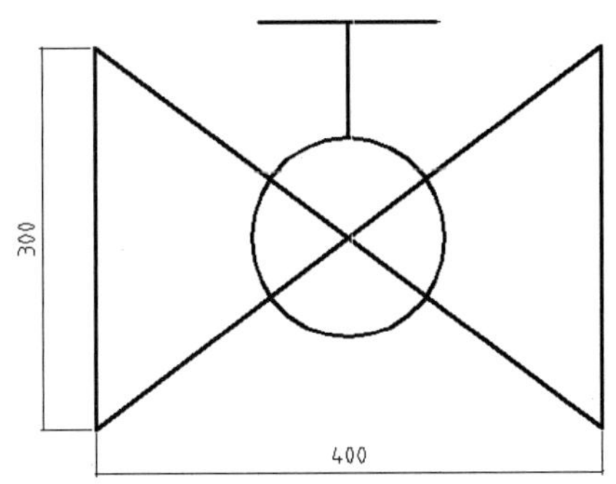

图 3-52　绘制多段线

步骤 04 单击“默认”选项卡|“绘图”面板上的“三点”按钮，执行“圆弧”命令绘制弧形轮廓线，命令行提示如下：

```
命令: _ARC
指定圆弧的起点或 [圆心(C)]: 240,370                //输入圆弧起点坐标
指定圆弧的第二个点或 [圆心(C)/端点(E)]: 360,370//输入圆弧的第二个点坐标
指定圆弧的端点: 300,430                            //输入圆弧端点坐标，最终效果如图 3-49 所示
```

3.8.2　绘制卫生洁具操作实例

【例 3-5】绘制卫生洁具。

绘制思路：本例绘制如图 3-53 所示的卫生洁具，主要运用到的命令有样条曲线命令、多段线命令、直线命令、矩形命令和镜像命令等。

步骤 01 单击“默认”选项卡|“图层”面板上的“图层特性”按钮，新建图层“1”，颜色为黑色，其余属性默认。

步骤 02 单击“默认”选项卡|“绘图”面板上的“样条曲线拟合”按钮，绘制轮廓线，命令行提示如下：

```
命令: _SPLINE
当前设置: 方式=拟合    节点=弦
指定第一个点或 [方式(M)/节点(K)/对象(O)]: _M
输入样条曲线创建方式 [拟合(F)/控制点(CV)] <拟合>: _FIT
当前设置: 方式=拟合    节点=弦
指定第一个点或 [方式(M)/节点(K)/对象(O)]: 180,3//输入第一点的坐标
输入下一个点或 [起点切向(T)/公差(L)]: 86.5,28.3 //输入点的坐标
输入下一个点或 [端点相切(T)/公差(L)/放弃(U)]:22.7,101.2          //输入点的坐标
输入下一个点或 [端点相切(T)/公差(L)/放弃(U)/闭合(C)]:1.3,210.4   //输入点的坐标
输入下一个点或 [端点相切(T)/公差(L)/放弃(U)/闭合(C)]:11.2,321    //输入点的坐标
输入下一个点或 [端点相切(T)/公差(L)/放弃(U)/闭合(C)]:34,384.8    //输入点的坐标
```

```
输入下一个点或 [端点相切(T)/公差(L)/放弃(U)/闭合(C)]:38.9,408.5        //输入点的坐标
输入下一个点或 [端点相切(T)/公差(L)/放弃(U)/闭合(C)]:43,500.3          //输入点的坐标
输入下一个点或 [端点相切(T)/公差(L)/放弃(U)/闭合(C)]:
//按 Enter 键，效果如图 3-54 所示
```

步骤 03 单击“默认”选项卡|“绘图”面板上的“三点”按钮，执行“圆弧”命令绘制弧形轮廓线，命令行提示如下：

```
命令: _ARC
指定圆弧的起点或[圆心(C)]: 34,384.8                          //输入圆弧的起点坐标
指定圆弧的第二个点或[圆心(C)/端点(E)]: 91.3,420.8     //输入圆弧的第二个点坐标
指定圆弧的端点: 178.7,443.8  //输入圆弧的端点坐标，效果如图 3-55 所示
```

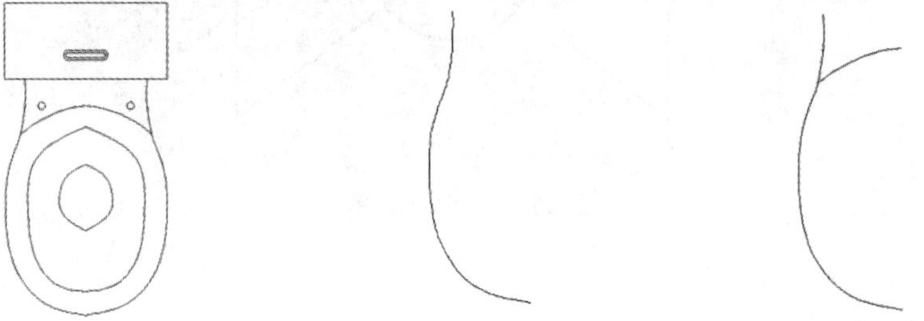

图 3-53　卫生洁具　　图 3-54　绘制的样条曲线　　图 3-55　绘制圆弧

步骤 04 单击“默认”选项卡|“绘图”面板上的“样条曲线拟合”按钮，绘制样条曲线，命令提示如下：

```
命令: _SPLINE
当前设置: 方式=拟合    节点=弦
指定第一个点或 [方式(M)/节点(K)/对象(O)]: _M
输入样条曲线创建方式 [拟合(F)/控制点(CV)] <拟合>: _FIT
当前设置: 方式=拟合    节点=弦
指定第一个点或 [方式(M)/节点(K)/对象(O)]:180,400                      //输入点的坐标
输入下一个点或 [起点切向(T)/公差(L)]: 62.7,323.7                        //输入点的坐标
输入下一个点或 [端点相切(T)/公差(L)/放弃(U)]:50,220.5                   //输入点的坐标
输入下一个点或 [端点相切(T)/公差(L)/放弃(U)/闭合(C)]:70,114.8           //输入点的坐标
输入下一个点或 [端点相切(T)/公差(L)/放弃(U)/闭合(C)]:112.8,67.3         //输入点的坐标
输入下一个点或 [端点相切(T)/公差(L)/放弃(U)/闭合(C)]:180,53             //输入点的坐标
输入下一个点或 [端点相切(T)/公差(L)/放弃(U)/闭合(C)]:                   //按 Enter 键
命令: _SPLINE
当前设置: 方式=拟合    节点=弦
指定第一个点或 [方式(M)/节点(K)/对象(O)]: _M
输入样条曲线创建方式 [拟合(F)/控制点(CV)] <拟合>: _FIT
当前设置: 方式=拟合    节点=弦
指定第一个点或 [方式(M)/节点(K)/对象(O)]:180,320
输入下一个点或 [起点切向(T)/公差(L)]: 131.9,289.7                       //输入点的坐标
输入下一个点或 [端点相切(T)/公差(L)/放弃(U)]:121.2,260.9                //输入点的坐标
输入下一个点或 [端点相切(T)/公差(L)/放弃(U)/闭合(C)]:120.8,230          //输入点的坐标
输入下一个点或 [端点相切(T)/公差(L)/放弃(U)/闭合(C)]:180,180            //输入点的坐标
输入下一个点或 [端点相切(T)/公差(L)/放弃(U)/闭合(C)]:
//按 Enter 键，效果如图 3-56 所示
```

步骤 05 单击“默认”选项卡|“绘图”面板上的“圆”按钮，绘制圆。命令行提示如下：

```
命令：_CIRCLE
指定圆的圆心或[三点(3P)/两点(2P)/切点、切点、半径(T)]：80,444  //输入圆心坐标
指定圆的半径或[直径(D)]：8  //输入圆的半径值，效果如图 3-57 所示
```

图 3-56　绘制样条曲线　　　　图 3-57　绘制圆

步骤 06 单击“默认”选项卡|“修改”面板上的“镜像”按钮，将前面绘制的全部图形，以过点（180,0）和点（180,10）的直线为对称轴进行镜像处理。

步骤 07 单击“默认”选项卡|“绘图”面板上的“矩形”按钮，绘制矩形，命令行提示如下：

```
命令：_RECTANG
指定第一个角点或[倒角(C)/标高(E)/圆角(F)/厚度(T)/宽度(W)]：0,500.3//输入角点坐标
指定另一个角点或[面积(A)/尺寸(D)/旋转(R)]：360,660                //输入角点坐标
```

步骤 08 单击“默认”选项卡|“绘图”面板上的 “多段线”按钮，绘制多段线，命令行提示如下：

```
命令：_PLINE
指定起点：140,560
当前线宽为 0.0000
指定下一个点或[圆弧(A)/半宽(H)/长度(L)/放弃(U)/宽度(W)]：@80,0
指定下一点或[圆弧(A)/|闭合(C)/半宽(H)/长度(L)/|放弃(U)/宽度(W)]：A
指定圆弧的端点或[角度(A)/圆心(CE)/方向(D)/半宽(H)/直线(L)/半径(R)/第二个点(S)/放弃(U)
/宽度(W)]：@0,-20
指定圆弧的端点或[角度(A)/圆心(CE)/方向(D)/半宽(H)/直线(L)/半径(R)/第二个点(S)/放弃(U)
/宽度(W)]：L
指定下一点或[圆弧(A)/闭合(C)/半宽(H)/长度(L)/放弃(U)/宽度(W)]：@-80,0
指定下一点或[圆弧(A)/闭合(C)/半宽(H)/长度(L)/放弃(U)/宽度(W)]：A
指定圆弧的端点或[角度(A)/圆心(CE)/方向(D)/半宽(H)/直线(L)/半径(R)/第二个点(S)/放弃(U)
/宽度(W)]：@0,20
指定圆弧的端点或[角度(A)/圆心(CE)/方向(D)/半宽(H)/直线(L)/半径(R)/第二个点(S)/放弃(U)
|宽度(W)]：//按 Enter 键结束命令
```

步骤 09 细节处理。单击“默认”选项卡|“修改”面板上的“偏移”按钮，或“复制”按钮，进行细节处理，最终效果如图 3-53 所示。

3.9　本章小结

本章主要介绍了 AutoCAD 2021 图形的基本绘制方法，包括点、直线、圆、圆环、圆弧、椭圆、矩形、正多边形、多段线、多线、样条曲线等。这些基本操作是熟练掌握 AutoCAD 2021 进行绘图的基础。

第 4 章 给排水图形的精确绘制

导言

在 AutoCAD 2021 中设计和绘制图形时，如果对图形的尺寸比例要求不太严格，可以输入图形的大致尺寸，用鼠标在图形区域直接拾取和输入。如果对图形的尺寸要求比较严格，就必须按给定的尺寸，通过常用的指定点的坐标法来绘制图形，也可以使用系统提供的“捕捉”“对象捕捉”和“对象追踪”等功能，在不输入坐标的情况下快速、精确地绘制图形。

4.1 使用坐标系

在绘图过程中要精确定位某个对象时，必须以某个坐标系作为参照，以便精确拾取点的位置。在 AutoCAD 2021 中，可以通过坐标系按照非常高的精度标准来设计和绘制图形。

4.1.1 世界坐标系和用户坐标系

在 AutoCAD 2021 中，点是组成图形的基本单位，每个点都有自己的坐标。图形的绘制一般也是通过坐标对点进行精确定位。当命令行提示输入点时，既可以使用鼠标在图形中指定点，也可以在命令行中直接输入坐标值。在本章中，主要讲解通过输入点的坐标值来精确定位点的位置。

坐标（x, y）是表示点的最基本方法。在 AutoCAD 2021 中，坐标系分为世界坐标系（WCS）和用户坐标系（UCS）。两种坐标系都可以通过坐标（x，y）来精确定位点。

默认情况下，在开始绘制新图形时，当前坐标系为世界坐标系（WCS），它包括 X 轴、Y 轴和 Z 轴（Z 轴只在三维空间工作时才有用）。WCS 坐标轴的交汇处显示标记。默认设置下坐标原点在坐标系的交汇点，所有的绝对位移都是相对于原点来计算的，并且沿 X 轴正向及 Y 轴正向的位移被规定为正方向，如图 4-1 所示。

在 AutoCAD 2021 中，为了能够更好地辅助绘图，经常需要修改坐标系的原点和方向，这时 WCS 变为 UCS。UCS 没有标记，它的原点以及 X 轴、Y 轴、Z 轴方向都可以移动和旋转，甚至可以依赖于图形中某个特定的对象。尽管 UCS 中 3 个轴之间仍然互相垂直，但是在方向及位置上却更灵活。要设置 UCS，可以在命令行中输入 UCS 命令，或者单击绘图区右上角的按钮 WCS，在展开的菜单中选择“新 UCS”命令，如图 4-2 所示。

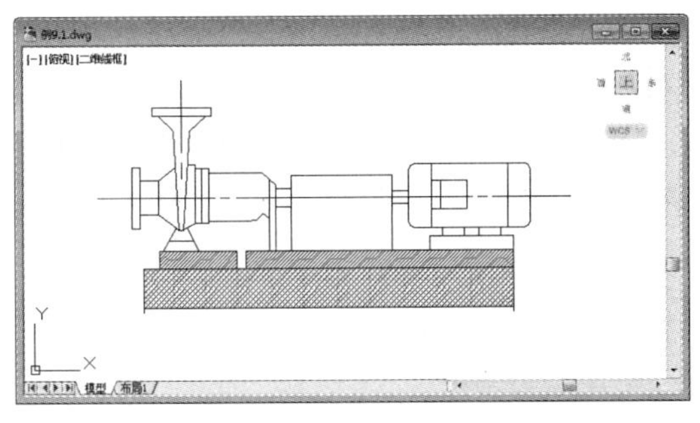

图 4-1 默认情况下的世界坐标系 WCS

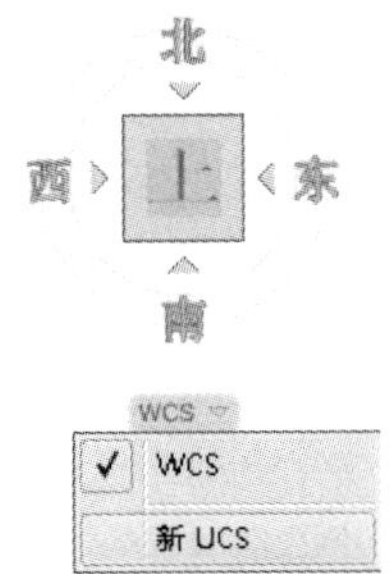

图 4-2 坐标系菜单

UCS 是可移动的笛卡尔坐标系，用于建立 XY 工作平面、水平方向和垂直方向、旋转轴以及其他有用的几何参照。在指定点、输入坐标和使用绘图辅助工具（如正交和栅格）时，可以更改 UCS 的原点和方向，以方便使用。执行"新 UCS"命令后，命令行提示如下：

```
命令：_ucs
当前 UCS 名称：*世界*
指定 UCS 的原点或[面(F)/命名(NA)/对象(OB)/上一个(P)/视图(V)/世界(W)/X/Y/Z/Z 轴(ZA)]<世界>:
//为 UCS 定位原点
指定 X 轴上的点或 <接受>: //指定 X 轴上的点，以定位 X 轴正方向，或按 Enter 键结束命令
```

命令行提示中各选项功能如下：

- "面（F）"选项：用于将 UCS 对齐到三维对象的面。
- "命名（NA）"选项：用于保存或恢复命名 UCS。
- "对象（OB）"选项：用于将 UCS 与选定的二维或三维对象对齐。UCS 可与包括点云在内的任何对象类型对齐（参照线和三维多段线除外）。
- "上一个（P）"选项：用于恢复到上一个 UCS。
- "视图（V）"选项：用于将 UCS 的 XY 平面与垂直于观察方向的平面对齐。原点保持不变，但 X 轴和 Y 轴分别变为水平和垂直。
- "世界（W）"选项：用于当前坐标系恢复到世界坐标系。
- "X/Y/Z"选项：用于绕指定的 X、Y、Z 轴旋转当前 UCS。例如将右手拇指指向 X 轴的正向，卷曲其余四指，则其余四指所指的方向即绕轴的正旋转方向，其他两轴相同。通过指定原点和一个或多个绕 X、Y 或 Z 轴的旋转，可以定义任意的 UCS。如图 4-3 所示。

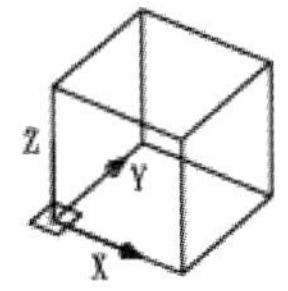

世界坐标系

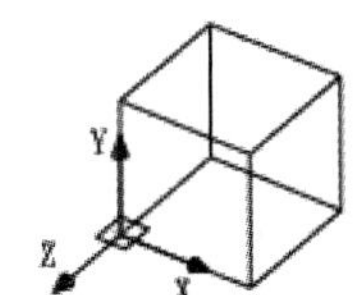

绕 X 轴的旋转角度=90°

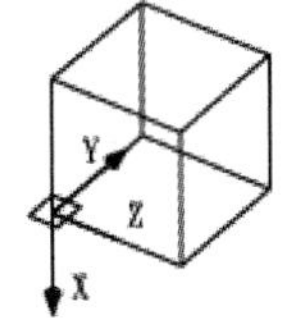

绕 Y 轴的旋转角度=90°

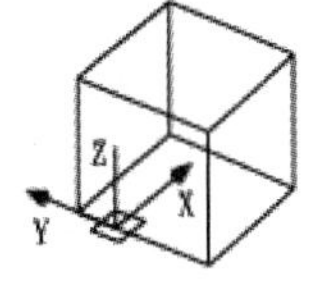

绕 Z 轴的旋转角度=90°

图 4-3 绕轴旋转示例

- "Z 轴（ZA）"选项：用于将 UCS 与指定的 Z 轴正半轴对齐。

4.1.2 坐标系的表示方法

要精确画图就必须要准确地定位点，而利用坐标功能定位点是一种最基本常用的方式。在 AutoCAD 2021 中，点的坐标可以使用绝对直角坐标、绝对极坐标、相对直角坐标和相对极坐标共 4 种方法表示，它们的特点介绍如下。

1. 绝对直角坐标

绝对直角坐标是以原点（0，0，0）为参照点，进行定位所有的点。表达式为（x，y，z），用户可以通过输入点的实际 x、y、z 坐标值来定义点的坐标。

在如图 4-4 所示的坐标系中，A 点的 X 坐标值为 4（即该点在 X 轴上的垂足点到原点的距离为 4 个单位），Y 坐标值为 4（即该点在 Y 轴上的垂足点到原点的距离为 4 个单位），那么 A 点的绝对直角坐标表达式为（4，4），B 点绝对直角坐标为（3，1），C 点绝对直角坐标为（6，4）。

2. 绝对极坐标

绝对极坐标是以原点作为极点，通过相对于原点的极长和角度来定义点的。其表达式为（L<α）。在如图 4-4 所示的坐标系中，直线 OA 的长度用 $\sqrt[4]{2}$ 表示，直线 OA 与 X 轴正方向夹角为 45°，那么使用绝对极坐标表示 A 点，即（$\sqrt[4]{2} < 45$）。

3. 相对直角坐标

相对直角坐标就是某一点相对于参照点 X 轴、Y 轴和 Z 轴 3 个方向上的坐标变化。其表达式为（@x，y，z）。在实际绘图中常把上一点看作参照点，后续绘图操作是相对于前一点进行的。例如，在如图 4-4 所示的坐标系中，C 点的绝对坐标为（6，4），如果以 A 点作为参照点，使用相对直角坐标表示 C 点，那么表达式则为（@6−4，4−4）=（@2，0）。

4. 相对极坐标

相对极坐标是通过相对于参照点的极长距离和偏移角度来表示的，其表达式为（@L<α），L 表示极长，α 表示角度。例如，在如图 4-4 所示的坐标系中，如果以 A 点作为参照点，使用相对极坐标表示 C 点，那么表达式则为（@2<0），其中 2 表示 C 点和 A 点的极长距离为 2 个图形单位，偏移角度为 0°。如果以 C 点作为参照点，使用相对极坐标表示 A 点，则为(@2<180)。

下面通过使用画线工具绘制 A4-H 幅面的图纸边框，对各类点的坐标输入功能进行综合练习。本例最终绘制效果如图 4-5 所示。

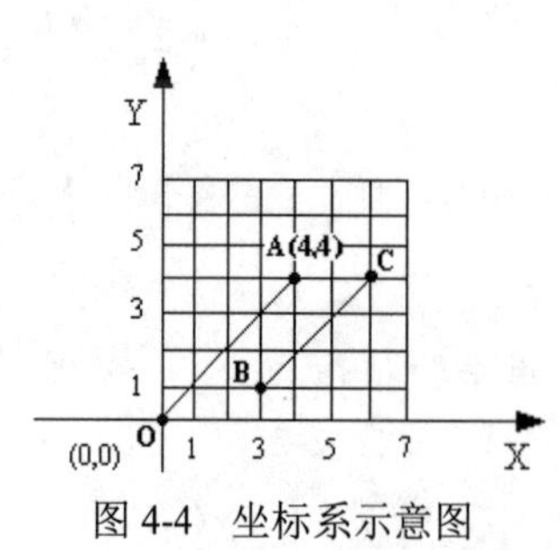

图 4-4　坐标系示意图

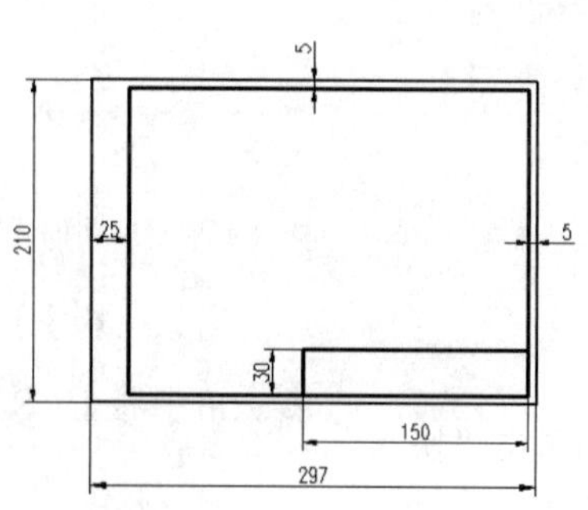

图 4-5　草坪轮廓

步骤01 首先单击“快速访问”工具栏上的按钮，以 acadiso.dwt 为基础样板，快速创建公制单位的绘图文件。

步骤02 单击绘图区右侧导航栏上的“全部缩放”按钮，将默认图形界限最大化显示。

步骤03 单击“默认”选项卡|“绘图”面板上的“直线”按钮，使用绝对坐标功能绘制图纸外框。命令行提示如下：

```
命令: _line
指定第一个点:                          //0,0 Enter，输入原点作为外框左下角点
指定下一点或 [放弃(U)]:                //297<0 Enter，输入第二点绝对极坐标
指定下一点或 [放弃(U)]:                //297,210 Enter，输入第三点绝对直角坐标
指定下一点或 [闭合(C)/放弃(U)]:        //210<90 Enter，输入第四点绝对极坐标
指定下一点或 [闭合(C)/放弃(U)]:        //c Enter，闭合图形，绘制结果如图 4-6 所示
```

步骤04 单击“默认”选项卡|“绘图”面板上的“多段线”按钮，使用相对坐标功能绘制图纸内框。命令行提示如下：

```
命令: _pline
指定起点:                       //25,5 Enter，定位内框左下角点
当前线宽为 0.0000
指定下一个点或 [圆弧(A)/半宽(H)/长度(L)/放弃(U)/宽度(W)]:
                                //@267,0 Enter，输入内框第二个角点的相对直角坐标
指定下一点或 [圆弧(A)/闭合(C)/半宽(H)/长度(L)/放弃(U)/宽度(W)]:
                                //@200<90 Enter，输入内框第三个角点的相对极坐标
指定下一点或 [圆弧(A)/闭合(C)/半宽(H)/长度(L)/放弃(U)/宽度(W)]:
                                //@267<180 Enter，输入内框第四个角点的相对极坐标
指定下一点或 [圆弧(A)/闭合(C)/半宽(H)/长度(L)/放弃(U)/宽度(W)]:
                                //c Enter，闭合图形，绘制结果如图 4-7 所示
```

步骤05 单击“默认”选项卡|“绘图”面板上的“直线”按钮，配合“捕捉自”和坐标输入功能绘制图纸标题栏。命令行提示如下：

```
命令: _line
指定第一个点:                          //按住 Shift 键右击，选择“自”命令
_from 基点:                            //捕捉内框的右下角点作为基点
<偏移>:                                //@0,30 Enter，输入相对坐标，定位第一点
指定下一点或 [放弃(U)]:                //@150<180 Enter，输入第二点相对极坐标
指定下一点或 [放弃(U)]:                //@0,-30 Enter，输入第三点相对直角坐标
指定下一点或 [闭合(C)/放弃(U)]:        //c Enter，闭合图形，绘制结果如图 4-8 所示
```

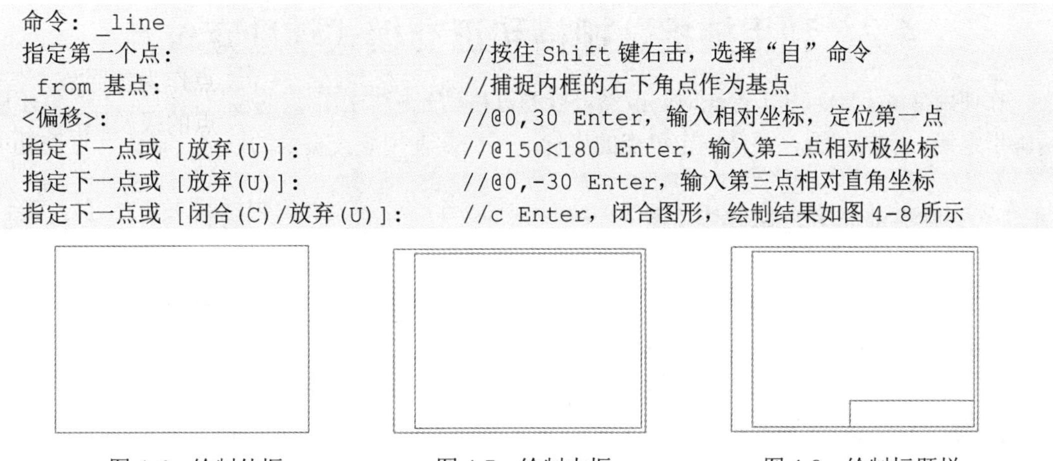

图 4-6　绘制外框　　图 4-7　绘制内框　　图 4-8　绘制标题栏

步骤06 最后单击“快速访问”工具栏上的按钮，将图形命名保存为“A4-H.dwg”。

4.1.3 坐标的显示方式

在绘图窗口中移动光标的十字指针时，状态栏上将动态地显示当前指针的坐标。在 AutoCAD 2021 中，坐标显示取决于所选择的模式和程序中运行的命令，共有下列 3 种方式。

- 模式 0，关：显示上一个拾取点的绝对坐标，指针坐标将不能动态更新，只有在拾取一个新点时，显示才会更新；但是从键盘输入一个新点坐标时，不会改变该显示方式。
- 模式 1，绝对：显示光标的绝对坐标，该值是动态更新的，默认情况下，显示的方式是打开的。
- 模式 2，相对：显示一个相对极坐标。当选择该方式时，如果当前处在拾取点状态，系统将显示光标所在位置相对于上一个点的距离和角度。当离开拾取点状态时，系统将恢复到模式 2。

在实际应用过程中，根据实际需要，可以通过按 Ctrl+I 组合键在上述 3 种方式间切换，如图 4-9 所示。

220.2479, 3.8791, 0.0000	227.5971, 63.1048, 0.0000	5.0734< 175 , 0.0000
（a）模式 0，关	（b）模式 1，绝对	（c）模式 2，相对

图 4-9 坐标的 3 种显示方式

提 示

当选择“模式 0，关”时，坐标显示呈灰色，表示坐标显示是关闭的，但是上一个拾取点的坐标仍然是可读的，在一个空的命令提示符或一个不接收角度输入的提示符下，只能在“模式 1，绝对”和“模式 2，相对”之间切换。在一个接收距离及角度输入的提示符下，可以在上述 3 种模式之间切换。

4.2 利用捕捉、栅格和正交模式辅助定位点

在使用 AutoCAD 2021 绘图时，虽然可以通过移动光标来指定点的位置，但是这种方法很难精确指定某一点的位置，要精确定位点的坐标，还需要使用系统提供的栅格、捕捉和正交功能。

4.2.1 栅格和捕捉参数的设置

“捕捉”用于设置光标移动的间距。“栅格”是一些标定位置的小点或线，起坐标纸的作用，可以提供直观的距离和位置参照，提高绘图效率。

可以通过下面 3 种方法打开和关闭“捕捉”和“栅格”功能：

- 单击状态栏的“捕捉模式”按钮 或“显示图形栅格”按钮 。
- 按 F7 键打开或关闭栅格，按 F9 键打开或关闭捕捉。

- 右击状态栏的“捕捉模式”按钮 ::: 或“显示图形栅格”按钮 #，选择“捕捉设置”或“栅栏设置”选项，打开“草图设置”对话框。在“捕捉和栅格”选项卡中选中或撤选“启用捕捉”和“启用栅格”复选框，如图 4-10 所示。

在“捕捉和栅格”选项卡中，首先看“捕捉类型”选项组，默认情况下，“栅格捕捉”和“矩形捕捉”单选按钮会处于选中状态，表示当前采用的是矩形捕捉的模式。当选中“等轴测捕捉”或“PolarSnap（极轴捕捉）”单选按钮时，“捕捉和栅格”选项卡中的某些参数变得不可用。“捕捉和栅格”选项卡主要参数含义如表 4-1 所示。

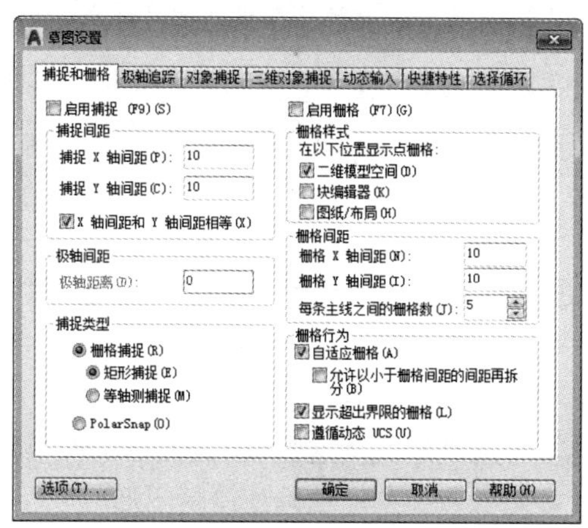

图 4-10 “捕捉和栅格”选项卡

表 4-1 矩形捕捉各参数含义

参 数	说 明
“启用捕捉”复选框	选择该复选框，启动控制捕捉功能，与单击状态栏上相应按钮功能相同
“启用栅格”复选框	选择该复选框，启动控制栅格功能，与单击状态栏上相应按钮功能相同
“捕捉 X 轴间距”文本框	设置捕捉在 X 方向的单位间距
“捕捉 Y 轴间距”文本框	设置捕捉在 Y 方向的单位间距
“X 轴间距和 Y 轴间距相等”复选框	设置 X 和 Y 方向的间距是否相等
“栅格样式”选项组	设置栅格在“二维模型空间”“块编辑器”和“图纸/布局”中是以点栅格出现还是以线栅格出现，选择相应的复选框，则以点栅格出现，否则以线栅格出现
“栅格 X 轴间距”文本框	设置栅格在 X 方向的单位间距
“栅格 Y 轴间距”文本框	设置栅格在 Y 方向的单位间距
“每条主线之间的栅格数”文本框	指定主栅格线相对于次栅格线的频率
“自适应栅格”复选框	选择该复选框，表示设置缩小时，限制栅格密度
“允许以小于栅格间距的间距再拆分”复选框	选择该复选框，表示放大时，生成更多间距更小的栅格线
“显示超出界线的栅格”复选框	选择该复选框，表示显示超出 LIMITS 命令指定区域的栅格
“遵循动态 UCS”复选框	选择该复选框，则更改栅格平面以跟随动态 UCS 的 XY 平面

4.2.2 正交模式

使用 ORTHO 命令可以打开正交模式，控制是否以正交方式绘图。在正交模式下，可以方便地绘制出与当前 X 轴或 Y 轴平行的线段。

可以通过下面 3 种方式打开或关闭正交模式：

- 在状态栏中单击“正交限制光标”按钮。
- 按 F8 键，打开或关闭正交模式。
- 在命令行直接输入 ORTHO 命令，选择正交模式的开或关。

打开正交功能后，输入的第 1 点是任意的，但当移动光标准备指定第 2 点时，引出的橡皮筋线已不再是这两点之间的连线，而是起点到十字光标线的垂直线中较长的那段线，此时单击橡皮筋线就变成所绘直线。

4.3 捕捉对象上的几何点

在绘图的过程中，经常要指定一些已有对象上的点，如端点，圆心、两个对象的交点等。如果只凭观察来拾取不可能非常准确地找到这些点，为此 AutoCAD 提供了“对象捕捉”功能，可以迅速、准确地捕捉到某些特殊点，从而精确地绘制图形。

有关对象捕捉参数的设置，在 2.1 节“设置系统参数选项”中的“设置草图”中已经做过详细的介绍，不再赘述。

AutoCAD 共为用户提供了 14 种对象捕捉功能，右击状态栏上“对象捕捉”按钮，或者单击“对象捕捉”右端下三角按钮，都可以弹出如图 4-11 所示的“对象捕捉”菜单，在此菜单上可以快速设置当前需要使用的各种对象捕捉功能。

在“对象捕捉”按钮菜单上选择“对象捕捉设置”选项，可弹出图 4-12 所示的“草图设置”对话框，在此对话框内可以快速开启对象捕捉功能并设置各种捕捉模式。

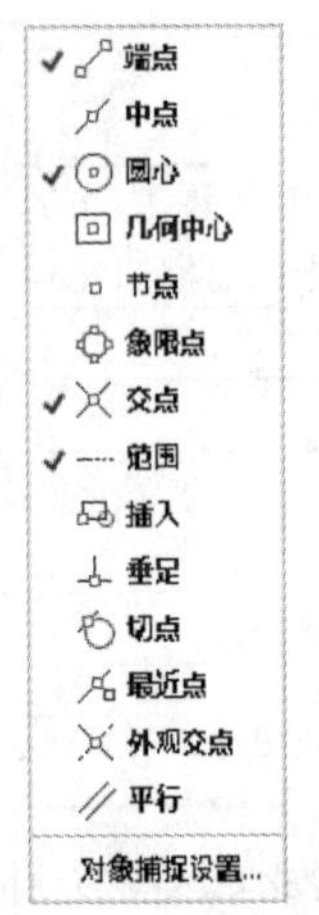

图 4-11 “对象捕捉”菜单

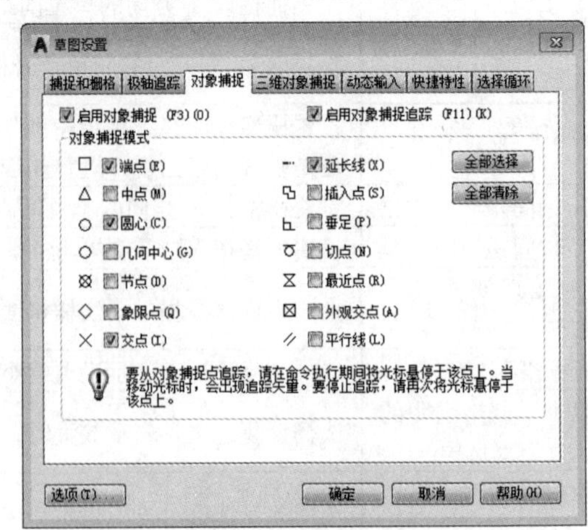

图 4-12 “对象捕捉”选项卡

1. “对象捕捉”菜单

“对象捕捉”菜单上带有对号的表示当前已设置好的对象捕捉模式，只需在各类捕捉模式上单击，即可设置或取消相应的对象捕捉模式。“对象捕捉”菜单中的各种捕捉模式功能如表 4-2 所示。

表 4-2　对象捕捉工具及其功能

对象捕捉类型	图　标	说　明
端点		捕捉到圆弧、椭圆弧、直线、多线、多段线线段、样条曲线、面域或射线最近的端点，或捕捉宽线、实体或三维面域的最近角点
中点		捕捉到圆弧、椭圆、椭圆弧、直线、多线、多段线线段、面域、实体、样条曲线或参照线的中点
圆心		捕捉到圆弧、圆、椭圆或椭圆弧的圆心
几何中心		用于捕捉图形的几何中心点
节点		捕捉到点对象、标注定义点或标注文字起点
象限点		捕捉到圆弧、圆、椭圆或椭圆弧的象限点
交点		捕捉到圆弧、圆、椭圆、椭圆弧、直线、多线、多段线、射线、面域、样条曲线或参照线的交点
范围		当光标经过对象的端点时，显示临时延长线或圆弧，以便用户在延长线或圆弧上指定点
插入点		捕捉到属性、块、形或文字的插入点
垂足		捕捉圆弧、圆、椭圆、椭圆弧、直线、多线、多段线、射线、面域、实体、样条曲线或参照线的垂足，可以用直线、圆弧、圆、多段线、射线、参照线、多线或三维实体的边作为绘制垂直线的基础对象
切点		捕捉到圆弧、圆、椭圆、椭圆弧或样条曲线的切点
最近点		捕捉到圆弧、圆、椭圆、椭圆弧、直线、多线、点、多段线、射线、样条曲线或参照线的最近点
外观交点		捕捉不在同一个平面上的两个对象的外观交点
平行线		无论何时 AutoCAD 提示输入矢量的第二个点，都绘制平行于另一个对象的矢量

2. “对象捕捉”选项卡

与“对象捕捉”菜单一样，图 4-12 所示的“对象捕捉”选项卡也可以设置对象的各类捕捉模式，除此之外，如果勾选了“启用对象捕捉”复选项，就开启了“对象捕捉”功能，用户在命令行指定点的提示下，就可以使用设置的“对象捕捉”模式捕捉各类几何点。

另外，用户还可以通过按 F3 功能键，或单击状态栏“对象捕捉”按钮，进行开启和关闭“对象捕捉”功能。

4.4　自动追踪和动态输入

在 AutoCAD 中自动追踪可按指定角度绘制图案，或者绘制与其他对象有特定关系的对象。

自动追踪功能分为“极轴追踪”和“对象捕捉追踪”。使用自动追踪功能可以快速而精确地追踪定位点，在很大程度上提高了绘图效率。在“草图设置”对话框中的“极轴追踪”选项卡上，可以设置自动追踪相关参数。

在AutoCAD 2021中，系统也提供了动态输入功能，使用户可以在指针位置处显示标注输入和命令提示等信息，从而极大地方便了绘图。

4.4.1 极轴追踪

“极轴追踪”功能就是根据当前设置的追踪角度，引出相应的极轴追踪虚线，对目标点进行追踪定位，如图4-13所示。

“极轴追踪”功能的启用主要有以下方式。

- 单击状态栏上的“极轴追踪”按钮。
- 按F10功能键。
- 在“草图设置”对话框中的“极轴追踪”选项卡中勾选“启用极轴追踪”复选项。

在状态栏上的“极轴追踪”按钮上右击，或单击按钮右端的下三角，然后在弹出的菜单上选择“正在追踪设置”选项，打开如图4-14所示的“草图设置”对话框，用于相关极轴追踪参数的设置。

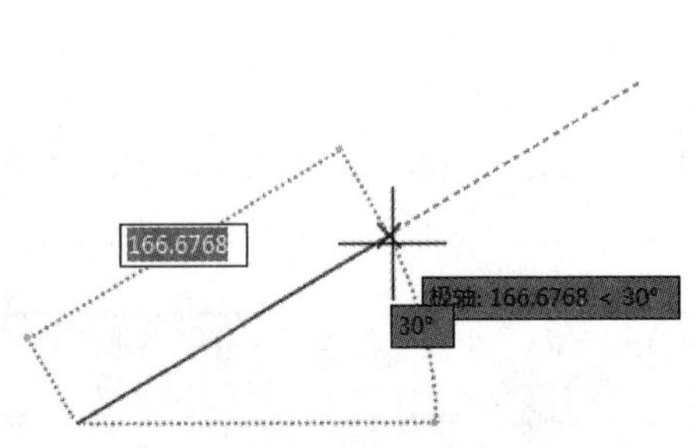

图4-13　极轴追踪示例

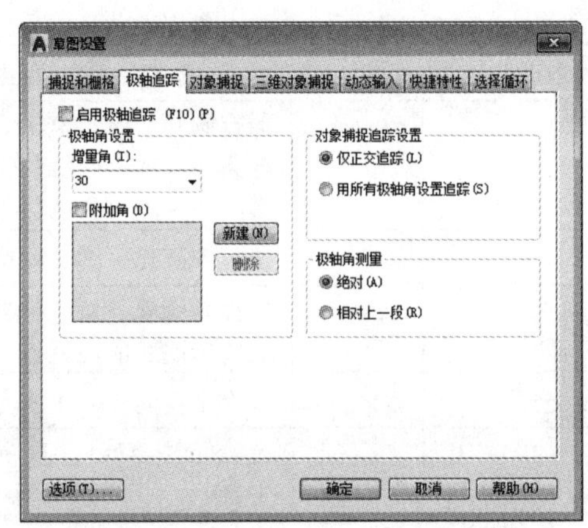

图4-14　“草图设置”对话框

“极轴追踪”选项卡中各选项的含义如下：

- “启用极轴追踪”复选框：打开或关闭极轴追踪，也可以使用自动捕捉系统变量或按F10键来打开或关闭极轴追踪。
- “极轴角设置”选项组：设置极轴角度。在“增量角”下拉列表框中可以选择系统预设的角度，如果该下拉列表框中的角度不能满足需要，可选中“附加角”复选框，然后单击“新建”按钮，在“附加角”列表框中增加新角度。另外，追踪角度还可以通过如图4-15所示的按钮菜单设置。

90, 180, 270, 360...
45, 90, 135, 180...
✓ 30, 60, 90, 120...
23, 45, 68, 90...
18, 36, 54, 72...
15, 30, 45, 60...
10, 20, 30, 40...
5, 10, 15, 20...
正在追踪设置...

图 4-15 “极轴追踪”菜单

- “极轴角测量”选项组：设置极轴追踪对齐角度的测量基准。选中“相对”单选按钮，可以基于当前用户坐标系（UCS）确定极轴追踪角度；选中“相对上一段”单选按钮，可以基于最后绘制的线段确定极轴追踪角度。

4.4.2 对象捕捉追踪

“对象捕捉追踪”功能是以对象的某些特征点作为追踪基准点，根据此基准点沿正交方向或极轴方向形成追踪线，进行追踪定位点，如图 4-16 所示。

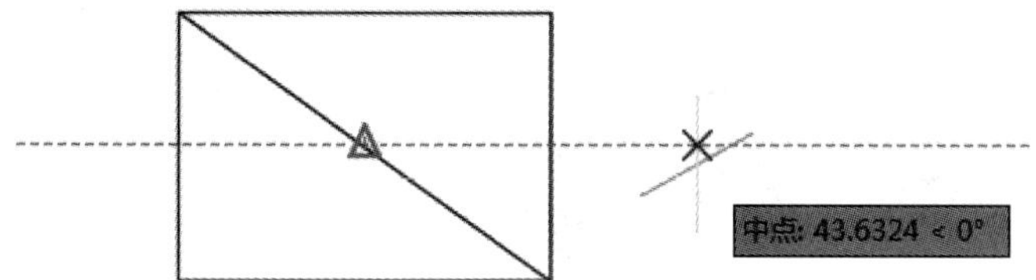

图 4-16 对象捕捉追踪示例

“对象捕捉追踪”功能需要配合“对象捕捉”功能才能使用，但是不能与“正交”功能同时开启。启用“对象捕捉追踪”功能主要有以下方式：

- 单击状态栏上的“对象捕捉追踪”按钮。
- 按 F11 功能键。
- 在“草图设置”对话框中的“对象捕捉”选项卡中勾选“开启对象捕捉追踪”复选项。

如图 4-14 所示的对话框，在“对象捕捉追踪设置”选项组中可对对象捕捉追踪进行设置。各参数含义如下：

- 仅正交追踪：表示仅在水平和垂直方向（即 X 轴和 Y 轴方向）对捕捉点进行追踪（但切线追踪、延长线追踪等不受影响）。
- 用所有极轴角设置追踪：表示可按极轴设置的角度进行追踪。

4.4.3 捕捉自

“捕捉自”是一种非常常用的辅助绘图功能，此功能主要用于捕捉定位参照点。通常借助“对象捕捉”和“相对坐标”定位窗口中相对于某一捕捉点的另外一点。使用“捕捉自”功能时需要先捕捉对象特征点作为目标点的偏移基点，然后再输入目标点的坐标值。

执行“捕捉自”功能主要有以下几种方式：

- 单击“对象捕捉”工具栏上的按钮。
- 在命令行输入 FROM 后按 Enter 键。
- 按住 Ctrl 键或 Shift 键右击，选择临时捕捉快捷菜单中的“自”选项。

4.4.4 动态输入

1. 指针输入

在“草图设置”对话框的“动态输入”选项卡中，选中“启用指针输入”复选框可以启用指针输入功能，如图 4-17 所示。

可以在“指针输入”选项组中单击“设置”按钮，打开“指针输入设置”对话框，如图 4-18 所示，可以在此对话框中设置指针的格式和可见性。

图 4-17 “动态输入”选项卡

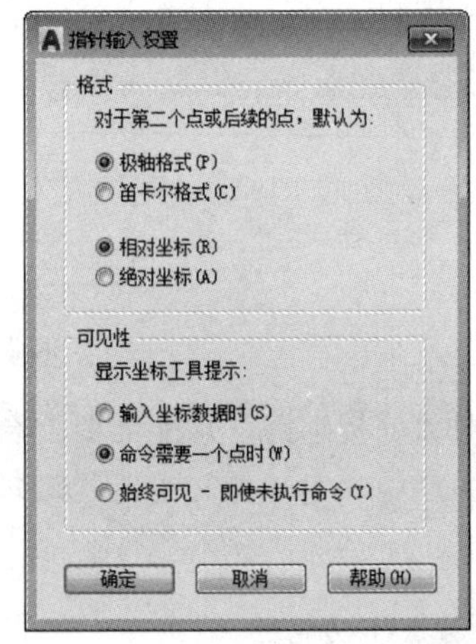

图 4-18 “指针输入设置”对话框

2. 标注输入

在“动态输入”选项卡中，选中“可能时启用标注输入”复选框，可以启用标注输入功能。在“标注输入”选项组中单击“设置”按钮，打开“标注输入的设置”对话框，如图 4-19 所示，可以在此对话框中设置标注的可见性。

3. 动态提示

在“动态输入”选项卡中，选中“在十字光标附近显示提示和命令输入”复选框，可以在

光标附近显示命令提示。此外，单击“绘图工具提示外观”按钮，打开“工具提示外观”对话框，如图 4-20 所示，可以在此对话框中设置工具提示外观的颜色、大小和透明度。

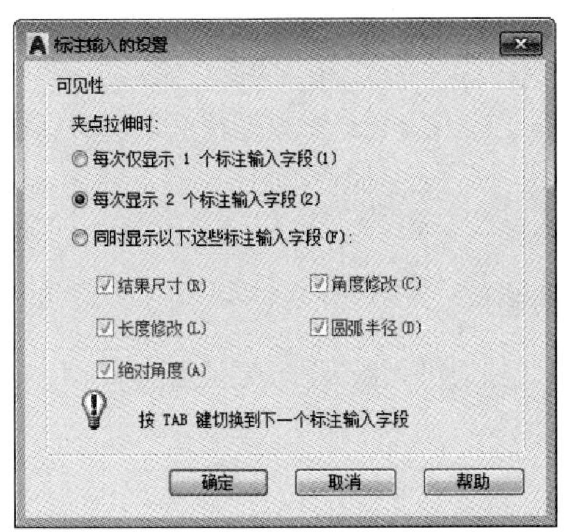

图 4-19　“标注输入的设置”对话框

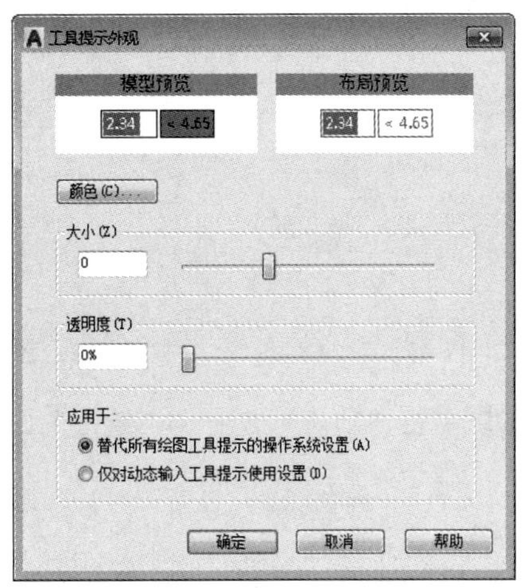

图 4-20　“工具提示外观”对话框

4.5　综合操作实例

4.5.1　绘制水炮图例操作实例

【例 4-1】使用对象捕捉功能绘制图 4-21 所示的水炮图例。

步骤 01 首先新建文件并全部缩放视图。然后在状态栏右击“对象捕捉”按钮，在弹出的按钮菜单上选择“对象捕捉设置”选项，打开“草图设置”对话框，开启并设置对象捕捉模式如图 4-22 所示。

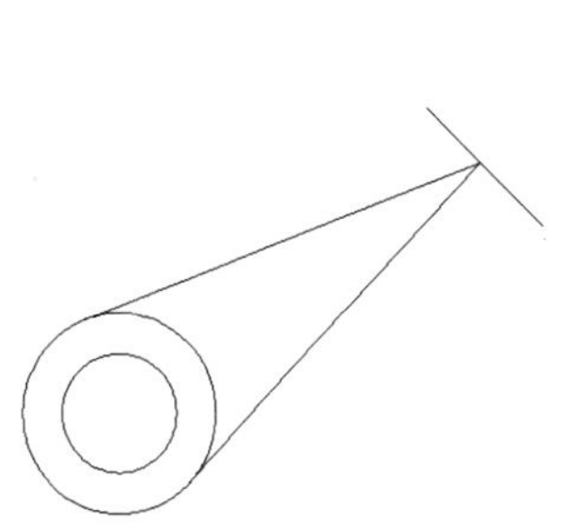

图 4-21　水炮图例

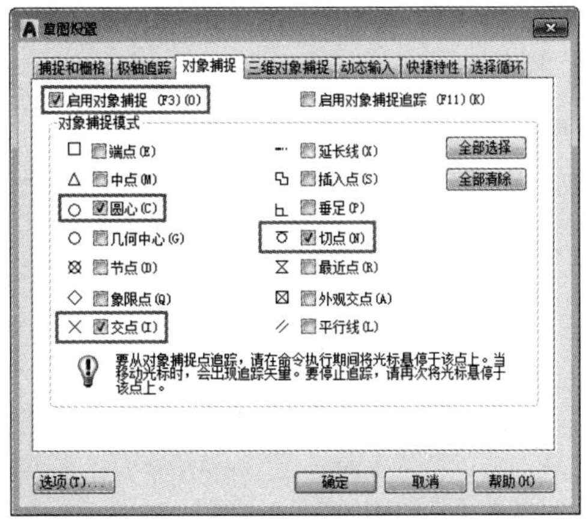

图 4-22　选择“对象捕捉”功能

步骤 02 单击“默认”选项卡|“绘图”面板上的“构造线”按钮，绘制构造线，两条水平构造线

和两条垂直构造线的两个交点分别为（100,100）和（400,400），如图 4-23 所示。

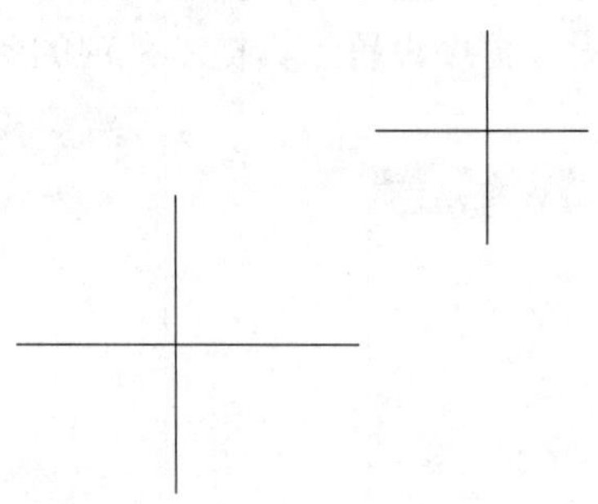

图 4-23　绘制构造线

步骤 03 单击“默认”选项卡|“绘图”面板上的“圆”按钮，绘制一个半径为 60 的圆，命令行提示如下：

```
命令：_CIRCLE
指定圆的圆心或 [三点(3P)/两点(2P)/切点、切点、半径(T)]:
//将指针移到构造线之间的交点处(100,100)，当显示“交点”标记时（见图 4-24），单击拾取该点
指定圆的半径或 [直径(D)]: 60//输入圆的半径
```

步骤 04 使用同样的方法在同一个交点处绘制一个半径为 90 的圆。

步骤 05 单击“默认”选项卡|“绘图”面板上的“直线”按钮，配合坐标输入功能画线，命令行提示如下：

```
命令：_LINE
指定第一点：300,500                    //输入点坐标
指定下一点或 [放弃(U)]: 500,300        //输入点坐标
指定下一点或 [放弃(U)]:                //按 Enter 键结束命令
```

结果在右上角绘制了一条线段，绘制完成后将左下角的构造线删除，如图 4-25 所示。

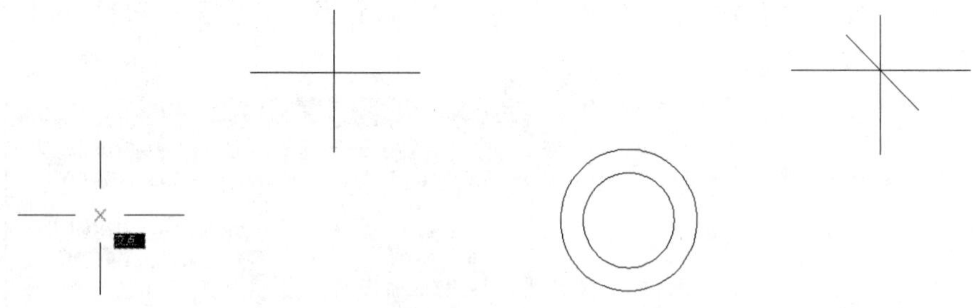

图 4-24　捕捉交点　　　　图 4-25　绘制圆和直线段

步骤 06 单击“默认”选项卡|“绘图”面板上的“直线”按钮，绘制切线，命令行提示如下：

```
命令：_LINE
指定第一点：              //将十字光标移动到左上角构造线交点处，捕捉交点
指定下一点或 [放弃(U)]:   //将十字光标移动到半径为 90 的圆上，捕捉切点，如图 4-26 所示
指定下一点或 [放弃(U)]:   //按 Enter 键结束命令
```

步骤 07 单击“默认”选项卡|“绘图”面板上的“直线”按钮，绘制另一条与圆相切的直线，如图 4-27 所示。

步骤08 删除右上角的构造线，完成绘图，如图 4-21 所示。

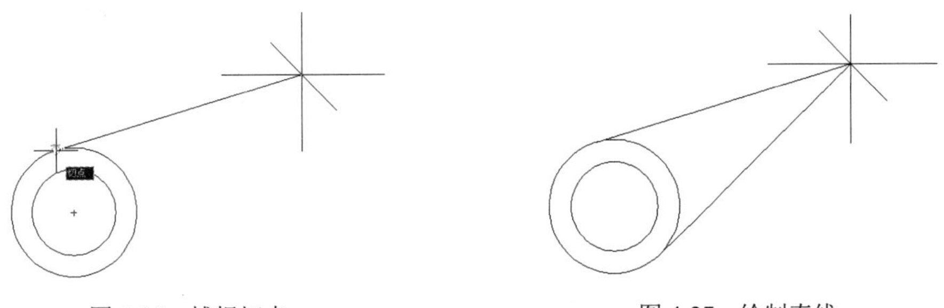

图 4-26　捕捉切点

图 4-27　绘制直线

4.5.2　绘制污水盆操作实例

【例 4-2】使用捕捉、自动追踪等功能绘制给排水中的污水盆，如图 4-28 所示。

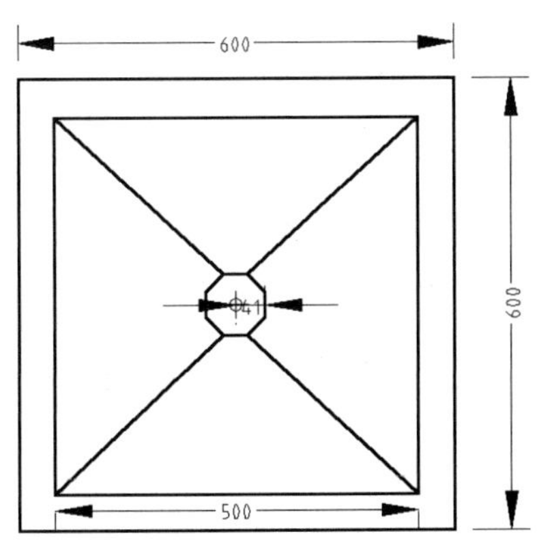

图 4-28　污水盆

步骤01 新建绘图文件，并单击导航栏上的“全部缩放”按钮，全部缩放视图。

步骤02 右击状态栏的“捕捉模式”按钮，选择“捕捉设置”选项，弹出“草图设置”对话框，然后启用“捕捉”功能并设置参数如图 4-29 所示。

步骤03 在“草图设置”对话框中分别展开“极轴追踪”和“对象捕捉”选项卡，开启“极轴追踪”“对象捕捉”和“对象捕捉追踪”功能。

步骤04 单击“默认”选项卡|“绘图”面板上的“构造线”按钮，绘制构造线，命令行提示如下：

```
命令: _XLINE
指定点或 [水平(H)/垂直(V)/角度(A)/二等分(B)/偏移(O)]: H  //绘制水平构造线
指定通过点:100,100                                    //输入水平构造线通过点的坐标
指定通过点:                                           //按 Enter 键结束命令
命令 XLINE:                                           //按 Enter 键继续直线构造线命令
指定点或 [水平(H)/垂直(V)/角度(A)/二等分(B)/偏移(O)]: V  //绘制垂直构造线
指定通过点:100,100                                    //输入垂直构造线通过点的坐标
```

在绘图窗口中绘制出 1 条水平构造线和 1 条垂直构造线作为辅助线，交点为（100,100）。

步骤 05 单击“默认”选项卡|“绘图”面板上的“正多边形”按钮，绘制内切圆半径为 41 的正八边形，命令行提示如下：

```
命令：_POLYGON
输入边的数目 <8>: 8                               //输入正多边形边的数目
指定正多边形的中心点或 [边(E)]:                    //捕捉点(100,100)为正多边形的中心点
输入选项 [内接于圆(I)/外切于圆(C)] <I>: C         //选择外切于圆的方式绘制
指定圆的半径：'_PAN    //沿水平方向移动指针，追踪 41 个单位，此时屏幕上显示“极轴：
41<0°”，单击确定圆的半径为 41，绘制出一个半径为 41 的圆的正八边形，如图 4-30 所示
```

图 4-29 选择“极轴捕捉”功能

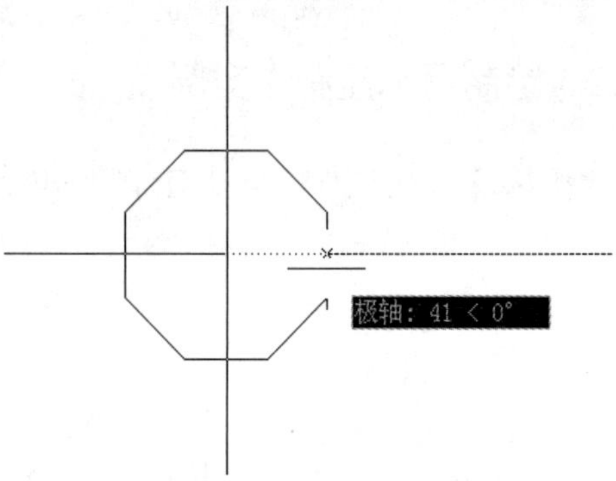

图 4-30 绘制正八边形

步骤 06 单击“默认”选项卡|“绘图”面板上的“正多边形”按钮，绘制内切圆半径为 250 的正四边形，命令行提示如下：

```
命令：_POLYGON
输入边的数目 <8>: 4                               //输入正多边形边的数目
指定正多边形的中心点或 [边(E)]:                    //捕捉点(100,100)为正多边形的中心点
输入选项 [内接于圆(I)/外切于圆(C)] <C>: C         //选择外切于圆的方式绘制
指定圆的半径：//沿水平方向移动指针，追踪 250 个单位，此时屏幕上显示“极轴：250<0°”，单击确
定圆的半径为 250，绘制出一个半径为 250 的圆的正八边形，如图 4-31 所示
```

步骤 07 单击“默认”选项卡|“绘图”面板上的“正多边形”按钮，用同样的极轴捕捉方法绘制内切圆半径为 300 的正四边形，如图 4-32 所示。

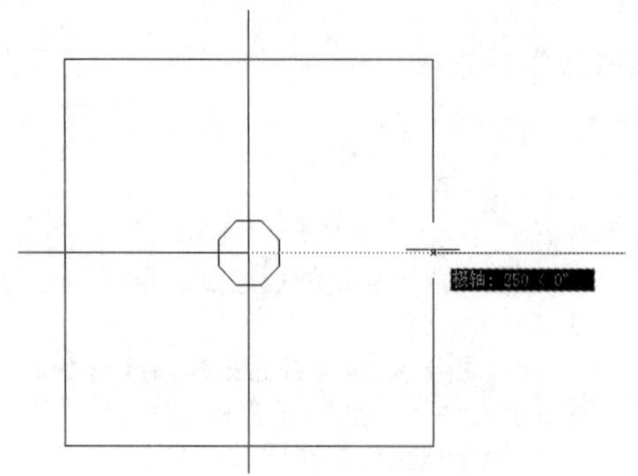

图 4-31 绘制污水池内边框

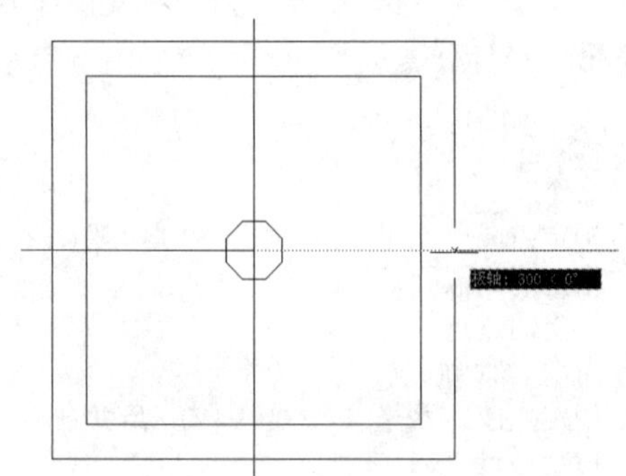

图 4-32 绘制污水池外边框

步骤08 单击“默认”选项卡|“绘图”面板上的“直线”按钮╱，配合“对象捕捉”功能绘制内部轮廓线，命令行提示如下：

```
命令: _line
指定第一点:                          //捕捉污水池内边框的右上角点
指定下一点或 [放弃(U)]:              //捕捉污水池中正八边形的角点，如图 4-33 所示
指定下一点或 [放弃(U)]:              //按 Enter 键结束命令
```

步骤09 单击“默认”选项卡|“绘图”面板上的“直线”按钮╱，使用同样的方法，捕捉相应的角点来绘制直线，效果如图 4-34 所示。

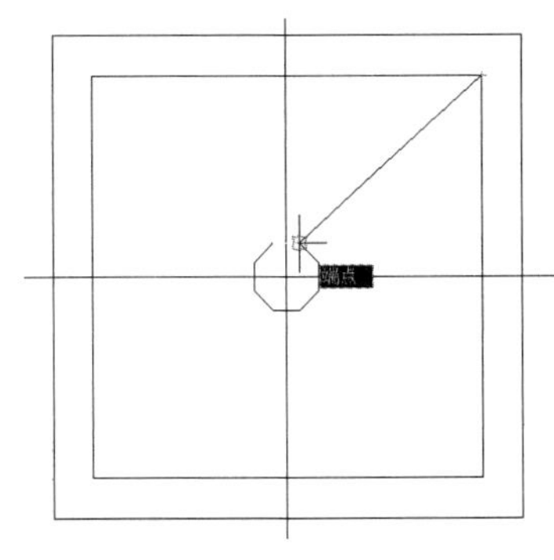

图 4-33　捕捉角点

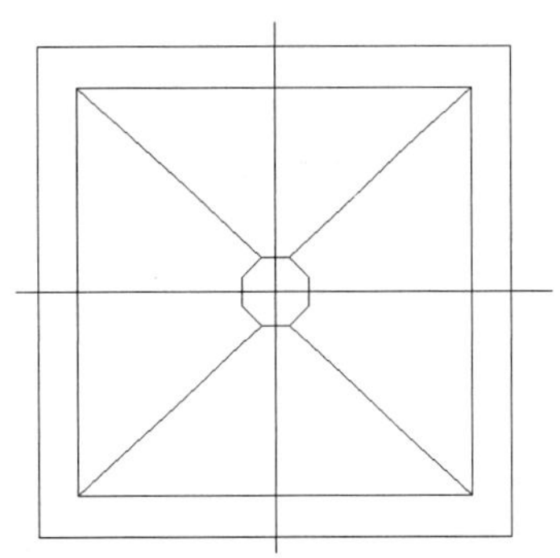

图 4-34　绘制直线

步骤10 单击“默认”选项卡| “修改”面板上的“删除”按钮，删除构造线，标注污水池尺寸，单击状态栏上的“线宽”按钮，将污水池线宽设置为 0.3mm，效果如图 4-28 所示。

4.6　本章小结

本章主要介绍了精确绘制图形的方法，包括捕捉、栅格、正交辅助定位、自动追踪和动态输入等内容。在操作实例中共练习了两个比较简单的给排水部件的绘制，用户需要认真体会精确绘制图形方法的应用。只有掌握了这些知识，再加以实践运用和思考，才能在工作中得心应手，学到更多的知识。

第 5 章 给排水平面图的基本编辑方法

导言

在AutoCAD 2021中，单纯地使用绘图命令或绘图工具只能绘制一些基本的图形对象。在实际绘图中，为了绘制复杂的图形，很多情况下都必须借助图形编辑命令。AutoCAD 2021 提供了许多图形编辑命令，如复制、移动、旋转、镜像、偏移、阵列、拉伸、修剪等，可以使用这些命令修改已有图形或通过已有图形构建新的复杂图形。

5.1 选择对象

在对图形进行编辑操作之前，首先选择需要编辑的图形对象。在 AutoCAD 2021 中，用虚线亮显所选中的对象，这些对象就构成选择集。选择集可以包含单个对象，也可以包含复杂的对象编组。

5.1.1 设置对象的选择模式

在命令行无命令执行的前提下右击，选择快捷菜单上的“选项”命令，也可以在命令行输入 OPIONSA 或 OP 后按 Enter 键执行“选项”命令，打开“选项”对话框，然后在“选择集”选项卡中，可以设置选择集模式、拾取框的大小及夹点功能等，具体内容参照第 2.1.6 节。

5.1.2 选择对象的方法

在 AutoCAD 2021 中，选择对象的方法很多，可以通过单击对象逐个拾取，可以利用矩形窗口或交叉窗口选择，可以选择最近创建的对象、前面的选择集或图形中的所有对象，也可以向选择集中添加对象或从中删除对象。

在命令行输入 SELECT 命令，按 Enter 键，并且在命令行提示的“选择对象:”提示下输入“？”，命令行提示如下：

```
命令: SELECT
选择对象: ?
需要点或窗口(W)/上一个(L)/窗交(C)/框(BOX)/全部(ALL)/栏选(F)/圈围(WP)/圈交(CP)/编组(G)/添加(A)/删除(R)/多个(M)/前一个(P)/放弃(U)/自动(AU)/单个(SI)/子对象(SU)/对象(O)
//直接单击点选对象，也可以在命令行输入命令选项的简写，激活选项功能
```

根据提示信息，输入其中的大写字母即可指定对象选择模式。例如，要设置窗口选择模式，在命令行的“选择对象：”提示下输入 W 即可。

命令行提示信息中各个选项的功能如下：

- “窗口（W）”选项：可以通过拉出一个矩形区域来选择对象。当指定了矩形窗口的两个对角点时，全部位于这个矩形窗口内的对象将被选中，不在该窗口内或者只有部分在该窗口内的对象则不被选中，如图 5-1 所示。

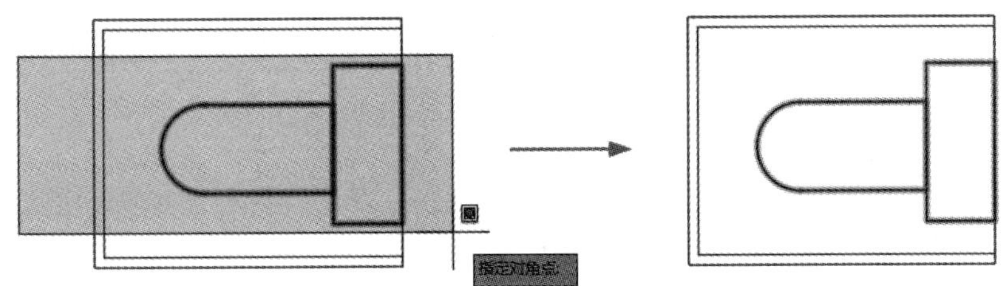

图 5-1　使用“窗口”方式选择对象

- “上一个（L）”选项：选取图形窗口内可见元素中最后创建的对象。不论使用多少次，都只有一个对象被选择。
- “窗交（C）”选项：使用交叉窗口选择对象，与用窗口选择对象的方法类似，但全部位于窗口之内或与窗口边界相交的对象都将被选中。在定义选择对象的矩形时，以虚线方式显示矩形，以区别于窗口选择方法，如图 5-2 所示。

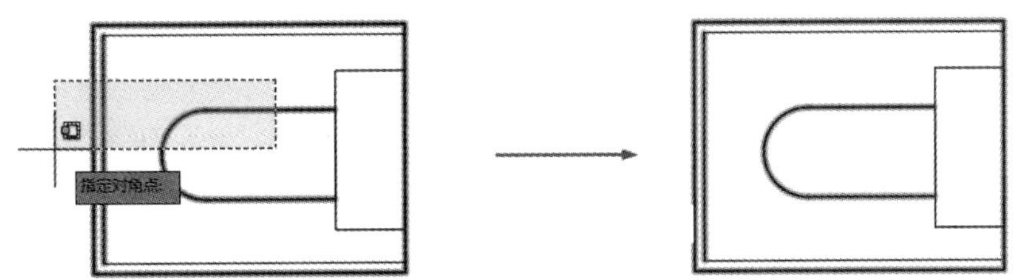

图 5-2　使用“窗交”方式选择对象

- “框（BOX）”选项：由“窗口”和“窗交”组合的一个单独选项。从左到右设置拾取框的两个角点，执行“窗口”选项；从右到左设置拾取框的两个角点，则执行“窗交”选项。
- “全部（ALL）”选项：选取图形中没有被锁定、关闭或冻结的层上的所有对象。
- “栏选（F）”选项：绘制一条开放的多点栅栏（多段直线），其中所有与栅栏线相接触的对象均被选中，如图 5-3 所示。

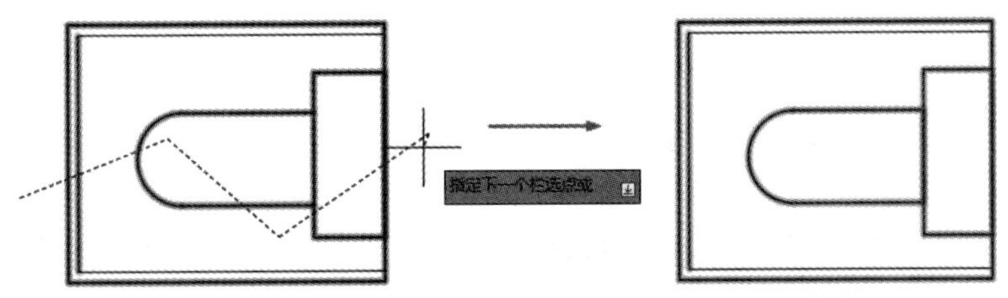

图 5-3　使用“栏选”方式选择对象

- “圈围（WP）”选项：绘制一个不规则的封闭多边形作为窗口来选取对象。完全包围在多边形中的对象将被选中。如果给定的多边形不封闭，系统将自动将其封闭。多边形可以是任何形状，但不能自身相交，如图 5-4 所示。

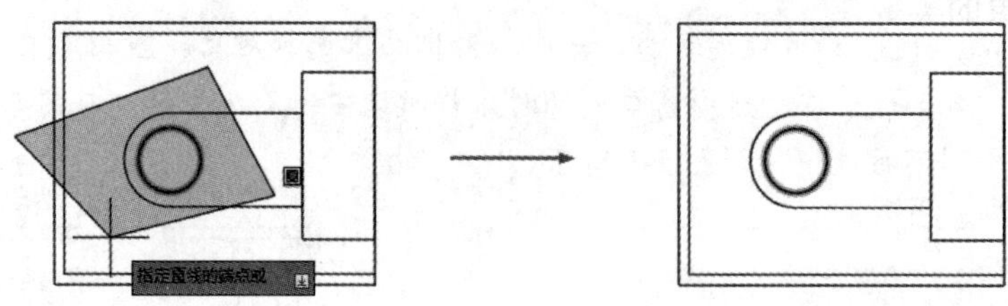

图 5-4　使用“圈围”方式选择对象

- “圈交（CP）”选项：与“窗交”选取方法类似，绘制一个不规则的封闭多边形作为交叉式窗口来选择对象。所有在多边形内或与多边形相交的对象都将被选中，如图 5-5 所示。

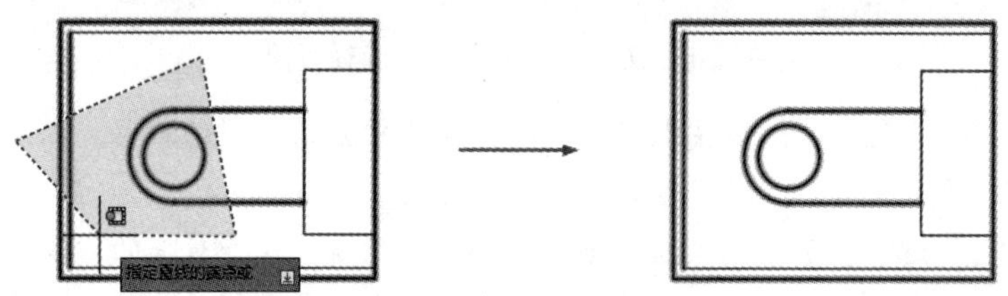

图 5-5　使用“圈交”方式选择对象

- “编组（G）”选项：使用组名来选择一个已定义的对象编组。
- “添加（A）”选项：通过设置 PICKADD 系统变量把对象加入到选择集中。如果 PICKADD 设置为 1（默认），后面所选择的对象均被加入到选择集中；如果 PICKADD 设置为 0，则最近所选择的对象均被加入到选择集中。
- “删除（R）”选项：从选择集中移出已选取的对象，只需要单击要从选择集中移出的对象即可。
- “多个（M）”选项：选取多点但不醒目显示对象，加速对象选取。
- “上一个（P）”选项：将最近的选择集设置为当前选择集。
- “放弃（U）”选项：取消最近的对象选择操作。如果最后一次选择的对象多于一个，将从选择集中删除最后一次选择的所有对象。
- “自动（AU）”选项：自动选择对象。如果第一次拾取点就发现了一个对象，单个对象就会被选取，而“框（BOX）”模式将终止。
- “单个（SI）”选项：如果提前使用“单个”模式来完成选取，当对象被发现后，对象选取工作就会自动结束，不会要求按 Enter 键来确认。

提　示

默认可以直接选择对象，此时光标变为一个小方框（即拾取框），利用该方框可逐个拾取所需对象。系统将寻找落在拾取框内或与拾取框相交的最近建立的一个对象，利用该方法选择对象方便直接，但精确度不高，尤其在对象排列比较密集的地方选取对象时，往往容易选错或多选对象。此外，利用该方法每次只能选取一个对象，不便于选取大量对象。

5.1.3　过滤选择

在命令行提示下输入 FILTER 命令，打开“对象选择过滤器”对话框，如图 5-6 所示。在此对话框中以对象的类型（直线、圆及圆弧等）、图层、颜色、线型或线宽等特性作为条件，过滤符合设置条件的对象，此时必须考虑图形中对象的这些特性是否设置为随层。

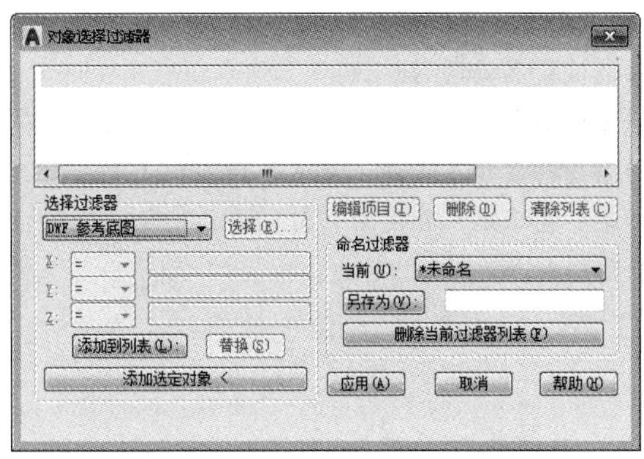

图 5-6　“对象选择过滤器”对话框

5.1.4　快速选择

在 AutoCAD 2021 中，当需要选择具有某些共同特性的对象时，可以利用“快速选择”对话框，根据对象的图层、线型、颜色和图案填充等特性和类型，创建选择集。

单击“默认”选项卡|“实用工具”面板上的“快速选择”按钮，或者在命令行无命令执行的前提下右击，选择快捷菜单上的“快速选择”命令，或者在命令行输入 QSELECT 命令，都可以执行“快速选择”命令，打开如图 5-7 所示的“快速选择”对话框。

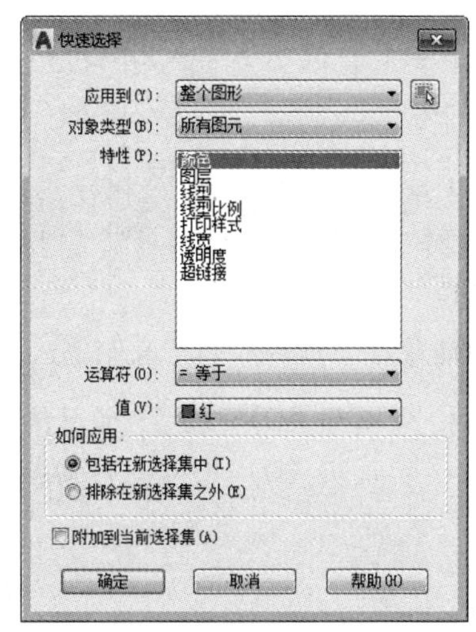

图 5-7　“快速选择”对话框

“快速选择”对话框中各选项的功能如下：

- “应用到”下拉列表框：选择过滤条件的应用范围，可以应用到整个图形，也可以应用到当前选择集中。如果有当前选择集，则“当前选择”选项为默认选项；如果没有当前选择集，则“整个图形”选项为默认选项。
- “选择对象”按钮：单击该按钮，将切换到绘图窗口中，可以根据当前指定的过滤条件来选择对象。选择完毕后，按 Enter 键结束选择，并回到“快速选择”对话框中，同时 AutoCAD 2021 会将“应用到”下拉列表框中的选项设置为“当前选择”。

提示

只有选中了“如何应用”选项组中的“包括在新选择集中”单选按钮，并且“附加到当前选择集”复选框未被选中时，“选择对象”按钮才可用。

- “对象类型”下拉列表框：指定要过滤的对象类型。如果当前没有选择集，在该下拉列表框中将包含 AutoCAD 2021 所有可用的对象类型；如果已经有一个选择集，则包含所选对象的对象类型。
- “特性”列表框：指定作为过滤条件的对象特性。
- “运算符”下拉列表框：控制过滤的范围。运算符包括=、<>、>、<和全部选择等。其中>和<运算符对某些对象特性是不可用的。
- “值”下拉列表框：设置过滤的特性值。
- “如何应用”选项组：选中“包括在新选择集中”单选按钮，由满足过滤条件的对象构成选择集；选中“排除在新选择集之外”单选按钮，由不满足过滤条件的对象构成选择集。
- “附加到当前选择集”复选框：指定由 QSELECT 命令所创建的选择集是追加到当前选择集中，还是替代当前选择集。

5.1.5 使用编组

在 AutoCAD 2021 中，可以将图形对象进行编组来创建一种选择集，使编辑对象变得更加灵活。编组是已经命名的对象选择集，随图形一起保存。一个对象可以作为多个编组的成员。

在命令行提示下输入 GROUP，命令行提示如下：

```
命令: GROUP
选择对象或 [名称(N)/说明(D)]:找到 1 个
选择对象或 [名称(N)/说明(D)]:找到 1 个，总计 2 个 //选择需要编组的对象
选择对象或 [名称(N)/说明(D)]:                  //按 Enter 键，完成编组
未命名组已创建
```

命令行中各参数的含义如下：

- “名称（N）”选项：设置编成组的组对象的名称。
- “说明（D）”选项：对编成组的组对象进行说明。

5.2 删除对象

在绘图过程中，如果对绘制的图形或线条不满意，或者在绘图过程中出现错误，用户可以使用“删除”命令来删除对象。删除了对象，用户还可以使用“恢复删除”命令来得到删除前的图形。

5.2.1 删除

单击“默认”选项卡|“修改”面板上的“删除”按钮，或者在命令行中输入 ERASE 或 E 后按 Enter 键，都可执行“删除”命令。

单击“修改”面板|“删除”按钮，命令行提示如下：

```
命令: _ERASE
```

```
选择对象：找到 1 个    //选择要删除对象
选择对象：              //按 Enter 键完成删除对象
```

在选择删除对象时，用户既可以用拾取框选择实体，也可以用栏选和窗交方式选择。选择完对象后按 Enter 键，系统将所选择的对象从当前图形中删除。

5.2.2 恢复删除对象

在 AutoCAD 2021 中，使用 OOPS 命令可恢复由上一个 ERASE 命令删除的对象。

用户在命令行中输入 OOPS，执行恢复删除命令，系统自动将最近一次使用过的 ERASE、BLOCK 和 WBLOCK 等命令删除的对象恢复到图形中。但对以前删除的对象无法恢复。

如果用户想要恢复前几次删除的对象，只能使用“放弃”命令。

5.3 用已有的对象创建新对象

在 AutoCAD 2021 中，可以通过使用“复制”“阵列”“镜像”和“偏移”命令来创建与原有对象相同或相似的图形。

5.3.1 复制

单击“默认”选项卡|“修改”面板上的“复制”按钮，或者在命令行中输入 COPY 或 CO 后按 Enter 键，可以执行“复制”命令。“复制”命令中提供了“模式”选项来控制将对象复制一次还是多次。

1. 单个复制

单击“修改”面板|“复制”按钮，命令行提示如下：

```
命令：_COPY
选择对象：找到 1 个                              //在绘图区域中选择需要复制的对象
选择对象：                                       //按 Enter 键，完成对象选择
当前设置：复制模式 = 多个
指定基点或[位移(D)/模式(O)/多个(M)] <位移>： O         //输入 O，选择复制模式
输入复制模式选项 [单个(S)/多个(M)] <单个>: S            //输入 S，选择复制模式为单个
指定基点或[位移(D)/模式(O)/多个(M)]<位移>://在绘图区域中拾取或输入坐标确认复制对象的基点
指定第二个点或 [阵列(A)] <使用第一个点作为位移>://在绘图区域中拾取或输入坐标确定位移点
```

如图 5-8 所示为复制单个圆的过程。

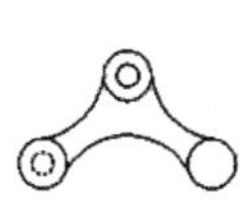

（a）选择复制对象

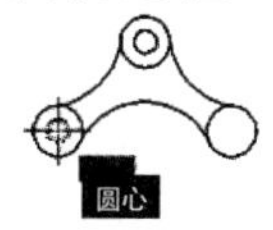

（b）捕捉对象基点

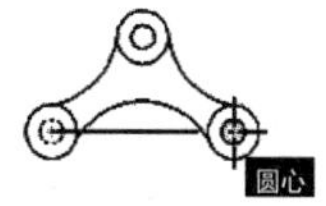

（c）指定插入基点

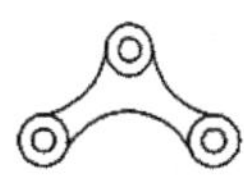

（d）完成复制

图 5-8　复制对象过程演示

2. 多个复制

单击“修改”面板|“复制”按钮，命令行提示如下：

```
命令: _COPY
选择对象:   找到 1 个                                //在绘图区域中选择需要复制的对象
选择对象:                                           //按 Enter 键，完成对象选择
当前设置:  复制模式 = 单个
指定基点或 [位移(D)/模式(O)/多个(M)] <位移>:o      //输入 o，设置复制模式
输入复制模式选项 [单个(S)/多个(M)] <单个>: m       //输入 m，表示选择多个复制模式
指定基点或 [位移(D)/模式(O)] <位移>:      //在绘图区域拾取或输入坐标确认复制对象基点
指定第二个点或 [阵列(A)] <使用第一个点作为位移>:  //在绘图区域拾取或输入坐标确定位移点
指定第二个点或 [阵列(A)/退出(E)/放弃(U)] <退出>: //在绘图区域拾取或输入坐标确定位移点
指定第二个点或 [阵列(A)/退出(E)/放弃(U)] <退出>:
//用户可以重复在绘图区域拾取或输入坐标确定位移点来多次复制对象
```

多个复制效果与单个复制类似，可以多次重复单个复制效果。

5.3.2 阵列

AutoCAD 为用户提供了 3 种阵列方式：矩形阵列、路径阵列和环形阵列，下面分别讲解。

1. 矩形阵列

所谓矩形阵列，是指在 X 轴、在 Y 轴或在 Z 方向上等间距绘制多个相同的图形。单击“默认”选项卡|“修改”面板上的“矩形阵列”按钮，或者在命令行中输入 ARRAYRECT 后按 Enter 键，都可执行“矩形阵列”命令。

单击“修改”面板|“矩形阵列”按钮，命令行提示如下：

```
命令: _ARRAYRECT
选择对象: 找到 1 个//选择如图 5-9 (a) 所示的阵列对象
选择对象: //按 Enter 键，完成选中
类型 = 矩形  关联 = 是
选择夹点以编辑阵列或 [关联(AS)/基点(B)/计数(COU)/间距(S)/列数(COL)/行数(R)/层数(L)/退出(X)] <退出>: COL//输入 COL 表示设置列数和列间距
输入列数数或 [表达式(E)] <4>: 4//设置列数为 4
指定 列数 之间的距离或 [总计(T)/表达式(E)] <32.6283>: 20//设置列间距为 20
选择夹点以编辑阵列或 [关联(AS)/基点(B)/计数(COU)/间距(S)/列数(COL)/行数(R)/层数(L)/退出(X)] <退出>: R//输入 R，表示设置行数和行间距
输入行数数或 [表达式(E)] <3>: 3//设置行数为 3
指定 行数 之间的距离或 [总计(T)/表达式(E)] <32.6283>: 15//设置行间距为 15
指定 行数 之间的标高增量或 [表达式(E)] <0>://按 Enter 键，设置标高为 0
选择夹点以编辑阵列或 [关联(AS)/基点(B)/计数(COU)/间距(S)/列数(COL)/行数(R)/层数(L)/退出(X)] <退出>: X//输入 X，退出，完成阵列，效果如图 5-9 (b) 所示
```

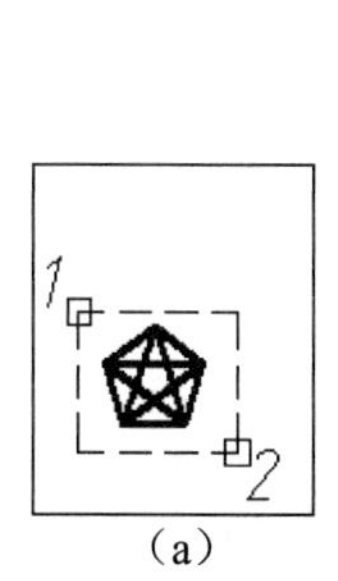

(a)

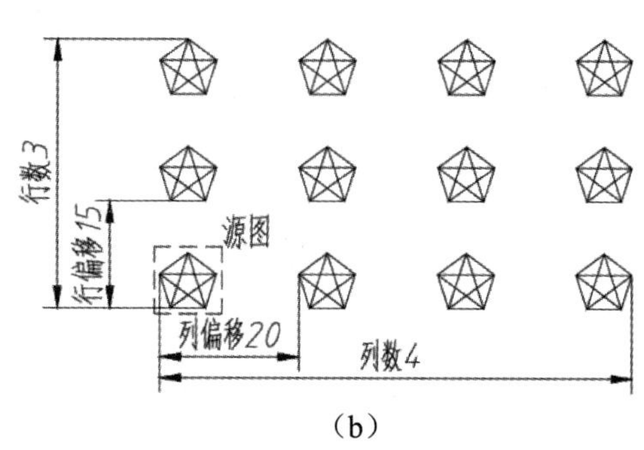

(b)

图 5-9 矩形阵列效果

除通过指定行数、行间距、列数和列间距方式创建矩形阵列外，还可以通过“为项目数指定对角点”选项在绘图区移动光标指定阵列中的项目数，再通过“间距”选项来设置行间距和列间距。表 5-1 列出了矩形阵列的各个主要参数的含义。

表 5-1 矩形阵列参数含义

参　数	含　义
基点（B）	表示指定阵列的基点
计数（COU）	输入 COU，命令行要求分别指定行数和列数的方式产生矩形阵列
间距（S）	输入 S，命令行要求分别指定行间距和列间距
关联（AS）	输入 AS，用于指定创建的阵列项目是否作为关联阵列对象，或是作为多个独立对象
行数（R）	输入 R，命令行要求编辑行数和行间距
列数（C）	输入 C，命令行要求编辑列数和列间距
层数（L）	输入 L，命令行要求指定在 Z 轴方向上的层数和层间距

2. 环形阵列

所谓环形阵列，是指围绕一个中心创建多个相同的图形单击“默认”选项卡|“修改”面板上的“环形阵列”按钮，或者在命令行中输入 ARRAYPOLAR 后按 Enter 键，都可以执行“环形阵列”命令。

单击“修改”面板|“环形阵列”按钮，命令行提示如下：

```
命令: _ARRAYPOLAR
选择对象: 指定对角点: 找到 3 个//选择如图 5-10 (a) 所示的阵列的对象
选择对象: //按 Enter 键, 完成选择
类型 = 极轴  关联 = 是
指定阵列的中心点或 [基点(B)/旋转轴(A)]: //拾取如图 5-10 (a) 所示的点 3 为阵列中心点
选择夹点以编辑阵列或 [关联(AS)/基点(B)/项目(I)/项目间角度(A)/填充角度(F)/行(ROW)/层(L)/旋转项目(ROT)/退出(X)] <退出>: I//输入 I, 设置项目数
输入阵列中的项目数或 [表达式(E)] <6>: 6//设置项目数为 6
选择夹点以编辑阵列或 [关联(AS)/基点(B)/项目(I)/项目间角度(A)/填充角度(F)/行(ROW)/层(L)/旋转项目(ROT)/退出(X)] <退出>: F//输入 F, 设置填充角度
指定填充角度(+=逆时针、-=顺时针)或 [表达式(EX)]<360>://按 Enter 键,默认填充角度为 360°
选择夹点以编辑阵列或 [关联(AS)/基点(B)/项目(I)/项目间角度(A)/填充角度(F)/行(ROW)/层(L)/旋转项目(ROT)/退出(X)] <退出>://按 Enter 键, 完成环形阵列, 效果如图 5-10 (b) 所示
```

当然，用户也可以指定填充角度，图 5-10（c）显示了设置填充角度为 170° 的效果。在

AutoCAD 2021 中，“旋转轴”表示由两个指定点定义的自定义旋转轴，对象绕旋转轴阵列；“基点”选项用于指定阵列的基点；“行数”选项用于编辑阵列中的行数和行间距，以及它们之间的增量标高；“旋转项目”选项用于控制在排列项目时是否旋转项目。

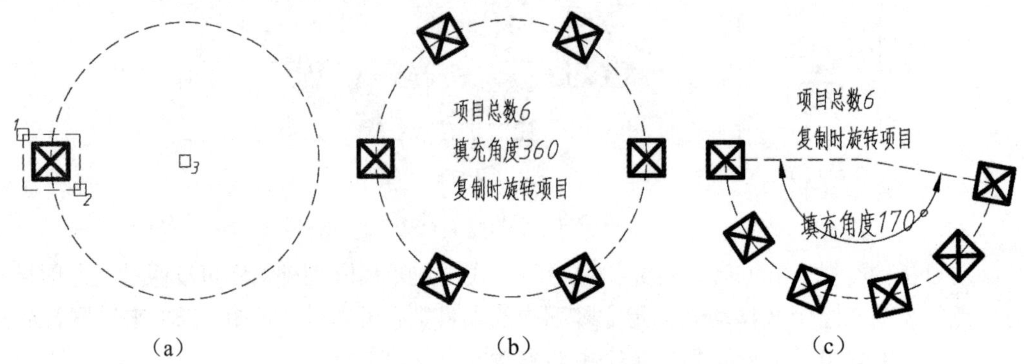

图 5-10　项目总数和填充角度填充效果

3. 路径阵列

所谓路径阵列，是指沿路径或部分路径均匀分布对象副本。路径可以是直线、多段线、三维多段线、样条曲线、螺旋、圆弧、圆或椭圆。单击“默认”选项卡|“修改”面板上的“路径阵列”按钮，或者在命令行中输入 ARRAYPATH 后按 Enter 键，都可以执行“路径阵列”命令。

单击“修改”面板|“路径阵列”按钮，命令行提示如下：

```
    命令: _arraypath
    选择对象: 找到 1 个//选择如图 5-11 所示的树图块
    选择对象://按 Enter 键，完成选择
    类型 = 路径  关联 = 是
    选择路径曲线://选择如图 5-11 所示的样条曲线作为路径曲线
    选择夹点以编辑阵列或 [关联(AS)/方法(M)/基点(B)/切向(T)/项目(I)/行(R)/层(L)/对齐项目
(A)/z 方向(Z)/退出(X)] <退出>:                              //M Enter，激活“方法”选项
    输入路径方法 [定数等分(D)/定距等分(M)] <定距等分>:      //D Enter，设置路径方法
    选择夹点以编辑阵列或 [关联(AS)/方法(M)/基点(B)/切向(T)/项目(I)/行(R)/层(L)/对齐项目
(A)/z 方向(Z)/退出(X)] <退出>:                              //I Enter，激活“项目”选项
    输入沿路径的项目数或 [表达式(E)] <10>:                  //8 Enter，设置项目数
    选择夹点以编辑阵列或 [关联(AS)/方法(M)/基点(B)/切向(T)/项目(I)/行(R)/层(L)/对齐项目
(A)/z 方向(Z)/退出(X)] <退出>:             //按 Enter 键，结束命令，阵列结果如图 5-12 所示
```

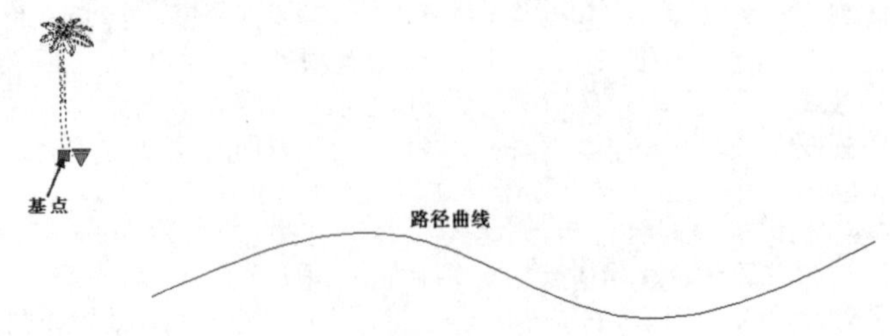

图 5-11　选择阵列对象和路径曲线

图 5-12　路径阵列效果

5.3.3　镜像

镜像命令是将选定的对象沿一条指定的直线对称复制，复制完成后可以删除源对象，也可以不删除源对象。

在 AutoCAD 2021 中，当绘制的图形对象相对于某一对称轴对称时，就可以使用 MIRROR 命令来绘制图形。

单击“默认”选项卡|“修改”面板上的“镜像”按钮，或者在命令行中输入 MIRROR 或 MI 后按 Enter 键，都可以执行“镜像”命令，以创建结构对称的图形结构。

单击“修改”面板|“镜像”按钮，命令行提示如下：

```
命令: _MIRROR
选择对象: 找到 1 个                       //在绘图区域中选择需要镜像的对象
选择对象: 找到 1 个，总计 2 个             //在绘图区域中选择需要镜像的对象
选择对象:                                 //按 Enter 键，完成对象选择
指定镜像线的第一点:                       //在绘图区域中拾取或输入坐标确定镜像线第一点
指定镜像线的第二点:                       //在绘图区域中拾取或输入坐标确定镜像线第二点
要删除源对象吗? [是(Y)/否(N)] <N>:        //输入 N 则不删除源对象，输入 Y 则删除源对象
```

如图 5-13 所示为镜像的操作过程。

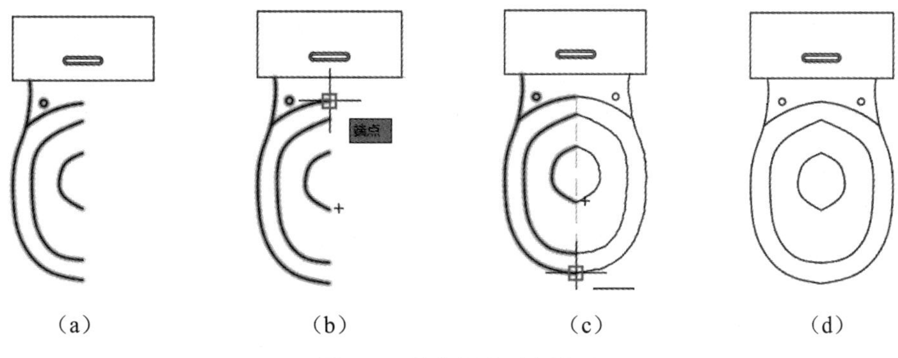

（a）　（b）　（c）　（d）

图 5-13　镜像操作过程演示

在 AutoCAD 2021 中，可以使用系统变量 MIRRTEXT 来控制文字对象的镜像方向。如果 MIRRTEXT 的值为 1，则文字对象完全镜像，镜像出来的文字不可读；如果 MIRRTEXT 的值为 0，则文字对象方向不镜像。

5.3.4　偏移

偏移图形命令根据指定距离或通过点，创建一个与原有图形对象平行或具有同心结构的形

体，偏移的对象可以是直线段、射线、圆弧、圆、椭圆弧、椭圆、二维多段线和平面上的样条曲线等。

单击“默认”选项卡|“修改”面板上的“偏移”按钮⊆，或者在命令行中输入 OFFSET 或 O 后按 Enter 键，都可以执行“偏移”命令，以创建平行的图形结构。

单击“修改”面板|“偏移”按钮⊆，命令行提示如下：

```
命令: _OFFSET
当前设置：删除源=否  图层=源  OFFSETGAPTYPE=0
指定偏移距离或 [通过(T)/删除(E)/图层(L)] <1.0000>:              //输入偏移距离
选择要偏移的对象，或 [退出(E)/放弃(U)] <退出>:                  //选择偏移对象
指定要偏移的那一侧上的点，或 [退出(E)/多个(M)/放弃(U)] <退出>: //指定要偏移的那一侧
选择要偏移的对象，或 [退出(E)/放弃(U)] <退出>:                  //按 Enter 键结束命令
```

默认情况下，需要指定偏移距离，在选择要偏移复制的对象，然后指定偏移方向，最后复制出对象。上述命令提示信息中各选项的功能如下：

- “通过（T）”选项：在命令行输入 T，选择该选项后，命令行提示“选择要偏移的对象，或[退出(E)/放弃(U)]<退出>:”，选择偏移对象后，命令行继续提示“指定通过点或[退出(E)/多个(M)/放弃(U)] <退出>:”，指定复制对象经过的点或输入 M 将对象偏移多次。
- “删除（E）”选项：在命令行输入 E，选择该选项后，命令行提示“要在偏移后删除源对象吗？[是(Y)/否(N)]<否>:”，用户输入 Y 或 N 来确定是否要删除源对象。
- “图层”选项用于设置偏移对象的所在层。激活该选项后，命令行出现“输入偏移对象的图层选项 [当前(C)/源(S)] <源>:”的提示，如果让偏移出的对象处在当前图层上，可以选择“当前”选项；如果让偏移出的对象与源对象处在同一图层上，可以选择“源”选项。

使用“偏移”命令偏移对象时，用户要注意以下几点：

（1）对圆弧作偏移后，新圆弧与旧圆弧同心且具有相同的包含角，但新圆弧的长度要发生改变。

（2）对圆或椭圆作偏移后，新圆、新椭圆与旧圆、旧椭圆有相同的圆心，但新圆的半径或新椭圆的轴长要发生变化。

（3）对直线段、构造线、射线作偏移，是平行复制。

（4）偏移命令是一个单对象编辑命令，只能以直接拾取方式选择对象。

如图 5-14 所示为不同对象的偏移效果。

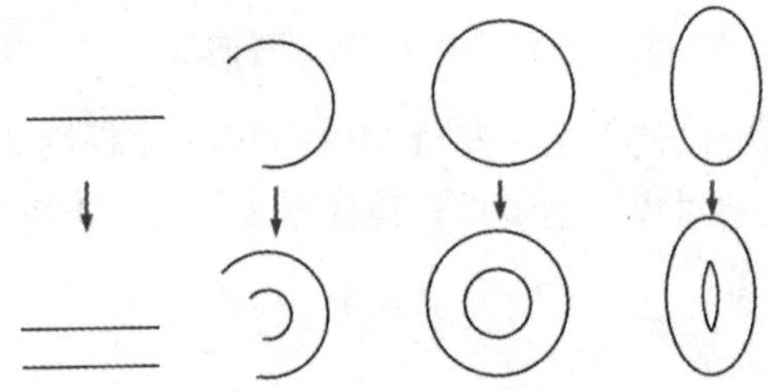

图 5-14 不同的偏移效果

5.4　修改对象

修改对象包括移动、修剪、打断、延伸、拉伸、旋转、倒角、圆角、对齐、缩放、合并和分解等命令，下面对这些命令进行介绍。

5.4.1　移动

单击“默认”选项卡|“修改”面板上的“移动”按钮✥，或者在命令行中输入 MOVE 或 M 后按 Enter 键，都可执行“移动”命令。

单击“修改”面板|“移动”按钮✥，命令行提示如下：

```
命令：_MOVE
选择对象：指定对角点：找到 31 个          //选择需要移动的对象
选择对象：                                //按 Enter 键，完成选择
指定基点或 [位移(D)] <位移>:              //输入绝对坐标或绘图区拾取点作为基点
指定第二个点或 <使用第一个点作为位移>：//输入相对或绝对坐标，或者拾取点，确定移动的目标位置点
```

如图 5-15 所示为移动对象的过程。

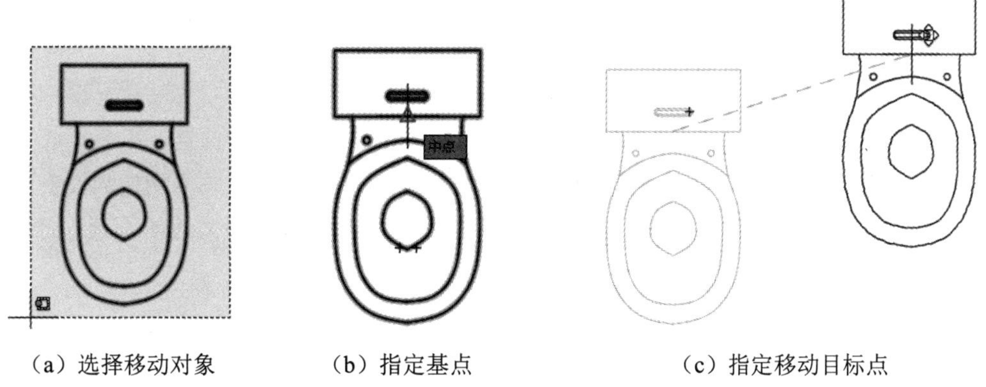

（a）选择移动对象　　（b）指定基点　　（c）指定移动目标点

图 5-15　移动对象过程

5.4.2　修剪

在 AutoCAD 2021 中，可以作为剪切边对象的有直线、圆弧、圆、椭圆、椭圆弧、多段线、样条曲线、构造线、射线、文字等，剪切边也可以同时作为被剪边。

默认情况下，选择要修剪的对象（即选择被剪切边），以剪切边为界，将被剪切对象上位于拾取点一侧的部分剪切掉。如果按 Shift 键，同时选择与修剪边不相交的对象，修剪边命令将变为延伸边界，将选择的对象延伸至与修剪边界相交。

单击“默认”选项卡|“修改”面板上的“修剪”按钮，或者在命令行中输入 TRIM 后按 Enter 键，都可以执行“修剪”命令。

1. 快速修剪模式

“修剪”命令有“快速”和“标准”两种修剪式。快速模式下的修剪可以不需要事先指定剪切边界。在选择修剪对象时可以点选，也可以栏选或窗交、窗口选择等。

单击“修改”面板|“修剪”按钮，命令行提示如下：

```
命令: _trim
当前设置: 投影=UCS,边=无,模式=快速
选择要修剪的对象，或按住 Shift 键选择要延伸的对象或[剪切边(T)/窗交(C)/模式(O)/投影(P)/删除(R)]:          //指定第 1 点
选择要修剪的对象,或按住 Shift 键选择要延伸的对象或 [剪切边(T)/窗交(C)/模式(O)/投影(P)/删除(R)/放弃(U)]:     //指定第 2 点，结果与绘制的栏选虚线相交的图线都被修剪掉，如图 5-16 所示
…
选择要修剪的对象，或按住 Shift 键选择要延伸的对象或[剪切边(T)/窗交(C)/模式(O)/投影(P)/删除(R)/放弃(U)]:     //Enter，结束命令，快速模式下的修剪操作
```

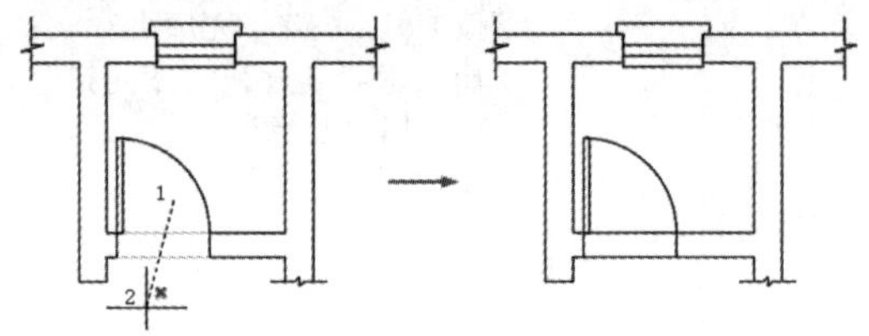

图 5-16　不同的偏移效果

2. 标准修剪模式

标准模式下的修剪，可以设置边的延伸模式，即需要修剪的对象与剪切边界没有相交，而是与剪切边界的延长线相交，如图 5-17 所示。此时需要在标准模式下将边的不延伸修改为“延伸”。

单击“修改”面板|“修剪”按钮，命令行提示如下：

```
命令: _trim
当前设置: 投影=UCS,边=无,模式=快速
选择要修剪的对象，或按住 Shift 键选择要延伸的对象或[剪切边(T)/窗交(C)/模式(O)/投影(P)/删除(R)]:                                   //O Enter，激活“模式”选项
输入修剪模式选项 [快速(Q)/标准(S)] <快速(Q)>:   //S Enter，激活“标准”选项
选择要修剪的对象，或按住 Shift 键选择要延伸的对象或[剪切边(T)/栏选(F)/窗交(C)/模式(O)/投影(P)/边(E)/删除(R)/放弃(U)]:                   //E Enter，激活“边”选项
输入隐含边延伸模式 [延伸(E)/不延伸(N)] <不延伸>: //E Enter，设置边的延伸模式
选择要修剪的对象，或按住 Shift 键选择要延伸的对象或[剪切边(T)/栏选(F)/窗交(C)/模式(O)/投影(P)/边(E)/删除(R)/放弃(U)]:                   //T Enter，激活“剪切边”选项
当前设置: 投影=UCS,边=延伸,模式=标准
选择剪切边...
选择对象或 <全部选择>:                 //选择垂直的直线作为剪切边界
选择对象:                              //按 Enter 键，结束对象的选择
选择要修剪的对象，或按住 Shift 键选择要延伸的对象或[剪切边(T)/栏选(F)/窗交(C)/模式(O)/投影(P)/边(E)/删除(R)]:                 //在水平直线的右端单击，指定修剪部位
选择要修剪的对象，或按住 Shift 键选择要延伸的对象或[剪切边(T)/栏选(F)/窗交(C)/模式(O)/投影(P)/边(E)/删除(R)/放弃(U)]:          //按 Enter 键，结束命令，修剪结果如图 5-17 所示
```

图 5-17 修剪示例

命令提示中主要选项的功能如下：

- “剪切边（T）”选项：用于指定一个或多个对象作为修剪边界。
- “栏选（F）”选项：用于选择与选择栏相交的所有对象。绘制的选择栏是一系列临时虚线显示的线段，它们是用两个或多个栏选点指定的。
- “窗交（C）”选项：用于选择矩形区域（由两点确定）内部或与矩形选择框相交的对象。
- “模式（O）”选项：用于切换修剪模式，即快速模式和标准模式两种。默认设置下为快速修剪模式，该模式使用所有对象作为潜在剪切边，或设置为“标准”，该模式将提示选择剪切边。
- “投影（P）”选项：可以指定执行修剪的空间，主要应用于三维空间中两个对象的修剪，可将对象投影到某一个平面上执行修剪操作。
- “边（E）”选项：选择该选项后，命令行提示“输入隐含边延伸模式[延伸(E)/不延伸(N)]<不延伸>:”。如果选择“延伸（E）”选项，当剪切边太短而且没有与被修剪对象相交时，可延伸修剪边，然后进行修剪；如果选择“不延伸（N）”选项，只有当剪切边与被修剪对象真正相交时，才可以进行修剪。
- “删除（R）”选项：用于删除选定的对象。此选项提供了一种用来删除不需要的对象的简便方式，而无需退出“修剪”命令。
- “放弃（U）”选项：用于取消最近一次的操作。

5.4.3 打断

“打断”命令将会删除对象上位于第一点和第二点之间的部分。第一点是选取该对象时的拾取点或用户重新指定的点，第二点为选定的点。如果选定的第二点不在对象上，系统将选择对象上离该点最近的一个点。

在 AutoCAD 2021 中，使用“打断”命令可部分删除对象或把对象分解成两部分，还可以使用“打断于点”命令将对象在某一点处断开成两个对象。

1. 打断对象

单击“默认”选项卡|“修改”面板上的“打断”按钮，或者在命令行中输入 BREAK 后按 Enter 键，都可以执行“打断”命令。

单击“修改”面板|“打断”按钮，命令行提示如下：

```
命令：BREAK 选择对象   //选择对象
指定第二个打断点 或 [第一点(F)]:
指定第一个打断点:
```

```
指定第二个打断点：
```

默认情况下，以选择对象时的拾取点作为第一断点，需要指定第二个断点。如果直接选取对象上的另一点或在对象的一端之外拾取一点，将删除对象上位于两个拾取点之间的部分。如果选择“第一点（F）”选项，可以重新确定第一个断点。

在确定第二个打断点时，如果在命令行输入@，可以使第一个和第二个断点重合，从而将对象一分为二。如果对圆、矩形等封闭图形使用打断命令，AutoCAD 系统将沿着逆时针方向把第一断点到第二断点之间的那段圆弧删除。

在使用打断命令时，依次单击点 A 和点 B 与依次单击点 B 和点 A 时，产生的不同效果如图 5-18 所示。

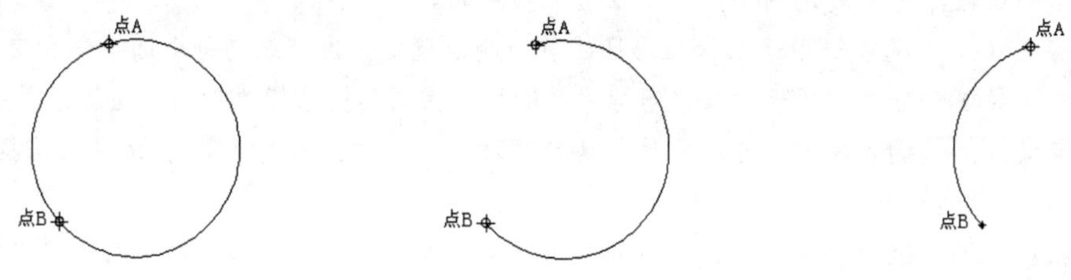

（a）原图形　　（b）依次单击点 B 和点 A 效果　　（c）依次单击点 A 和点 B 效果

图 5-18　不同的单击顺序产生不同的效果

2. 打断于点

单击“默认”选项卡|“修改”面板上的“打断于点”按钮，或者在命令行中输入 BREAKPOINT 后按 Enter 键，都可以执行“打断于点”命令。

单击“修改”面板|“打断于点”按钮，命令行提示如下：

```
命令：_breakatpoint
选择对象：
指定打断点：
```

执行该命令时，需要选择被打断的对象，然后指定打断点，即可从该点打断对象。

如图 5-19 所示为打断于点的过程。

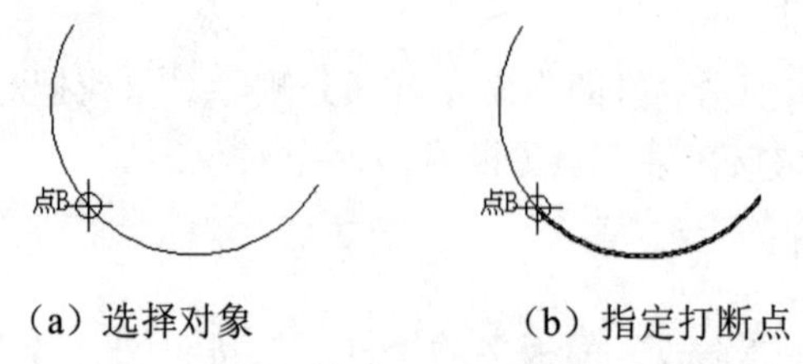

（a）选择对象　　（b）指定打断点

图 5-19　打断于点

5.4.4　延伸

在 AutoCAD 2021 中，“延伸”命令可以延长指定的对象与另一个对象相交或外观相交。

可以延伸的对象有直线、射线、圆弧、椭圆弧、非封闭的二维或三维多段线。

单击“默认”选项卡|“修改”面板上的“延伸”按钮→|，或者在命令行中输入 EXTEND 后按 Enter 键，都可以执行“延伸”命令，此命令包括“快速延伸模式”和“标准延伸模式”两种。

1. 快速延伸模式

默认设置下为快速延伸模式，此种模式不需要事先指定延伸边界，只需要选择需要延伸的对象，将其延伸至最近的边界并与其相交。此种模式需要边界与对象延长后存在一个实际的交点，如图 5-20 所示的图形中，只能将水平图形延伸至倾斜图线上，而不能将垂直图线延伸至倾斜图线上。

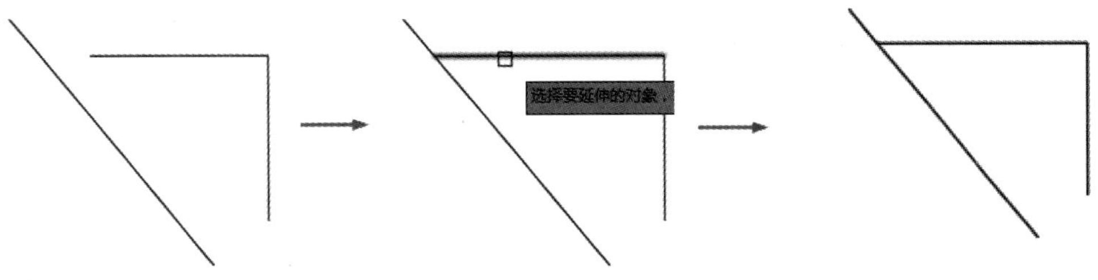

图 5-20　快速模式下的延伸

单击“修改”面板|“延伸”按钮→|，命令行提示如下：

```
命令: _extend
当前设置: 投影=UCS,边=无,模式=快速
选择要延伸的对象，或按住 Shift 键选择要修剪的对象或 [边界边(B)/窗交(C)/模式(O)/投影(P)]:
                        //在水平图线的左端单击，结果水平图形延伸至倾斜图线并与其相交
选择要延伸的对象，或按住 Shift 键选择要修剪的对象或 [边界边(B)/窗交(C)/模式(O)/投影(P)/
放弃(U)]:               //继续选择需要延伸的对象或按 Enter 键结束命令
选择要延伸的对象，或按住 Shift 键选择要修剪的对象或 [边界边(B)/窗交(C)/模式(O)/投影(P)/
放弃(U)]:               //继续选择需要延伸的对象或按 Enter 键结束命令
```

2. 标准延伸模式

标准模式下的延伸操作需要指定延伸边界。另外，当延伸边界边与对象延长线没有实际的交点，而是边界被延长后，与对象延长线存在一个隐含交点，那么此时需要更改延伸模式为“标准”模式，更改“边”为“延伸”。

单击“修改”面板|“延伸”按钮→|，命令行提示如下：

```
命令: _extend
当前设置: 投影=UCS,边=无,模式=快速
选择要延伸的对象，或按住 Shift 键选择要修剪的对象或[边界边(B)/窗交(C)/模式(O)/投影(P)]:
//O Enter，激活“模式”选项
输入延伸模式选项 [快速(Q)/标准(S)] <快速(Q)>:  //S Enter，激活“标准”选项，设置延伸
模式
选择要延伸的对象，或按住 Shift 键选择要修剪的对象或[边界边(B)/栏选(F)/窗交(C)/模式(O)/
投影(P)/边(E)/放弃(U)]:                           //E Enter，激活“边”选项，设置边的延
```

```
伸模式
    输入隐含边延伸模式 [延伸(E)/不延伸(N)] <不延伸>: //E Enter，设置延伸模式
    选择要延伸的对象，或按住 Shift 键选择要修剪的对象或[边界边(B)/栏选(F)/窗交(C)/模式(O)/
投影(P)/边(E)/放弃(U)]:                    //B Enter，激活“边界边”选项，设置剪
切边界的选择模式
    当前设置：投影=UCS,边=延伸,模式=标准
    选择边界边...
    选择对象或 <全部选择>:               //选择图 5-21（左）所示的倾斜图线作为延伸边界
    选择对象:                            //按 Enter 键，结束边界的选择
    选择要延伸的对象，或按住 Shift 键选择要修剪的对象或[边界边(B)/栏选(F)/窗交(C)/模式(O)/
投影(P)/边(E)]:                          //在垂直直线的下端单击垂直直线，向下延伸垂直图线
    选择要延伸的对象，或按住 Shift 键选择要修剪的对象或[边界边(B)/栏选(F)/窗交(C)/模式(O)/
投影(P)/边(E)/放弃(U)]:                  //按 Enter 键，结束命令，延伸结果如图 5-21（中）所示
```

重复执行“延伸”命令，按照当前的参数设置，以刚延伸的垂直图线作为边界，将倾斜图线向右下侧延伸。命令行提示如下：

```
    命令: _extend
    当前设置：投影=UCS,边=延伸,模式=标准
    选择边界边...
    选择对象或 [模式(O)] <全部选择>:     //选择图 5-21（右）所示的垂直图线作为边界
    选择对象:                            //按 Enter 键，结束选择
    选择要延伸的对象，或按住 Shift 键选择要修剪的对象或 [边界边(B)/栏选(F)/窗交(C)/模式(O)/
投影(P)/边(E)]:                          //在倾斜图线的下端单击
    选择要延伸的对象，或按住 Shift 键选择要修剪的对象或 [边界边(B)/栏选(F)/窗交(C)/模式(O)/
投影(P)/边(E)/放弃(U)]:                  //按 Enter 键，结束命令，延伸结果如图 5-21（右）所示
```

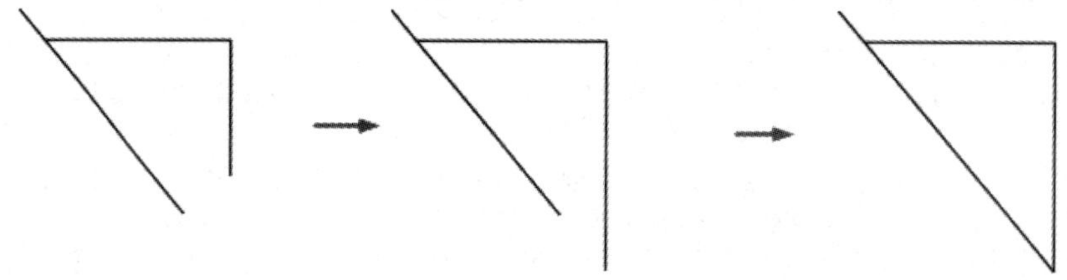

图 5-21 标准模式下的延伸

延伸命令的使用方法和修剪命令的使用方法相似，它们的不同之处包括以下两点：

- 使用延伸命令时，如果在按 Shift 键的同时选择对象，则执行修剪命令。
- 使用修剪命令时，如果在按 Shift 键的同时选择对象，则执行延伸命令。

5.4.5 拉伸

单击“默认”选项卡|“修改”面板上的“拉伸”按钮，或者在命令行中输入 STRETCH 后按 Enter 键，都可以执行“拉伸”命令。对于比较规则的图形进行拉伸时往往使用交叉窗口，即窗交选择方式，对于不规则的图形拉伸时往往使用交叉多边形选择方式。

单击“修改”面板|“拉伸”按钮，命令行提示如下：

```
    命令: _STRETCH
```

```
以交叉窗口或交叉多边形选择要拉伸的对象...
选择对象: 指定对角点: 找到 5 个          //窗交选择如图 5-22（左）所示的对象
选择对象:                              //按 Enter 键结束选择
指定基点或 [位移(D)] <位移>:            //拾取任一点作为基点
指定第二个点或 <使用第一个点作为位移>:    //@0,-100 Enter，拉伸结果如图 5-22（右）所示
```

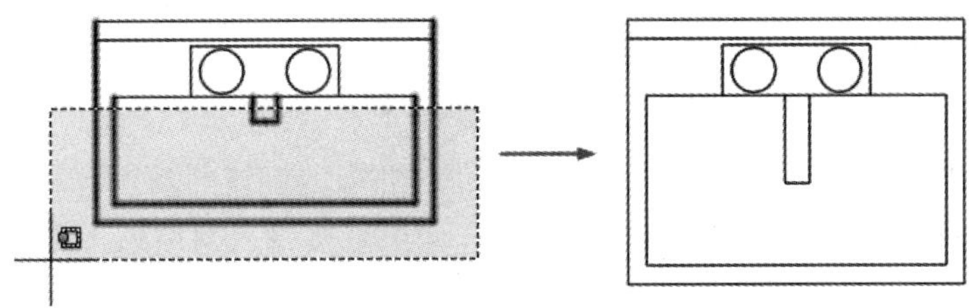

图 5-22　拉伸示例

拉伸图形命令可以拉伸对象中选定的部分，没有选定的部分保持不变。在使用拉伸图形命令时，图形选择窗口外的部分不会有任何改变；图形选择窗口内的部分会随图形选择窗口的移动而移动，但也不会有形状的改变，只有与图形选择窗口相交的部分会被拉伸。

对于直线、圆弧、区域填充和多段线等对象，若所有部分均在选择窗口内将被移动，如果只有一部分在选择窗口内，则遵循以下拉伸规则。

- 直线：位于窗口外的端点不动，位于窗口内的端点移动。
- 圆弧：与直线类似，但在圆弧改变的过程中，圆弧的弦高保持不变，同时调整圆心的位置和圆弧起始角、终止角的值。
- 区域填充：位于窗口外的端点不动，位于窗口内的端点移动。
- 多段线：与直线和圆弧类似，但多段线两端的宽度、切线方向及曲线拟合信息均不改变。
- 其他对象：如果定义点位于选择窗口内则对象发生移动，否则不动。其中圆对象的定义点为圆心，其他图形和块对象的定义点为插入点，文字和属性的定义点为字符串基线的左端点。

5.4.6　旋转

单击“默认”选项卡|“修改”面板上的“旋转”按钮，或者在命令行中输入 ROTATE 或 RO 后按 Enter 键，都可以执行“旋转”命令。默认逆时针方向为旋转的正方向。

单击“修改”面板|“旋转”按钮，命令行提示如下：

```
命令: _ROTATE
UCS 当前的正角方向:  ANGDIR=逆时针   ANGBASE=0
选择对象: 找到 1 个  //选择如图 5-23（左）所示的图形
选择对象:            //按 Enter 键，完成选择
指定基点:            //捕捉如图 5-23（中）所示位置的中点作为基点
指定旋转角度，或 [复制(C)/参照(R)] <0>:
                    //90 Enter，输入需要旋转的角度，旋转结果如图 5-23（右）所示
```

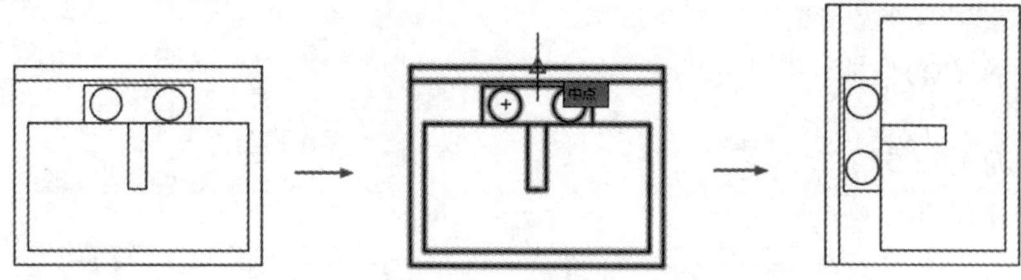

图 5-23　拉伸示例

选择要旋转的对象（可以依次选择多个对象），并指定旋转的基点，命令行将显示“指定旋转角度，或者[复制(C)/参照(R)]:”提示信息。如果直接输入角度值，则可以将对象绕基点转动该角度，角度为正时逆时针旋转，角度为负时顺时针旋转；如果选择“参照（R）”选项，将以参照方式旋转对象，需要依次指定参照的角度值和相对于参照方向的角度值。

可以使用系统变量 ANGDIR 和 ANGBASE 来设置旋转时的正方向和零角度方向，也可以执行“单位”命令，在打开的“图形单位”对话框中设置。

5.4.7　倒角

单击“默认”选项卡|“修改”面板上的“倒角”按钮，或者在命令行中输入 CHAMFER 后按 Enter 键，都可以执行“倒角”命令。

单击“修改”面板|“倒角”按钮，命令行提示如下：

```
命令：_CHAMFER
(“修剪”模式) 当前倒角距离 1 = 5.0000，距离 2 = 5.0000
选择第一条直线或 [放弃(U)/多段线(P)/距离(D)/角度(A)/修剪(T)/方式(E)/多个(M)]: d
//输入 d，设置倒角距离
指定第一个倒角距离 <5.0000>: 5  //设置第一个倒角距离
指定第二个倒角距离 <5.0000>: 5  //设置第二个倒角距离
选择第一条直线或 [放弃(U)/多段线(P)/距离(D)/角度(A)/修剪(T)/方式(E)/多个(M)]:
//选择第一条倒角直线
选择第二条直线，或者按住 Shift 键选择直线以应用角点或 [距离(D)/角度(A)/方法(M)]://选择第二条倒角直线
```

如上所述，需要依次指定角的两边、设置倒角在两条边上的距离，倒角的尺寸就由这两个距离来决定。命令行中各选项含义如下。

- “多段线（P）”选项：用于对整个二维多段线倒角，相交多段线线段在每个多段线顶点被倒角，倒角成为多段线的新线段。如果多段线包含的线段过短，以至于无法容纳倒角距离，则不对这些线段倒角。
- “距离（D）”选项：用于设置倒角至选定边端点的距离。如果将两个距离都设置为零，CHAMFER 命令将延伸或修剪两条直线，使它们终止于同一点，该命令有时可以替代修剪和延伸命令。
- “角度（A）”选项：用于用第一条线的倒角距离和角度设置倒角距离的情况。

- “修剪（T）”选项：设置是否采用修剪模式执行倒角命令，即倒角后是否还保留原来的边线。
- “多个（M）”选项：用于设置连续操作倒角，不必重新启动命令。

倒角时，倒角距离或倒角角度不能太大，否则无效。当两个倒角距离均为 0 时，CHAMFER 命令将延伸两条直线使之相交，不产生倒角。此外，如果两条直线平行或发散则不能倒角。

将图 5-24（a）中的图形倒角后，效果如图 5-24（b）所示。

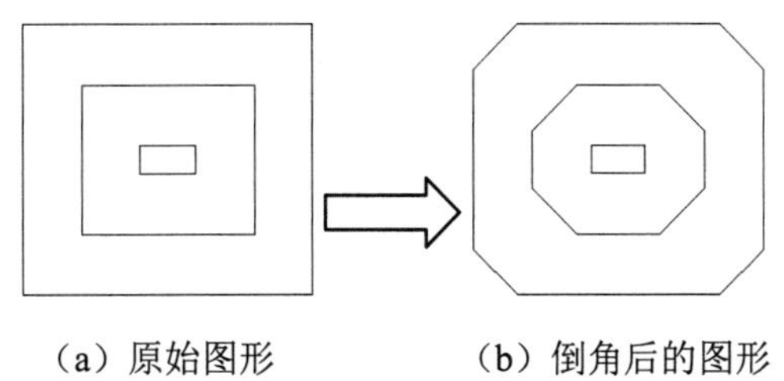

（a）原始图形　　（b）倒角后的图形

图 5-24　对图形倒角

5.4.8　圆角

单击“默认”选项卡|“修改”面板上的“圆角”按钮，或者在命令行中输入 FILLET 或 F 后按 Enter 键，都可以执行“圆角”命令。将两图线使用一段圆弧光滑连接。用于圆角的图线有直线、多段线、样条曲线、构造线、射线、圆弧、椭圆弧等。

单击“修改”面板|“圆角”按钮。命令行提示如下：

```
命令：_FILLET
当前设置：模式 = 修剪，半径 = 0.0000
选择第一个对象或 [放弃(U)/多段线(P)/半径(R)/修剪(T)/多个(M)]：//R Enter
指定圆角半径 <0.0000>:     //50 Enter，输入圆角半径
选择第一个对象或 [放弃(U)/多段线(P)/半径(R)/修剪(T)/多个(M)]：//选择第一个圆角对象
选择第二个对象，或按住 Shift 键选择对象以应用角点或 [半径(R)]：     //选择第二个圆角对象
```

用户选择激活圆角命令后，需要设置半径参数和指定角的两条边来完成对这个角的圆角操作。如图 5-25 所示为圆角命令的基本操作过程。

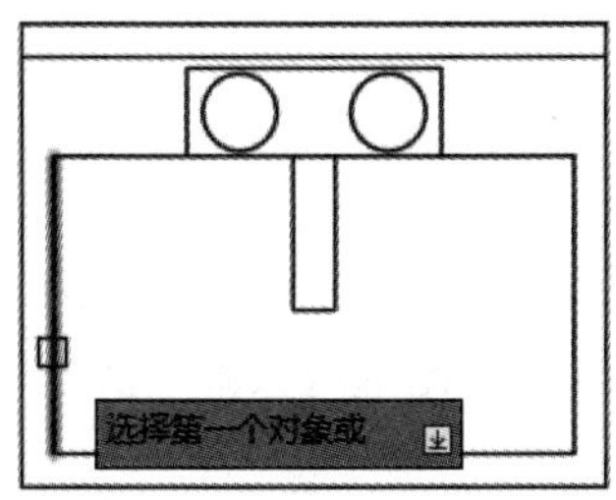

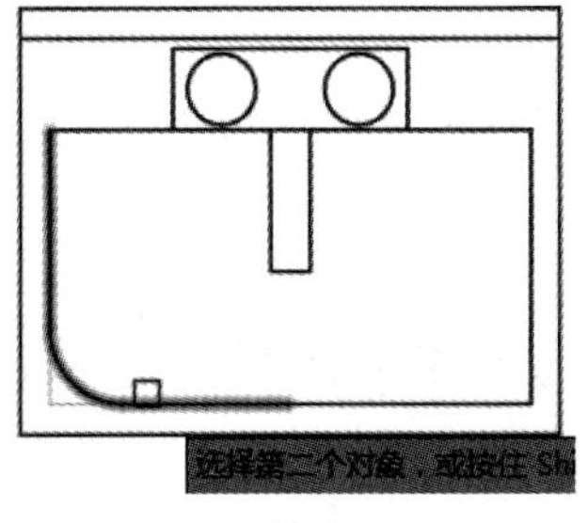

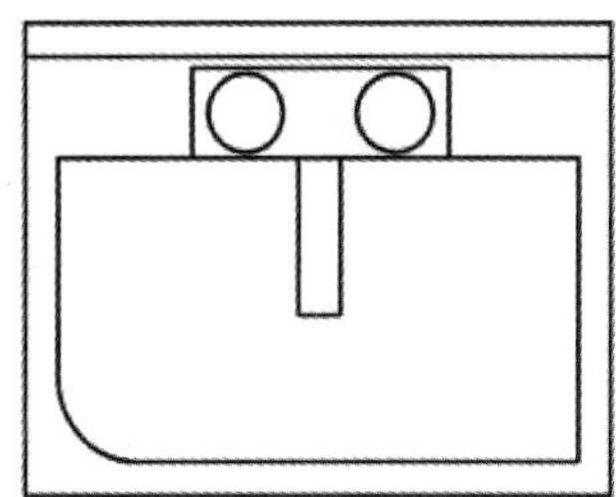

（a）选择第一个圆角对象　　（b）选择第二个圆角对象　　（c）圆角效果

图 5-25　圆角命令的基本操作过程

5.4.9 对齐

单击“默认”选项卡|“修改”面板上的“对齐”按钮，或者在命令行中输入 ALIGN 或 AL 后按 Enter 键，都可以执行“对齐”命令，可以使当前对象与其他对象对齐。它既适用于二维对象，也适用于三维对象。

单击“修改”面板|“对齐”按钮，命令行提示如下：

```
命令: _ALIGN
选择对象: 指定对角点: 找到 1 个                    //选择对象
选择对象: 找到 1 个，总计 2 个                     //选择对象
选择对象:                                         //按 Enter 键结束选择
指定第一个源点:                                    //指定第一个源点 A
指定第一个目标点:                                  //指定第一个目标点 A
指定第二个源点:
指定第二个目标点:
指定第三个源点或 <继续>:
是否基于对齐点缩放对象? [是(Y)/否(N)] <否>:          //选择是否基于对齐点缩放对象
```

在对齐二维对象时，可以指定 1 对或 2 对对齐点（源点和目标点），如图 5-26 所示。

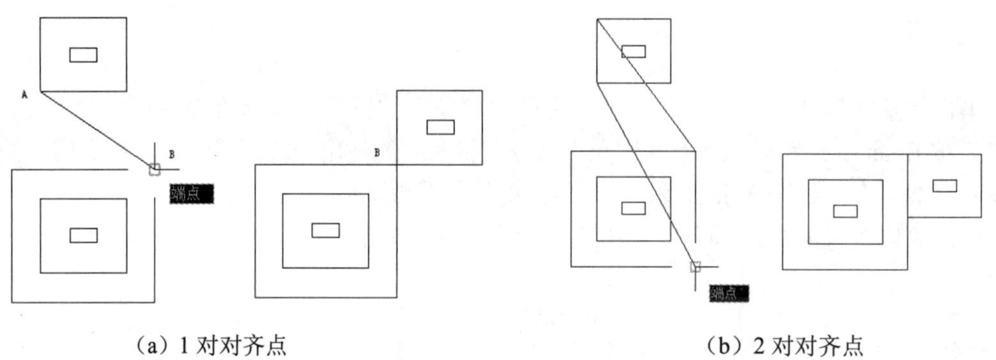

（a）1 对对齐点　　（b）2 对对齐点

图 5-26　对齐二维对象

在对齐对象时，如果命令行显示“是否基于对齐点缩放对象？[是(Y)/否(N)]<否>:”提示信息时，选择“否（N）”选项，对象改变位置，且对象的第一源点与第一目标点重合，第二源点位于第一目标点与第二目标点的连线上，即对象先平移后旋转；选择“是（Y）”选项，则对象除平移和旋转外，还基于对齐点进行缩放。由此可见，对齐命令是移动命令和旋转命令的组合。

5.4.10 缩放

单击“默认”选项卡|“修改”面板上的“缩放”按钮，或者在命令行中输入 SCALE 或 SC 后按 Enter 键，都可以执行“缩放”命令，将选择的图形进行等比例放大或缩放，而且在缩放的过程当时还可以将对象进行缩放并复制。

单击“修改”面板|“缩放”按钮，命令行提示如下：

```
命令: _scale
选择对象:            //选择如图 5-27（左）所示的图形
```

```
选择对象:                          //按 Enter 键，结束选择
指定基点:                          //捕捉如图 5-27（中）所示的中点
指定比例因子或 [复制(C)/参照(R)]:   //c Enter，激活“复制”选项
缩放一组选定对象
指定比例因子或 [复制(C)/参照(R)]:   //0.6 Enter，指定缩放比例，缩放结果如图 5-27（右）所示
```

缩放命令可以将对象按指定的比例因子相对于基点进行尺寸缩放。先选择对象，然后指定基点，命令行将显示“指定比例因子或 [复制(C)/参照(R)] <1.0000>：”提示信息。如果直接指定缩放的比例因子，对象将根据该比例因子相对于基点缩放，当比例因子大于 0 而小于 1 时缩小对象，当比例因子大于 1 时放大对象；如果选择“参照（R）”选项，对象将按参照长度与新长度的值自动计算比例因子（比例因子=新长度/参照长度），然后进行缩放。

如图 5-27 所示为缩放命令的基本操作过程。

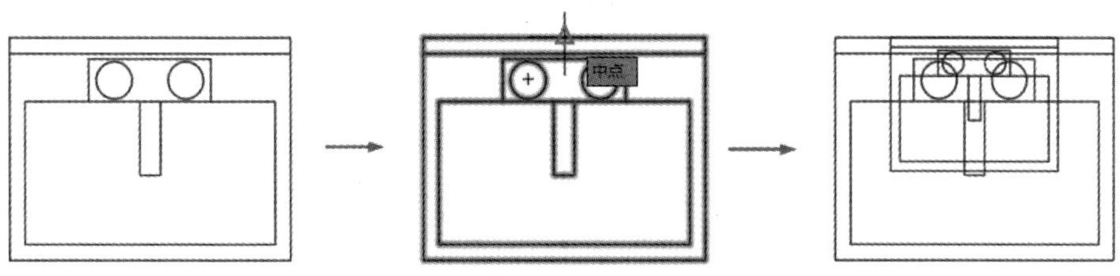

图 5-27　缩放操作过程

5.4.11　合并

在绘图过程中，如果需要连接某一连续图形上的两个部分，或者将某段圆弧闭合为整圆，可以使用“合并”命令。

单击“默认”选项卡|“修改”面板上的“合并”按钮，或者在命令行中输入 JOIN 或 J 后按 Enter 键，都可以执行“合并”命令。

单击“修改”面板|“合并”按钮，命令行提示如下：

```
命令: _join
选择源对象或要一次合并的多个对象:    //选择图 5-28（左）所示的线 1
选择要合并的对象:                  //选择图 5-28（左）所示的线 2
选择要合并的对象:                  //按 Enter 键，结束命令，合并结果如图 5-28（中）所示
2 条直线已合并为 1 条直线
重复执行“合并”命令，将下侧外墙线进行合并，最终结果如图 5-28（右）所示
```

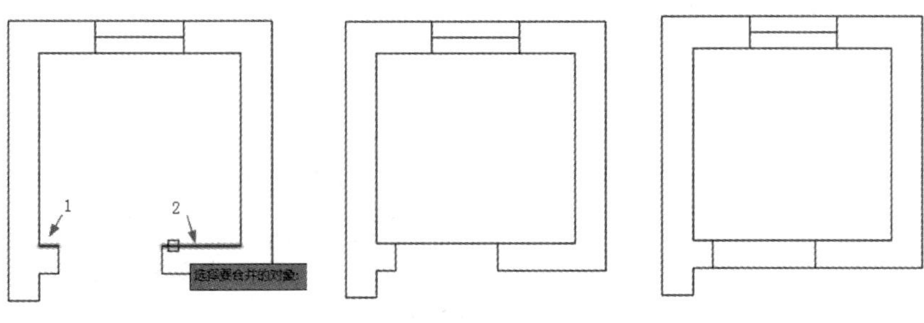

图 5-28　合并示例

5.4.12 分解

对于矩形、块等由多个对象编组成的组合对象，如果需要对单个成员进行编辑，就需要先将它分解开。用于分解的对象有矩形、正多边形、多段线、边界以及图块等。比如正五边形是由五条直线元素组成的单个对象，如果用户需要对其中的一条边进行编辑，则首先将矩形分解还原为五条线对象。

在功能区中单击“默认”选项卡上的“修改”面板中的“分解”按钮，或者在命令行中输入 EXPLODE 或 X 后按 Enter 键，都可以执行“分解”命令。

单击“修改”面板|“分解”按钮，命令行提示如下：

```
命令： _EXPLODE                    //单击“分解”按钮执行命令
选择对象:                          //选择需要分解的图形
选择对象:                          //按 Enter 键完成选择对象，同时完成对象的分解
```

5.5 利用夹点进行编辑

前面介绍的许多编辑命令都允许用户先选择对象再进行编辑，物体处于选择状态时，会出现若干个带颜色的小方框。这些小方框代表的点是所选实体的特征点，这些小方框被称为夹点。使用夹点功能可以方便地进行移动、旋转和拉伸等编辑操作。

5.5.1 夹点简介

在 AutoCAD 2021 中，当用户选择了某个对象后，对象的控制点上将出现一些小的蓝色正方形框，这些正方形框被称为对象的夹点。如图 5-29 所示。

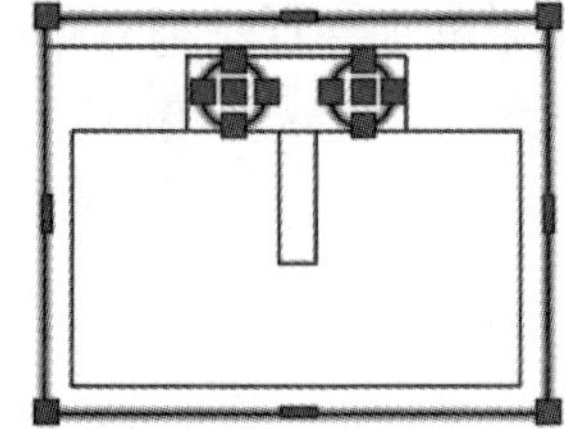
图 5-29 对象的夹点

当光标经过夹点时，AutoCAD 自动将光标与夹点精确对齐，从而可得到图形的精确位置。光标与夹点对齐后单击可选中夹点，并可进一步进行移动、镜像、旋转、比例缩放、拉伸和复制等操作。表 5-2 列出了 AutoCAD 2021 中常见对象的夹点特征。

表 5-2 AutoCAD 2021 中常见对象的夹点特征

对象类型	夹点特征
直线	2 个端点和中点
多段线	直线段的两端点、圆弧段的中点和两端点
构造线	控制点和线上的临近两点
射线	起点和射线上的一个点
多线	控制线上的两个端点
圆弧	两个端点和中点
圆	4 个象限点和圆心
椭圆	4 个顶点和中心点

（续表）

对象类型	夹点特征
椭圆弧	端点、中点和中心点
区域填充	各个顶点
文字	输入点和第 2 个对齐点（如果有的话）
段落文字	各顶点
属性	插入点
三维网格	网格上的各个顶点
二维面	周边顶点
线性标注、对齐标注	尺寸线和尺寸界限的端点，尺寸文字的中心点
角度标注	尺寸线端点和指定尺寸标注弧的端点，尺寸文字的中心点
半径标注、直径标注	半径或直径标注的端点，尺寸文字的中心点
坐标标注	被标注点，指定的引出线端点和尺寸文字的中心点

5.5.2 使用夹点编辑对象

夹点是一些小方框，使用定点设备指定对象时，对象关键点上将出现夹点。可以通过拖动夹点直接而快速地编辑对象。

在 AutoCAD 2021 中使用夹点编辑选定的对象时，首先要选中某个夹点作为编辑操作的基准点（热点）。这时命令行中将出现“确认”“移动”“镜像”“旋转”“缩放”和“拉伸”等操作模式，也可以右击调出快捷菜单进行选择，如图 5-30 所示。

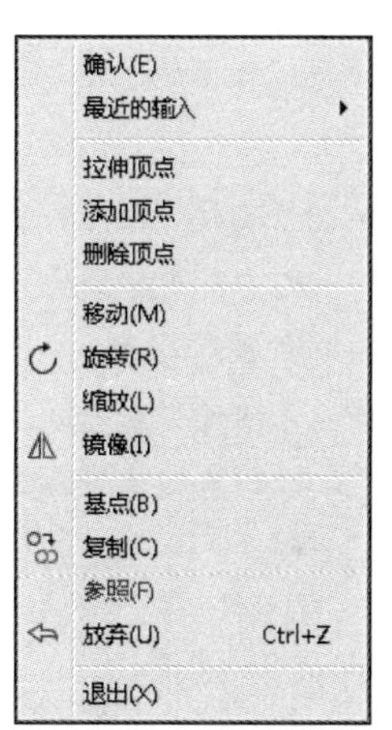

图 5-30 夹点编辑的快捷菜单

要使用夹点编辑，需要先选择作为操作基点的夹点，然后选择一种夹点模式。通过按 Enter 键或空格键循环选择这些模式，还可以使用快捷菜单或右击查看所有模式和选项。可以使用多个夹点作为基夹点来使选定夹点直接的对象形状保持不变（选择夹点时按 Shift 键）。

对于圆和椭圆上的象限夹点，通常从中心而不是选定的夹点来测量距离。例如，在“拉伸”模式中，可以选择象限夹点拉伸圆，然后在新半径的命令行中指定距离。距离从圆心而不是选定的象限进行测量。如果选择圆心点拉伸圆，则圆会移动。

当二维对象位于当前 UCS 之外的其他平面上时，将在创建对象的平面上（不是在当前 UCS 平面上）拉伸对象。

可以根据自己的需要限制夹点在对象选定对象上的显示。初始选择集包含的对象数目多于指定项目时，GRIPOBJLIMT 系统变量将拟制夹点的显示。如果将对象添加到当前选择集中，则该限制不适用。例如，如果将 GRIPOBJLIMIT 设置为 20，则可以选择 15 个对象，然后将 15 个对象添加到选择集中，这时所有的对象都显示夹点。

下面简单介绍夹点编辑对象的功能。

- “移动”命令：通过选定的夹点移动对象。选定的对象被亮显并按指定的下一点位置移动一定的距离和方向。
- “镜像”命令：沿临时镜像线为选定的对象创建镜像，如图 5-31（左）所示。
- “旋转”命令：通过拖动和指定点位置来绕基点旋转选定对象，还可以输入角度值，如图 5-31（右）所示。

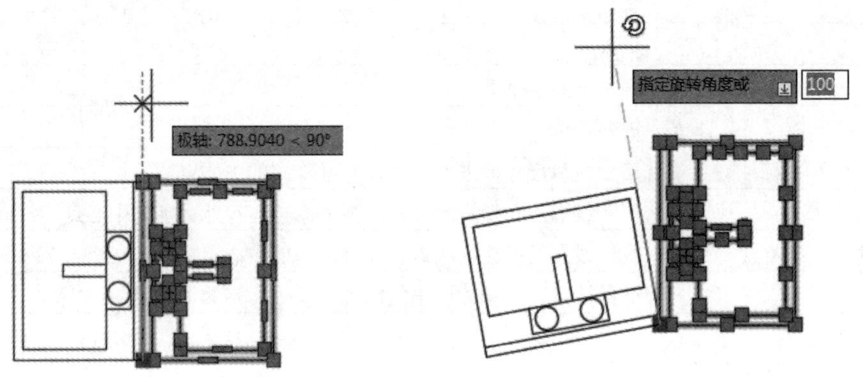

图 5-31　夹点镜像和旋转示例

- “缩放”命令：相对于基点缩放选定对象。通过从基点向外拖动并指定点位置来增大对象尺寸，或者通过向内拖动减小对象尺寸，也可以为相对缩放输入一个比例值，如图 5-32 所示。
- “拉伸”命令：通过将选定夹点移动到新位置来拉伸对象。文字、块参照、直线中点、圆心和点对象上的夹点将移动对象而不是拉伸，如图 5-33 所示。

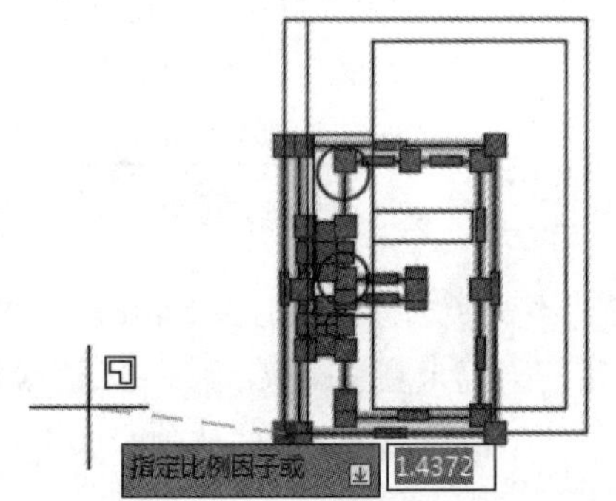

图 5-32　缩放夹点

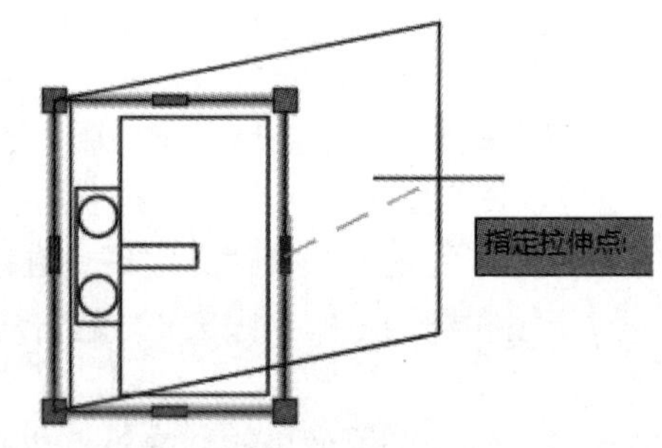

图 5-33　拉伸夹点

- “基点”命令：重新指定操作基点（起点）而不再使用基夹点。
- “复制”命令：在进行对象编辑时，此命令可重复多次并生成对象的多个副本，而原对象不发生变化。利用任何夹点模式修改对象时均可以创建对象的多个副本，例如，通过使用“复制”命令可以旋转选定对象，并将其副本放置在定点设备指定的每一个位置，如图 5-34 所示；还可以通过选择第一点时按 Shift 键创建多个副本，例如，通过“拉伸”夹点模式可以拉伸对象，然后将其复制到绘图区域的任意点。如图 5-35 所示。

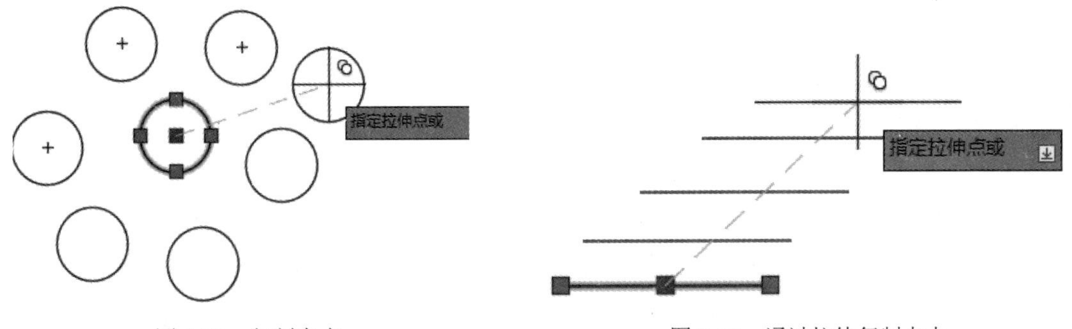

图 5-34　复制夹点　　　　图 5-35　通过拉伸复制夹点

- “放弃”命令：在使用“复制”选项进行多次重复操作时，可以选择该选项，取消最后一次的操作。
- “退出”命令：退出编辑操作模式，相当于按 Esc 键。

5.6　编辑对象特性

对象特性包括一般特性和几何特性，一般特性包括对象的颜色、线型、图层及线宽等；几何特性包括对象的尺寸和位置。用户可以直接在“特性”选项板中设置和修改对象的特性。“特性”选项板中显示了当前选择集中对象的所有特性和特性值，当选中多个对象时，将显示它们的共同特性。可以通过它浏览、修改对象的特性，也可以通过它浏览、修改满足应用程序接口标准的第三方应用程序对象。

在功能区单击“视图”选项卡|“选项板”面板上的“特性”按钮，或者在命令行输入 PROPERTIES 或 PR 后按 Enter 键，也可以夹点显示某对象后右击，选择快捷菜单上的“特性”命令，都可以执行“特性”命令，打开“特性”选项板，如图 5-36 所示。

图 5-36　“特性”选项板

在“特性”选项板的标题栏上右击，弹出快捷菜单，如图 5-37 所示。通过该快捷菜单可以确定是否隐藏“特性”选项板、是否在“特性”选项板内显示特性的说明部分以及是否允许“特性”选项板固定等。

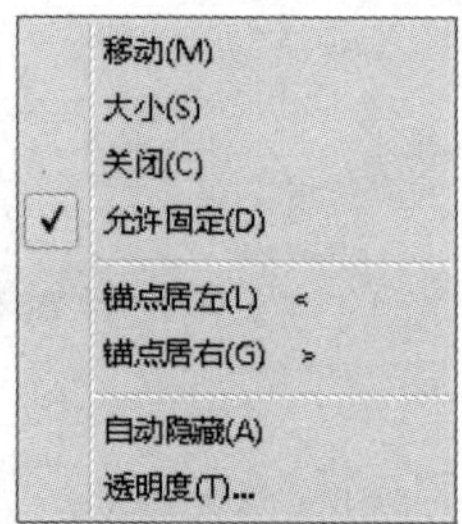

图 5-37 “特性”选项板快捷菜单

5.7 综合操作实例——绘制洗手池

【例 5-1】绘制如图 5-38 所示的洗手池。

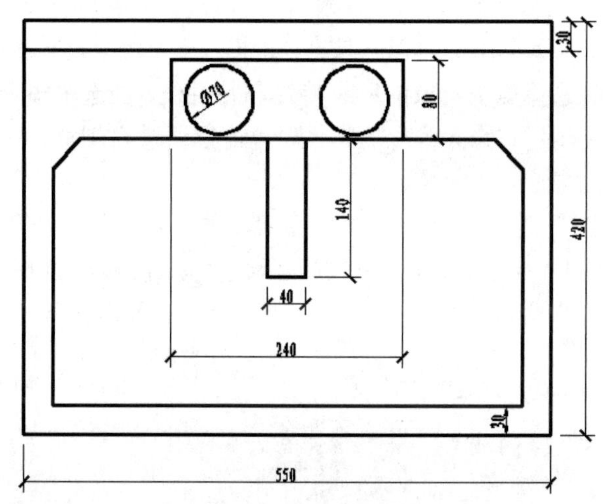

图 5-38 洗手池平面图

1. 绘制洗手池的外轮廓线

步骤 01 单击“默认”选项卡|“绘图”面板上的“矩形”按钮，绘制洗手池外轮廓线。命令行提示如下：

```
命令: _RECTANG
指定第一个角点或 [倒角(C)/标高(E)/圆角(F)/厚度(T)/宽度(W)]:0, 0
指定另一个角点或 [面积(A)/尺寸(D)/旋转(R)]: D
指定矩形的长度 <550.0000>: 550
指定矩形的宽度 <420.0000>: 420
指定另一个角点或 [面积(A)/尺寸(D)/旋转(R)]://在点 (0, 0) 的左上方单击
```

步骤02 单击“默认”选项卡上的“修改”面板中的“分解”按钮，将上面绘制的矩形打散。命令行提示如下：

```
命令: _EXPLODE
选择对象: 找到 1 个            //选择上面绘制的矩形
选择对象:                      //按 Enter 键结束命令，绘制效果如图 5-39 所示
```

2. 绘制洗手池的内轮廓线

步骤01 单击“默认”选项卡|“修改”面板上的“偏移”按钮，通过偏移外轮廓线来绘制内轮廓线。命令行提示如下：

```
命令: _OFFSET
当前设置: 删除源=否  图层=源  OFFSETGAPTYPE=0
指定偏移距离或 [通过(T)/删除(E)/图层(L)] <90.0000>: 30
选择要偏移的对象，或 [退出(E)/放弃(U)] <退出>://选择线段 AB
指定要偏移的那一侧上的点，或 [退出(E)/多个(M)/放弃(U)] <退出>: //在线段 AB 下方单击
选择要偏移的对象，或 [退出(E)/放弃(U)] <退出>:                  //选择线段 AC
指定要偏移的那一侧上的点，或 [退出(E)/多个(M)/放弃(U)] <退出>: //在线段 AC 下方单击
选择要偏移的对象，或 [退出(E)/放弃(U)] <退出>:                  //选择线段 CD
指定要偏移的那一侧上的点，或 [退出(E)/多个(M)/放弃(U)] <退出>: //在线段 CD 下方单击
选择要偏移的对象，或 [退出(E)/放弃(U)] <退出>:                  //选择线段 BD
指定要偏移的那一侧上的点，或 [退出(E)/多个(M)/放弃(U)] <退出>: //在线段 BD 下方单击
鼠标左键选择要偏移的对象，或 [退出(E)/放弃(U)] <退出>:          //按 Enter 键结束命令
命令: _OFFSET
当前设置: 删除源=否  图层=源  OFFSETGAPTYPE=0
指定偏移距离或 [通过(T)/删除(E)/图层(L)] <30.0000>: 120
选择要偏移的对象，或 [退出(E)/放弃(U)] <退出>:                  //选择线段 AB
指定要偏移的那一侧上的点，或 [退出(E)/多个(M)/放弃(U)] <退出>: //在线段 AB 下方单击
选择要偏移的对象，或 [退出(E)/放弃(U)] <退出>:
//按 Enter 键结束命令，绘制效果如图 5-40 所示
```

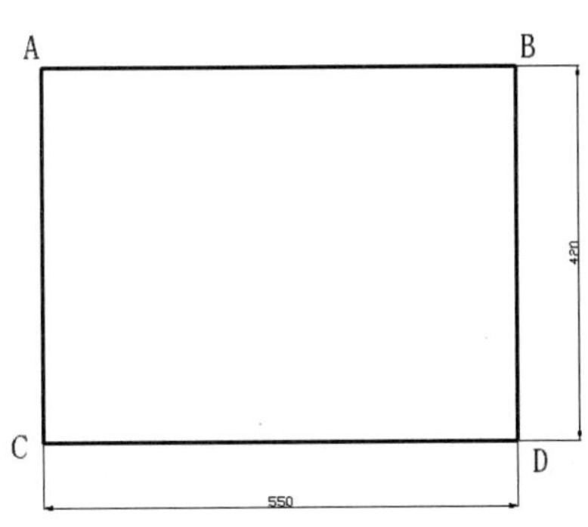

图 5-39　洗手池外轮廓线

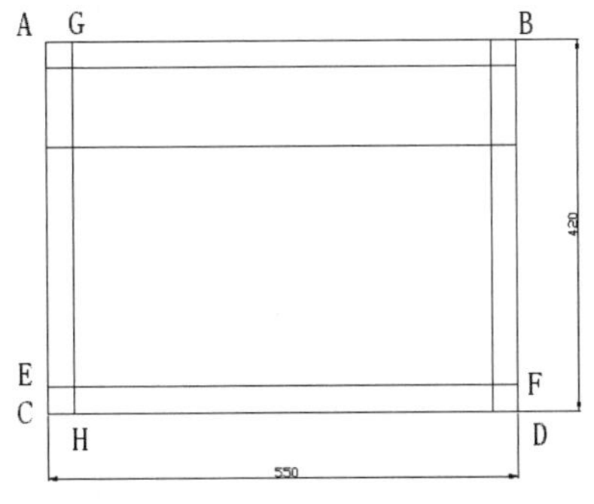

图 5-40　偏移外轮廓线

步骤02 使用夹点编辑方式，对图 5-40 所示图形进行编辑，选择线段 EF，单击其左端点。命令行提示如下：

```
** 拉伸 **
指定拉伸点或 [基点(B)/复制(C)/放弃(U)/退出(X)]://选择线段 EF 与 GH 的交点
```

使用同样的方法对其他线段进行夹点编辑，最终绘制效果如图 5-41 所示。

3. 绘制洗手池内的给水旋钮和出水口

步骤 01 单击“默认”选项卡|“绘图”面板上的“多段线”按钮，绘制给水外边框。命令行提示如下：

```
命令:_PLINE
指定起点:155,300
当前线宽为 0.0000
指定下一点或 [圆弧(A)/闭合(C)/半宽(H)/长度(L)/放弃(U)/宽度(W)]: @80<90
指定下一点或 [圆弧(A)/闭合(C)/半宽(H)/长度(L)/放弃(U)/宽度(W)]: @240<0
指定下一点或 [圆弧(A)/闭合(C)/半宽(H)/长度(L)/放弃(U)/宽度(W)]: @80<-90
指定下一点或 [圆弧(A)/闭合(C)/半宽(H)/长度(L)/放弃(U)/宽度(W)]://按 Enter 键结束命令，绘制效果如图 5-42 所示
```

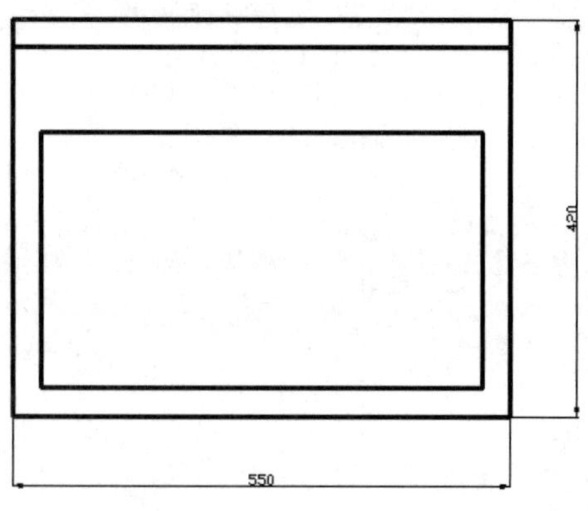

图 5-41　洗手池内轮廓线

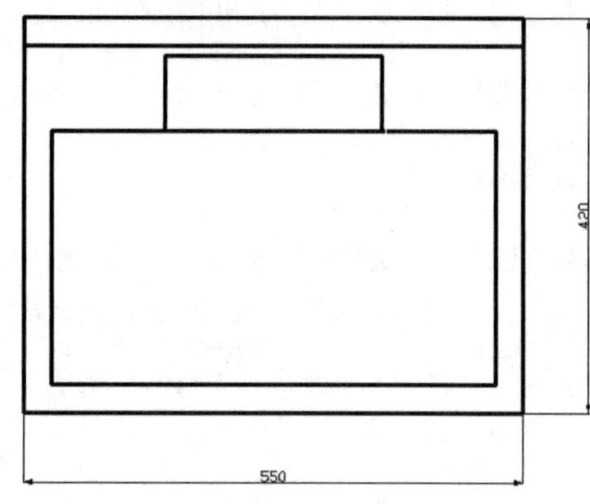

图 5-42　绘制给水外边框

步骤 02 单击“默认”选项卡|“绘图”面板上的“多段线”按钮，绘制出水口。命令行提示如下：

```
命令:_PLINE
指定起点:255,300
当前线宽为 0.0000
指定下一点或 [圆弧(A)/闭合(C)/半宽(H)/长度(L)/放弃(U)/宽度(W)]: @140<-90
指定下一点或 [圆弧(A)/闭合(C)/半宽(H)/长度(L)/放弃(U)/宽度(W)]: @40<0
指定下一点或 [圆弧(A)/闭合(C)/半宽(H)/长度(L)/放弃(U)/宽度(W)]: @140<90
指定下一点或 [圆弧(A)/闭合(C)/半宽(H)/长度(L)/放弃(U)/宽度(W)]://按 Enter 键结束命令，绘制效果如图 5-43 所示
```

步骤 03 单击“默认”选项卡|“绘图”面板上的“圆”按钮，绘制旋钮。命令行提示如下：

```
命令: _CIRCLE
指定圆的圆心或 [三点(3P)/两点(2P)/切点、切点、半径(T)]:205,340
指定圆的半径或 [直径(D)] <35.0000>: 35 //输入圆的半径，绘制效果如图 5-44 所示
```

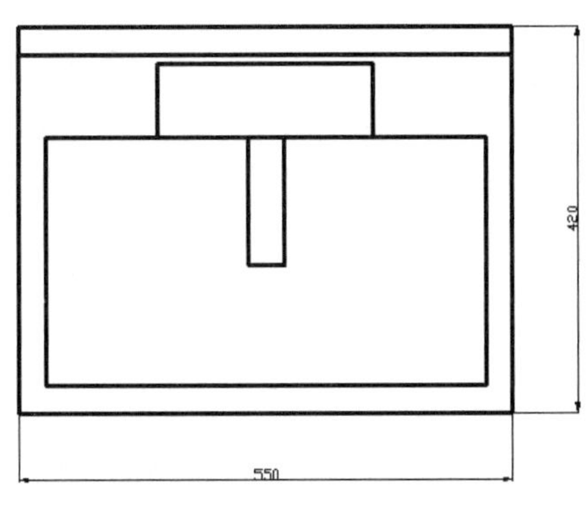

图 5-43　绘制出水口

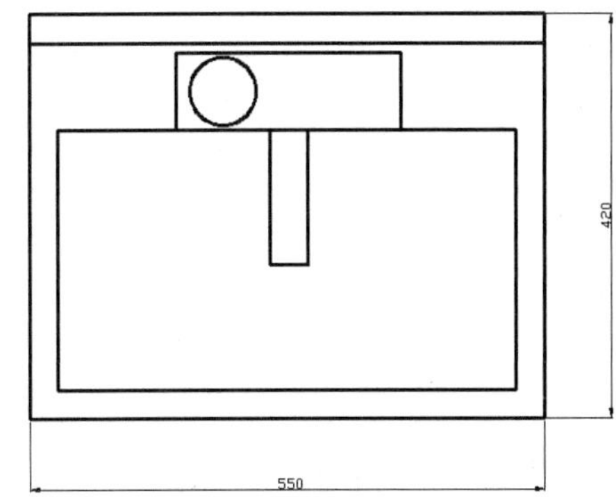

图 5-44　绘制第一个旋钮

步骤 04 单击“默认”选项卡|“修改”面板上的“偏移”按钮，绘制另外一个旋钮。命令行提示如下：

```
命令: _MIRROR
选择对象: 找到 1 个                    //选择前面绘制的圆
选择对象:                              //按 Enter 键结束选择
指定镜像线的第一点: 275,300
指定镜像线的第二点:275,160
要删除源对象吗? [是(Y)/否(N)] <N>: //按 Enter 键结束命令，绘制效果如图 5-45 所示
```

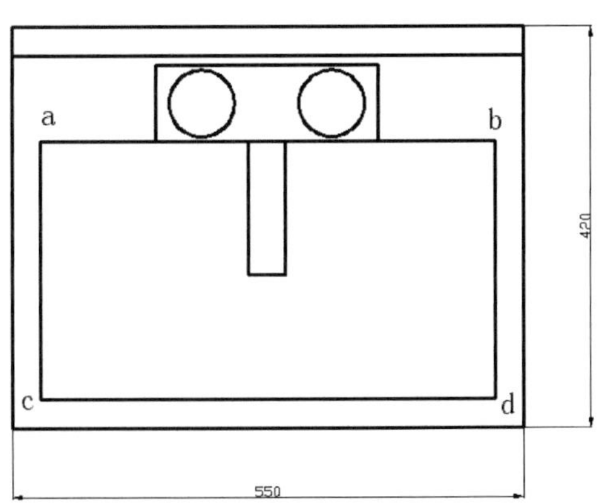

图 5-45　镜像旋钮

4. 对内轮廓线进行倒角

单击“默认”选项卡| “修改”面板上的“倒角”按钮，对内轮廓线进行倒角。命令行提示如下：

```
命令: _CHAMFER
("修剪"模式) 当前倒角距离 1 = 30.0000, 距离 2 = 30.0000
选择第一条直线或 [放弃(U)/多段线(P)/距离(D)/角度(A)/修剪(T)/方式(E)/多个(M)]://选择
图 5-45 中所示的线段 ab
选择第二条直线, 或按住 Shift 键选择直线以应用角点或 [距离(D)/角度(A)/方法(M)]: //选择
图 5-45 中所示的线段 ac
```

```
命令: _CHAMFER
("修剪"模式) 当前倒角距离 1 = 30.0000，距离 2 = 30.0000
选择第一条直线或 [放弃(U)/多段线(P)/距离(D)/角度(A)/修剪(T)/方式(E)/多个(M)]: //选择图 5-45 中所示的线段 ab
选择第二条直线，或按住 Shift 键选择直线以应用角点或 [距离(D)/角度(A)/方法(M)]: //选择图 5-45 中所示的线段 bd，绘制效果如图 5-38 所示
```

5.8 本章小结

本章主要学习了选择对象的方法和对选择的对象进行编辑的方法，后者包括复制、阵列、镜像、偏移、移动、修剪、打断、延伸、拉伸、旋转、倒角、圆角、对齐、缩放、合并、分解等命令。用户可以通过使用这些命令在已经绘制好的简单图形的基础上进行编辑，从而得到复杂的图形。

本章 5.7 节是给排水专业中洗手池的绘制练习，其中用到了前面介绍的编辑命令，通过认真学习、仔细体会，可以掌握编辑对象的方法。

第 6 章

给排水设计中图块与设计中心的应用

导言

在绘制给排水工程图的图形时，如果图形中有大量相同和相似的内容，或者所绘制的图形与已有的图形文件相同，则可以把要重复绘制的图形创建成块，在需要时直接插入即可，也可以将已有的图形文件直接插入到当前图形中，从而提高绘图效率。此外，用户还可以根据需要为块创建属性，用来指定块的名称、用途等信息。

当然，用户也可以通过 AutoCAD 2021 中的设计中心浏览、查找、预览、使用和管理 AutoCAD 图形、块和外部参照等不同的资源文件。

6.1 创建与编辑块

块也称图块，是 AutoCAD 图形设计中的一个重要概念，是一个或多个对象组成的对象组合，常用于绘制复杂、重复的图形。

6.1.1 块的特点

在 AutoCAD 2021 中，使用块可以提高绘图速度、节省存储空间、便于修改图形，并且还能够为块添加属性。

1. 提高绘图速度

在 AutoCAD 2021 绘图时，常常要绘制一些重复出现的图形。如果把这些经常要绘制的图形做成块保存起来，绘制时就可以用插入块的方法实现，即把绘图变成了拼图，避免了大量的重复性工作，从而提高了绘图效率。

2. 节省存储空间

AutoCAD 2021 要保存图形中的每一个对象的相关信息，如对象的类型、位置、图层、线型、颜色等，这些信息要占用存储空间。如果一幅图中绘有大量相同的图形，会占据较大的磁盘空间。如果把相同的图形事先定义为一个块，绘制时就可以直接把块插入到图中各个相应的位置，这样既满足了绘图的要求，又节省了磁盘空间。虽然在块的定义中包含了图形的全部对象，但系统只需要一次这样的定义。对块的每次插入，AutoCAD 2021 仅需要记住这个块对象的有关信息（如块名、插入点坐标、插入比例等）即可，从而节省了磁盘空间。对于复杂但需要多次绘制的图形，这一特点更为明显。

3. 便于修改图形

一张工程图纸往往需要多次修改，如在机械设计中，旧的国家标准用虚线表示螺旋的内径，新的国家标准要求用细实线表示内径。如果对旧图纸上的每一个螺栓按新国标修改，既费时又不方便。但如果原来每个螺栓都是通过插入块的方法绘制的，那么只需要简单地再定义块等操作，图中插入的所有同类型的块均会自动修改。

4. 可以添加属性

很多块还要求有文字信息以进一步解释其用途。AutoCAD 2021 允许为块创建这些文字属性，而且还可以在插入的块中显示或不显示这些属性；也可以从图中提取这些信息并传送到数据中。

6.1.2 创建块

“创建块”命令用于将单个或多个图形定义成一个整体图形单元，保存于当前文件内，以供当前文件重复使用。使用此命令创建的图块被称之为“内部块”。

在功能区中单击“默认”选项卡|“块”面板上的“创建”按钮，也或者在命令行输入 BLOCK 或 B 后按 Enter，都可以执行“创建块”命令，弹出如图 6-1 所示的“块定义”对话框，在此对话框内可以设置块的名称、基点、单位等各类参数。

图 6-1 “块定义”对话框

“块定义”对话框中主要选项的功能如下：

- “名称”选项：指定块的名称。如果系统变量 EXTNAMES 设置为 1，块名最长可达 255 个字符，包括字母、数字、空格以及 Microsoft Windows 和 AutoCAD 未作他用的特殊字符。块名称及块定义保存到当前图形中。如果一个块被重新定义，那么一旦重新生成图形，则图形中的所有使用该名称的块都将自动更新。

- “基点”选项组：指定块的插入基点位置。用户直接在 X、Y、Z 文本框中输入坐标值，也可以单击“拾取点”按钮，切换到绘图窗口并选择基点。理论上讲，可以选择块上的任意一点作为插入基点，但为了绘图方便，应根据图形的结构来选择基点。一般基点选在块的对称中心、左下角或其他有特征的位置。
- “设置”选项组：可以在此选项组中设置“块单位”和为块插入超链接。单击“超链接”按钮，打开“插入超链接”对话框，如图 6-2 所示，用户可以在此将超链接与块定义相并联。
- 如果勾选了“在块编辑器中打开”复选项，那么在定义完图块后会弹出“块编辑器”对话框，对图块进行在位编辑。

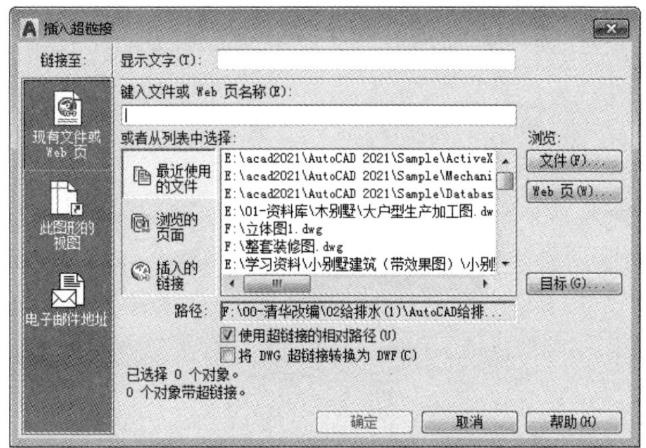

图 6-2 “插入超链接”对话框

- “对象”选项组：设置组成块的对象，包括下列选项。
  - “在屏幕上指定”复选框：在屏幕上指定要创建块的对象，选择此选项后“拾取点”按钮就会无效。
  - “选择对象”按钮：切换到绘图窗口中选择组成块的各个对象，选择完毕后按 Enter 键返回“块定义”对话框。
  - “保留”单选按钮：确定创建块后仍在绘图窗口上是否保留组成块的各对象。
  - “转换为块”单选按钮：确定创建块后是否将组成块的各对象保留并把它们转换成块。
  - “删除”单选按钮：确定创建块后是否删除绘图窗口中组成块的原对象。
- “方式”选项组：设置组成块的对象的显示方式。
  - 勾选“注释性”复选项，为块定义添加注释。
  - 勾选“使块方向与布局匹配”复选项用于设置块方向与布局匹配。
  - 勾选“按同一比例缩放”复选框，设置对象是否按统一的比例进行缩放。
  - 勾选“允许分解”复选框，设置对象是否允许被分解。
- “说明”文本框：输入当前块的说明部分。

提 示

当创建块时，必须先绘出要创建块的对象。如果新块名与已定义的块名重复，系统将显示警告对话框，要求用户重新定义块名称。此外，使用 BLOCK 命令创建的块只能由块所在的图例使用，而不能由其他图形使用。如果希望在其他图形中也使用块，则需用使用 WBLOCK 命令创建块。

6.1.3 插入块

在功能区中单击“默认”选项卡|“块”面板上的“插入块”按钮，或者在命令行中输入 INSERT 或 I 后并按 Enter 键，都可执行“插入块”命令，打开如图 6-3 所示的“块”选项板，在插入的同时还可以改变所插入块或图形的比例和旋转角度。

选择需要使用的图块，在选项板下侧的“插入选项”区域设置相应的参数，然后在选择的图块上单击，返回绘图区在命令行“指定插入点或 [基点(B)/比例(S)/X/Y/Z/旋转(R)]:”提示下，指定插入点，即可插入图块。另外，还可以在选择的图块上右击，弹出快捷菜单，选择“插入”选项，如图 6-4 所示，然后根据命令行的提示设置块的参数，定位插入点，插入图块。

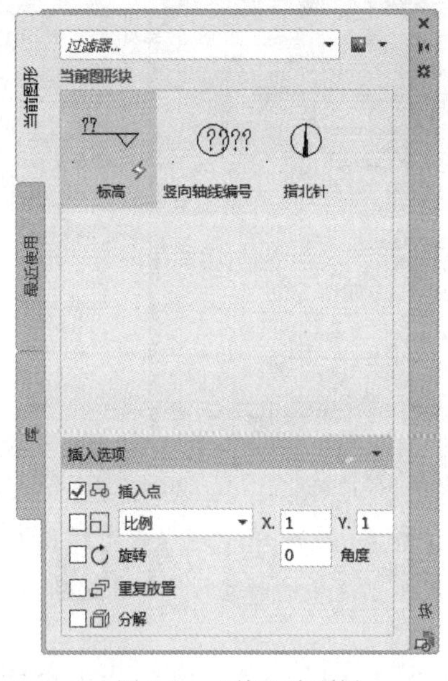

图 6-3 “块”选项板

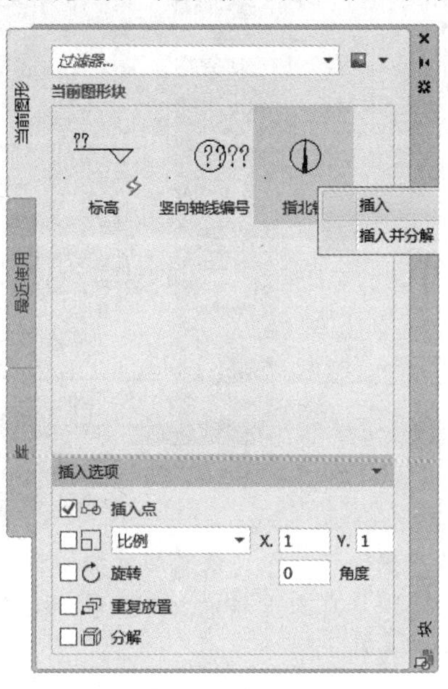

图 6-4 “块”快捷菜单

“块”选项板包括“当前图形”“最近使用”“库”三个选项卡和“插入选项”下拉列表，各选项卡解析如下：

- “当前图形”选项卡：显示的是当前图形文件中的所有图块，用户可以将当前文件中的图块再次插入到当前文件内。通过单击选项板上侧的按钮，可以以多种模式显示并预览当前文件中的所有图块。
- “插入选项”下拉列表：主要用于设置图块的插入参数。其中如果勾选了“插入点”复选项，那么将会在绘图区捕捉图形的特征点或在命令行输入插入点坐标，进行定位插入点；如果不勾选该复选项，则需要在“块”选项板中输入插入点的绝坐标值；“比例”复选项用于设置图块的缩放比例；“旋转”复选项用于设置图块的旋转角度；“重复放置”复选项用于重复使用上一次插入图块时设置的参数；如果勾选了“分解”选项，那么所插入的图块就不是一个单独的对象了。
- “最近使用”选项卡：主要用于显示当前文件中最近使用过的图块，用户可以通过此选项卡查看并引用最近使用过的图块，比较方便。

- “库”选项卡：是比较重要的一项功能，通过单击选项板上侧的按钮，可以打开“为块库选择文件夹或文件”对话框，然后选择已存盘文件，如图 6-5 所示，单击“打开”按钮即可将其以图块的形式插入到当前图形文件中。另外，在“为块库选择文件夹或文件”对话框中还可以选择所需文件夹，如图 6-6 所示，然后单击“打开”按钮，文件夹中所有文件都会被加载到“块”选项板中，如图 6-7 所示，然后根据需要选择并插入所需图块即可。

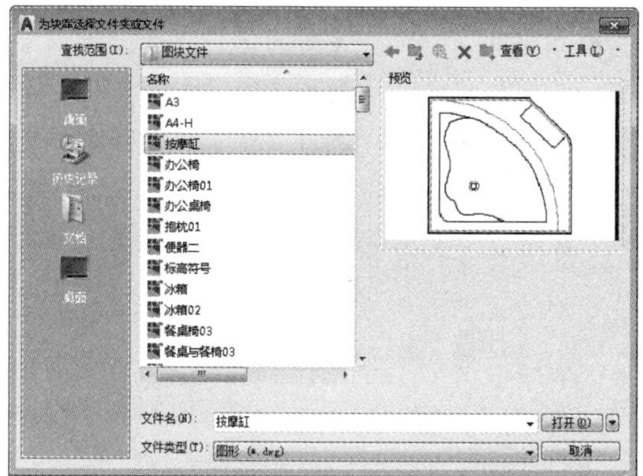

图 6-5　“为块库选择文件夹或文件”对话框

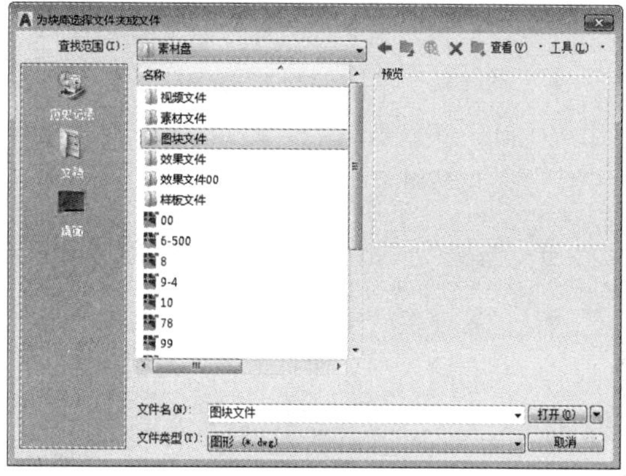

图 6-6　选择文件夹

如果单击功能区“块”面板|“插入块”按钮，则弹出如图 6-8 所示的“插入块”面板，面板上侧显示出当前文件内的所有图块，以方便用户查看和重复引用。如果单击面板下侧的“最近使用的块...”和“库中的块...”，则会打开“块”的选项板，如图 6-3 所示。

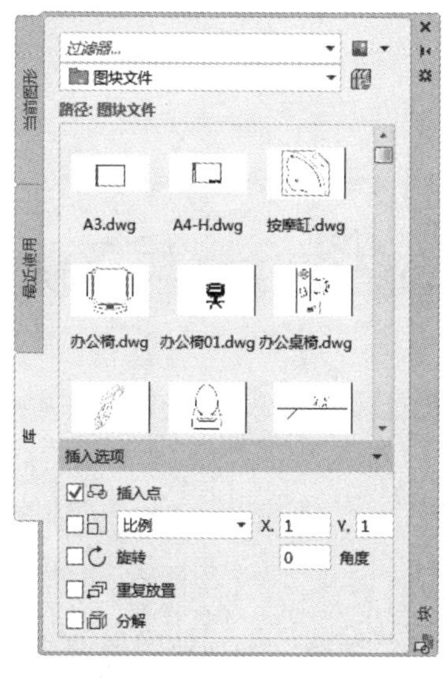

图 6-7　加载文件后的选项板

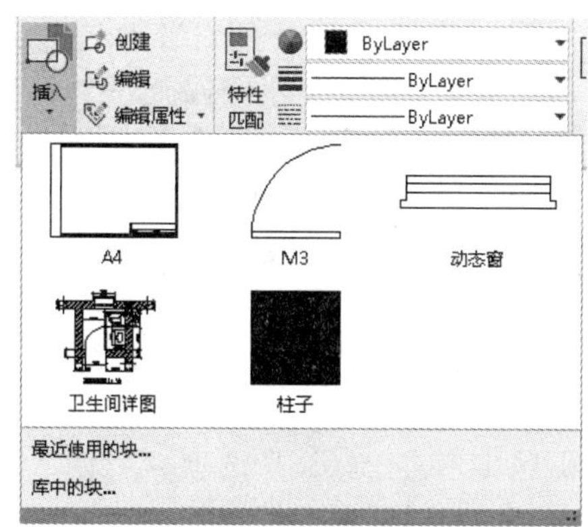

图 6-8　“插入块”面板

6.1.4　存储块

在 AutoCAD 2021 中，使用 WBLOCK 命令可以将块以文件的形式进行存盘，以供当前文件或其他文件进行引用。在命令行直接输入 WBLOCK 或 W 后按 Enter 键，即可执行“写块”命令，打开如图 6-9 所示的“写块”对话框。

可以在“写块”对话框中的“源”选项组中设置组成块的对象来源，各选项功能如下：

- “块”单选按钮：将使用 BLOCK 命令创建的块写入磁盘，可在其后的下拉列表框中选择块名称。
- “整个图形”单选按钮：将当前文件内的全部图形作为块进行存盘，在下侧“文件名和路径”下拉列表框内可以设置块的名称及存盘路径。
- “对象”单选按钮：在当前文件内选择需要定义图块的全部或部分对象。选中该单选按钮时，可以根据需要使用“基点”选项组设置块的插入点位置，使用“对象”选项组设置组成块的对象。

在“写块”对话框中的“目标”选项组中可以设置块的保存名称和位置，各选项功能如下：

- “文件名和路径”文本框：输入块文件的名称和保存位置。也可以单击其后的按钮，在打开的“浏览图形文件”对话框中设置文件的保存位置，如图 6-10 所示。

图 6-9 “写块”对话框

图 6-10 “浏览图形文件”对话框

- “插入单位”下拉列表框：选择从 AutoCAD 2021 设计中心拖动块时的缩放单位。

6.1.5 设置插入基点

在功能区中单击“默认”选项卡|“块”面板上的“设置基点”按钮，或者在命令行中输入 BASE 或 BA 后并按 Enter 键，都可执行“设置基点”命令，为当前图形设置插入基点，可以在命令行直接输入基点的坐标，也可以在绘图区配合“对象捕捉”功能直接在图形上捕捉特征点作为基点，而在向其他图形插入当前图形，或者将当前图形作为其他图形的外部参照时，设置的基点将被用作插入基点。

当把一个图形文件作为块插入时，系统默认将该图的坐标原点作为插入点，这样往往会给绘图带来不便。这时可以使用“基点”命令为图形文件指定新的插入基点。

6.1.6 块与图层的关系

块可以由绘制在若干图层上的对象组成，系统可以将图层信息保留在块中。当插入这样的块时，AutoCAD 2021 有如下规定：

- 在“0 图层”上绘制图形并定义为图块，当将图块插入到其他文件后，图块则位于当前图层，并且按当前层的颜色与线型显示；如果在其他图层上绘制并定义的图块，插入到其他文件后，将继续继承并显示定义图块前的颜色线型等。
- 对于块中其他图层上的对象，若块中有与图形中同名的层，块中该层上的对象仍绘制在图中的同名层上，并按图中该层的颜色与线型绘制。块中其他图层上的对象仍在原来的层上绘出，并给当前图形增加相应的图层。
- 如果插入的块由多个位于不同图层上的对象组成，那么冻结某一对象所在的图层后，此图层上属于块上的对象就会不可见。当冻结插入块后的当前层时，不管块中各对象处于哪一个图层，整个块均不可见。

6.2 编辑与管理块属性

块属性是附属块的非图形信息，是块的组成部分，是特定的可以包含在块定义中的文字对象。在定义一个块时，属性必须预先定义而后被选定。属性通常用于在块的插入过程中进行自动注释。

6.2.1 块属性的特点

在 AutoCAD 2021 中，用户可以在图形绘制完成后（甚至在绘制完成前），使用 ATTEXT 命令将块属性数据从图形中提取出来，并将这些数据写入到一个文件中，这样就可以从图形数据库文件中获取块数据信息了。块属性具有以下特点：

- 块属性由属性标记名和属性值两部分组成。例如，可以把“配件”定义为属性标记名，而具体的配件“普通阀门”就是属性值，即属性。
- 定义块前应先定义该块的每个属性，即规定每个属性的标记名、属性提示、属性默认值、属性的显示格式（可见或不可见）及属性在图中的位置等。
- 定义块时，应将图形对象和表示属性定义的属性标记名一起用来定义块对象。
- 插入有属性的块时，系统将提示输入需要的属性值。插入块后，属性用它的值表示。因此，同一个块在不同点插入时，可以有不同的属性值。如果属性值在属性定义时规定为常量，系统将不再询问它的属性值。
- 插入块后，用户可以改变属性的显示可见性，对属性进行修改以及把属性单独提取出来写入文件，以供统计、制表使用，还可以与其他高级语言或数据库进行数据同步。

6.2.2 创建并使用带有属性的块

单击“默认”选项卡|“块”面板上的“定义属性”按钮，或者单击“插入”选项卡|“块定义”面板上的“定义属性”按钮，或者在命令行中输入 ATTDEF 后按 Enter 键，都可执行“定义属性”命令，打开如图 6-11 所示的“属性定义”对话框，在此对话框内为图形定义文字属性、插入点、属性模式以及属性的一些文字信息。

图 6-11 “属性定义”对话框

如图 6-11 所示，“属性定义”对话框中各选项的功能如下。

（1）“模式”选项组：用于设置属性的模式，其中包含以下选项：

- “不可见”复选框：确定插入块后是否显示其属性值。
- “固定”复选框：设置属性值是否为固定值。属性值为固定值时，插入块后该属性值不再发生变化。
- “验证”复选框：验证所输入的属性值是否正确。
- “预设”复选框：确定是否将属性值直接预置成默认值。
- “锁定位置”复选框：设置是否固定插入块的坐标位置。
- “多行”复选框：设置是否使用多段文字来标注块的属性值。

（2）“属性”选项组：用于定义块的属性，其中包含以下选项：

- “标记”文本框：输入属性的标记。
- “提示”文本框：输入插入块时系统显示的提示信息。
- “默认”文本框：输入属性的默认值。

（3）“插入点”选项组：设置属性值的插入点，即属性文字排列的参照点。可以直接在 X、Y、Z 文本框中输入点的坐标，也可以选择“在屏幕上指定”复选框，在绘图窗口中拾取一点作为插入点。

（4）“文字设置”选项组：用于设置属性文字的格式，其中包含以下选项：

- “对正”下拉列表框：设置属性文字相对于参照点的排列形式。
- “文字样式”下拉列表框：设置属性文字的样式。
- “文字高度”文本框：设置属性文字的高度。用户可以直接在文本框中输入高度值，也可以单击其右面的按钮，在绘图窗口中指定高度。
- “旋转”文本框：设置属性文字行的旋转角度。用户可以直接在文本框中输入角度值，也可以单击其右面的按钮，在绘图窗口中指定角度。

图 6-11 中还有一个“在上一个属性定义下对齐”复选框，选择该复选框，可以为当前属性采用上一个属性的文字样式、文字高度及旋转角度，且另起一行按上一个属性的对正方式排列。

设置完“属性定义”对话框中的各项内容后，单击该对话框中的“确定”按钮，系统将完成一次属性定义，可以用上述方法为块定义多个属性。

6.2.3 修改属性定义

在命令行中直接输入 DDEDIT 命令或者输入 ED 后按 Enter 键，也可以在定义的文字属性上双击，都可以打开“编辑属性定义”对话框。使用“标记”“提示”和“默认”文本框可以编辑块中定义的“标记”“提示”及“默认值”属性，如图 6-12 所示。

6.2.4 编辑块属性

“编辑属性”命令是对带有文字属性的几何图块进行编辑块属性的工具。单击“默认”选项卡|“块”面板|“编辑属性”|“单个”按钮，或者在命令行输入 EATTEDIT 或 EAT 并按 Enter 键，都可执行“编辑属性”命令，弹出如图 6-13 所示的“增强属性编辑器”对话框。在“属性”选项卡中，用户可以在“值”文本框中修改属性的值。

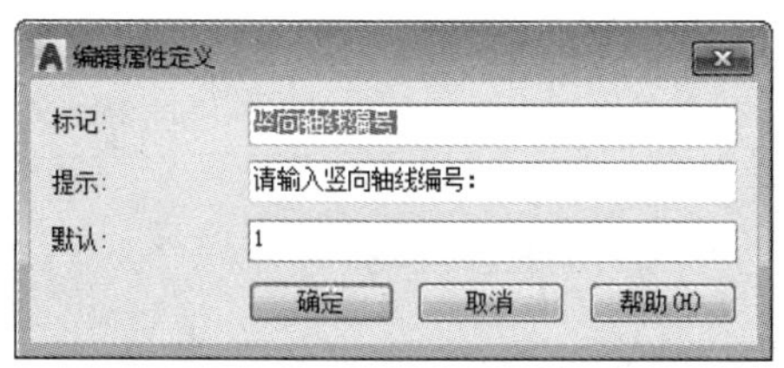

图 6-12 “编辑属性定义”对话框

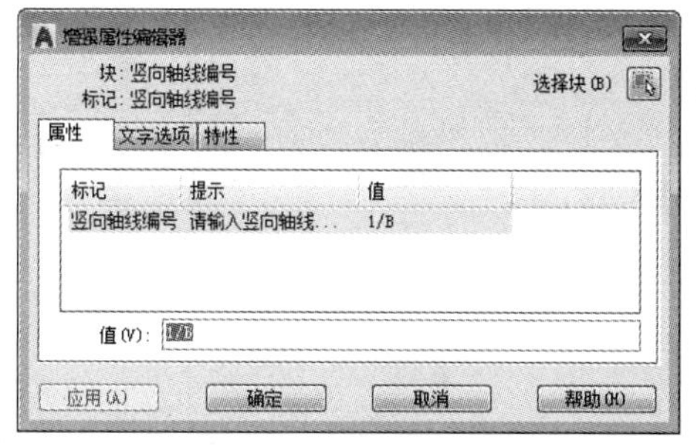

图 6-13 “增强属性编辑器”对话框

“增强属性编辑器”对话框中包含 3 个选项卡，其各自功能如下：

- “属性”选项卡：显示了块中每个属性的标记、提示和值。在列表框中选择某一个属性后，在“值”文本框中将显示出该属性对应的属性值，可以通过它来修改属性值。
- “文字选项”选项卡：修改属性文字的格式，包括文字样式、对齐方式、高度、旋转、宽度因子和倾斜角度等内容，如图 6-14 所示。

- “特性”选项卡：修改属性文字的图层、线宽、线型、颜色及打印样式等，如图 6-15 所示。

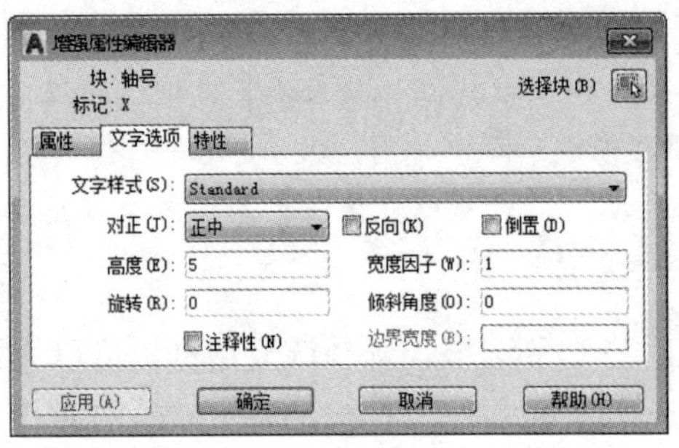

图 6-14 “文字选项”选项卡

图 6-15 “特性”选项卡

此外，还可以使用 ATTEDIT 命令编辑块属性。在命令行中直接输入 ATTEDIT 命令，然后选择需要编辑的块对象后，打开“编辑属性”对话框，可以在此编辑或修改块的属性值，如图 6-16 所示。

6.2.5 块属性管理器

单击“默认”选项卡|“块”面板上的“块属性管理器”按钮，或者在命令行中直接输入 BATTMAN 后按 Enter 键，都可以执行“块属性管理器”命令，打开“块属性管理器”对话框，如图 6-17 所示。

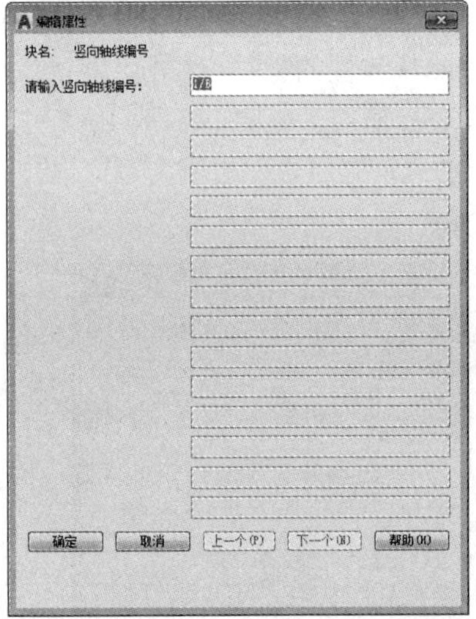

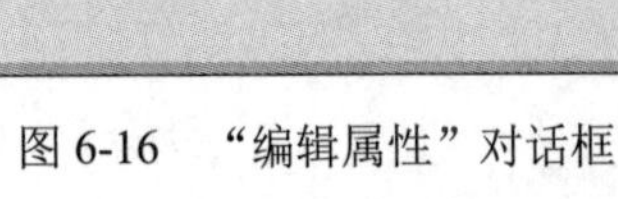

图 6-16 “编辑属性”对话框

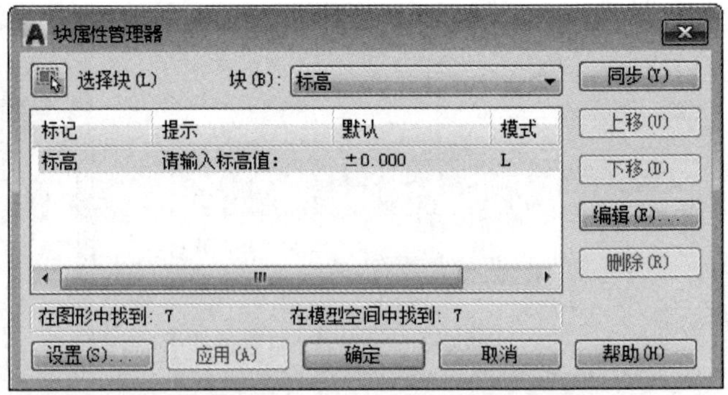

图 6-17 “块属性管理器”对话框

“块属性管理器”对话框中各主要选项的功能如下：

- “选择块”按钮：单击该按钮，可切换到绘图窗口，在绘图窗口中可以选择需要操作的块。
- “块”下拉列表框：列出了当前图形中含有属性的所有块的名称，也可以通过该下拉列表框确定要操作的块。
- “属性”列表框：显示了当前所选择块的所有属性，包括属性的标记、提示、默认和模式等。

- “同步”按钮：单击该按钮，可以更新已修改的属性特性实例。
- “上移”按钮：单击该按钮，可以在属性列表框中将选中的属性行向上移动一行，但对属性值为定值的行不起作用。
- “下移”按钮：单击该按钮，可以在属性列表框中将选中的属性行向下移动一行。
- “编辑”按钮：单击该按钮，打开“编辑属性”对话框，在该对话框中，用户可以重新设置属性定义的构成、文字特性和图形特性，如图 6-18 所示。
- “删除”按钮：单击该按钮，可以从块定义中删除在属性列表框中选中的属性定义，且块中对应的属性值也被删除。
- “设置”按钮：单击该按钮，打开“块属性设置”对话框，可以在此设置属性列表框中能够显示的内容，如图 6-19 所示。

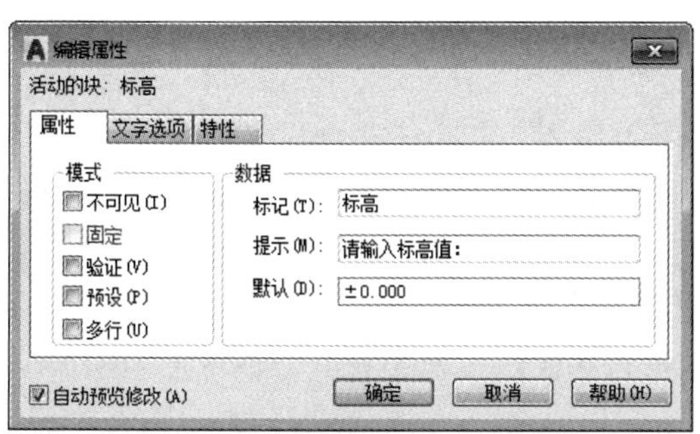

图 6-18　“编辑属性”对话框

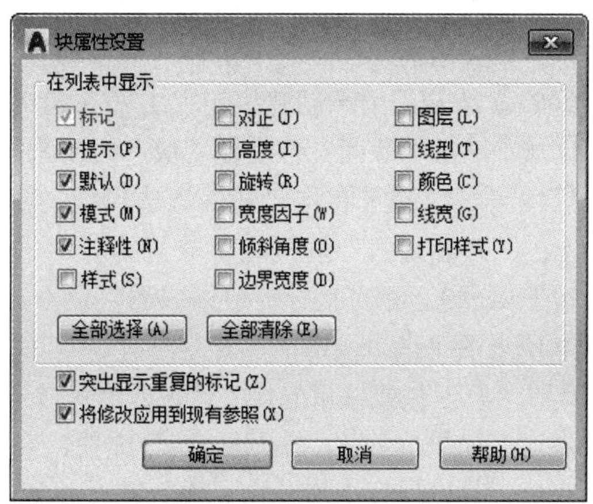

图 6-19　“块属性设置”对话框

6.3　创建动态块

6.3.1　动态块的功能

通过动态块功能，可以自定义夹点或自定义特性来操作几何图形，根据需要方便地调整块参照，而不用搜索另一个块来插入或重定义现有的块。

默认情况下，动态块的自定义夹点的颜色与标准夹点的颜色和样式不同。表 6-1 显示了可以包含在动态块中的不同类型的自定义夹点。如果分解或按非统一缩放某个动态块参照，就会丢失其动态特性。

表 6-1　夹点及其操作方式

参数类型	夹点类型		可与参数关联的动作
点		标准	移动、拉伸
线性		线性	移动、缩放、拉伸、阵列
极轴		标准	移动、缩放、拉伸、极轴拉伸、阵列
XY		标准	移动、缩放、拉伸、阵列

（续表）

参数类型	夹点类型		可与参数关联的动作
旋转		旋转	旋转
翻转		翻转	翻转
对齐		对齐	无（此动作隐含在参数中）
可见性		查寻	无（此动作是隐含的，并且受可见性状态的控制）
查寻		查寻	查寻
基点		标准	无

6.3.2　块编辑器的设置

要成为动态块的块必须至少包含一个参数及一个与该参数关联的动作，这个工作可以由块编辑器完成，块编辑器是专门用于创建块定义并添加动态行为的编写区域。单击“默认”选项卡|“块”面板上的“块编辑器”按钮，或者单击“插入”选项卡|“块定义”面板上的“块编辑器”按钮，在命令行中输入 BEDIT 后按 Enter 键，都可执行“块编辑器”命令，打开如图 6-20 所示的“编辑块定义”对话框。

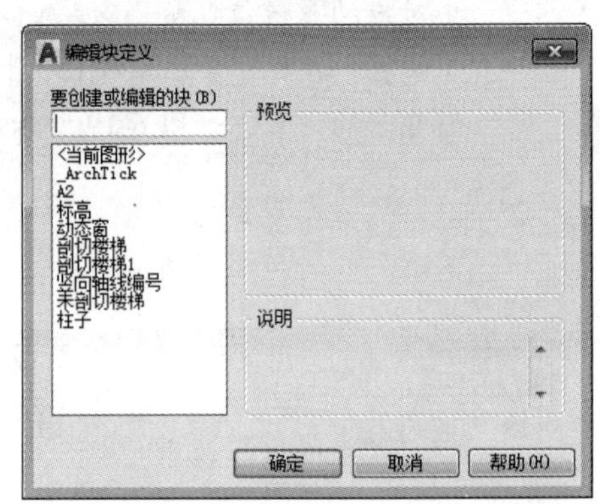

图 6-20　“编辑块定义”对话框

在“要创建或编辑的块”列表框中可以选择已经定义的块，也可以选择当前图形创建的新动态块，如果选择“<当前图形>”选项，当前图形将在块编辑器中打开。在图形中添加动态元素后，可以保存图形并将其作为动态块参照插入到另一个图形中。同时用户可以在“预览”框查看选择的块，“说明”框将显示关于该块的一些信息。

单击“编辑块定义”对话框中的“确定”按钮，进入“块编辑器”选项卡，如图 6-21 所示。“块编辑器”由“打开/保存”面板、“几何”面板、“标注”面板、“管理”面板、“操作参数”面板、“可见性”面板、“块编写选项板”以及块的编写区域组成。

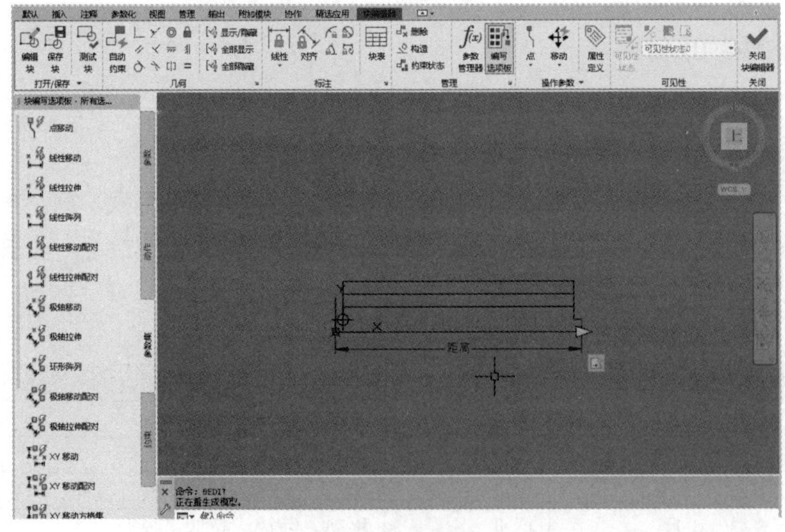

图 6-21　块编辑器

各功能区面板主要提供了各种创建动态块以及设置可见性状态的工具，“块编写选项板”中包含“参数”“动作”“参数集”和“约束”4 个选项卡，具体如下：

- “参数”选项卡：向块编辑器中的动态块添加参数。动态块的参数包括点参数、线性参数、极轴参数、XY 参数、旋转参数、对齐参数、翻转参数、可见性参数、查询参数和基点参数，如图 6-22 所示。
- “动作”选项卡：向块编辑器中的动态块添加动作。动态块的动作包括移动动作、缩放动作、拉伸动作、极轴拉伸动作、旋转动作、翻转动作、阵列动作和查询动作，如图 6-23 所示。
- “参数集”选项卡：用于在块编辑器中向动态块定义中添加一个参数和至少一个动作的工具，是创建动态块的一种快捷方式，如图 6-24 所示。
- “约束”选项卡：用于在块编辑器中向动态块定义添加几何约束或标注约束，如图 6-25 所示。

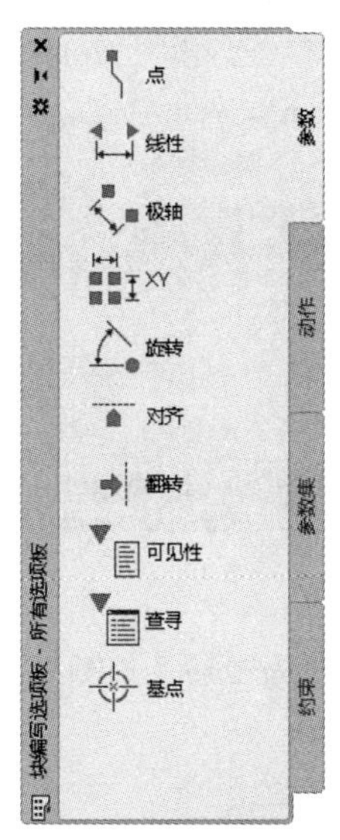

图 6-22 “参数”选项卡

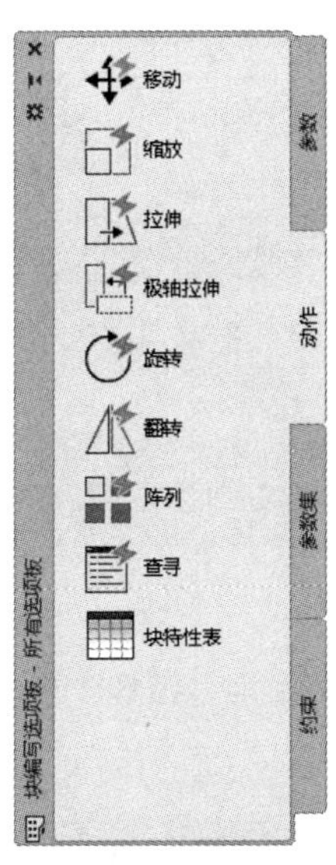

图 6-23 “动作”选项卡

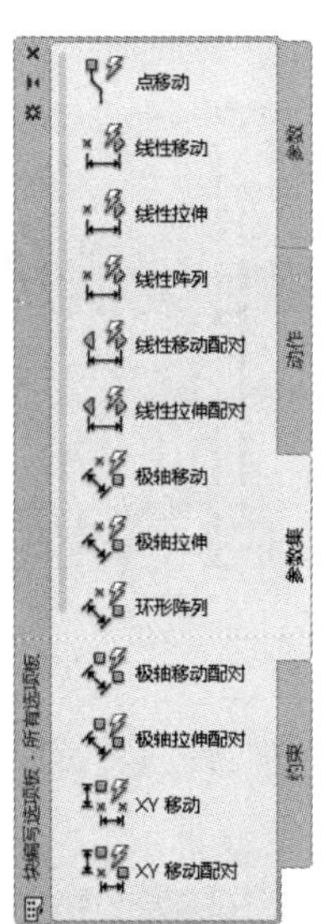

图 6-24 “参数集”选项卡

图 6-25 “约束”选项卡

编写区域类似于绘图区域，可以在编写区域进行缩放操作，可以给要编写的块添加参数和动作。在“块编写选项板”的“参数”选项卡上选择添加给块的参数，出现感叹号图标，表示该参数还没有相关联的动作。然后在“动作”选项卡上选择相应的动作，命令行会提示选择参数，选择参数后，再选择动作对象，最后设置动作位置，以“动作图标+闪电符号”标记。动作不同其操作均不相同，动作图标也不同。

6.3.3 动态块创建实例

上面两节讲述了图块与动态块的相关知识，下面通过具体的实例学习参数、动作的添加技能，以制作动态块。

具体操作步骤如下：

步骤 01 单击“默认”选项卡|“绘图”面板上的“矩形”按钮，绘制 700×40 的矩形作为门。

步骤 02 在命令行中输入 ARC 后按 Enter 键，执行“圆弧”命令，绘制门开启的方向。命令行提示如下：

```
命令: _arc
指定圆弧的起点或 [圆心(C)]:                          //捕捉矩形右上角点
指定圆弧的第二个点或 [圆心(C)/端点(E)]:               //C Enter
指定圆弧的圆心:                                      //捕捉矩形右下角点
指定圆弧的端点(按住 Ctrl 键以切换方向)或 [角度(A)/弦长(L)]:  //A Enter
指定夹角(按住 Ctrl 键以切换方向):                     //90 Enter，绘制结果如图 6-26 所示
```

步骤 03 单击“默认”选项卡|“块”面板上的“创建”按钮，弹出“块定义”对话框，设置如图 6-27 所示的参数，基点为矩形的右下角点。

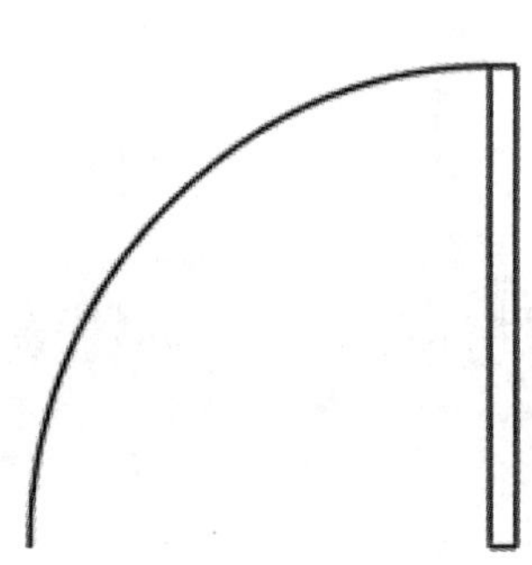

图 6-26 绘制平面门

图 6-27 创建门图块

步骤 04 选中“在块编辑器中打开”复选框，单击“确定”按钮，进入动态块编辑器，如图 6-28 所示。

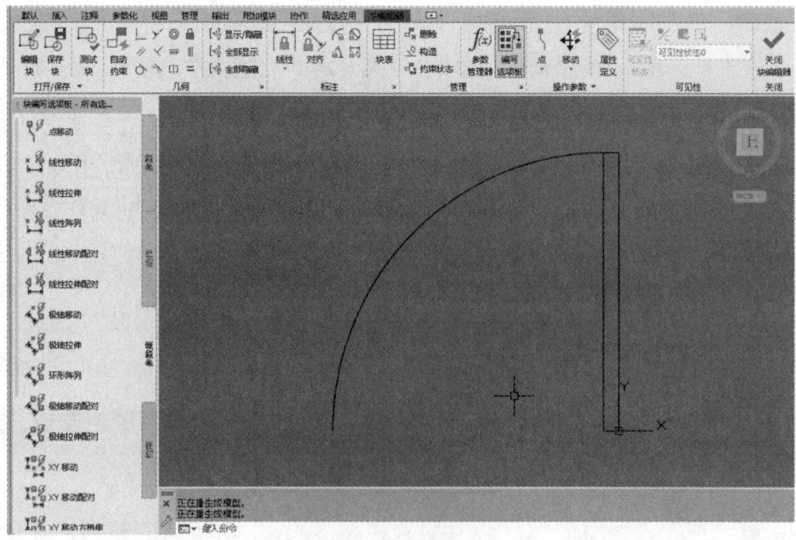

图 6-28 块编辑器

步骤 05 在块编写选项板中单击“参数集”选项卡，选择旋转集选项，添加旋转参数。命令行提示如下：

```
命令：_BParameter 旋转
指定基点或 [名称(N)/标签(L)/链(C)/说明(D)/选项板(P)/值集(V)]://基点为矩形的左下角点
指定参数半径://参数半径为下边上一点，配合极轴追踪功能，如图 6-29 所示
指定默认旋转角度或 [基准角度(B)] <0>:
//按 Enter 键，默认角度为 0°，添加旋转参数效果如图 6-30 所示
```

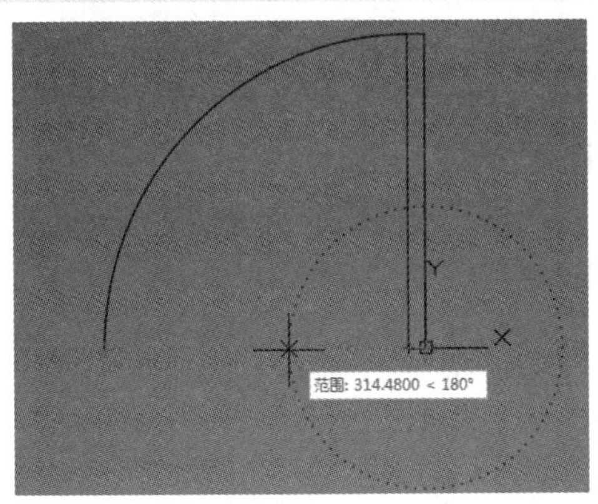

图 6-29 指定旋转半径

图 6-30 创建旋转参数

步骤 06 将光标移动到 上右击，在弹出的快捷菜单中选择“动作选择集”|“新建选择集”命令，如图 6-31 所示，命令行提示如下：

```
命令：_bactionset
指定动作的选择集
选择对象：_n
*无效选择*
需要点或窗口(W)/上一个(L)/窗交(C)/框(BOX)/全部(ALL)/栏选(F)/圈围(WP)/圈交(CP)/编组(G)/添加(A)/删除(R)/多个(M)/前一个(P)/放弃(U)/自动(AU)/单个(SI)
选择对象://使用交叉窗口法选择所有的图形对象，如图 6-32 所示
选择对象://按 Enter 键，完成旋转动作的创建
```

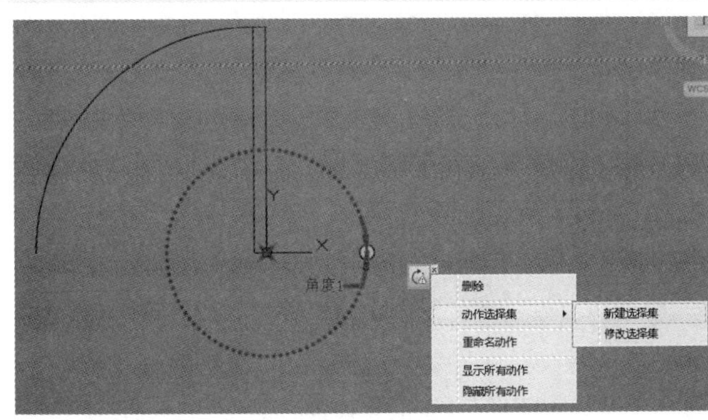

图 6-31 快捷菜单

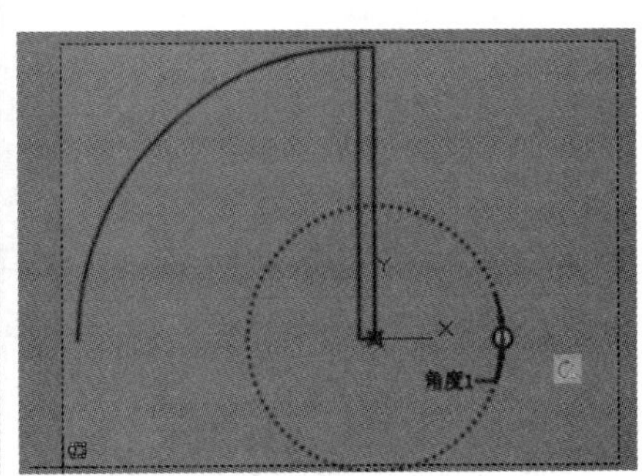

图 6-32 添加动作

步骤 07 选择“距离 1”线性参数右击，在弹出的快捷菜单中选择“特性”命令，弹出如图 6-33 所示的“特性”选项板，拖动到“值集”卷展栏，在“角度类型”下拉列表中选择“列

表”选项，如图 6-34 所示。

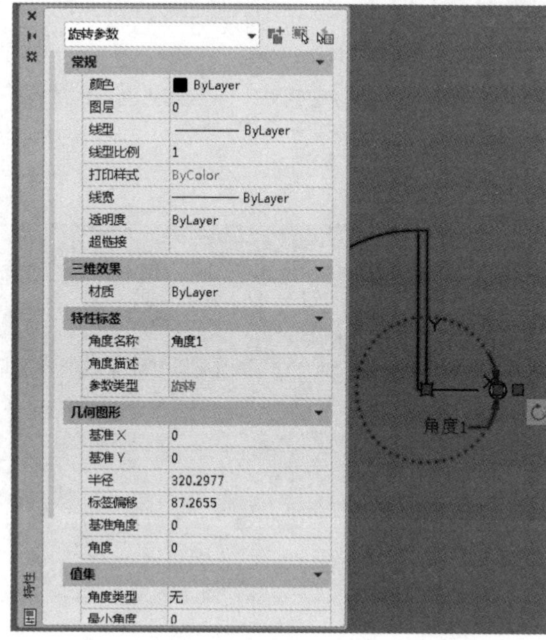

图 6-33　角度参数“特性”选项板

图 6-34　设置“角度类型”

步骤 08 单击“角度值列表”右侧的按钮，弹出“添加角度值”对话框，在“要添加的角度”文本框中输入角度值，单击“添加”按钮，添加到列表框中，如图 6-35 所示，单击“确定”按钮，完成角度参数的设置，结果如图 6-36 所示。

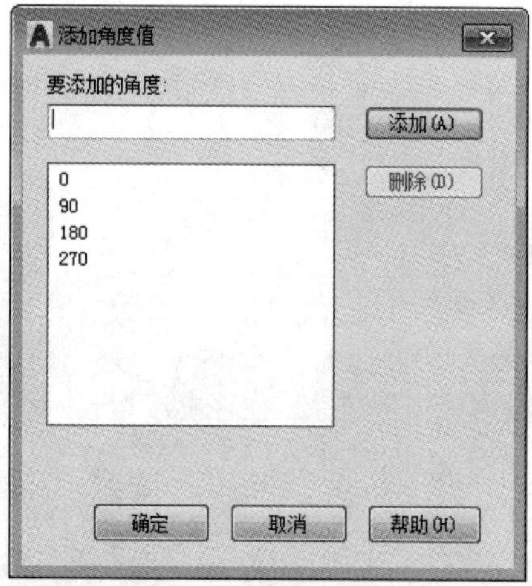

图 6-35　添加角度值

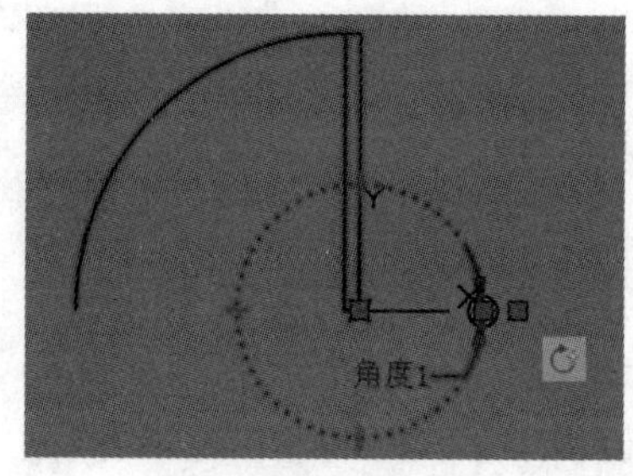

图 6-36　最终效果

步骤 09 单击“保存块定义”按钮，单击“关闭编辑器”按钮关闭块编辑器(C)关闭动态块编辑器，完成后的平面门动态块夹点效果如图 6-37 所示。

步骤 10 单击平面门右侧的圆形夹点，向上移动光标，则平面门图块动态旋转 90°，如图 6-38 所示。

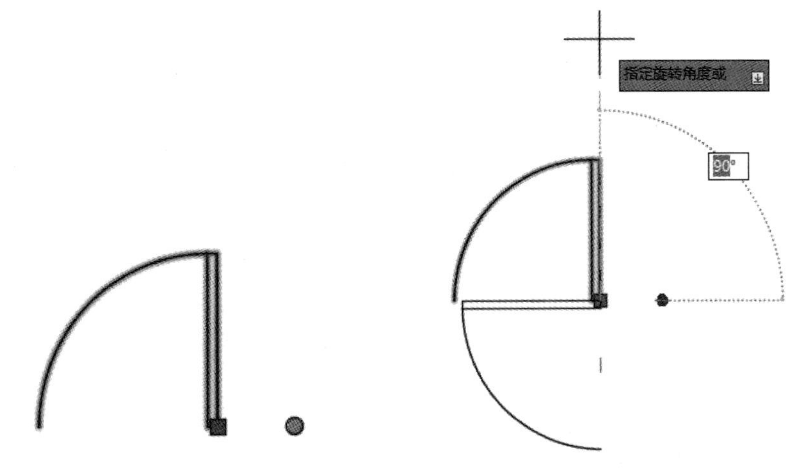

图 6-37　平面门动态块夹点效果　　　　图 6-38　动态旋转 90°

步骤 11 向左移动光标，则平面门图块动态旋转 180°，如图 6-39 所示；向下移动光标，则平面门动态旋转 270°，如图 6-40 所示。

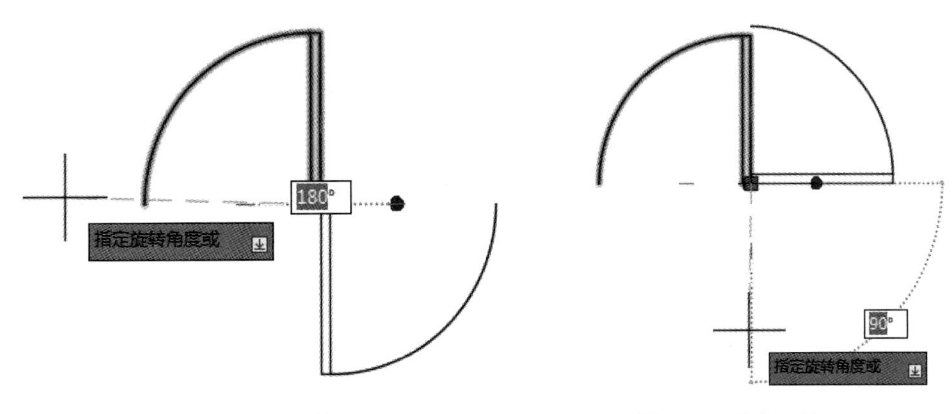

图 6-39　动态旋转 180°　　　　图 6-40　动态旋转 270°

6.4　使用 AutoCAD 设计中心

对于一个比较复杂的设计工程来说，图形数量多、类型复杂，往往由多个设计人员共同完成，因此对图形的管理显得十分重要，这时可以使用 AutoCAD 的设计中心来管理图形设计资源。

AutoCAD 设计中心为用户提供了一个直观高效的工具，它与 Windows 资源管理器类似。利用此设计中心，不仅可以浏览、查找、预览和管理 AutoCAD 图形、块、外部参照及光栅图形等不同的资源文件，而且还可以通过简单的拖动缩放操作，将位于本地计算机、局域网或国际互联网上的块、图层和外部参照等内容插入到当前图形中。如果打开多个图形文件，在多个文件之间也可以通过简单的拖放操作实现图形的插入。所插入的内容除了包含图形本身之外，还包含图层定义、线型及字体等内容。从而使已有资源得到再利用和共享，提高了图形管理和图形设计的效率。

利用 AutoCAD 设计中心，可以完成如下操作：

- 创建对频繁访问的图形、文件夹和 Web 站点的快捷方式。
- 根据不同的查询条件在本地计算机和网络上查找图形文件，找到后可以将它们直接加载到绘图区域或设计中心。
- 浏览不同的图形文件，包括当前打开的图形和 Web 站点上的图形库。
- 观看块、图层和其他图形文件的定义，并将这些图形定义插入到当前图形文件中。
- 通过控制显示方式控制设计中心控制板的显示效果，还可以在控制板中显示与图形文件相关的描述信息和预览图像。

6.4.1 打开设计中心

在功能区单击“视图”选项卡|“选项板”面板上的“设计中心”按钮，或在命令行输入 ADCENTER 后按 Enter 键，或者按 Ctrl+2 组合键，都可以执行“设计中心”命令，打开“设计中心”选项板，如图 6-41 所示。

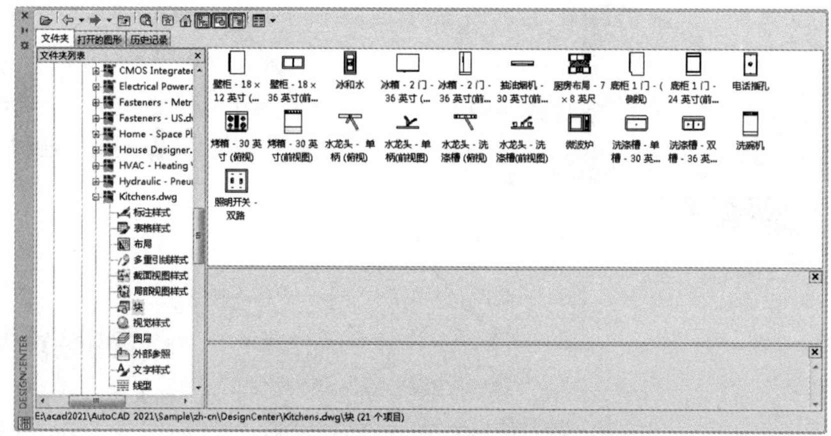

图 6-41 “设计中心”选项板

6.4.2 观察图形信息

AutoCAD 设计中心窗口包含一组工具按钮和选项卡，利用它们可以选择和观察设计中心中的图形。各选项卡和按钮功能如下：

- “文件夹”选项卡：显示设计中心的资源，用户可以将设计中心的内容设置为本计算机的桌面，或者本地计算机的资源信息，也可以是网上邻居的信息。
- “打开的图形”选项卡：显示在当前 AutoCAD 环境中打开的所有图形，其中包括最小化的图形。单击某个文件图标，可以看到该图形的相关设置，如图层、线型、文字样式、块和尺寸样式等，如图 6-42 所示。

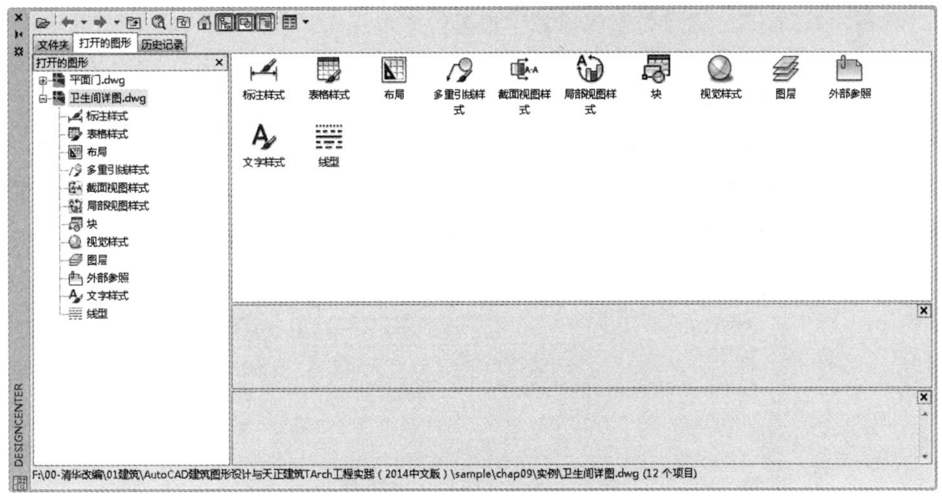

图 6-42 “打开的图形”选项卡

- “历史记录”选项卡：显示用户最近访问过的文件，包括这些文件的完整路径，如图 6-43 所示。

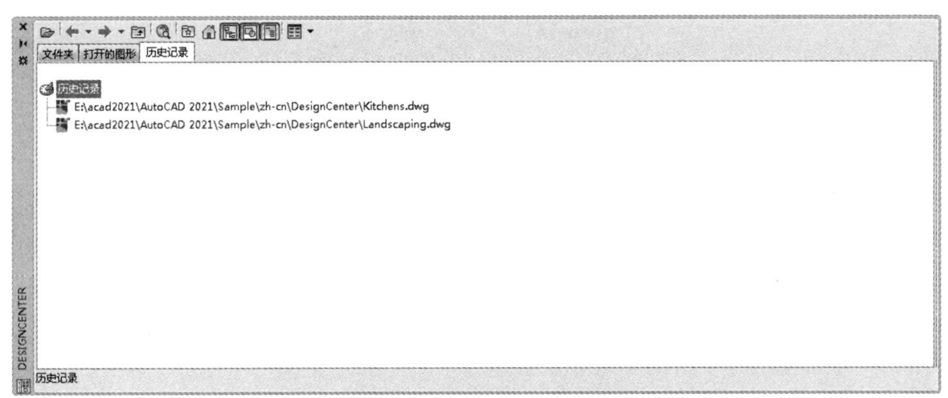

图 6-43 “历史记录”选项卡

- “树状图切换”按钮：单击该按钮，可以显示或隐藏树状视图。
- “收藏夹”按钮：单击该按钮，可以在“文件夹列表”中显示 Favorites/Autodesk 文件夹中的内容，同时在树状视图中反向显示该文件夹。可以通过收藏夹来标记存放在本地磁盘、网络驱动器或 Internet 网页上常用的文件。
- “加载”按钮：单击该按钮，打开“加载”对话框，利用该对话框可以从 Windows 的桌面、收藏夹或通过 Internet 加载图形文件。
- “预览”按钮：单击该按钮，可以打开或关闭预览窗格，以确定是否显示预览图像。打开预览窗格后，单击控制板中的图形文件，如果该图形文件包含预览图形，则在预览窗格中显示该图像。如果选择的图形中不包含预览图像，则预览窗格为空。
- “说明”按钮：打开或关闭说明窗格，以确定是否显示说明内容。打开说明窗格后，单击控制板中的图形文件，如果该图形文件包含有文字描述信息，则在说明窗格中显示出图形文件的文字描述信息。如果图形文件没有文字描述信息，则说明窗格为空。

- “视图”按钮：确定控制板所显示内容的显示格式。单击该按钮，将弹出一个快捷菜单，从中选择显示内容的显示格式。
- “搜索”按钮：快速查找对象。单击该按钮，打开“搜索”对话框，可以在该对话框中快速查找如图形、块、图层及尺寸样式等图形内容，如图 6-44 所示。

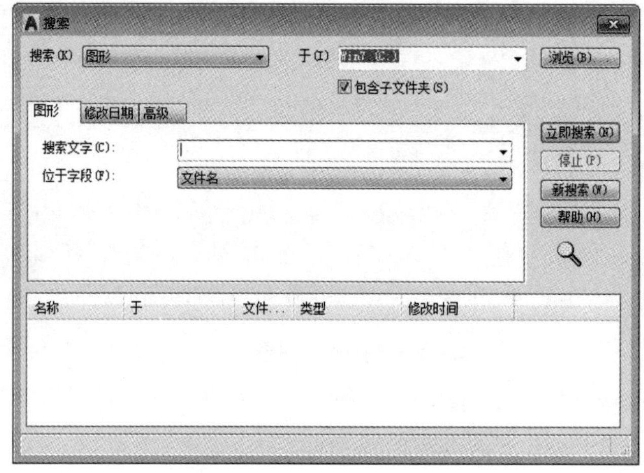

图 6-44 “搜索”对话框

6.4.3 在文档中插入设计中心内容

利用 AutoCAD 设计中心，可以方便地在当前图形中插入块，引用光栅图形及外部参照，在图形之间复制块、图层、线型、文字样式、标注样式及用户定义的内容等。

1. 插入块

AutoCAD 2021 提供了两种插入块的方法：一种是插入时自动换算插入比例；另一种是插入时确定插入点、插入比例和旋转角度。

如果采用第一种方法，可以从设计中心窗口中选择要插入的块，并拖到绘图窗口，移到插入位置时释放鼠标，即可以实现块的插入。系统将按 “选项”对话框的“用户系统配置”选项卡中确定的单位，自动转换插入比例。

如果采用第二种方法，可以在设计中心窗口中选择要插入的块，然后用鼠标右键将该块拖到绘图窗口后释放，将弹出一个快捷菜单，选择“插入块”命令。打开“插入块”对话框，可以利用插入块的方法，确定插入点、插入比例及旋转角度。

2. 引用外部参照

从 AutoCAD 设计中心选项板中选择外部参照，用鼠标右键将其拖到绘图窗口后释放，将弹出一个快捷菜单，选择“附着为外部参照”子命令，打开“外部参照”对话框，可以在其中确定插入点、插入比例及旋转角度。

3. 在图形中复制图层及图层上的对象

在绘图过程中，一般将具有相同特征的对象放在同一个图层上。利用 AutoCAD 设计中心，将图形文件中的图层复制到新的图形文件中。这样，一方面节省了时间，另一方面也保持了不同图形文件结构的一致性。

在 AutoCAD 设计中心选项板中，选择一个或多个图层，然后将它们拖到打开的图形文件后，释放鼠标左键，即可以将图层从一个图形文件复制到另一个图形文件。

6.5 块操作实例

1. 创建块操作实例

【例 6-1】在 AutoCAD 2021 中，将如图 6-45 所示的普通阀门符号定义成块。

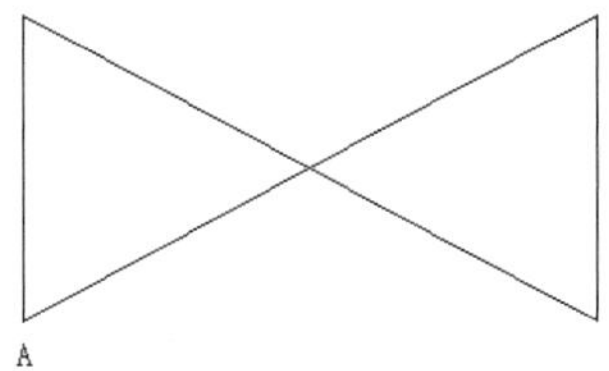

图 6-45 普通阀门

步骤 01 打开“sample\chap06\素材 01.dwg”，然后单击“默认”选项卡|“绘图”面板上的 “多段线”按钮，绘制普通阀门。命令行提示如下：

```
命令: _PLINE
指定起点:100,100
当前线宽为 0.0000
指定下一个点或 [圆弧(A)/半宽(H)/长度(L)/放弃(U)/宽度(W)]:200,150
指定下一点或 [圆弧(A)/闭合(C)/半宽(H)/长度(L)/放弃(U)/宽度(W)]:200,100
指定下一点或 [圆弧(A)/闭合(C)/半宽(H)/长度(L)/放弃(U)/宽度(W)]:100,150
指定下一点或 [圆弧(A)/闭合(C)/半宽(H)/长度(L)/放弃(U)/宽度(W)]:100,100
指定下一点或 [圆弧(A)/闭合(C)/半宽(H)/长度(L)/放弃(U)/宽度(W)]://按 Enter 键结束命
令，绘制效果如图 6-45 所示
```

步骤 02 单击“默认”选项卡|“块”面板上的“创建”按钮，打开“块定义”对话框，在“名称”文本框中输入块的名字，如“普通阀门”。

步骤 03 在“块定义”对话框中的“基点”选项组中单击“拾取点”按钮，切换到绘图区域，然后捕捉阀门中间的交点，确定基点位置，返回到“块定义”对话框。

步骤 04 在“对象”选项组中选中“保留”单选按钮，再单击“选择对象”按钮，切换到绘图窗口，使用窗口选择方法选择所有图形，然后按 Enter 键返回“块定义”对话框。

步骤 05 在“块单位”下拉列表框中选择“毫米”选项，将单位设置为毫米。

步骤 06 在“说明”文本框中输入对图块的说明，如“普通阀门”，各参数如图 6-46 所示。

图 6-46　在“说明”文本框中输入对图块的说明

步骤 07 设置完毕，单击“确定”按钮保存设置。

2. 插入块操作实例

【例 6-2】在如图 6-47 所示的图形中的 B 点处插入【例 6-1】中定义的块，并设置缩放比例为 60%。

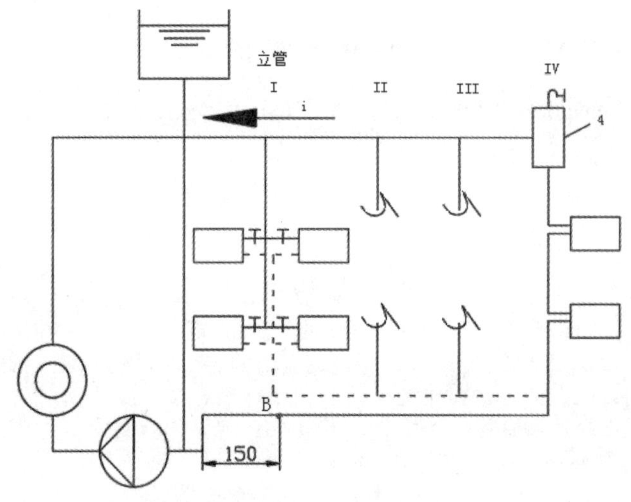

图 6-47　插入块最终效果

步骤 01 继续上例操作。单击“默认”选项卡|“块”面板上的“插入块”按钮，或在命令行输入 I 后按 Enter 键，打开“块”选项板。

步骤 02 在“当前图层”选项卡中选择“普通阀门”。

步骤 03 在“插入选项”选项组中勾选“插入点”复选框，设置统一比例为 0.6，如图 6-48 所示。

步骤 04 在“块”选项板中单击“普通阀门”图块，然后返回绘图区在命令行“指定插入点或 [基点(B)/比例(S)/X/Y/Z/旋转(R)]:”提示下，右击选择“自”命令，如图 6-49 所示。

步骤 05 在命令行“_from 基点:”提示下捕捉如图 6-50 所示的端点作为偏移的基点。

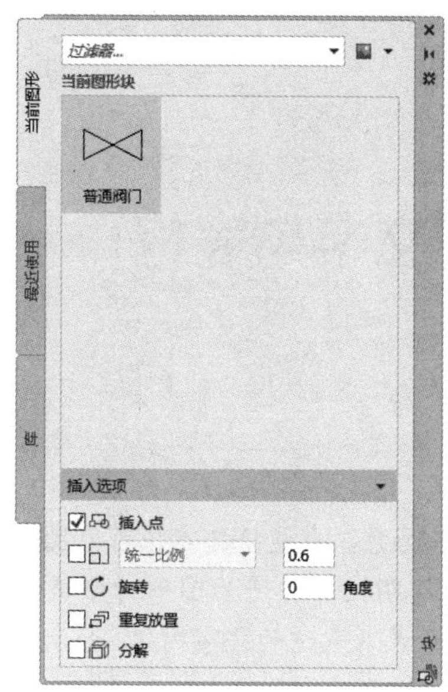

图 6-48 设置插入参数

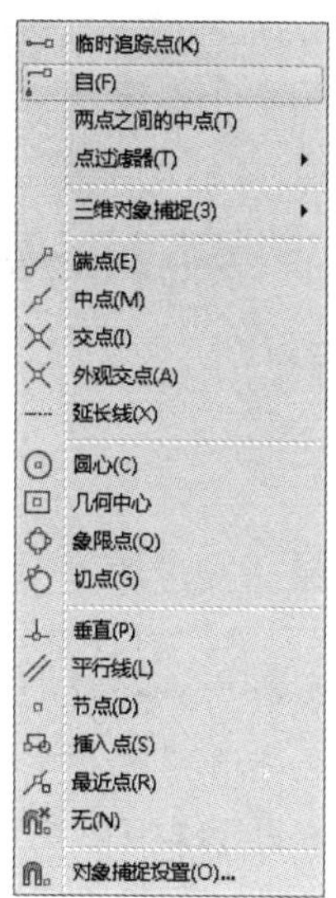

图 6-49 选择“自”选项

步骤 06 在命令行“<偏移>:”提示下，输入插入点坐标（@150，0），插入结果如图 6-51 所示。

步骤 07 单击“快速访问”工具栏上的按钮，将图形存盘。

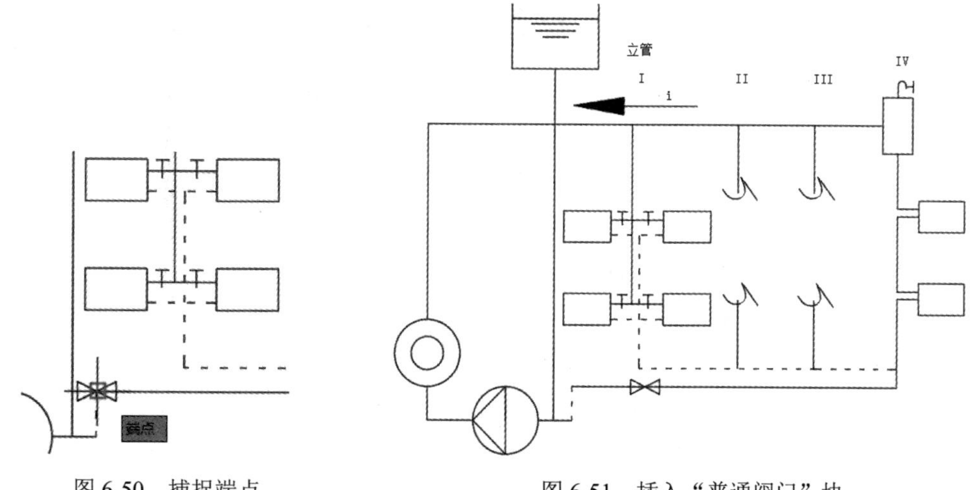

图 6-50 捕捉端点

图 6-51 插入“普通阀门”块

6.6 本章小结

本章主要介绍了块的创建和编辑、外部参照和使用 AutoCAD 设计中心等内容，其中块的创建和插入为重点。掌握了块的创建和插入，可以使用户在绘图过程中提高绘图速度、节省存储空间以及便于修改图形，并且还能够为块添加属性。

本章 6.5 节的两个例子分别介绍了块的创建和插入，通过认真学习、仔细体会，可以掌握块操作的方法。

第 7 章 给排水设计中的文字与表格

导言

文字对象是 AutoCAD 图形中很重要的图形元素，也是给排水工程制图中不可缺少的组成部分。文字除了可对实际工程进行必要的说明之外，还为图形对象提供了说明和注释。而表格常用于工程制图中各类需要以表的形式来表达的文字内容。AutoCAD 为用户提供了单行文字、多行文字和表格功能，可以方便快速地创建文字和表格。

本章主要介绍文字样式的创建、各类文字的创建以及表格的创建，通过本章的学习，可以掌握一定要求下的文字创建方法和表格创建方法。

7.1 创建文字样式

在 AutoCAD 2021 中，用户要创建文字，最好先设置文字样式，这样可以避免在输入文字时设置文字的字体、字高、角度等参数。用户设置好文字样式后，使创建的文字内容套用当前的文字样式，即可创建文字。

在 AutoCAD 2021 中，所有文字都有与之相关联的文字样式。在创建文字注释和尺寸标注时，AutoCAD 通常使用当前的文字样式。

在功能区“默认”选项卡|“注释”面板上单击“文字样式”按钮，或在命令行输入 STYLE 或 ST 后按 Enter 键，都可以执行“文字样式”命令，打开“文字样式”对话框，如图 7-1 所示。

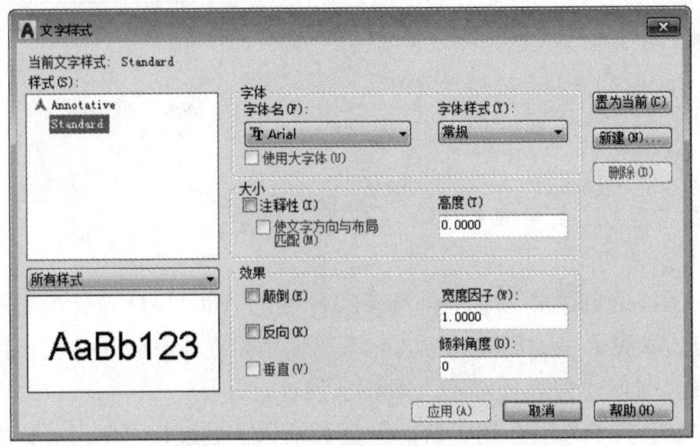

图 7-1 “文字样式”对话框

在“文字样式”对话框中，可以修改或创建文字样式，包括“样式”“字体”“文字效果”等。

7.1.1 设置样式名

图 7-2 “新建文字样式”对话框

在“文字样式”对话框中单击“新建”按钮，打开“新建文字样式”对话框，如图 7-2 所示。在对话框的“样式名”文本框中输入样式名称，单击“确定”按钮即可创建一种新的文字样式。

此外，在“样式列表过滤器”下拉列表框中，提供了“所有样式”和“当前使用的样式”两个选项。选择不同的选项，显示在“样式”列表中的文字样式也不相同。当选择“所有样式”时，列表包括已定义的样式名并默认显示当前样式。若要更改当前样式，可以从列表中选择另一种样式或创建新样式，而后单击“置为当前”按钮即可。“样式”列表中默认存在 Annotative 和 Standard 两种文字样式。

7.1.2 设置字体样式

在“文字样式”对话框中的“字体”选项组中，用户可以设置文字样式使用的字体等属性。其中“字体名”下拉列表框用于选择字体；“字体样式”下拉列表框用于选择字体格式。

字体文件分为两种：一种是普通字体文件，即 Windows 系列应用软件所提供的字体文件，为 TrueType 类型的字体；另一种是 AutoCAD 特有的字体文件，被称为大字体文件。当勾选“使用大字体”复选框时，“字体”选项组才出现“SHX 字体”和“大字体”两个下拉列表框。

用户可以根据自己绘图所用到的字体来选择适合自己需要的字体。

提 示

使用系统变量 TEXTFILL 和 TEXTQLTY，可以设置是否为所标注的文字进行填充和文字光滑程度。其中，当 TEXTFILL 的值为 0 时，不填充；TEXTFILL 的值为 1 时，进行填充。TEXTQLTY 取值范围是 0~100，默认值为 50；TEXTQLTY 的值越大文字越光滑，图形输出的时间越长。

7.1.3 设置字体大小

在“文字样式”对话框中的“大小”选项组中，可以设置文字的大小，即文字高度。各选项的功能如下：

- “注释性”复选框：选择该复选框后，创建的文字为注释性文字，此时“使文字方向与布局匹配”复选框可选。
- “使文字方向与布局匹配”复选框：指定图纸空间视口中的文字方向是否与布局方向匹配。
- “高度”文本框：设置标注文字的高度，默认值为 0.0000。如果将文字高度设为 0，在使用 TEXT 命令标注文字时，命令行将提示“指定高度:”信息，要求指定文字的高度；如果在“高度”文本框中输入了文字高度，AutoCAD 将按此高度值标注文字，而不再提示指定高度。

7.1.4 设置文字效果

在“文字样式”对话框中的“效果”选项组中，可以设置文字的显示效果，包括“颠倒”“反向”“垂直”“宽度因子”和“倾斜角度”等选项，各选项功能如下：

- “颠倒”复选框：设置是否将文字倒过来书写。
- “反向”复选框：设置是否将文字反向书写。
- “垂直”复选框：设置是否将文字垂直书写，但该效果对汉字字体无效。
- “宽度因子”文本框：设置文字字符的高度和宽度之比。当宽度因子为 1 时，系统按定义的高宽比书写文字；当宽度因子小于 1 时，文字字符会变窄；当宽度因子大于 1 时，文字字符会变宽。
- “倾斜角度”文本框：设置文字的倾斜角度。角度为 0° 时，文字不倾斜；角度为正值时，文字向右倾斜；角度为负值时，文字向左倾斜。

如图 7-3 所示为各种效果的文字。

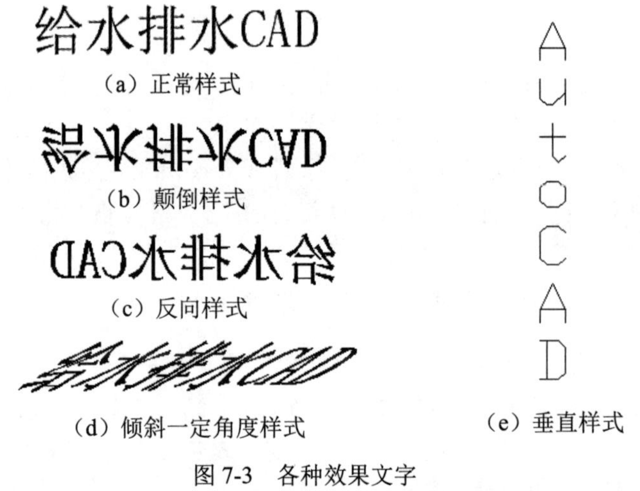

图 7-3　各种效果文字

7.2　创建与编辑单行文字

在绘图过程中，经常要输入一些较短的文字来注释对象，如图名等。当输入的文字只采用一种字体和文字样式时，就可以使用“单行文字”命令来标注文字。

在 AutoCAD 2021 中，系统提供了 2 个命令 TEXT 和 DTEXT，二者都可以在图形中添加单行文字对象。

对于多行文字来说，每一行都是一个文字对象，可以创建文字内容比较简短的文字对象，并且可以单独编辑。此外，还可以使用功能区中的“注释”选项卡下的“文字”面板，如图 7-4 所示。

图 7-4 “文字”工具栏

7.2.1 创建单行文字

在命令行输入 TEXT 或 DTEXT 后按 Enter 键，或者在功能区中单击“注释”选项卡|“文字”面板上的“单行文字”按钮A，或者单击“默认”选项卡|“注释”面板上的“单行文字”按钮A，都可执行“单行文字”命令。

单击“文字”面板|“单行文字”按钮A，命令行提示如下：

```
命令：_text
当前文字样式：“Standard” 文字高度：3 注释性：否 对正：左
指定文字的起点或 [对正(J)/样式(S)]：//指定文字起点
指定文字的旋转角度 <0>:                //输入文字的旋转角度，按 Enter 键，绘图区域出现单行
文字动态输入框，只需在其中输入文字即可，如图 7-5 所示
```

给水排水

图 7-5 单行文字动态输入框

命令行中各选项的功能如下：

- “指定文字的起点”选项：此选项为默认项，默认情况下通过指定单行文字行基线的起点位置来创建文字。AutoCAD 2021 为文字行定义了顶线、中线、基线和底线 4 条线，用于确定文字行的位置，如图 7-6 所示。
- “对正”选项：确定标注文字的排列方式及排列方向，并设置创建单行文字时的对齐方式。选择此选项，命令行提示信息如下：

```
输入选项 [左(L)/居中(C)/右(R)/对齐(A)/中间(M)/布满(F)/左上(TL)/中上(TC)/右上(TR)/
左中(ML)/正中(MC)/右中(MR)/左下(BL)/中下(BC)/右下(BR)]： //根据需要选择其中一种
```

AutoCAD 2021 为文字提供了多种对正方式，如图 7-7 所示。

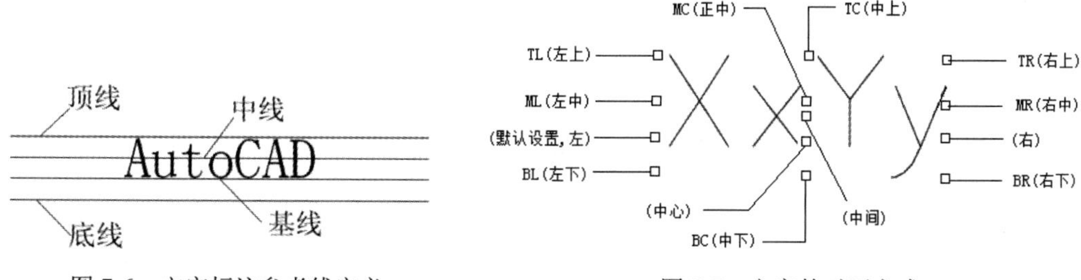

图 7-6 文字标注参考线定义

图 7-7 文字的对正方式

- “样式”选项：用于选择文字样式。选择该选项，命令行提示如下：

输入样式名或 [?] <Standard>：//可以直接输入文字样式名称，也可以输入“？”，在“AutoCAD 文本窗口”中显示当前图形已有的文字样式，如图 7-8 所示

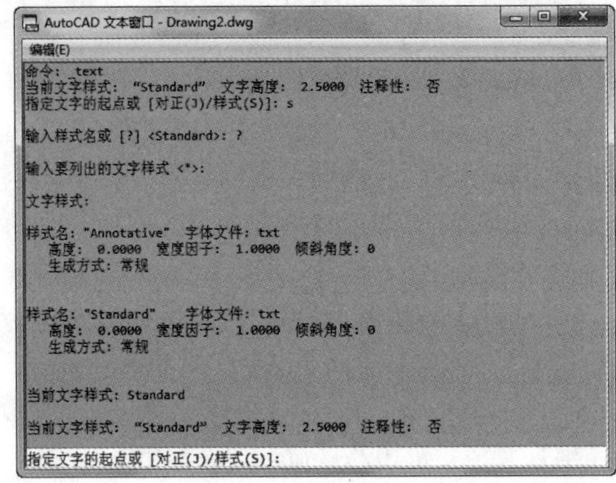

图 7-8 在“AutoCAD 文本窗口”中显示当前图形已有的文字样式

在输入文字的过程中，可以随时改变文字的位置。如果想改变后面输入的文字位置，可先将光标移到新位置并按拾取键，原标注行结束，标志出现在新确定的位置后，可以在此继续输入文字。但在标注文字时，不论采用哪种文字排列方式，输入文字时在屏幕上显示的文字都是按左对齐的方式排列，直到结束 TEXT 命令后，才按指定的排列方式重新生成。

7.2.2 编辑单行文字

在创建好单行文字样式后，可以在绘图区域中输入单行文字。如果觉得前面设置的单行文字样式不好，还可以通过“编辑单行文字”命令来修改文字样式。

编辑单行文字包括文字的内容、对正方式及缩放比例。选择“修改”|“对象”|“文字”子菜单中的命令进行设置，如图 7-9 所示，或者右击需要编辑的文字对象，选择快捷菜单上的“特性”命令，在打开的“特性”选项板中对文字进行编辑，或者在功能区“注释”如选项卡|“文字”面板上进行编辑选择文字的字体样式、高度、图层等内容。

另外，如果仅仅是编辑文字的内容，可以在需要编辑的文字对象上双击，也可以在命令行输入 ED 后按 Enter 键，对文字内容进行修改。

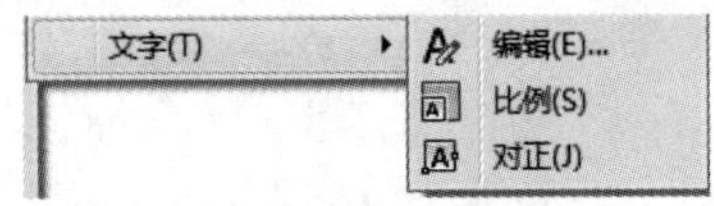

图 7-9 “文字”子菜单命令

各子菜单的命令功能如下：

- “编辑”命令：选择该命令，然后在绘图窗口中单击需要编辑的单行文字，进入文字编辑状态，可以重新输入文本内容。

- “比例”命令：选择该命令，然后在绘图窗口中单击需要编辑的单行文字，命令行提示如下：

```
命令: _scaletext 找到 1 个
输入缩放的基点选项
[现有(E)/左对齐(L)/居中(C)/中间(M)/右对齐(R)/左上(TL)/中上(TC)/右上(TR)/左中(ML)/正中(MC)/右中(MR)/左下(BL)/中下(BC)/右下(BR)] <现有>:    //选择缩放的基点选项
指定新模型高度或 [图纸高度(P)/匹配对象(M)/比例因子(S)] <100>://输入“新模型高度”值或选择匹配对象或比例因子
```

- “对正”命令：选择该命令，然后在绘图窗口中单击需要编辑的单行文字，可以重新设置文字的对正方式，命令行提示如下：

```
命令: _justifytext
选择对象:        //选择需要修改的文字
选择对象:        //Enter，结束选择
输入对正选项[左对齐(L)/对齐(A)/布满(F)/居中(C)/中间(M)/右对齐(R)/左上(TL)/中上(TC)/右上(TR)/左中(ML)/正中(MC)/右中(MR)/左下(BL)/中下(BC)/右下(BR)] <左对齐>:
//选择文字对正方式
```

7.2.3 使用文字控制符输入特殊字符

用户在实际绘图中，经常需要标注一些特殊的字符。例如，在文字上方或下方添加划线、标注角度数（°）等符号。这些特殊字符不能从键盘上直接输入，因此，AutoCAD 2021 提供了相应的控制符以实现这些标注要求。

AutoCAD 2021 的控制符由两个百分号（%%）及在后面紧接一个字符构成，常用的控制符如表 7-1 所示。

表 7-1 AutoCAD 2021 常用的控制符

代码输入	字 符	说 明
%%%	%	百分号
%%C	ϕ	直径符号
%%P	±	正负公差符号
%%D	°	度
%%O	¯	上划线
%%U	_	下划线

在单行文字动态输入框中输入控制符时，这些控制符会临时显示在屏幕上，当结束文本创建命令时，这些控制符将从屏幕上消失，转换成相应的特殊符号。

7.3 创建与编辑多行文字

“多行文字”命令可以创建单行、多行及段落性文字。此命令创建的文字无论包括多少行、多少段，AutoCAD 都将其作为一个整体进行编辑处理，是一种更易于管理的文字对象。

7.3.1　创建多行文字

在功能区单击“注释”选项卡|“文字”面板上的“多行文字”按钮A，或者单击“默认”选项卡|“注释”面板上的“多行文字”按钮A，或者在命令行输入 MTEXT 后按 Enter 键，都可执行“多行文字”命令。

单击“文字”面板“|多行文字”按钮A，命令行提示如下：

```
命令: _mtext 当前文字样式: "Standard" 文字高度: 90 注释性: 否
指定第一角点: //指定多行文字输入区的第一个角点
指定对角点或 [高度(H)/对正(J)/行距(L)/旋转(R)/样式(S)/宽度(W)/栏(C)]: //指定多行文字输入区的对角点
```

其中“高度（H）”选项用于设置文字框的高度；“对正（J）”选项用来确定文字排列方式，与单行文字类似；“行距（L）”选项用来为多行文字对象制定行与行之间的间距；“旋转（R）”选项用来确定文字倾斜角度；“样式(S)”选项用来确定多行文字采用的字体样式；“宽度(W)”选项用来确定标注文字框的宽度；“栏（C）”选项用于指定多行文字对象的栏设置。

根据命令行的提示拉出矩形框，在功能区中即可展开“文字编辑器”选项卡，如图 7-10 所示，此选项卡面板区包括“样式”“格式”“段落”“插入”“拼写检查”“工具”“选项”及“关闭”8 个功能区面板组成。

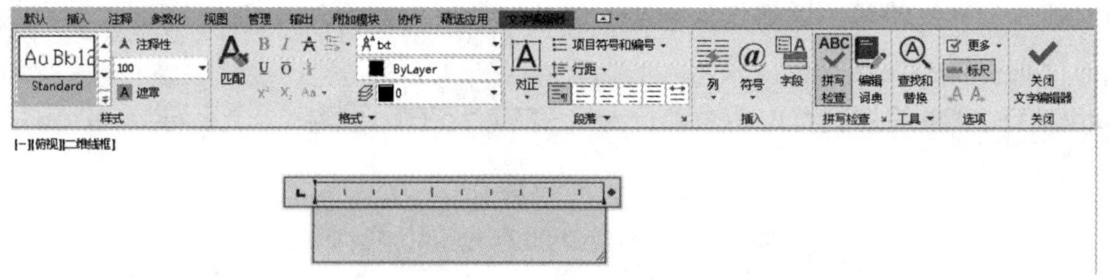

图 7-10　文字编辑器选项卡面板

1. “样式”面板

- “样式”下拉列表：用于设置当前的文字样式。
- 注释性按钮：用于为新建的文字或选定的文字对象设置注释性。
- “文字高度”下拉列表框 2.5：用于设置新字符高度或更改选定文字的高度。
- A 遮罩按钮：用于设置文字的背景遮罩。

2. “格式”面板

- A按钮：用于将选定文字的格式匹配到其他文字上。
- “粗体”按钮 **B**：用于为输入的文字对象或所选定文字对象设置粗体格式。
- “斜体”按钮 *I*：用于为新输入文字对象或所选定文字对象设置斜体格式。这两个选项仅适用于使用 TrueType 字体的字符。
- “删除线”按钮A：用于在需要删除的文字上划线，表示需要删除的内容。
- “下划线”按钮U：用于文字或所选定的文字对象设置下划线格式。
- “上划线”按钮O：用于为文字或所选定的文字对象设置上划线格式。

- “堆叠”按钮：用于为输入的文字或选定的文字设置堆叠格式。文字堆叠，文字中须包含插入符（^）、正向斜杠（/）或磅符号（#），堆叠字符左侧的文字将堆叠在字符右侧的文字之上。默认情况下，包含插入符（^）的文字转换为左对正的公差值；包含正斜杠（/）的文字转换为置中对正的分数值，斜杠被转换为一条与较长的字符串长度相同的水平线；包含磅符号（#）的文字转换为被斜线分开的分数。
- “上标”按钮：用于将选定的文字切换为上标或将上标状态关闭。
- “下标”按钮：用于将选定的文字切换为下标或将下标状态关闭。
- 大写按钮：用于修改英文字符为大写。
- 小写按钮：用于修改英文字符为小写。
- 按钮：用于清除字符及段落中的粗体、斜体或下划线等格式。
- “字体”下拉列表：用于设置当前字体或更改选定文字的字体。
- “颜色”下拉列表：用于设置新文字的颜色或更改选定文字的颜色。
- “文字图层替代”下拉列表：用于为文字对象指定的图层替代当前图层。
- “倾斜角度”按钮 0/ 0：用于修改文字的倾斜角度。
- “追踪”微调按钮 1：用于修改文字间的距离。
- “宽度因子”按钮 1：用于修改文字的宽度比例。

3. “段落”面板

- “对正”按钮：用于设置文字的对正方式。
- 项目符号和编号按钮：用于设置以数字、字母或项目符号等标记，其菜单如图 7-11 所示。
- 行距按钮：用于设置段落文字的行间距。
- 按钮：用于设置段落文字的制表位、缩进量、对齐、间距等。
- “左对齐”按钮：用于设置段落文字为左对齐方式。
- “居中”按钮：用于设置段落文字为居中对齐方式。
- “右对齐”按钮：用于设置段落文字为右对齐方式。
- “对正”按钮：用于设置段落文字为对正方式。
- “分散对齐”按钮：用于设置段落文字为分布排列方式。

4. “插入”面板

- “列”按钮：用于为段落文字分栏排版，如图 7-12 所示。

图 7-11 “项目符号和编号”菜单

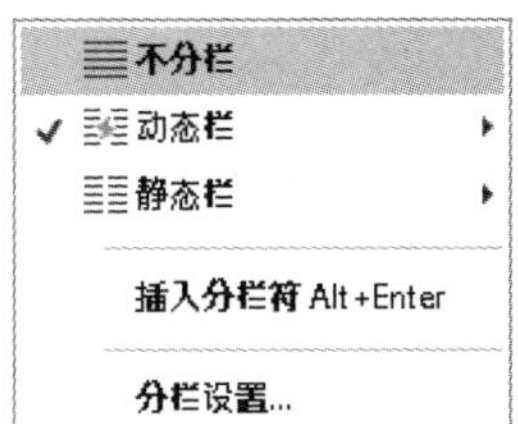

图 7-12 “列”菜单

- “符号”按钮@：用于添加一些特殊符号，其菜单如图 7-13 所示。
- “字段”按钮：用于为段落文字插入一些特殊字段。

5. “拼写检查”面板

主要用于为输入的文字进行拼写检查。

6. “工具”面板

- 按钮：用于搜索指定的文字串并使用新的文字将其替换。
- 输入文字按钮：用于向文本中插入 TXT 格式的文本、样板等文件或插入 RTF 格式的文件。
- 全部大写按钮：用于将新输入的文字或当前选择的文字转换成大写。

7. “选项”面板

- 标尺按钮：用于控制文字输入框顶端标心的开关状态。
- 更多按钮/字符集按钮：用于设置当前字符集。
- 更多按钮/编辑器设置按钮：用于设置显示文字背景色、选定文字的亮显色以及使用功能区面板或工具栏的形式进行创建多行文字。

8. “关闭”面板

用于关闭文字编辑器选项卡面板，结束“多行文字”命令。

如图 7-10（下）所示的文本输入框，位于文字编辑器选项卡面板的下方，主要用于输入和编辑文字对象，它是由标尺和文本框两部分组成。在文本输入框内右击，可弹出如图 7-14 所示的快捷菜单。其大多数选项功能与功能区面板上的各按钮功能相对应，用户也可以直接从此快捷菜单中调用所需工具。

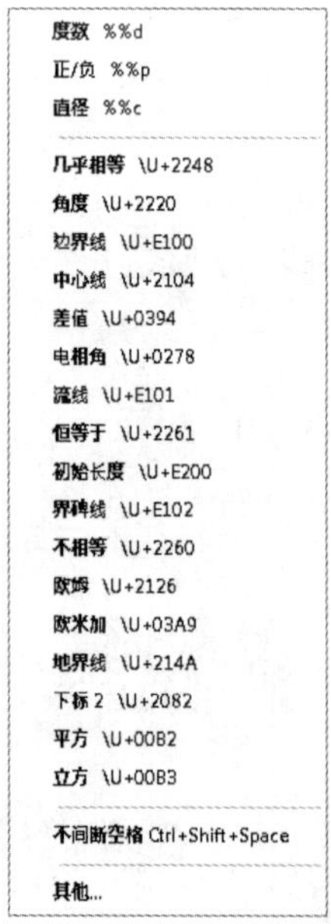

图 7-13 “符号”菜单

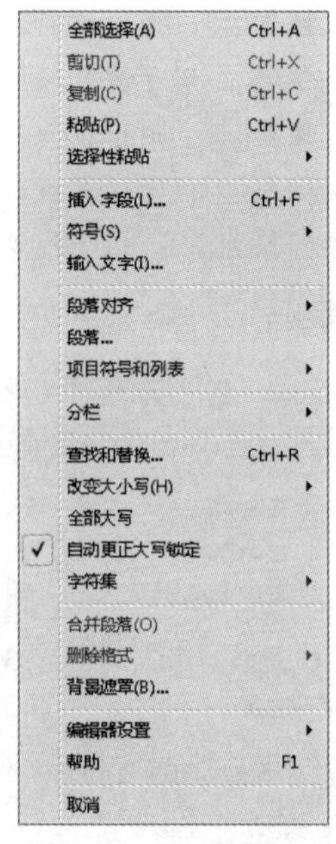

图 7-14 快捷菜单

7.3.2 编辑多行文字

如果需要对创建的多行文字进行修改，可以在命令行中输入 MTEDIT，然后按 Enter 键，或双击需要修改的多行文字，都可以执行编辑文字功能，打开“文字编辑器”选项卡面板，对文字内容、样式以及其他文字属性进行修改。

另外，在命令行输入 DDEDIT 或 ED 后按 Enter 键，也可以对多行文字进行修改，命令行提示如下：

```
命令: DDEDIT TEXTEDIT
当前设置: 编辑模式 = Multiple
选择注释对象或 [放弃(U)/模式(M)]:
```

“模式”选项包括“单个”和“多个”两种模式，其中单个模式只能修改一个文字对象，而在多个模式下可以对多个文字对象进行修改，而不需要重复执行“编辑文字”命令。

7.3.3 拼写检查

在 AutoCAD 2021 中，使用 AutoCAD 提供的拼写检查的命令是 SPELL，用于检查输入文本的正确性。执行该命令时，首先要求选择要检查的文本对象，或者输入 ALL 表示检查所有的文本对象。AutoCAD 可以对块定义中的所有文本对象进行拼写检查。

SPELL 命令可以检查单行文字、多行文字以及属性文字的拼写。当 AutoCAD 怀疑单词出错时，选择“工具”|“拼写检查”命令，打开“拼写检查”对话框，如图 7-15 所示。

在“拼写检查”对话框中单击“设置”按钮，打开“拼写检查设置”对话框，对拼写检查进行设置，如图 7-16 所示。

图 7-15 “拼写检查”对话框

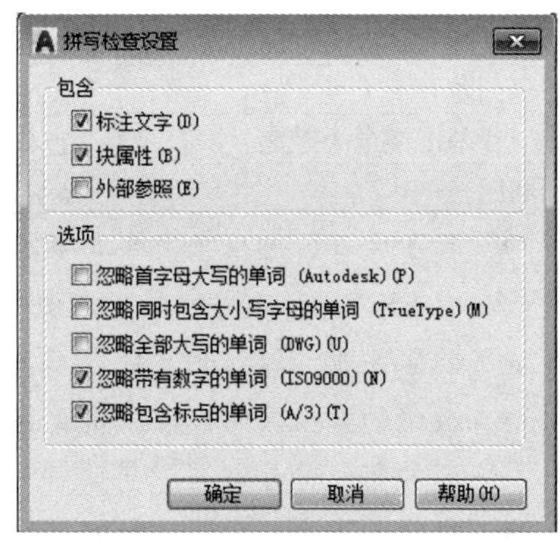

图 7-16 “拼写检查设置”对话框

如果要更正某个字，可以从“建议”列表框中选择一个替换字或直接输入一个字，然后单击“修改”或“全部修改”按钮。要保留某个字不改变，可以单击“忽略”或“全部忽略”按钮。如果用户需要保留某个字不变并且将其添加到自定义的词典中，可以单击“添加”按钮。通过将某些非单词名称（如一些专有名词、产品名称等）添加到用户词典中，来减少不必要的拼写错误提示。还可以单击“词典”按钮，更改用于拼写的词典。

7.3.4 给排水制图中的文字要求

1. 给水排水制图中的文字规定

给排水制图标准遵守《房屋建筑制图统一标准》GB/T 50001-2010，对文字的规定如下：

- 图纸上所需书写的文字、数字或符号等，均应笔画清晰、字体端正、排列整齐，标点符号应清楚正确。
- 文字的字高，如果是中文矢量字体，则应从如下系列中选用：3.5mm、5mm、7mm、10mm、14mm、20mm，如果是 TrueType 字体及非中文矢量字体，则应从如下系列中选用：3mm、4mm、6mm、8mm、10mm、14mm、20mm。如需书写更大的字，其高度应按$\sqrt{2}$的比值递增。
- 图样及说明中的汉字，宜采用长仿宋体，宽度与高度的关系应符合表 7-2 的规定。大标题、图册封面和地形图等的汉字，也可书写成其他字体，但应易于辨认。

表 7-2 长仿宋体字高宽关系（mm）

字　高	20	14	10	7	5	3.5
字　宽	14	10	7	5	3.5	2.5

- 汉字的简化字书写，必须符合国务院公布的《汉字简化方案》和有关规定。
- 拉丁字母、阿拉伯数字与罗马数字的书写与排列应符合表 7-3 的规定。

表 7-3 拉丁字母、阿拉伯数字与罗马数字的书写规则

书写格式	一般字体	窄 字 体
大写字母高度	h	h
小写字母高度	7/10h	10/14h
小写字母伸出的头部或尾部	3/10h	4/14h
笔画宽度	1/10h	1/14h
字母间距	2/10	2/14h
上下行基准线最小距离	15/10h	21/14h
词间距	6/10h	6/14h

- 拉丁字母、阿拉伯数字与罗马数字，如需写成斜体字，其斜度应从字的底线逆时针向上倾斜 75°。斜体字的高度与宽度应与相应的直体字相等。
- 拉丁字母、阿拉伯数字与罗马数字的字高应小于 2.5mm。
- 数量的数值注写，应采用正体阿拉伯数字。各种计量单位前有一个量值的均应采用国家颁布的单位符号注写。单位符号应采用正体字母。
- 分数、百分数和比例数的注写，应采用阿拉伯数字和数学符号，例如，四分之三、百分之二十五和一比二十应分别写成 3/4、25%和 1:20。
- 当注写的数字小于 1 时，必须写出个位的 0，小数点应采用圆点，齐基准线书写，例如 0.01。

2. 创建平面图标题操作案例

【例 7-1】创建如图 7-17 所示的平面图标题，要求字高 20mm，宽度因子为 0.7。

步骤 01 单击“默认”选项卡|“注释”面板上的“文字样式”按钮，打开“文字样式”对话

框，在“字体名”下拉列表框中选择“仿宋”，在“高度”文本框中输入 20，在“宽度因子”文本框中输入 0.7，如图 7-18 所示。依次单击“应用”按钮、“置为当前”按钮、“关闭”按钮，返回绘图区域。

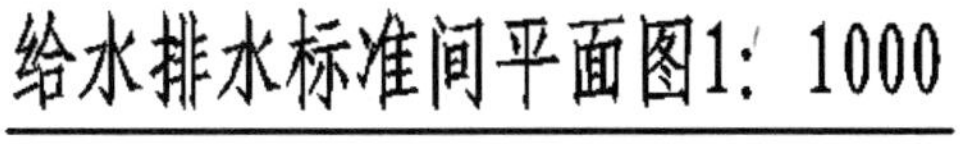

给水排水标准间平面图1：1000

图 7-17　平面图标题

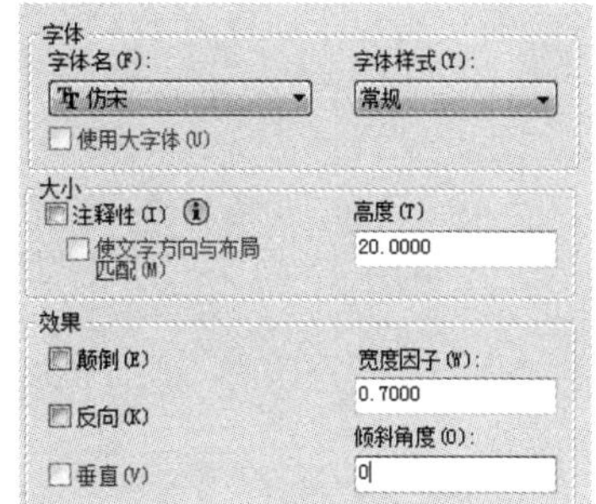

图 7-18　设置文字样式

步骤 02 单击“注释”选项卡|“文字”面板上的“单行文字”按钮A，输入图名，命令行提示如下：

```
命令：_DTEXT
当前文字样式：　“Standard”　文字高度：　20.0000　注释性：　否
指定文字的起点或 [对正(J)/样式(S)]://在绘图区域内任意指定一点
指定文字的旋转角度 <0>://按 Enter 键，选择默认旋转角度 0。绘图区出现单行文字动态输入框
```

步骤 03 在动态输入框中输入如图 7-19 所示的文字，连续按 Enter 键两次完成文字的输入，效果如图 7-20 所示。

给水排水标准间平面图1：1000

图 7-19　输入单行文字

给水排水标准间平面图1：1000

图 7-20　单行文字输入效果

步骤 04 单击“默认”选项卡|“绘图”面板上的“直线”按钮╱，配合坐标输入功能在文字底部绘制直线，命令行提示如下：

```
命令：_LINE 指定第一点://捕捉文字插入点
指定下一点或 [放弃(U)]：　<正交 开>@263<0
指定下一点或 [放弃(U)]://按 Enter 键结束命令，绘制效果如图 7-21 所示
```

步骤 05 单击“默认”选项卡|“修改”面板上的“移动”按钮✥，移动上面绘制的直线，命令行提示如下：

```
命令：_MOVE
选择对象：找到 1 个                    //选择上面绘制的直线
选择对象：                             //按 Enter 键结束选择
指定基点或 [位移(D)] <位移>：           //捕捉直线的右端点
指定第二个点或 <使用第一个点作为位移>：@10<-90
//输入另一点相对极坐标，按 Enter 键结束命令，绘制效果如图 7-22 所示
```

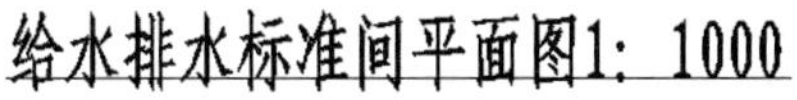

给水排水标准间平面图1：1000

图 7-21　绘制直线

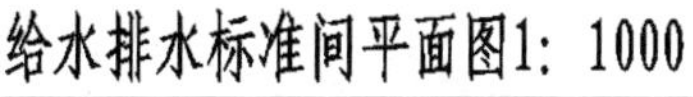

给水排水标准间平面图1：1000

图 7-22　移动直线

步骤 06 选择步骤（5）移动的直线，展开“特性”面板上的“线宽”下拉列表框，选择“0.30 毫米”线宽，如图 7-23 所示。设置完成后，效果如图 7-17 所示。

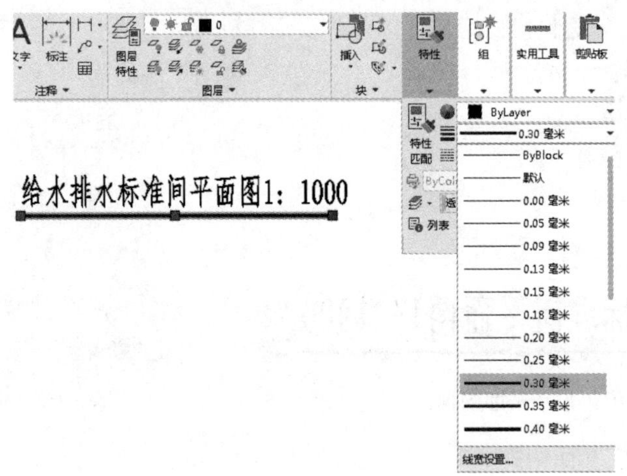

图 7-23　修改直线线宽

3. 创建多行文字操作实例

【例 7-2】创建图 7-24 所示的消防设计说明多行文字，其中要求“消防设计说明”文字字高为 20，其他文字字高为 14，宽度因子为 0.7。

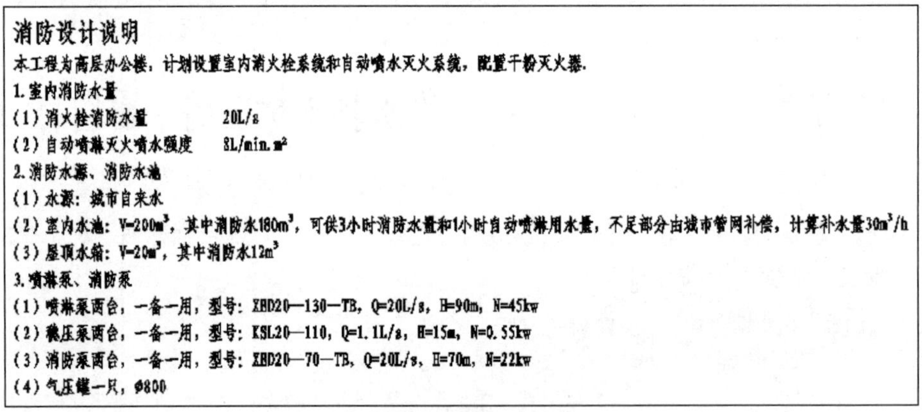

消防设计说明
本工程为高层办公楼，计划设置室内消火栓系统和自动喷水灭火系统，配置干粉灭火器.
1.室内消防水量
（1）消火栓消防水量　　　20L/s
（2）自动喷淋灭火喷水强度　　8L/min.m²
2.消防水源、消防水池
（1）水源：城市自来水
（2）室内水池：V=200m³，其中消防水180m³，可供3小时消防水量和1小时自动喷淋用水量，不足部分由城市管网补偿，计算补水量30m³/h
（3）屋顶水箱：V=20m³，其中消防水12m³
3.喷淋泵、消防泵
（1）喷淋泵两台，一备一用，型号：XBD20—130—TB，Q=20L/s，H=90m，N=45kw
（2）稳压泵两台，一备一用，型号：KSL20—110，Q=1.1L/s，H=15m，N=0.55kw
（3）消防泵两台，一备一用，型号：XBD20—70—TB，Q=20L/s，H=70m，N=22kw
（4）气压罐一只，ϕ800

图 7-24　消防设计说明

步骤 01 创建名称为“给排水多行文字”的文字样式，字体为“仿宋”，高度为 14，宽度因子为 0.7。设置方法同【例 7-1】。

步骤 02 单击“注释”选项卡|“文字”面板上的“多行文字”按钮A，创建多行文字，命令行提示如下：

```
命令： _MTEXT
当前文字样式:"给排水多行文字"  文字高度:20  注释性:否
指定第一角点:                    //在绘图区域任意拾取一点
指定对角点或 [高度(H)/对正(J)/行距(L)/旋转(R)/样式(S)/宽度(W)/栏(C)]:
//用光标拉动出文本编辑框，单击弹出多行文本编辑器
```

步骤 03 在文本编辑框中输入文字“消防设计说明”，按 Enter 键另起一行，如图 7-25 所示。

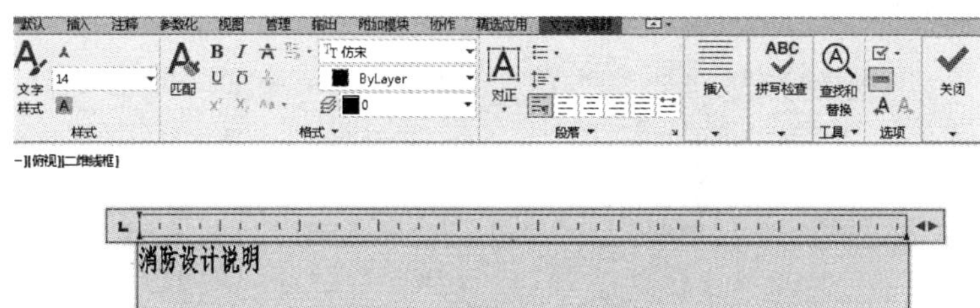

图 7-25　输入文字“消防设计说明”

步骤 04 继续输入平方符号前面的其他文字，如图 7-26 所示。

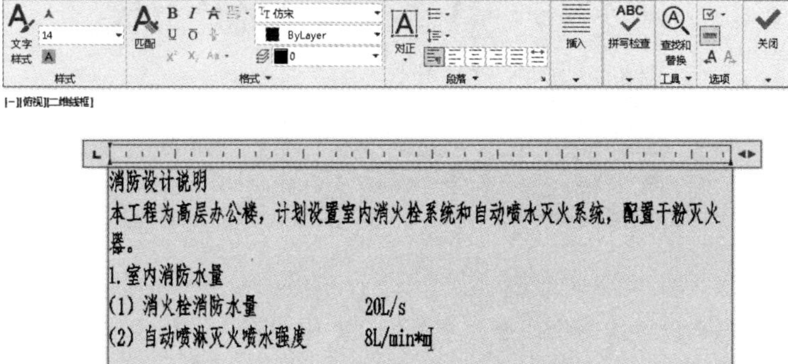

图 7-26　输入平方符号前面的文字内容

步骤 05 单击“插入”面板上的“符号”按钮@，弹出图 7-27 所示的菜单栏，选择“平方”命令，完成平方符号的输入。

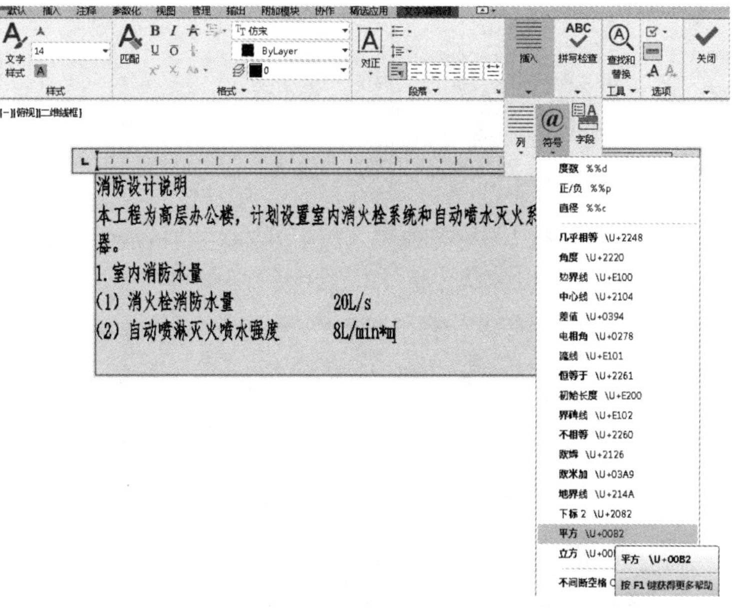

图 7-27　输入平方符号

步骤 06 继续输入平方符号以后的文字，其后的立方符号和直径符号使用同样方法插入，效果如图 7-28 所示。

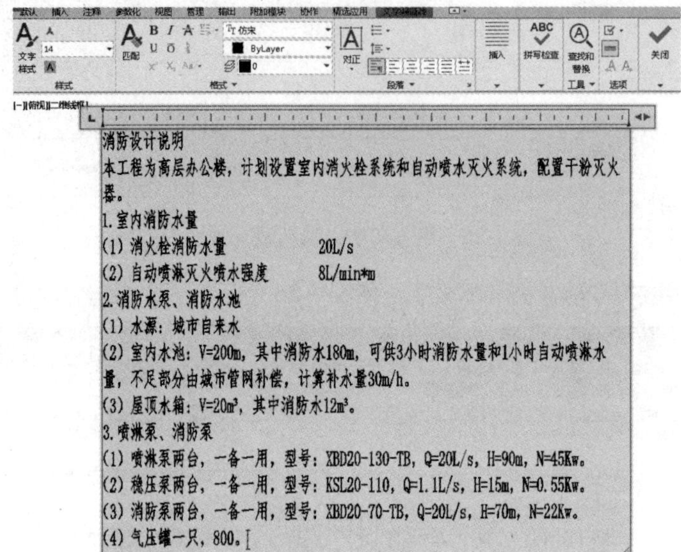

图 7-28 输入剩下的文字

步骤 07 选中文字“消防设计说明”，在“字高”文本框中输入 20，如图 7-29 所示。

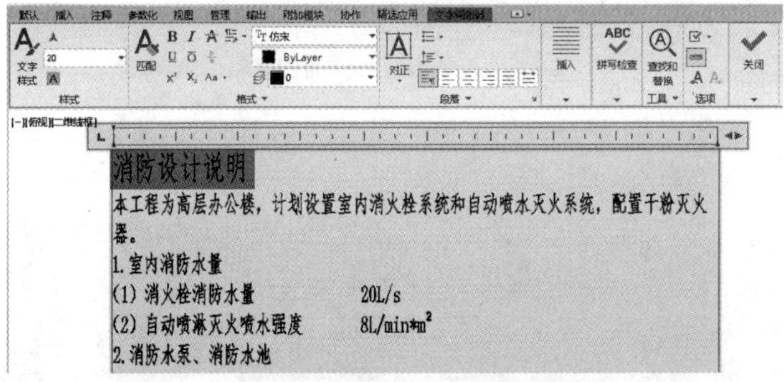

图 7-29 设置“消防设计说明”文字的标高

步骤 08 选择平方符号，在“字体”下拉列表框中选择文字样式 Times New Roman，如图 7-30 所示。使用同样的方法设置其他平方符号、立方符号和直径符号。

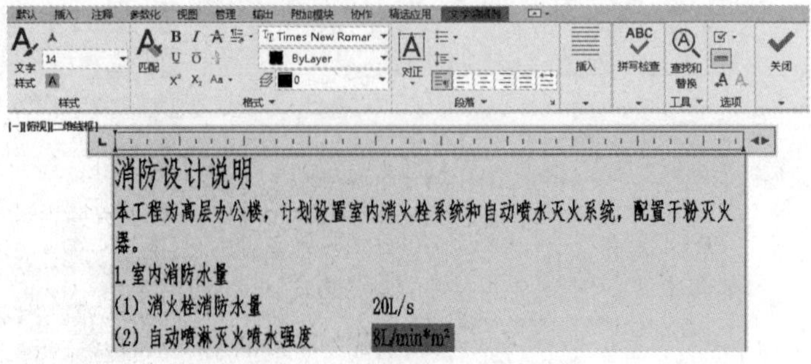

图 7-30 设置平方符号字体

步骤 09 单击“关闭”按钮✔，关闭“文字编辑器”选项卡面板，返回到绘图区域，创建文字效果如图 7-24 所示。

7.4　创建表格样式和表格

表格是通过使用行和列来简洁清晰地提供信息，常用于具有管道组件、进出口一览表、预制混凝土配料表、原料清单和许多其他组件的图形中。

在 AutoCAD 2021 中，可以使用创建表格命令来创建表格，还可以从 Microsoft Excel 中直接复制表格，并将其作为 AutoCAD 表格对象粘贴到图形中，也可以从外部直接导入表格对象。此外，还可以输出 AutoCAD 的表格数据，以供在 Microsoft Excel 或其他应用程序中使用。

7.4.1　创建表格样式

表格样式控制一个表格的外观，用于保证标准的字体、颜色、文本、高度和行距。可以使用默认的表格样式，也可以根据需要自定义表格样式。

在功能区单击“默认”选项卡|“注释”面板上的“表格样式”按钮，或者单击“注释”选项卡|“表格”面板上的按钮，或者在命令行输入 TABLESTYLE 或 TS 后按 Enter 键，都可以执行“表格样式”命令，打开如图 7-31 所示的“表格样式”对话框。

在“表格样式”对话框中单击“新建”按钮，在打开的“创建新的表格样式”对话框中创建新的表格样式，如图 7-32 所示。

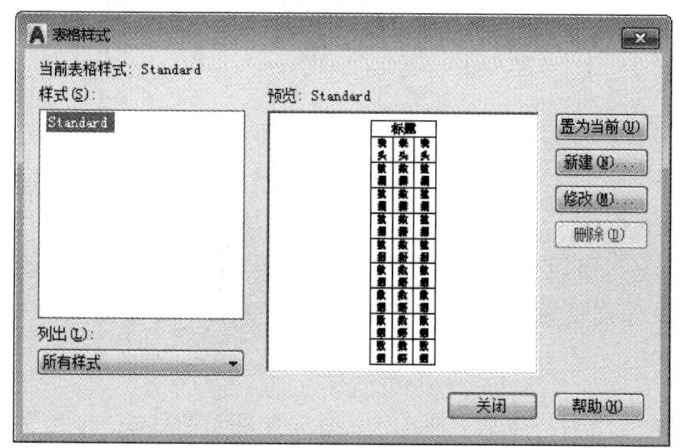

图 7-31　“表格样式”对话框

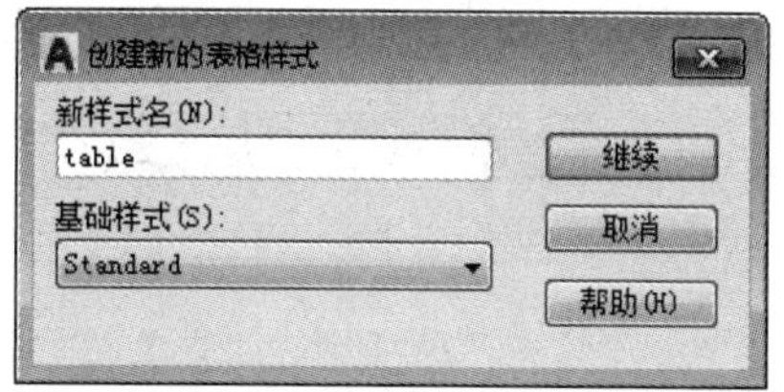

图 7-32　“创建新的表格样式”对话框

在“新样式名”文本框中输入新的表格样式名，在“基础样式”下拉列表框中选择默认的表格样式、标准的或者任何已经创建的样式，新样式将在该样式的基础上进行修改。然后单击“继续”按钮，打开“新建表格样式”对话框，如图 7-33 所示。可以通过该对话框指定表格的行格式、表格方向、边框特性和文本样式等内容。

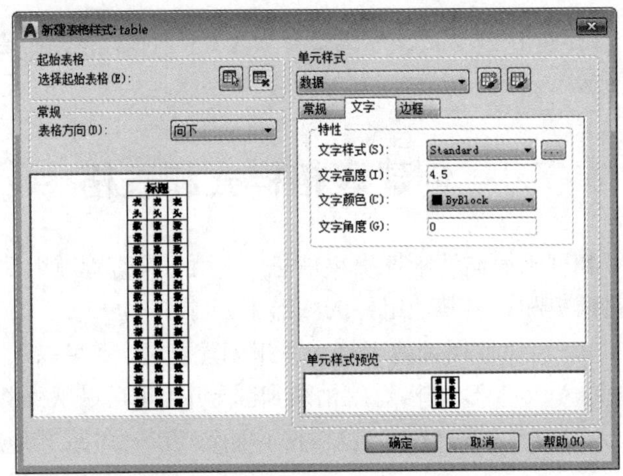

图 7-33 “新建表格样式”对话框

7.4.2 设置表格样式

“新建表格样式”对话框中各选项的功能如下：

（1）“起始表格”选项组：单击“选择起始表格”按钮，切换到绘图区域，在图形中指定一个表格用作样例来设置此表格样式的格式。

（2）“常规”选项组：设置表格方向。在其后的下拉列表框中包括“向下”和“向上”两种表格样式。如图 7-34 所示为两种表格方向效果图。

数据	数据	数据
数据	数据	数据
数据	数据	数据
数据	数据	数据
数据	数据	数据
数据	数据	数据
数据	数据	数据
数据	数据	数据
表头	表头	表头
标题		

（a）向上

标题		
表头	表头	表头
数据	数据	数据
数据	数据	数据
数据	数据	数据
数据	数据	数据
数据	数据	数据
数据	数据	数据
数据	数据	数据
数据	数据	数据

（b）向下

图 7-34 两种表格方向效果图

（3）“单元样式”选项组：其下拉列表框中包括“数据”“标题”和“表头”3 个选项，可以分别设置表格的数据、标题和表头对应的样式。这 3 个选项卡的内容基本相似，可以分别设置单元常规特性、文字特性和边界特性，3 个选项卡具体功能如下：

- “常规”选项卡：设置表格的填充颜色、对齐方向、格式、类型及页边距等特性，如图 7-35 所示。其中“特性”选项组用于设置表格单元的填充颜色、表格内容的对齐方式、格式和类型等；“页边距”选项组用于设置单元边框和单元内容之间的水平和垂直间距；“水平”文本框用于设置单元中的文字或块与左右单元边界之间的距离；“垂直”文本框用于设置单元中的文字或块与上下单元边界之间的距离。
- “文字”选项卡：设置表格单元中的文字样式、高度、颜色和角度等特性，如图 7-36 所示。其中，“文字样式”下拉列表框用于选择表格中文字的样式；“文字高度”文本框用于设置文字高度；“文字颜色”下拉列表框用于指定文字颜色；“文字角度”文本框用于设置文字角度，默认的文字角度为 0°，可以输入-359°~359°之间的任意角度。

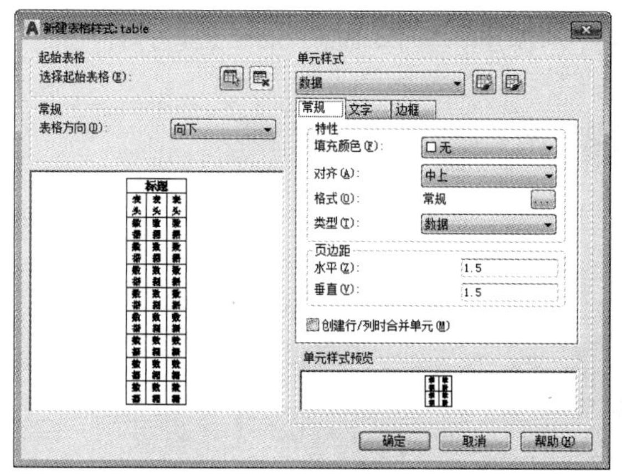

图 7-35 “常规”选项卡

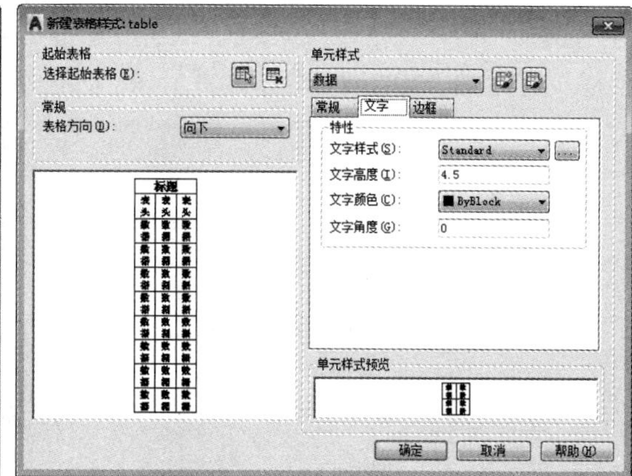

图 7-36 “文字”选项卡

- “边框”选项卡：设置表格的边框是否存在以及存在表格的特性，如图 7-37 所示。当表格具有边框时，还可以设置表格的线宽、线型、颜色和间距等特性。其中 8 个边框按钮含义分别为：“所有边框”按钮，将边界特性设置应用于所有数据单元、表头单元或标题单元的所有边界；“外边框”按钮，将边界特性设置应用于所有数据单元、表头单元或标题单元的外部边界；“内边框”按钮，将边界特性设置应用于所有数据单元或表头单元的内部边界，标题单元不适用；“底边框”按钮，将边界特性设置应用于所有数据单元、表头单元或标题单元的底边界；“左边框”“上边框”和“右边框”3 个按钮用于设置其他 3 个方向的边界；“无边框”按钮，单击该按钮，将隐藏数据单元、表头单元或标题单元的边界。

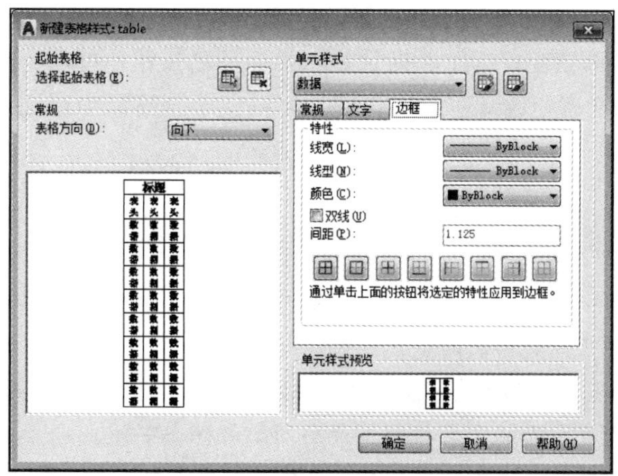

图 7-37 “边框”选项卡

7.4.3 创建表格

1. “插入表格”对话框的设置

单击“默认”选项卡|“注释”面板上的“表格”按钮，或者单击“注释”选项卡|“表

格”面板上的“表格”按钮▦，或者在命令行输入 TABLE 或 TB 后按 Enter 键，打开“插入表格”对话框，如图 7-38 所示。

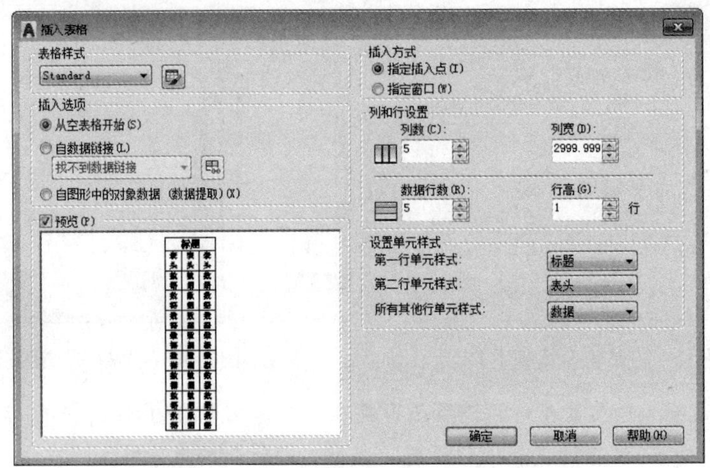

图 7-38 “插入表格”对话框

在“插入表格”对话框中，用户可以进行如下设置：

（1）“表格样式”选项组：从“表格样式”下拉列表框中选择表格样式，或者单击其后的按钮，打开“表格样式”对话框，创建新的表格样式。

（2）“插入选项”选项组：选中“从空白表格开始”单选按钮，可以创建一个空的表格；选中“自图形中的对象数据（数据提取）”单选按钮，可以从可输出的表格或外部文件的图形中提取数据来创建表格；选中“自数据链接”单选按钮，可以从外部导入数据来创建表格。

（3）“插入方式”选项组：选中“指定插入点”单选按钮，可以在绘图窗口中的某点插入固定大小的表格；选中“指定窗口”单选按钮，可以在绘图窗口中通过拖动表格边框来创建任意大小的表格。

（4）“列和行设置”选项组：通过改变“列”“列宽”“数据行数”和“行高”文本框中的数值来调整表格的外观大小。各选项的具体功能如下：

- “列数”文本框：设置表格的列数。选中“指定窗口”单选按钮并指定列宽时，则选定了“自动”选项，且列数由表的宽度控制。
- “列宽”文本框：设置列的宽度。选中“指定窗口”单选按钮并指定列数时，则选定了“自动”选项，且列宽由表的宽度控制，最小列宽为一个字符。
- “数据行数”文本框：设置表格行数。选中“指定窗口”单选按钮并指定行高时，则选定了“自动”选项，且行数由表的高度控制。
- “行高”文本框：按照文字行高指定表的行高。文字行高是基于文字高度和单元边距的，这两项均可在表格样式中设置。选中“指定窗口”单选按钮并指定行数时，则选中了“自动”选项，且行高由表的高度控制。

（5）在“设置单元样式”选项组中设置新表格中行的单元格式。“第一行单元样式”下拉列表框用于指定表格中第一行的单元样式，默认使用标题单元样式；“第二行单元样式”下拉列表框用于指定表格中第二行的单元样式，默认使用表头单元样式；“所有其他行单元样式”下拉列表框用于指定表格中其他行的单元样式，默认使用数据单元样式。

2. 从外部导入数据创建表格的具体操作

从外部导入数据创建表格的具体操作如下：

步骤 01 在“插入表格”对话框中，选中“插入选项”选项组中的“自数据链接”单选按钮时，“插入方式”选项组仅“指定插入点”单选按钮可选。在“自数据链接”下拉列表框中选择“启动数据链接管理器”选项或单击其后的“启动数据链接管理器”按钮，打开“选择数据链接”对话框，如图 7-39 所示。

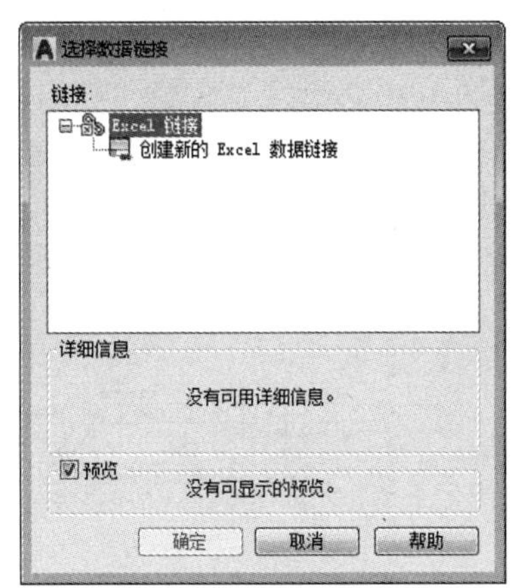

图 7-39 “选择数据链接”对话框

步骤 02 单击“创建新的 Excel 数据链接”选项，打开“输入数据连接名称”对话框，如图 7-40 所示。

步骤 03 在“名称”文本框中输入名称，单击“确定”按钮，打开“新建 Excel 数据链接：给排水”对话框，如图 7-41 所示。

图 7-40 “输入数据链接名称”对话框

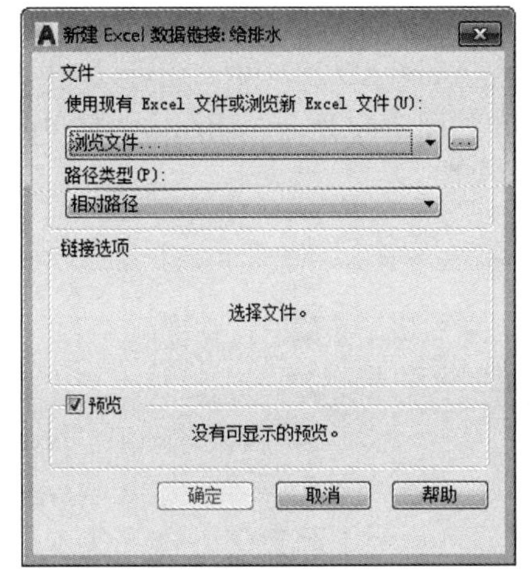

图 7-41 “新建 Excel 数据链接：给排水”对话框

步骤 04 单击按钮，打开“另存为”对话框，选择需要作为数据链接文件的 Excel 文件后单击“确定”按钮，返回到“新建 Excel 数据链接”对话框，效果如图 7-42 所示。

步骤 05 单击“确定”按钮，返回到“数据链接管理器”对话框，可以看到创建完成的数据链接，单击“确定”按钮返回到“插入表格”对话框，在“自数据链接”下拉列表框中可以选择刚才创建的数据链接，单击“确定”按钮，进入绘图区，拾取合适的插入点即可创建与数据链接相关的表格，效果如图 7-43 中“预览”框所示。

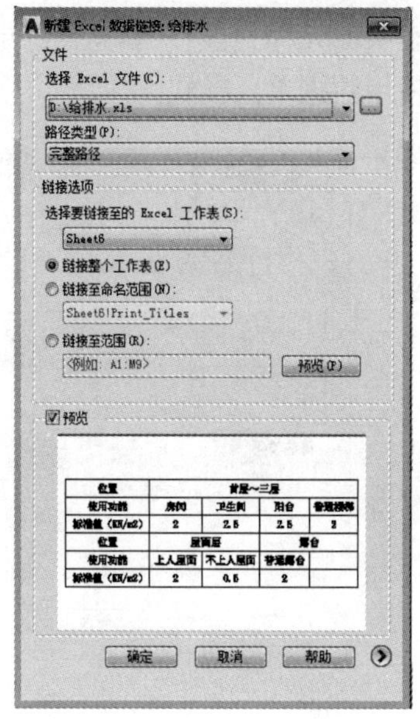

图 7-42　创建 Excel 数据链接

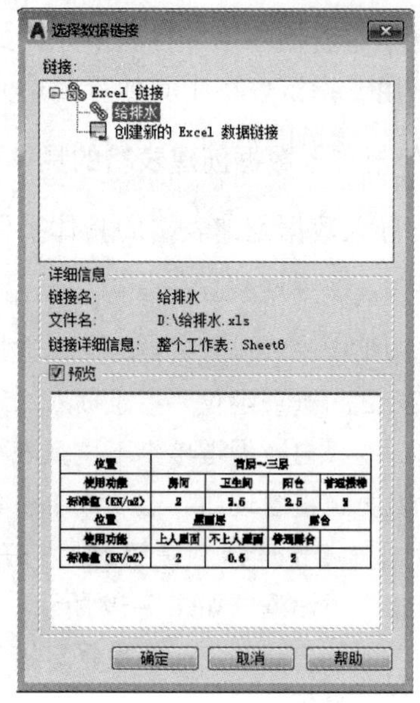

图 7-43　完成创建数据链接

7.5　编辑表格和表格单元

在 AutoCAD 2021 中，还可以使用表格的快捷菜单来编辑表格。当选中整个表格时，其快捷菜单如图 7-44 所示；当选中表格单元时，其快捷菜单如图 7-45 所示。

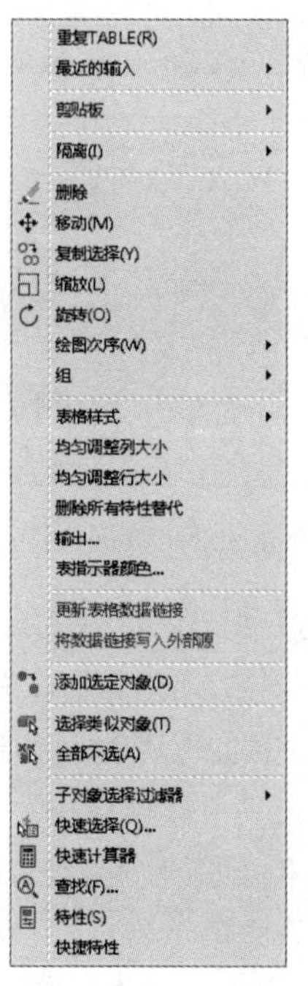

图 7-44　选中整个表格时的快捷菜单

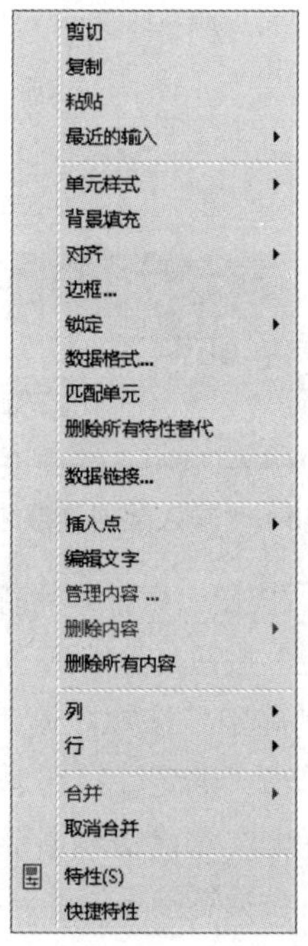

图 7-45　选中表格单元时的快捷菜单

7.5.1 编辑表格

通过使用表格的快捷菜单可以对表格进行剪切、复制、删除、移动、缩放和旋转等操作，还可以均匀调整表格的行和列的大小，删除所有特性替代。

当选中表格后，在表格的四周、标题行上将显示许多夹点，如图 7-46 所示。

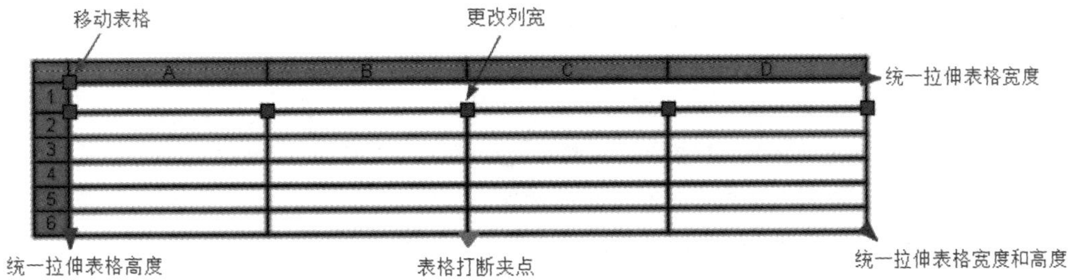

图 7-46 表格的夹点编辑模式

通过拖动这些夹点可以编辑表格，各个夹点的功能如下：

- 左上夹点：移动表格。
- 右上夹点：修改表宽并按比例修改所有列。
- 左下夹点：修改表高并按比例修改所有行。
- 右下夹点：修改表高和表宽并按比例修改行和列。
- 列夹点：在表头行的顶部，将列的宽度修改到夹点的左侧，并加宽或缩小表格以适应此修改。
- 表格打断：该夹点可以将包含大量数据的表格打断成主要和次要的表格片断，使用表格底部的表格打断夹点，可以使表格覆盖图形中的多列或操作已创建的不同的表格部分。

修改表格的高度或宽度时，只有与所选夹点相邻的行或列才会更改，但表格的高度或宽度保持不变。如果需要根据正在编辑的行或列的大小按比例更改表格的大小，在使用列夹点时按住 Ctrl 键即可。

7.5.2 编辑表格单元

1. 表格单元编辑命令

选中表格中的某单元格时（见图 7-47）可以对表格中的单元格进行编辑处理。在表格上方的“表格”工具栏中提供了各种对表格单元格进行编辑的工具，用户可以根据需要选择相应的编辑工具。

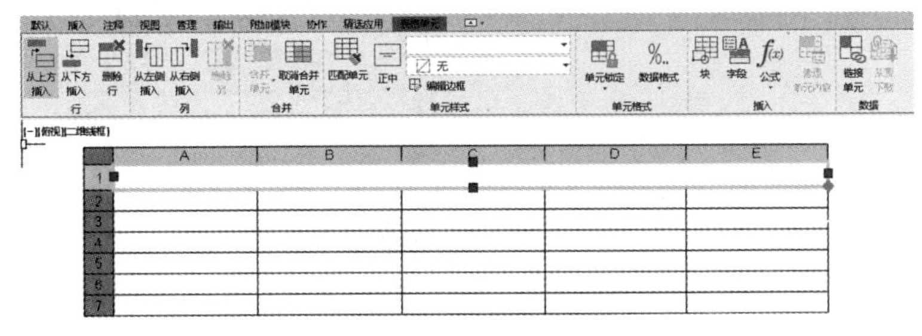

图 7-47 选中单元格

右击选中的单元格，弹出表格单元快捷菜单，如图 7-45 所示，其主要命令的功能如下：

- “对齐”命令：在该命令的子菜单中，可以选择表格单元的对齐方式，如左上、左中、左下等。
- “边框”命令：选择该命令时，打开“单元边框特性”对话框，如图 7-48 所示。用户可以在此对话框中设置单元格边框的线宽、线型和颜色等特性。
- “匹配单元”命令：用当前选中的表格单元样式（源对象）匹配其他表格单元，此时鼠标指针变为刷子形状，单击目标对象即可进行匹配。
- “插入点”命令：选择该命令的子命令，可以从中选择插入到表格中的块、字段和公式。例如，选择“块”命令，打开“在表格单元中插入块”对话框，如图 7-49 所示，可以在此对话框中设置插入的块在表格单元中的对齐方式、比例和旋转角度等特性。

图 7-48 “单元边框特性”对话框

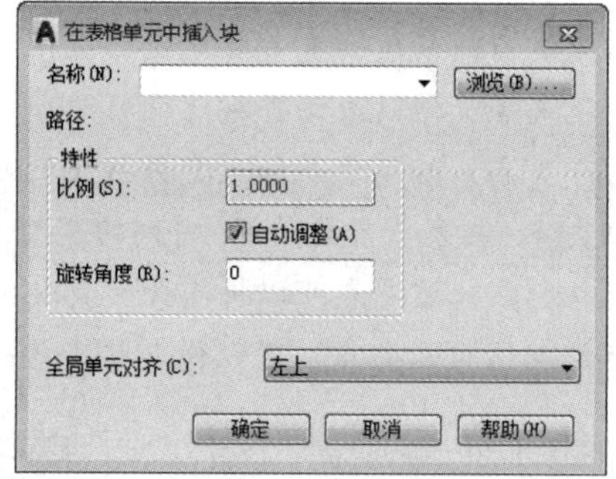

图 7-49 “在表格单元中插入块”对话框

2. 创建表格操作实例

【例 7-3】创建如图 7-50 所示的电影院、剧院、体育场和游泳池卫生洁具同时给水百分数表。

电影院、剧院、体育场和游泳池卫生洁具同时给水百分数表		
卫生洁具名称	同时给水百分数%	
	电影院、剧院	体育场、游泳池
洗手盆	50	70
洗脸盆	50	80
淋浴器	100	100
大便器冲洗水箱	50	70
大便器自闭式冲洗阀	10	15
大便槽自动冲洗水箱	100	100

图 7-50 电影院、剧院、体育场和游泳池卫生洁具同时给水百分数表

步骤01 单击“默认”选项卡|“注释”面板上的“表格样式”按钮，打开“表格样式”对话框，单击“新建”按钮，打开“创建新的表格样式”对话框，在“新样式名”文本框中输入“电影院、剧院、体育场和游泳池卫生洁具同时给水百分数表”字样，如图 7-51 所示。

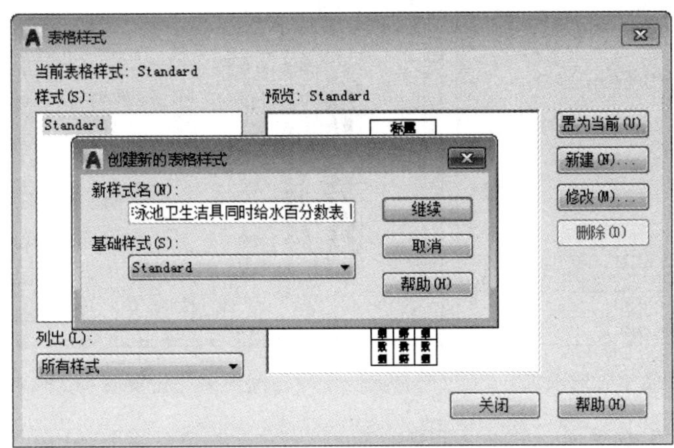

图 7-51　创建表格样式

步骤02 单击“继续”按钮，打开“新建表格样式”对话框，在“常规”选项组中设置“表格方向”为“向下”，在“单元样式”选项组的“常规”选项卡中设置数据对齐方式为“正中”，水平和垂直页边距均为 20，如图 7-52 所示。

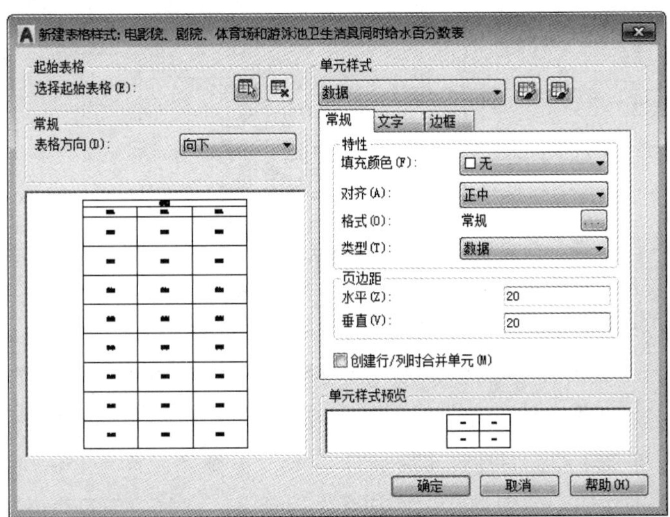

图 7-52　“新建表格样式”对话框

步骤03 单击“文字”选项卡，单击“文字样式”后面的按钮，打开“文字样式”对话框，单击“新建”按钮，新建一个名为“数据”的文字样式，在“字体名”下拉列表框只能选择“仿宋”，将“宽度因子”设置为 0.7，“文字高度”为 100，依次单击“应用”按钮、“置为当前”按钮和“关闭”按钮，返回到“文字”选项卡，如图 7-53 所示。

步骤04 在“单元样式”下拉列表框中选择“表头”选项，在“常规”选项卡中设置对齐方式为

"正中"，水平和垂直页边距为 0，如图 7-54 所示。

图 7-53 "文字"选项卡

图 7-54 设置表头常规参数

步骤 05 单击"文字"选项卡，方法同步骤（3），将文字高度设置为 120，如图 7-55 所示。

步骤 06 在"单元样式"下拉列表框中选择"标题"选项，设置对齐方式为"正中"，水平和垂直页边距为 0，如图 7-56 所示。

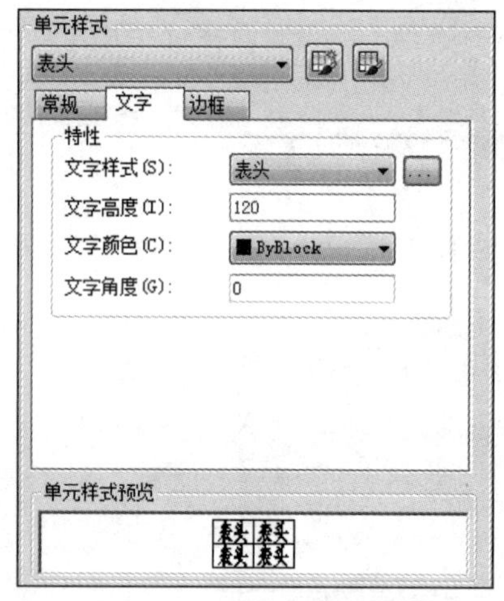

图 7-55 "文字"选项卡

图 7-56 设置标题常规参数

步骤 07 单击"文字"选项卡，方法同步骤（3），将文字高度设置为 150，如图 7-57 所示。

步骤 08 单击"确定"按钮，返回到"表格样式"对话框，"样式"列表框中出现了"电影院、剧院、体育场和游泳池卫生洁具同时给水百分数表"选项，如图 7-58 所示，单击"关闭"按钮，返回到绘图区域。

步骤 09 单击"默认"选项卡|"注释"面板上的"表格"按钮，打开"插入表格"对话框，在"表格样式"下拉列表框中选择"电影院、剧院、体育场和游泳池卫生洁具同时给水百分数表"样式，设置列数为 3，列宽为 1000，数据行数为 7，设置"第二行单元样式"为"数据"，如图 7-59 所示。

图 7-57 “文字”选项卡

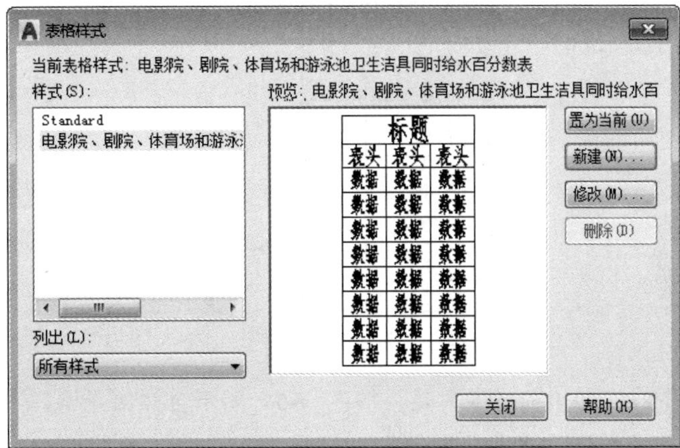

图 7-58 完成创建表格样式

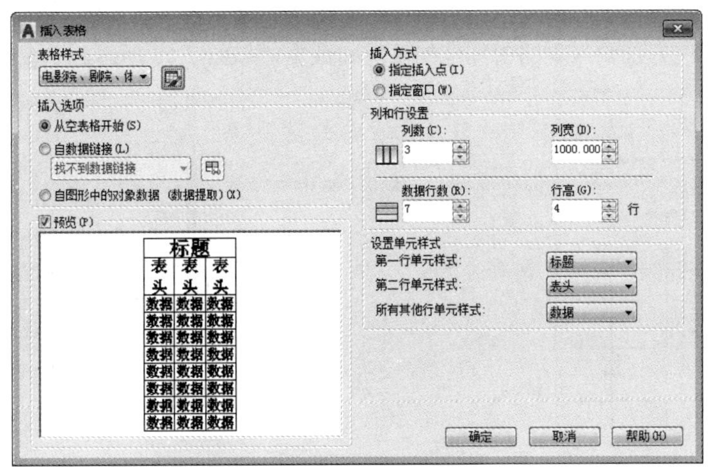

图 7-59 设置表格参数

步骤 10 单击“确定”按钮，在绘图区任意拾取一点创建表格，如图 7-60 所示。

步骤 11 使用光标单击拖动形成如图 7-61 所示的选择框。

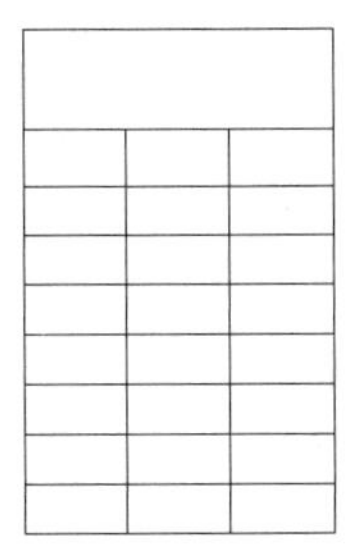

图 7-60 在绘图区域内创建表格

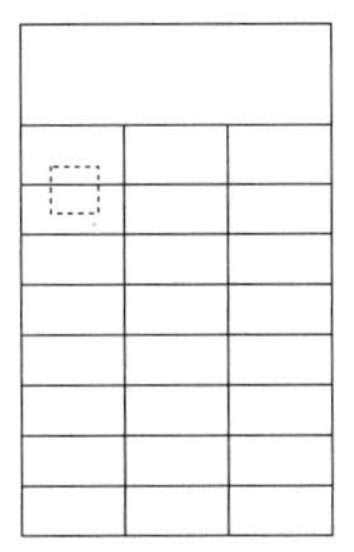

图 7-61 选择单元格

步骤 12 松开左键，则选择框经过的两个单元格被选中，如图 7-62 所示。

步骤 13 在两个单元格上右击，在弹出的快捷菜单中选择“合并”|“按列”命令，单元格合并效果如图 7-63 所示。

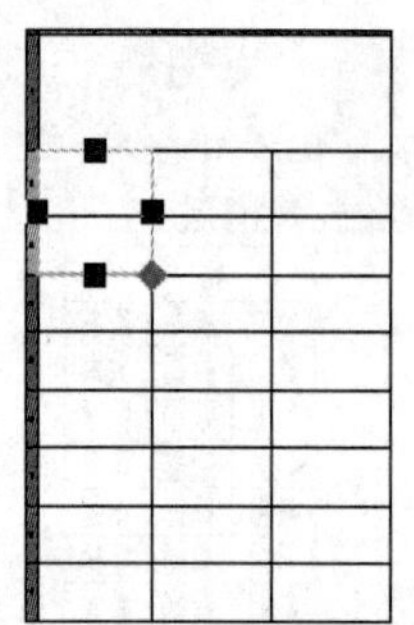

图 7-62　选中单元格

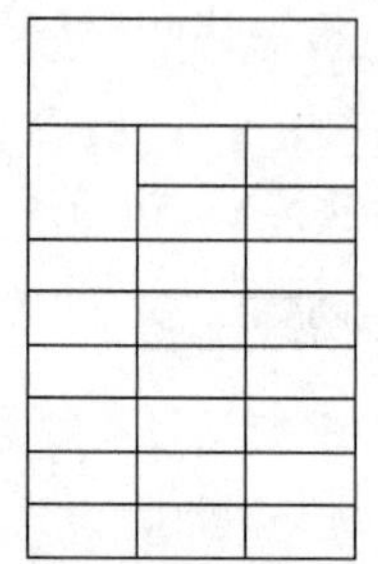

图 7-63　按列合并单元格

步骤 14　使用同样的方法，按图 7-64 所示合并单元格，不同的是在弹出的快捷菜单中选择“合并”|“按行”命令。

步骤 15　双击单元格，进入表格编辑状态，如图 7-65 所示。在灰色的区域输入标题内容“电影院、剧院、体育场和游泳池卫生洁具同时给水百分数表”，如图 7-66 所示。

步骤 16　使用同样的方法输入表格中其他的表头和数据，如图 7-67 所示。

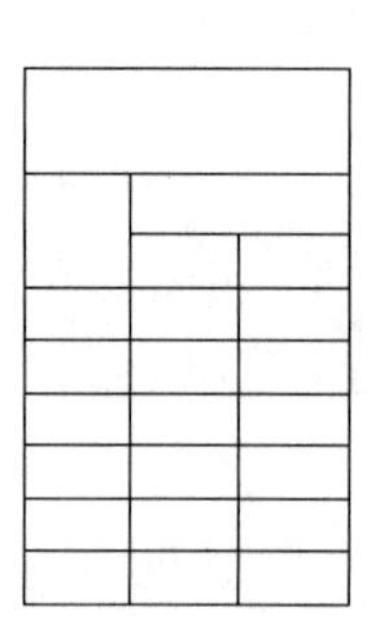

图 7-64　按行合并单元格

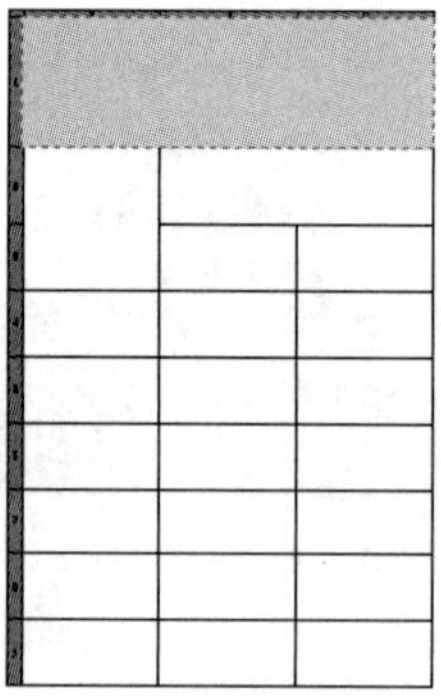

图 7-65　编辑表格

电影院、剧院、体育场和游泳池卫生洁具同时给水百分数表		

图 7-66　输入表格标题

电影院、剧院、体育场和游泳池卫生洁具同时给水百分数表		
卫生洁具名称	同时给水百分数%	
	电影院、剧院	体育场、游泳池
洗手盆	50	70
洗脸盆	50	80
林浴盆	100	100
大便器冲洗水箱	50	70
大便器自闭式冲洗阀	10	15
大便槽自动冲洗水箱	100	100

图 7-67　输入其他文字

步骤 17　使用光标拖动选中所有数据，松开左键后，所有数据被选中，如图 7-68 所示。在选中的数据上右击，弹出图 7-69 所示的快捷菜单，在“对齐”下拉菜单中选择“正中”命令将数据居中，最终效果如图 7-50 所示。

电影院、剧院、体育场和游泳池卫生洁具同时给水百分数表		
卫生洁具名称	同时给水百分数%	
	电影院、剧院	体育场、游泳池
洗手盆	50	70
洗脸盆	50	80
淋浴盆	100	100
大便器冲洗水箱	50	70
大便器自闭式冲洗阀	10	15
大便槽自动冲洗水箱	100	100

图 7-68　选中所有数据

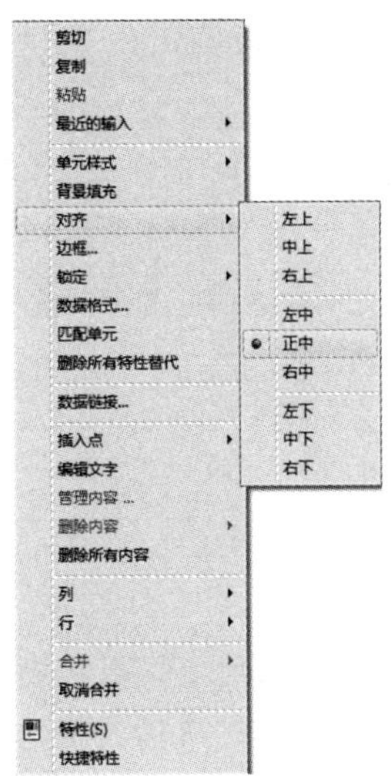

图 7-69　快捷菜单

7.6　本章小结

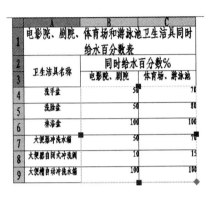

本章主要介绍了文字和表格的知识，其中文字知识包括创建和编辑单行文字、多行文字，表格知识包括创建和编辑表格等内容。掌握了文字知识不仅可以对实际工程进行必要的说明，还可以为图形对象提供说明和注释。掌握了表格知识就可以以表的形式来表达工程制图中各类需要的文字内容。

在本章的 7.3 节和 7.5 节中共有 3 个例子，分别介绍了单行文字、多行文字和表格的创建和编辑，通过认真学习、仔细体会，可以掌握其中的方法。

第 8 章 给排水设计中的尺寸标注

导言

在给排水设计中，尺寸标注是绘图设计工作中的一项重要内容，因为用户绘制图形主要是用来反映对象的真实形状，而图形中各个对象的真实大小和相互位置只有经过尺寸标注后才能确定。在 AutoCAD 2021 中提供了一套完整的尺寸标注命令和实用程序，使用它们足以完成图纸中要求的尺寸标注，如“直径”“半径”“角度”“线性”“圆心标记”等标注命令。

8.1 尺寸标注的规则和组成

在进行尺寸标注之前，必须了解 AutoCAD 2021 尺寸标注的组成、类型与规则，标注样式的创建和设置方法。

8.1.1 尺寸标注的规则

在 AutoCAD 2021 中，在对绘制的图形进行尺寸标注时，应遵守以下规则：

- 物体的真实大小应以图样上所标注的尺寸数值为依据，与图形的大小及绘图的准确度无关。
- 图样中的尺寸以 mm 为单位时，不需要标注计量单位的代号或名称。如采用其他单位，则必须注明相应计量单位的代号或名称，如°、m、cm 等。
- 图样中所标注的尺寸为该图样所表示的物体的最后完工尺寸，否则应另加说明。
- 物体的一个尺寸，一般只标注一次，并应标注在最后能清晰地反映该对象结构的图形上。

8.1.2 尺寸标注的组成

在工程绘图中，一个完整的尺寸标注应由标注文字、尺寸线、尺寸界线、尺寸线的端点箭头符号及起点组成，如图 8-1 所示。

尺寸标注组成元素中各选项的作用如下：

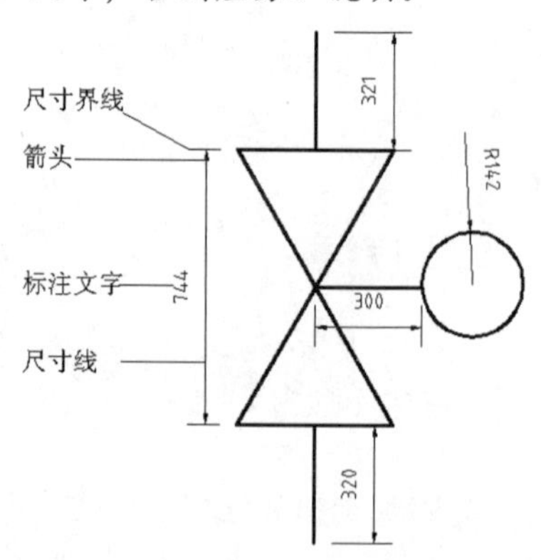

图 8-1　尺寸标注的组成

- 尺寸界线：从标注起点引出的标明标注范围的直线，可以从图形的轮廓线、轴线和对称中心线引出。同时，轮廓线、轴线及对称中心线也可以作为尺寸界线。尺寸界线也应使用细实线绘制。
- 箭头：尺寸线的端点。箭头显示在尺寸线的末端，用于指出测量的开始和结束位置。AutoCAD 2021 默认使用闭合的填充箭头符号。此外，AutoCAD 2021 还提供了很多种箭头符号，以满足不同行业的需要，如建筑标记、小斜箭头、点和斜杠等。
- 标注文字：用于标明图形的实际测量值。标注文字可以只反映基本尺寸，也可以带尺寸公差。标注文字应按标准字体书写，同一张图纸上的字高要一致。在图中遇到图线时需要将图线断开。如果图线断开影响图形表达时，须调整尺寸标注的位置。
- 尺寸线：用于标明标注的范围。尺寸线是一条带有双箭头的线段，一般分为两段，可以分别控制其显示。对于角度标注，尺寸线是一段圆弧。AutoCAD 通常将尺寸线放置在测量区域中，如果空间不够，则将尺寸线或文字移到测量区域的外部，放置位置取决于标注样式的放置规则。尺寸线应使用细实线绘制。

8.1.3 给排水专业尺寸标注要求

给排水专业制图中的尺寸标注应符合《房屋建筑制图统一标准》GB/T 50001-2010 的要求。

1. 尺寸界线、尺寸线和尺寸起止符

- 尺寸界线应用细实线绘制，一般应与被注长度垂直，其一端与图样轮廓线的距离不小于 2mm，另一端宜超出尺寸线 2～3mm。图样轮廓线可用作尺寸界线，如图 8-2 所示。
- 尺寸线应用细实线绘制，应与被注长度平行。图样本身的任何图线均不得用作尺寸线。
- 尺寸起止符一般用中粗斜短线绘制，其倾斜方向应与尺寸界线成顺时针 45° 角，长度宜为 2～3mm。半径、直径、角度与弧长的尺寸起止符宜用箭头表示，如图 8-3 所示。

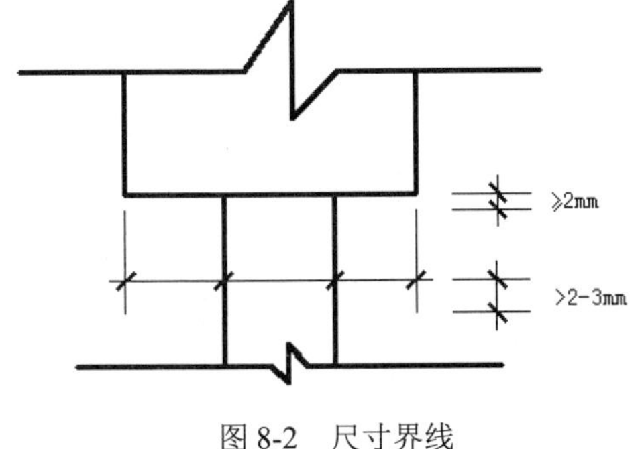

图 8-2 尺寸界线

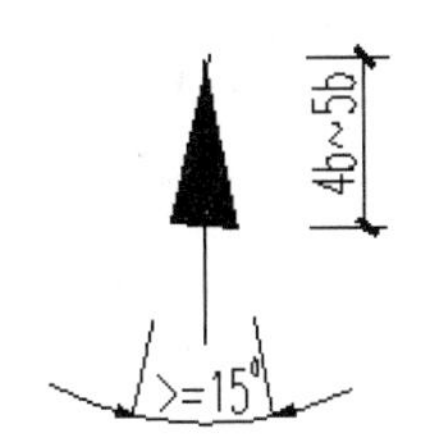

图 8-3 箭头尺寸起止符

2. 尺寸数字

- 图样上的尺寸，应以尺寸数字为准，不得从图上直接量取。
- 图样上的尺寸单位，除了标高及总平面以米为单位以外，其他必须以毫米为单位。
- 尺寸数字的方向，应按图 8-4（a）的规定注写。若尺寸数字在 30° 斜线区内，宜按图 8-4（b）的形式注写。

- 尺寸数字一般应依据其方向注写在靠近尺寸线的上方中部。如没有足够的注写位置，最外边的尺寸数字可以注写在尺寸界线的外侧，中间相邻的尺寸数字可以错开注写，如图 8-5 所示。

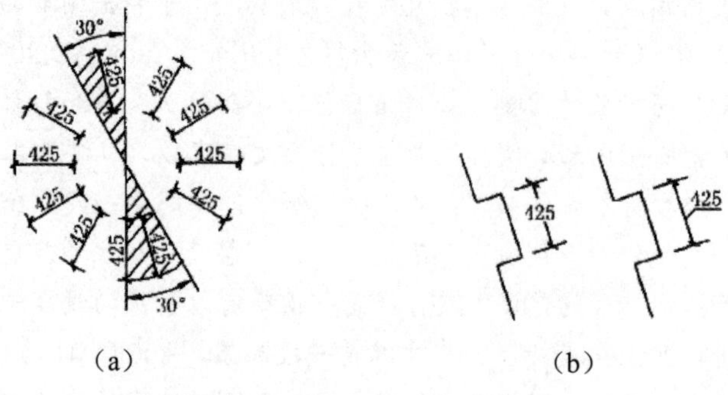

图 8-4　尺寸数字的注写方向

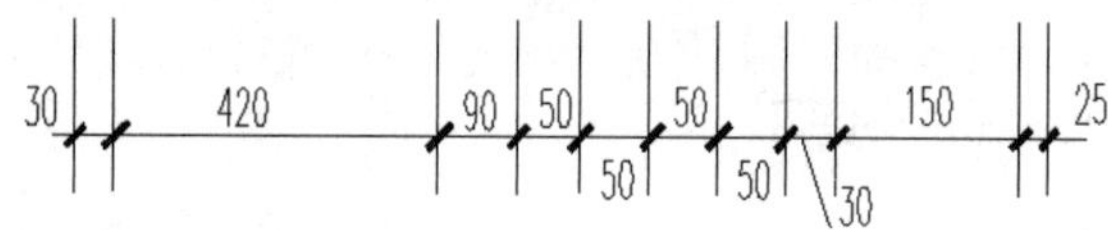

图 8-5　尺寸数字的注写位置

3. 尺寸的排列与布置

- 尺寸宜标注在图样轮廓以外，不宜与图线、文字及符号等相交，如图 8-6 所示。
- 图样轮廓线以外的尺寸界线，与图样最外轮廓之间的距离不宜小于 10mm。平行排列的尺寸线的间距宜为 7～10mm，并应保持一致，如图 8-7 所示。
- 总尺寸的尺寸界线应靠近所指部位，中间的分尺寸的尺寸界线可稍短，但其长度应相等，如图 8-7 所示。

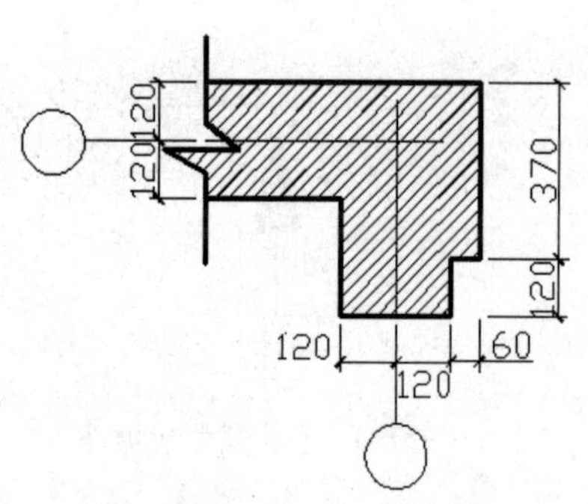

图 8-6　尺寸数字的注写

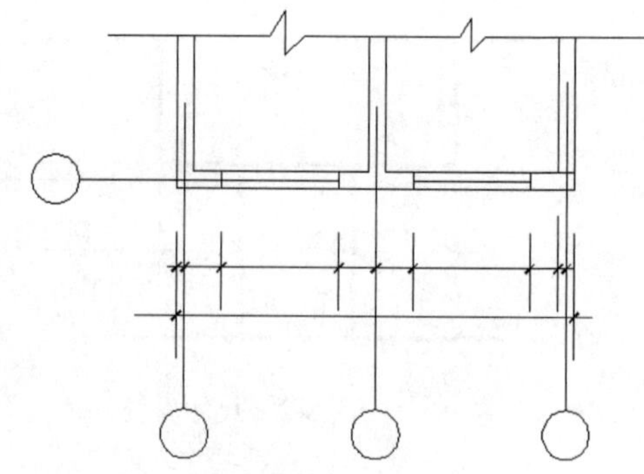

图 8-7　尺寸的排列

4. 半径、直径的尺寸标注

- 半径的尺寸线应一端从圆心开始，另一端画箭头指向圆弧。半径数字前应加注半径符号 R，如图 8-8 所示。

- 较小圆弧的半径，可按图 8-9 的形式标注。

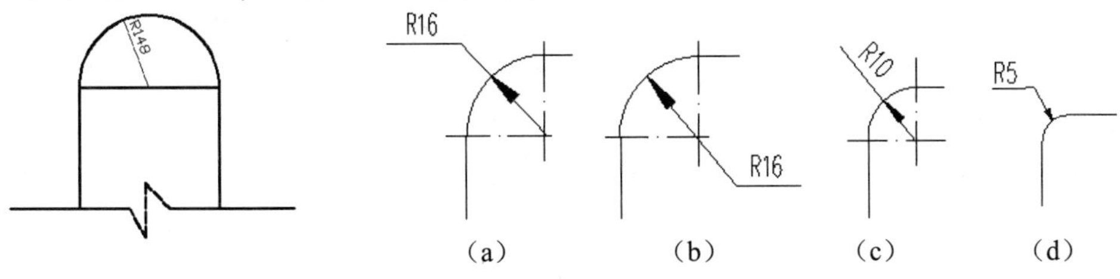

图 8-8　半径标注方法　　　　图 8-9　小圆弧半径的标注方法

- 较大圆弧的半径，可按图 8-10 的形式标注。
- 标注圆的直径尺寸时，直径数字前应加直径符号 ϕ。在圆内标注的尺寸线应通过圆心，两端画箭头指至圆弧，如图 8-11 所示。

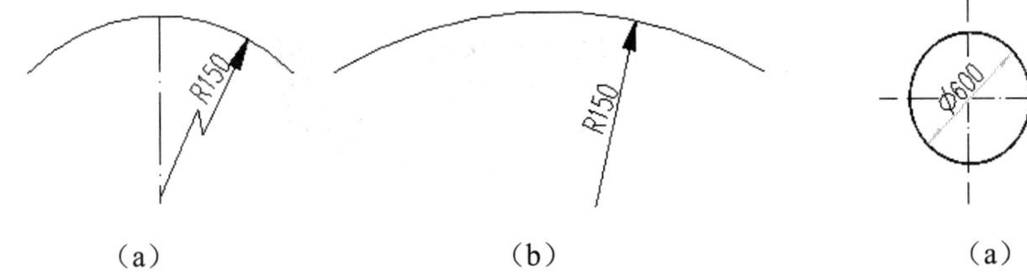

图 8-10　大圆弧半径的标注方法　　　　图 8-11　圆直径的标注方法

- 较小圆的直径尺寸，可标注在圆外，如图 8-12 所示。
- 标注球的半径尺寸时，应在尺寸前加注符号 SR。标注球的直径尺寸时，应在尺寸数字前加注符号 S ϕ。注写方法与圆弧半径和圆直径的尺寸标注方法相同。

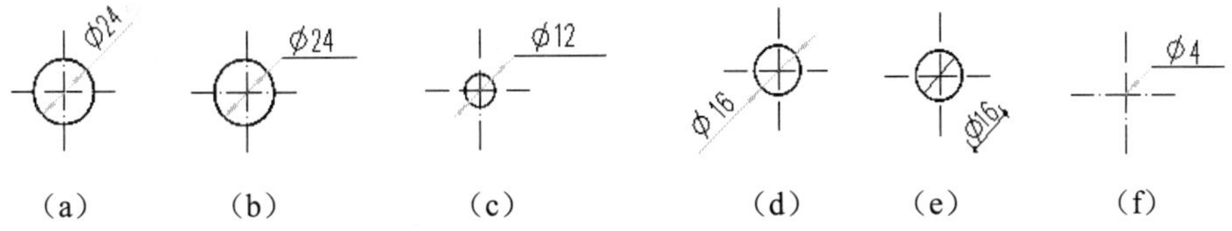

图 8-12　小圆直径的标注方法

5. 角度、弧度和弧长的标注

- 角度的尺寸线应以圆弧表示。该圆弧的圆心应是该角的顶点，角的两条边为尺寸界线。起止符号应以箭头表示，如没有足够位置画箭头，可用圆点代替，角度数字应按水平方向注写，如图 8-13 所示。
- 标注圆弧的弧长时，尺寸线应以与该圆弧同心的圆弧线表示，尺寸界线应垂直于该圆弧的弦，起止符用箭头表示，弧长数字上方应加注圆弧符号⌒，如图 8-14 所示。
- 标注圆弧的弦长时，尺寸线应以平行于该弦的直线表示，尺寸界线应垂直于该弦，起止符号用中粗斜短线表示，如图 8-15 所示。

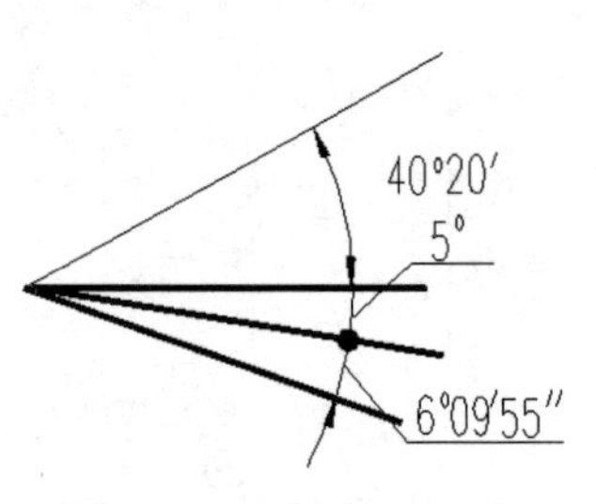

图 8-13　角度标注方法

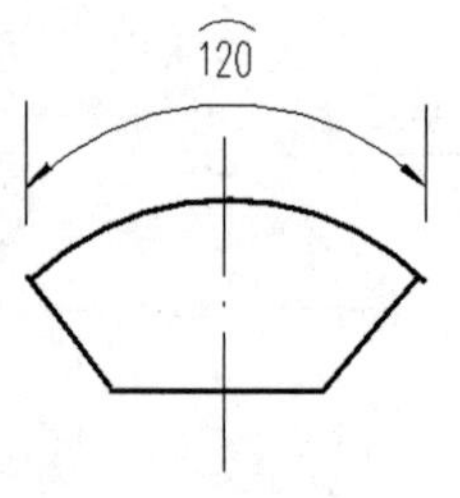

图 8-14　弧长标注方法

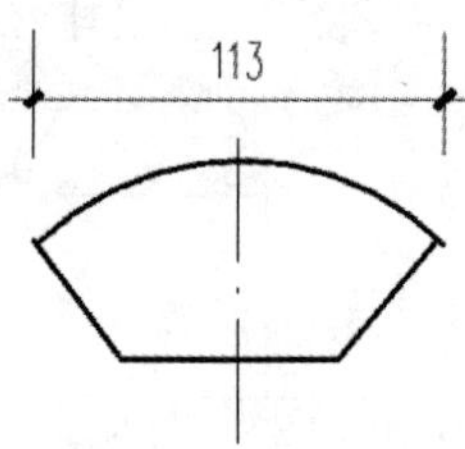

图 8-15　弦长标注方法

8.2　尺寸标注的类型

在 AutoCAD 2021 中，系统提供了十余种标注工具用以标注图形对象，分别位于"默认"选项卡|"注释"面板和"注释"选项卡｜"标注"面板上，如图 8-16 和图 8-17 所示。

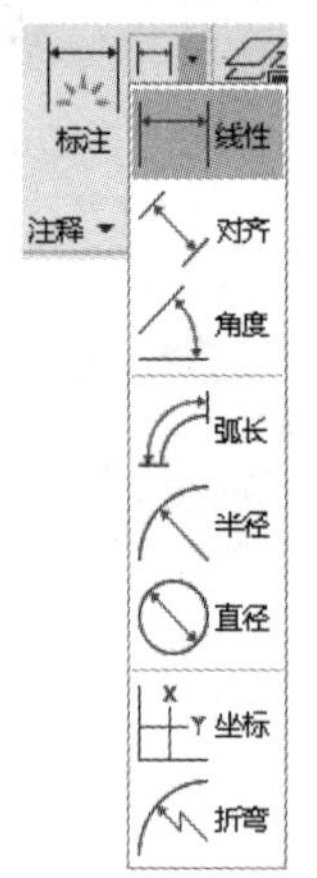

图 8-16　"注释"面板

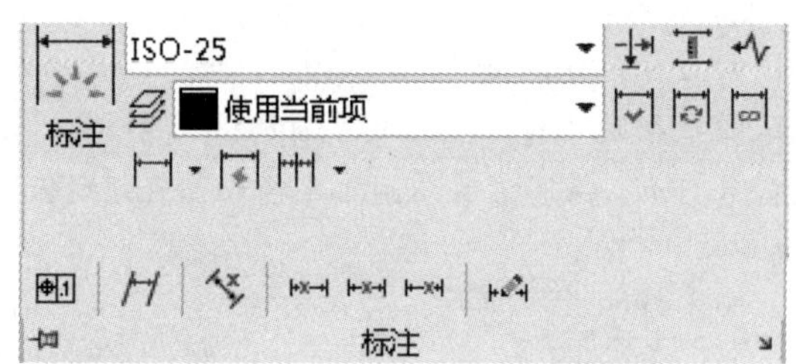

图 8-17　"标注"面板

在给排水制图中常用尺寸标注的命令和功能如表 8-1 所示。

表 8-1　AutoCAD 2021 各类型尺寸标注

按　钮	功　能	命　令	说　明
	线性标注	DIMLINEAR	测量两点之间的直线距离，可用来创建水平、垂直或旋转线性标注
	对齐标注	DIMALIGNED	创建尺寸线平行于尺寸界线原点的线性标注，可创建对象的真实长度测量值
	弧长标注	DIMARC	测量圆弧或多段圆弧分段的弧长
	坐标标注	DIMORDINATE	创建坐标点标注，显示从给定原点测量出来的点的 X 坐标或 Y 坐标
	半径标注	DIMRADIUS	测量圆或圆弧的半径
	折弯标注	DIMJOGGED	折弯标注圆或圆弧的半径
	直径标注	DIMDIAMTER	测量圆或圆弧的半径
	角度标注	DIMANGULAR	测量角度

（续表）

按　钮	功　能	命　令	说　明
	快速标注	QDIM	一次选择多个对象，创建标注阵列。例如基线、连续和坐标标注
	基线标注	DIMBASELINE	从上一个或选择标注的基线作连续的线性、角度或坐标标注，都从相同原点测量尺寸
	连续标注	DIMCONTINUE	从上一个或选择事实上标注的第 2 条尺寸界线作连续的线性、角度或坐标标注
	折弯线性	DIMJOGLINE	在线性标注或对齐标注中添加或删除折弯线
	标注打断	DIMBREAK	选定标注或多重引线与其他对象相交的交点处被打断
	标注间距	DIMSPACE	对平行的线性标注和角度标注之间的间距做调整
	圆心标记	DIMCENTER	创建圆和圆弧的圆心标记或中心线

8.3　创建与设置标注样式

在 AutoCAD 2021 中，可以使用“标注样式”来控制标注的格式和外观。尺寸标注样式控制的尺寸变量有尺寸线、标注文字、尺寸文本相对于尺寸线的位置、尺寸界线和箭头的外观及方式等。

单击“默认”选项卡|“注释”面板上的“标注样式”按钮，或单击“注释”选项卡|“标注”面板上的按钮，或者在命令行输入 DIMSTYLE 或 D 后按 Enter 键，都可以执行“标注样式”命令，打开“标注样式管理器”对话框，如图 8-18 所示。可以在该对话框中创建新的尺寸标注样式和管理已有的尺寸标注样式。

8.3.1　新建标注样式

在“标注样式管理器”对话框中单击“新建”按钮，打开“创建新标注样式”对话框，如图 8-19 所示。

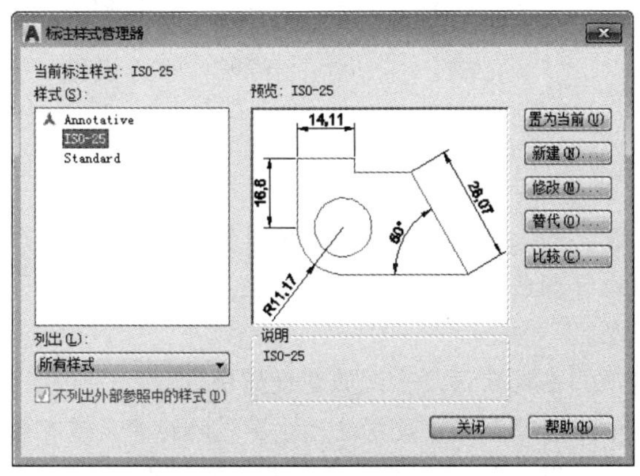

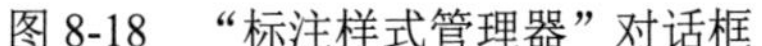
图 8-18　“标注样式管理器”对话框

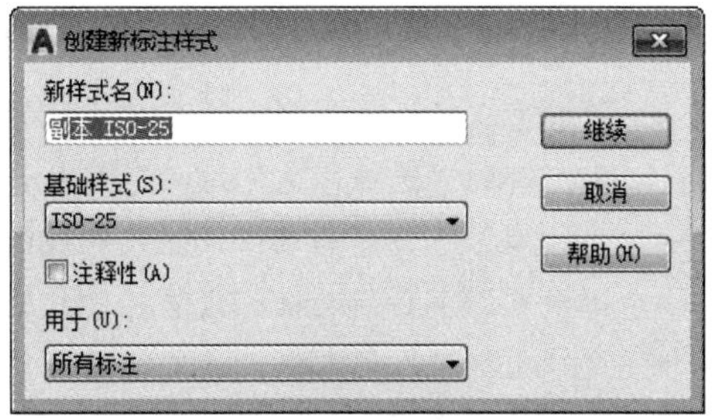

图 8-19　“创建新标注样式”对话框

“创建新标注样式”对话框中各选项的功能如下：

- “新样式名”文本框：输入新样式的名称。
- “基础样式”下拉列表框：选择一种基础样式，新建样式将在该基础样式的基础上进行修改。
- “用于”下拉列表框：指定新建标注样式的使用范围，其中包括：“所有标注”“线性”标注“角度标注”“半径标注”“直径标注”“坐标标注”和“引线与公差”选项。

设置了新样式的名称、基础样式和使用范围之后，单击该对话框中的“继续”按钮，打开“新建标注样式”对话框，如图 8-20 所示。可以在此设置标注中的线、符号和箭头、文字、调整、主单位、换算单位、公差等内容。

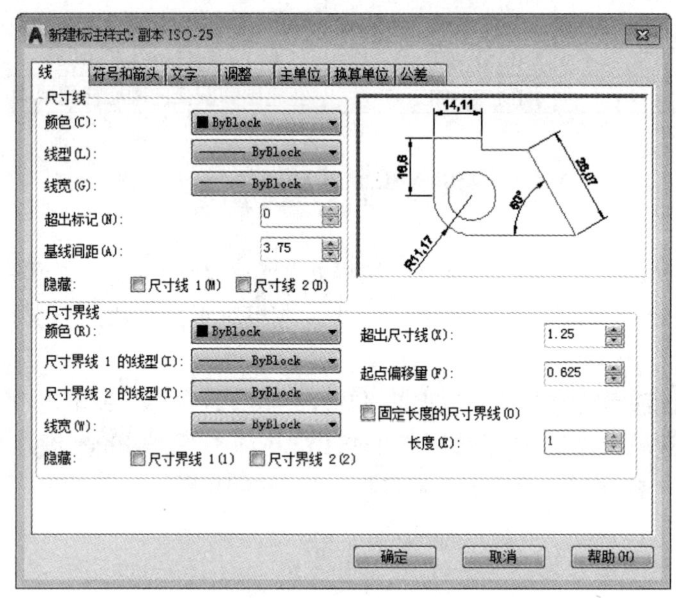

图 8-20 “新建标注样式”对话框

1. 设置线样式

在“新建标注样式”对话框中，选择“线”选项卡，可以设置尺寸线和尺寸界线的格式和位置，如图 8-20 所示。

（1）尺寸线

在“尺寸线”选项组中，各参数项含义如下：

- “颜色”下拉列表框：设置尺寸线的颜色。默认情况下，尺寸线的颜色随块，如果选择列表底部的“选择颜色”选项，将打开“选择颜色”对话框来设置颜色。
- “线型”下拉列表框：设置尺寸线的线型。
- “线宽”下拉列表框：设置尺寸线的宽度，系统默认尺寸线的宽度随块。
- “超出标记”文本框：设置使用倾斜尺寸界线时，尺寸线超过尺寸界线的距离。只有在不选择尺寸线箭头时，此文本框才可以用。在图 8-21 中，右图是超出标记效果。
- “基线间距”文本框：设置使用基线标注时各尺寸线间的距离，如图 8-22 所示为基线间距分别为 5 和 10 时的标注效果。

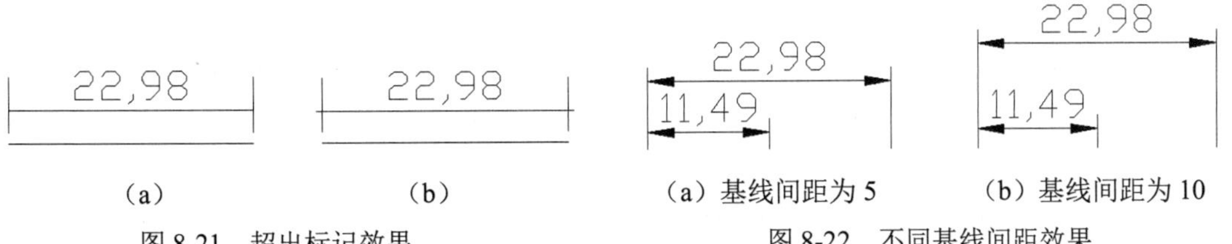

（a）　　（b）

图 8-21　超出标记效果

（a）基线间距为 5　　（b）基线间距为 10

图 8-22　不同基线间距效果

- “隐藏”选项的复选框：控制尺寸线的显示。“尺寸线 1”复选框用于控制第 1 条尺寸线的显示，“尺寸线 2”复选框用于控制第 2 条尺寸线的显示，如图 8-23 所示为分别隐藏尺寸线 1 或尺寸线 2 时的效果。

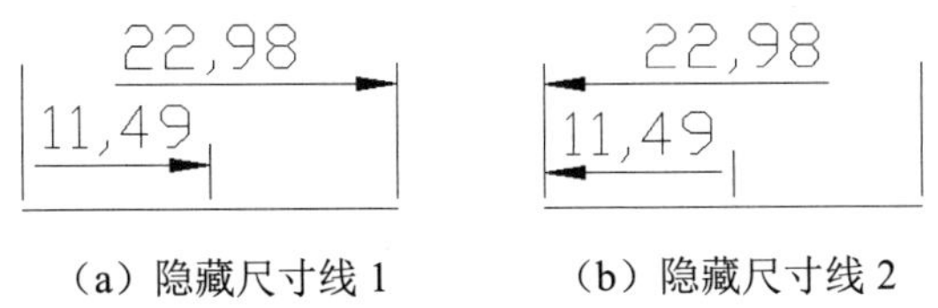

（a）隐藏尺寸线 1　　（b）隐藏尺寸线 2

图 8-23　尺寸线隐藏效果

（2）尺寸界线

在“尺寸界线”选项组中，各参数项含义如下：

- “颜色”下拉列表框：设置尺寸界线的颜色。
- “尺寸界线 1 的线型”和“尺寸界线 2 的线型”下拉列表框：分别用于设置第一条尺寸界线和第二条尺寸界线的线型。
- “线宽”下拉列表框：设置尺寸界线的宽度。
- “超出尺寸线”文本框：设置尺寸界线超过尺寸线的距离。在图 8-24 中，右图为尺寸界线超出尺寸线效果图。
- “起点偏移量”微调框：设置尺寸界线相对于尺寸界线起点的偏移距离。图 8-25 为起点偏移量为 0 和 1 的标注效果图。

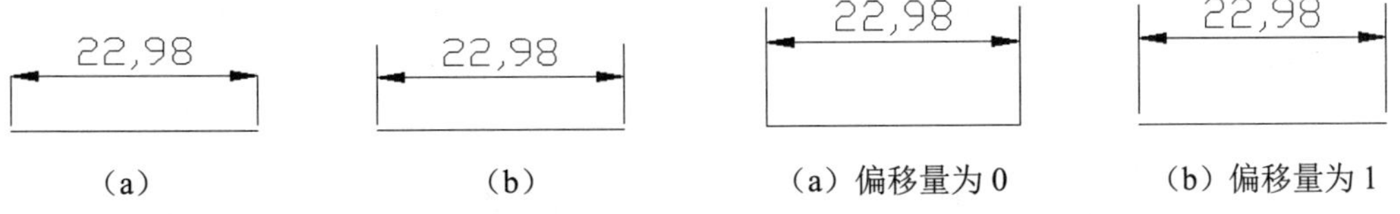

（a）　　（b）

图 8-24　尺寸界线超出尺寸线效果图

（a）偏移量为 0　　（b）偏移量为 1

图 8-25　起点偏移量效果

- “隐藏”选项的复选框：设置尺寸界线的显示。“尺寸界线 1”复选框用于控制第 1 条尺寸界线的显示，“尺寸界线 2”复选框用于控制第 2 条尺寸界线的显示。

2. 设置符号和箭头样式

在“新建标注样式”对话框中，选择“符号和箭头”选项卡，如图 8-26 所示，可以设置箭头、圆心标记、弧长符号和半径标注折弯的格式与位置。

（1）箭头

在“箭头”选项组中可以设置尺寸线和引线箭头的类型和尺寸等。通常情况下，尺寸线的两个箭头应一致，且绘图中常用的是“实心闭合”和“建筑标记”两种。

可以从对应的下拉列表框中选择箭头，并在“箭头大小”文本框中设置其大小，也可以使用自定义箭头。此时可在下拉列表框中选择“用户箭头”选项，打开“选择自定义箭头块”对话框，如图 8-27 所示。选择好对象后，单击“确定”按钮，AutoCAD 2021 将以此块作为尺寸线的箭头样式。

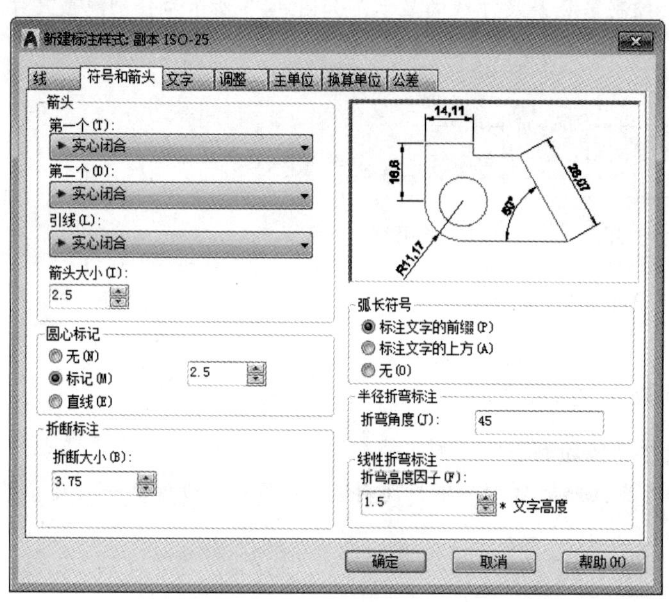

图 8-26 “符号和箭头”选项卡

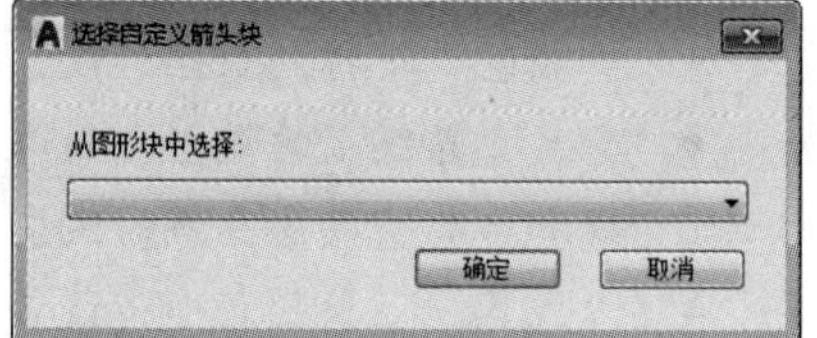

图 8-27 “选择自定义箭头块”对话框

（2）圆心标记

在“圆心标记”选项组中可以设置圆或圆弧的圆心标记类型，如“标记”“直线”和“无”。其中，选中“标记”单选按钮，可对圆或圆弧绘制圆心标记；选中“直线”单选按钮，可对圆或圆弧绘制中心线；选中“无”单选按钮，则没有任何标记。

（3）弧长符号

在“弧长符号”选项组中可以控制弧长标注中圆弧符号的显示。其中“标注文字的前缀”单选按钮设置将弧长符号（⌒）放在标注文字的前面；“标注文字的上方”单选按钮设置将弧长符号（⌒）放在标注文字的上面；“无”将不显示弧长符号。如图 8-28 所示为 3 种标注效果的对比。

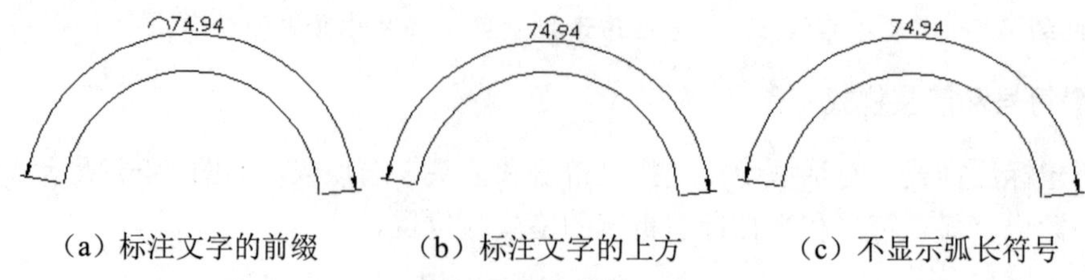

（a）标注文字的前缀　　（b）标注文字的上方　　（c）不显示弧长符号

图 8-28 设置弧长的位置效果对比

（4）半径折弯标注

在“半径折弯标注”选项组的“折弯角度”文本框中，可以设置标注圆弧半径时标注线的折弯角度大小。当半径过大时，折弯半径标注通常在中心点位于页面外部时创建。可以在“折弯角度”文本框中输入折弯角度，如图 8-29 所示为折弯角度为 45° 和 90° 的效果。

（a）折弯角度为 45°　　（b）折弯角度为 90°

图 8-29　不同折弯角度效果

（5）折断标注

在“折断标注”选项组的“折断大小”文本框中，可以设置标注打断时标注线的长度大小。

（6）线性折弯标注

“线性折弯标注”选项组用于控制线性标注折弯的显示。通过形成折弯的角度的两个顶点之间的距离确定折弯高度。

3. 设置文字样式

单击“文字”选项卡，如图 8-30 所示。

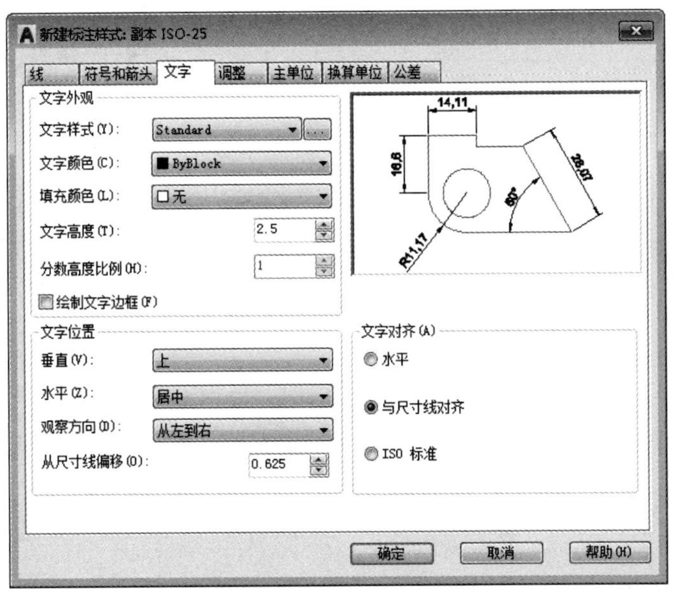

图 8-30　“文字”选项卡

“文字”选项卡用于设置标注文字的格式、位置及对齐方式的特性。由“文字外观”“文字位置”和“文字对齐”3 个选项组组成。

（1）文字外观

在“文字外观”选项组中可设置标注文字的样式、颜色、高度和分数高度比例，以及控制是否绘制文字边框等。各选项的功能如下：

- “文字样式”下拉列表框：设置标注文字所用的样式，单击后面的[...]按钮，打开“文字样式”对话框，选择文字样式或新建文字样式。
- “文字颜色”下拉列表框：设置标注文字的颜色。
- “文字高度”文本框：设置当前标注文字样式的高度。
- “分数高度比例”文本框：设置分数尺寸文本的相对字高度系数。
- “绘制文字边框”复选框：控制是否在标注文字四周画一个框。

（2）文字位置

在“文字位置”选项组中可设置标注文字的垂直位置、水平位置、观察方向及从尺寸线的偏移量，各选项的功能如下：

- “垂直”下拉列表框：设置标注文字沿尺寸线在垂直方向上的对齐方式，系统提供了 4 种对齐方式。选择“居中”，将标注文字放在尺寸线两部分的中间；选择“上方”，将标注文字放在尺寸线上方，从尺寸线到文字的最低基线的距离就是当前的文字间距，该选项最常用；选择“外部”，将标注文字放在尺寸线上远离第一个定义点的一边；选择 JIS，按照日本工业标准（JIS）放置标注文字。如图 8-31 所示为文字在垂直方向上居中、上方和外部位置的效果。

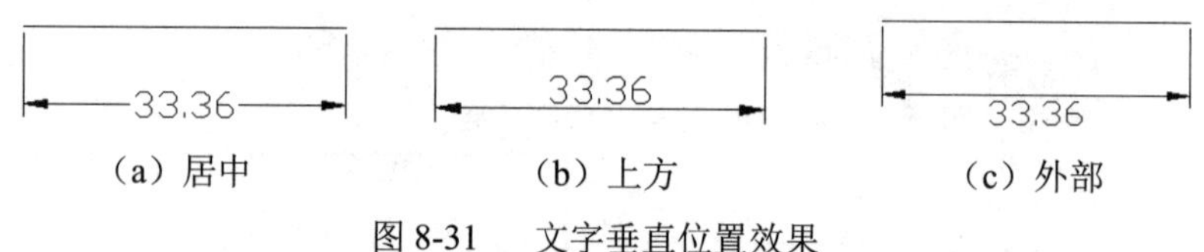

（a）居中　　（b）上方　　（c）外部

图 8-31　文字垂直位置效果

- “水平”下拉列表框：设置标注文字沿尺寸线和尺寸界线在水平方向上的对齐方式。系统提供了 5 种对齐方式，包括“居中”“第一条尺寸界线”“第二条尺寸界线”“第一条尺寸界线上方”和“第二条尺寸界线上方”。如图 8-32 所示为水平方向不同位置的效果。

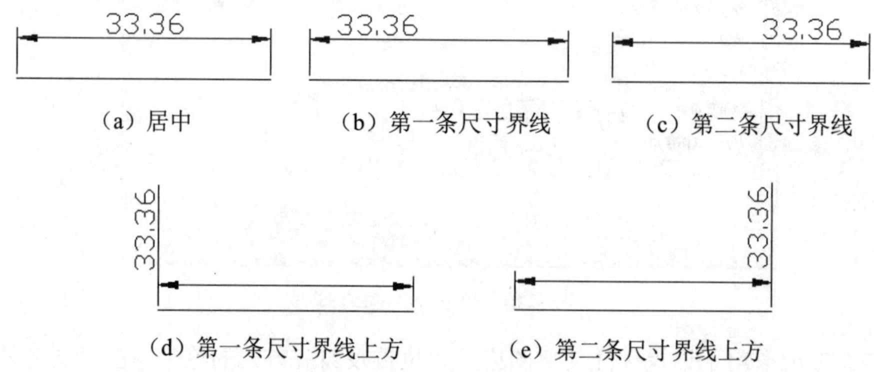

（a）居中　　（b）第一条尺寸界线　　（c）第二条尺寸界线

（d）第一条尺寸界线上方　　（e）第二条尺寸界线上方

图 8-32　文字水平位置效果

- “从尺寸线偏移”文本框：设置文字与尺寸线的间距。如果标注文字位于尺寸线的中间，则表示断开尺寸线端点与尺寸文字的间距。若标注文字带有边框，则可以控制文字边框与其中文字的距离。
- “观察方向”下拉列表框：用于控制标注文字的观察方向。“从左到右”选项表示按从左到右阅读的方式放置文字，“从右到左”选项表示按从右到左阅读的方式放置文字。

（3）文字对齐

- “文字对齐”选项组设置标注文字的方向。选中“水平”单选按钮，表示标注文字沿水平线放置；选中“与尺寸线对齐”单选按钮，表示标注文字沿尺寸线方向放置；选中“ISO 标准”单选按钮，表示当标注文字在尺寸界线之间时，沿尺寸线的方向放置，当标注文字在尺寸界线外侧时，则水平放置标注文字。

4. 调整格式

单击“调整”选项卡，如图 8-33 所示。

在“调整”选项卡中可以设置标注文字、尺寸线和尺寸箭头的位置。

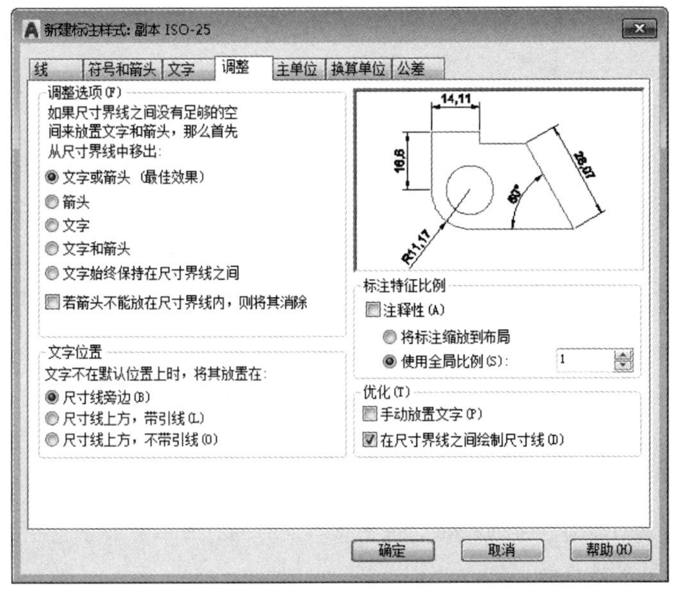

图 8-33 “调整”选项卡

（1）调整选项

在“调整选项”选项组中，可以确定当尺寸界线之间没有足够的空间同时放置标注文字和箭头时，应从尺寸界线之间移出的对象，各选项功能如下：

- “文字或箭头”单选按钮：选中该单选按钮，将按最佳效果自动移出文字或箭头。当尺寸界线间的距离足够放置文字和箭头时，文字和箭头都放在尺寸界线内，否则，将按照最佳效果移动文字或箭头；当尺寸界线间的距离仅够容纳文字时，将文字放在尺寸界线内，而箭头放在尺寸界线外；当尺寸界线间的距离仅够容纳箭头时，将箭头放在尺寸界线内，而文字放在尺寸界线外；当尺寸界线间的距离既不够放文字又不够放箭头时，文字和箭头都放在尺寸界线外。

- “箭头”单选按钮：选中该单选按钮，表示先将箭头移动到尺寸界线外，然后移动文字。当尺寸界线间的距离足够放置文字和箭头时，文字和箭头都放在尺寸界线内；当尺寸界线间距离仅够放下箭头时，将箭头放在尺寸界线内，而文字放在尺寸界线外；当尺寸界线间距离不足以放下箭头时，文字和箭头都放在尺寸界线外。
- “文字”单选按钮：选中该单选按钮，表示先将文字移动到尺寸界线外，然后移动箭头。当尺寸界线间的距离足够放置文字和箭头时，文字和箭头都放在尺寸界线内；当尺寸界线间的距离仅能容纳文字时，将文字放在尺寸界线内，而箭头放在尺寸界线外；当尺寸界线间距离不足以放下文字时，文字和箭头都放在尺寸界线外。
- “文字和箭头”单选按钮：选中该单选按钮，可将文字和箭头都移出。
- “文字始终保持在尺寸界线之间”单选按钮：选中该单选按钮，可将文字始终保持在尺寸界限之内，相关的标注变量为 DIMTIX。
- “若箭头不能放在尺寸界线内，则将其消除”复选框：选中该复选框，如果尺寸界线之间的空间不足以容纳箭头，则不显示标注箭头，也可以使用系统变量 DIMSOXD 设置。

（2）文字位置

在“文字位置”选项组中，可以设置当文字不在默认设置时的位置，各选项功能如下：

- “尺寸线旁边”单选按钮：选中该单选按钮，可以将文本放在尺寸线旁边。
- “尺寸线上方，带引线”单选按钮：选中该单选按钮，可以将文本放在尺寸线的上方，并加上引线。
- “尺寸线上方，不带引线”单选按钮：选中该单选按钮，可以将文本放在尺寸线的上方，但不加引线。

（3）标注特征比例

在“标注特征比例”选项组中，可以设置标注尺寸的特征比例，以便通过设置全局比例因子来增加或减少标注的大小，各选项的功能如下：

- “将标注缩放到布局”单选按钮：选中该单选按钮，可以根据当前模型空间视口与图纸空间之间的缩放关系设置比例。
- “使用全局比例”单选按钮：选中该单选按钮，可以对全部尺寸标注设置缩放比例，该比例不改变尺寸的测量值。

（4）优化

“优化”选项组提供用于放置标注文字的其他选项，各选项功能如下：

- “手动放置文字”复选框：表示忽略所有水平对正设置并把文字放在“尺寸线位置”提示下指定的位置，表示在进行标注时，用户可以按照自己的意愿放置标注文字的位置，当选择该复选框时，进行尺寸标注时，标注文字可以随着光标自由的变换位置。
- “在尺寸界线之间绘制尺寸线”复选框：表示即使箭头放在测量点之外，也在测量点之间绘制尺寸线。

5. 设置主单位

单击“主单位”选项卡，如图 8-34 所示。

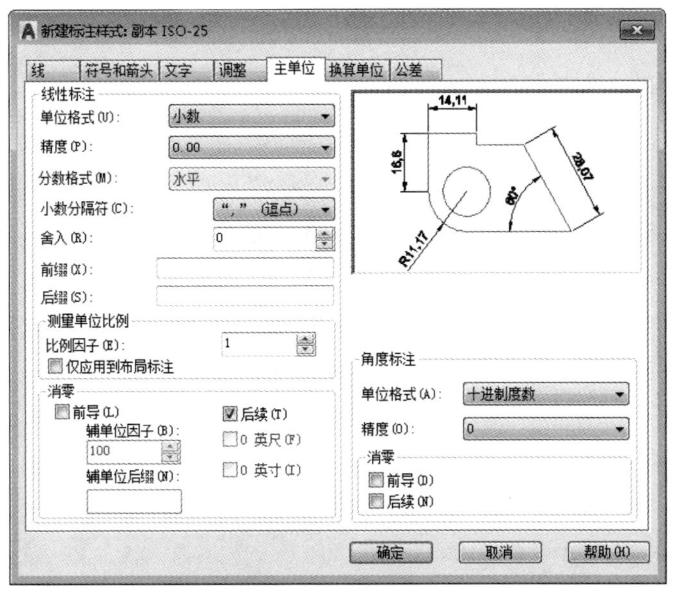

图 8-34　“主单位”选项卡

“主单位”选项卡中各选项的功能如下。

（1）线性标注

在”线性”标注选项组中，可以设置线性标注的单位格式与精度，其主要选项功能如下：

- “单位格式”下拉列表框：设置除角度标注之外的其他标注类型的尺寸单位。包括“科学”“小数”“工程”“建筑”“分数”及“Windows 桌面”等选项，也可以用系统变量 DIMUNIT 来设置。
- “精度”下拉列表框：设置除角度标注之外的其他标注的尺寸精度，也可以用系统变量 DIMDEC 来设置。
- “分数格式”下拉列表框：当单位格式是分数时，可以设置分数的格式，包括“水平”“对角”和“非堆叠”3 种方式，也可以使用系统变量 DIMFARC 进行设置。
- “小数分隔符”下拉列表框：设置小数的分隔符，包括“逗点”“句点”和“空格”3 种方式，也可以使用系统变量 DIMDSEP 进行设置。
- “舍入”文本框：设置除角度标注外的尺寸测量值的舍入值。也可以使用系统变量 DIMRND 设置。
- “前缀”和“后缀”文本框：标注文字的前缀和后缀，在相应的文本框中输入字符即可。
- “测量单位比例”选项组：使用“比例因子”文本框可以设置测量尺寸的缩放比例，AutoCAD 2021 中实际标注值为测量值与该比例的积。选中“仅应用到布局标注”复选框，可以设置该比例关系仅适用于布局。
- “消零”选项组：设置是否显示尺寸标注中的前导和后续零。

（2）角度标注

在“角度标注”选项组中，使用“单位格式”下拉列表框设置标注角度时的单位；使用“精度”下拉列表框设置标注角度的尺寸精度；使用“消零”选项组设置是否消除角度尺寸的前导和后续零。

6. 设置单位换算

单击“换算单位”选项卡，如图 8-35 所示。

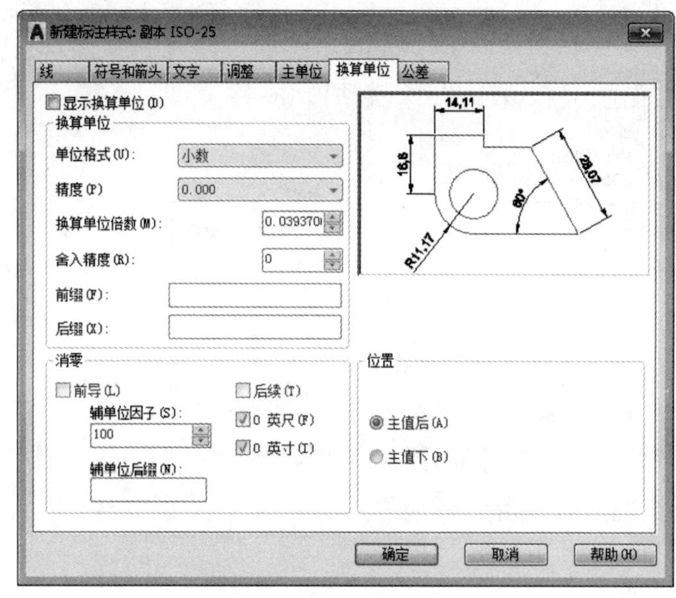

图 8-35 “换算单位”选项卡

选中“显示换算单位”复选框后，对话框的其他选项才可用，可以在“换算单位”选项组中设置换算单位的“单位格式”“精度”“换算单位倍数”“舍入精度”“前缀”“后缀”等，方法与设置主单位的方法相同。

在 AutoCAD 2021 中，通过换算标注单位，可以转换使用不同测量单位制的标注，通常是显示英制标注的等效公制标注，或公制标注的等效英制标注。在标注文字中，换算标注单位显示在主单位旁边的方括号中。

8.3.2 创建标注样式操作实例

【例 8-1】根据国家标准规定创建给排水专业制图中的标注样式，将其命名为“给排水标注样式 1”。

步骤 01 选择“样式”|“标注样式”命令，打开“标注样式管理器”对话框，单击“新建”按钮，打开“创建新标注样式”对话框，在“新样式名”文本框中输入标注样式名为“给水排水标注样式 1”，如图 8-36 所示。

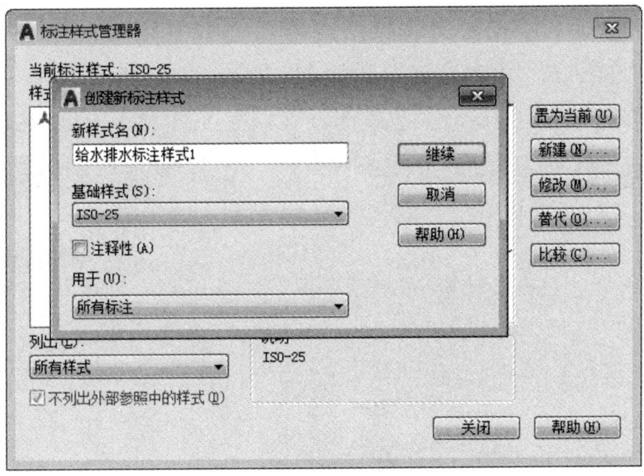

图 8-36 “创建新标注样式”对话框

步骤 02 单击“继续”按钮，打开“新建标注样式”对话框，设置“线”选项卡参数，具体设置如图 8-37 所示。

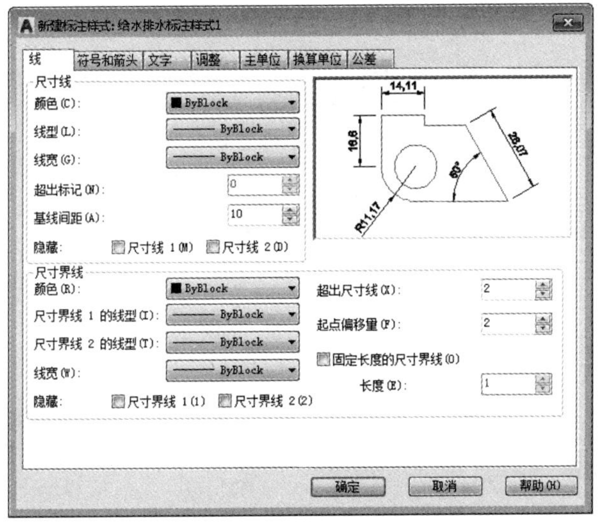

图 8-37 “线”选项卡

步骤 03 选择“符号和箭头”选项卡，设置符号和箭头，具体设置如图 8-38 所示。

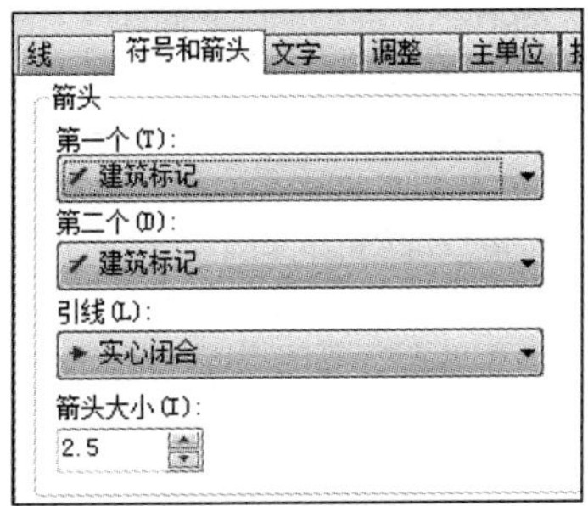

图 8-38 “符号和箭头”选项卡

步骤 04 选择“文字”选项卡，设置文字样式，单击“文字样式”文本框后面的...按钮，打开“文字样式”对话框，具体设置如图 8-39 所示。依次单击“应用”按钮和“关闭”按钮，返回到“文字”选项卡，其他具体设置如图 8-40 所示。

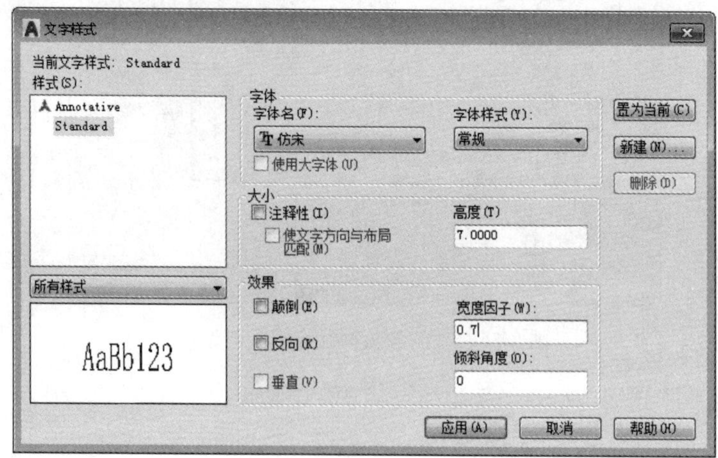

图 8-39 “文字样式”对话框

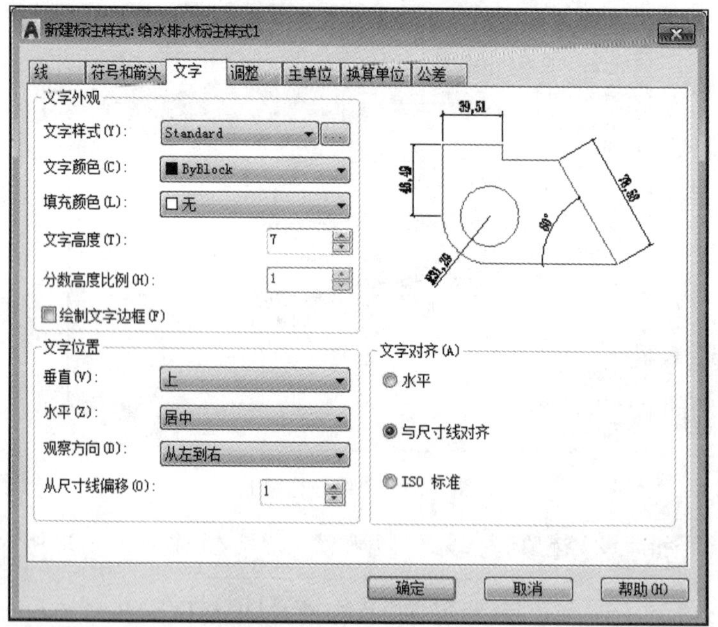

图 8-40 “文字”选项卡

步骤 05 选择“主单位”选项卡，设置单位格式、精度以及比例因子等参数，具体设置如图 8-41 所示。

步骤 06 单击“确定”按钮，返回到“标注样式管理器”对话框，预览新样式的设置效果，效果如图 8-42 所示。

步骤 07 单击“关闭”按钮，关闭“标注样式管理器”对话框，完成“给排水标注样式 1”的创建。

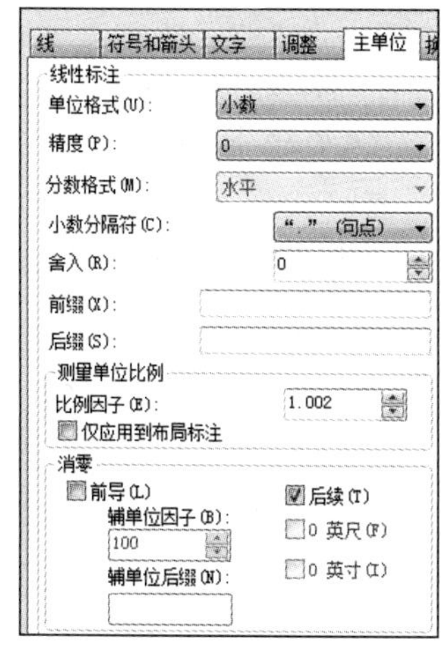

图 8-41　“主单位”选项卡

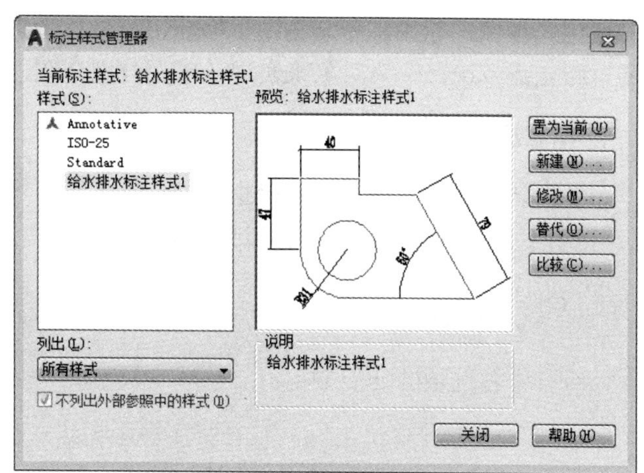

图 8-42　“标注样式管理器”对话框

8.3.3　修改标注样式

在“标注样式管理器”对话框的“样式”列表框中选择需要修改的标注样式，然后单击“修改”按钮，打开“修改标注样式”对话框，可以在该对话框中对该样式的参数进行修改。

在“标注样式管理器”对话框的“样式”列表框中选择需要替代的标注样式，单击“替代”按钮，打开“替代当前样式”对话框，可以在该对话框中设置临时的尺寸标注样式，以替代当前尺寸标注样式的相应设置。

“新建标注样式”“修改标注样式”和“替代当前样式”仅对话框标题不一样，其他参数设置均一样，掌握了 8.3.1 节“新建标注样式”对话框的设置，即可方便地进行另外两个对话框的设置。

8.4　创建标注

8.4.1　线性标注

单击“默认”选项卡|“注释”面板上的“线性”按钮，或者单击“注释”选项卡|“标注”面板上的“线性”按钮，或者在命令行中输入 DIMLINEAR 后按 Enter 键，都可以执行“线性”命令，以创建水平尺寸、垂直尺寸和倾斜尺寸等。

单击“标注”面板|“线性”按钮，命令行提示如下：

```
命令: _DIMLINEAR
指定第一个尺寸界线原点或 <选择对象>:                    //拾取第一条尺寸界线的原点
指定第二条尺寸界线原点:                                 //拾取第二条尺寸界线的原点
指定尺寸线位置或
[多行文字(M)/文字(T)/角度(A)/水平(H)/垂直(V)/旋转(R)]:  //一般移动光标指定尺寸线位置
标注文字 = 5000
```

使用“线性”标注命令创建用于标注用户坐标系 XY 平面中的两个点之间的距离测量值，并通过指定点或选择一个对象来实现，下面分别介绍这两种方法。

1. 指定点

系统默认在命令行提示下直接指定第一个尺寸界线的原点，并在“指定第二条尺寸界线原点：”提示下指定了第二条尺寸界线原点后，命令行提示如下：

```
指定尺寸线位置或
[多行文字(M)/文字(T)/角度(A)/水平(H)/垂直(V)/旋转(R)]： //一般移动光标指定尺寸线位置
```

命令行中各选项的功能如下：

- “多行文字（M)”选项：选择该选项将进入“文字编辑器”选项卡模式，打开“文字格式”对话框，如图 8-43 所示，可以输入并设置标注文字。

图 8-43 “文字格式”对话框

- “文字（T)”选项：表示在命令行中自定义标注文字，包括生成的测量值，可用尖括号“<”与“>”表示生成的测量值。如果标注样式中未打开换算单位，可以通过输入方括号“[”与“]”来显示换算单位。
- “角度（A)”选项：设置标注文字的旋转角度。
- “水平（H)”选项：标注水平尺寸。
- “垂直（V)”选项：标注垂直尺寸。
- “旋转（R)”选项：旋转标注对象的尺寸线。

2. 选择对象

如果在线性标注的命令行提示下直接按 Enter 键，即要求选择要标注尺寸的对象。当选择了对象后，AutoCAD 2021 将该对象的两个端点作为两条尺寸界线的起点，并显示如下提示信息：

```
指定尺寸线位置或
[多行文字(M)/文字(T)/角度(A)/水平(H)/垂直(V)/旋转(R)]： //一般移动光标指定尺寸线位置
```

使用 8.4.1 节“指定点”部分介绍的方法可以标注对象。

如图 8-44 所示为水平线性标注、垂直线性标注和旋转 45° 的线性标注效果。

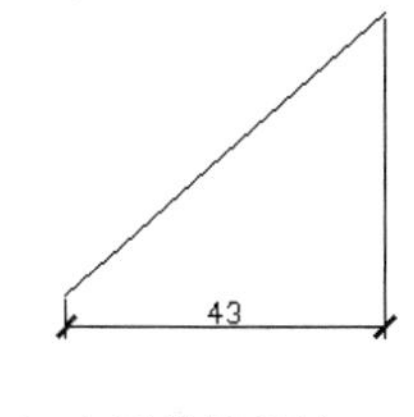

（a）水平线性标注

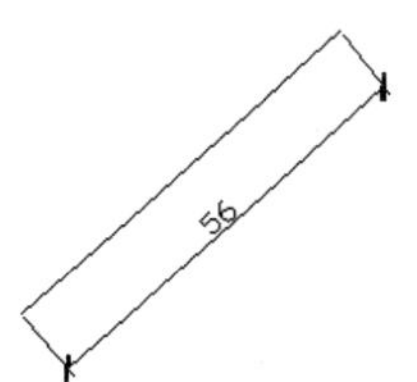

（b）垂直线性标注

（c）旋转线性标注

图 8-44　线性标注

提示：当两个尺寸界线的起点不位于同一水平线或同一垂直线上时，可以通过拖动光标来确定是创建水平标注还是垂直标注。使光标位于两个尺寸界线的起始点之间，上下拖动可引出水平尺寸线，左右拖动则可以引出垂直尺寸线。

8.4.2　对齐标注

单击“默认”选项卡|“注释”面板上的“对齐”按钮，或单击“注释”选项卡|“标注”面板上的“已对齐”按钮，或者在命令行输入 DIMALIGNED 后按 Enter 键，都可以执行“对齐”标注命令，以创建与对象平行的标注。

单击“标注”面板|“已对齐”按钮，命令行提示如下：

```
命令：_DIMALIGNED
指定第一个尺寸界线原点或 <选择对象>：  //指定第一条尺寸界线的原点
指定第二条尺寸界线原点：                //指定第二条尺寸界线的原点
指定尺寸线位置或
[多行文字(M)/文字(T)/角度(A)]：         //一般移动光标指定尺寸线位置
标注文字 = 25.31
```

使用对齐尺寸标注，可以创建与指定位置或对象平行的标注，在对齐标注中，尺寸线平行于尺寸界线原点连成的直线。

此外，比较”线性”标注和“对齐标注”的命令行提示信息，可以发现对齐标注是线性标注尺寸的一种特殊形式。在对直线段进行标注时，如果该直线的倾斜角度未知，使用线性标注方法将无法得到标准的测量结果，这时可以使用对齐标注命令。

8.4.3　弧长标注

弧长标注用于测量圆弧或多段线弧线段上的距离，系统默认弧长标注显示一个圆弧符号。弧长标注的尺寸界线可以正交或径向，仅当圆弧的包含角度小于 90° 时才显示正交尺寸界线。

单击“默认”选项卡|“注释”面板上的“弧长”按钮，或单击“注释”选项卡|“标注”面板上的“弧长”按钮，或者在命令行输入 DIMARC 后按 Enter 键，都可以执行“弧长”标注命令，以创建弧长标注。

单击“标注”面板|“弧长”按钮，命令行提示如下：

```
命令：_DIMARC
选择弧线段或多段线圆弧段：                                                    //选择要标注的弧
指定弧长标注位置或 [多行文字(M)/文字(T)/角度(A)/部分(P)/引线(L)]： //指定尺寸线的位置
标注文字 =18
```

当指定了弧长标注的位置后，将按实际测量值标注出圆弧的长度。

命令行提示中的“多行文字（M)”“文字（T)”“角度（A)”等选项的功能和”线性”标注中的功能相同，这里不再赘述，其他主要选项的功能如下：

- “部分（P)”选项：表示缩短弧长标注的长度，命令行会提示重新拾取测量弧长的起点和终点。
- “引线（L)”选项：表示添加引线对象。该选项仅当圆弧（或弧线段）大于 90° 时才会显示此选项，引线是按径向绘制的，指向所标注圆弧的圆心。

如图 8-45 所示图形为有或无引线的弧长标注效果。

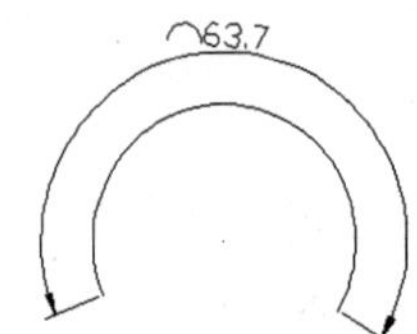

（a）没有引线的圆弧标注

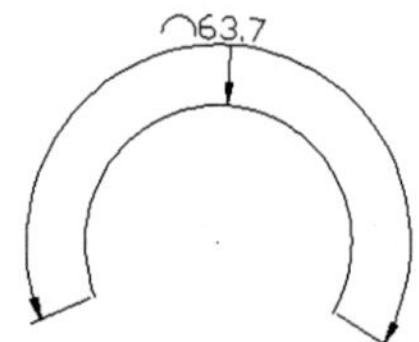

（b）有引线的圆弧标注

图 8-45　有引线或无引线的弧长标注效果

8.4.4　基线标注

基线标注是自同一基线处测量的多个标注，在创建基线标注之前，必须先创建线性标注、对齐标注或角度标注。

单击“注释”选项卡|“标注”面板上的“基线”按钮，或者在命令行输入 DIMBASELINE 后按 Enter 键，都可以执行“基线”标注命令，以创建基线标注。

单击“标注”面板|“基线”按钮，命令行提示如下：

```
命令：_dimbaseline
选择基准标注：
指定第二个尺寸界线原点或 [选择(S)/放弃(U)] <选择>://指定第二条尺寸界线原点
标注文字 = 1000
指定第二个尺寸界线原点或 [选择(S)/放弃(U)] <选择>://继续提示指定尺寸界线原点
标注文字 = 2000
指定第二条尺寸界线原点或 [选择(S)/放弃(U)] <选择>:
```

根据命令行提示信息，可以直接确定下一个尺寸的第二条尺寸界线的起始点，AutoCAD 将按基线标注方式标注出尺寸，直到按下 Enter 键结束命令为止。

如图 8-46 所示为基线标注效果。

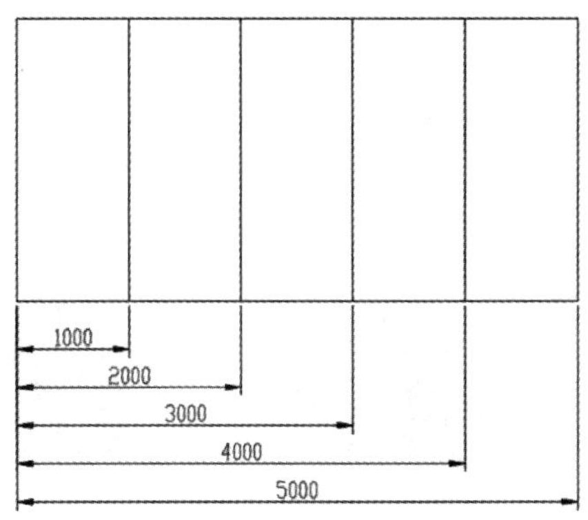

图 8-46　基线标注效果

8.4.5　连续标注

1. 连续标注

连续标注可以创建一系列端对端放置的标注，每个连续标注都从前一个标注的第二个尺寸界线处开始。

单击“注释”选项卡|“标注”面板上的“连续”按钮，或者在命令行输入 DIMCONTINUE 后按 Enter 键，都可以执行“连续”标注命令，以创建连续标注。

单击“标注”面板|“连续”按钮，命令行提示如下：

```
命令: _DIMCONTINUE
指定第二个尺寸界线原点或 [选择(S)/放弃(U)] <选择>:
指定第二个尺寸界线原点或 [选择(S)/放弃(U)] <选择>:
```

在进行连续标注之前，必须先创建（或选择）一个线性、坐标或角度标注作为基准标注，以确定连续标注所需要的前一尺寸标注的尺寸界线。

根据命令行提示信息，当确定了下一个尺寸的第二条尺寸界线原点后，AutoCAD 2021 将按连续标注方式标注出尺寸，即把上一个或所选标注的第二条尺寸界线作为新尺寸标注的第一条尺寸界线来标注尺寸。当标注完全部尺寸后，按 Enter 键结束该命令。

如图 8-47 所示为连续标注的效果。

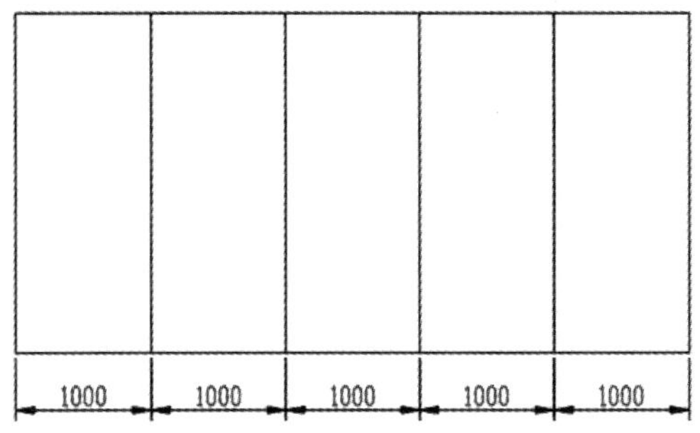

图 8-47　连续标注效果

2. 标注双口雨水口操作实例

【例 8-2】如图 8-48 所示为给排水中的双口雨水口，使用“线性”标注和“连续”标注命令，对其进行标注，标注样式采用【例 8-1】中设置的“给排水标注样式 1”样式，只需将文字高度改为 10。

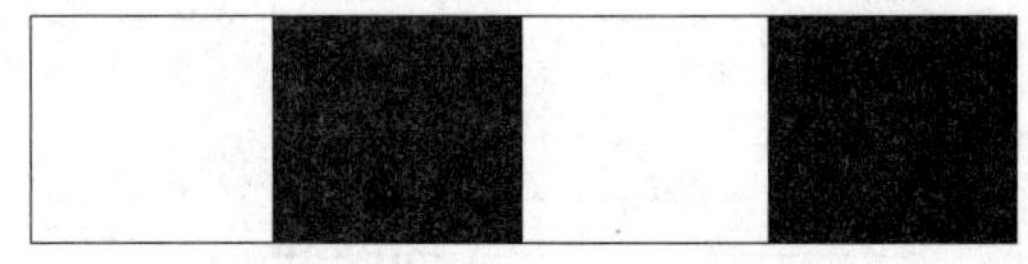

图 8-48　双口雨水口

步骤 01 展开“注释”选项卡|“标注”面板上的“标注样式”下拉列表，将“给排水标注样式 1”置为当前标注样式。

步骤 02 单击“注释”选项卡|“标注”面板上的“线性”按钮，配合端点捕捉或交点捕捉功能标注线性尺寸，命令行提示如下：

```
指定第一个尺寸界线原点或<选择对象>：   //指定第一条尺寸界线的起点，在图样上捕捉点 A
指定第二条尺寸界线原点：                 //指定第一条尺寸界线的终点，在图样上捕捉点 B
指定尺寸线位置或[多行文字(M)/文字(T)/角度(A)/水平(H)/垂直(V)/旋转(R)]：H
//创建水平标注，拖动光标，在合适的位置单击，确定尺寸线的位置，如图 8-49 所示
```

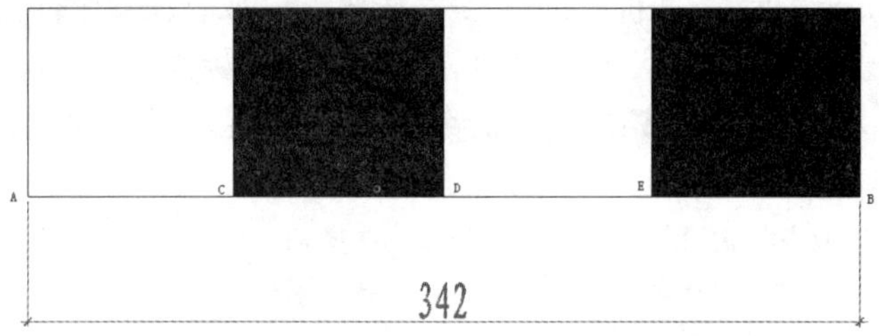

图 8-49　标注雨水口外轮廓线的长度尺寸

步骤 03 单击“注释”选项卡|“标注”面板上的“线性”按钮，使用同样的方法标注雨水口外轮廓线的宽度尺寸和雨水口第一部分的长度尺寸，如图 8-50 所示。

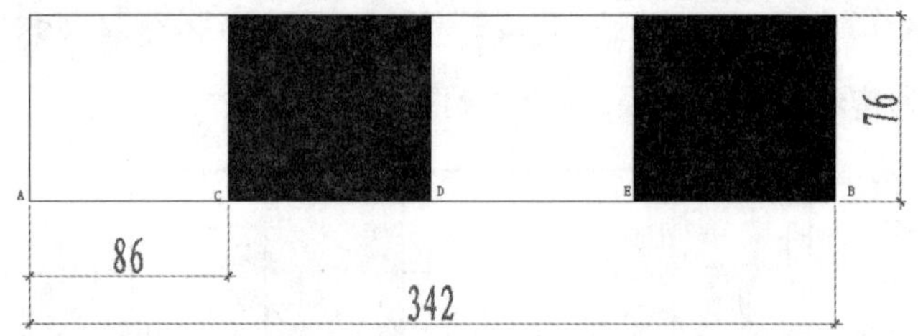

图 8-50　标注雨水口宽度尺寸

步骤 04 单击“注释”选项卡|“标注”面板上的“连续”按钮，快速标注平面图下侧的连续尺寸，命令行提示如下：

```
命令：_DIMCONTINUE
选择连续标注：//选择步骤（3）标注的雨水口第一部分的标注尺寸
```

```
指定第二个尺寸界线原点或 [放弃(U)/选择(S)] <选择>:          //捕捉点 D
标注文字 = 86
指定第二个尺寸界线原点或 [放弃(U)/选择(S)] <选择>:          //捕捉点 E
标注文字 = 86
指定第二个尺寸界线原点或 [放弃(U)/选择(S)] <选择>:          //捕捉点 B
标注文字 = 86
指定第二个尺寸界线原点或 [放弃(U)/选择(S)] <选择>:
选择连续标注: //按 Enter 键结束命令，标注效果如图 8-51 所示
```

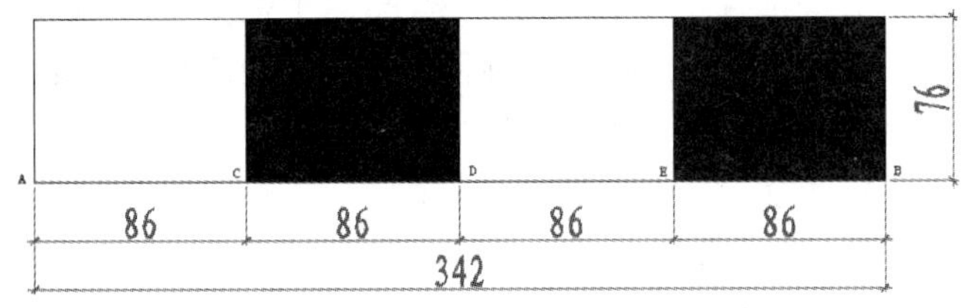

图 8-51　完成标注

8.4.6　半径和直径标注

半径和直径标注可以通过使用可选的中心线或中心标记测量圆弧和圆的半径和直径。半径标注用于测量圆弧或圆的半径，并显示前面带有字母 R 的标注文字；直径标注用于测量圆弧或圆的直径，并显示前面带有直径符号的标注文字。

1. 半径标注

单击“默认”选项卡|“注释”面板上的“半径”按钮，或单击“注释”选项卡|“标注”面板上的“半径”按钮，或者在命令行输入 DIMRADIUS 后按 Enter 键，都可以执行“半径”标注命令，以标注半径尺寸。

单击“标注”面板|“半径”按钮，命令行提示如下：

```
命令: _DIMRADIUS
选择圆弧或圆:                                          //选择要标注半径的圆或圆弧对象
标注文字 = 25
指定尺寸线位置或 [多行文字(M)/文字(T)/角度(A)]:  //移动光标至合适位置单击
```

当指定了尺寸线的位置后，AutoCAD 2021 将按实际测量值标注出圆或圆弧的半径。当然，也可以利用命令行提示信息中的其他选项，如“多行文字（M）”“文字（T）”“角度（A）”等选项，确定尺寸文字或尺寸文字的旋转角度。

当通过“多行文字（M）”和“文字（T）”选项重新确定尺寸文字时，只有在输入的尺寸文字前加 R，才能使标出的半径尺寸有半径符号 R，否则没有该符号。

2. 直径标注

单击“默认”选项卡|“注释”面板上的“直径”按钮，或单击“注释”选项卡|“标注”面板上的“直径”按钮，或者在命令行输入 DIMDIAMETER 后按 Enter 键，都可以执行“直

径”标注命令，以创建直径尺寸。

单击“标注”面板|“直径”按钮，命令行提示如下：

```
命令: _DIMDIAMETER
选择圆弧或圆:
标注文字 = 43.45
指定尺寸线位置或 [多行文字(M)/文字(T)/角度(A)]:
```

直径标注的方法和半径标注的方法相同。当选择了需要标注直径的圆或圆弧后，直接确定尺寸线位置，AutoCAD 2021 将按实际测量值标注出圆或圆弧的直径。并且，当通过“多行文字（M）”和“文字（T）”选项重新确定尺寸文字时，需要在尺寸文字前加%%C，才能使标出的直径尺寸有直径符号 φ。

如图 8-52 所示为半径标注和直径标注的效果。

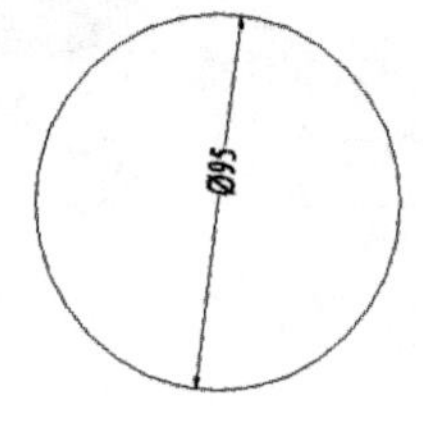

（a）直径标注

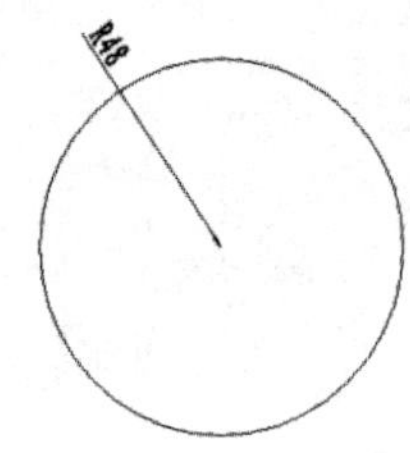

（b）半径标注

图 8-52　半径和直径标注效果

8.4.7　角度标注

1. 角度标注

角度标注可以用于标注圆弧、圆、两条不平行的直线和 3 个点之间的角度。要标注圆的两条半径之间的角度，可以选择此圆，然后指定角度端点。对于其他对象，则需要先选择对象，然后指定标注位置。

单击“默认”选项卡|“注释”面板上的“角度”按钮，或单击“注释”选项卡|“标注”面板上的“角度”按钮，或者在命令行输入 DIMANGULAR 后按 Enter 键，都可以执行“角度”标注命令，以创建角度标注。

单击“标注”面板|“角度”按钮，命令行提示如下：

```
命令: _DIMANGULAR
选择圆弧、圆、直线或 <指定顶点>:
选择第二条直线:
指定标注弧线位置或 [多行文字(M)/文字(T)/角度(A)/象限点(Q)]:
标注文字 = 44
```

如果选择“指定顶点”选项，首先需要确定角的顶点，然后分别指定角的两个端点，最后指定标注弧线的位置。

如图 8-53 所示为圆弧和直线角度标注的效果。

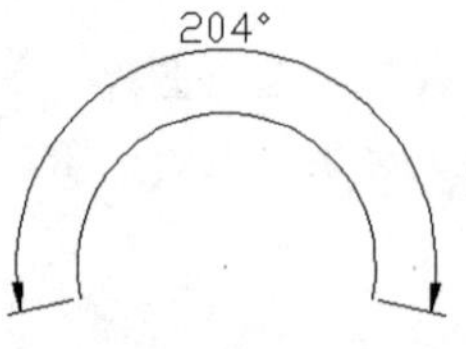

（a）圆弧角度标注

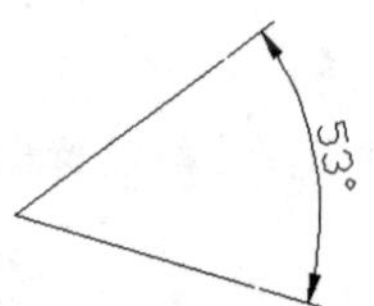

（b）直线角度标注

图 8-53　圆弧和直线角度的标注效果

2. 标注浮球阀操作实例

【例 8-3】使用“线性”“对齐”“角度”和“直径”标注命令标注如图 8-54 所示的浮球阀图例。标注样式采用【例 8-1】中设置的“给排水标注样式 1”样式。

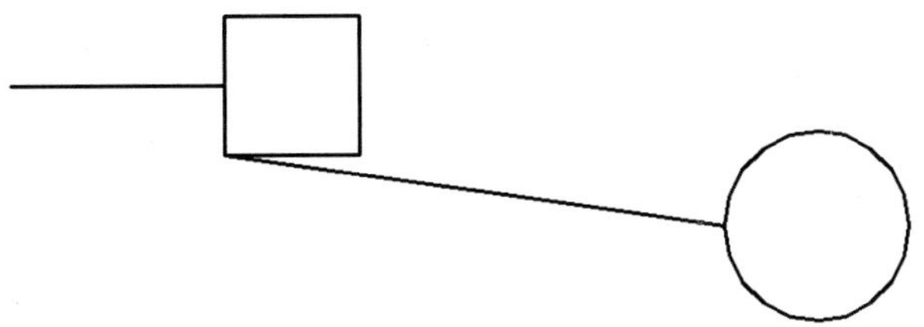

图 8-54　浮球阀图例

步骤 01 展开“注释”选项卡|“标注”面板上的“标注样式”下拉列表，将“给排水标注样式 1”置为当前标注样式。

步骤 02 单击“注释”选项卡|“标注”面板上的“线性”按钮，配合端点捕捉或交点捕捉功能标注线性尺寸，命令行提示如下：

```
命令: _DIMLINEAR
指定第一个尺寸界线原点或 <选择对象>:          //捕捉点 A
指定第二条尺寸界线原点:                       //捕捉点 B
指定尺寸线位置或[多行文字(M)/文字(T)/角度(A)/水平(H)/垂直(V)/旋转(R)]:H
//创建水平标注，拖动光标，在合适的位置单击，确定尺寸线的位置，如图 8-55 所示
标注文字 = 329
```

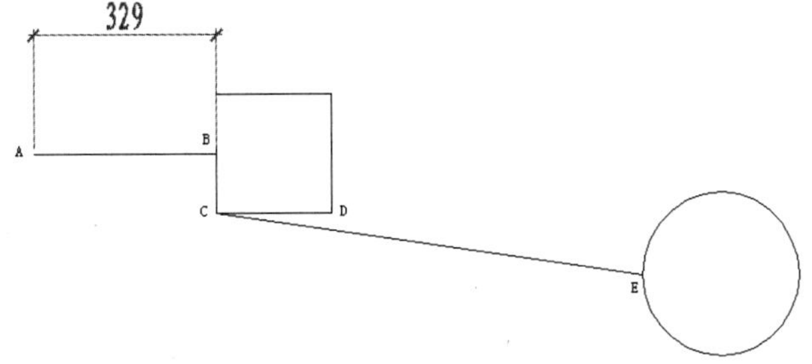

图 8-55　标注浮球阀第一段尺寸

步骤 03 单击“注释”选项卡|“标注”面板上的“线性”按钮，使用同样的方法标注浮球阀中的线性部分，如图 8-56 所示。

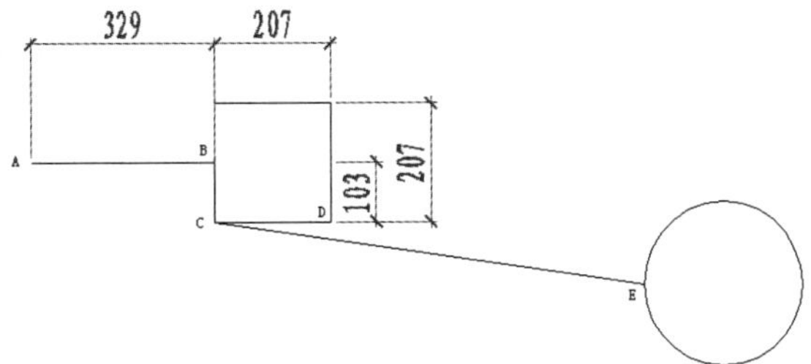

图 8-56　进行线性标注

步骤 04 新建名称为“给排水角度标注”的标注样式，方法和相关参数同【例 8-1】，只需将“箭头和符号”选项卡中的建筑标记改为实心闭合。然后单击“注释”选项卡|“标注”面板上的“角度”按钮，标注角度尺寸，命令行提示如下：

```
命令: _DIMANGULAR
选择圆弧、圆、直线或 <指定顶点>:            //选择直线 CD
选择第二条直线:                             //选择直线 CE
指定标注弧线位置或 [多行文字(M)/文字(T)/角度(A)/象限点(Q)]:
//拖动光标，在合适的位置单击，确定角度，如图 8-57 所示
标注文字 = 8
```

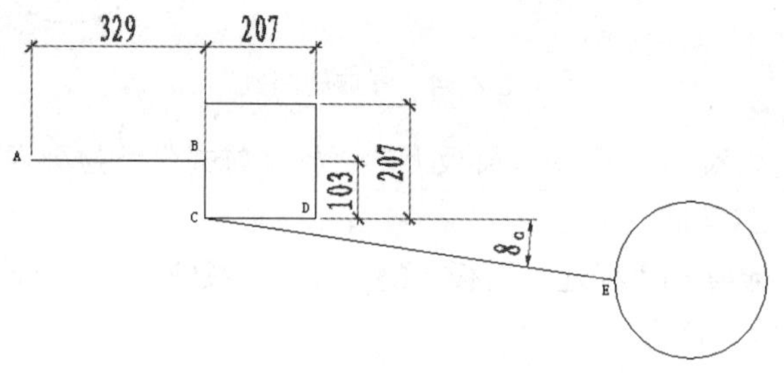

图 8-57　角度标注

步骤 05 单击“注释”选项卡|“标注”面板上的“已对齐”按钮，配合端点捕捉和交点捕捉功能标注对齐尺寸，命令行提示如下：

```
命令: _DIMALIGNED
指定第一个尺寸界线原点或 <选择对象>:        //捕捉点 C
指定第二条尺寸界线原点:                     //捕捉点 E
指定尺寸线位置或[多行文字(M)/文字(T)/角度(A)]:
// 拖动光标，在合适的位置单击，确定角度，如图 8-58 所示
标注文字 = 772
```

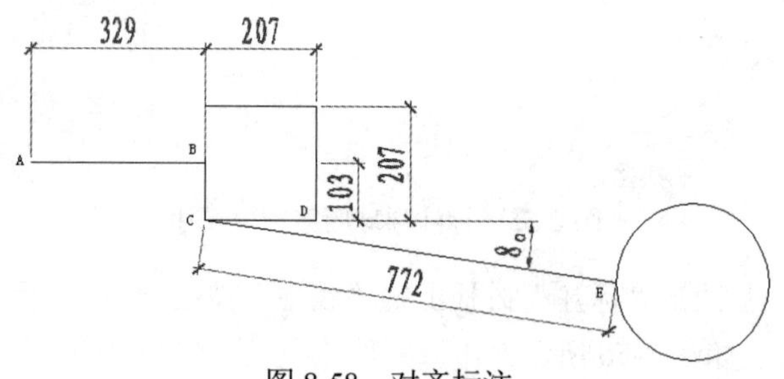

图 8-58　对齐标注

步骤 06 单击“注释”选项卡|“标注”面板上的“直径”按钮，为圆图形标注直径尺寸，命令行提示如下：

```
命令: _DIMDIAMETER
选择圆弧或圆://选择浮球
标注文字 = 284
指定尺寸线位置或 [多行文字(M)/文字(T)/角度(A)]:
//拖动光标，在合适的位置单击，确定直径，如图 8-59 所示
```

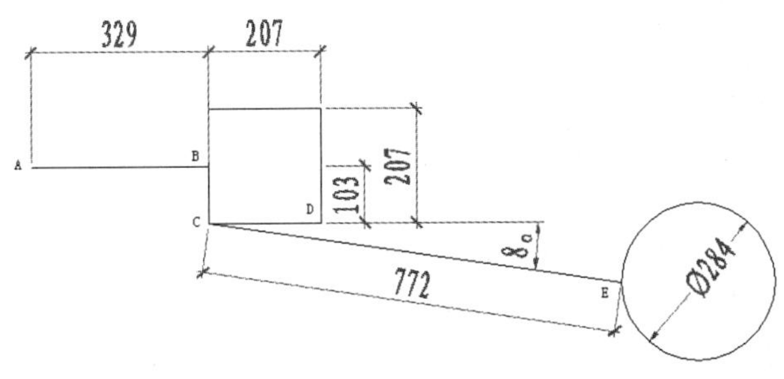

图 8-59　标注直径

8.4.8　坐标标注

坐标标注测量原点到标注特征的垂直距离，这种标注保持特征点与基准点的精确偏移量，从而避免增大误差。

单击“默认”选项卡|“注释”面板上的“坐标”按钮，或单击“注释”选项卡|“标注”面板上的“坐标”按钮，或者在命令行输入 DIMORDINATE 后按 Enter 键，都可以执行“坐标”标注命令，以创建坐标标注。

单击“标注”面板|“坐标”按钮，命令行提示如下：

```
命令: _DIMORDINATE
指定点坐标:                                    //拾取需要创建坐标标注的点
指定引线端点或 [X 基准(X)/Y 基准(Y)/多行文字(M)/文字(T)/角度(A)]://指定引线端点
标注文字 = 239.9
```

坐标标注由 X 值或 Y 值和引线组成。X 基准坐标标注沿 X 轴测量的特征点与基准点的距离。Y 基准坐标标注沿 Y 轴测量的距离。程序使用当前 UCS 的绝对坐标值确定坐标值。在创建坐标标注之前，通常需要重设 UCS 原点与基准相符。

提示

在“指定点坐标”提示下确定引线的端点位置之前，应先确定标注点坐标是 X 坐标还是 Y 坐标。如果在此提示下相对于标注点上下移动光标，将标注点的 X 坐标；若相对于标注点左右移动光标，则标注点的 Y 坐标。

如图 8-60 所示为分别标注出一个点的 X 坐标和 Y 坐标。

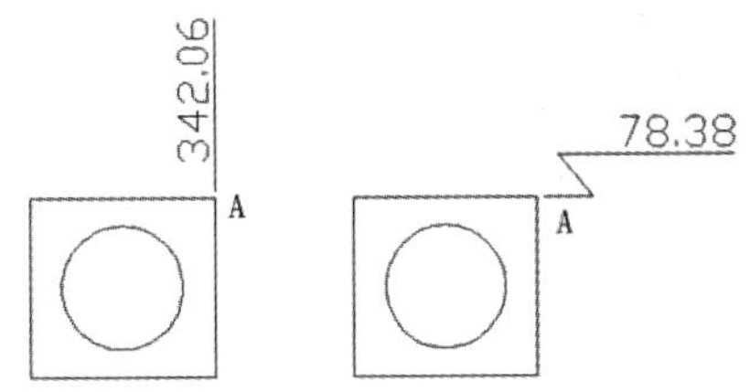

（a）标注 A 点的 X 坐标　　（b）标注 A 点的 Y 坐标

图 8-60　坐标标注效果

8.4.9 快速标注

快速标注可以快速创建成组的基线、连续、阶梯和坐标标注，快速标注多个圆、圆弧以及编辑现有标注的布局。

单击“注释”选项卡|“标注”面板上的“快速”按钮，或者在命令行输入 QDIM 后按 Enter 键，都可以执行“快速”标注命令，以从选择的对象中快速创建一组尺寸。

单击“标注”面板|“快速”按钮，命令行提示如下：

```
命令：_QDIM
关联标注优先级 = 端点
选择要标注的几何图形:选择要标注的几何图形：  //选择要标注的图形
指定尺寸线位置或 [连续(C)/并列(S)/基线(B)/坐标(O)/半径(R)/直径(D)/基准点(P)/编辑(E)/设置(T)] <连续>:
```

从命令行提示信息可以看出，使用“快速标注”命令可以进行“连续”“并列”“基线”“坐标”“半径”“直径”和“基准点”等一系列标注。

8.4.10 圆心标注

圆心标记标注可以创建圆和圆弧的圆心标记或中心线，可以选择圆心标记或中心线，并在设置标注样式时指定它们的大小。

单击“注释”选项卡|“中心线”面板上的“圆心标记”按钮，或者在命令行输入 CENTERMARK 后按 Enter 键，都可以执行“圆心标记”命令，为圆或弧创建圆心标记。

单击“中心线”面板|“圆心标记”按钮，命令行提示如下：

```
命令：_centermark
选择要添加圆心标记的圆或圆弧：
选择要添加圆心标记的圆或圆弧：    //拾取需要执行圆心标记命令的圆弧或圆
```

8.4.11 线性折弯标注

线性折弯标注是指在线性标注或对齐标注中添加或删除折弯线。一般来说折弯线用于表示不显示实际测量值的标注值。

单击“注释”选项卡|“标注”面板上的“折弯标注”按钮，或者在命令行输入 DIMJOGLINE 后按 Enter 键，都可以执行“折弯标注”命令。

单击“标注”面板|“折弯标注”按钮，命令行提示如下：

```
命令：_DIMJOGLINE
选择要添加折弯的标注或 [删除(R)]：    //选择需要添加折弯的标注
指定折弯位置 (或按 ENTER 键)：        //拾取尺寸线上一点，确定折弯位置
```

在命令行中，还有“删除（R）”选项，适用于已经创建了折弯标注的线性标注，表示将折弯标注删除。

对于线性折弯标注而言，用户可以在“符号和箭头”选项卡中设置折弯高度因子，“折弯

高度因子×文字高度”就是形成折弯角度的两个顶点之间的距离，也就是折弯高度。

8.4.12　打断标注

“打断”标注命令可以作用于标注和多重引线，表示选定标注或多重引线与其他对象相交的交点处被打断。

单击“注释”选项卡|“标注”面板上的“打断”按钮，或者在命令行输入 DIMBREAK 后按 Enter 键，都可以执行“打断”标注命令。

单击“标注”面板|“打断”按钮，命令行提示如下：

```
命令: _DIMBREAK
选择要添加/删除折断的标注或 [多个(M)]:                          //输入 M，表示要创建多个打断的标注
选择标注: 找到 1 个
选择标注: 找到 1 个，总计 2 个                                  //依次选择需要打断的标注
选择标注:                                                      //按 Enter 键，完成选择
选择要折断标注的对象或 [自动(A)/删除(R)] <自动>:                 //输入 A，将会自动打断
```

打断分为自动打断和手动打断两种，自动打断根据“符号和箭头”选项卡中的“折断大小”来确定交点处打断的大小；手动打断则需要手动确定打断的两个点。

如果是手动打断，则命令行提示如下：

```
命令: _DIMBREAK
选择要添加/删除折断的标注或 [多个(M)]:                                    //拾取需要打断的标注
选择要折断标注的对象或 [自动(A)/恢复(R)/手动(M)] <自动>: m                //输入 M，表示手动打断
指定第一个打断点:        //拾取第一个打断点
指定第二个打断点:        //拾取第二个打断点，完成手动打断
```

8.4.13　调整间距

使用“调整间距”命令可以对平行的线性标注和角度标注之间的间距做调整。

单击“注释”选项卡|“标注”面板上的“调整间距”按钮，或者在命令行输入 DIMSPACE 后按 Enter 键，都可以执行“调整间距”命令，以调整线性标注和角度标注之间的间距。

单击“标注”面板|“调整间距”按钮，命令行提示如下：

```
命令: _DIMSPACE
选择基准标注:                    //拾取作为基准的尺寸标注
选择要产生间距的标注:找到 1 个    //分别选择需要跟基准标注设置间距的标注
选择要产生间距的标注:            //按 Enter 键完成选择
输入值或 [自动(A)] <自动>:        //按 Enter 键，产生自动间距
```

自动间距是基于在选定基准标注的标注样式中指定的文字高度自动计算间距，所得的间距值是标注文字高度的两倍，当要产生间距的标注与基准标注位置有变化时，效果也不太相同。手动产生间距，需要用户输入间距值。

8.4.14 多重引线标注

引线对象是一条线或样条曲线，其中一端带有箭头，另一端带有多行文字对象或块。在某些情况下，有一条短水平线（又称为基线）将文字或块和特征控制框连接到引线上。基线和引线与多行文字对象或块关联，因此当重定位基线时，内容和引线将随其移动。使用引线标注，可以标注注释、说明等。

1. 创建多重引线样式

单击“默认”选项卡|“注释”面板上的“多重引线样式”按钮，或单击“注释”选项卡|“引线”面板上的“多重引线样式”下拉列表中的“管理多重引线样式”命令，或者在命令行输入 MLEADERSTYLE 后按 Enter 键，都可以执行“多重引线样式”命令，创建多重引线样式。

单击“注释”面板|“多重引线样式”按钮，打开“多重引线样式管理器”对话框，如图 8-61 所示。然后单击对话框中的“新建”按钮，在打开的“创建新多重引线样式”对话框中设置多重引线的样式，如图 8-62 所示。

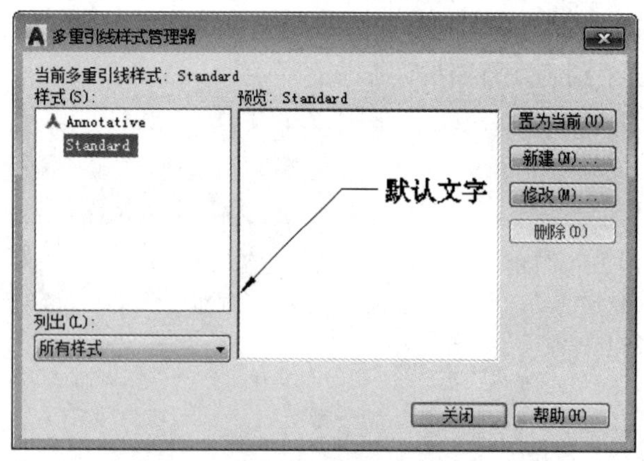

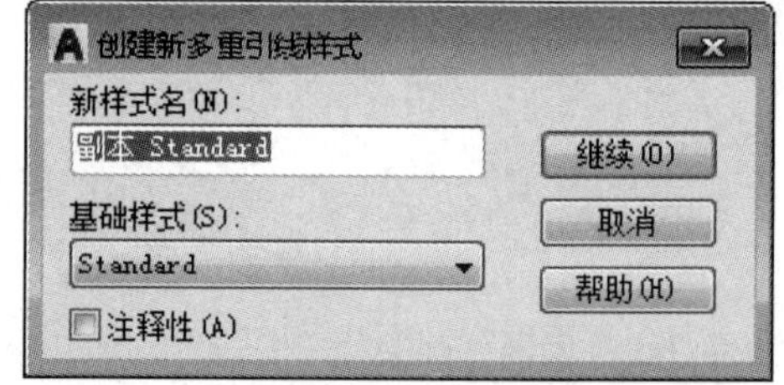

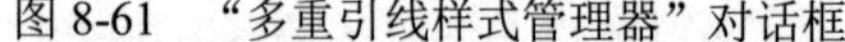
图 8-61 “多重引线样式管理器”对话框

图 8-62 “创建新多重引线样式”对话框

设置了新样式的名称和基础样式后，单击该对话框中的“继续”按钮，打开“修改多重引线样式”对话框，如图 8-63 所示。

在“修改多重引线样式”对话框中有“引线格式”“引线结构”和“内容”3 个选项卡，各选项卡的功能如下。

（1）“引线格式”选项卡

如图 8-63 所示，在“引线格式”选项卡中包括“常规”选项组、“箭头”选项组和“引线打断”选项组，各自功能如下：

- “常规”选项组：控制多重引线的基本外观，包括引线的类型、颜色、线型和线宽，引线类型可以选择直引线、样条曲线或无引线。
- “箭头”选项组：控制多重引线箭头的外观，“符号”下拉列表框中提供了各种多重引线的箭头符号，“大小”文本框用于显示和设置箭头的大小。

- “引线打断”选项组：用于控制将折断标注添加到多重引线时使用的设置，“打断大小”文本框显示和设置选择多重引线后用于 DIMBREAK 命令的折断大小。

（2）“引线结构”选项卡

单击“引线结构”标签，打开“引线结构”选项卡，如图 8-64 所示。

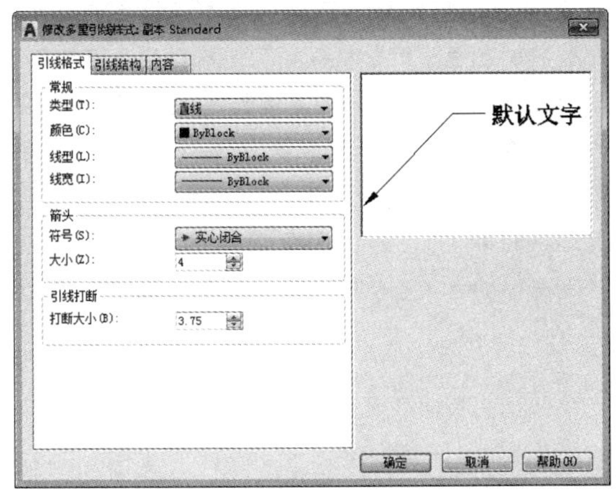

图 8-63　“修改多重引线样式”对话框

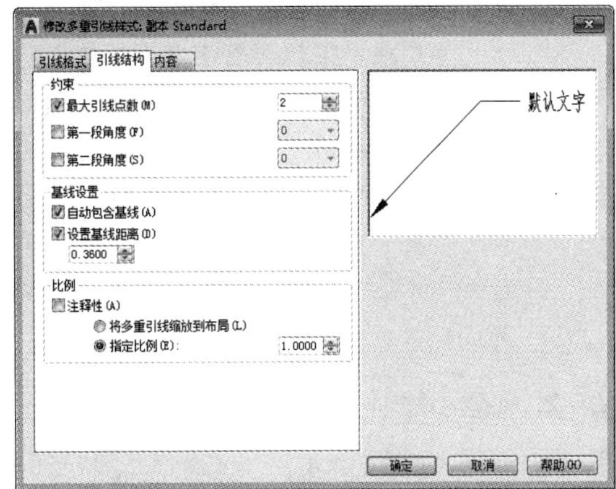

图 8-64　“引线结构”选项卡

“引线结构”选项卡中包括“约束”选项组、“基线设置”选项组和“比例”选项组。其各自功能如下：

- “约束”选项组：控制多重引线的约束。其中选中 “最大引线点数”复选框后，可以在后面的文本框中指定引线的最大点数；选中 “第一段角度”复选框后，需要指定引线中的第一个点的角度；选中“第二段角度”复选框后，需要指定多重引线基线中的第二个点的角度。
- “基线设置”选项组：控制多重引线的基线设置。其中“自动包含基线”复选框控制是否将水平基线附着到多重引线内容；“设置基线距离”复选框控制是否为多重引线基线确定固定距离，若为是则需要设置具体的距离。
- “比例”选项组：控制多重引线的缩放。其中“注释性”复选框用于指定多重引线是否为注释性。如果多重引线为非注释性，则“将多重引线缩放到布局”和“指定比例”单选按钮可用。

（3）“内容”选项卡

单击“内容”选项卡，如图 8-65 所示。

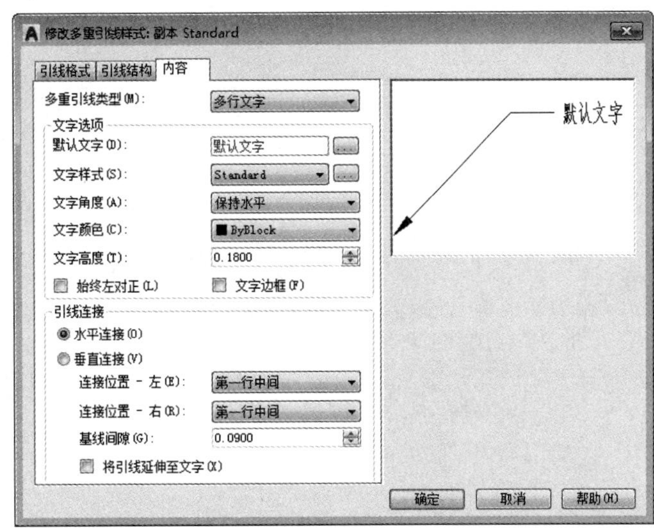

图 8-65　“内容”选项卡

“内容”选项卡中包括“多重

引线类型”下拉列表框、“文字选项”选项组和“引线连接”选项组，各自功能如下：

- “多重引线类型”下拉列表框：确定多重引线是包含文字还是包含块。
- “文字选项”选项组：设置多重引线文字的外观。“默认文字”文本框用于为多重引线内容设置默认文字，单击[...]按钮将启动多行文字在位编辑器；“文字样式”下拉列表框用于指定属性文字的预定义样式；“文字角度”下拉列表框用于指定多重引线文字的旋转角度；“文字颜色”下拉列表框用于指定多重引线文字的颜色；“文字高度”文本框用于指定多重引线文字的高度；“始终左对正”复选框用于设置多重引线文字是否始终左对齐；“文字边框”复选框用于设置是否使用文本框对多重引线文字内容加框。
- “引线连接”选项组：控制多重引线的引线连接设置。“连接位置-左”下拉列表框用于控制文字位于引线左侧时基线连接到多重引线文字的方式；“连接位置-右”下拉列表框用于控制文字位于引线右侧时基线连接到多重引线文字的方式；“基线间隙”文本框用于指定基线和多重引线文字之间的距离。

2. 创建引线

单击“默认”选项卡|“注释”面板上的“多重引线”按钮，或单击“注释”选项卡|“标注”面板上的“多重引线”按钮，或者在命令行输入 MLEADER 后按 Enter 键，都可以执行“多重引线”命令，创建引线注释。

单击“标注”面板|“多重引线”按钮，命令行提示如下：

```
命令: _MLEADER
指定引线箭头的位置或 [引线基线优先(L)/内容优先(C)/选项(O)] <选项>: //在绘图区指定箭头的位置
指定引线基线的位置:    //在绘图区指定基线的位置，打开“文字编辑器”选项卡，输入文字
```

如果引线基线优先，则需要命令行中输入 L，命令行提示如下：

```
命令: _MLEADER
指定引线箭头的位置或 [引线基线优先(L)/内容优先(C)/选项(O)] <选项>: L//输入 L，表示引线基线优先
指定引线基线的位置或 [引线箭头优先(H)/内容优先(C)/选项(O)] <选项>://在绘图区指定基线的位置
指定引线箭头的位置://在绘图区指定箭头的位置，打开“文字编辑器”选项卡，可输入多行文字或块
```

如果内容优先，则需要命令行中输入 C，命令行提示如下：

```
命令: _MLEADER
指定引线基线的位置或 [引线箭头优先(H)/内容优先(C)/选项(O)] <选项>: C//输入 C，表示内容优先
指定文字的第一个角点或 [引线箭头优先(H)/引线基线优先(L)/选项(O)] <选项>:
//指定多行文字的第一个角点
指定对角点:            //指定多行文字的对角点，打开“文字编辑器”选项卡，输入多行文字
指定引线箭头的位置:    //在绘图区指定箭头的位置
```

在命令行中，另外提供了“选项（O）”，输入 O 后命令行提示如下：

```
命令: _MLEADER
指定引线箭头的位置或 [引线基线优先(L)/内容优先(C)/选项(O)] <引线基线优先>: O
```

```
输入选项 [引线类型(L)/引线基线(A)/内容类型(C)/最大节点数(M)/第一个角度(F)/第二个角度(S)/退出选项(X)] <内容类型>:
```

在后续的命令行中，可以设置引线类型、引线基线和内容类型等参数，这些参数的设置和含义均在前面创建多重引线样式中详细阐述，这里不再赘述。

在创建多重引线时，均使用当前的多重引线样式，如果用户需要切换或更改多重引线的样式，可以在“标注”面板或“注释”面板中的“多重引线样式”下拉列表中选择相应的样式进行设置。

3. 编辑多重引线

多重引线创建完成后，通过夹点的方式对多重引线进行拉伸和移动位置，可以对多重引线添加和删除引线，可以对多重引线进行排列和对齐。

（1）夹点编辑

使用夹点修改多重引线的外观，当选中多重引线后，夹点效果如图 8-66 所示。使用夹点可以拉长或缩短基线、引线，可以重新指定引线头点，可以调整文字位置和基线间距或移动整个引线对象。

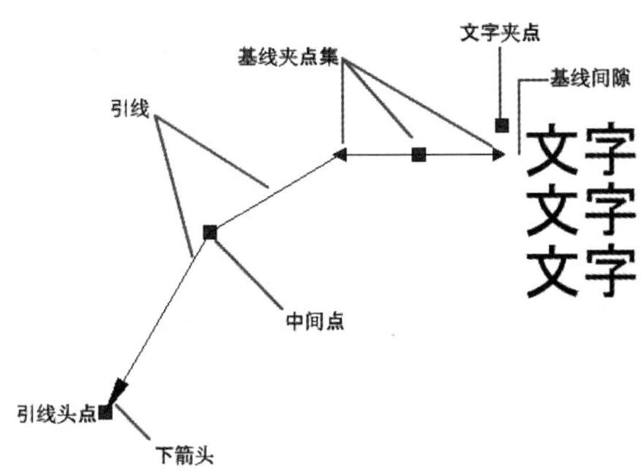

图 8-66　多重引线夹点

（2）添加和删除引线

单击“默认”选项卡|“注释”面板上的“添加引线”按钮，或单击“注释”选项卡|“标注”面板上的“添加引线”按钮，或者在命令行输入 AIMLEADERDEITADD 后按 Enter 键，都可以执行“添加引线”命令，为指定的引线注释添加引线。

单击“标注”面板|“添加引线”按钮，命令行提示如下：

```
命令: AIMLEADERDEITADD
选择多重引线:                              //选择需要添加引线的多重引线对象
指定引线箭头位置或 [删除引线(R)]:           //按 Enter 键，结束选择
指定引线箭头位置或 [删除引线(R)]:           //在所需位置指定引线箭头
指定引线箭头位置或 [删除引线(R)]:           //在所需位置指定引线箭头
指定引线箭头位置或 [删除引线(R)]:           //在所需位置指定引线箭头
…
```

```
指定引线箭头位置或 [删除引线(R)]:     //按 Enter 键，结束命令
```

如图 8-67 所示为添加多重引线的效果。

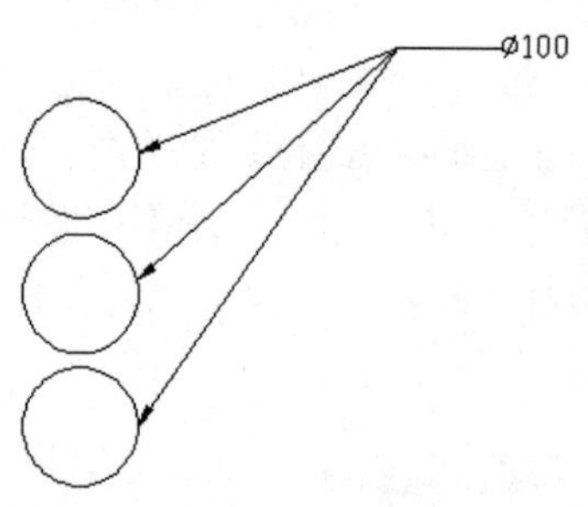

图 8-67　添加多重引线

包含多个引线线段的注释性多重引线在每个比例图示中可以有不同的引线头点。根据比例图示，水平基线和箭头可以有不同的尺寸，并且基线间隙可以有不同的距离。在所有比例图示中，多重引线内的水平基线外观、引线类型（直线或样条曲线）和引线线段数将保持一致。

单击“默认”选项卡|“注释”面板上的“删除引线”按钮，或单击“注释”选项卡|“标注”面板上的“删除引线”按钮，或者在命令行输入 AIMLEADERDITREMOVE 后按 Enter 键，都可以执行“删除引线”命令，以删除多重引线注释中的多余引线。

单击“标注”面板|“删除引线”按钮，命令行提示如下：

```
命令: AIMLEADERDITREMOVE
选择多重引线:                              //选择需要删除引线的多重引线对象
指定要删除的引线或 [添加引线(A)]:          //在所需位置指定引线箭头
指定要删除的引线或 [添加引线(A)]:          //在所需位置指定引线箭头
指定要删除的引线或 [添加引线(A)]:          //在所需位置指定引线箭头
…
指定要删除的引线或 [添加引线(A)]:          //按 Enter 键，结束命令
```

（3）合并多重引线

单击“默认”选项卡|“注释”面板上的“合并引线”按钮，或单击“注释”选项卡|“标注”面板上的“合并引线”按钮，或者在命令行输入 MLEADERCOLLECT 后按 Enter 键，都可以执行“合并引线”命令，将两个或多个引线注释合并为一个多重引线注释。

“标注”面板上的“合并引线”按钮，可以将选定的包含块的多重引线作为内容组织为一组并附着到单引线，命令行提示如下：

```
命令: _MLEADERCOLLECT
选择多重引线: 找到 1 个                        //选择需要合并的第一个多重引线对象
选择多重引线: 找到 1 个，总计 2 个             //选择需要合并的第二个多重引线对象
选择多重引线:                                  //按 Enter 键，完成选择
指定收集的多重引线位置或 [垂直(V)/水平(H)/缠绕(W)] <水平>://指定多重引线对象位置
```

如图 8-68 所示为合并多重引线的效果。

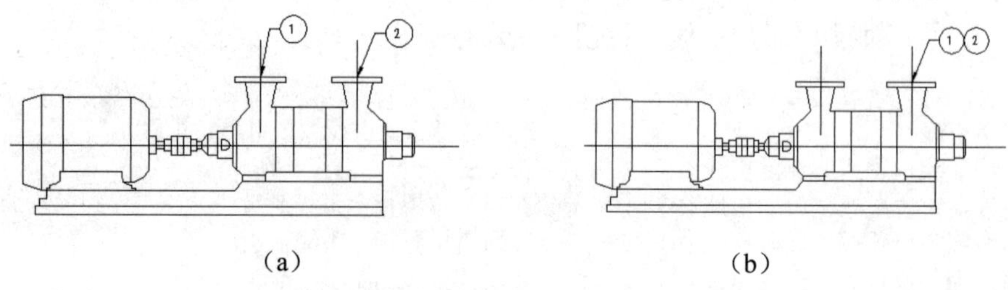

图 8-68　合并多重引线

（4）对齐多重引线

单击“默认”选项卡|“注释”面板上的“对齐引线”按钮，或单击“注释”选项卡|“标注”面板上的“对齐引线”按钮，或者在命令行输入 MLEADERALIGN 后按 Enter 键，都可以执行“对齐引线”命令，以对齐引线注释。

“标注”面板上的“对齐引线”按钮，可以将多重引线对象沿指定的直线均匀排序，命令行提示如下：

```
命令: _MLEADERALIGN
选择多重引线: 找到 1 个                      //选择需要对齐的第一个多重引线对象
选择多重引线: 找到 1 个, 总计 2 个           //选择需要对齐的第二个多重引线对象
选择多重引线:                                // 按 Enter 键, 完成选择
当前模式: 使用当前间距
选择要对齐到的多重引线或 [选项(O)]:           //选择需要对齐的多重引线
指定方向:                                    //指定对齐的方向
```

如图 8-69 所示为对齐多重引线效果图。

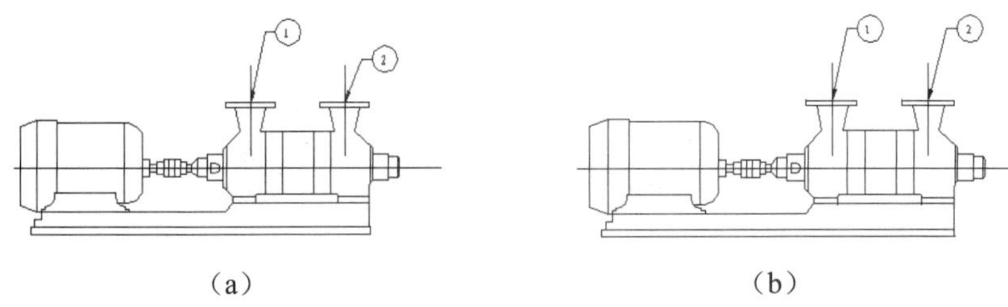

（a）　　　　（b）

图 8-69　对其多重引线

4. 标注给水排水立管操作实例

【例 8-4】使用多重引线命令标注给排水管道井中的给排水立管，如图 8-70 所示。

（1）创建多重引线样式

步骤 01 单击“默认”选项卡|“注释”面板上的“多重引线样式”按钮，打开“多重引线样式管理器”对话框，单击“新建”按钮，打开“创建新多重引线样式”对话框，在“新样式名”文本框中输入“给水排水多重引线标注样式”，如图 8-71 所示。

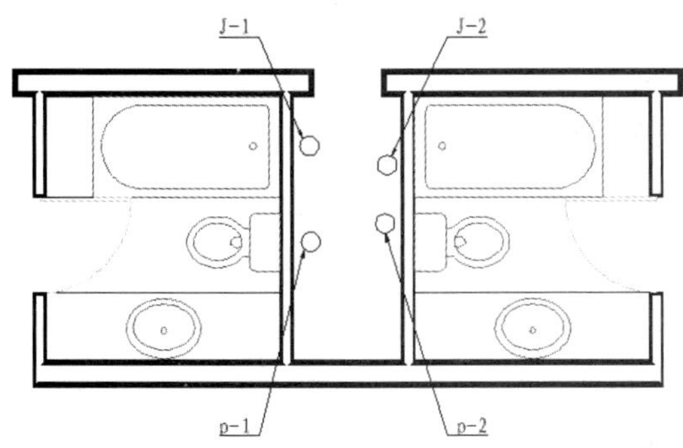

图 8-70　标注给排水管道井中的给排水立管

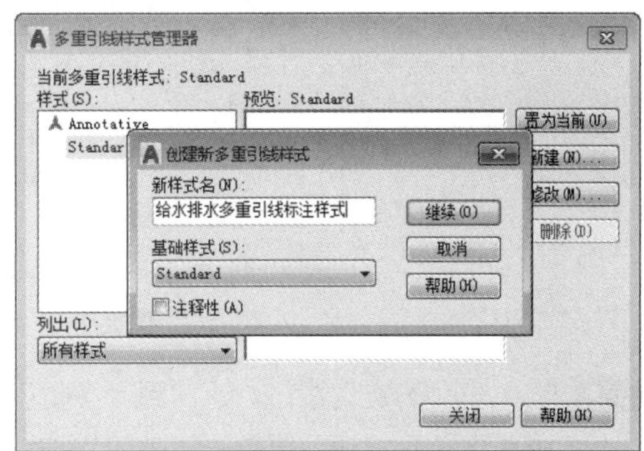

图 8-71　“创建新多重引线样式”对话框

步骤02 单击“继续”按钮，打开“修改多重引线样式”对话框，设置“内容”选项卡，文字样式采用“给水排水文字样式”，文字角度设为“保持水平”，文字高度设为 120，具体设置如图 8-72 所示。

步骤03 单击“引线结构”选项卡，设置引线点数、角度、基线距离等引线结构参数，具体设置如图 8-73 所示。

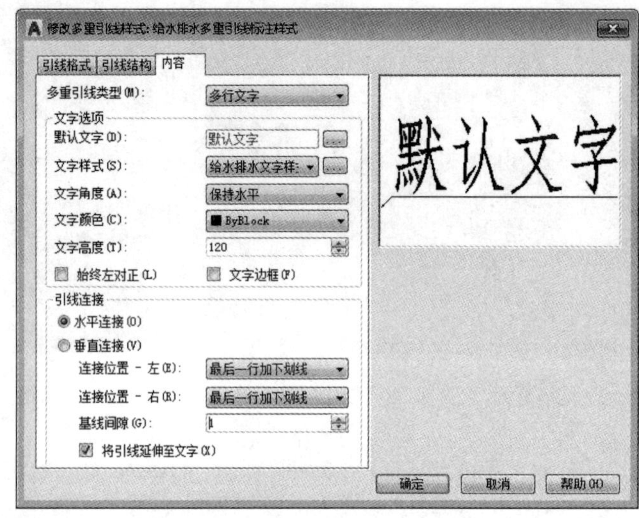

图 8-72 “内容”选项卡

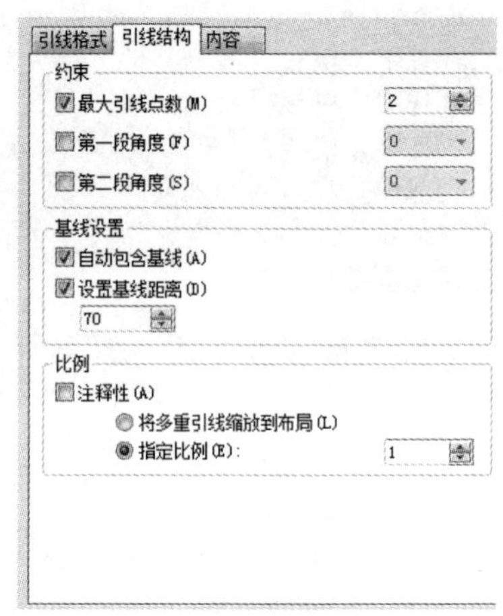

图 8-73 “引线结构”选项卡

步骤04 单击“引线格式”选项卡，设置引线箭头、大小等引线格式参数，具体设置如图 8-74 所示。

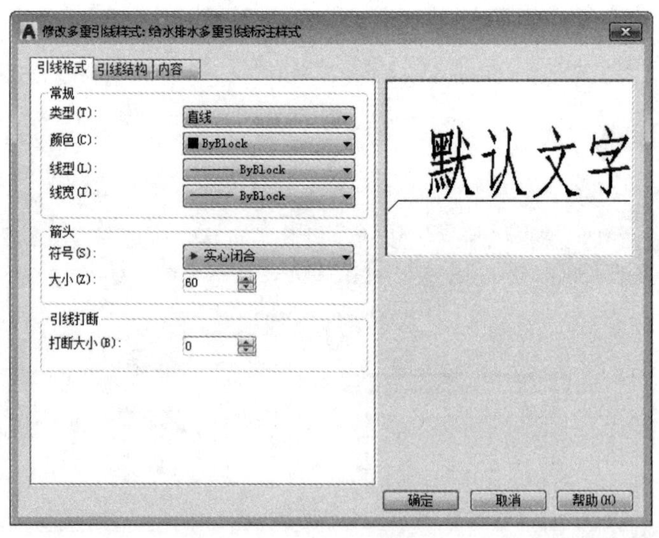

图 8-74 “引线格式”选项卡

步骤05 单击“确定”按钮，返回到“多重引线样式管理器”对话框，如图 8-75 所示。单击“置为当前”按钮，再单击“关闭”按钮返回到绘图区域。

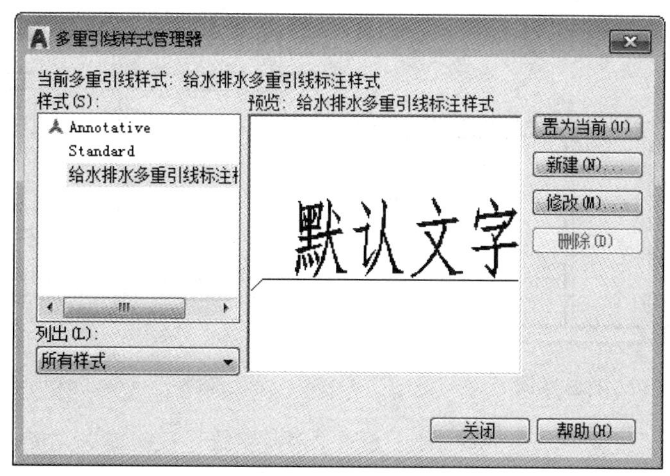

图 8-75 “多重引线样式管理器”对话框

（2）进行多重引线标注

步骤 01 单击“默认”选项卡|“注释”面板上的“多重引线”按钮，为卫生间详图添加引线注释，命令行提示如下：

命令：_mleader
指定文字的第一个角点或 [引线箭头优先(H)/引线基线优先(L)/选项(O)] <选项>:
//H Enter，激活“引线箭头优先”选项
指定引线箭头的位置或 [引线基线优先(L)/内容优先(C)/选项(O)] <选项>:
//在左上立管处单击，指定引线箭头的位置
指定引线基线的位置： //在卫生间详图上侧单击，指定引线基线的位置，此时打开如图 8-76 所示的“文字编辑器”选项卡面板，接下来输入 J-1，并关闭“文字编辑器”选项卡，完成引线注释的标注过程，结果如图 8-77 所示

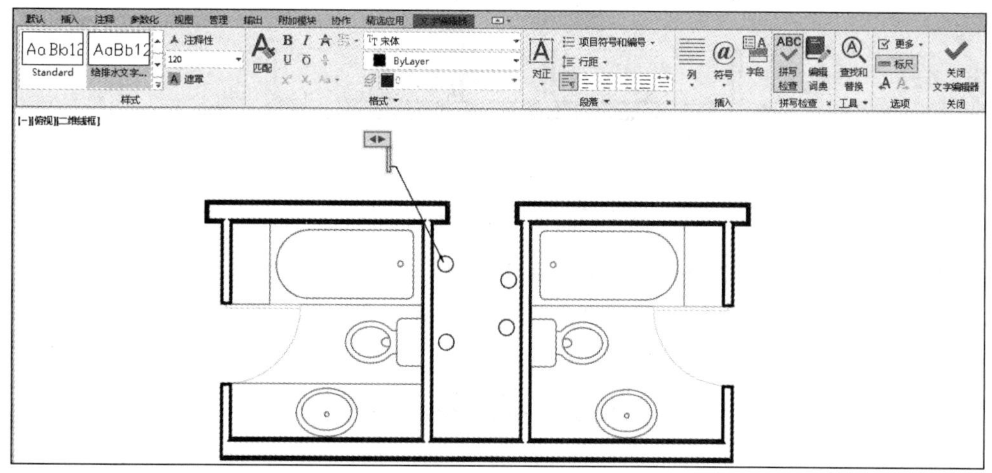

图 8-76 “文字编辑器”选项卡

步骤 02 单击“默认”选项卡|“注释”面板上的“多重引线”按钮，使用同样的方法，标注管道井中的另外 3 根立管，如图 8-78 所示。

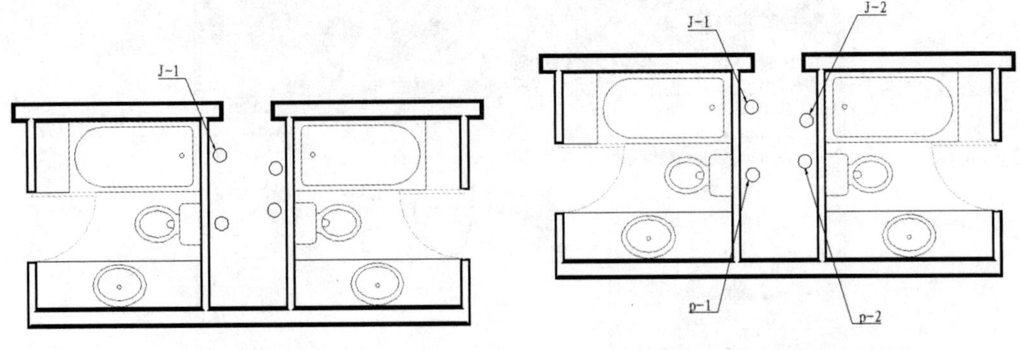

图 8-77　标注效果　　　　图 8-78　标注另外 3 根立管

步骤 03 单击“默认”选项卡|“注释”面板上的“对齐引线”按钮，对齐引线注释，命令行提示如下：

```
命令：_MLEADERALIGN
选择多重引线：找到 1 个                    //选择标注的第一条引线
选择多重引线：找到 1 个，总计 2 个         //选择右上角的引线标注
选择多重引线：                             //按 Enter 键结束选择
当前模式：使用当前间距
选择要对齐到的多重引线或 [选项(O)]：       //选择第一条引线
指定方向：<正交 开>
//打开正交功能，在第一条引线标注右侧合适位置单击，对齐效果如图 8-79 所示
```

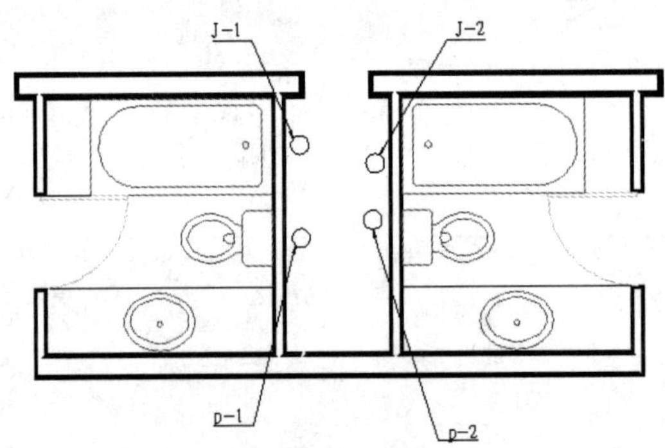

图 8-79　对齐前两条多重引线

步骤 04 重复单击“默认”选项卡|“注释”面板上的“对齐引线”按钮，使用同样的方法完成其他引线标注的对齐修改，如图 8-70 所示。

8.5　编辑标注

在绘图过程中创建标注后，经常要对标注后的文字进行旋转，将现有文字用新文字替换，将文字移动到新位置或返回等操作，也可以将标注文字沿尺寸线移动到左、右、中心、尺寸界线之内或尺寸界线之外的任意位置，或者对标注的间距、标注线进行操作。

8.5.1 倾斜标注

单击“注释”选项卡|“标注”面板上的“倾斜”按钮，或者在命令行中输入 DIMEDIT，都可以执行“倾斜” 标注命令，将已有的标注倾斜一定的角度。

单击“标注”面板|“倾斜”按钮，命令行提示如下：

```
命令: _DIMEDIT
输入标注编辑类型 [默认(H)/新建(N)/旋转(R)/倾斜(O)] <默认>: _O
选择对象: 找到 1 个
选择对象:
输入倾斜角度 (按 Enter 表示无)://输入角度值，按 Enter 键结束命令
```

如图 8-80 所示为倾斜前后的标注。

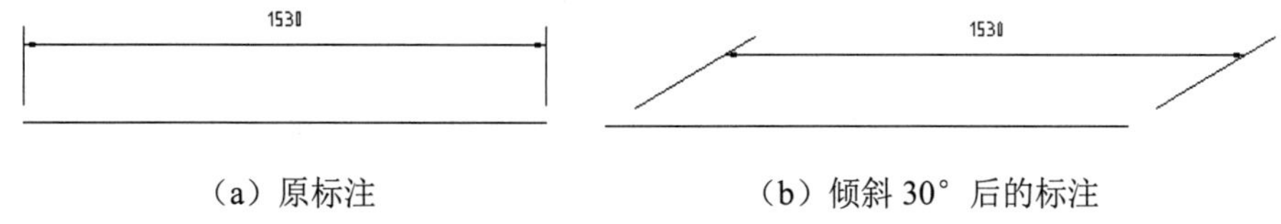

（a）原标注　　（b）倾斜 30° 后的标注

图 8-80　标注倾斜效果

8.5.2 修改尺寸标注文字的位置

在命令行直接输入 DIMTEDIT 命令后按 Enter 键，也可以分别单击“标注”面板|“左对正”按钮、“居中对正”按钮和“右对正”按钮，以修改标注文字的位置，命令行提示如下：

```
命令: DIMTEDIT
选择标注://选择标注
指定标注文字的新位置或 [左(L)/右(R)/中心(C)/默认(H)/角度(A)]://选择标注位置的新位置类型，按 Enter 键结束命令
```

上述命令行提示信息中各选项的功能如下：

- “指定标注文字的新位置”选项：确定尺寸标注文字的新位置。选择尺寸标注后，通过拖动光标将尺寸文字移至新位置后单击即可。
- “左（L）”和“右（R）”选项：仅对非角度标注起作用。它们分别决定尺寸标注文字是沿尺寸线左对齐还是右对齐。
- “中心（C）”选项：将标注文字放在尺寸线的中间。
- “默认（H）”选项：按默认的位置、方向放置尺寸标注文字。
- “角度（A）”选项：将尺寸文字旋转一定的角度。选择该选项后，命令行提示如下：

```
指定标注文字的角度: //输入角度值，按 Enter 键结束命令
```

8.5.3 使用 DIMEDIT 命令编辑尺寸

在命令行输入 DIMEDIT 后按 Enter 键，可以修改标注文字的内容、修改标注的倾斜角度以及修改标注文字的旋转角度等，命令行提示如下：

```
命令: _DIMEDIT
输入标注编辑类型 [默认(H)/新建(N)/旋转(R)/倾斜(O)] <默认>:
```

上述命令行提示信息中各选项的功能如下：

- “默认（H）”选项：将尺寸文本按标注样式所定义的默认位置，方向重新置放。
- “新建（N）”选项：更新所选择的尺寸标注的尺寸文本，使用在位文字编辑器更改标注文字。
- “旋转（R）”选项：旋转所选择的尺寸文本。
- “倾斜（O）”选项：倾斜标注，即编辑线性型尺寸标注，使其尺寸界线倾斜一个角度，不再与尺寸线相垂直，常用于标注锥形图形。

8.6　本章小结

本章主要介绍了 AutoCAD 2021 中尺寸标注的相关知识，包括新建标注样式、创建标注和编辑标注等知识。其中在本章 8.3 节、8.4 节中的例子中详细介绍了标注样式的创建，包括线性标注、对齐标注、半径标注、角度标注和多重引线标注，仔细体会即可掌握尺寸标注的用法。

第 9 章 给排水图案填充与制作样板图

导言

给排水工程制图中经常用到图案填充和样板图的制作。

图案填充是一种使用指定线条图案来充满指定区域的图形对象，常用于表达剖切面和不同类型物体对象的外观纹理等，被广泛应用在机械图、建筑图和地质构造图等各类图形中。

样板图作为一张标准图纸，除了需要绘制图形外，还要求设置图纸大小、绘制图框线和标题栏。而对于图形本身，需要设置图层以绘制图形的不同部分，设置不同的线型和线宽以表达不同的含义，设置不同的图线颜色以区分图形的不同部分等。这些都是绘制一幅完整图形不可或缺的工作。为方便绘图，提高绘图效率，往往将这些绘制图形的基本作图和通用设置绘制成一张基础图形，进行初步或标准的设置，这种基础图形称为样板图。

9.1 图案填充

重复绘制某些图案以填充图形中的一个区域，来表达该区域的特征，这种填充操作称为图案填充。图案填充的应用非常广泛，例如，在绘制给水厂平面图时，可以用图案填充来表达厂区的绿化布置，也可以使用不同的图案填充来表达不同的水厂构筑物墙体材料。

9.1.1 设置图案填充

单击“默认”选项卡|“绘图”面板上的“图案填充”按钮▨，或者在命令行输入 HATCH 后按 Enter 键，都可执行“图案填充”命令，执行命令后右击选择“设置”选项，可以打开如图 9-1 所示的“图案填充和渐变色”对话框。用户可在该对话框的各选项卡中设置相应的参数，为图形创建相应的图案填充。

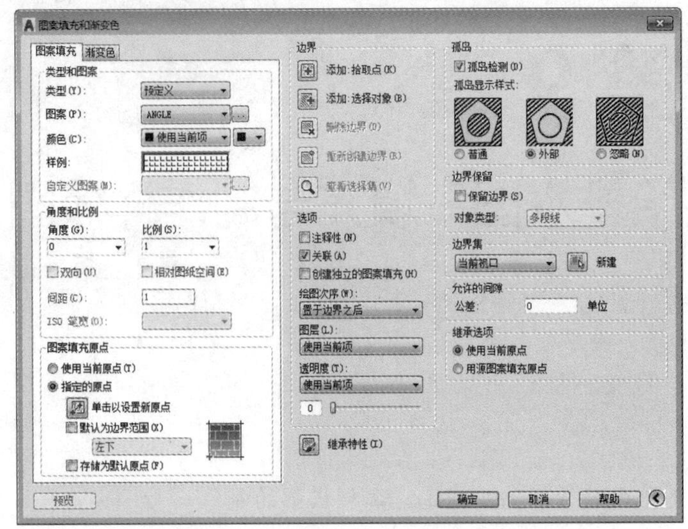

图 9-1　“图案填充和渐变色”对话框

在“图案填充和渐变色”对话框中，可以设置图案填充时的“类型和图案”“角度和比例”等特性，下面对它们分别进行介绍。

1. 类型和图案

在“类型和图案”选项组中，可以设置图案填充的类型和图案，其中主要选项的功能如下：

- “类型”下拉列表框：设置填充的图案类型，包括“预定义”“用户定义”和“自定义”3 个选项。选择“预定义”选项，可以使用 AutoCAD 2021 提供的图案；选择“用户定义”选项，则需要临时定义图案，该图案由一组平行线或互相垂直的两组平行线组成；选择“自定义”选项，可以使用事先定义好的图案。
- “图案”下拉列表框：设置填充的图案。当在“类型”下拉列表框中选择“预定义”选项时，该下拉列表框才可用。从该下拉列表框中可以根据图案名来选择图案，也可以单击其后的□按钮，在打开的“填充图案选项板”对话框中进行选择，如图 9-2 所示。

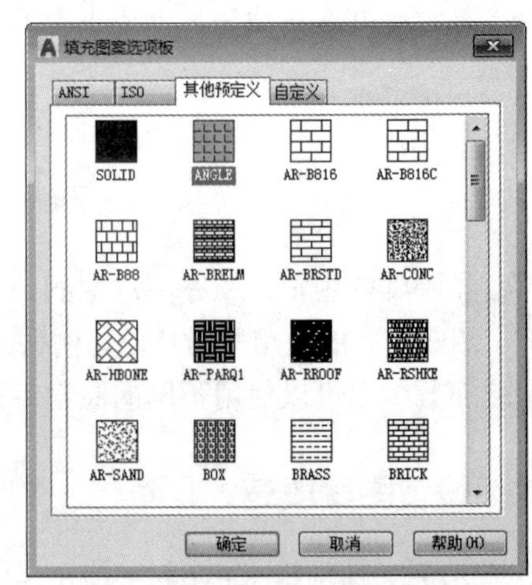

图 9-2　“填充图案选项板”对话框

在“填充图案选项板”对话框中有 4 个选项卡，分别为 ANSI、ISO、“其他预定义”和“自定义”，可以根据需要来选择合适的图案填充类型。

- “颜色”下拉列表框：设置填充图案的颜色，以及为需要填充图案的对象设置背景色。

- “样例”预览框：显示当前选中的图案样例，单击所选的样例图案，也可以打开“填充图案选项板”对话框选择图案。
- “自定义图案”下拉列表框：当填充的图案采用“自定义”类型时，该选项才可用。在其下拉列表框中选择图案，也可以单击其后的按钮[...]，从“填充图案选项板”对话框中的“自定义”选项卡中进行选择。

2. 角度和比例

在“角度和比例”选项组中，可以设置定义类型的图案填充角度和比例等参数，各选项的功能如下：

- “角度”下拉列表框：设置填充的图案旋转角度，每种图案在定义时的旋转角度都为0°。
- “比例”下拉列表框：设置图案填充时的比例值。每种图案在定义时的初始比例为1，可以根据需要放大或缩小比例值。如果在“类型”下拉列表框中选择“用户定义”选项，则该选项不可用。
- “双向”复选框：当在“类型和图案”选项组中的“类型”下拉列表框中选择“用户定义”选项时，选中该复选框，可以使用相互垂直的两组平行线填充图形；否则为一组平行线。
- “相对图纸空间”复选框：设置比例因子是否相对于图纸空间的比例。
- “间距”文本框：设置填充平行线之间的距离，当在“类型”下拉列表框中选择“用户自定义”选项时，该选项才可用。
- “ISO笔宽”下拉列表框：设置笔的宽度，当填充图案采用ISO图案时，该选项才可用。

3. 图案填充原点

在“图案填充原点”选项组中，可以设置图案填充原点的位置，因为许多图案填充需要对齐填充边界上的某一个点。主要选项的功能如下：

- “使用当前原点”单选按钮：使用当前UCS的原点（0，0）作为图案填充原点。
- “指定的原点”单选按钮：通过指定点作为图案填充原点。单击“单击以设置新原点”按钮，可以从绘图窗口中选择某一点作为图案填充原点；选中“默认为边界范围”复选框，可以以填充边界的左下角、右下角、右上角、左上角或圆心作为图案填充原点；选择“存储为默认原点”复选框，可以将指定的点存储为默认的填充原点。

4. 边界

“边界”选项组中包括“添加：拾取点”和“添加：选择对象”等按钮，各自功能如下：

- “添加：拾取点”按钮：以拾取点的形式来指定填充区域的边界。单击该按钮，将切换到绘图窗口，可以在需要填充的区域内任意指定一点，系统会自动计算出包围该点的封闭填充边界，同时亮显该边界。如果在拾取点后，系统不能形成封闭的填充边界，则会显示错误信息。
- “添加：选择对象”按钮：单击该按钮，将切换到绘图窗口，通过选择对象的方式来定义填充区域的边界。
- “删除边界”按钮：单击该按钮，可以取消系统自动计算或用户指定的边界。

- “重新创建边界”按钮：重新创建图案填充边界。
- “查看选择集”按钮：查看已经定义的填充边界。单击该按钮，切换到绘图窗口，已经定义的填充边界将亮显。

5. 选项及其他功能

在“选项”选项组中，“注释性”复选框用于设置是否将图案定义为可注释性对象；“关联”复选框用于设置是否在创建其边界时随之更新图案和填充；“创建独立的图案填充”复选框用于设置是否创建独立的图案填充；“绘图次序”下拉列表框用于指定图案填充的绘图顺序，图案填充可以放在图案填充边界及所有其他对象之后或之前；“图层”下拉列表框用于设置填充图案所在的图层；“透明度”下拉列表框用于设置填充图案的透明度类型，用户可以设置填充图案的透明度值。

此外，单击“继承特性”按钮，可以将现有图案填充或填充对象的特性应用到其他图案填充或填充对象；单击“预览”按钮，可以使用当前图案填充设置显示当前定义的边界，单击图形或按 Esc 键返回对话框，单击、右击或按 Enter 键完成图案填充。

9.1.2 编辑图案填充

创建了图案填充以后，如果需要修改填充图案或修改图案区域的边界，可以单击“默认”选项卡|“修改”面板上的“编辑图案填充”按钮，或者在命令行输入 HATCHEDIT 后按 Enter 键，都可以执行“编辑图案填充”命令，打开“图案填充编辑”对话框，如图 9-3 所示。

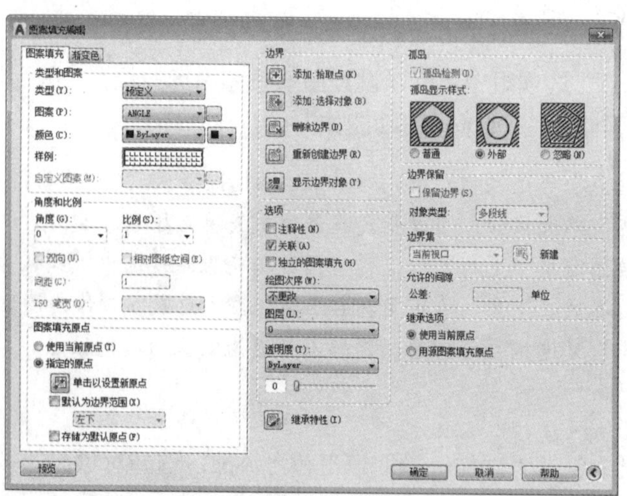

图 9-3 “图案填充编辑”对话框

可以看到，“图案填充编辑”对话框与“图案填充和渐变色”对话框的内容相同，只是“孤岛”“边界保留”和“边界集”选项组的参数不再可用，即图案填充操作只能修改图案、比例、旋转角度和关联性等，而不能修改它的边界。

在为编辑命令选择图案时，系统变量 PICKSTYLE 起着很重要的作用，其值有 4 个，每个值的功能如下：

- 0：禁止编组或关联图案选择。即当用户选择图案时仅选择了图案自身，而不会选择与之关联的对象。
- 1：允许编组选择。即图案可以被加入到对象编组中，这是 PICKSTYLE 的默认设置。
- 2：允许关联的图案选择。
- 3：允许编组和关联图案选择。

当将 PICKSTYLE 设置为 2 或 3 时，如果选择了一个图案，将同时把与之关联的边界对象选进来，有时会导致一些意想不到的结果。例如，如果仅想删除填充图案，但结果是将与之相关联的边界也删除了。

9.1.3 控制图案填充的可见性

图案填充的可见性是可以控制的，可以用两种方法来控制图案填充的可见性，一种是使用 FILL 命令或系统变量 FILLMODE 来实现，另一种是利用图层来实现。

1. 使用 FILL 命令和 FILLMODE 变量

在命令行输入 FILL，命令行提示如下：

```
命令：_FILL
输入模式 [开(ON)/关(OFF)] <开>:
```

如果将模式设置为“开”，则可显示图案填充；如果将模式设置为“关”，则不显示图案填充。

也可以使用系统变量 FILLMODE 控制图案填充的可见性。在命令行输入 FILLMODE，命令行提示如下：

```
命令：_FILLMODE
输入 FILLMODE 的新值 <1>:
```

其中，当系统变量 FILLMODE 为 0 时，则隐藏图案填充；当系统变量 FILLMODE 为 1 时，则显示图案填充。

提 示

在使用 FILL 命令设置填充模式后，可以选择“视图”|“重生成”命令，重新生成图形以观察效果。

2. 用图层控制

利用图层功能，将图案填充单独放在一个图层上。当不需要显示该图案填充时，将图案填充所在图层关闭或冻结即可。使用图层控制图案填充的可见性时，不同的控制方式会使图案填充与其边界的关联关系发生变化，其特点如下：

- 当图案填充所在的图层被关闭后，图案与其边界仍保持着关联关系，即修改边界后，填充图案会根据新的边界自动调整位置。

- 当图案填充所在的图层被冻结后，图案与其边界脱离关联关系，即修改边界后，填充图案不会根据新的边界自动调整位置。
- 当图案填充所在的图层被锁定后，图案与其边界脱离关联关系，即修改边界后，填充图案不会根据新的边界自动调整位置。

9.1.4 图案分解

图案是一种特殊的块，被称为“匿名”块，无论形状多复杂，它都是一个单独的对象。可以单击“默认”选项卡上的“修改”面板中的“分解”按钮，分解一个已存在的关联图案。

图案被分解后，它将不再是一个单一的对象，而是一组组成图案的线条。同时，分解后的图案也失去了与图形的关联性，因此，将无法使用“编辑图案填充”命令来编辑。

9.1.5 图案填充操作实例

【例 9-1】对已有的水泵安装基础剖面图（见图 9-4）进行图案填充。

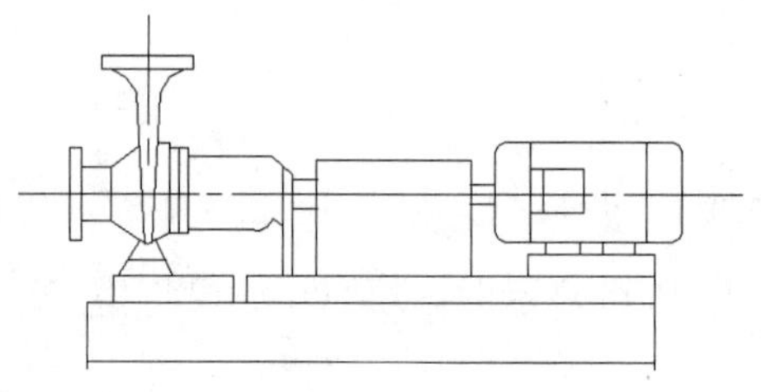

图 9-4 水泵安装基础剖面图

步骤01 单击“默认”选项卡|“绘图”面板上的“图案填充”按钮，激活命令中的“设置”选项，打开“图案填充和渐变色”对话框。

步骤02 在“图案填充和渐变色”对话框中单击“图案”按钮，打开“填充图案选项板”对话框，打开 ANSI 选项卡，选择 ANSI31 选项填充图案。

步骤03 单击“确定”按钮，返回到“图案填充和渐变色”对话框，如图 9-5 所示。

步骤04 单击“添加：拾取点”按钮，切换到绘图区域，在与水泵连接最近的基础内单击，所选填充区域呈选中状态，如图 9-6 所示。

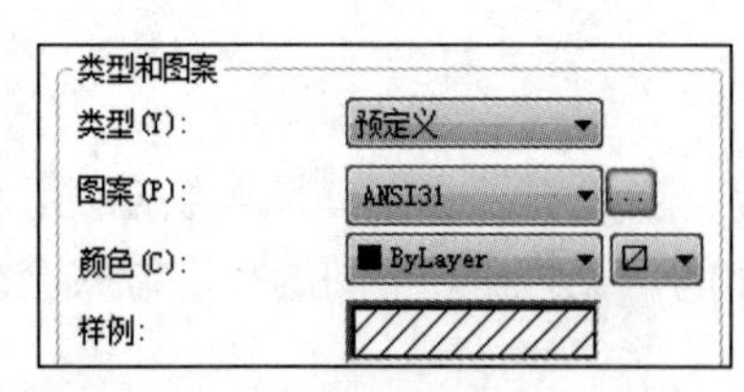

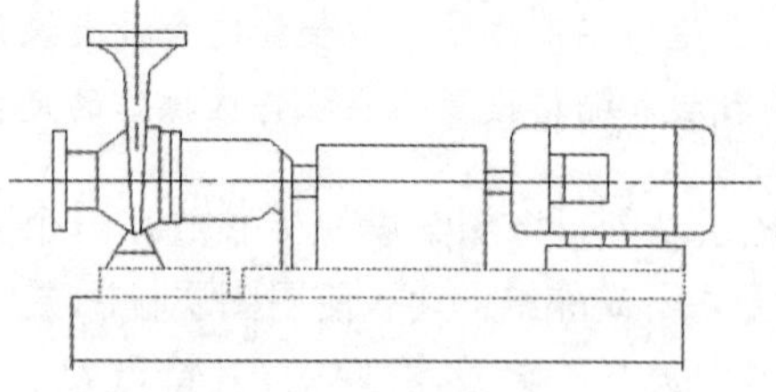

图 9-5 返回到“图案填充和渐变色”对话框　　图 9-6 选择填充区域

步骤05 按 Enter 键，完成选择，返回到“图案填充和渐变色”对话框，设置填充角度为 0°，填充比例为 500，单击“确定”按钮，完成填充，如图 9-7 所示。

步骤 06 用同样的方法填充最下面的水泵安装基础。不同的是选择填充图案为 SACNCR，设置填充角度为 0°，填充比例为 1000，填充效果如图 9-8 所示。

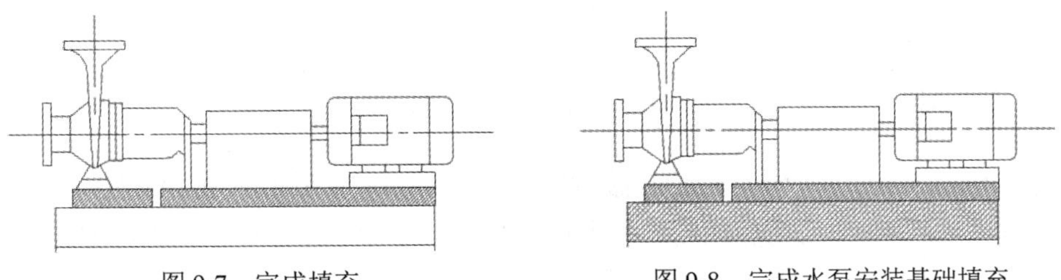

图 9-7　完成填充　　　　图 9-8　完成水泵安装基础填充

9.2　样板编辑

本节以绘制如图 9-9 所示的样板图为例，介绍样板图形的绘制方法。

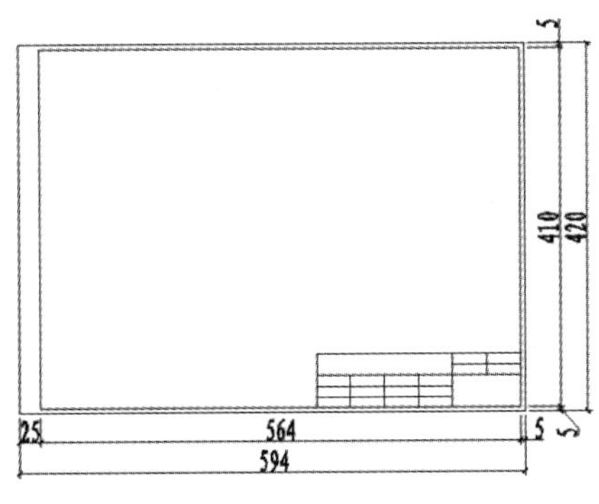

图 9-9　样板图

9.2.1　制作样板图的准则

使用 AutoCAD 2021 绘制样板图时，必须遵守如下准则：

- 严格遵守国家标准的有关规定。
- 使用标准线型。
- 设置适当图形界限，以便能包含最大操作区。
- 将捕捉和栅格设置为在操作区操作的尺寸。
- 按标准的图纸尺寸打印图形。

9.2.2　设置绘图单位和精度

在绘制图形时，单位都采用十进制，长度精度为小数点后 0 位，角度精度也为小数点后 0 位。

选择“格式”|“单位”命令，打开“图形单位”对话框。在该对话框中的“长度”选项组的“类型”下拉列表框中选择“小数”选项，设置“精度”为 0；在“角度”选项组的“类

型”下拉列表框中选择“十进制度数”选项，设置“角度”为 0°；系统默认“逆时针”方向为正；在“插入比例”选项中的“用于缩放插入内容的单位”下拉列表框中选择“毫米”选项。设置完毕后单击“确定”按钮。

9.2.3 设置图层

在绘制图形时，图层是一个重要的辅助工具，可以用来管理图形中的不同对象。创建图层一般设置图层名、颜色、线型和线宽。图层的多少需要根据所绘制图形的复杂程度来确定，通常对于比较简单的图形，只需要分别为辅助线、轮廓线和标注等对象建立图层即可。

【例 9-2】为样板图创建辅助线、轮廓线、标注等图层。

步骤 01 单击“默认”选项卡|“图层”面板上的“图层特性”按钮，打开“图层特性管理器”选项板。

步骤 02 在“图层特性管理器”选项板中单击“新建图层”按钮，创建图层，如图 9-10 所示。

步骤 03 设置完毕后单击“确定”按钮，关闭“图层特性管理器”选项板。

状态	名称	开	冻结	锁定	颜色	线型	线宽
	0				白	Continuous	—— 默认
✓	标注				170	Continuous	—— 默认
	辅助线				10	ACAD_ISO02W100	—— 默认
	轮廓线				160	Continuous	—— 默认

图 9-10　新建立的绘图文件图层

9.2.4 设置文字样式

在绘制图形时，要预先设置好文字样式，方法和第 7 章的【例 7-1】相同。此处需要设置 4 个文字样式，如图 9-11 所示。

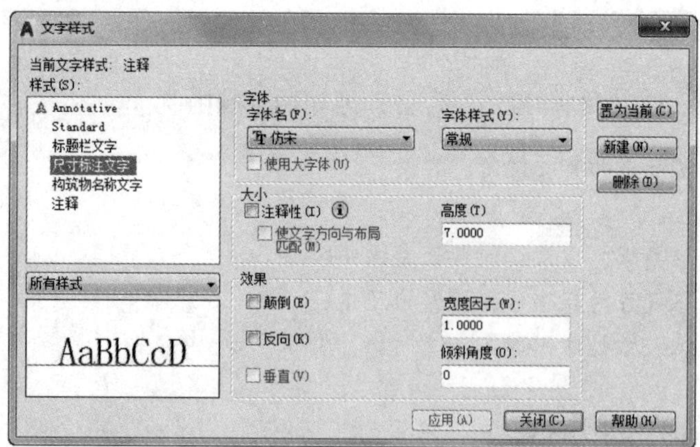

图 9-11　“文字样式”对话框

各种文字样式具体要求如下：

- 注释：大字体 gbcbig.shx，高度 7mm。

- 构筑物名称文字：仿宋，高度 10mm。
- 标题栏文字：仿宋，高度 3.5mm。
- 尺寸标注文字：仿宋，高度 7mm。

在实际绘图中，可以根据所绘制图形的大小来改变文字的高度。

9.2.5 设置尺寸标注样式

尺寸标注样式主要用来标注图形中的尺寸，对于不同种类的图形，尺寸标注的要求也不尽相同。通常采用 ISO 标准，并设置标注文字样式为第 8 章的【例 8-1】所创建的“给排水标注样式 1”，具体设置如图 9-12 所示。依次单击“置为当前”按钮和“关闭”按钮，保存尺寸标注样式。

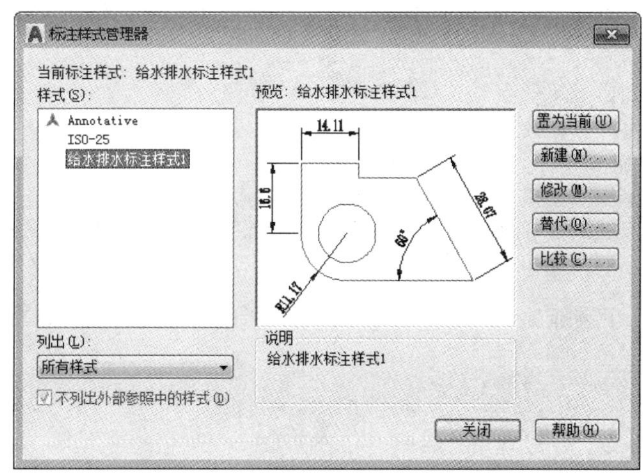

图 9-12 “标注样式管理器”对话框

9.2.6 绘制图框

在使用 AutoCAD 2021 绘图时，绘图界限不能直观地显示出来，所以还需要通过图框来确定绘图的范围，使所有的图形绘制在图框内。图框通常要小于图限，到图限边界要留一定的单位，在此可以使用“矩形”工具绘制图框。

【例 9-3】使用矩形、偏移命令绘制如图 9-13 所示的图框。

步骤 01 单击“默认”选项卡|“绘图”面板上的“矩形”按钮，绘制外图框，命令行提示如下：

```
命令: _RECTANG
指定第一个角点或 [倒角(C)/标高(E)/圆角(F)/厚度(T)/宽度(W)]: 0,0    //输入图框线的左下角的坐标
指定另一个角点或 [面积(A)/尺寸(D)/旋转(R)]: 594,420               //输入图框线的右上角坐标点 B，绘制效果如图 9-14 所示
```

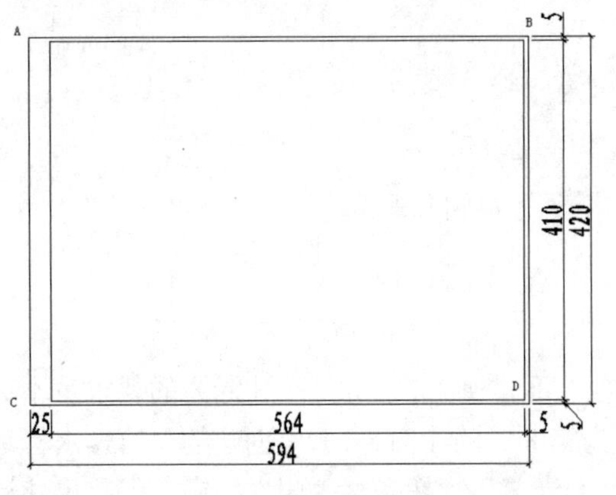

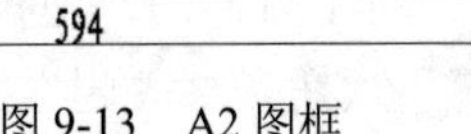
图 9-13　A2 图框

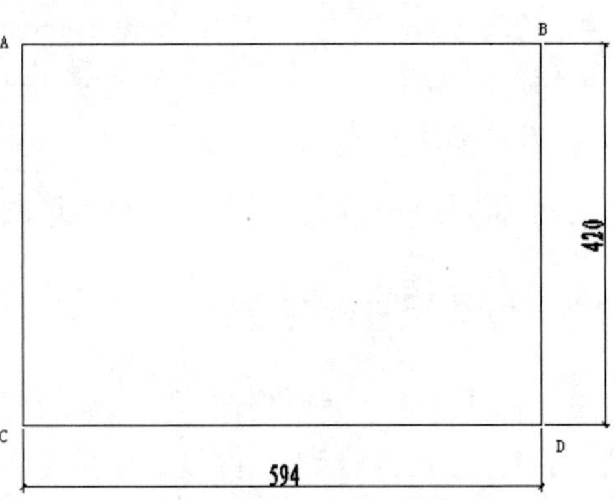

图 9-14　外图框

步骤 02 单击“默认”选项卡|“修改”面板上的“偏移”按钮⊆，将刚绘制的矩形向内侧偏移，命令行提示如下：

```
命令: _OFFSET
当前设置: 删除源=否  图层=源  OFFSETGAPTYPE=0
指定偏移距离或 [通过(T)/删除(E)/图层(L)] <5>:  5
选择要偏移的对象，或 [退出(E)/放弃(U)] <退出>://选择步骤 (1) 绘制的矩形 ABCD
指定要偏移的那一侧上的点，或 [退出(E)/多个(M)/放弃(U)] <退出>://在矩形 ABCD 内部单击
选择要偏移的对象，或 [退出(E)/放弃(U)] <退出>://按 Enter 键结束命令
```

步骤 03 单击“默认”选项卡上的“修改”面板中的“分解”按钮，分解矩形，命令行提示如下：

```
命令: _EXPLODE
选择对象: 找到 1 个      //选择上一步偏移后的矩形
选择对象:               //按 Enter 键结束命令
```

步骤 04 单击“默认”选项卡|“修改”面板上的“偏移”按钮⊆，对分解后的图线进行偏移，命令行提示如下：

```
命令: _OFFSET
当前设置: 删除源=否  图层=源  OFFSETGAPTYPE=0
指定偏移距离或 [通过(T)/删除(E)/图层(L)] <5>:  20
选择要偏移的对象，或 [退出(E)/放弃(U)] <退出>:            //选择内部图框的左侧边线
指定要偏移的那一侧上的点，或 [退出(E)/多个(M)/放弃(U)] <退出>://在其右侧单击
选择要偏移的对象，或 [退出(E)/放弃(U)] <退出>:            //按 Enter 键结束命令，效果
如图 9-15 所示
```

步骤 05 单击“默认”选项卡| “修改”面板上的“修剪”按钮，对图 9-15 进行修剪，效果如图 9-13 所示。

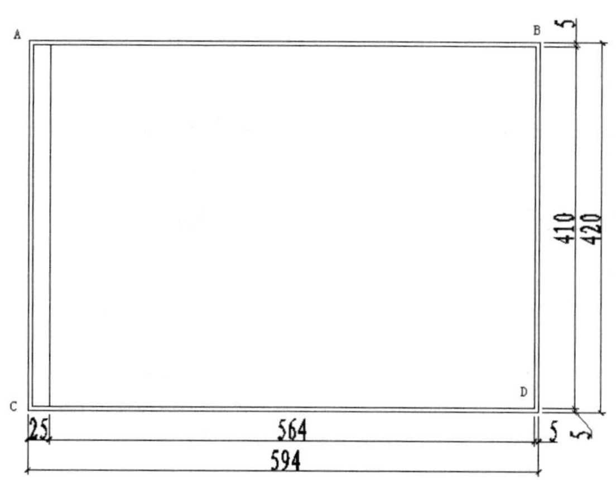

图 9-15　偏移内图框

9.2.7　绘制标题栏

【例 9-4】使用“表格”命令绘制如图 9-9 中的标题栏，标题栏总长度为 240，总宽度为 40。

标题栏可以位于图框的下方或右方，这里标题栏位于图框的下方，绘制过程如下：

步骤 01 单击“默认”选项卡|“绘图”面板上的“矩形”按钮，绘制 564×40 的矩形，如图 9-16 所示。

步骤 02 单击“默认”选项卡上的“修改”面板中的“分解”按钮，将步骤（1）绘制的矩形分解。

步骤 03 单击“默认”选项卡|“绘图”面板上的“定数等分”按钮，将矩形的上边定数等分为 8 等分。

步骤 04 单击“默认”选项卡|“绘图”面板上的“直线”按钮，捕捉直线上的第一个定数等分点为第一个点，第二个点为捕捉 564×40 矩形下边的垂足，效果如图 9-17 所示。

图 9-16　564×40 矩形　　　　图 9-17　绘制标题栏分隔线

步骤 05 使用同样的方法绘制其他竖向直线，最终的标题栏效果如图 9-18 所示。至于标题栏的具体内容，不同的设计单位、研究院等都不同，这里不再赘述。

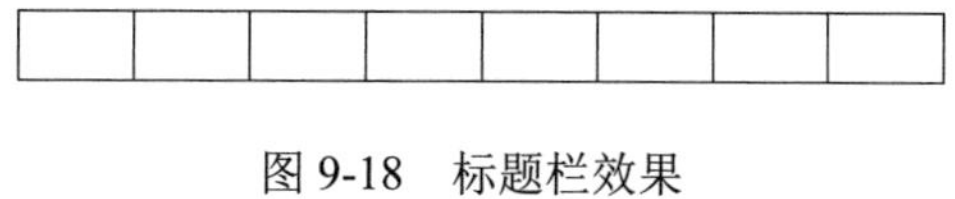

图 9-18　标题栏效果

9.3　保存样板图

通过前面的操作，样板图及其环境已经设置完毕，可以将其保存成样板图文件。

单击“快速访问工具栏”上的“另存为”按钮，打开“图形另存为”对话框，如图 9-19 所示。在“文件类型”下拉列表框中选择“AutoCAD 图形样板（*.dwt）”选项，在“文件名”文本框中输入文件名称 A2，单击“保存”按钮，打开“样板选项”对话框，在“说明”选项组中输入对样板图形的描述和说明，如图 9-20 所示。此时就创建好了一个标准的 A2 幅面的样板文件，接下来的绘图工作都将在此样板的基础上进行。

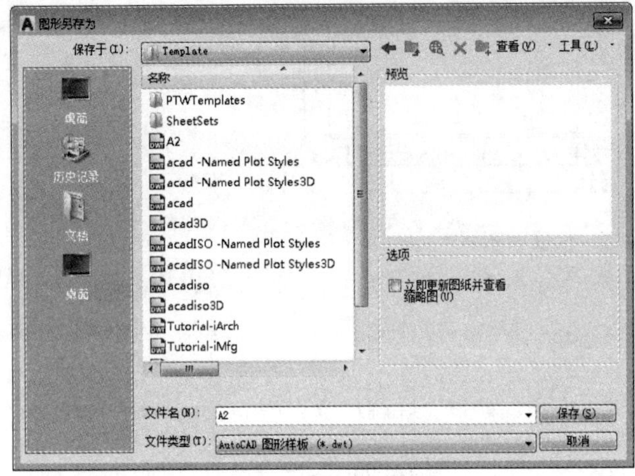

图 9-19 “图形另存为”对话框

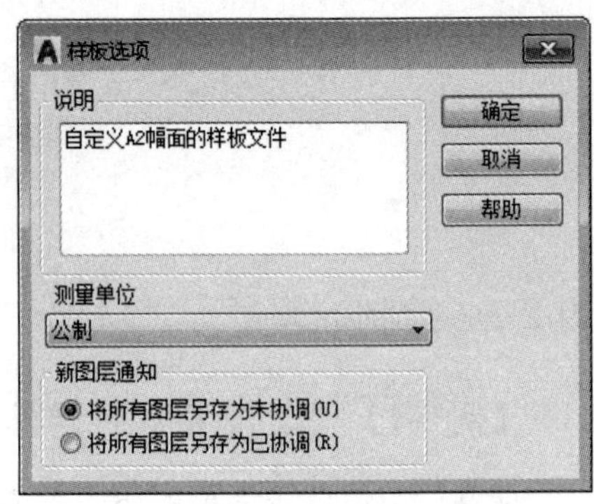

图 9-20 “样板选项”对话框

第 10 章 水处理工程制图

导言

水处理工程是为了解决生产、生活和消防等用水以及排除、处理污水和废水这些基本问题所必需的城市建设工程，它包括给水工程、排水工程以及室内给排水工程三个方面。水处理工程是环境工程和市政给排水工程的中心内容之一。

如何将 AutoCAD 绘图技术与水处理工程结合起来发挥 AutoCAD 在工程绘图中的优势？这是一个 CAD 技术的工程应用问题。因此了解和掌握水处理工程绘图的基本知识是非常必要的，本章主要介绍排水工程绘图方法及实例。

10.1 水处理工程概述

给排水工程是城市或工业企业从水源取水到最终处置的全部工业过程。一般由取水工程、净水工程、污水（废水）净化工程、污泥处理与处置工程和废水最终处置工程等主要枢纽工程构成。按照工程建设的历史阶段不同，可以分为新建工程和改（扩）建工程。

给水工程的任务是通过必要的水处理方法改善水质，使之符合生活饮用或工业使用所要求的水质标准。常用的处理方法有混凝、沉淀、过滤和消毒等。给水处理的方法要根据水源水质和用户对水质的要求来确定。各种处理方法可单独使用，也可以把几种方法结合起来使用，以形成不同的给水处理系统。

为满足用户对水量、水质和水压的要求，给水系统一般由以下几部分组成。

- 取水构筑物：从选定的给水水源取集原水而设置的各种构筑物的总称。分地下水取水构筑物和地面取水构筑物。
- 水质处理构筑物：对不符合用户水质要求的水，进行水质改善而设置的各种构筑物的总称。这些构筑物常集中设置在水厂内。
- 泵站：提升和输送水而设置的泵房（设有水泵机组、电器设备和管道、闸阀等）及其配套设施的总称。分一级（取水）泵站、二级（送水）泵站、增压（中途）泵站和循环泵站等。
- 输水管：将原水运到水厂，将清水送到给水区域的管道设施。
- 配水管网：从输水管取水，将水配送至各用水户的管道设施。
- 调节构筑物：各种类型的水池，分清水池、水塔、高地水池和水库泵站等。清水池的作用是贮存和调节水量，提供加氯消毒接触时间，通常置于水厂内；水塔、高地水池、水库泵站作用是用以贮存、调节水量和保证水压，它们均属于网中调节构筑物，通常设在给水区内或附近的地形最高处，以降低工程造价或动力费用。

净水厂的设计内容一般包括：根据城镇或工业区给水规划确定的要求选择厂址；根据水源的水质及要求的水质标准选择净化工艺流程和净化构筑物型式；确定药剂（包括凝聚剂、助凝剂等）品种、投加量及投加方式；选择消毒方法及投加设备；安排辅助生产及附属生活建筑物；进行水厂的总体布置（平面与高程）及厂区道路、绿化和管线综合布置；编制水厂定员表；编制工程概算及主要设备材料表。在完成上述工作过程中应根据设计要求搜集资料，进行设计、计算与绘图工作。

排水工程的基本任务是保护环境免受污染，以促进工农业生产的发展和保障人民的健康与正常生活。其主要内容包括收集各种污水并及时输送到适当地点和妥善处理后排放或再利用。

污水处理工程的任务是采用各种方法将污水中所含有的污染物分离出来，或将其转化为无害和稳定的物质，使得污水得以净化，符合国家排放标准。其常用的处理方法按其作用原理可分为物理处理、物化处理、生物处理等。污水来源包括生活污水、工业废水和部分雨水等，所含污染物也是多种多样的，因此，一种污水往往需要通过由几种处理方法组成的处理系统处理后才能够达到处理要求。若按处理程度划分，污水处理可分为一级、二级和三级。一级处理的内容是去除水中呈悬浮状态的固体污染物质，通常采用物理方法处理；二级处理的主要任务是大幅度地去除污水中呈胶体和溶解状态的可生物降解的有机物（BOD_5），通常采用的方法是生化方法。一、二级处理是城市污水处理常采用的，故又称常规处理。三级处理的目的在于进一步去除二级处理所未能去除的污染物质，如微生物未能降解的有机物及导致水体富营养化的可溶性无机物氮、磷化合物等。三级处理所使用的处理方法通常有：生化处理中的生物脱氮法、物化处理中的活性炭过滤、混凝沉淀以及电渗析等。

污水的处理流程，必须根据水量、水质及去除的对象等因素，经过试验和调查研究加以确定。

10.2 水处理厂工程图的绘制

水处理厂工程图主要包括水处理流程图、水处理构筑物平面图、水处理构筑物剖面图、水处理厂平面布置图、水处理厂高程图等内容。

10.2.1 水处理流程图

1. 水处理流程及流程图规定

污水处理的工艺流程图，是由若干功能不同的单元处理设施（构筑物、设备、装置等）和输配水联络管渠所组成。随着污水处理技术的发展，一方面同一功能处理设施的类型在不断增多；另一方面，同一设施的处理功能也在扩展。

在一般城市污水的三级处理体制中，一级是预处理，二级是主体，三级是深度处理。在各种污水处理方法中，目前生物处理方法仍然是整个城市污水处理的主流。这是因为，从城市污水处理的发展上看，一级处理技术最老，已相对定型。三级处理虽处于发展阶段，但所用技术费用较高。只有生物法这一部分，近百年来发展变化不止，至今方兴未艾。

以无害化处理为目的的城市污水处理厂的典型处理工艺流程图如图10-1所示。

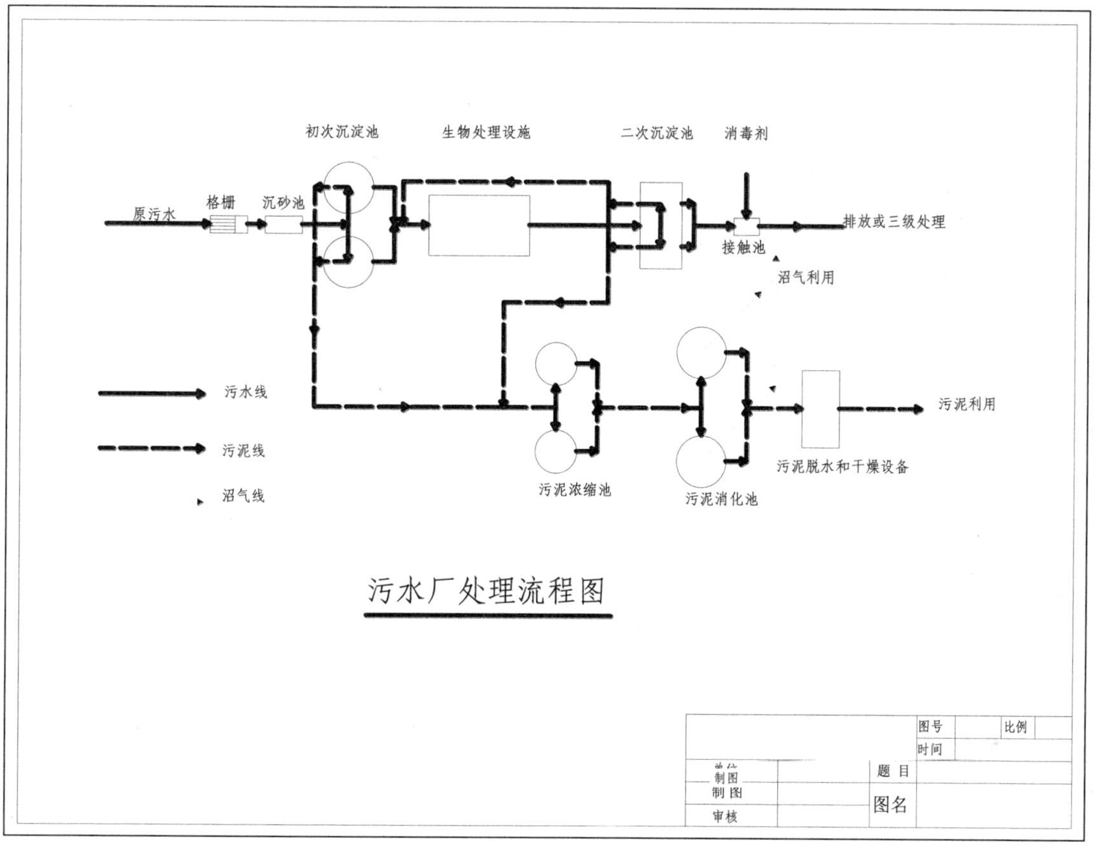

图 10-1　污水处理工艺流程图

《给排水制图标准》对各种净水和水处理净化系统流程图有如下规定：

- 水净化流程图可不按比例绘制。
- 水净化设备及附加设备按设备形状以细实线绘制。
- 水净化系统设备之间的管道以中粗实线绘制，辅助设备的管道以中实线绘制。
- 各种设备用编号表示，并附设备编号与名称对照说明。
- 初步设计说明中可用方框图表示水的净化流程图。

2. 绘制污水处理厂工艺流程图操作实例

【例 10-1】绘制如图10-1所示污水处理厂工艺流程图，绘图比例为1:100，绘制步骤如下。

（1）设置图层

单击“默认”选项卡|“图层”面板上的“图层特性”按钮，打开“图层特性管理器”选项板，新建边框、标注、水处理设备、文字标注、污泥线、污水线、沼气线等图层，具体设置如图10-2所示。

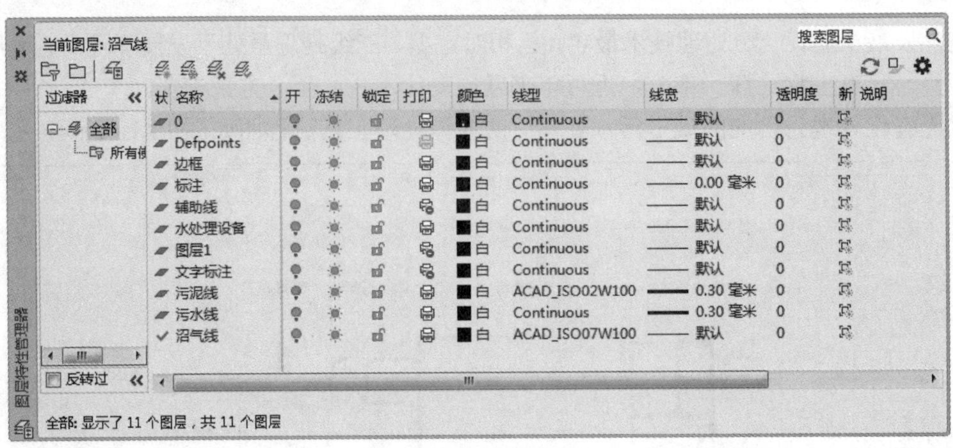

图 10-2　设置图层

（2）绘制水处理设备

步骤 01　展开“默认”选项卡|“图层”面板上的“图层”下拉列表，将“水处理设备”层设置为当前层。

步骤 02　单击“默认”选项卡|“绘图”面板上的“矩形”按钮，绘制格栅，具体尺寸如图 10-3 所示。

步骤 03　单击“默认”选项卡|“绘图”面板上的“矩形”按钮，绘制沉砂池示意图，具体尺寸如图 10-4 所示。

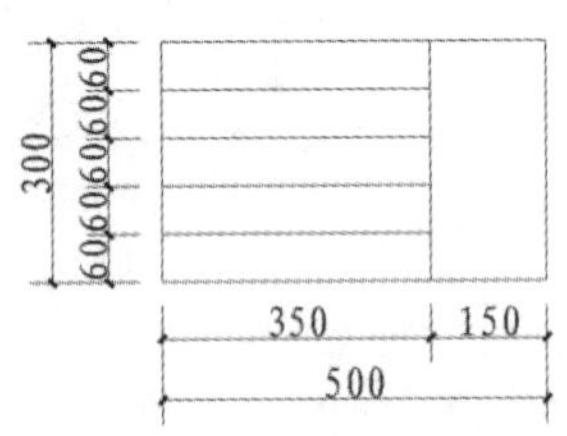

图 10-3　格栅示意图

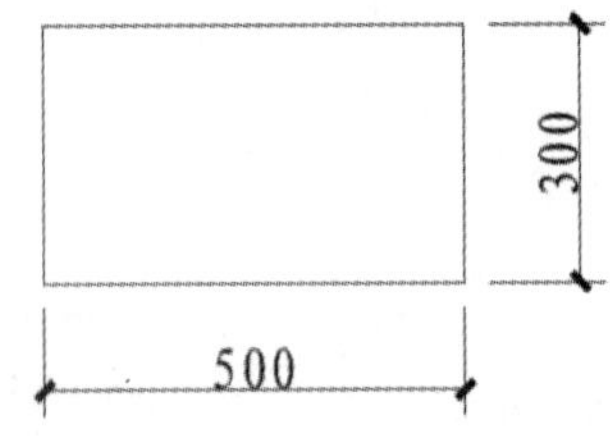

图 10-4　沉砂池示意图

步骤 04　利用同样的方法绘制曝气池、二次沉淀池、接触池、污泥脱水和干燥设备示意图，具体尺寸如图 10-5~图 10-8 所示。

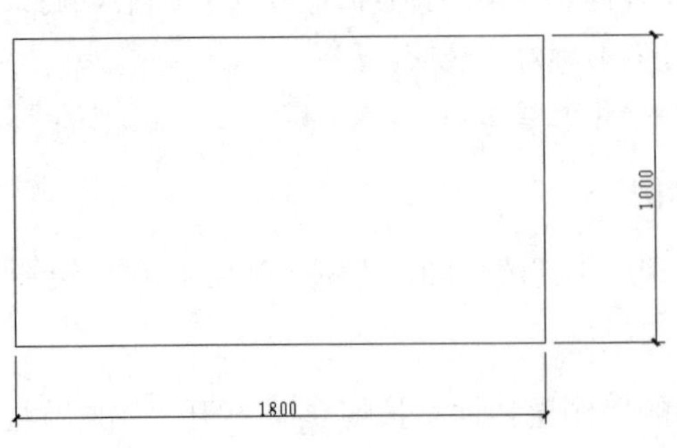

图 10-5　曝气池示意图

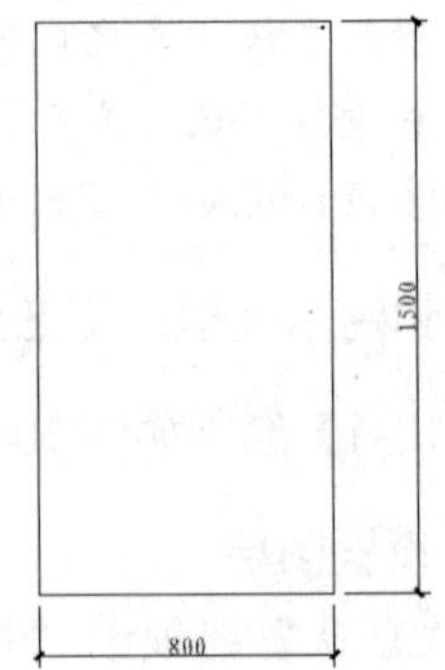

图 10-6　二次沉淀池示意图

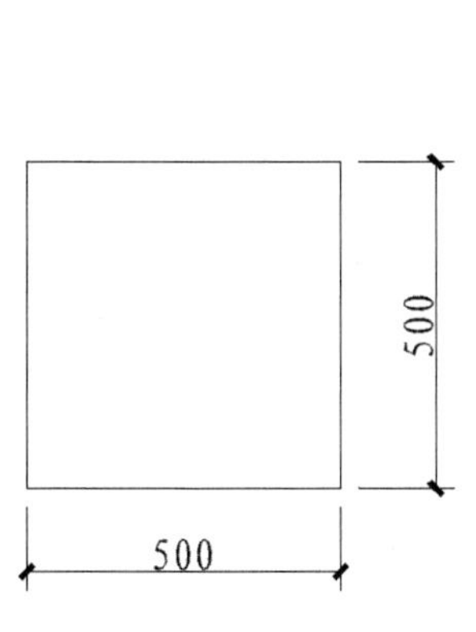

图 10-7 接触池示意图

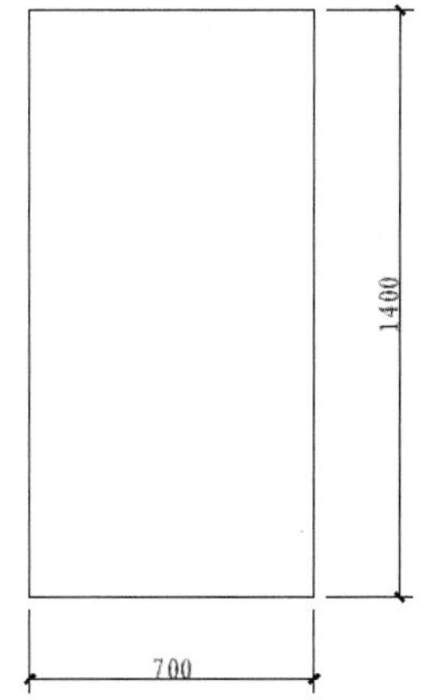

图 10-8 污泥脱水和干燥设备示意图

步骤05 综合使用“圆心、半径”命令和“直线”命令绘制初次沉淀池示意图，具体尺寸如图 10-9 所示。

步骤06 利用同样的方法综合使用“圆”和“直线”命令绘制污泥浓缩池和污泥消化池示意图，如图 10-10 所示。

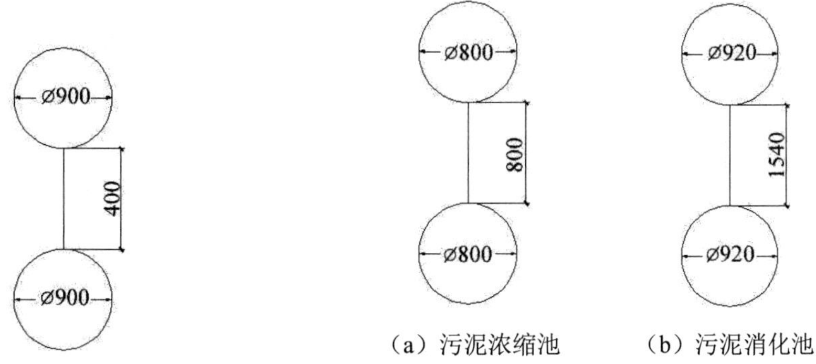

（a）污泥浓缩池　　（b）污泥消化池

图 10-9 初次沉淀池示意图　　图 10-10 污泥浓缩池和污泥消化池示意图

（3）布置污水处理设备

步骤01 展开“默认”选项卡|“图层”面板上的“图层”下拉列表，将“辅助线”层设置为当前层。

步骤02 单击“默认”选项卡|“绘图”面板上的“构造线”按钮，绘制两条间隔为 3000 的水平辅助线，其中一条通过点（0，11000），另一条通过点（0，8000）。

步骤03 单击“默认”选项卡|“修改”面板上的“移动”按钮，将格栅移动到构造线上，命令行提示如下：

```
命令: _MOVE
选择对象: 指定对角点: 找到 9 个              //选择前面绘制的格栅示意图
选择对象:                                    //按 Enter 键完成选择
指定基点或 [位移(D)] <位移>:                  //捕捉格栅最左面竖直边的中点
```

```
指定第二个点或 <使用第一个点作为位移>:
//捕捉构造线上的点(1900, 11000)，单击完成移动，如图 10-11 所示
```

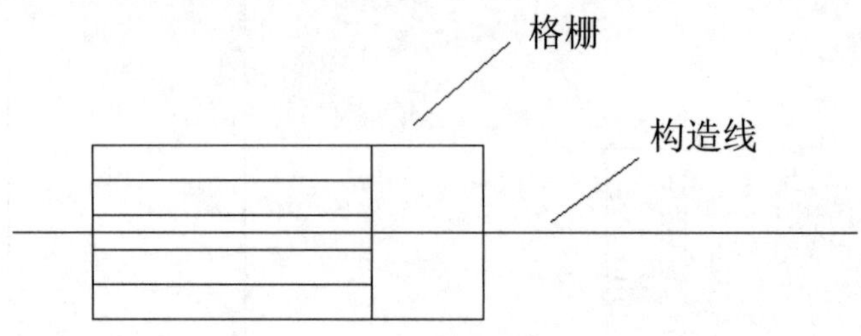

图 10-11　将格栅移动到构造线上

步骤 04 以同样的方法将上面绘制的污水处理设备都移动到构造线上，其中沉砂池移动基点是其示意图左面竖直边的中点，插入在构造线上的点是（3000, 11000）；初次沉淀池的移动基点是其示意图中连接两个初沉池的直线的中点，插入在构造线上的点是（5000, 11000）；曝气池的移动基点是其示意图左边竖直边的中点，插入构造线上的点是（6400, 11000）；二次沉淀池的移动基点是其示意图左边竖直边的中点，插入构造线上的点是（10200, 11000）；接触池的移动基点是其示意图左面竖直边的中点，插入构造线上的点是（12000, 11000）；污泥浓缩池的移动基点是其示意图中连接两个浓缩池的直线的中点，插入构造线上的点是（8750, 8000）；污泥消化池的移动基点是其示意图中连接两个消化池的直线的中点，插入构造线上的点是（11450, 8000）；污泥脱水和干燥设备的移动基点是其示意图左面竖直边的中点，插入构造线上的点是（13350, 8000），如图 10-12 所示。

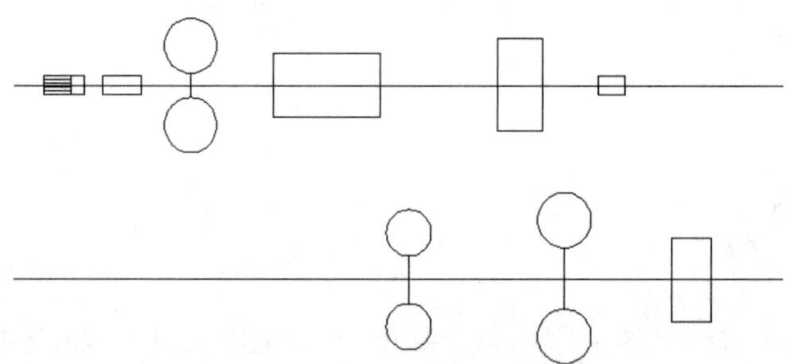

图 10-12　布置污水处理设备

步骤 05 单击“默认”选项卡|“修改”面板上的“删除”按钮，将构造线删除。

（4）绘制污水线

步骤 01 展开“默认”选项卡|“图层”面板上的“图层”下拉列表，将“污水线”层设置为当前层。

步骤 02 单击“默认”选项卡|“绘图”面板上的“直线”按钮，配合坐标输入功能绘制箭头符号，命令行提示如下：

```
命令: _LINE 指定第一点: //在绘图区拾取一点
指定下一点或 [放弃(U)]: @30<150
指定下一点或 [放弃(U)]: @30<-30
指定下一点或 [闭合(C)/放弃(U)]: _U
```

```
指定下一点或 [放弃(U)]: @30<-90
指定下一点或 [闭合(C)/放弃(U)]: @30<30
指定下一点或 [闭合(C)/放弃(U)]://按 Enter 键结束命令
```

步骤03 单击“默认”选项卡|“绘图”面板上的“图案填充”按钮，打开“图案填充创建”选项卡，选择 SOLID 图案进行填充，效果如图 10-13 所示。并将绘制的箭头符号创建为“箭头”块，指定插入基点为箭头符号的右端点。

图 10-13　箭头符号

步骤04 单击“默认”选项卡|“绘图”面板上的“直线”按钮，连接各污水处理构筑物的污水线。其中格栅的连接点和污水线长度如图 10-14 所示。

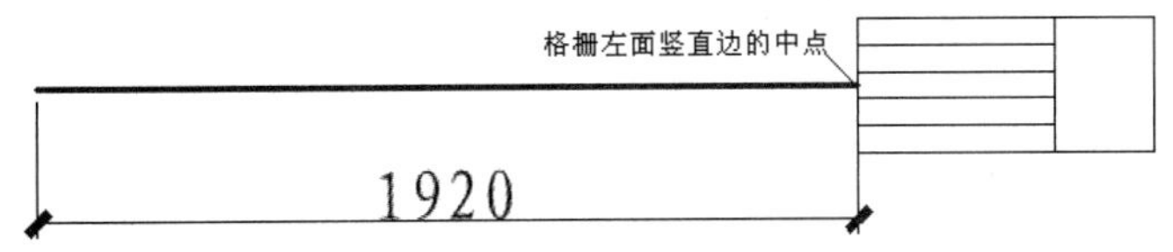

图 10-14　绘制格栅污水线

步骤05 单击“默认”选项卡|“绘图”面板上的“直线”按钮，利用同样的方法绘制沉砂池的连接点和污水线，长度如图 10-15 所示。

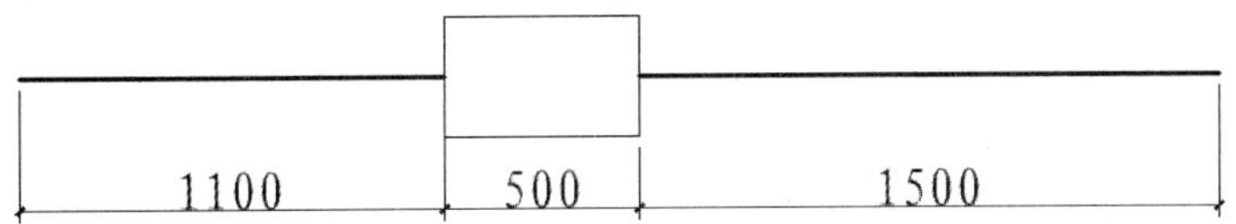

图 10-15　绘制沉砂池污水线

步骤06 绘制初沉池的连接点和污水线，长度如图 10-16 所示。绘制曝气池的连接点和污水线，长度如图 10-17 所示。

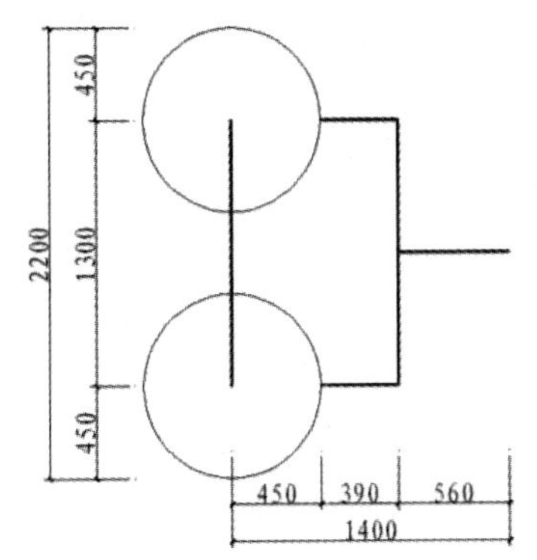

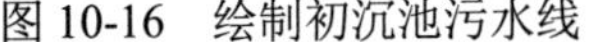

图 10-16　绘制初沉池污水线

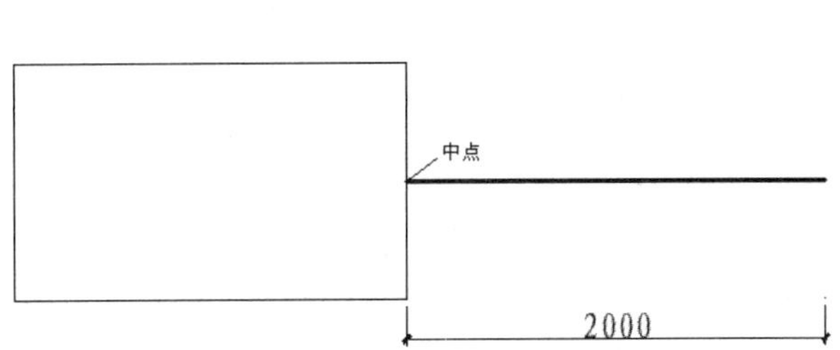

图 10-17　绘制曝气池污水线

步骤07 绘制二次沉淀池、接触池的连接点和污水线，长度如图 10-18 所示。

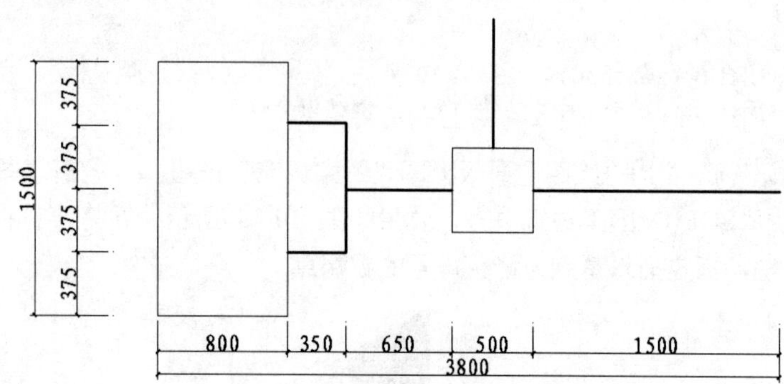

图 10-18　绘制二次沉淀池和接触池污水线

最终绘制的污水线图如图 10-19 所示。

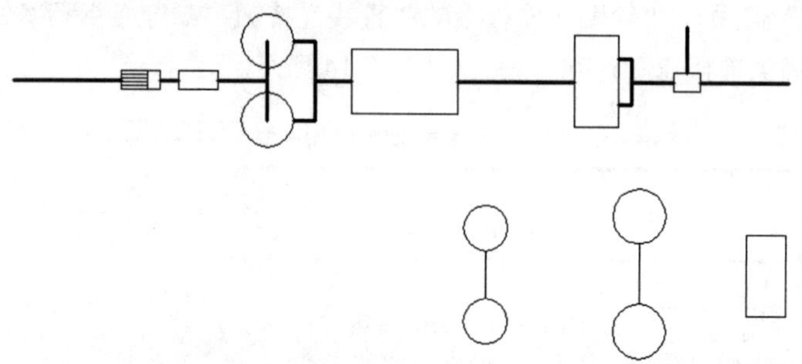

图 10-19　绘制污水线

步骤 08 单击“默认”选项卡|“块”面板上的“插入块”按钮，将前面创建的箭头符号插入到污水线上，如图 10-20 所示。

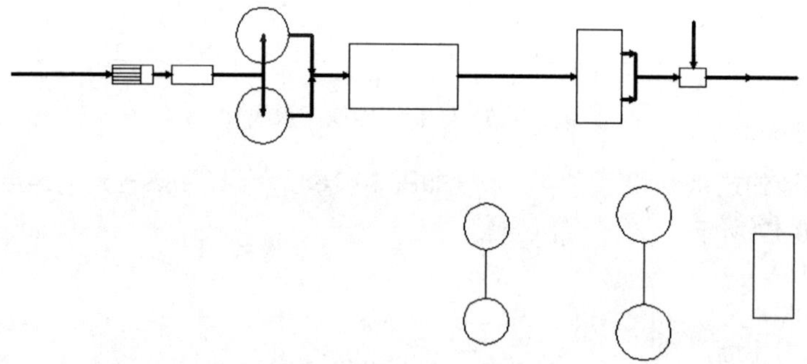

图 10-20　插入箭头符号

（5）绘制污泥线

步骤 01 单击“默认”选项卡|“图层”面板上的“图层特性”按钮，打开“图层特性管理器”选项板，将“污泥线”层设置为当前层。

步骤 02 以绘制污水线同样的方法绘制污泥线。其中初沉池的污泥线连接参数如图 10-21 所示。二沉池的污泥线连接参数如图 10-22 所示。

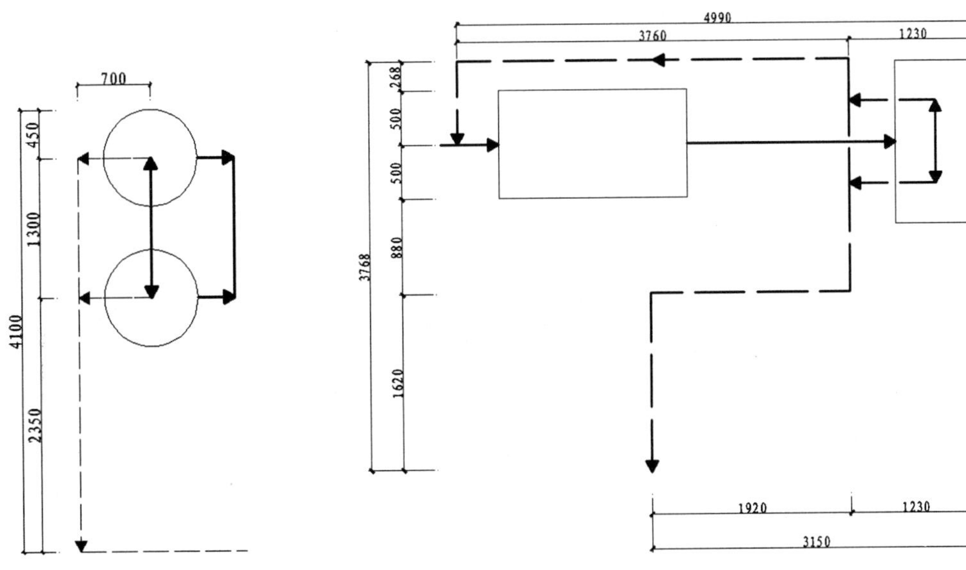

图 10-21 绘制初沉池污泥线

图 10-22 绘制二沉池污泥线

步骤03 绘制污泥浓缩池的污泥线，连接参数如图 10-23 所示。

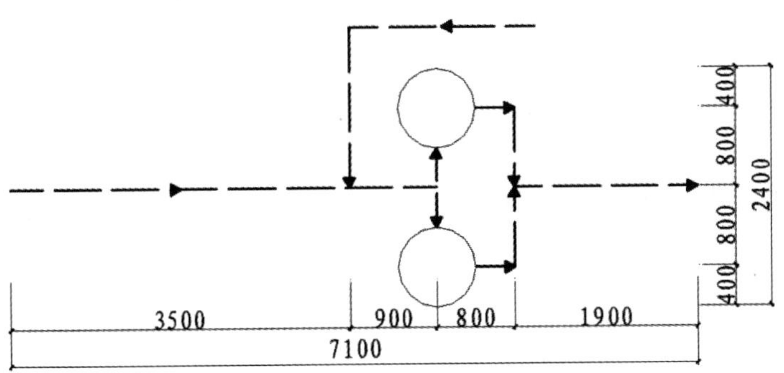

图 10-23 绘制污泥浓缩池污泥线

步骤04 绘制污泥消化池、污泥脱水和干燥设备的污泥线，连接参数如图 10-24 所示。

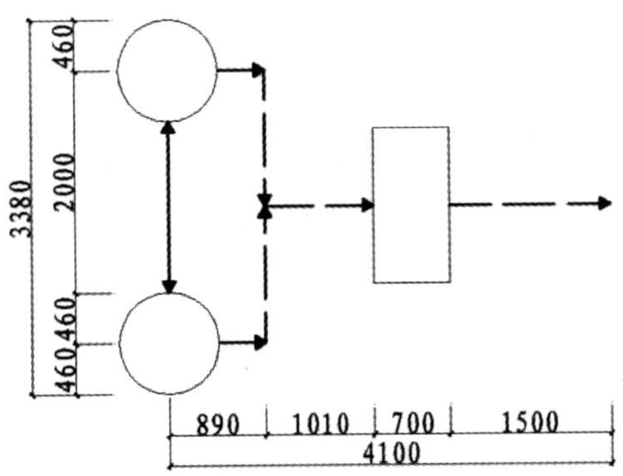

图 10-24 绘制污泥消化池、污泥脱水和干燥设备的污泥线

最终绘制的污泥线如图 10-25 所示。

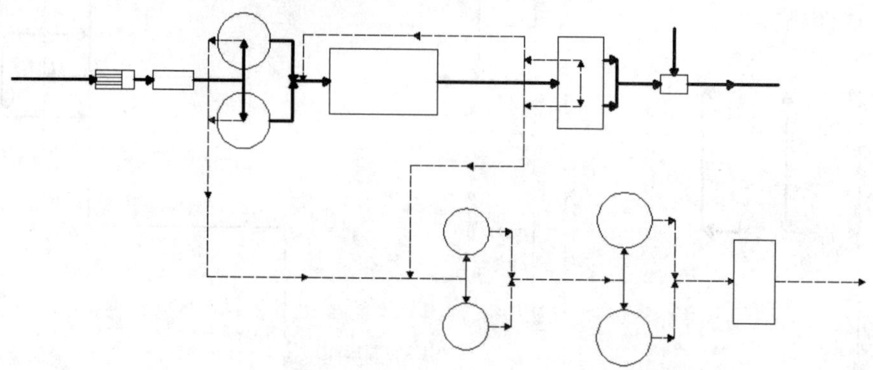

图 10-25　绘制污泥线

（6）绘制沼气线

步骤 01 单击“默认”选项卡|“图层”面板上的“图层特性”按钮，打开“图层特性管理器”选项板，将“沼气线”层设置为当前层。

步骤 02 以绘制污泥线的方法绘制污泥消化池的沼气线，如图 10-26 所示。

最终绘制的沼气如图 10-27 所示。

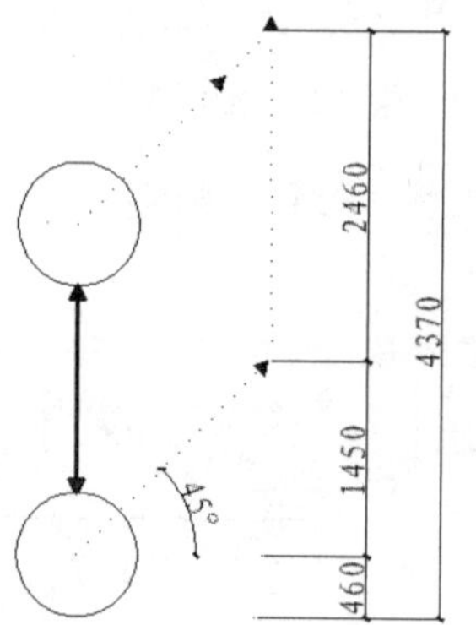

图 10-26　绘制污泥消化池沼气线

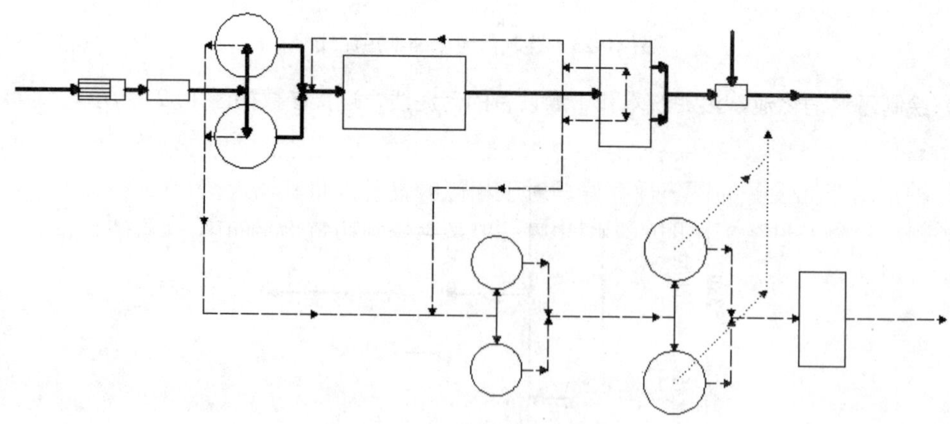

图 10-27　绘制沼气线

（7）进行文字标注

步骤 01 单击“默认”选项卡|“图层”面板上的“图层特性”按钮，打开“图层特性管理器”选

项板，将“文字标注”层设置为当前层。

步骤02 对各构筑物进行文字标注，文字样式为宋体，高度为 250，宽度因子为 0.7，如图 10-28 所示。

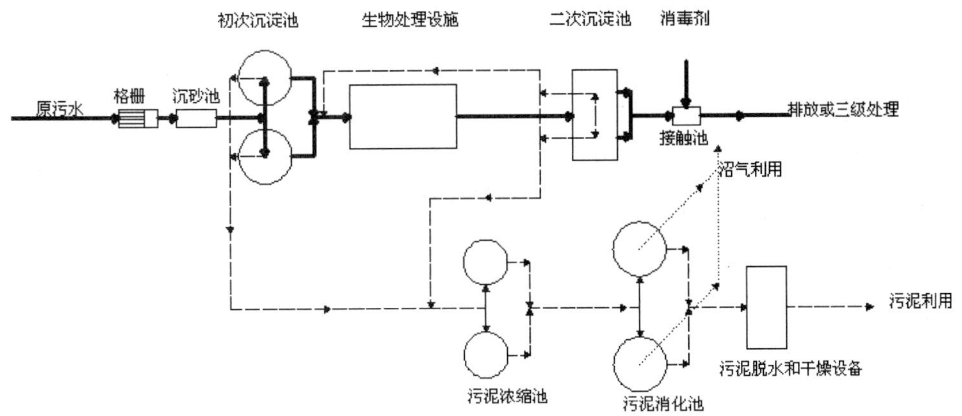

图 10-28　进行文字标注

（8）绘制边框和图题

步骤01 单击“默认”选项卡|“图层”面板上的“图层特性”按钮，打开“图层特性管理器”选项板，将“边框”层设置为当前层。

步骤02 绘制边框和图题，最终效果如图 10-1 所示。

10.2.2　水处理构筑物及设备工艺图

1. 水处理构筑物及设备工艺图

水处理构筑物及设备工艺图是指各处理构筑物，如沉淀池、普通快滤池、清水池等构筑物本身及相关设备、管渠的整体布置图。

水处理设施种类繁多，而且其中很大一部分是构筑物和非标设备，而这些构筑物和非标设备多采用经验设计，难以实现参数化绘图。绘图过程中，可以依靠平时工作中的积累，将以往绘制的各种常用非标设备的图集保存好，对于相似的设备，将其调入，稍加修改就能使用。

水处理构筑物及设备工艺图的制图步骤一般是先绘制构筑物平面图，然后绘制相应的剖面图，最后根据需要绘出必要的详图。

2. 绘制初沉池操作实例

【例 10-2】绘制水处理中的初沉池，如图 10-29 所示，绘图比例为 1:100。

步骤01 单击“默认”选项卡|“绘图”面板上的“矩形”按钮，绘制第一个初沉池池体外轮廓图，矩形长度为 5400，宽度为 27940。

步骤02 单击“默认”选项卡|“修改”面板上的“偏移”按钮，将步骤（1）绘制的矩形向内偏移 300，并将其分解，效果如图 10-30 所示。

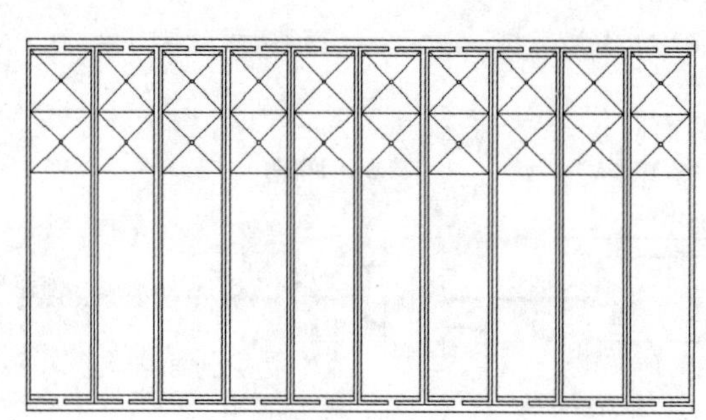

图 10-29　初沉池

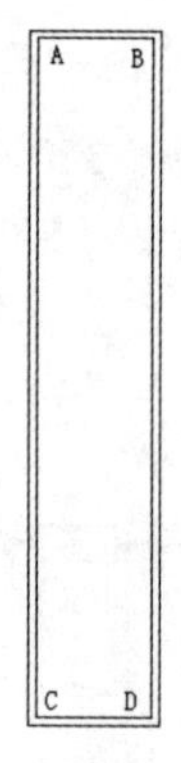

图 10-30　偏移初沉池轮廓线

步骤 03 单击“默认”选项卡|“绘图”面板上的“矩形”按钮，绘制泥斗，两个矩形的中心点重合，效果如图 10-31 所示。接下来单击“默认”选项卡|“绘图”面板上的“直线”按钮，绘制泥斗外框的两条对角线，并使用“移动”命令将泥斗移动到初沉池内，使泥斗外框的左上角点与点 A 重合，效果如图 10-32 所示。最后单击“默认”选项卡| “修改”面板上的“修剪”按钮，以泥斗内框作为边界，将位于内框内的对角线修改掉，结果如图 10-33 所示。

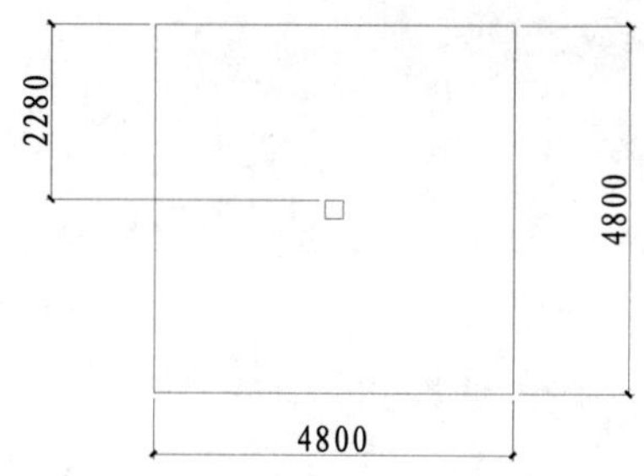

图 10-31　泥斗

步骤 04 单击“默认”选项卡|“修改”面板上的“镜像”按钮，镜像污泥斗，镜像轴线为直线 EF，效果如图 10-34 所示。

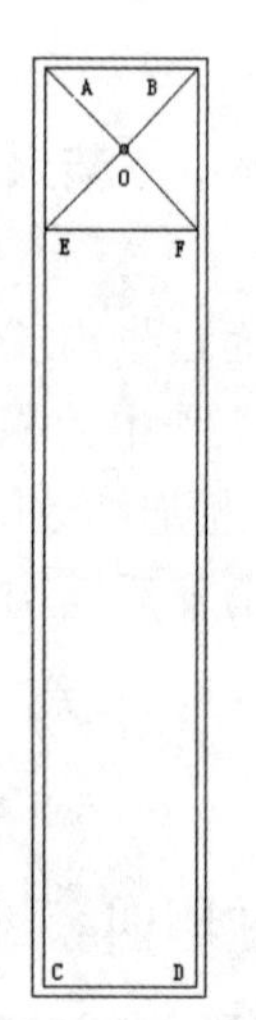

图 10-32　绘制泥斗

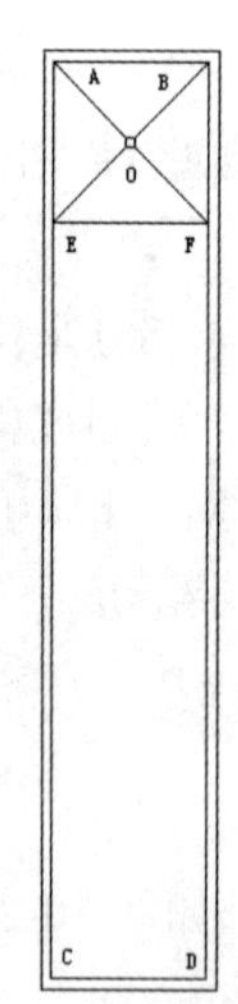

图 10-33　绘制排泥口

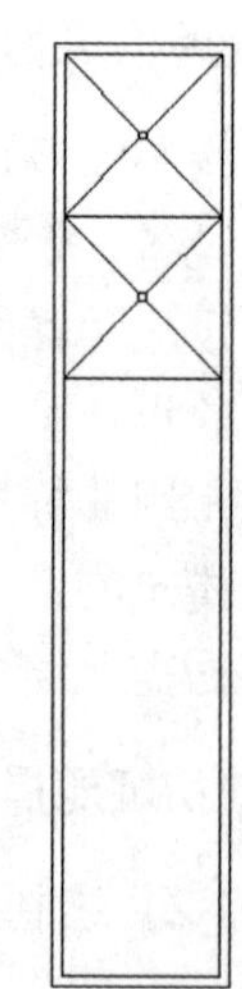

图 10-34 镜像污泥斗

步骤 05 单击“默认”选项卡|“修改”面板上的“偏移”按钮，将直线 AC、BD 分别向右、向左偏移 2160，效果如图 10-35 所示。

步骤06 单击“默认”选项卡|“修改”面板上的“偏移”按钮⊆，将直线AB、CD分别向下、向上偏移300，效果如图10-36所示。对图10-36进行修改，效果如图10-37所示。

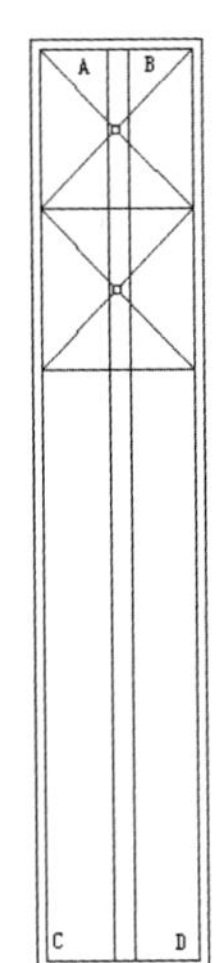

图10-35　绘制进出水口辅助线

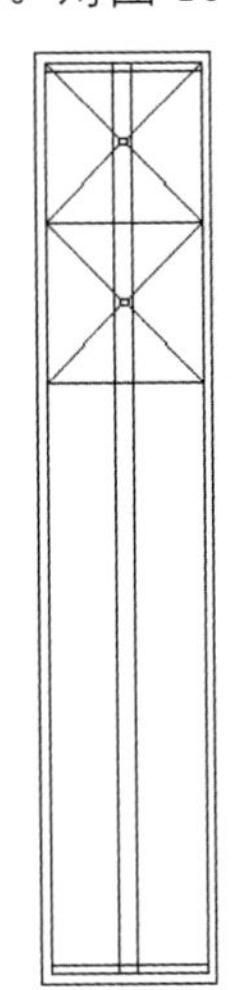

图10-36　绘制进出水挡板

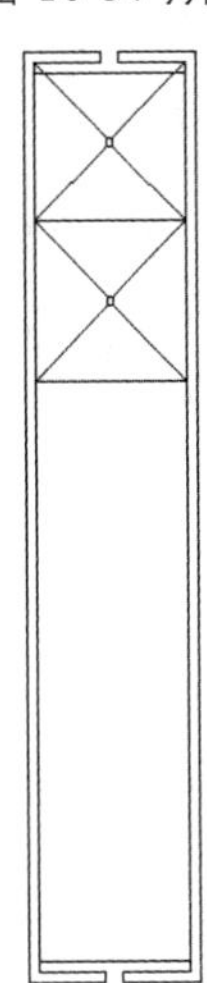

图10-37　修改效果图

步骤07 单击“默认”选项卡|“修改”面板上的“偏移”按钮⊆，将已绘制好的初沉池镜像，镜像轴线为其最右侧的竖直轮廓线，效果如图10-38所示。使用同样的方法镜像初沉池，效果如图10-39所示。

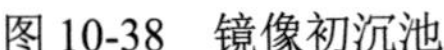

图10-38　镜像初沉池

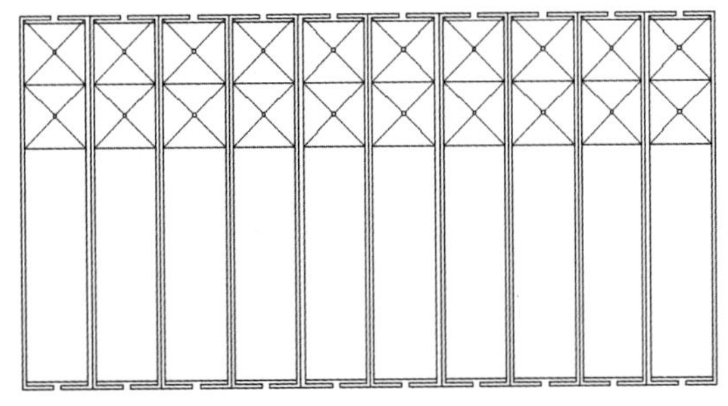

图10-39　镜像初沉池效果图

步骤08 单击“默认”选项卡|“绘图”面板上的“直线”按钮╱，绘制初沉池进出水槽一半轮廓线，然后对绘制的轮廓线镜像，命令行提示如下：

```
命令: _LINE 指定第一点:                          //捕捉初沉池左上角角点
指定下一点或 [放弃(U)]: @600<90
指定下一点或 [放弃(U)]: @54000<0
指定下一点或 [闭合(C)/放弃(U)]: @600<-90
指定下一点或 [闭合(C)/放弃(U)]:                  //按Enter键结束命令，完成进水槽的绘制
命令: _MIRROR
```

```
选择对象：找到 1 个，总计 3 个                    //选择前面绘制的进水槽
选择对象：                                        //按 Enter 键结束选择
指定镜像线的第一点：                              //捕捉初沉池最左面边的中点
指定镜像线的第二点：                              //捕捉初沉池最右面边的中点
要删除源对象吗？[是(Y)/否(N)] <N>:                //按 Enter 键保留源对象，效果如图 10-29 所示
```

【例 10-3】 绘制水处理中的沉砂池，如图 10-40 所示，绘图比例为 1:100（绘制过程略）。

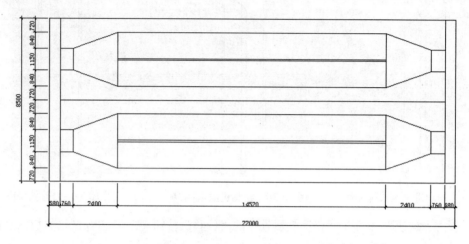

图 10-40　沉砂池

【例 10-4】 绘制水处理中的曝气池，如图 10-41 所示，绘图比例为 1:100（绘制过程略）。

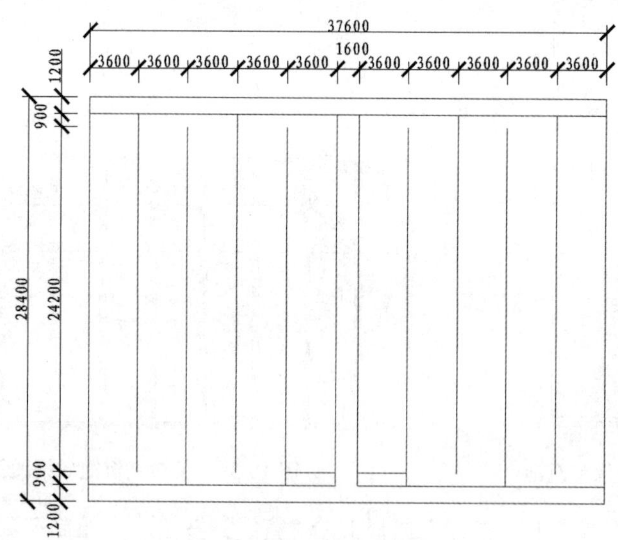

图 10-41　曝气池

【例 10-5】 绘制水处理中的二次沉淀池，如图 10-42 所示，绘图比例为 1:100（绘制过程略）。

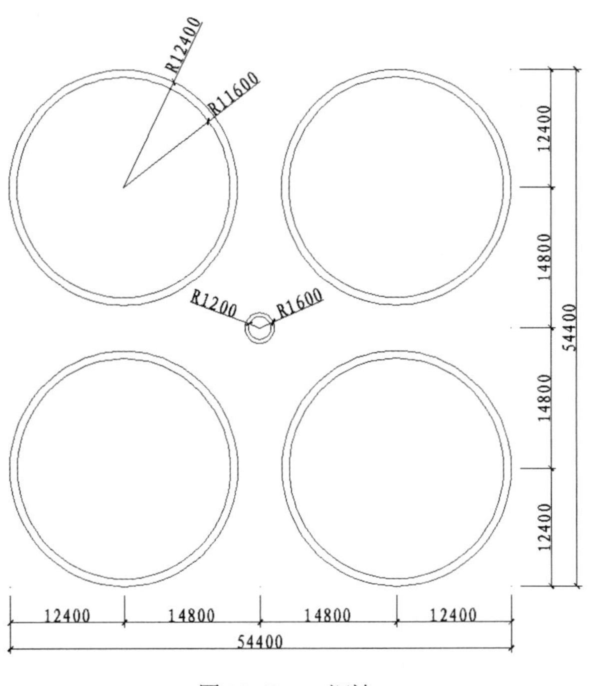

图 10-42　二沉池

【例 10-6】绘制水处理中的消毒接触池，如图 10-43 所示，绘图比例为 1:100（绘制过程略）。

【例 10-7】绘制鼓风机房平面图，具体尺寸如图 10-44 所示，绘图比例为 1:100（绘制过程略）。

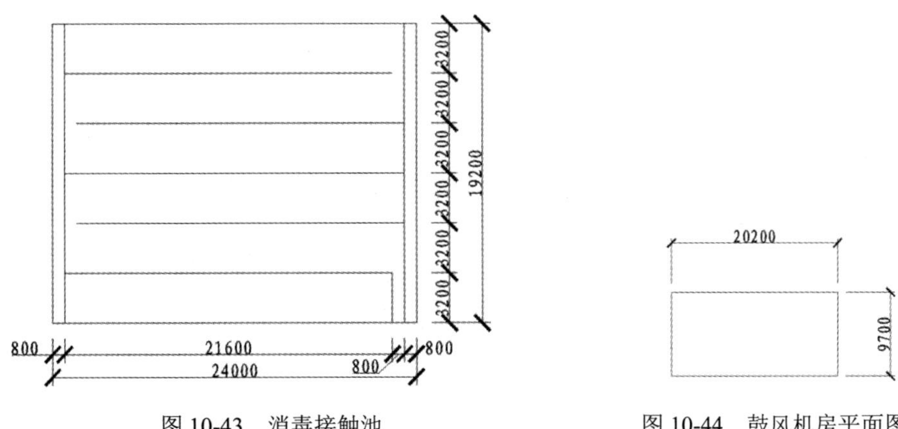

图 10-43　消毒接触池　　　　图 10-44　鼓风机房平面图

【例 10-8】绘制污泥消化池平面图，具体尺寸如图 10-45 所示，绘图比例为 1:100（绘制过程略）。

【例 10-9】绘制污泥浓缩池平面图，具体尺寸如图 10-46 所示，绘图比例为 1:100（绘制过程略）。

【例 10-10】绘制配水井平面图，具体尺寸如图 10-47 所示，绘图比例为 1:100（绘制过程略）。

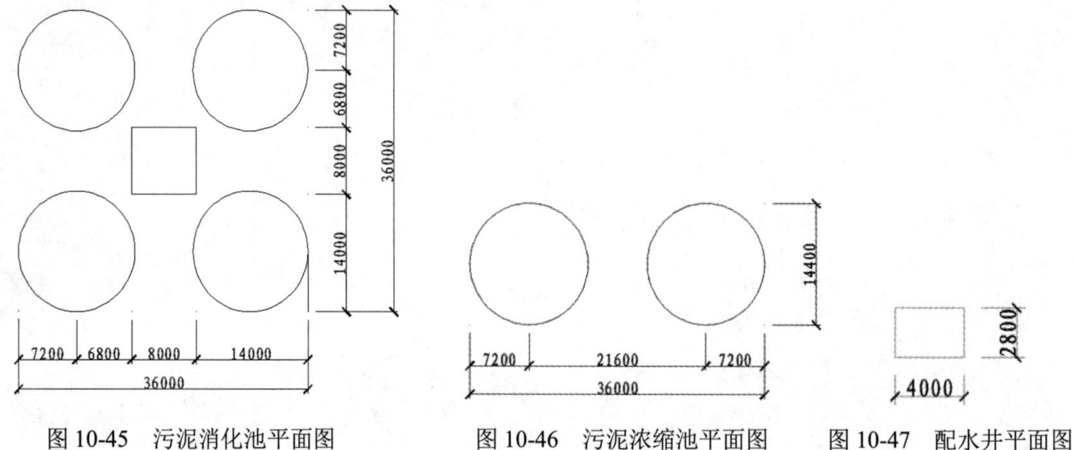

图 10-45 污泥消化池平面图　　图 10-46 污泥浓缩池平面图　　图 10-47 配水井平面图

10.2.3 水处理构筑物剖面图

1. 水处理构筑物剖面图画法规定

《给排水制图标准》对水处理构筑物剖面图的画法有如下规定：

- 设备、构筑物布置复杂并且管道交叉多，轴侧图不能表示清楚时，宜辅以剖面图。
- 清楚表示设备、构筑物、管道、阀门及附件的位置、形式和相互关系。
- 注明管径、标高、设备及构筑物有关定位尺寸。
- 建筑、结构的轮廓线应与建筑及结构专业相一致。本专业有特殊要求时，应加附注予以说明，线型用细实线。

2. 绘制初沉池剖面图操作实例

【例 10-11】绘制水处理中初沉池的剖面图，如图 10-48 所示，绘图比例为 1:100。

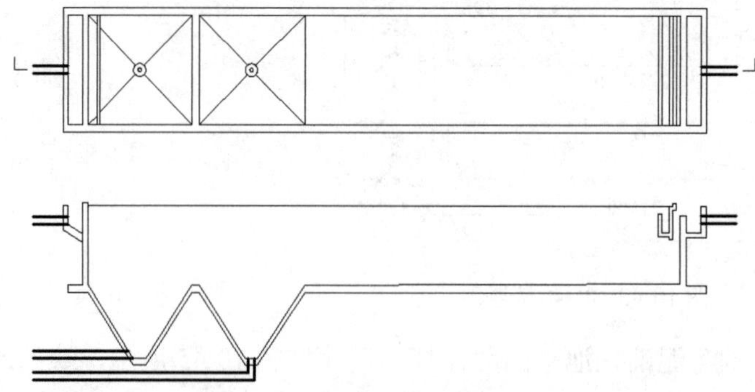

图 10-48 初次沉淀池剖面图

步骤 01 单击“默认”选项卡|“绘图”面板上的“直线”按钮，配合坐标输入和对象捕捉功能绘制辅助线，命令行提示如下：

```
命令: _LINE 指定第一点:                    //捕捉点 A
```

```
指定下一点或 [放弃(U)]: @120000<-90       //指定点 B
指定下一点或 [放弃(U)]: @364000<0         //指定点 C
指定下一点或 [放弃(U)]:                    //按 Enter 键结束命令，绘制效果如图 10-49 所示
```

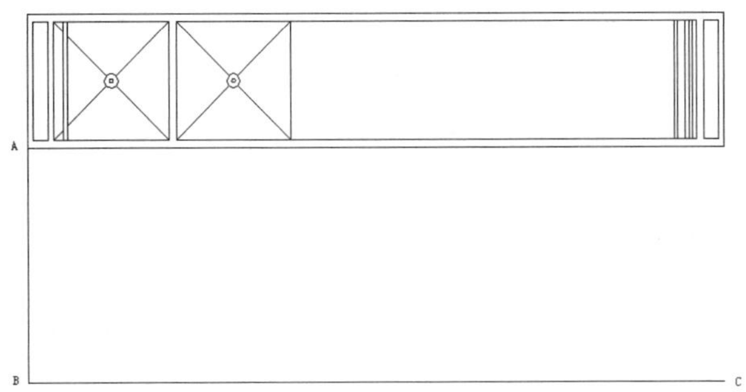

图 10-49　绘制辅助线 AB 和 BC

步骤 02 单击“默认”选项卡|“修改”面板上的“偏移”按钮⊆，绘制纵向辅助线，将直线 AB 分别向右偏移 3000、11000、14000、40500、43000、45000、47500、74000、78000、104500、107000、109000、111500、138000、337000、339000、343000、345000、347000、349000、353000、361000、364000，效果如图 10-50 所示。

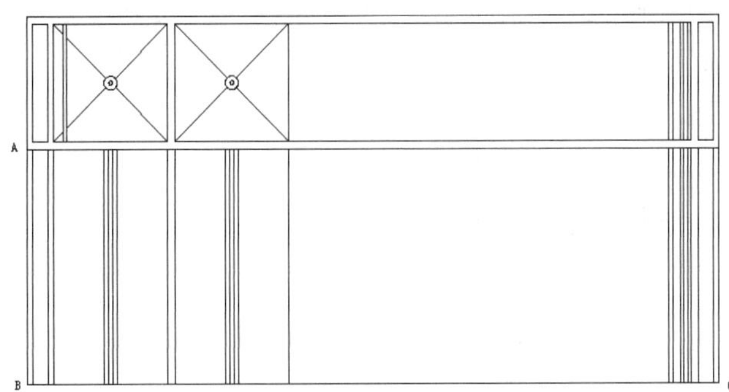

图 10-50　绘制纵向辅助线

步骤 03 单击“默认”选项卡|“修改”面板上的“偏移”按钮⊆，绘制横向辅助线，将直线 BC 分别向上偏移 4000、40000、44000、45000、67000、69000、70000、71000、72000、73000、74000、77000、82000、83000、85000、87000、89000，效果如图 10-51 所示。

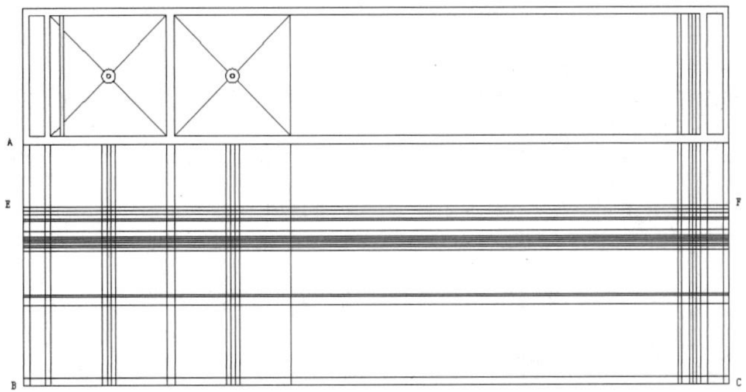

图 10-51　绘制横向辅助线

步骤 04 单击“默认”选项卡|“绘图”面板上的 “多段线”按钮，在步骤（2）、步骤（3）绘制的辅助线的基础上绘制初沉池剖面图，命令行提示如下：

```
命令: _PLINE
指定起点:              //从点 E 向下追踪 2000 个单位，单击
当前线宽为 0
指定下一个点或 [圆弧(A)/半宽(H)/长度(L)/放弃(U)/宽度(W)]://向右追踪 3000 个单位，单击
指定下一点或 [圆弧(A)/闭合(C)/半宽(H)/长度(L)/放弃(U)/宽度(W)]://向下追踪 10000 个单位，单击
指定下一点或 [圆弧(A)/闭合(C)/半宽(H)/长度(L)/放弃(U)/宽度(W)]:
//向右追踪 8000 个单位，同时向下追踪 5000 个单位，单击
指定下一点或 [圆弧(A)/闭合(C)/半宽(H)/长度(L)/放弃(U)/宽度(W)]://向下追踪 5000 个单位，单击
指定下一点或 [圆弧(A)/闭合(C)/半宽(H)/长度(L)/放弃(U)/宽度(W)]:
//向左追踪 11000 个单位，同时向上追踪 7000 个单位，单击
指定下一点或 [圆弧(A)/闭合(C)/半宽(H)/长度(L)/放弃(U)/宽度(W)]://向上追踪 13000 个单位，单击
指定下一点或 [圆弧(A)/闭合(C)/半宽(H)/长度(L)/放弃(U)/宽度(W)]:
//按 Enter 键结束命令，并将绘制的部分剖面图线宽改为 0.3，效果如图 10-52 所示
```

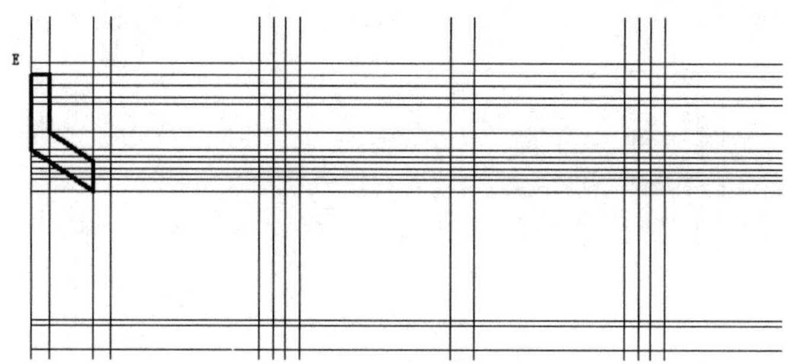

图 10-52 绘制初沉池剖面图

步骤 05 单击“默认”选项卡|“绘图”面板上的 “多段线”按钮，使用同样的方法绘制其他剖面图内容，如图 10-53 所示。

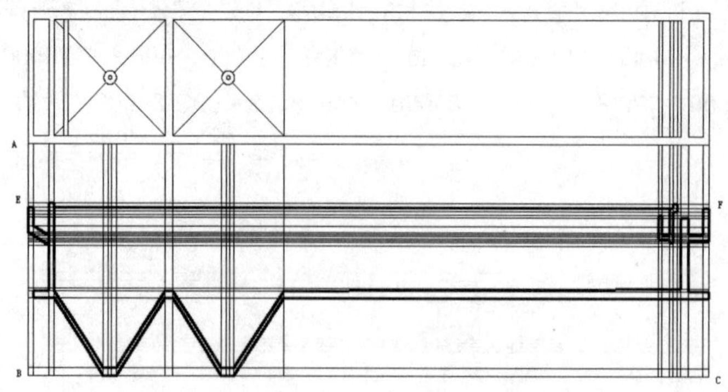

图 10-53 绘制其他剖面图内容

步骤 06 在命令行中输入 MLINE 后按 Enter 键，执行“多线”命令，绘制进水管道和排泥管道，命令行提示如下：

```
命令:_MLINE
当前设置: 对正 = 上, 比例 = 4000.00, 样式 = STANDARD
指定起点或 [对正(J)/比例(S)/样式(ST)]: J
输入对正类型 [上(T)/无(Z)/下(B)] <上>: Z
当前设置: 对正 = 无, 比例 = 4000.00, 样式 = STANDARD
指定起点或 [对正(J)/比例(S)/样式(ST)]:       //捕捉初沉池平面图中进水内墙的中点 O
指定下一点: @20000<180
指定下一点或 [放弃(U)]:
命令:_ MLINE
当前设置: 对正 = 无, 比例 = 4000.00, 样式 = STANDARD
指定起点或 [对正(J)/比例(S)/样式(ST)]: J
输入对正类型 [上(T)/无(Z)/下(B)] <无>: T
当前设置: 对正 = 上, 比例 = 4000.00, 样式 = STANDARD
指定起点或 [对正(J)/比例(S)/样式(ST)]:       //捕捉点剖面图中的点 G
指定下一点: @20000<180
指定下一点或 [放弃(U)]:
命令:_MLINE
当前设置: 对正 = 上, 比例 = 4000.00, 样式 = STANDARD
指定起点或 [对正(J)/比例(S)/样式(ST)]:       //捕捉点剖面图中的点 H
指定下一点: @57500<180
指定下一点或 [放弃(U)]:
命令:_MLINE
当前设置: 对正 = 上, 比例 = 4000.00, 样式 = STANDARD
指定起点或 [对正(J)/比例(S)/样式(ST)]: J
输入对正类型 [上(T)/无(Z)/下(B)] <上>: Z
当前设置: 对正 = 无, 比例 = 4000.00, 样式 = STANDARD
指定起点或 [对正(J)/比例(S)/样式(ST)]:       //捕捉剖面图中直线 MN 的中点
指定下一点: @10000<-90
指定下一点或 [放弃(U)]: @127000<180
指定下一点或 [闭合(C)/放弃(U)]://按 Enter 键结束命令，绘制效果如图 10-54 所示
```

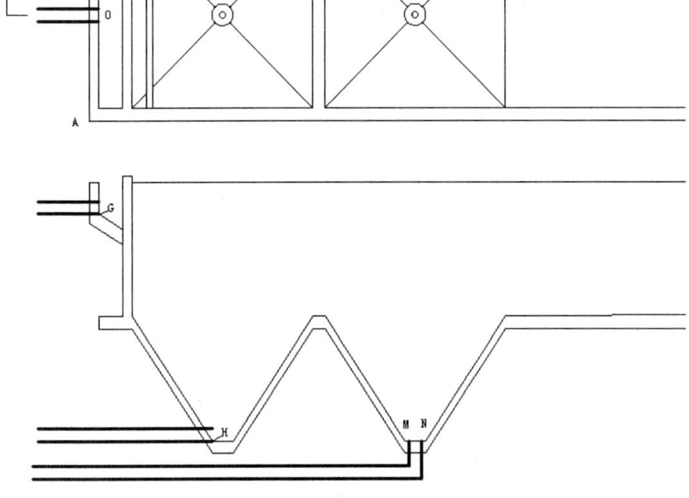

图 10-54　绘制进水管和排泥管

步骤 07 使用同样的方法绘制出水管线，如图 10-55 所示。

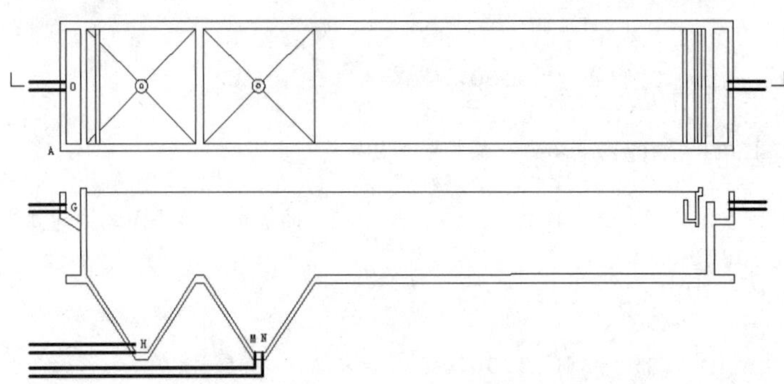

图 10-55　绘制出水管线

步骤 08　单击“默认”选项卡上的“修改”面板中的“分解”按钮，分解第一条排泥管线并进行修改，效果如图 10-48 所示。

10.2.4　水处理工程总平面图

1. 水处理工程总平面图的特点与画法

水处理工程总平面图的整体布局主要由处理流程及工程所处地势等确定。工程中的构筑物及辅助构筑物必须为处理工艺服务，这一点与建筑水处理工程的布置取决于所服务的建筑物和构筑物不同。其特点如下：

（1）水处理工程总平面图的比例及布图方向均按工程规模大小，以能清楚显示整个处理工程总体平面布置的原则来选取。

（2）水处理工程总平面图应包括以下内容：水处理流程所涉及的处理构筑物（如曝气池、混凝沉淀池、滤池等）、设备用房（如泵房、鼓风机房等），主要辅助建筑物（如机修间、办公楼等）的平面轮廓，工程所处地形等高线、地貌（如河流、湖泊等）、周围环境（如主要公路、铁路等）以及该地区风向频率玫瑰图、指北针等。

（3）给水处理工程中的主要管道有：原水（即未经处理的水，包括给水和污水）水管、污泥（回流污泥、剩余污泥）管、构筑物的超越排水管以及相应的管道图例。其中渠道应用建筑总平面图图例表示。

（4）管道均用单粗线绘制，构筑物及主要辅助建筑物的平面轮廓线用中粗线绘制，水体、道路及渠道都用细线绘制。

（5）标注构筑物、建筑物名称时宜将各个构筑物、建筑物名称直接标注在图上。图面无足够空间时，也可以编号列表标注，编号宜按生产流程或图面布置有次序的排列。

《给排水制图标准》中对水处理工程总平面图的画法有如下要求：

- 建筑物、构筑物、道路的形状和编号，坐标、标高等应与总图专业图纸相一致。
- 如管道种类较多、地形复杂在同一张图纸表示不清楚时，可按不同管道种类分别绘制。
- 应按本标准规定的图例绘制各类管道、阀门井、消火栓井、检查井、跌水井、水封井、雨水口、化粪池、隔油池、降温池和水表井等。

- 绘出各建筑物、构筑物的引入管、排出管。
- 图面的右上角应绘制风玫瑰，如无污染源时可绘制指北针。

2. 绘制污水处理厂总平面图操作实例

【例 10-12】绘制污水处理厂总平面图，如图 10-56 所示，绘图比例为 1:100。

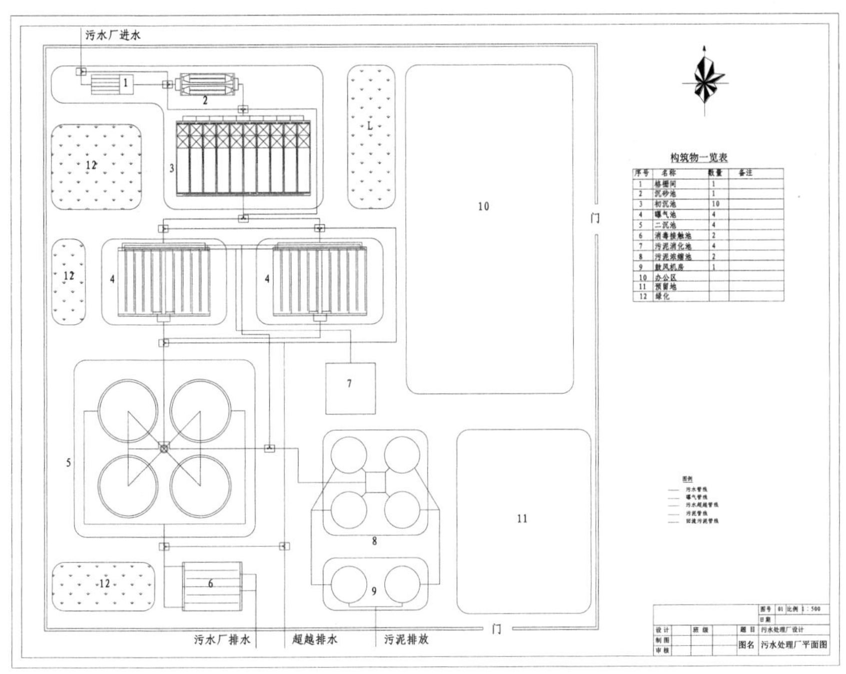

图 10-56　某污水处理厂总平面图

（1）设置图层

单击“默认”选项卡|“图层”面板上的“图层特性”按钮，打开“图层特性管理器”选项板，新建图框、水处理设备、文字标注、污泥管线、污水管线、绿化带等图层，具体设置如图 10-57 所示。

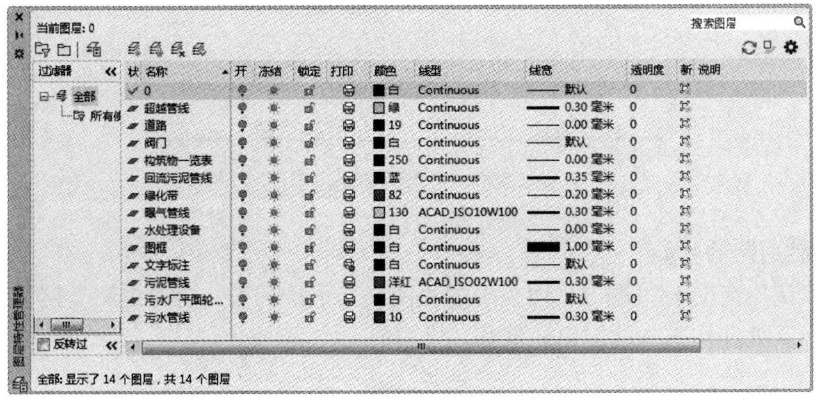

图 10-57　设置图层

（2）绘制污水厂平面轮廓图

展开“默认”选项卡|“图层”面板上的“图层”下拉列表，将“污水厂平面轮廓图”层设置为当前层。在命令行输入 MLINE 执行绘制“多线”命令，绘制污水厂平面轮廓图，命令行提示如下：

```
命令:_MLINE
当前设置：对正 = 上，比例 = 20.00，样式 = STANDARD
指定起点或 [对正(J)/比例(S)/样式(ST)]:  S
输入多线比例 <20.00>:  1000
当前设置：对正 = 上，比例 = 1000.00，样式 = STANDARD
指定起点或 [对正(J)/比例(S)/样式(ST)]:            //在绘图区域内任意一点 O 单击
指定下一点:  @178000<180
指定下一点或 [放弃(U)]:  @230000<90
指定下一点或 [闭合(C)/放弃(U)]:  @225000<0
指定下一点或 [闭合(C)/放弃(U)]:  @63000<-90      //指定点 P 位置
指定下一点或 [闭合(C)/放弃(U)]:
命令:_MLINE
当前设置：对正 = 上，比例 = 1000.00，样式 = STANDARD
指定起点或 [对正(J)/比例(S)/样式(ST)]: //从点 P 垂直向下捕捉 12000 个单位，然后单击
指定下一点:  @155000<-90
指定下一点或 [放弃(U)]:  @35000<180
指定下一点或 [闭合(C)/放弃(U)]:          //按 Enter 键结束命令，绘制效果如图 10-58 所示
```

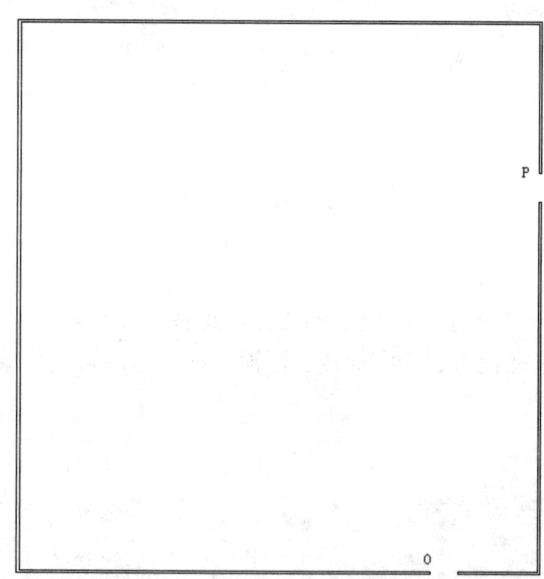

图 10-58　污水厂平面轮廓图

（3）绘制道路轮廓线

展开“默认”选项卡|“图层”面板上的“图层”下拉列表，将“道路”层设置为当前层，绘制包围各个水处理构筑物的道路轮廓线。

步骤 01 绘制包围格栅、沉砂池、初次沉淀池的道路轮廓线，具体尺寸如图 10-59 所示。

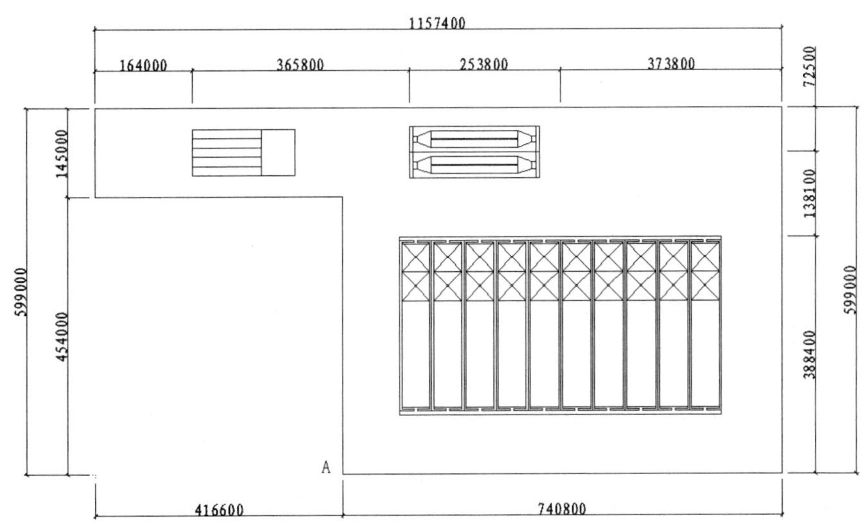

图 10-59　绘制包围格栅、沉砂池、初次沉淀池的道路轮廓线

步骤02 绘制包围曝气池的道路轮廓线，具体尺寸如图 10-60 所示。

步骤03 绘制包围二次沉淀池的道路轮廓线，具体尺寸如图 10-61 所示。

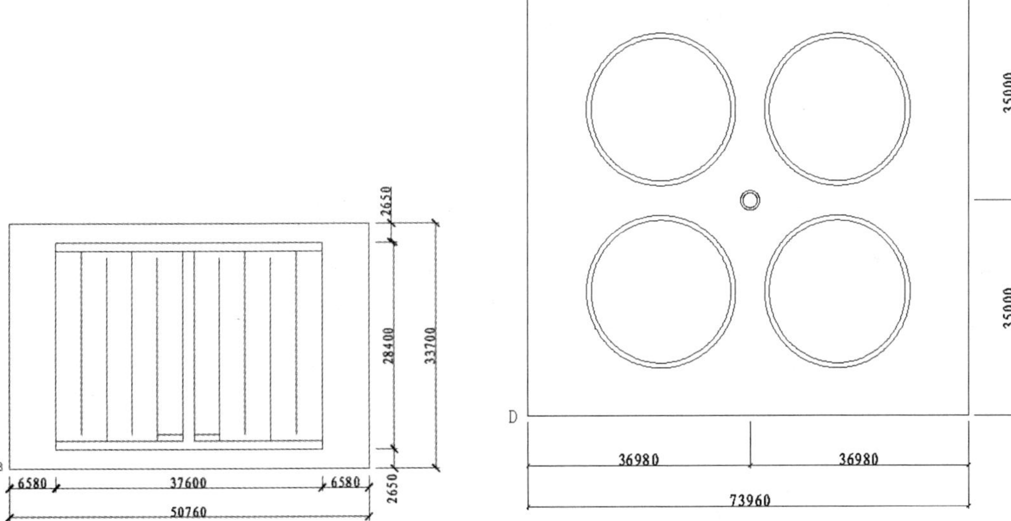

图 10-60　绘制包围曝气池的道路轮廓线　　图 10-61　绘制包围二次沉淀池的道路轮廓线

步骤04 绘制包围鼓风机房的道路轮廓线，具体尺寸如图 10-62 所示。

步骤05 绘制包围污泥消化池的道路轮廓线，具体尺寸如图 10-63 所示。

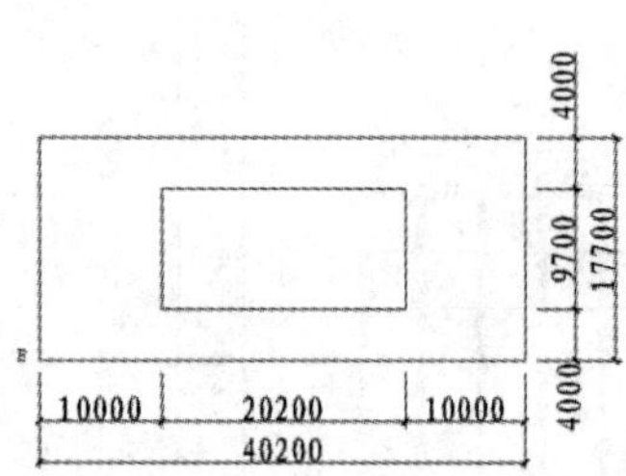

图 10-62　绘制包围鼓风机房的道路轮廓线

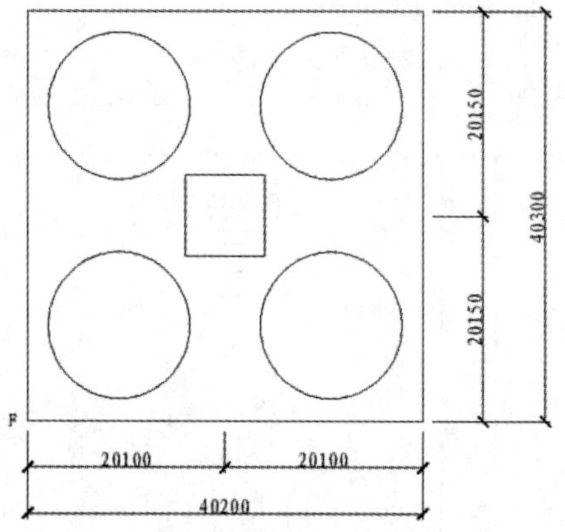

图 10-63　绘制包围污泥消化池的道路轮廓线

步骤 06 绘制包围消毒接触池的道路轮廓线，具体尺寸如图 10-64 所示。

步骤 07 绘制包围污泥浓缩池的道路轮廓线，具体尺寸如图 10-65 所示。

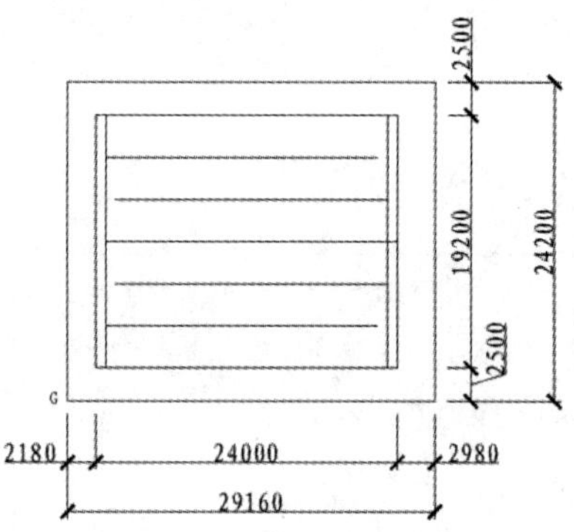

图 10-64　绘制包围消毒接触池的道路轮廓线

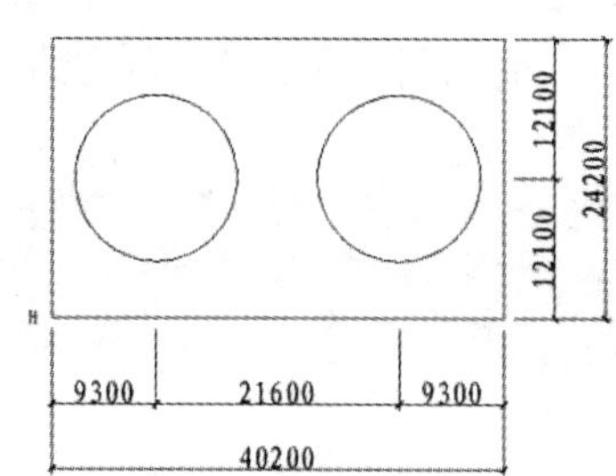

图 10-65　绘制包围污泥浓缩池的道路轮廓线

步骤 08 绘制包围污水厂办公区的道路轮廓图，具体尺寸如图 10-66 所示。

步骤 09 绘制包围污水厂预留地的道路轮廓图，具体尺寸如图 10-67 所示。

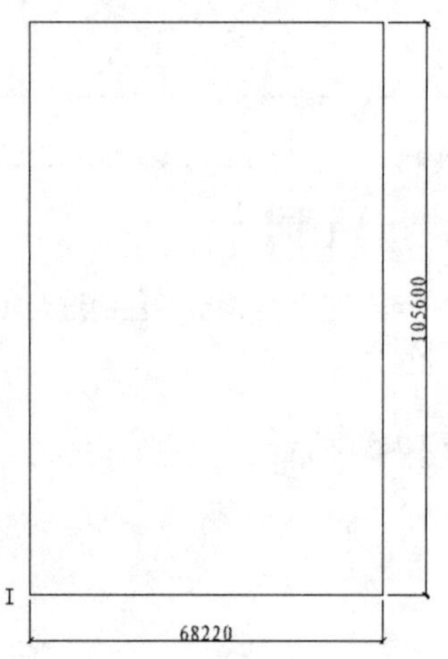

图 10-66　绘制包围污水厂办公区的道路轮廓图

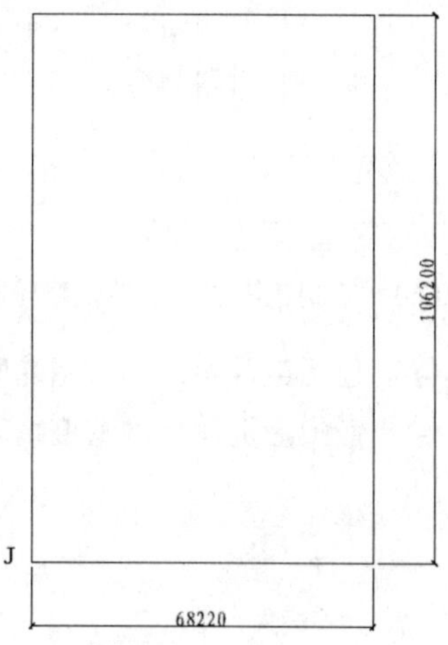

图 10-67　绘制包围污水厂预留地的道路轮廓图

步骤10 绘制污水厂内包围4块绿化草地的道路轮廓图，具体尺寸如图10-68~图10-71所示。

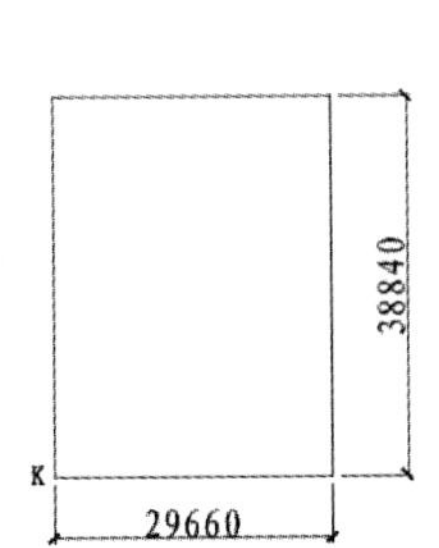

图10-68 初沉池左边的绿化草地

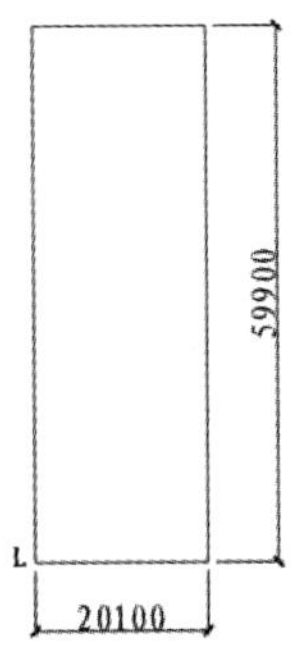

图10-69 初沉池右边的绿化草地

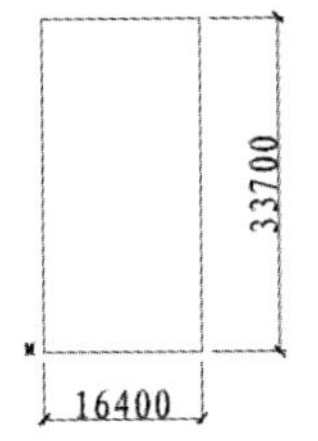

图10-70 曝气池左边的绿化草地

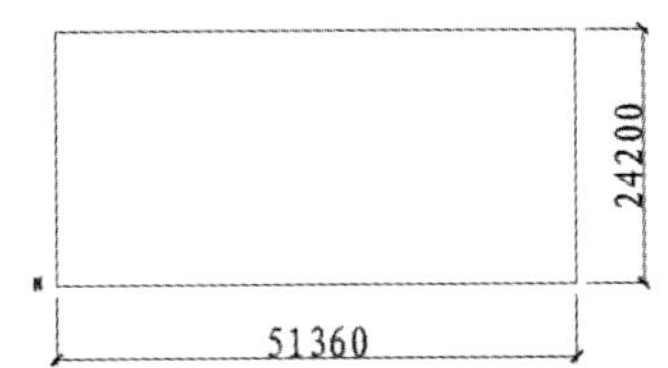

图10-71 消毒接触池左边的绿化草地

（4）在污水厂中布置水处理设备

展开“默认”选项卡|“图层”面板上的“图层”下拉列表，将“水处理设备”层设置为当前层。将前面绘制的水处理设备，包括格栅、沉砂池、初沉池、曝气池、二沉池、消毒接触池、污泥消化池等，布置到污水处理平面轮廓图中。

步骤01 单击“默认”选项卡|“修改”面板上的“移动”按钮✥，将如图10-59所示图形移动到水处理厂轮廓线内，点A距离水厂轮廓线的水平距离为43760，竖直距离为62000，如图10-72所示。

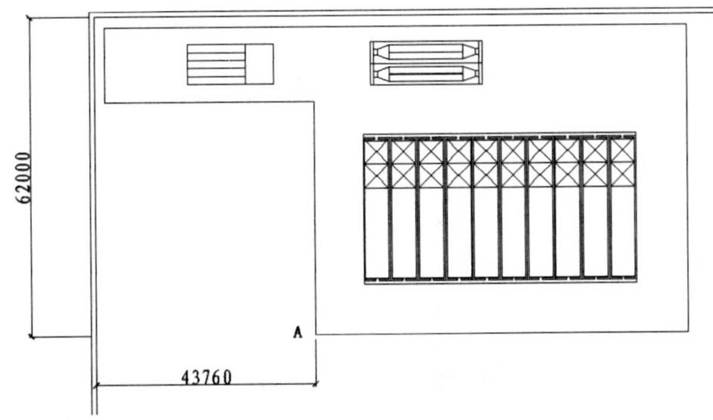

图10-72 布置格栅、沉砂池和初次沉淀池

步骤02 重复执行“移动”命令，将图10-60所示图形移动到水处理厂轮廓线内，具体位置参数如图10-73所示。其中点B1为点B第一次插入点，点B2为点B第二次插入点。

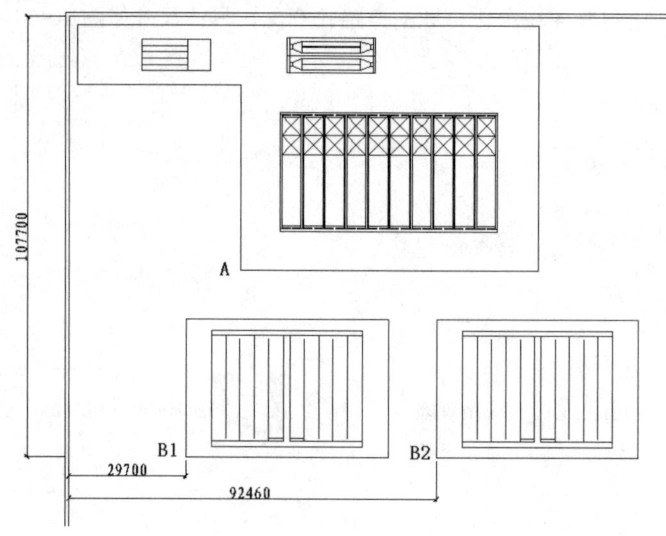

图 10-73　布置两个曝气池

步骤 03 以同样的方法将其他水处理构筑物布置在污水厂轮廓线内，距离如图 10-74 所示，参数如表 10-1 所示。

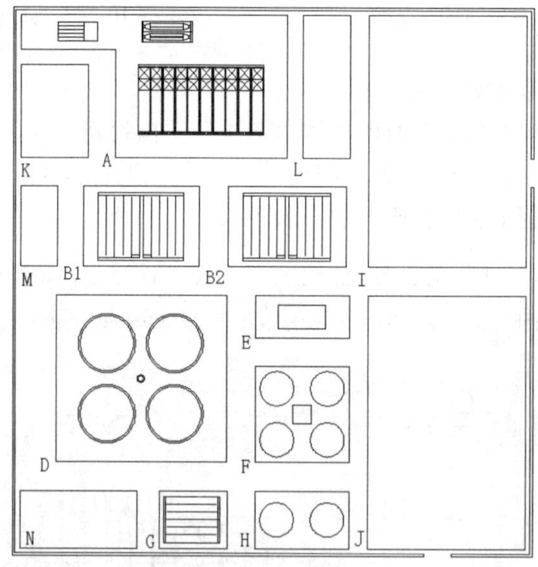

图 10-74　布置水处理构筑物

表 10-1　各构筑物位置

点	距水厂西边轮廓线的水平距离	距水厂北边轮廓线的距离
D	18100	189700
E	104460	137400
F	104460	189700
G	63300	225900
H	104460	225900

（续表）

点	距水厂西边轮廓线的水平距离	距水厂北边轮廓线的距离
I	152680	107700
J	152680	225900
K	3100	62000
L	124560	62000
M	3100	107700
N	3100	225900

（5）布置配水井

将图 10-47 的配水井复制移动到水厂平面轮廓线内，方法同上，效果如图 10-75 所示，各点布置参数如表 10-2 所示。

表 10-2　配水井各点布置参数

点	距水厂西边轮廓线的水平距离	距水厂北边轮廓线的距离
1	8500	5205
2	46610	10750
3	78460	15560
4	78460	65300
5	53080	70300
6	115840	70300
7	53080	113000
8	96260	156100
9	53080	200000
10	93160	200000

（6）修改道路

展开“默认”选项卡|“图层”面板上的“图层”下拉列表，将“道路”层设置为当前层。选择“圆角”命令，为包围各个水处理构筑物的道路倒圆角，圆角半径为 5000，如图 10-76 所示。

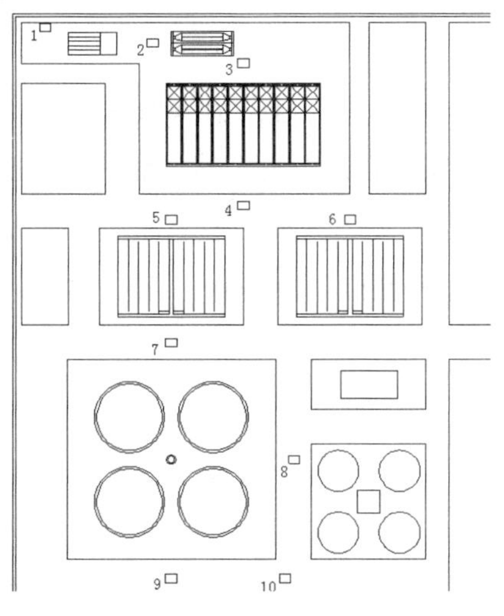

图 10-75　布置配水井

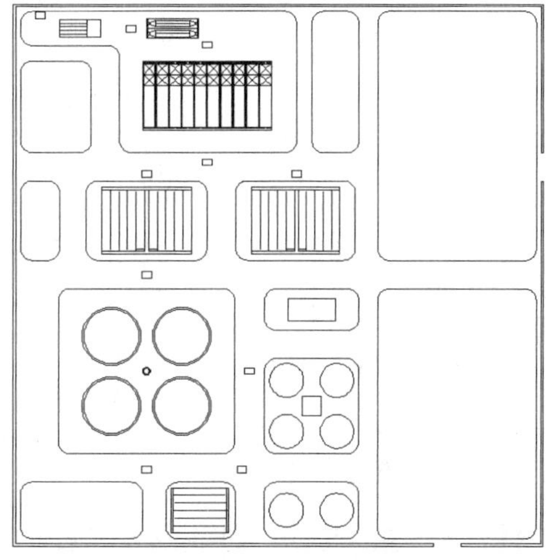
图 10-76　修改道路

（7）填充绿化草地

展开“默认”选项卡|“图层”面板上的“图层”下拉列表，将“绿化带”层设置为当前层。选择“图案填充”命令，填充污水厂中的绿化带，填充图案为 GRASS，填充角度为 0°，填充比例为 200，效果如图 10-77 所示。

（8）绘制污水管线、污泥管线、超越管线、回流污泥管线和曝气管线

步骤 01 展开“默认”选项卡|“图层”面板上的“图层”下拉列表，将“污水管线”层设置为当前层，然后单击“默认”选项卡|“绘图”面板上的“直线”按钮╱，绘制污水管线，如图 10-78 所示。

提示 需要根据前面布置的水处理构筑物位置来绘制污水管线，基本方法是连接相邻水处理构筑物入水口和出水口的中点，具体长度和尺寸不作详细要求。在本例中，可以参照图 10-78 进行绘制。

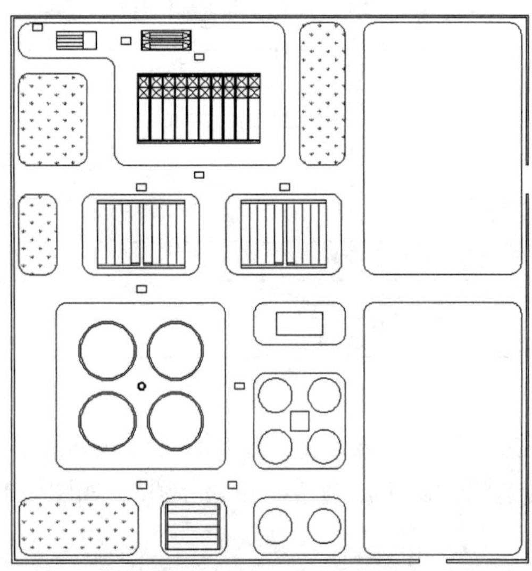

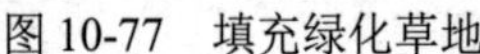

图 10-77 填充绿化草地

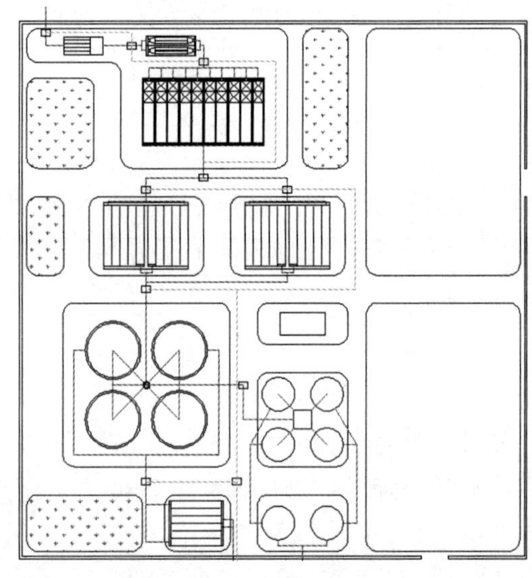

图 10-78 绘制污水管线

步骤 02 展开“默认”选项卡|“图层”面板上的“图层”下拉列表，将“曝气管线”层设置为当前层。然后单击“默认”选项卡|“绘图”面板上的“直线”按钮╱，绘制曝气管线，命令行提示如下：

```
命令：_LINE 指定第一点://捕捉曝气机房北部边的中点
指定下一点或 [放弃(U)]:@11000<90
指定下一点或 [放弃(U)]:@35100<180
指定下一点或 [闭合(C)/放弃(U)]:@35450<90
指定下一点或 [闭合(C)/放弃(U)]:@52280<180
指定下一点或 [闭合(C)/放弃(U)]:@25700<-90
指定下一点或 [闭合(C)/放弃(U)]:
```

步骤 03 将上面绘制的最后一条直线依次向右偏移 3600、7200、10800、14400、19600、23200、26800、30400、34000，效果如图 10-79 所示。

步骤04 以同样的方法绘制第二组曝气池的曝气管线，需要保证曝气管线在曝气池中的相对位置和第一组相同，效果如图 10-80 所示。

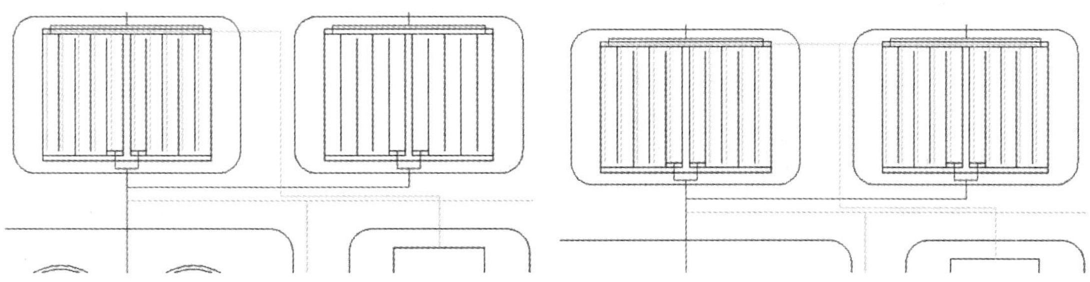

图 10-79　绘制第一组曝气池的曝气管线　　　图 10-80　绘制第二组曝气池的曝气管线

步骤05 展开“默认”选项卡|“图层”面板上的“图层”下拉列表，将“回流污泥管线”层设置为当前层。然后单击“默认”选项卡|“绘图”面板上的“直线”按钮╱，绘制回流污泥管线，命令行提示如下：

```
命令: _LINE 指定第一点:                  //从点 P 向右水平追踪 2700 个单位后单击
指定下一点或 [放弃(U)]: @2850<90
指定下一点或 [放弃(U)]: @47480<0
指定下一点或 [闭合(C)/放弃(U)]:@39700<-90
指定下一点或 [闭合(C)/放弃(U)]: @11800<0
指定下一点或 [闭合(C)/放弃(U)]: @40000<-90
指定下一点或 [闭合(C)/放弃(U)]:
```

步骤06 单击“默认”选项卡|“修改”面板上的“偏移”按钮⊆，将上面绘制的第一条直线向右偏移 34000，效果如图 10-81 所示。

步骤07 以同样的方法绘制另外一组曝气池的回流污泥管线，需要保证回流污泥进入曝气池的位置与第一组相同，效果如图 10-82 所示。

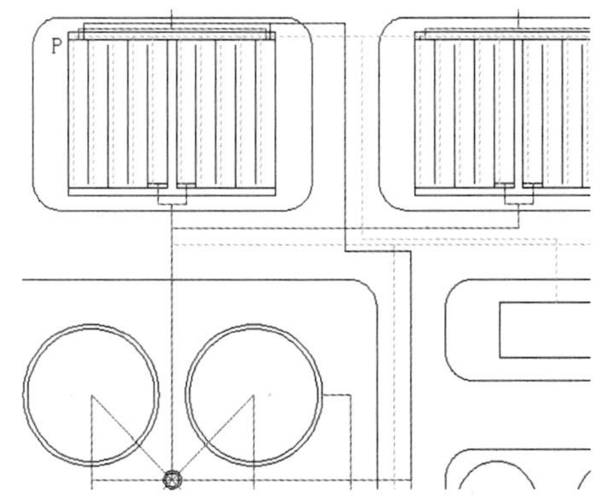

图 10-81　绘制第一组曝气池的回流污泥管线

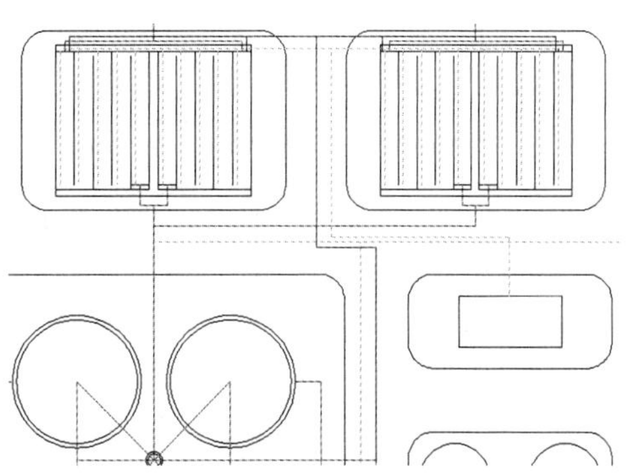

图 10-82　绘制第二组曝气池回流污泥管线

（9）插入阀门井

步骤01 展开“默认”选项卡|“图层”面板上的“图层”下拉列表，将“阀门”层设置为当前层。选择6.5节创建的普通阀门块，选择插入块命令绘制阀门井。本例中用到的阀门井类型有4种，如图 10-83 所示。

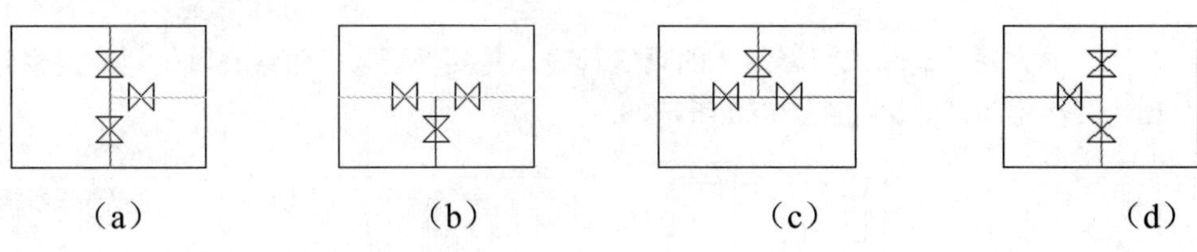

图 10-83　绘制阀门井

步骤 02 将绘制的阀门井插入到图中需要分流的管线处，以格栅、初沉池和沉砂池为例，如图 10-84 所示。

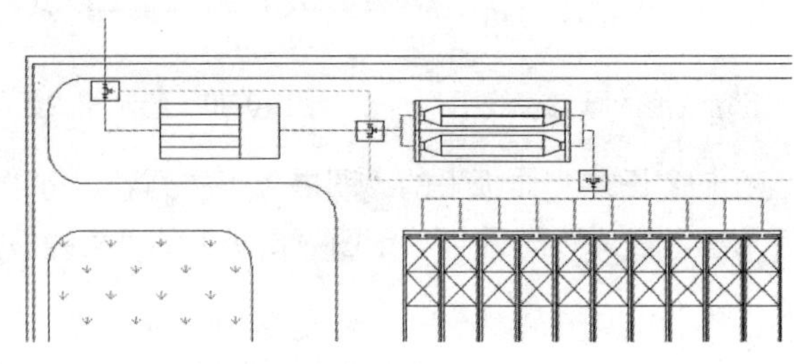

图 10-84　插入阀门井

（10）标注文字

由于本污水处理厂中构筑物较多，现以字母编号标注构筑物，然后在水处理构筑物表中进行补充说明，其他需要标注的地方直接进行文字标注。

展开“默认”选项卡|“图层”面板上的“图层”下拉列表，将“文字标注”层设置为当前层。然后单击“注释”选项卡|“文字”面板上的“单行文字”按钮A，进行文字标注，文字样式为仿宋 GB2312，设置文字高度为 5000，宽度因子为 0.7，效果如图 10-85 所示。

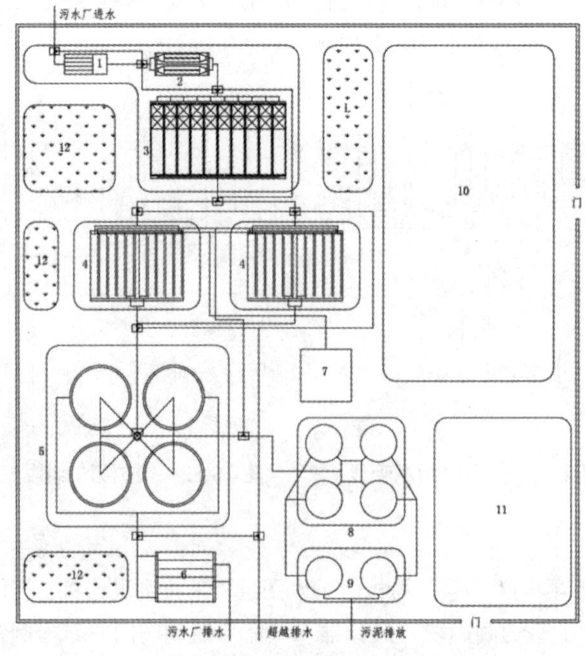

图 10-85　进行文字标注

（11）绘制构筑物一览表

展开“默认”选项卡|“图层”面板上的“图层”下拉列表，将“构筑物一览表格”层设置为当前层。选择“矩形”“直线”和“偏移”命令绘制表格，具体内容如图 10-86 所示，其中行高为 4000；然后单击“注释”选项卡|“文字”面板上的“单行文字”按钮A，添加表格中的数据，文字样式为仿宋 GB2312，文字高度为 3800，宽度因子为 0.7。

（12）绘制图例

对图中用到的管线进行图例说明。展开“默认”选项卡|“图层”面板上的“图层”下拉列表，将“图例”层设置为当前层。选择“直线”和“单行文字”命令绘制图例说明，文字样式同表格中的文字样式，效果如图 10-87 所示。

序号	名称	数量	备注
1	格栅间	1	
2	沉砂池	1	
3	初沉池	10	
4	曝气池	4	
5	二沉池	4	
6	消毒接触池	2	
7	污泥消化池	4	
8	污泥浓缩池	2	
9	鼓风机房	1	
10	办公区		
11	预留地		
12	绿化		
8000	22800	8000	22800

61600

图 10-86　构筑物一览表

图例

—— 污水管线
—— 曝气管线
—— 污水超越管线
—— 污泥管线
—— 回流污泥管线

图 10-87　绘制图例

（13）绘制风标玫瑰图

步骤01 展开“默认”选项卡|“图层”面板上的“图层”下拉列表，将“风标玫瑰图”层设置为当前层。

步骤02 单击“默认”选项卡|“绘图”面板上的“直线”按钮╱，绘制风标玫瑰图水平和垂直轴线，长度分别为 18000 和 26000，其中两条轴线的中点重合。

步骤03 单击“默认”选项卡| “修改”面板上的“环形阵列”按钮，对水平轴线进行环形阵列。

步骤04 捕捉风标玫瑰图两个轴线的交点为中心点，选择风标玫瑰图水平轴线为阵列对象，阵列项目数为 8，完成阵列，阵列绘制效果如图 10-88 所示。

步骤05 单击“默认”选项卡|“绘图”面板上的“定数等分”按钮，将每条轴线等分为 10 等份，如图 10-89 所示。

步骤06 单击“默认”选项卡|“绘图”面板上的“直线”按钮╱，通过捕捉各轴线等分点来绘制风向区域，具体连接位置如图 10-90 所示。

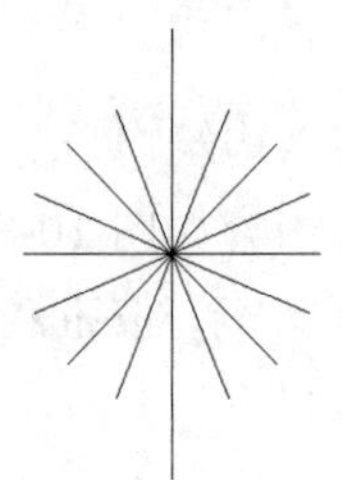

图 10-88　阵列水平轴线

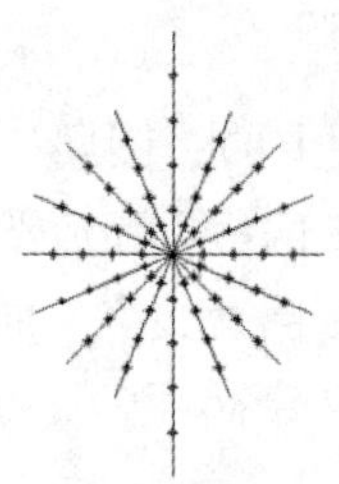

图 10-89　绘制风向区域

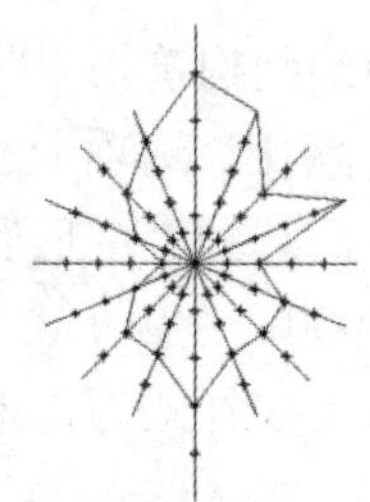

图 10-90　绘制风向区域

步骤 07 单击“默认”选项卡|“绘图”面板上的“图案填充”按钮，填充风向区域，效果如图 10-91 所示。

步骤 08 对上面绘制的风标玫瑰图进行修改并添加指北箭头，如图 10-92 所示。

图 10-91　绘制和填充风向区域

图 10-92　完成风标玫瑰图的绘制

（14）绘制图框

展开“默认”选项卡|“图层”面板上的“图层”下拉列表，将“图框”层设置为当前层。绘制 A0 图框并将其扩大 300 倍，完成水处理厂平面图，如图 10-56 所示。

10.2.5　水处理高程图

1. 水处理高程图画法规定

在处理工艺流程图中，各构筑物之间水流通常为重力流。两构筑物之间的水面高差即为流程中的水头损失，包括构筑物本身、连接管道、计量设备等水头损失在内。处理构筑物中的水头损失与构筑物形式和构造有关，水头损失应通过计算确定，并留有余地。当各项水头损失确定之后，便可进行高程布置。

水处理高程图没有严格的比例要求，为方便阅读，通常采用纵横不同的比例。横向按平面图的比例，纵向比例按 1:50~1:100 设置，若局部无法按比例绘制，也可采用更自由的方法。高程图采用最主要、最长流程上的水处理构筑物和设备。用建筑的正剖面简图和单线管道图标注管、渠、水体、构筑物、建筑物内的水面标高，通常用管路高程图代替高程总图就能够满足施工的需要。管路高程图中还应包含管道类别代号、编号和必要的文字说明。

《给排水制图标准》对水处理高程图的画法有如下规定：

- 构筑物之间的管道以中粗实线绘制。
- 各种构筑物必要时按形状以单细实线绘制。

- 各种构筑物的水面、管道，构筑物的底和顶应注明标高。
- 构筑物下方应注明构筑物名称。

2. 绘制水处理厂高程图操作实例

【例 10-13】绘制水处理厂高程图，如图 10-93 所示。

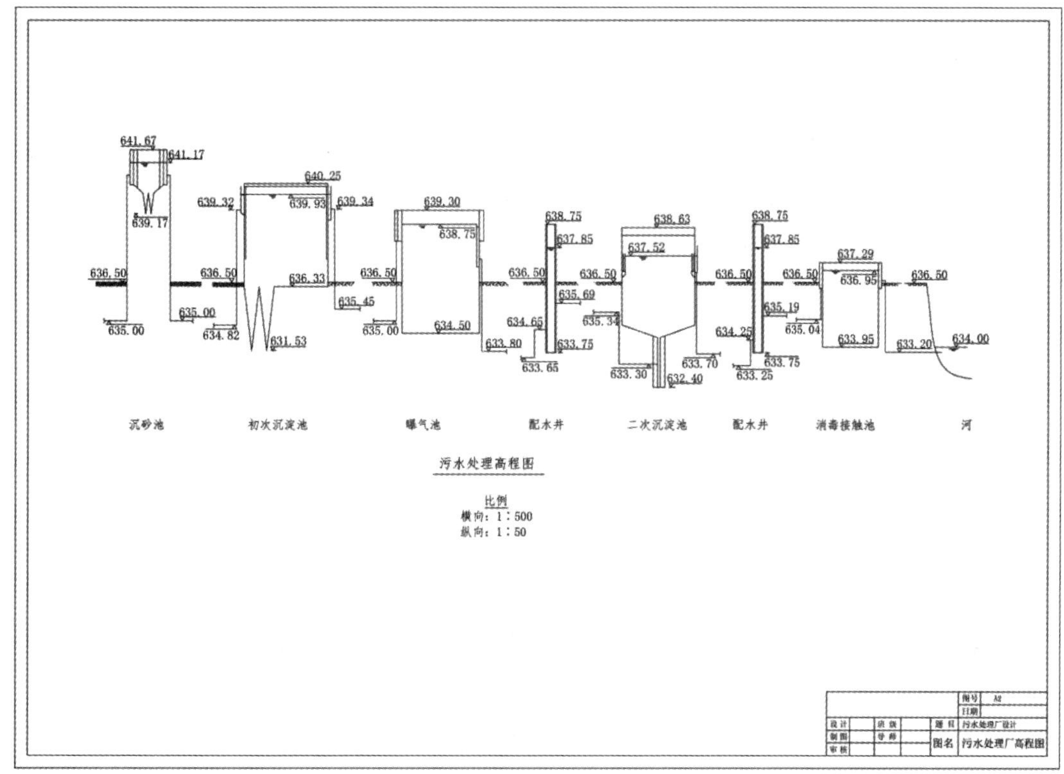

图 10-93　某污水处理厂高程图

（1）设置图层

单击“默认”选项卡|“图层”面板上的“图层特性”按钮，打开“图层特性管理器”选项板，新建标高标注、地面、水处理构筑物、图框、文字标注、污水线等图层，具体设置如图 10-94 所示。

当前图层：标高标注

名称	颜色	线型	线宽
0	白	Continuous	默认
chic	白	Continuous	默认
Defpoints	白	Continuous	默认
标高标注	蓝	Continuous	0.25 毫米
地面	蓝	Continuous	0.25 毫米
水处理构筑物	蓝	Continuous	0.25 毫米
水面符号	210	Continuous	0.25 毫米
图框	白	Continuous	1.00 毫米
文字标注	蓝	Continuous	0.20 毫米
污水线	红	Continuous	0.00 毫米

全部：显示了 10 个图层，共 10 个图层

图 10-94　设置图层

（2）绘制水处理构筑物

展开“默认”选项卡|“图层”面板上的“图层”下拉列表，将“水处理构筑物”层设置为当前层，绘制水处理构筑物，方法同 10.2.2 节，效果如图 10-95~图 10-100 所示。

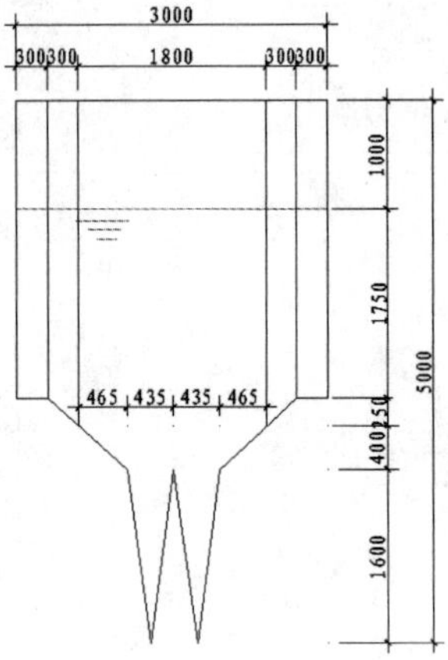

图 10-95　沉砂池

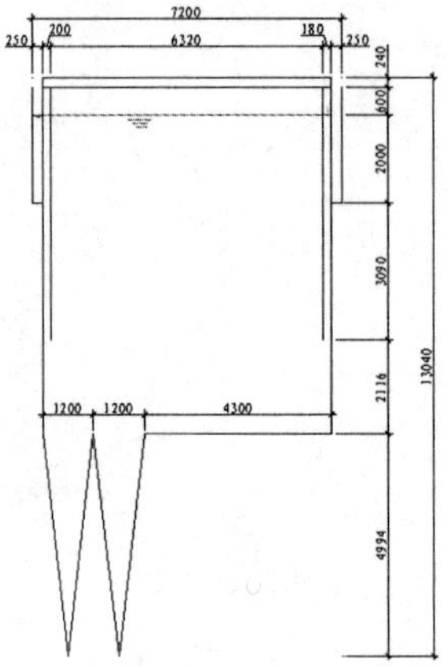

图 10-96　初沉池

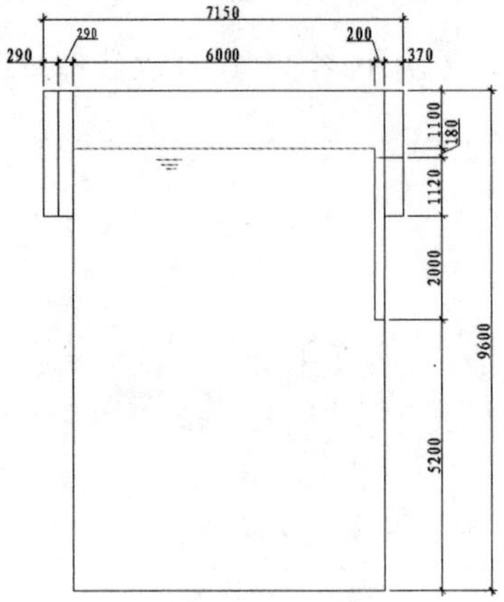

图 10-97　推流式曝气池

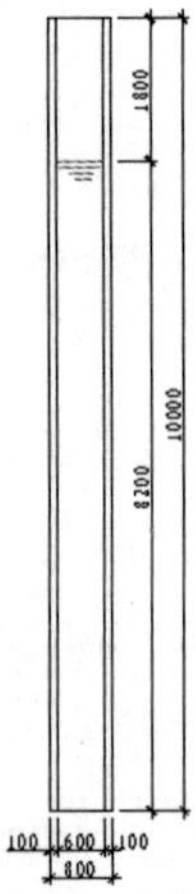

图 10-98　配水井

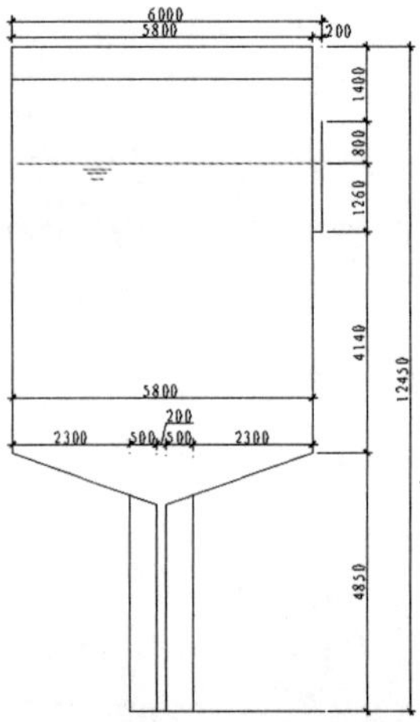

图 10-99　二沉池

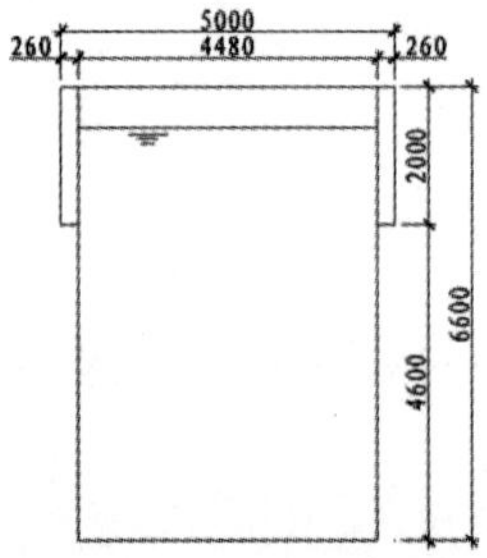

图 10-100　消毒接触池

（3）绘制沉砂池的污水线，并标注高程

步骤 01 展开“默认”选项卡|“图层”面板上的“图层”下拉列表，将“污水线”层设置为当前层。

步骤 02 单击“默认”选项卡|“绘图”面板上的“直线”按钮，绘制沉砂池污水线，然后单击“默认”选项卡|“绘图”面板上的“样条曲线拟合”按钮，绘制污水管线省略符号，如图 10-101 所示。

步骤 03 展开“默认”选项卡|“图层”面板上的“图层”下拉列表，将“地面”层设置为当前层。选择“矩形”命令绘制地面，并选择 AR-HBONE 图案对地面进行填充，效果如图 10-102 所示。

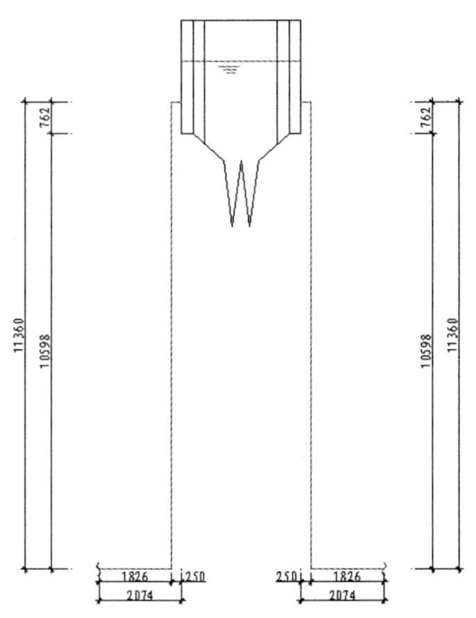

图 10-101　绘制沉砂池污水管线

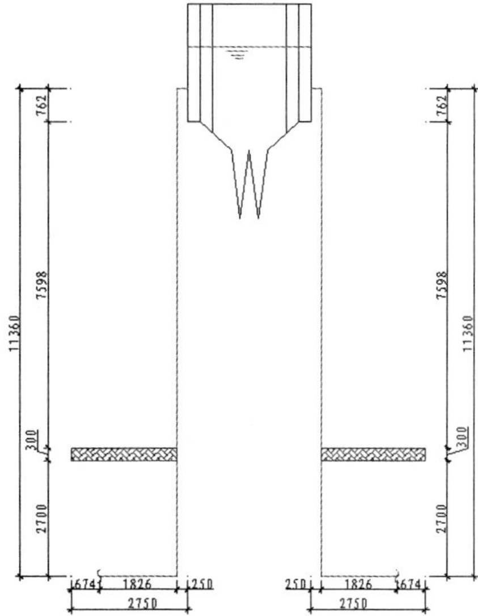

图 10-102　绘制污水厂地面

步骤 04 单击“默认”选项卡上的“修改”面板中的“分解”按钮，将图 10-102 中绘制的矩形框进行分解，仅保留矩形框的上边，效果如图 10-103 所示。

图 10-103　修改污水厂地面

步骤 05 展开“默认”选项卡|“图层”面板上的“图层”下拉列表，将“标高标注”层设置为当前层。选择“直线”和“正多边形”命令，绘制标高符号，命令行提示如下：

```
命令: _LINE 指定第一点:
指定下一点或 [放弃(U)]: @346<225
指定下一点或 [放弃(U)]: @346<135
指定下一点或 [闭合(C)/放弃(U)]:C
指定下一点或 [放弃(U)]: @2500<0
指定下一点或 [闭合(C)/放弃(U)]://按 Enter 键结束命令，效果如图 10-104 所示
```

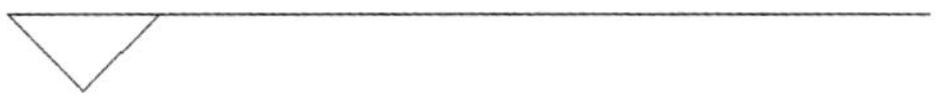

图 10-104　标高符号

步骤 06 对沉砂池进行标高标注，如图 10-105 所示。

（4）绘制其他构筑物的标高

步骤 01 绘制初沉池高程标高图，如图 10-106 所示。

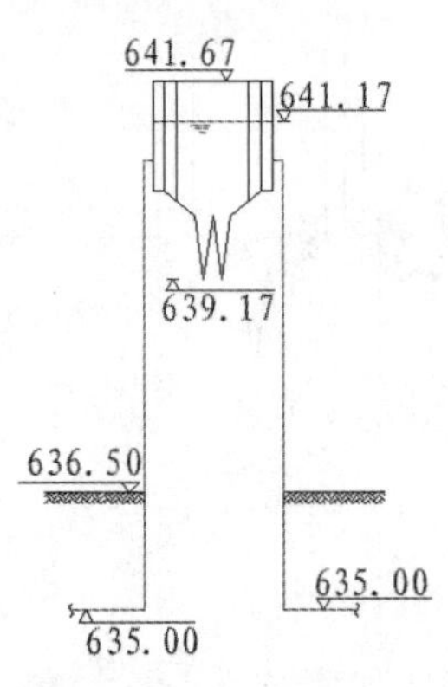

图 10-105　标注标高

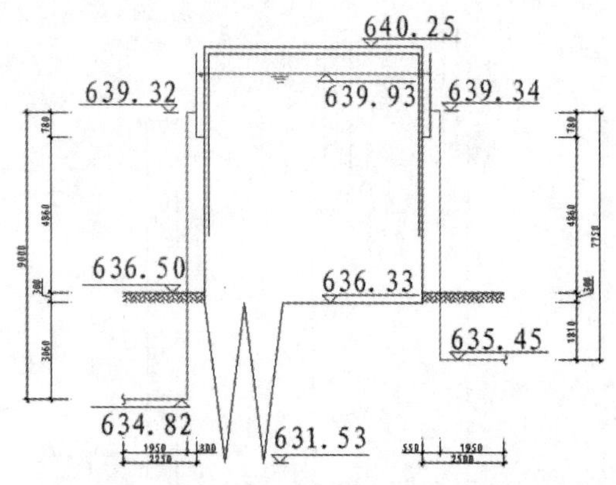

图 10-106　初沉池高程标高图

步骤 02　绘制曝气池高程标高图，如图 10-107 所示。

步骤 03　绘制配水井高程标高图，如图 10-108 所示。

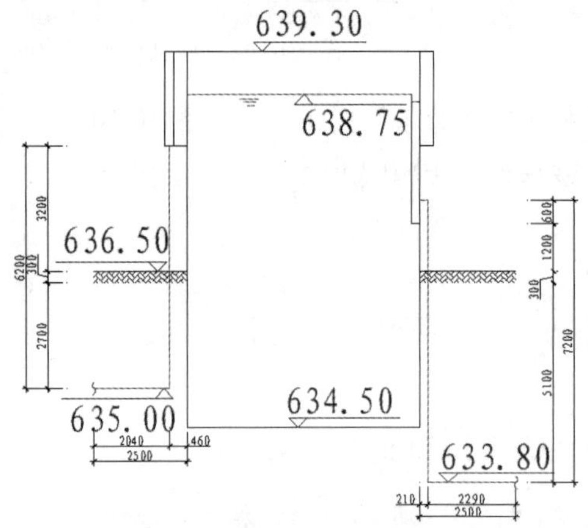

图 10-107　曝气池高程标高图

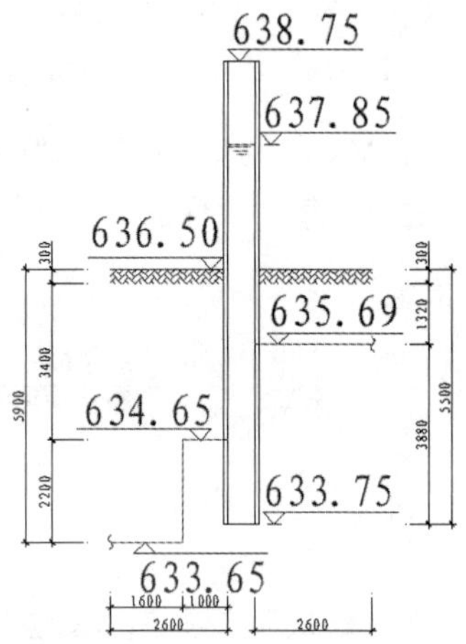

图 10-108　配水井高程标高图

步骤 04　绘制二沉池高程标高图，如图 10-109 所示。

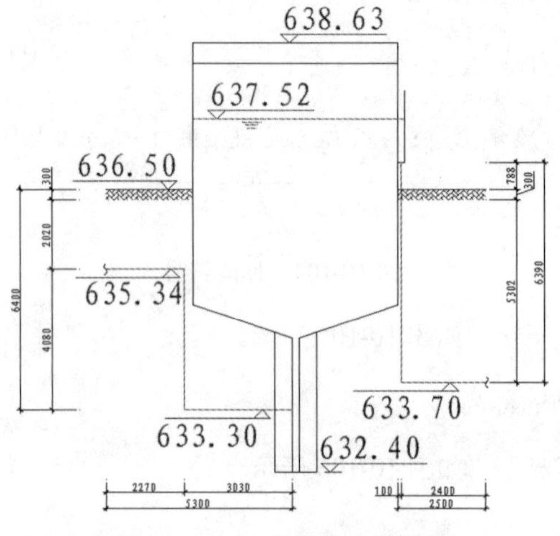

图 10-109　二沉池高程标高图

步骤05 绘制消毒接触池高程图和河流水面图，如图 10-110 所示。

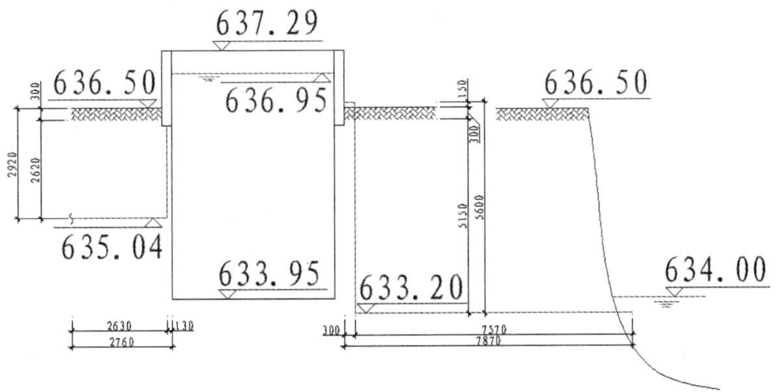

图 10-110　消毒接触池高程图和河流水面图

（5）布置水处理厂高程图

将各水处理构筑物的地面水平对齐，单击“默认”选项卡|“绘图”面板上的“直线”按钮，绘制一条长度为 96 000 的水平直线，并单击“默认”选项卡|“绘图”面板上的“定数等分”按钮，将其定数等分为 6 部分，如图 10-111 所示。按从左向右依次为曝气沉砂池、初沉池、曝气池、配水井、二沉池、配水井、消毒接触池与河流水平排列。

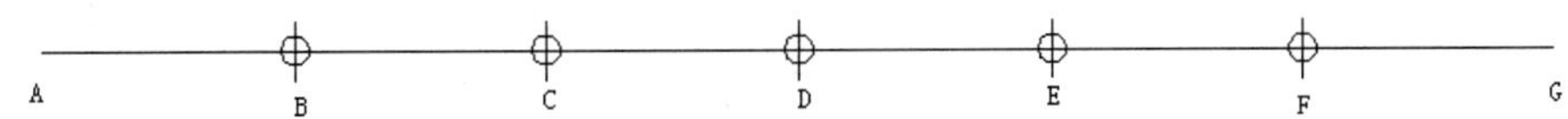

图 10-111　绘制辅助线

步骤01 单击“默认”选项卡|“修改”面板上的“移动”按钮，选择图 10-105 所示沉砂池标高图，并将其移动到辅助线上。其中移动基点为初沉池标高图中左边地面的左上角点，第二点为图 10-111 所示辅助线上的点 A，实际操作如图 10-112 和 10-113 所示。

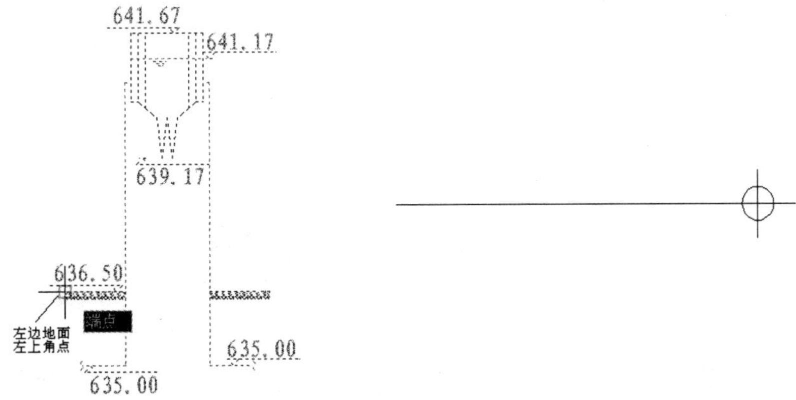

图 10-112　选择沉砂池标高图并捕捉基点

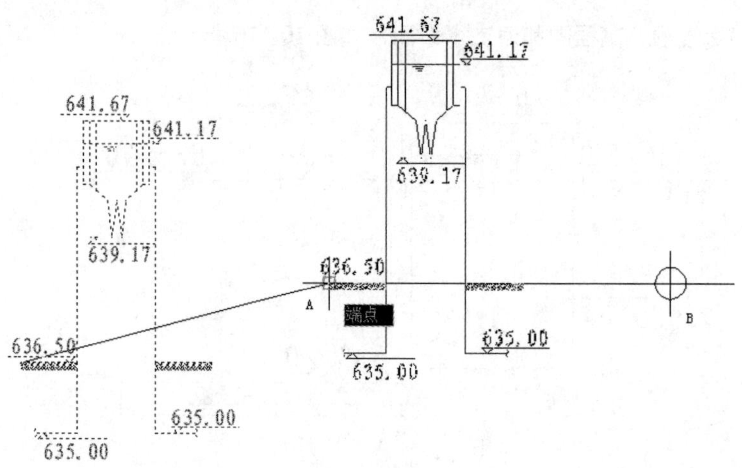

图 10-113　将沉砂池标高图移动到点 A

步骤 02 使用同样的方法移动其他构筑物高程图，其中基点都为相应构筑物左边地面的左上角点，第二点依次为点 B、C、D、E、F、G，最终效果如图 10-114 所示。

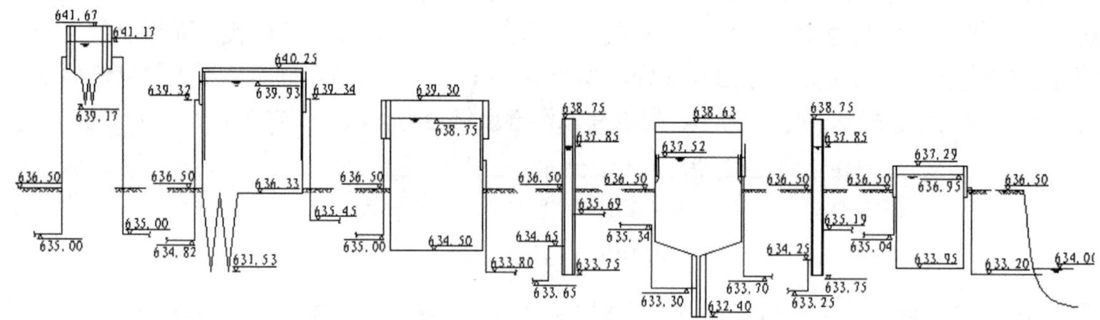

图 10-114　布置污水处理厂高程图

（6）对各个水处理构筑物进行文字标注

在各构筑物正下方标注各构筑物名称，文字样式为宋体，文字高度为 700，宽度因子为 0.7，效果如图 10-115 所示。

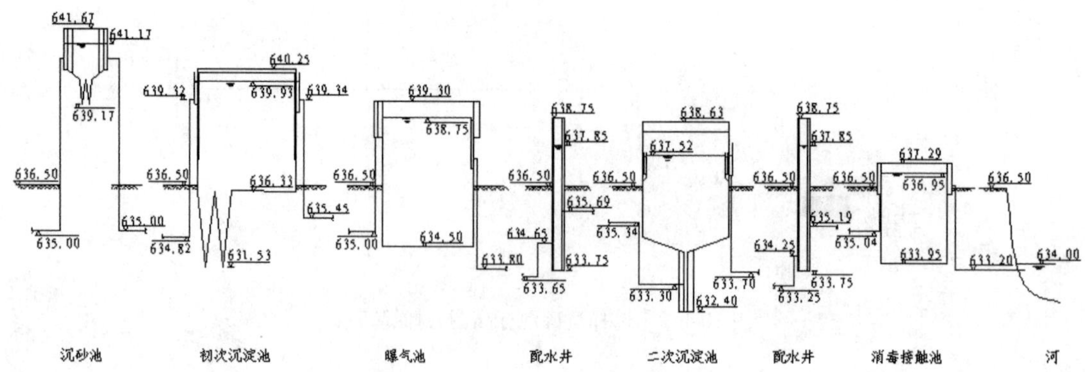

图 10-115　标注各构筑物名称

（7）标注水处理高程图图题和比例

在图 10-115 正下方标注水处理高程图题和比例，如图 10-116 所示。图题的文字样式和构筑物名称的文字样式相同，只是文字高度为 800；比例的文字样式和构筑物名称的文字样式相同。

污水处理高程图

比例
横向：1：500
纵向：1：50

图 10-116　标注图题和比例

（8）绘制图框

绘制 A1 图框，并将其放大 100 倍，将前面绘制的污水处理高程图放在图框内，如图 10-93 所示。

第11章 建筑给排水工程制图

导言

众所周知，随着社会的不断进步，建筑功能的日趋完善，人民生活水平不断地提高，同时对水的需求量也越来越大，对供水水质的要求也越来越高。从生产用水到生活用水，从消防用水到冷却用水等，水的供应与人民的生活息息相关。因此，解决好建筑的给排水问题，不仅关系到人们的日常生产生活，同时也关系到社会进步和人民生命财产安全。

水为人类服务的过程，总体上经历了给水和排水两个大环节。本章主要介绍建筑给排水工程的概念、组成、绘制方法，并以室内给排水平面图、室内给排水系统图、室内消防给水系统图为例讲解绘制过程和绘制技巧。

11.1 室内给排水工程概述

自建筑物的给水引入管起，至室内各用水及配水设施段，称为室内给水部分。自各用水及配水设备排出的污水起，至排至室外的检查井、化粪池段，称为室内排水部分。

11.1.1 室内给排水系统的分类及组成

1. 室内给水系统的分类和组成

（1）室内给水系统的分类

按照供水对象及对水质、水量和水压的要求，室内给水系统可以分为生活给水、生产给水和消防给水 3 类。

一般居住建筑及公共建筑，通常只需要供应生活饮用水、洗用水和烹饪用水，可以只设置生活给水系统。当有消防要求时，可以采用生活、消防联合给水系统。对消防要求严格的高层建筑或大型建筑，为了保证消防的安全可靠，应该设置独立的消防给水系统。

工业企业中的生产用水情况较复杂，其对水质的要求可能高于或低于生活、消防用水的水质要求，采用什么样的供水方式，应该根据实际情况确定。就生活用水的供应而言，又将生活供水部分分为饮用水和洗用水两类，采取分质供应的方法给建筑供水。

(2) 室内给水系统的组成

室内给水系统一般由引入管、给水管道、给水附件、给水设备、配水设施和计量仪表等组成，如图 11-1 所示。

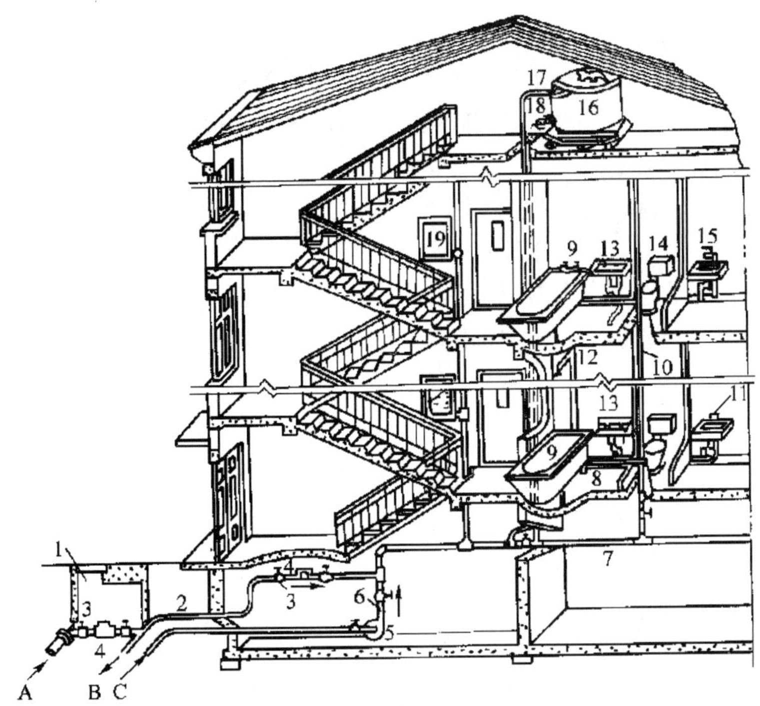

1—阀门井 2—引入管 3—闸阀 4—水表 5—水泵 6—逆止阀 7—干管 8—支管 9—浴盆 10—立管 11—水龙头 12—淋浴器 13—洗脸盆 14—大便器 15—洗涤盆 16—水箱 17—进水管 18—出水管 19—消火栓

A—从室外管网进水 B—进入储水池 C—从储水池取水

图 11-1 建筑内部给排水系统

各组成部分的功能如下：

- 引入管：从室外供水管网起，引至室内的供水接入管道，称为给水引入管。引入管通常采用埋地暗敷方式引入。
- 水表节点：在引入管的室外部分离开建筑物适当位置处，设置水表井或阀门井，在引入管上接上水表、阀门等计量及控制附件，对整支管道的用水进行总计量或总控制。
- 给水干管：建筑物的干线供水管道，分为竖直给水干管和水平给水干管两大类。
- 给水支管：建筑物的支线供水管道，由干管接出，并向用水及配水设备供水。
- 用水或配水设备：建筑物中供水终端点。水到用水及配水设备后，供人们使用或提供给用水设备，完成供水过程。如龙头属于用水设备，卫生设备的水箱属于配水设备。
- 增压设备：用于增大管内水压，使管内水流能到达相应位置，并保证有足够的水流出水头，如泵站、无塔供水站等。
- 储水设备：用于储存水，有时也有储存压力的作用。如水池、水箱和水塔等。

2. 排水系统的组成及分类

（1）室内排水系统的分类

室内排水的主要任务就是排出生产、生活污水和雨水。根据排水制度，室内排水系统可以分为分流制和合流制两类。

分流制就是将室内的生活污水、雨水及生产污水（废水）用分别设置的管道单独排放的排水方式。分流制排水的主要优点是将不同来源的污水单独排放，有利于对污水的处理；缺点是耗用较多管材，造价也较高。

合流制是将生活污水、雨水及生产污水（废水）等 2 种或 3 种污水合起来，在同一根管道中排放。合流制的主要优点是排水简单、耗用的管材少；缺点是对污水处理难度加大。

合流制和分流制的选择需要根据污水的性质、室外排水管网的体制、污水处理及综合利用能力等因素来确定。一般包括以下原则：

- 生活粪便不与雨水合流。
- 冷却系统的污水可以与雨水合流。
- 被有机物质污染的生产废水可与生活粪便合流。
- 含有大量固体杂质的污水、浓度大的酸性或碱性污水、含有有毒物质和油脂的污水，应单独排放并进行污水处理。

（2）排水系统的组成

一般情况下，室内排水系统包括以下主要组成部分：

- 卫生器具：作为污水收集器，是排水系统的起点。建筑物中的洗面盆、坐便器和地漏等均具有污水收集的功能。
- 排水支管：与卫生器具相连，输送污水给排水立管，起承上启下的作用。与卫生器具连接的支管应设水封（卫生器具、配件已带水封的可以不设）。
- 排水立管：作为主要的排水管道，汇集各个支管的污水，并将其排至建筑物的底层。
- 排出管：作为最主要的水平排水管道，将立管输送来的污水排至室外的检查井、化粪池中。
- 通气管：与排水立管相连，上口敞开，一般接出屋面或室外，用于排水时给管道补充空气。
- 清通设备：用于排水管道的清理疏通。如检查口、清扫口和室外检查井。
- 其他特殊设备：包括特殊排水弯头、旋流连接配件、汽水混合器、汽水分离器等设备。

11.1.2 建筑给排水工程图的作用、组成及特点

1. 建筑给排水工程图的作用

一套房屋施工图应包括建筑、结构和设备施工图三大部分。建筑给排水工程图是房屋设备施工图的一个重要组成部分，主要体现室内给水及排水方式、所用设备的规范型号、安装方式及安装要求、给排水设施在房屋中的位置及与建筑结构和建筑中其他设施的关系、施工操作要求等内容，是重要的技术文件。

2. 建筑给排水工程图的组成

建筑给排水工程图包括图样目录、设计总说明、给排水平面图、卫生间大样图、给排水系统图和消防给水系统图等几部分。

（1）图样目录

图样编号应遵守下列规定：

- 初步设计采用水初—XX。
- 施工图采用水施—XX。

图样编号应按下列规定进行编排：

- 系统原理图在前，平面图、剖面图、放大图、轴测图和详图依次在后。
- 平面图中地下各层在前，地上各层依次在后。

（2）设计总说明

设计总说明是图样的重要组成部分，按照先文字，后图形的识图原则，在阅读其他图样前，首先应仔细阅读说明所交代的相关技术内容。对说明所提及的有关施工验收标准、操作规程和引用的标准图集等内容也需要查阅掌握。设计总说明一般由以下内容组成：

- 所遵循的规范、标准。
- 设计任务书。
- 所设计的各个系统描述（包括热水系统及热源）。
- 管材及管材连接方式。
- 消火栓安装。
- 管道的安装坡度。
- 检查口及伸缩节点安装要求。
- 立管与排水管的连接。
- 卫生器具的安装要求。
- 管线图中代号的含义。
- 管道支架及吊架做法。
- 试压。
- 管道防腐。
- 管道保温。

（3）平面图

室内给排水平面图一般包含以下内容：

- 给排水设施在房屋平面图中所处的位置。
- 卫生设备、立管等平面布置位置及尺寸关系。
- 给排水管道的平面走向，管材的名称、规格、型号、尺寸和管道支架的平面位置。
- 给排水立管的编号。
- 管道的敷设方式、连接方式、坡度及坡向。

- 管道剖面图的剖切符号、投影方向。
- 与室内排水相关的室外检查井、化粪池和排出管等平面位置。
- 与室内给水相关的室外引入管、水表节点和加压设备等平面位置。
- 屋面雨水排水管道的平面位置、雨水排水口的平面位置、水流的组织和管道安装的敷设方式。
- 如有屋顶水箱，还需在屋顶给排水平面图中反映出水箱容量、平面位置和进出水箱的各种管道的平面位置、管道支架和保温等内容。

（4）系统轴测图

室内给排水轴测图是采用正面斜等轴测投影法绘制的能够反映管道系统三维空间关系的图样，一般包括以下内容：

- 系统编号：在轴测图中，给排水系统的编号应与平面图中的编号一致。
- 管径：由于水平管道的水平投影不具有积聚性，所以在给排水平面图中可以反映出管径的变化，而对于立管的投影具有积聚性，管径的变化在平面图中无法表示，所以要求在系统轴测图中标注各管段管径。
- 标高：包括建筑标高、给排水管道标高、卫生设备标高、管件标高、管径变化处的标高和管道埋深标高等，对于管道埋深可用负标高标注。
- 管道及其设备与建筑的关系。
- 主要管件的位置：如阀门、检查口等重要管件应在系统轴测图中标注。
- 与管道相关的给排水设施的空间位置：与给水相关的设施，如屋顶水箱、室外贮水池、水泵、加压设备和室外阀门井等；与排水相关的设施有室外排水检查井、管道等。
- 分区供水、分质供水情况。

3. 建筑给排水工程图的特点

了解建筑给排水工程图的特点，对绘制和识读工程图有很大帮助。在现代生活中，打开某一个水龙头时，水就会流出来。顺着这根管道追溯源头，一直可以找到给该水龙头供水的自来水厂，甚至是取水水源，如江河、湖泊。当用过的水变成废水倒入污水池后，顺着排水管道一直可以找到污水处理厂。由此可见，室内给排水工程图的最大特点是管道首尾相连，来龙去脉清楚，从给水引入管到各用水点，从污水收集器到污水排出管，给排水管道不会突然断开消失，也不会突然产生，具有连贯性。这一特点给绘制和识读建筑给排水工程图带来很大方便。可以按照从水的引入到污水的排出这条主线，循序渐进，逐一理清给排水管道及与之相连的给排水设施。

11.2 建筑给排水工程制图基础知识

11.2.1 制图一般规定

建筑给排水工程图是表达室内外管道及其附属设备、水处理构筑物、储存设备的结构形状、大小、位置、材料及有关技术要求等的图样，是给排水工程施工的技术依据。

给排水工程图应符合《房屋建筑制图统一标准》GB/T50001-2010 与《给排水制图标准》GB/T50106-2010 及其他相关标准的规定。下面介绍有关图线、比例、标高标注、管径标注和编号方面的规定。

1. 图线

图线线型的确定主要考虑所要表达的内容。图线基础宽度 b 的选定主要考虑图纸的类别、比例、表达内容与复杂程度的需要。给排水工程图纸中图线的基础宽度 b 一般采用 0.7mm 或 1.0mm，具体可参照表 11-1。

表 11-1　给排水专业制图常用的各种线型

名　称	线　型	线　宽	用　途
粗实线	————	b	新设计的各种排水和其他重力流管线
粗虚线	— — —	b	新设计的各种排水和其他重力流管线的不可见轮廓线
中粗实线	————	0.75b	新设计的各种给水和其他压力流管线；原有的各种排水和其他重力流管线
中粗虚线	— — —	0.75b	新设计的各种给水和其他压力流管线及原有的各种排水和其他重力流管线的不可见轮廓线
中实线	————	0.50b	给排水设备、零（附）件的可见轮廓线；总图中新建的建筑物和构筑物的可见轮廓线；原有的各种给水和其他压力流管线
中虚线	— — —	0.50b	给排水设备、零（附）件的不可见轮廓线；总图中新建的建筑物和构筑物的不可见轮廓线；原有的各种给水和其他压力流管线的不可见轮廓线
细实线	————	0.25b	建筑的可见轮廓线；总图中原有的建筑物和构筑物的可见轮廓线；制图中的各种标注线
细虚线	— — —	0.25b	建筑的不可见轮廓线；总图中原有的建筑物和构筑物的不可见轮廓线
单点长划线	—·—·—	0.25b	中心线、定位轴线
折断线	—\/—	0.25b	断开界线
波浪线	～～～	0.25b	平面图中水面线、局部构造层次范围线、保温范围示意线等

2. 比例

给排水工程制图常用的比例可参考 2.2.3 节中的表 2-2。

3. 标高标注

给排水专业对标注的要求，除了符合第 8 章尺寸标注中的相关要求外，对标高的绘制方法做出如下具体要求：

- 标高符号应以直角等腰三角形表示，按图 11-2（a）所示形式用细实线绘制，如果标注位置不够，也可按图 11-2（b）所示形式绘制。标高符号的具体画法如图 11-2（c）和图 11.2（d）所示。

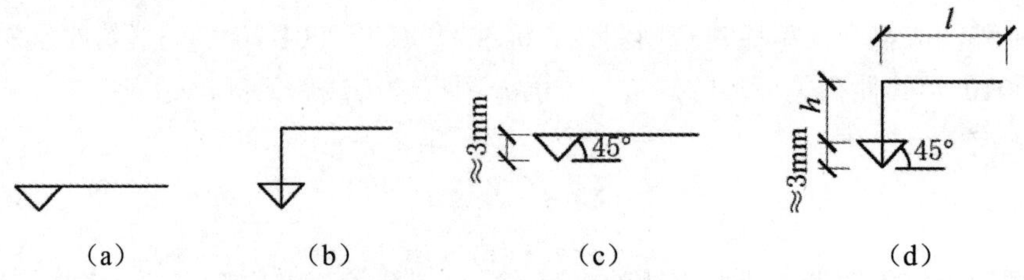

l—取适当长度注写标高数字；*h*—根据需要取适当高度

图 11-2　标高符号

- 总平面图室外地坪标高符号，宜用涂黑的三角形表示，如图 11-3（a）所示，具体画法如图 11-3（b）所示。

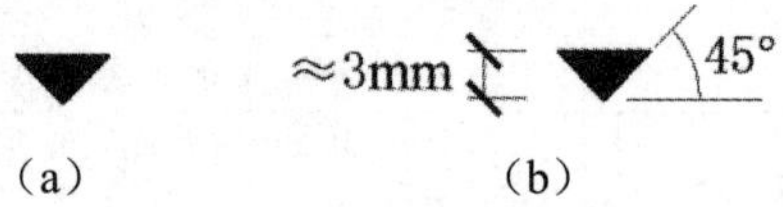

图 11-3　总平面图室外地坪标高符号

- 标高符号的尖端应指至被注高度的位置。尖端一般应向下，有时也可向上。标高数字应注写在标高符号的左侧或右侧，如图 11-4 所示。
- 标高数字应以米为单位，注写到小数点以后第 3 位。在总平面图中，可注写到小数字点以后第 2 位。
- 零点标高应注写成±0.000，正数标高不注“+”，负数标高应注“-”，例如 3.000、-0.600。
- 在图样的同一位置需表示几个不同标高时，标高数字可按图 11-5 的形式注写。

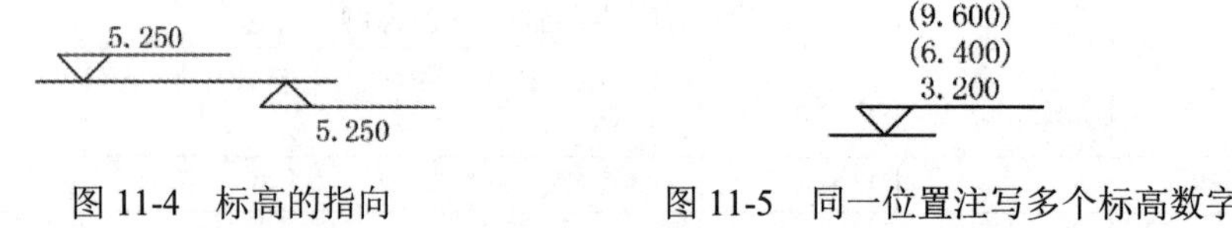

图 11-4　标高的指向　　　图 11-5　同一位置注写多个标高数字

4. 管径标注

水煤气输送钢管（镀锌或非镀锌）、铸铁管等管材，管径宜以公称直径 DN 表示（如 DN15、DN50）；无缝钢管、焊接钢管（直缝或螺旋缝）、铜管和不锈钢管等管材，管径宜以“外径 D×壁厚”表示（如 D100×4、D150×5 等）；钢筋混凝土（或混凝土）管、陶土管、耐酸陶瓷管和缸瓦管等管材，管径宜以内径 d 表示（如 d230、d380 等）；塑料管材管径宜按产品标准的方法表示；当设计均用公称直径 DN 表示管径时，应有公称直径 DN 与相应产品规格对照表。

管径的标注方法应符合下列规定：

- 单根管道时，管径应按图 11-6 的方式标注。
- 多根管道时，管径应按图 11-7 的方式标注。

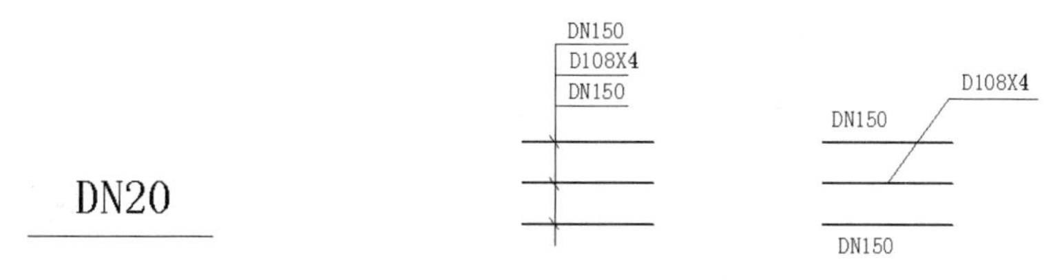

图 11-6　单管管径标注法　　图 11-7　多管管径标注法

5. 管道编号

当建筑物的给水引入管或排水排出管的数量超过 1 根时宜进行编号，编号宜按图 11-8 的方法表示。

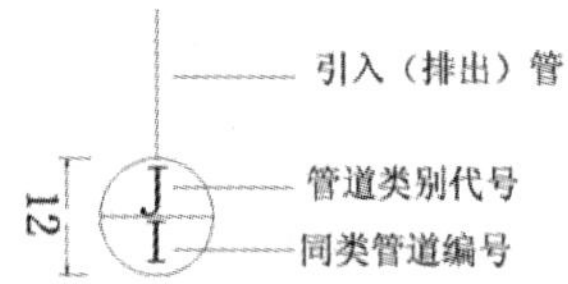

图 11-8　给水引入（排水排出）管道编号表示法

建筑物内穿越楼层的立管，其数量超过 1 根时宜进行编号，编号宜按图 11-9 的方法表示。

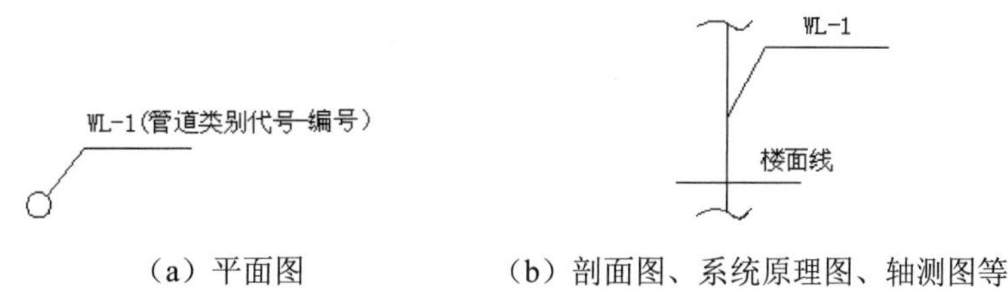

（a）平面图　　（b）剖面图、系统原理图、轴测图等

图 11-9　立管编号表示法

11.2.2　常用图例

给排水工程施工图的图样中，各种管件、阀门、附件和器具等一般都用图例表示。在给排水系统的国家标准中对相应的图例有明确的规定。

1. 管道及附件图例

（1）管道图例

给排水施工图中管道图例见表 11-2。

表 11-2　管道图例

序　号	名　称	图　例	备　注
1	生活给水管	———J———	
2	热水给水管	———RJ———	
3	热水回水管	———RH———	
4	中水给水管	———ZJ———	

（续表）

序　号	名　称	图　例	备　注
5	循环给水管	——XJ——	
6	循环回水管	——XH——	
7	热媒给水管	——RM——	
8	热媒回水管	——RMH——	
9	蒸汽管	——Z——	
10	凝结水管	——N——	
11	废水管	——F——	可与中水原水管合用
12	压力废水管	——YF——	
13	通气管	——T——	
14	污水管	——W——	
15	压力污水管	——YW——	
16	雨水管	——Y——	
17	压力雨水管	——YY——	
18	膨胀管	——PZ——	
19	保温管		
20	多孔管		
21	地沟管		
22	防护套管		
23	管道立管	XL−1　XL−1	
24	伴热管		
25	空调凝结水管	——KN——	
26	排水明沟	坡向	
27	排水暗沟	坡向	

注：分区管道用加注角标方式表示，如 J1、J2、RJ1、RJ2 等。

（2）管道附件的图例

管道附件的图例应符合表 11-3 的要求。

表 11-3　管道附件图例

序　号	名　称	图　例	备　注
1	套管伸缩器		
2	方形伸缩器		
3	刚性防水套管		
4	柔性防水套管		
5	波纹管		
6	可曲挠橡胶接头		

（续表）

序　号	名　称	图　例	备　注
7	管道固定支架		
9	立管检查口		
10	清扫口		
11	通气帽		
12	雨水斗	YD- YD-	
13	排水漏斗		
14	圆形地漏		通用。如无水封，地漏应加存水弯
15	方形地漏		
16	自动冲洗水箱		
17	挡墩		
18	减压孔板		
19	Y 形除污器		
20	毛发收集器		
21	倒流防止器		
22	吸气阀		

2. 管道连接的图例

给排水施工图中管道连接的图例应符合表 11-4 的要求。

表 11-4　管道连接图例

序　号	名　称	图　例	备　注
1	法兰连接		
2	承插连接		
3	活接头		
4	管堵		
5	法兰堵盖		
6	弯折管		
7	正三通		
8	正四通		
9	盲板		
10	管道丁字上接		
11	管道丁字下接		
12	管道交叉		

3. 阀门的图例

给排水工程图中阀门的图例应符合表 11-5 的要求。

表 11-5 阀门图例

序 号	名 称	图 例	备 注
1	闸阀		
2	角阀	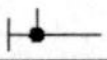	
3	三通阀		
4	四通阀	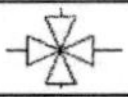	
5	截止阀		
6	电动阀		
7	液动阀	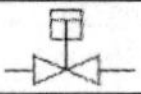	
8	气动阀	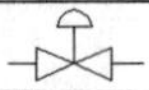	
9	减压阀		
10	旋塞阀	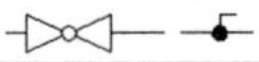	
11	底阀	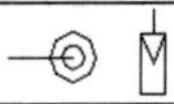	
12	球阀		
13	隔膜阀	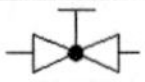	
14	气开隔膜阀	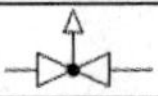	
15	气闭隔膜阀		
16	温度调节阀	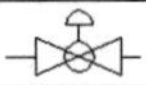	
17	压力调节阀		
18	电磁阀	 M	
19	止回阀		
20	消声止回阀		
21	蝶阀	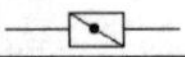	
22	弹簧安全阀		
23	平衡安全阀	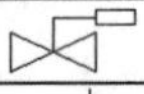	
24	自动排气阀	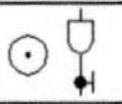	
25	浮球阀	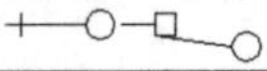	
26	延时自闭冲洗阀		
27	吸水喇叭口	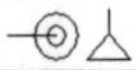	
28	疏水器		

4. 给水配件图例

给排水工程图中给水配件的图例应符合表 11-6 的要求。

表 11-6 给水配件图例

序号	名称	图例	备注
1	水嘴		
2	皮带水嘴		
3	洒水（栓）水嘴		
4	化验水嘴		
5	肘式水嘴		
6	脚踏开关水嘴		
7	混合水嘴		
8	旋转水嘴		
9	浴盆带喷头 混合水嘴		

5. 消防设施的图例

给排水工程图中消防设施的图例应符合表 11-7 的要求。

表 11-7 消防设施图例

序号	名称	图例	备注
1	消火栓给水管	——XH——	
2	自动喷水灭火给水管	——ZP——	
3	室外消火栓		
4	室内消火栓（单口）		
5	室内消火栓（双口）		
6	水泵接合器		
7	自动喷洒头（开式）		
8	自动喷洒头（闭式）		
9	自动喷洒头（闭式）		
10	自动喷洒头（闭式）		
11	侧墙式自动喷洒头		
12	侧喷式喷洒头		
13	雨淋灭火给水管	——YL——	
14	水幕灭火给水管	——SM——	
15	水泡灭火给水管	——SP——	
16	干式报警阀		
17	消防炮		
18	湿式报警阀		
19	预作用报警阀		
20	信号闸阀		

（续表）

序　号	名　称	图　例	备　注
21	水流指示器		
22	水力警铃		
23	雨淋阀		
24	末端试水装置		
25	手提式灭火器		
26	推车式灭火器		

注：分区管道用加注角标方式表示，如 XH1、XH2、ZP1、ZP2 等。

6. 卫生设备及水池的图例

给排水工程图中卫生设备及水池的图例应符合表 11-8 的要求。

表 11-8　卫生设备及水池图例

序　号	名　称	图　例	备　注
1	立式洗脸盆		
2	台式洗脸盆		
3	挂式洗脸盆		
4	浴盆		
5	化验盆、洗涤盆		
6	带沥水板的洗涤盆		
7	盥洗槽		
8	污水池		
9	妇女净身盆		
10	立式小便器		
11	壁挂式小便器		
12	蹲式大便器		
13	坐式大便器		
14	小便槽		
15	淋浴喷头		

7. 小型给排水构筑物的图例

给排水工程图中小型给排水构筑物的图例宜符合表 11-9 的要求。

表 11-9　小型给排水构筑物图例

序　号	名　称	图　例	备　注
1	矩形化粪池	HC	
3	隔油池	YC	
4	沉淀池	CC	
5	降温池	JC	
6	中和池	ZC	
7	雨水口		
8	阀门井、检查井		
9	水封井		
10	跌水井		
11	水表井		

8. 给排水设备的图例

给排水设备的图例符合表 11-10 的要求。

表 11-10　给排水设备图例

序　号	名　称	图　例	备　注
1	卧式水泵	平面　系统	
	立式水泵	平面 系统	
2	潜水泵		
3	定量泵		
4	管道泵		
5	卧式容积热交换器		
6	立式容积热交换器		
7	快速管式热交换器		
8	开水器		
9	喷射器		
10	除垢器		
11	水锤消除器		
13	搅拌器		

9. 给排水专业所用仪表图例

给排水专业所用的仪表应符合表 11-11 的要求。

表 11-11 给排水仪表图例

序 号	名 称	图 例	备 注
1	温度计		
2	压力表		
3	自动记录压力表		
4	压力控制器		
5	水表		
6	自动记录流量计		
7	转子流量计		
8	真空表		
9	温度传感器	---[T]---	
10	压力传感器	---[P]---	
11	pH 值传感器	---[pH]---	
12	酸传感器	---[H]---	
13	碱传感器	---[Na]---	
14	余氯传感器	---[Cl]---	

11.3 室内给排水平面图

室内给排水平面图是室内给排水工程图的重要组成部分，是绘制其他室内给排水工程图的基础。就中小型工程而言，由于其给水、排水情况不复杂，可以在一张平面图中既绘制给水平面图内容，又绘制排水平面图内容。为防止混淆，有关管道、设备的图例应区分清楚。对于高层建筑及其他较复杂的工程，其给水平面图和排水平面图应分开来绘制，可以分别绘制生活给水平面图、生产给水平面图、消防给水平面图、污水排水平面图和雨水排水平面图等。仅就给排水平面图而言，根据不同的楼层位置分为不同的平面图；可以分别绘制底层给排水平面图、标准层给排水平面图（若干楼层的给排水布置方式完全相同，可以只画一个标准层示意图）、楼层给排水平面图（凡是楼层给排水布置方式不同的情况，均应单独绘制出给排水平面图）、屋顶给排水平面图、屋顶雨水排水平面图（有些设计将这一部分放在建筑施工图中绘制）和给排水平面大样图等几部分。

11.3.1 室内给排水平面图的构成

给排水平面图是在建筑平面图的基础上，根据给排水工程图的规定绘制出的用于反映给排水设备、管线的平面布置状况的图样。

第一，用假想水平面沿房屋窗台以上适当位置水平剖切并向下投影（只投影到下一层假想平面，对于底层平面图应投影到室外地面以下的管道，而对于屋顶平面则只投影到屋顶顶面）而得到的剖切投影图。这种剖切后的投影不仅反映了建筑中的墙、柱、门窗洞口等内容，同时也能反映卫生设备、管道等内容。由于给排水平面图的重点是反映有关管线、设备等内容，因此，建筑的平面轮廓线用细实线绘制，而有关管线、设备则用较粗的图线（符合给排水工程图图例线的规定）绘出，以示突出。

第二，给排水平面图中的设备、管道等均用图例的形式示意其平面位置。

第三，图中应标出给排水设备、管道等的规格、型号和代号等内容。

第四，对底层给排水平面图而言，室内给排水平面图应该反映与之相关的室外给排水设施的情况。

第五，对屋顶给排水平面图而言，应该反映屋顶水箱、水管等内容。

第六，对于雨水排水平面图而言，除了反映屋顶排水设施外，还应该反映与雨水管道相关的阳台、雨篷、走廊的排水设施。

总之，给排水平面图是以建筑平面图为基础，结合给排水工程图的特点绘制成的反映给排水平面内容的图样。

11.3.2 标准层给排水平面图操作实例

【例 11-1】绘制某建筑物标准层给排水平面图，如图 11-10 所示。

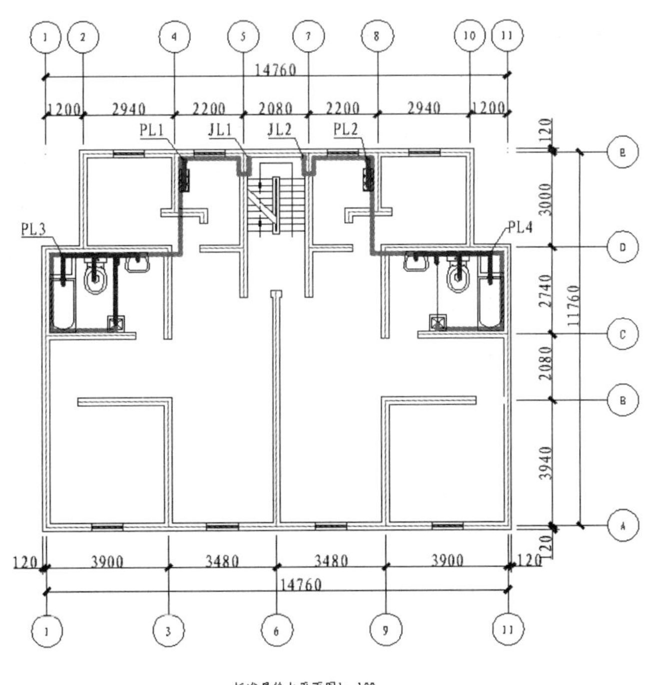

图 11-10　给排水平面图

绘制思路：根据本图的对称性，可以首先绘制住宅楼一半的平面图，包括轴线、墙体和门窗的绘制，然后通过镜像绘制另一半，并进行标注。最后在已经绘制好的房屋建筑平面图中绘制给排水管道，完成一张完整的给排水平面图。

知识重点：图层设置、绘制多线、运用修剪命令、插入模块和运用镜像。

1. 设置图层

单击“默认”选项卡|“图层”面板上的“图层特性”按钮，在弹出的“图层特性管理器”选项板中新建标注、给水管线、排水管线、墙体、卫生设备、文字和轴线等图层，具体设置如图 11-11 所示。

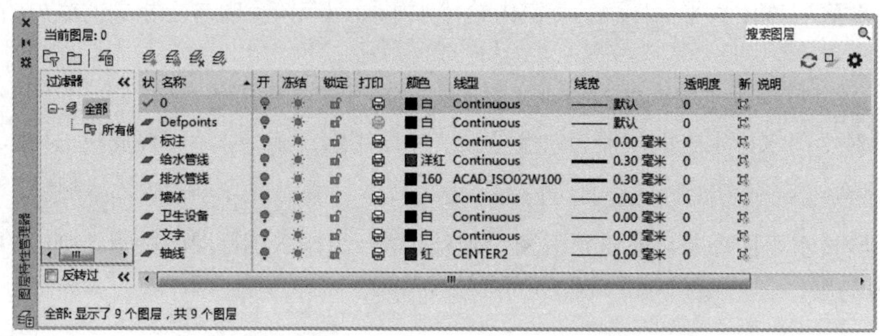

图 11-11 “图层特性管理器”选项板

2. 绘制轴线

在绘图的时候，先把总体的轴线绘制出来，从整体上确定图纸的大致框架，然后再分别绘制其他部分。

步骤 01 展开“默认”选项卡|“图层”面板上的“图层”下拉列表，将“轴线”图层设置为当前层。

步骤 02 单击“默认”选项卡|“绘图”面板上的“直线”按钮，绘制两条相互垂直的轴线，具体位置如图 11-12 所示。

步骤 03 单击“默认”选项卡|“修改”面板上的“偏移”按钮，将竖直轴线依次向右偏移 1200、3690、3900、4140、4940、5060、6340、7380；将水平轴线依次向上偏移 3940、5900、6020、7200、7440、8760、9540、9900、11760，效果如图 11-13 所示。

步骤 04 单击“默认”选项卡|“修改”面板上的“修剪”按钮，修剪偏移后的轴线，效果如图 11-14 所示。

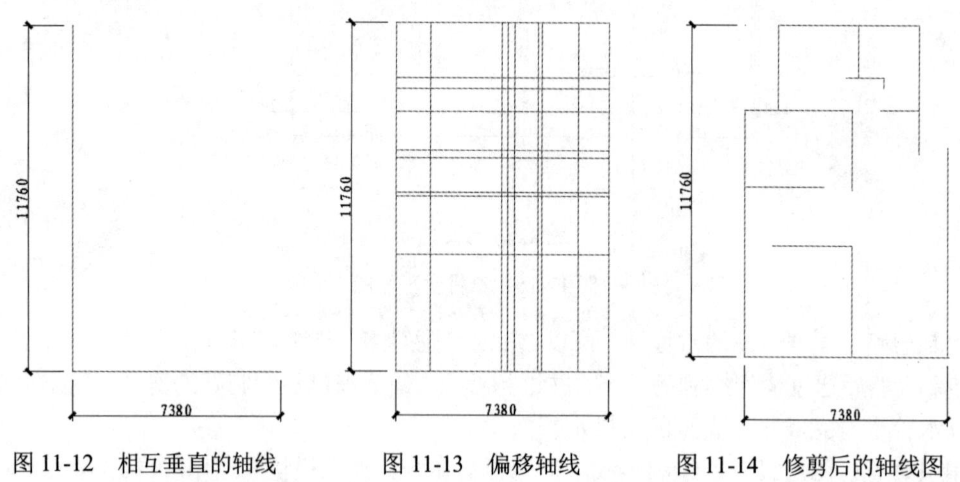

图 11-12 相互垂直的轴线　　图 11-13 偏移轴线　　图 11-14 修剪后的轴线图

3. 绘制墙体

步骤01 展开“默认”选项卡|“图层”面板上的“图层”下拉列表，将“墙体”层设为当前层。

步骤02 在命令行输入MLSTYLE后按Enter键，打开“新建多线样式：墙体”对话框，新建名称为“墙体”的多线样式，具体设置如图11-15所示。

图11-15 “新建多线样式：墙体”对话框

步骤03 在命令行输入MLINE后按Enter键，执行“多线”命令，绘制墙体，命令行提示如下：

```
命令: _MLINE
当前设置: 对正 = 上, 比例 = 20.00, 样式 = STANDARD
指定起点或 [对正(J)/比例(S)/样式(ST)]:  J
输入对正类型 [上(T)/无(Z)/下(B)] <上>:  Z
当前设置: 对正 = 无, 比例 = 20.00, 样式 = STANDARD
指定起点或 [对正(J)/比例(S)/样式(ST)]:  S
输入多线比例 <20.00>:  240
当前设置: 对正 = 无, 比例 = 240.00, 样式 = STANDARD
指定起点或 [对正(J)/比例(S)/样式(ST)]:        //捕捉图 11-16 中的点 A
指定下一点:                                   //捕捉图 11-16 中的点 B
指定下一点或 [放弃(U)]:                       //捕捉图 11-16 中的点 C
指定下一点或 [闭合(C)/放弃(U)]:               //捕捉图 11-16 中的点 D
指定下一点或 [闭合(C)/放弃(U)]:               //捕捉图 11-16 中的点 E
指定下一点或 [闭合(C)/放弃(U)]:               //捕捉图 11-16 中的点 F
指定下一点或 [闭合(C)/放弃(U)]:               //捕捉图 11-16 中的点 G
指定下一点或 [闭合(C)/放弃(U)]:               //捕捉图 11-16 中的点 H
指定下一点或 [闭合(C)/放弃(U)]:               //按 Enter 键结束命令，效果如图 11-16 所示
```

步骤04 继续使用“多线”命令，配合端点捕捉和交点捕捉功能，绘制内侧墙体，效果如图11-17所示。

步骤05 在命令行中输入MLEDIT后按Enter键，执行“多线编辑”命令，打开“多线编辑工具”对话框，对如图11-17所示图形进行编辑，编辑效果及各个角点用到的多线编辑样式如图11-18所示，其他地方的修改可以通过先分解多线，然后再修改。

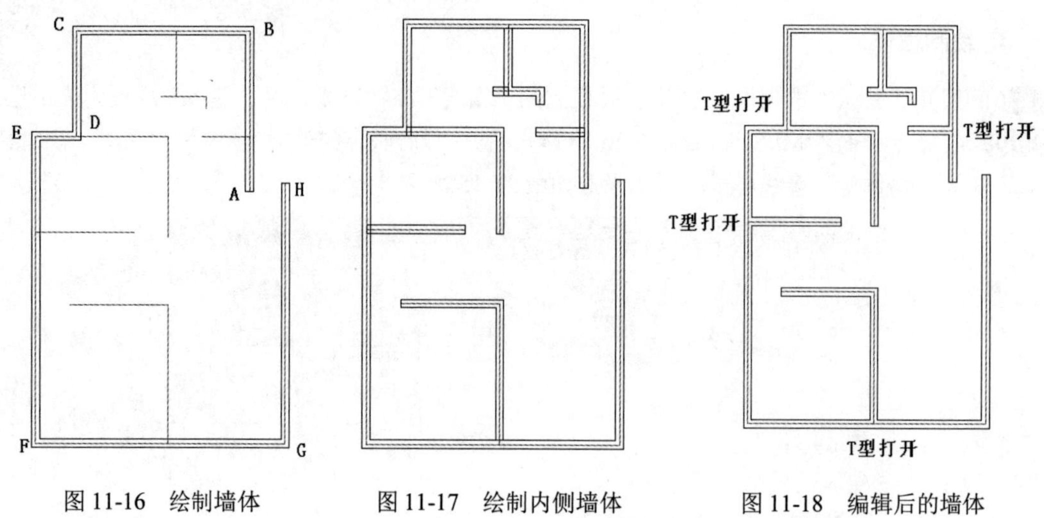

图 11-16　绘制墙体　　图 11-17　绘制内侧墙体　　图 11-18　编辑后的墙体

4. 绘制门窗

在给水的施工平面图中，不用像建筑结构施工图那样具体定出各个门窗的大小及位置，只要在图中大体表示出各个部分即可。

步骤01 单击“默认”选项卡上的“修改”面板中的“分解”按钮，把所有的墙体进行多线分解。

步骤02 选择“矩形”“偏移”命令绘制窗户，效果如图 11-19 所示。将绘制的窗户多次复制到墙体图中，如图 11-20 所示。

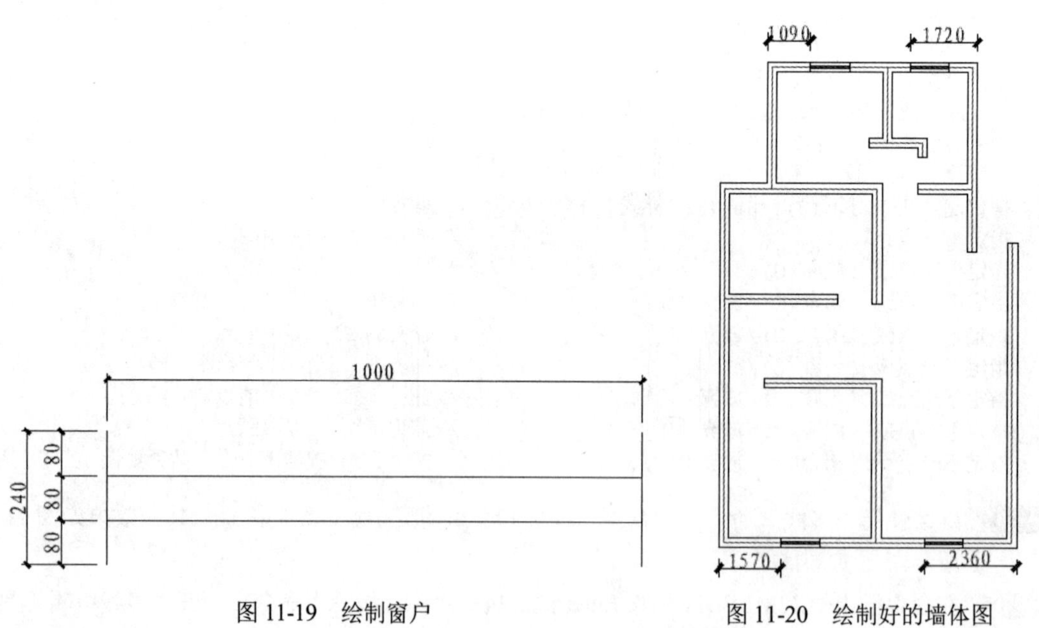

图 11-19　绘制窗户　　图 11-20　绘制好的墙体图

5. 插入卫生器具

步骤01 展开“默认”选项卡|“图层”面板上的“图层”下拉列表，将“卫生设备”层设为当前层。

步骤02 将3.8节的【例3-5】绘制的坐便器放大两倍，并创建为图块，插入点如图11-21所示。

步骤03 将4.5节的【例4-2】绘制的污水盆创建为图块，插入点如图11-22所示。

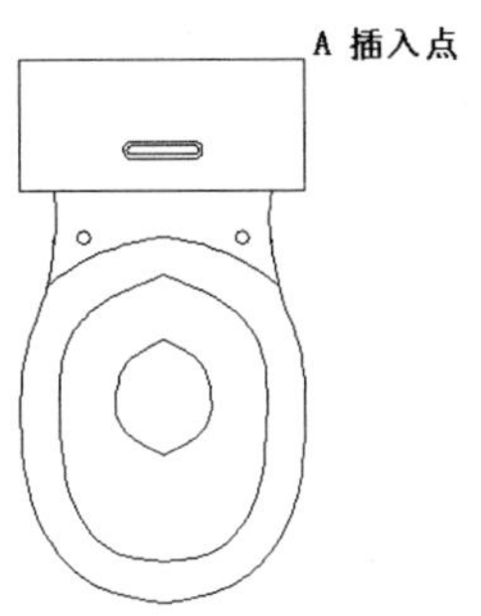

图11-21 坐便器

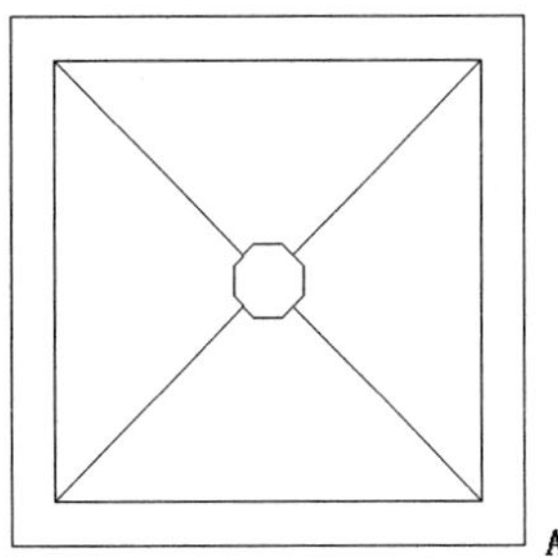

图11-22 污水盆

步骤04 将第3章的【例3-1】绘制的方形地漏创建为块，其插入点如图11-23所示。

步骤05 将第5章的【例5-1】绘制的洗手池创建为块，其插入点如图11-24所示。

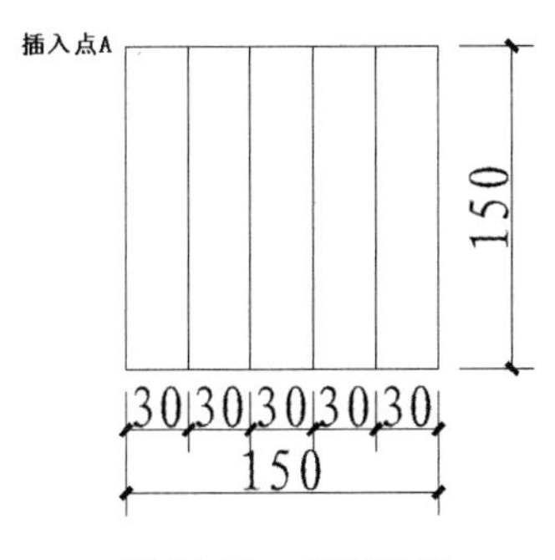

图11-23 方形地漏

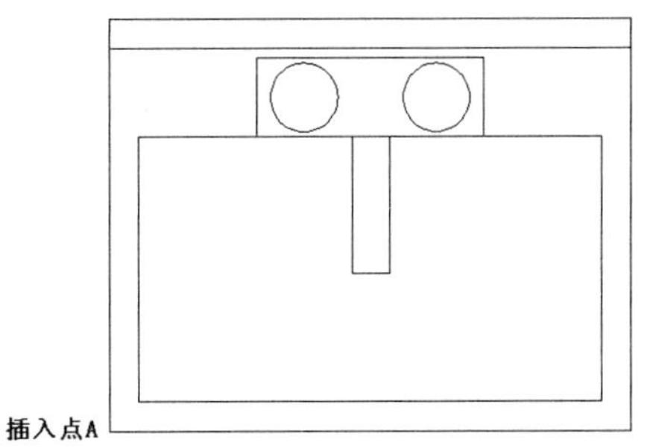

图11-24 洗手池

步骤06 绘制如图11-25所示的浴盆，并将其创建为块。

步骤07 在卫生间内插入上述坐便器、污水盆、方形地漏、洗手池和地漏等图块，效果如图11-26所示。

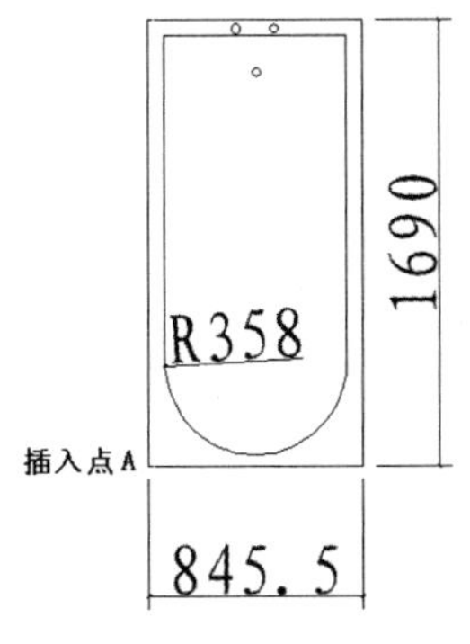

图11-25 浴盆

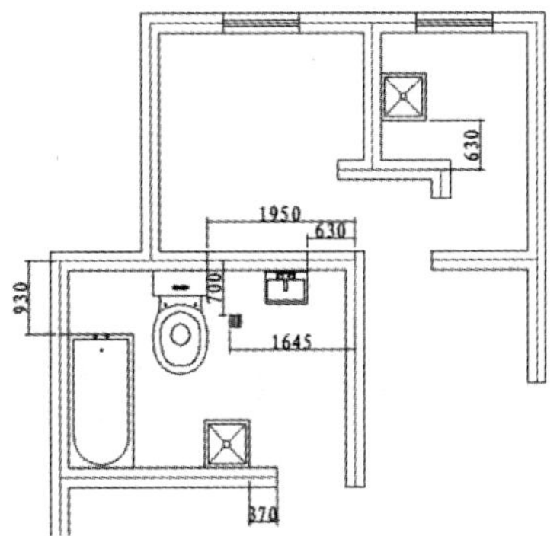

图11-26 插入卫生设备效果图

6. 绘制另外一半平面图

步骤01 展开“默认”选项卡|“图层”面板上的“图层”下拉列表，将“墙体”层设为当前层。

步骤02 单击“默认”选项卡|“修改”面板上的“镜像”按钮，镜像上面绘制的平面图，镜像轴线为上面所绘平面图中最右边的竖直墙体轴线，效果如图 11-27 所示。

步骤03 综合使用“矩形”“偏移”“多段线”“修剪”等命令绘制楼梯，如图 11-28 所示，并连接楼梯处墙体图，效果如图 11-29 所示。

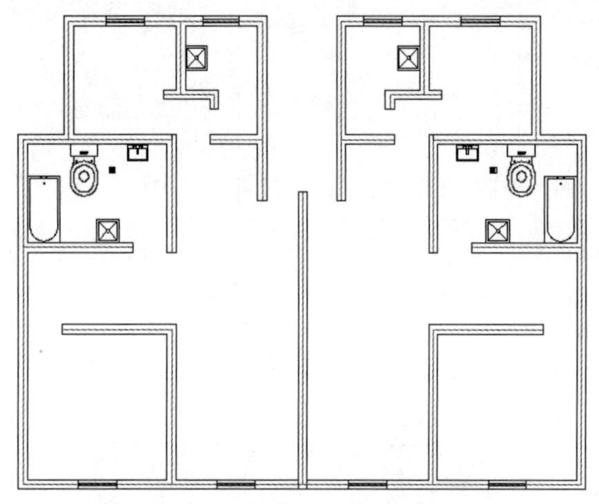

图 11-27 绘制另一半平面图

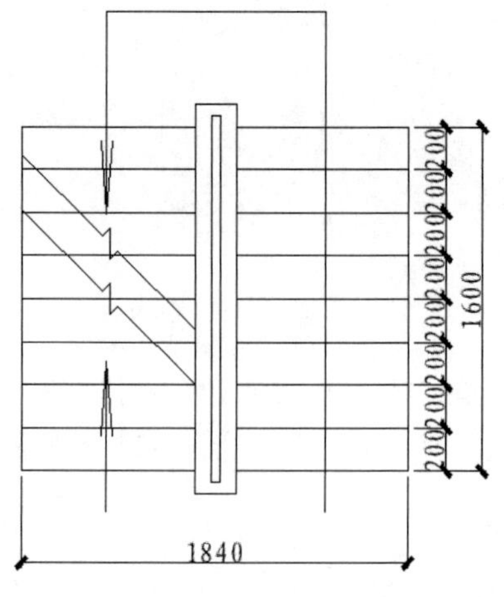

图 11-28 楼梯

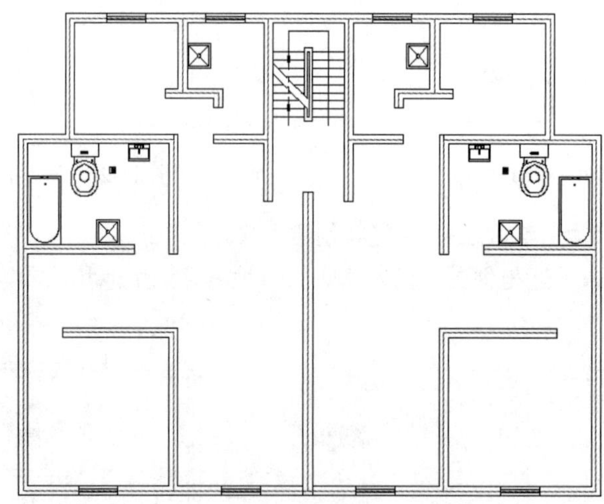

图 11-29 加入绘制的楼梯

7. 布置给排水立管和绘制给排水管线

步骤01 展开“默认”选项卡|“图层”面板上的“图层”下拉列表，将“给水管线”层设为当前层。

步骤02 综合使用“矩形”和“直线”命令绘制阀门和水表示意图，如图 11-30 所示。

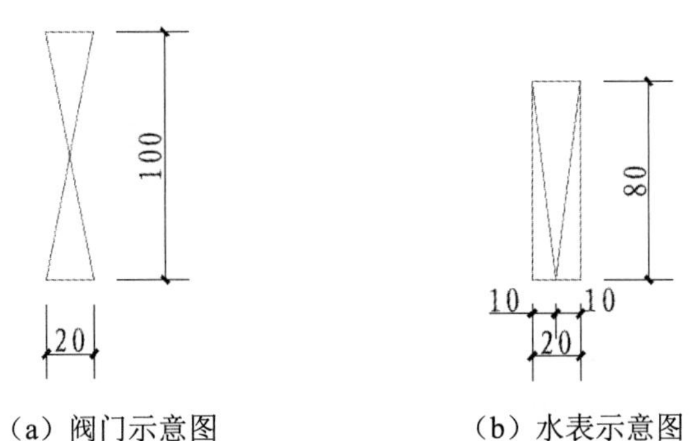

（a）阀门示意图　　（b）水表示意图

图 11-30　阀门和水表示意图

步骤03 单击“默认”选项卡|“绘图”面板上的“圆”按钮，绘制半径为 25 的圆作为给水立管，具体布置如图 11-31 所示。

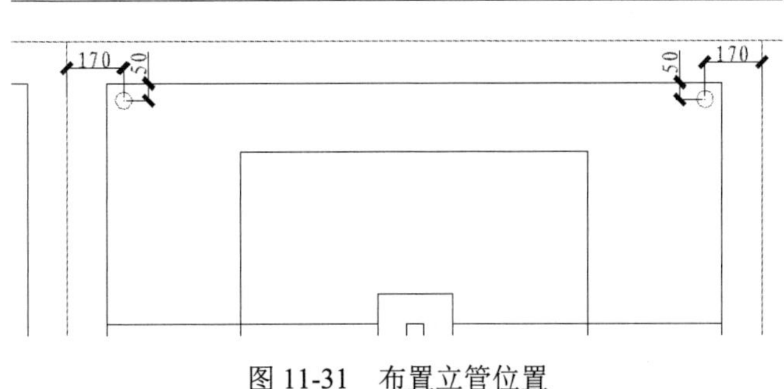

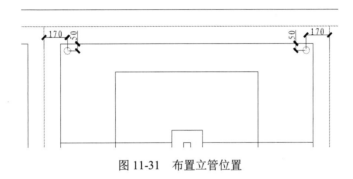

图 11-31　布置立管位置

步骤04 根据前面布置的卫生设备的位置和立管位置绘制给水管线，如图 11-32 所示。

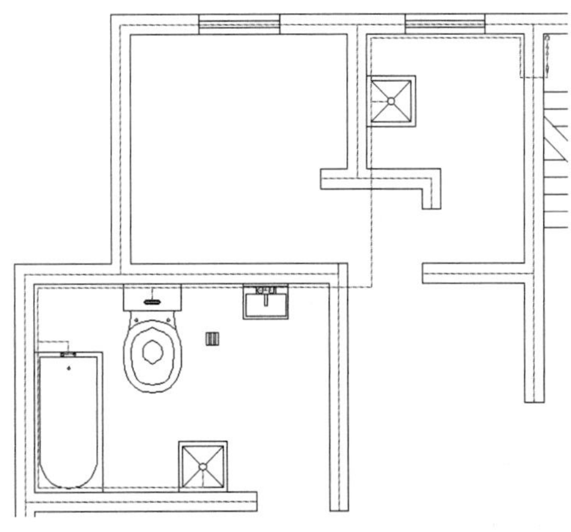

图 11-32　绘制给水管线

步骤05 展开“默认”选项卡|“图层”面板上的“图层控制”下拉列表，将“污水管线”层设为当前层。

步骤06 单击“默认”选项卡|“绘图”面板上的“圆”按钮，绘制半径为 25 的圆作为排水立管，本例需要在厨房和卫生间分别布置一根立管，具体布置如图 11-33 和图 11-34 所示。

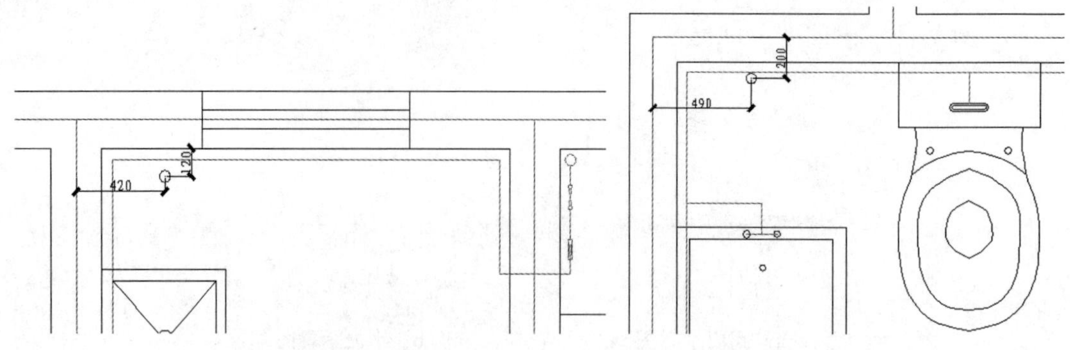

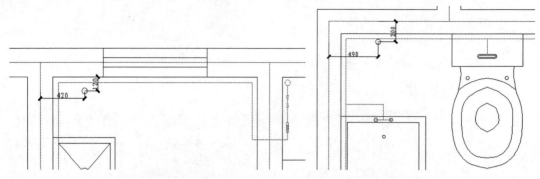

图 11-33　厨房中布置排水立管　　　　图 11-34　卫生间布置排水立管

步骤 07 根据卫生设备和排水立管的位置布置排水管线，效果如图 11-35 和图 11-36 所示。

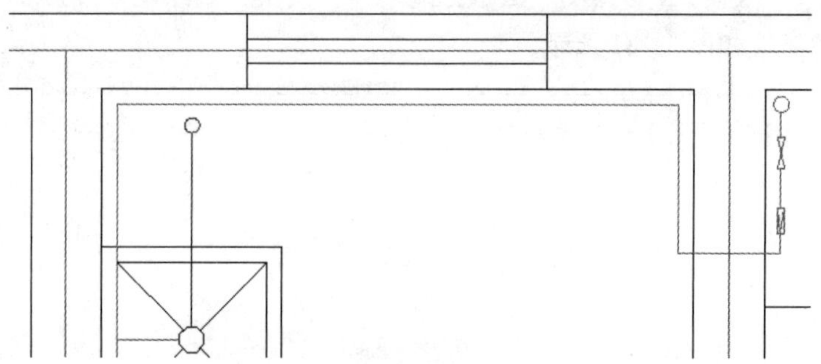

图 11-35　厨房排水管线布置

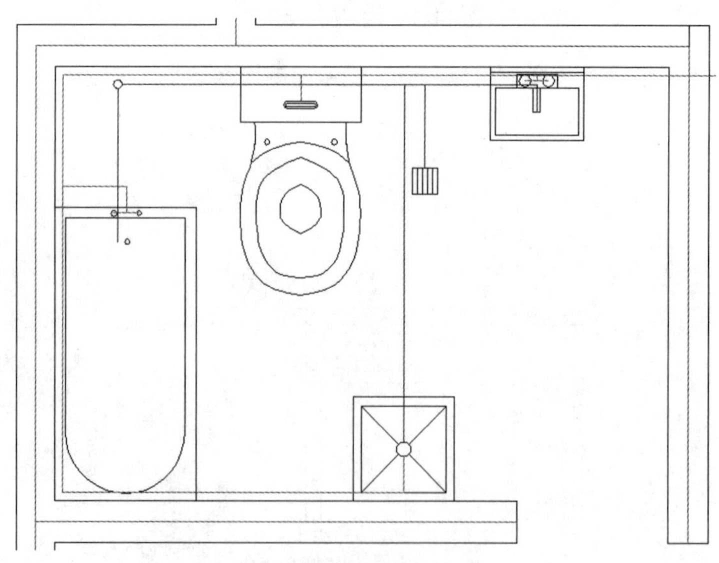

图 11-36　卫生间排水管线布置

步骤 08 单击“默认”选项卡|“修改”面板上的“镜像”按钮，将上面绘制的给排水管线镜像，绘制另外一部分给排水管线，镜像轴线如图 11-37 所示。

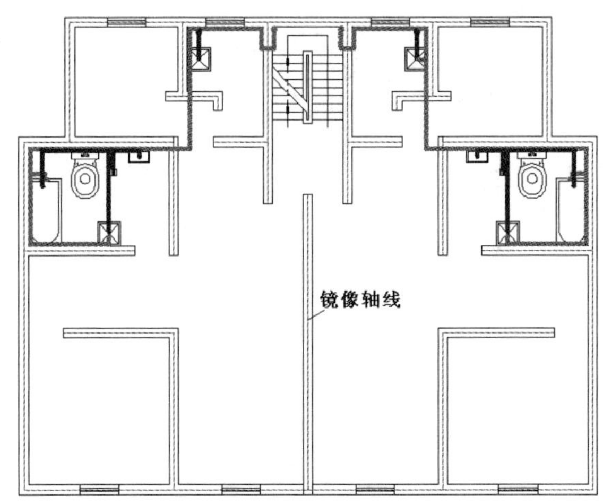

图 11-37　绘制另一部分给排水管线

8. 标注给排水立管

步骤01 展开“默认”选项卡|“图层”面板上的“图层”下拉列表，将“排水管线”层设为当前层。

步骤02 单击“默认”选项卡|“注释”面板上的“多重引线”按钮，标注给排水立管，多重引线箭头采用实心闭合大小为 100，基线长度为 100，多重引线“内容”选项卡的设置如图 11-38 所示，标注效果如图 11-39 所示。

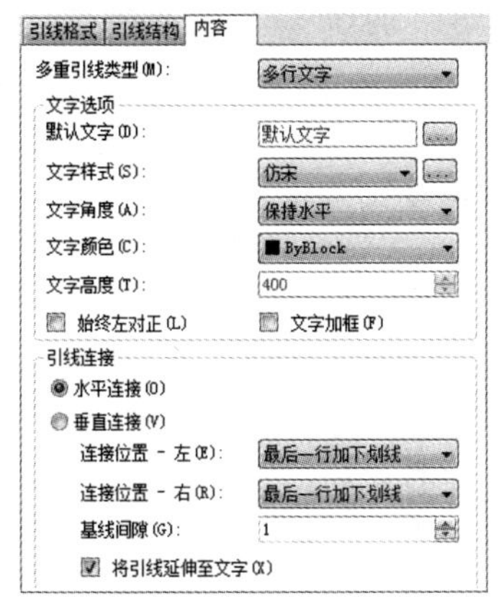

图 11-38　设置多重引线

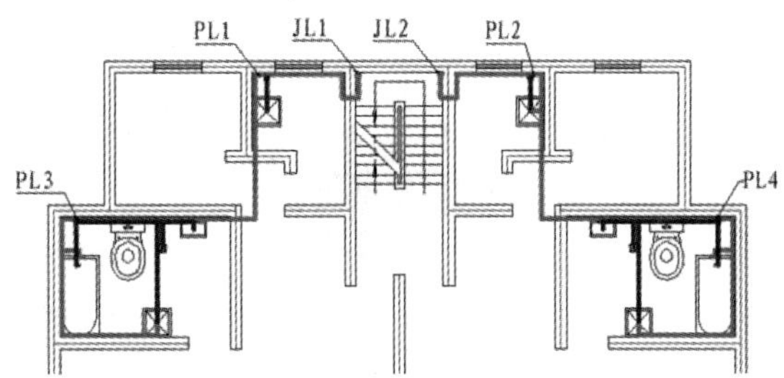

图 11-39　标注给排水立管

9. 标注文字

标注文字的目的是标注各个房间的用途。

步骤01 展开“默认”选项卡|“图层”面板上的“图层”下拉列表，将“文字”层设为当前层。

步骤02 单击“注释”选项卡|“文字”面板上的“单行文字”按钮A，进行文字标注，文字样式为仿宋 GB2312，宽度因子为 0.7，文字高度为 300，效果如图 11-40 所示。

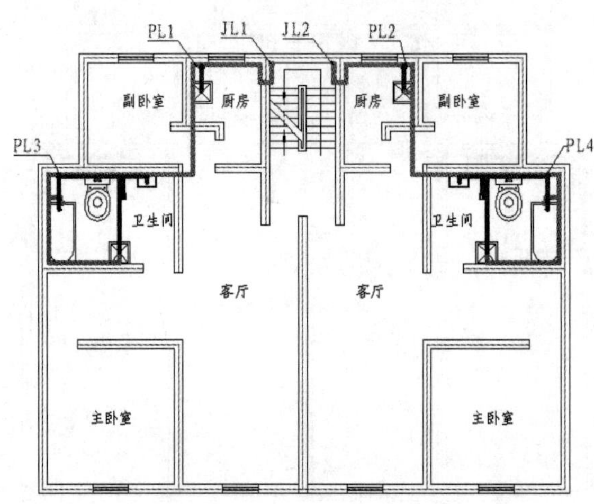

图 11-40　文字的标注

10. 标注平面图的尺寸及各层标高

步骤 01 展开“默认”选项卡|“图层”面板上的“图层”下拉列表，将“标注”层设为当前层。标注样式中尺寸界线超出尺寸线 200，起点偏移量为 300，箭头为建筑标记，大小为 200；标注文字样式为仿宋 GB2312，文字高度为 400，宽度因子为 0.7。

步骤 02 单击“注释”选项卡|“标注”面板上的“线性”按钮，配合端点捕捉或交点捕捉功能依次选择两轴线端点，标注出两轴线间距离；单击“注释”选项卡|“标注”面板上的“连续”按钮，进行连续标注，用户可以运用前面学习的标注知识进行操作，最终尺寸标注效果如图 11-41 所示。

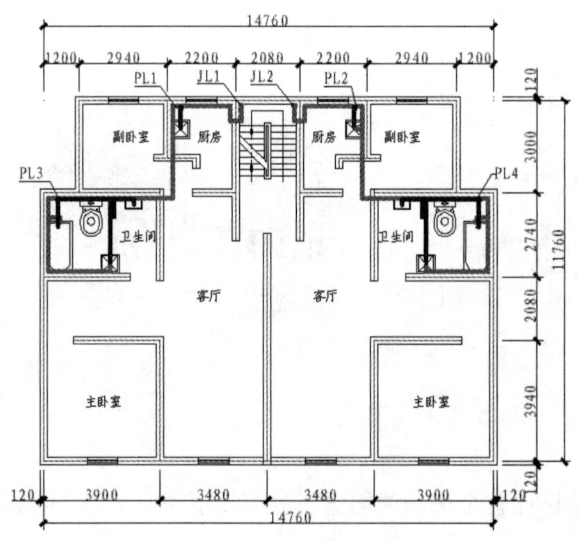

图 11-41　图形的尺寸标注

步骤 03 绘制轴线标注符号，如图 11-42 所示，并标注各个轴线，如图 11-43 所示。

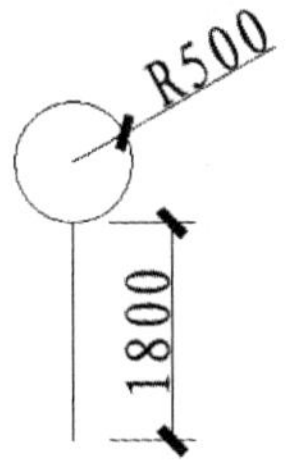

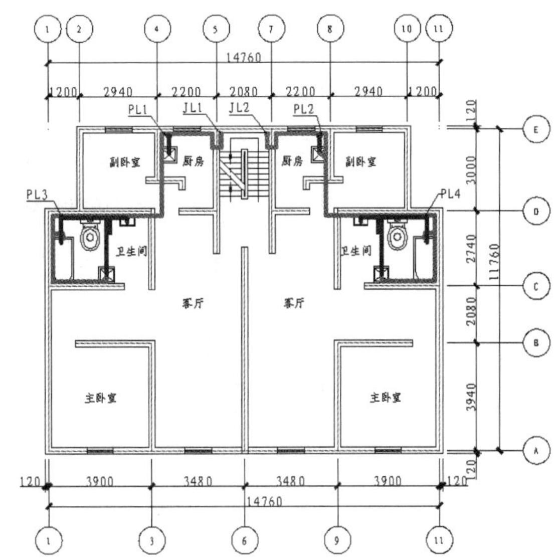

图 11-42　轴线标注符号

图 11-43　标注轴线

步骤04 展开“默认”选项卡|“图层”面板上的“图层”下拉列表，将“标高”层设为当前层。绘制标高符号，如图 11-44 所示，并进行室内地面标高，效果如图 11-45 所示。

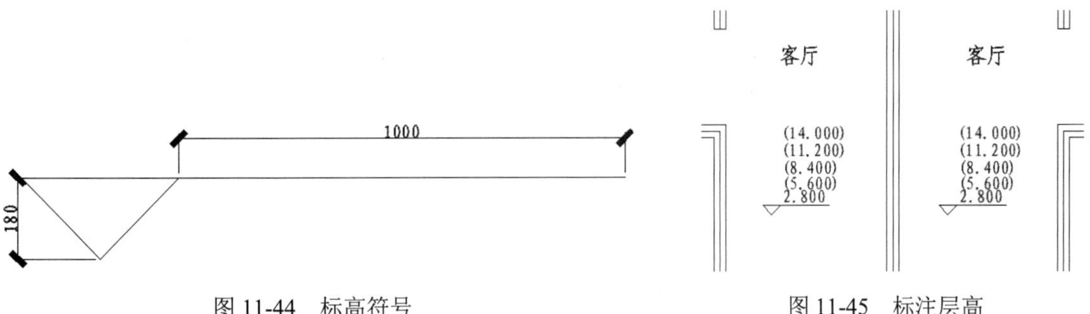

图 11-44　标高符号

图 11-45　标注层高

11. 绘制图题

方法和第 7 章的【例 7-1】相同，只是将文字高度设置为 400，效果如图 11-46 所示。将图题移动到给排水平面图的正下方，效果如图 11-10 所示。

标准层给水平面图1：100

图 11-46　绘制图题

11.3.3　底层给排水平面图操作实例

【例 11-2】绘制与图 11-10 所示平面图相对应的底层给排水平面图，如图 11-47 所示。

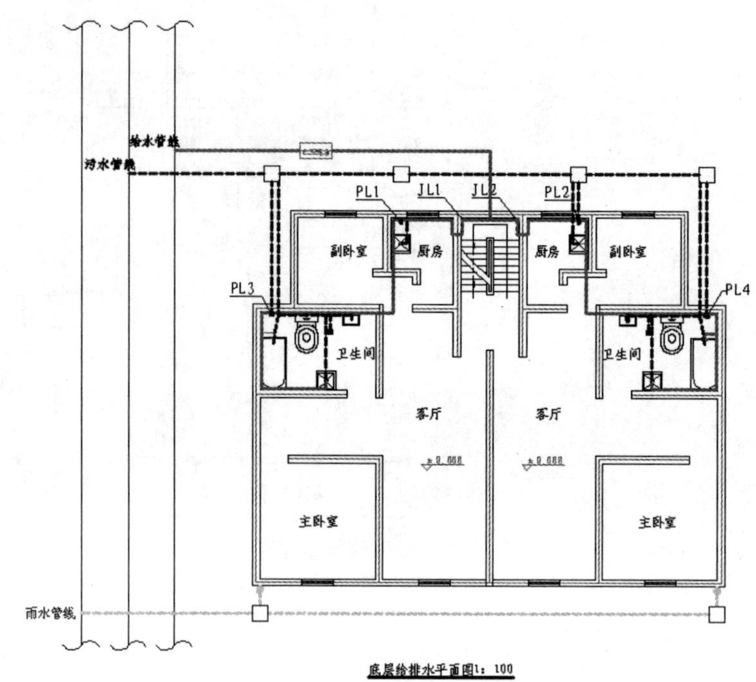

图 11-47　底层给排水平面图

绘制思路：在底层给排水平面图中，墙体平面图与标准层相同，可以使用【例 11-1】绘制的房屋平面图，然后绘制室外给排水管线。底层给排水平面图主要反映建筑物内的给排水管道与建筑物附近的市政给排水雨水管道的连接情况。

1. 设置图层

打开"图层特性管理器"选项板，创建市政给排水管线、给水管线、排水管线、雨水管道、检查井、水表节点等图层，如图 11-48 所示。

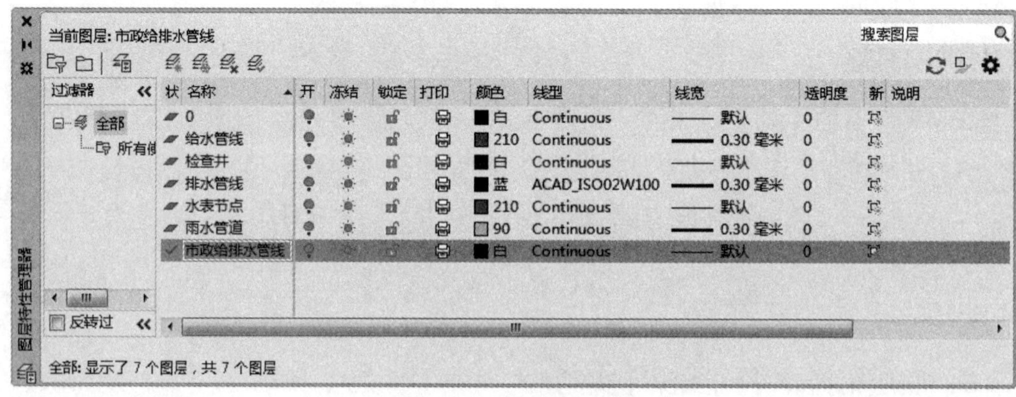

状	名称	开	冻结	锁定	打印	颜色	线型	线宽	透明度	新	说明
	0					白	Continuous	默认	0		
	给水管线					210	Continuous	0.30 毫米	0		
	检查井					白	Continuous	默认	0		
	排水管线					蓝	ACAD_ISO02W100	0.30 毫米	0		
	水表节点					210	Continuous	默认	0		
	雨水管道					90	Continuous	0.30 毫米	0		
✓	市政给排水管线					白	Continuous	默认	0		

图 11-48　设置图层

2. 复制墙体平面图

复制【例 11-1】绘制的墙体平面图，如图 11-49 所示。

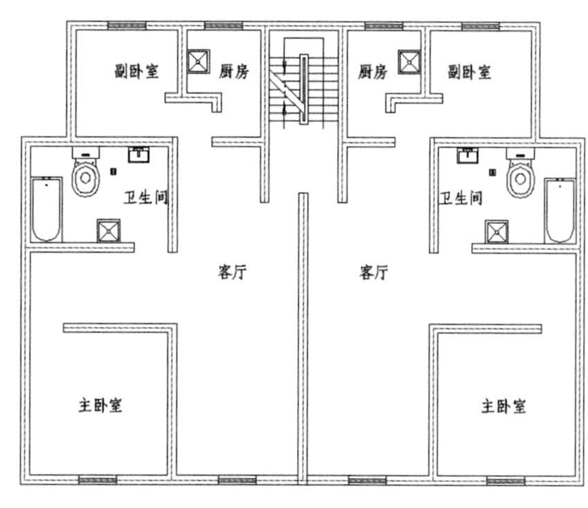

图 11-49　墙体图

3. 绘制室内给排水管线

室内部分的给排水管线也与标准层基本相同，只是底层排水不与 2~6 层共用排水立管，而是采用单独排水，目的是保证不会因排出管堵塞而导致楼层污水从底层卫生设备排污口溢出。

底层室内给排水平面图与标准层不同之处如图 11-50 和图 11-51 所示。

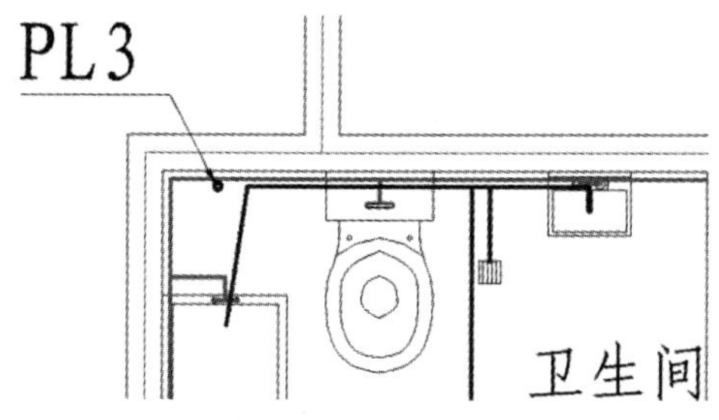

图 11-50　底层卫生间内排水情况

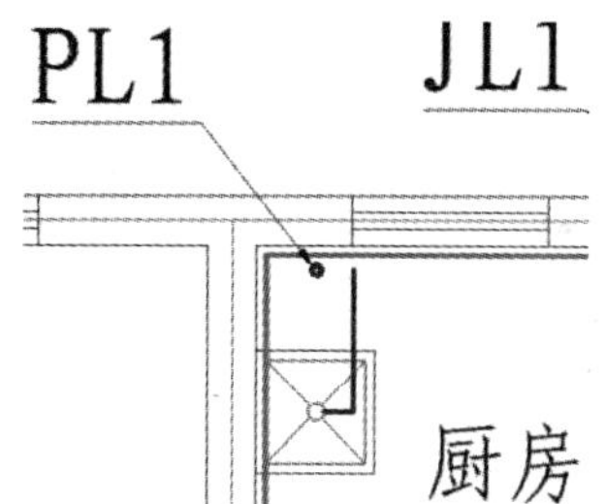

图 11-51　底层厨房内排水情况

4. 绘制室外给排水管线

步骤 01 展开“默认”选项卡|“图层”面板上的“图层”下拉列表，将“雨水管道”层设为当前层。

步骤 02 单击“默认”选项卡|“绘图”面板上的“圆”按钮，绘制半径为 25 的圆作为雨水排水立管，并将其复制移动到墙体图外，具体位置如图 11-52 和图 11-53 所示。

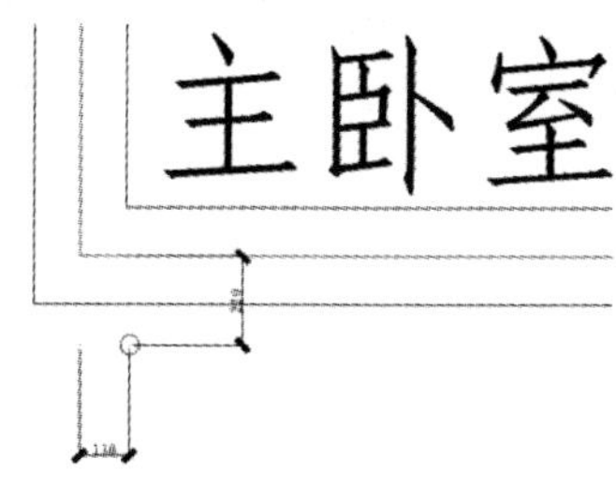

图 11-52　布置房屋南侧雨水立管

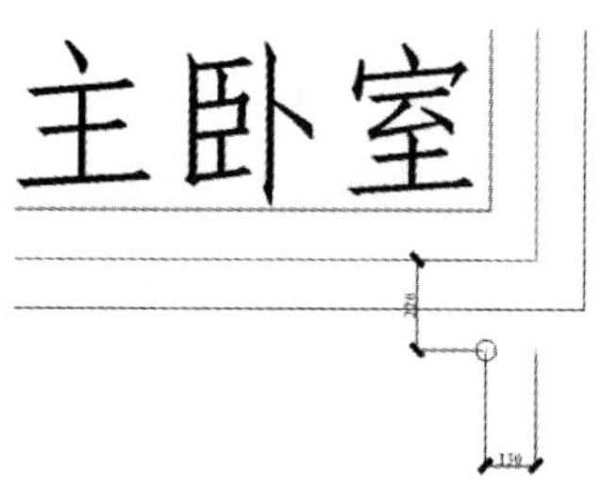

图 11-53　布置房屋北侧雨水立管

步骤 03 展开“默认”选项卡|“图层”面板上的“图层”下拉列表，将“检查井”层设为当前层。

步骤 04 单击“默认”选项卡|“绘图”面板上的“矩形”按钮，绘制检查井，具体尺寸如图 11-54 所示。

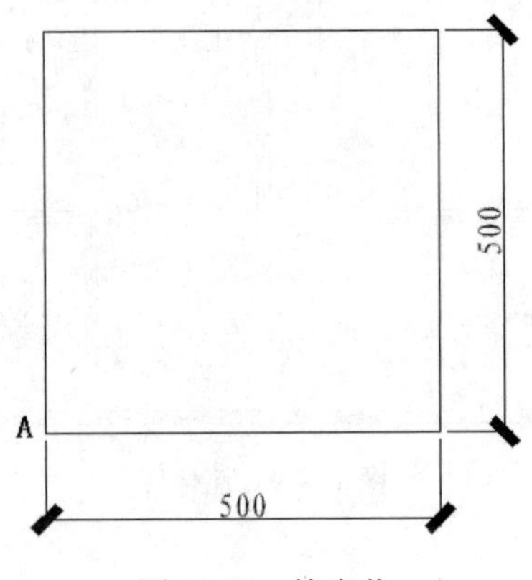

图 11-54　检查井

步骤 05 将步骤（4）绘制的检查井复制并移动到底层室外，具体位置如图 11-55 和图 11-56 所示。

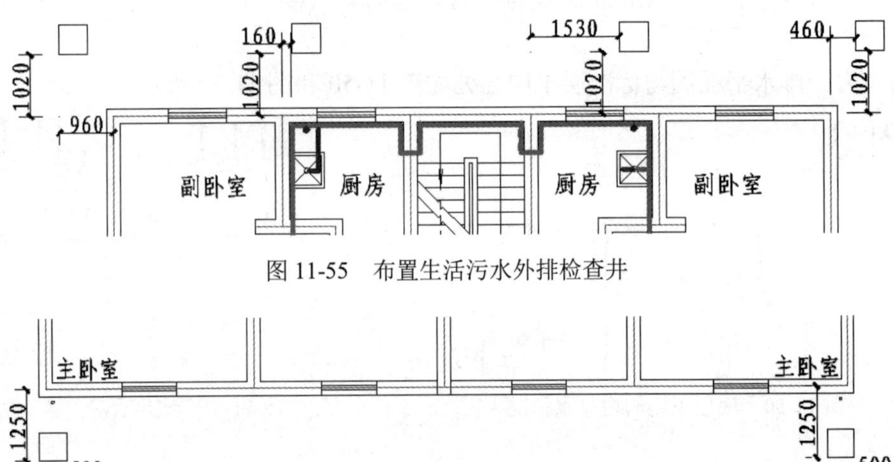

图 11-55　布置生活污水外排检查井

图 11-56　布置雨水外排检查井

步骤 06 展开“默认”选项卡|“图层”面板上的“图层”下拉列表，将“市政给排水管线”层设为当前层。

步骤 07 选择“直线”“样条曲线”和“偏移”命令绘制市政给排水管线，如图 11-57 所示。

步骤 08 单击“默认”选项卡|“修改”面板上的“移动”按钮，将绘制的市政给排水管线移动到底层平面图的西侧，具体位置如图 11-58 所示。

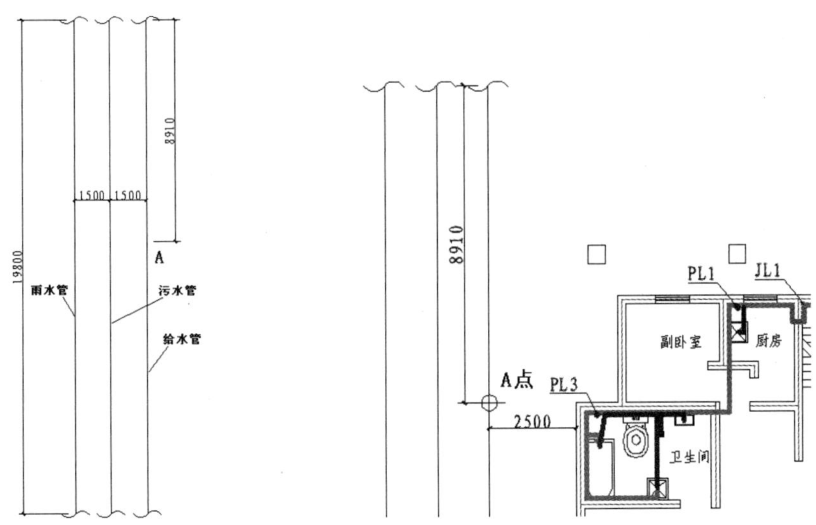

图 11-57　绘制市政给排水管线　　　　图 11-58　布置市政给排水管线

步骤 09 展开“默认”选项卡|“图层”面板上的“图层”下拉列表，将“排水管线”层设为当前层，然后单击“默认”选项卡|“绘图”面板上的“直线”按钮，连接排水立管和相应的窨井，将窨井的中点相连，最后连在市政排水管线上，效果如图 11-59 所示。

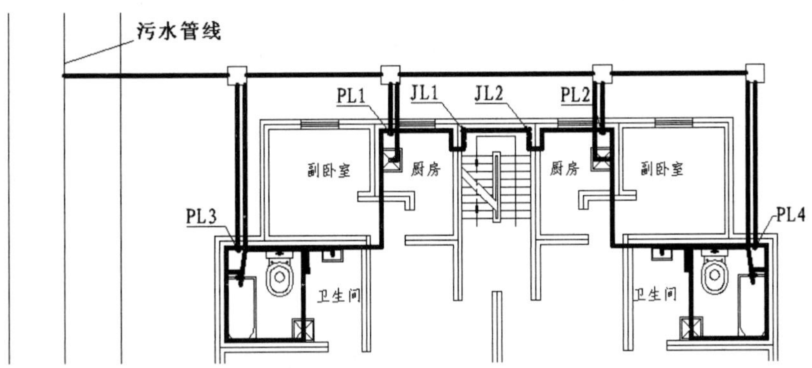

图 11-59　绘制室外排水管线

步骤 10 展开“默认”选项卡|“图层”面板上的“图层”下拉列表，将“雨水管道”层设为当前层，绘制雨水排水管线，方法同步骤（9），效果如图 11-60 所示。

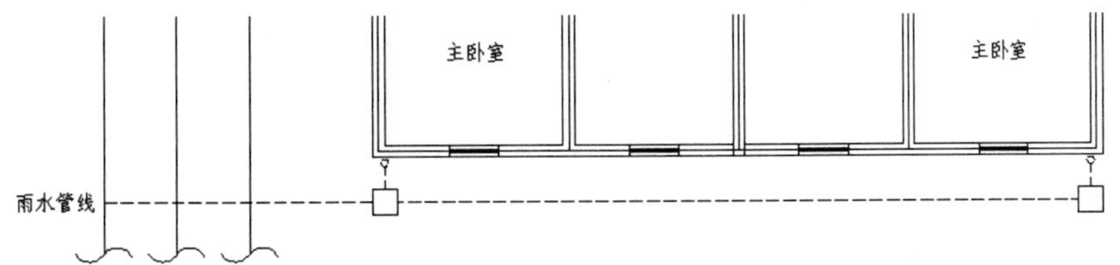

图 11-60　雨水排水管线

5. 绘制室外给水管线

步骤01 展开“默认”选项卡|“图层”面板上的“图层”下拉列表，将“水表节点”层设为当前层。

步骤02 选择“矩形”“直线”命令绘制水表节点中的阀门和水表，如图 11-61 所示。

步骤03 选择“矩形”“移动”和“直线”命令绘制水表节点，如图 11-62 所示。

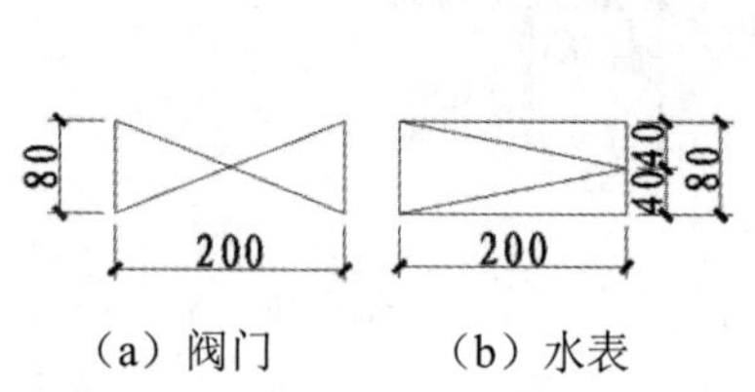

图 11-61　水表节点中的阀门和水表

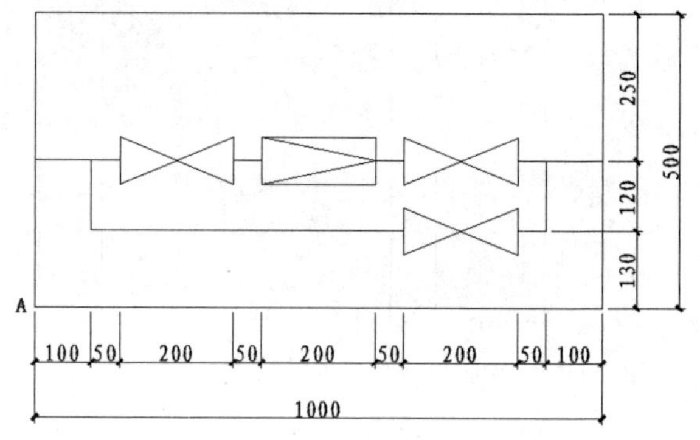

图 11-62　水表节点

步骤04 将水表节点定义为图块，然后单击“默认”选项卡|“块”面板上的“插入块”按钮，将水表节点插入到底层给排水平面图的北边，具体位置如图 11-63 所示。

步骤05 展开“默认”选项卡|“图层”面板上的“图层”下拉列表，将“给水管线”层设为当前层。

步骤06 连接室内给水立管、室外水表节点和市政给排水管，方法同室外排水管绘制，效果如图 11-64 所示。

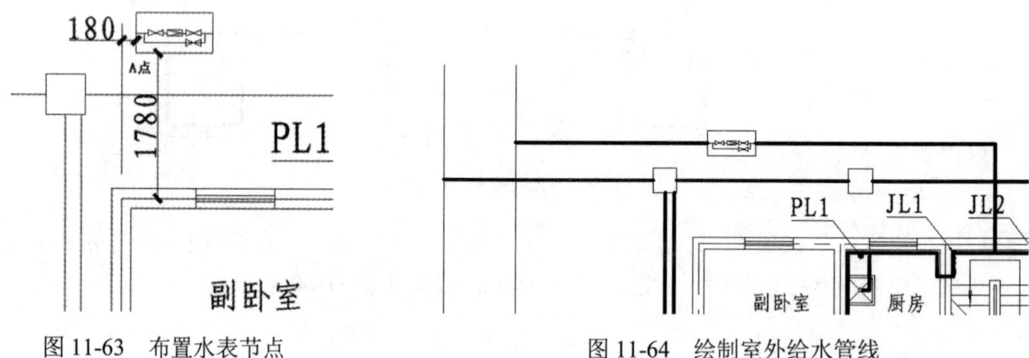

图 11-63　布置水表节点

图 11-64　绘制室外给水管线

6. 室内标高

展开“默认”选项卡|“图层”面板上的“图层”下拉列表，将“标高”层设为当前层，绘制标高符号并进行室内地面标高，效果如图 11-65 所示。

7. 绘制图题

方法和第 7 章的【例 7-1】相同，只是将文字高度设置为 400，效果如图 11-66 所示。将图题移动到底层给排水平面图正下方，效果如图 11-47 所示。

图 11-65　底层室内地面标高　　　　图 11-66　底层给排水平面图图题

11.3.4　屋顶给排水平面图操作实例

【例 11-3】绘制如【例 11-1】和【例 11-2】所示的标准层给排水平面图、底层给排水平面图对应的屋顶给排水平面图，如图 11-67 所示。

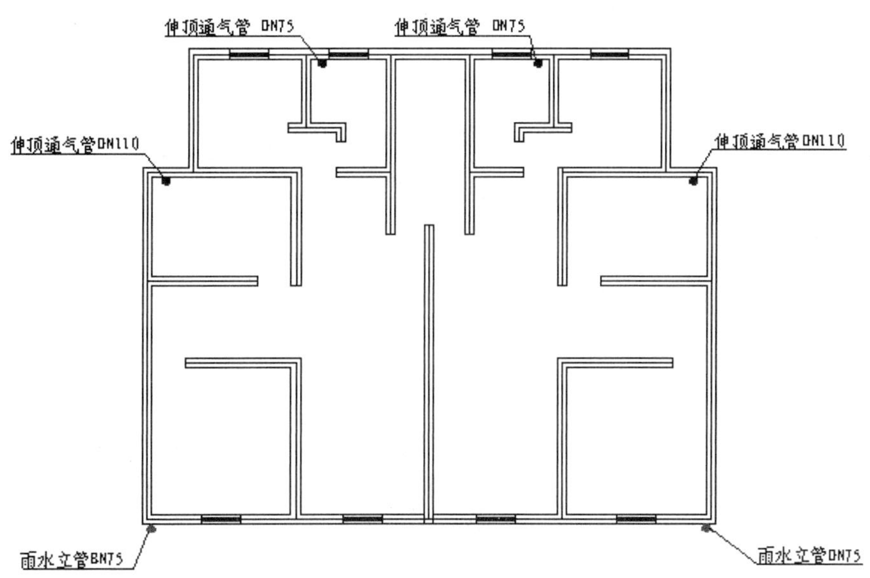

图 11-67　屋顶给排水平面图

1. 设置图层

单击“默认”选项卡|“图层”面板上的“图层特性”按钮，打开“图层特性管理器”选项板，创建墙体、标注、排水立管通气管和雨水排水立管图层，如图 11-68 所示。

2. 复制屋顶墙体图

复制屋顶墙体图，方法同【例 11-2】，去掉房间名称和楼梯即可，如图 11-69 所示。

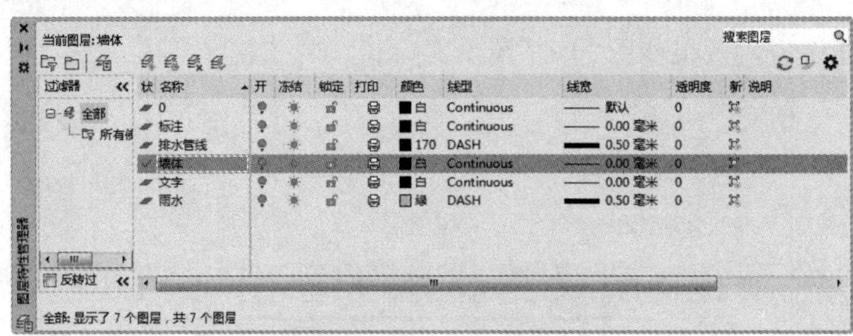

图 11-68 设置图层

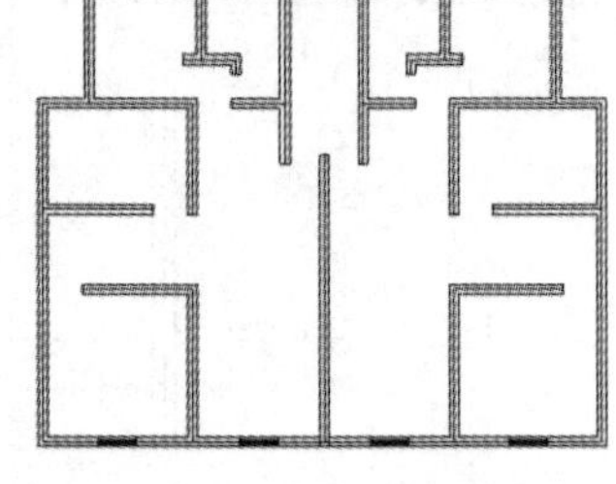

图 11-69 墙体图

3. 布置排水伸顶通气管和雨水排水立管

布置方法和布置位置同【例 11-2】。

4. 标注立管

选择多重引线标注每一个立管，多重引线的设置同【例 11-1】，效果如图 11-70 所示。

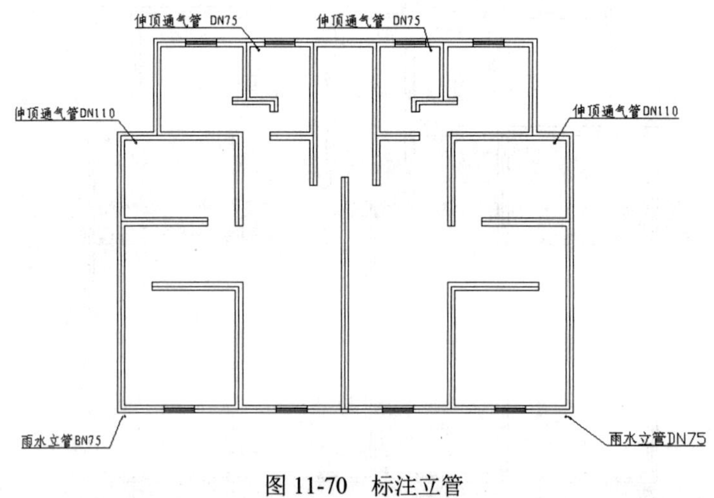

图 11-70 标注立管

5. 绘制图题

方法同【例 11-1】，效果如图 11-71 所示。将绘制的图题移动到屋顶给排水平面图的正下方，如图 11-67 所示。

屋顶给排水平面图1：100

图 11-71 图题

11.3.5 卫生间大样图操作实例

绘制卫生间大样图的目的是更清晰地反映出给排水的情况。在给排水平面图中，只有卫生间、厨房和洗衣房有给排水（除雨水和消防）。因此，绘制卫生间大样图的最简单方法就是将平面图中多余的图形删除、修改即可。

例 11-4 绘制与【例 11-1】中标准层相应的卫生间大样图，如图 11-72 所示。

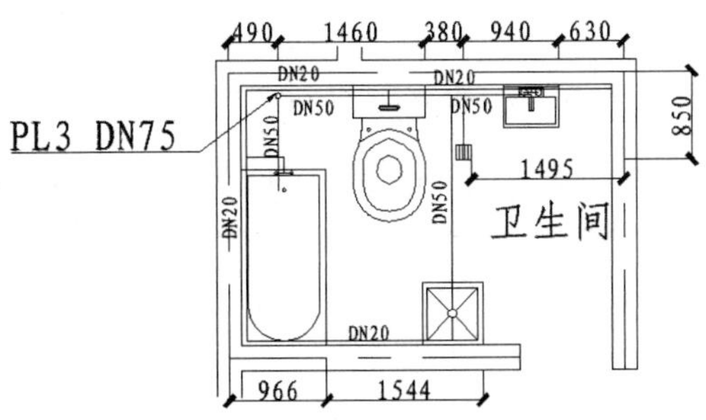

图 11-72 卫生间大样图

1. 复制并修改墙体图

复制并修改包括卫生间在内的墙体图，如图 11-73 所示。

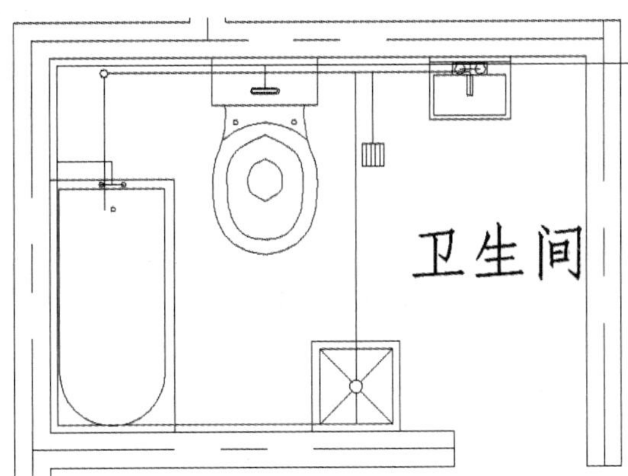

图 11-73 复制包括卫生间在内的墙体图

2. 标注位置和直径

标注各卫生设备的位置和管道直径，效果如图 11-74 所示。其中管道直径文字样式为仿宋 GB2312，文字高度为 150，宽度因子为 0.7。

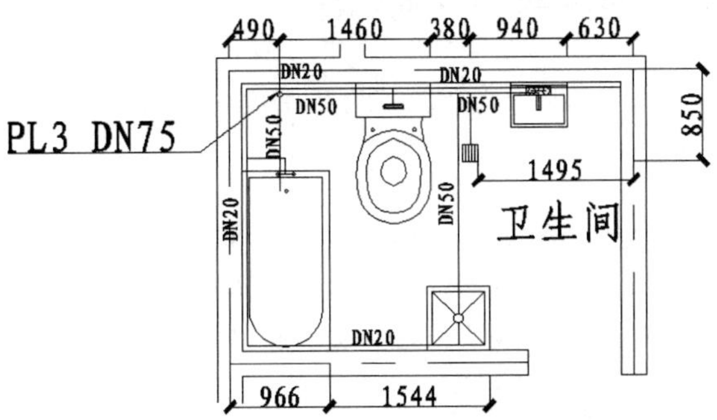

图 11-74 标注各卫生设备的位置和管道直径

3. 绘制图题

图题文字样式为仿宋 GB2312，文字高度为 300，宽度因子为 0.7，如图 11-75 所示。将绘制的图题移动到卫生间大样图正下方，效果如图 11-72 所示。

卫生间大样图1：100

图 11-75　图题

11.4　室内给排水系统图

所谓系统图，就是采用轴测原理绘制的能够反映管道、设备三维空间关系的图样。系统图也称为轴测图，由于采用了轴测投影的原理，因而整个图样具有形象生动、立体感强、直观等特点。

室内给水系统图和排水系统图通常分开绘制，分别表示给水系统和排水系统的空间关系。图形的绘制基础是各层给排水平面图，在绘制给排水系统图时，可以把平面图中标出的不同给排水系统单独拿出来绘制成系统图。系统图能够反映系统从下至上全方位的关系。

11.4.1　室内给排水系统图的组成

用单线表示管道，用图例表示卫生设备，用轴测投影的方法（一般采用 45° 三等正面斜轴测）绘制出的反映某一个给排水或整个给排水系统空间关系的图样，称为给排水系统图。

就房屋而言，具有 3 个方位的关系，即上下关系（层高或总高）、左右关系（开间或总长）和前后关系（进深或总宽），给排水管道和设备布置在房屋建筑中，当然也具有这三方位的关系。在给排水系统图中，因为上下关系与高度相对应，所以它是固定的。而左右关系、前后关系会因轴测投影方位不同而变化，在绘制系统图时一般没有交代轴测投影的方位，但对照给排水平面图应该能理解给排水系统图的左右、前后关系。通常情况下，把房屋的南面（或正面）作为前面，把房屋的北面（或背面）作为后面，把房屋的西面（或左侧面）作为左面，把房屋东面（或右侧面）作为右面。

11.4.2　室内给排水系统图主要反映的内容

给排水平面图与给排水系统图相辅相成，既互相说明又互为补充，反映的内容是一致的。给排水系统图侧重反映下列内容：

- 系统编号：该系统编号与给排水平面图中的编号要一致。
- 管径：在给排水平面图中，水平投影不具有积聚性的管道，可以表示出其管径的变化。而就立管而言，因其投影具有积聚性，故不便于表示出管径的变化，在系统图中要标出管道的管径。

- 标高：这里所说的标高包括建筑标高、给排水管道的标高、卫生设备的标高、管件的标高、管径变化处的标高和管道的埋深等内容。管道埋地深度可以用负标高加上标注。
- 管道及设备与建筑的关系：比如管道穿墙、穿地下室、穿水箱和穿基础设施的位置，卫生设备与管道接口的位置。
- 管道的坡度及坡向：管道的坡度值无特殊要求时可参见说明中的有关规定，若有特殊要求则应在图中用箭头标明。管道的坡向应在系统图中注明。
- 重要管件的位置：在平面图中无法示意的重要管件，如给水管道中的阀门、污水管道中的检查口等，应在系统图中明确标注，以防遗漏。
- 与管道相关的给排水设施的空间位置：如屋顶水箱、室外贮水池、水泵、加压设备和室外阀门井等与给水相关的设施的空间位置，以及室外排水检查井、管道等与排水相关的设施的空间位置等内容。
- 分区供水、分质供水情况：对采用分区供水的建筑物，系统图要反映分区供水区域；对采用分质供水的建筑，应按不同水质，独立绘制各系统的供水系统图。
- 雨水排水系统：雨水排水系统图要反映管道走向、落水口和雨水斗等内容。雨水排至地下以后，若采用有组织排水，还应反映排出管与室外雨水井之间的关系。

11.4.3 给水系统图操作实例

【例 11-5】绘制建筑给水系统图，如图 11-76 所示。

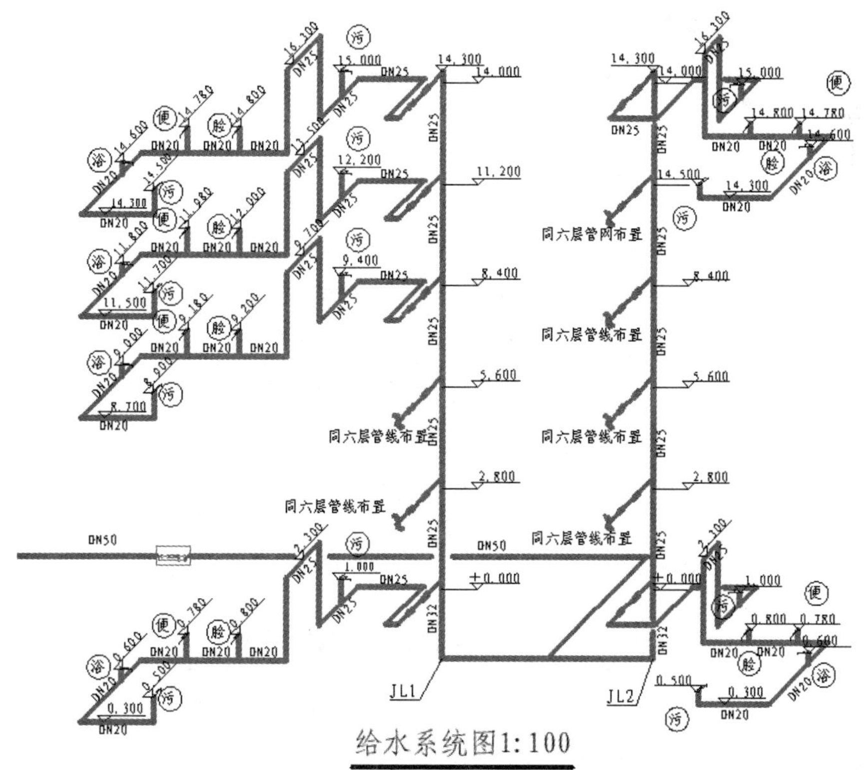

图 11-76　建筑给水系统图

绘制思路：住宅楼给水系统图的特点是对精度要求不高，但对图形的布局要求较高。在本例中，主要体现如何做到图形绘制的美观、整齐。

知识要点：极角捕捉、复制、标注文字、旋转等知识点。

1. 设置图层

单击“默认”选项卡|“图层”面板上的“图层特性”按钮，在弹出的“图层特性管理器”选项板中新建标高、给水管线、龙头、墙体、水表节点、文字标注等图层，具体设置如图 11-77 所示。

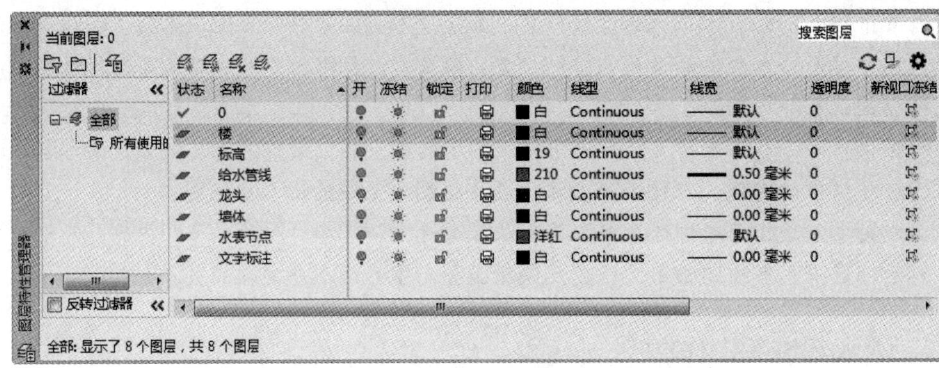

图 11-77　设置图层

2. 绘制给水系统主管道

步骤 01 展开“默认”选项卡|“图层”面板上的“图层”下拉列表，将“给水管线”层设置为当前图层。

步骤 02 右击 AutoCAD 2021 状态栏上的“对象追踪”按钮，在打开的“草图设置”对话框中选择“极轴追踪”选项卡，具体设置如图 11-78 所示。

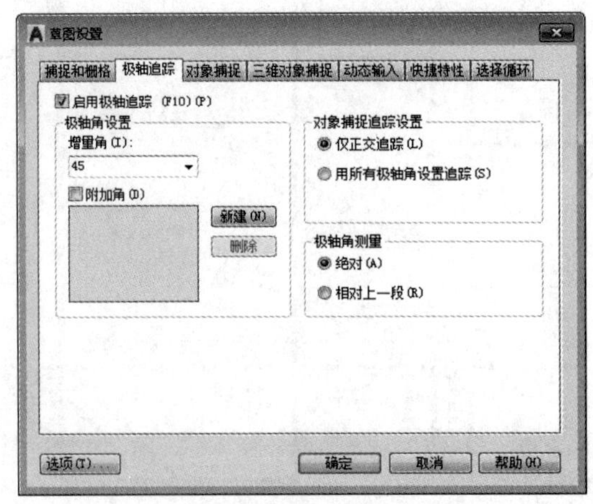

图 11-78　“极轴追踪”选项卡

步骤 03 单击“默认”选项卡|“绘图”面板上的“多段线”按钮，绘制给水系统室外水平主管道，长度为 18000，并插入水表节点，效果如图 11-79 所示。

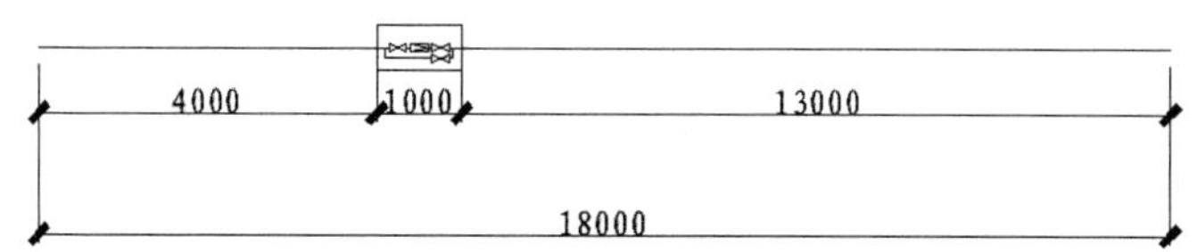

图 11-79　给水系统室外水平主管道

步骤 04 单击“默认”选项卡|“绘图”面板上的“直线”按钮╱，继续绘制室外给水管道，追踪角度为 225°，如图 11-80 所示，输入 4000，效果如图 11-81 所示。

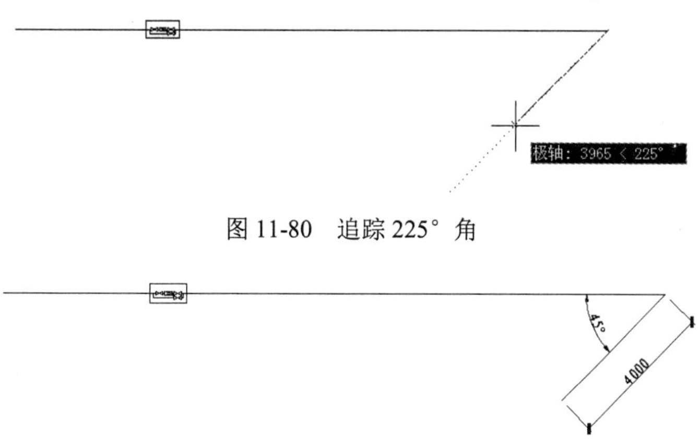

图 11-80　追踪 225°角

图 11-81　室外给水管道

步骤 05 分别按 F3 和 F11 功能键，打开“对象捕捉”和“对象捕捉追踪”功能，然后单击“默认”选项卡|“绘图”面板上的“直线”按钮╱，绘制连接两根给水立管的给水管道，如图 11-82 所示。

步骤 06 重复执行“直线”命令，配合“极轴追踪”或坐标输入功能，绘制编号为 JL1 和 JL2 的给水立管，效果如图 11-83 所示。

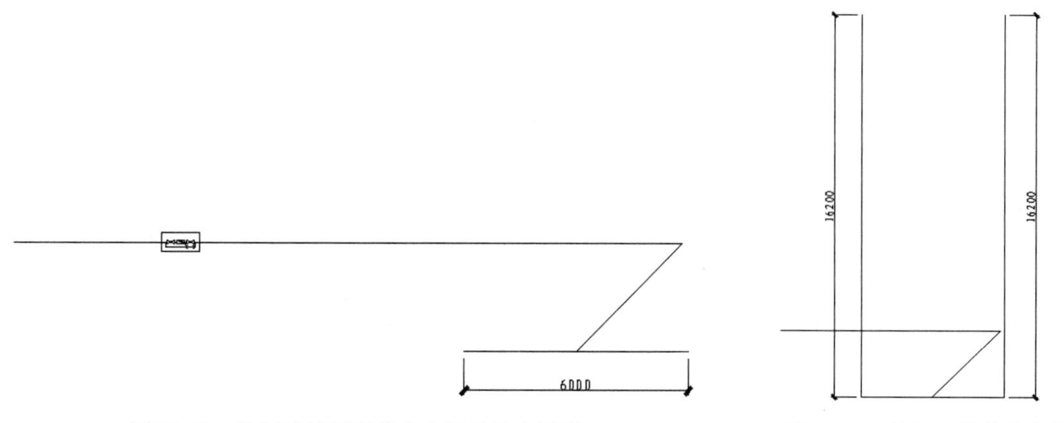

图 11-82　绘制连接两根给水立管的给水管道　　图 11-83　绘制 2 根给水立管

3. 绘制楼层

步骤 01 展开“默认”选项卡|“图层”面板上的“图层”下拉列表，将“楼”层设置为当前图层。

步骤02 单击“默认”选项卡|“绘图”面板上的“直线”按钮╱，绘制长度为 1000 的楼层示意图，并将其多次复制到给水立管上，具体位置如图 11-84 所示。

4. 绘制第 1 根给水立管第 6 层的给水支管

步骤01 展开“默认”选项卡|“图层”面板上的“图层”下拉列表，将“给水管线”层设置为当前图层。

步骤02 单击“默认”选项卡|“绘图”面板上的“直线”按钮╱，配合“极轴追踪”功能，在追踪角度为 90° 和 225° 模式下绘制系统图中的水表和阀门，如图 11-85 所示。

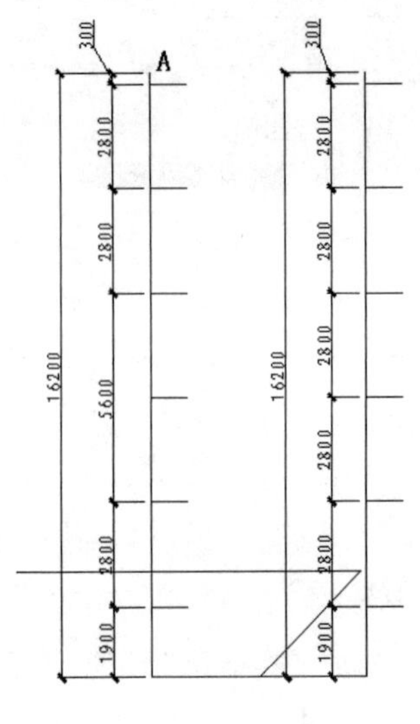

图 11-84　布置楼层

（a）水表图　　（b）阀门图

图 11-85　水表图和阀门图

步骤03 单击“默认”选项卡|“绘图”面板上的“直线”按钮╱，捕捉图 11-84 中的点 A，通过追踪角度 225°、180° 和 45° 来绘制包括水表、阀门在内的部分给水管线，效果如图 11-86 所示。

步骤04 重复执行“直线”命令，使用同样的方法绘制第 6 层其余的给水管线，效果如图 11-87 所示。

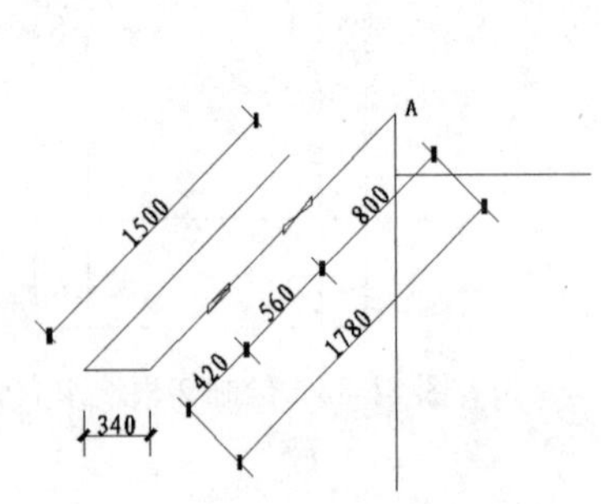

图 11-86　布置系统阀门和水表

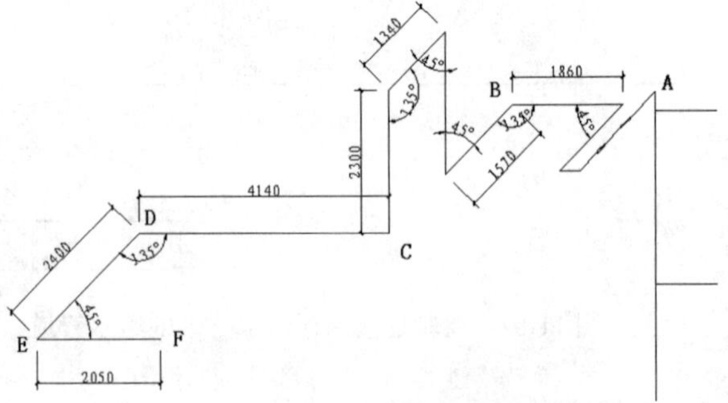

图 11-87　绘制第 6 层其余的给水支管

步骤05 单击“默认”选项卡|“绘图”面板上的“直线”按钮╱，配合“极轴追踪”“对象捕捉追踪”等辅助功能，绘制各安装卫生设备处的给水管线，效果如图 11-88 所示。

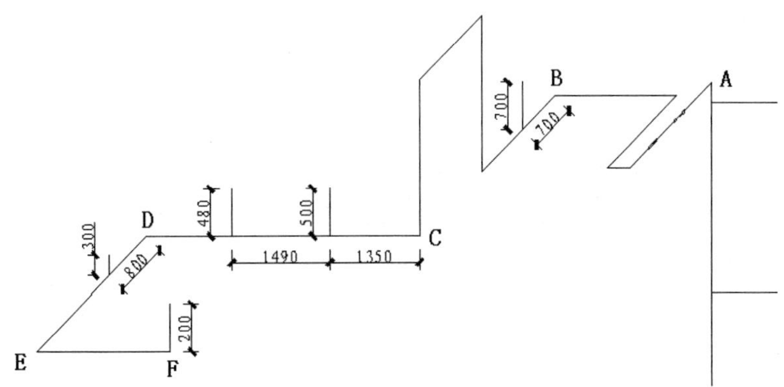

图 11-88　绘制各卫生设备给水管线

5. 绘制给水龙头

步骤01 展开“默认”选项卡|“图层”面板上的“图层”下拉列表，将“龙头”层设置为当前图层。

步骤02 单击“默认”选项卡|“绘图”面板上的“直线”按钮╱，绘制本例中用到的各种水龙头，效果如图 11-89 所示。

步骤03 将绘制的水龙头相应地布置在各个用水设备处，效果如图 11-90 所示。

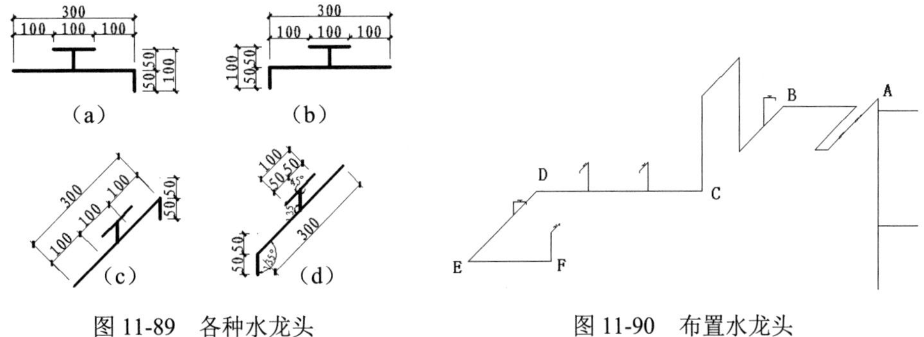

图 11-89　各种水龙头　　　图 11-90　布置水龙头

6. 绘制第 1 层、第 4 层和第 5 层的给水管线

由于每层的给水管线都是相同的，因此可以将上面绘制的第 6 层给水管线复制移动到其他各层，方法如下：

步骤01 单击“默认”选项卡|“修改”面板上的“复制”按钮，选择第 6 层绘制的给水管线，如图 11-91 所示。

步骤02 在命令行“指定基点或 [位移(D)/模式(O)/多个(M)] <位移>: ”提示下捕捉点 A 为基点，如图 11-92 所示。

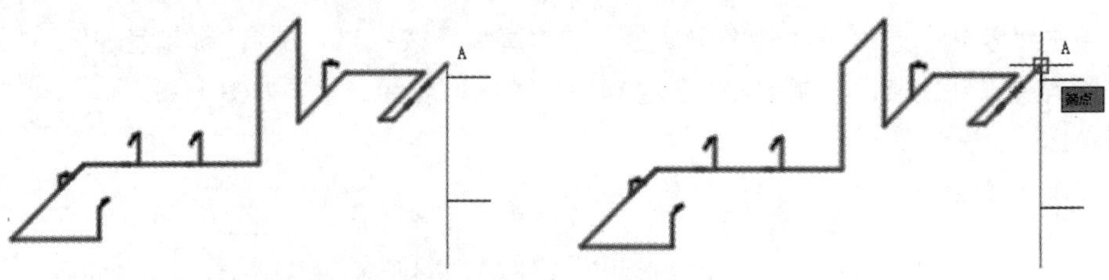

图 11-91　选择第 6 层给水管线　　　　图 11-92　捕捉点 A

步骤 03 在命令行“指定第二个点或 [阵列(A)] <使用第一个点作为位移>:”提示下输入@2800<-90 后按 Enter 键，定义目标点，结果如图 11-93 所示。

步骤 04 在命令行“指定第二个点或 [阵列(A)/退出(E)/放弃(U)] <退出>:”提示下，分别输入@5600<-90 和@14000<-90，输入第二个和第三个目标点，以创建第 4 层和第 1 层的给水管线，结果效果如图 11-94 所示。

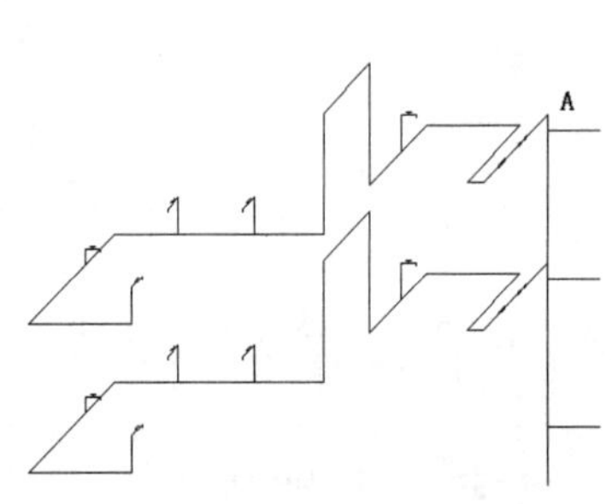

图 11-93　绘制第 5 层给水管线

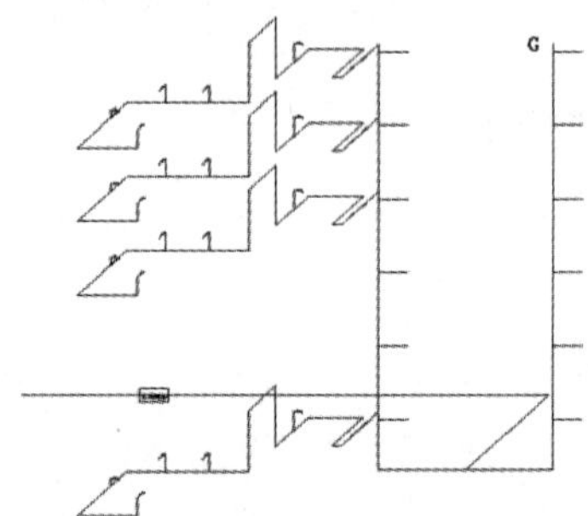

图 11-94　绘制第 4 层和第 1 层的给水管线

7. 绘制第 2 根给水立管的给水管线

步骤 01 使用同样的方法布置第 2 根给水立管在第 6 层的其他给水管线，具体位置如图 11-95~图 11-98 所示。

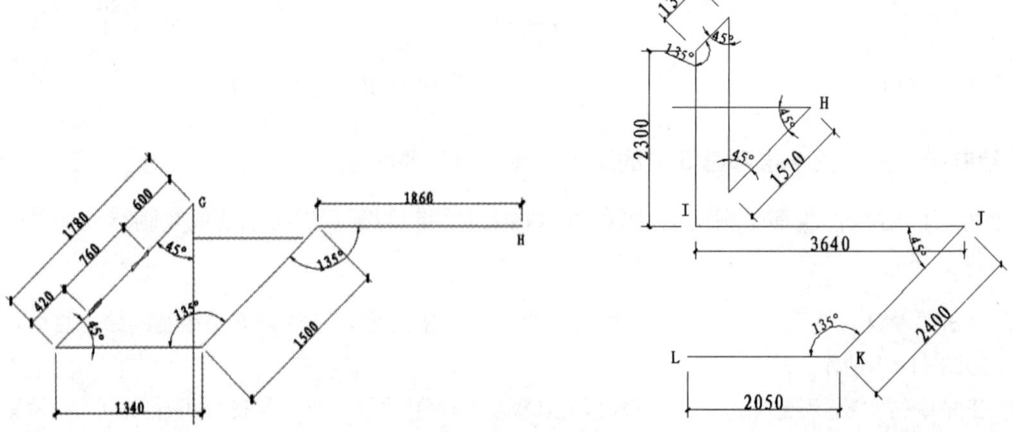

图 11-95　第 2 根给水立管在第 6 层的前半部分给水管线　　图 11-96　第 2 根给水立管在第 6 层的后半部分给水管线

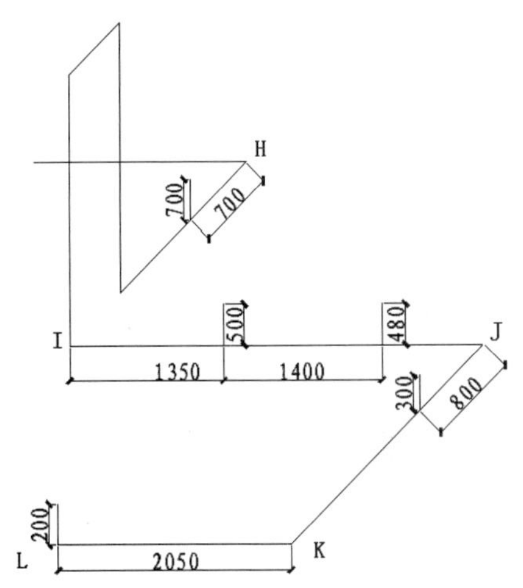

图 11-97　绘制各用水设备处给水管线

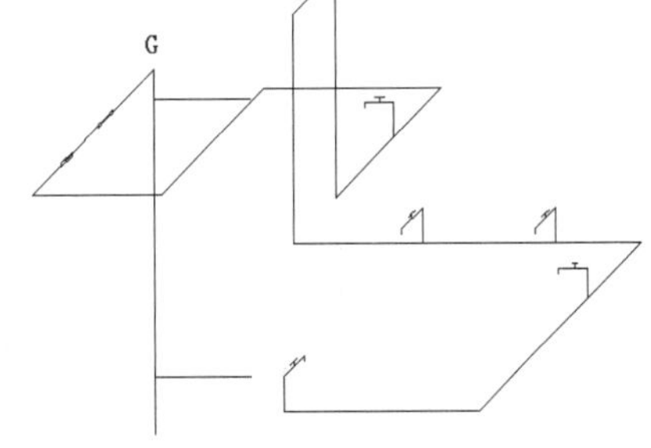

图 11-98　在给水管线上布置水龙头

步骤02 绘制第2根给水立管的底层给水管线，方法与绘制第1根立管的底层给水管线相同，效果如图 11-99 所示。

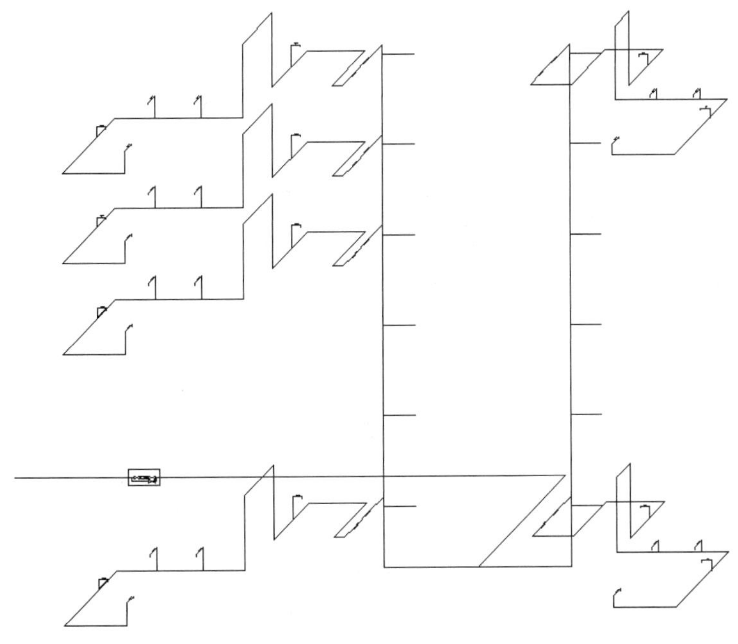

图 11-99　布置第 2 根给水管的底层给水管线

8. 绘制其他楼层的给水管线

第 1 根给水立管在第 2 层和第 3 层的给水管线与上面绘制的相同；第 2 根给水立管在第 2 层~第 5 层的给水管线与第 6 层相同，这里不再一一绘制，需要在图中注明，文字样式为仿宋GB2312，文字高度为 300，宽度因子为 0.7，如图 11-100 所示。

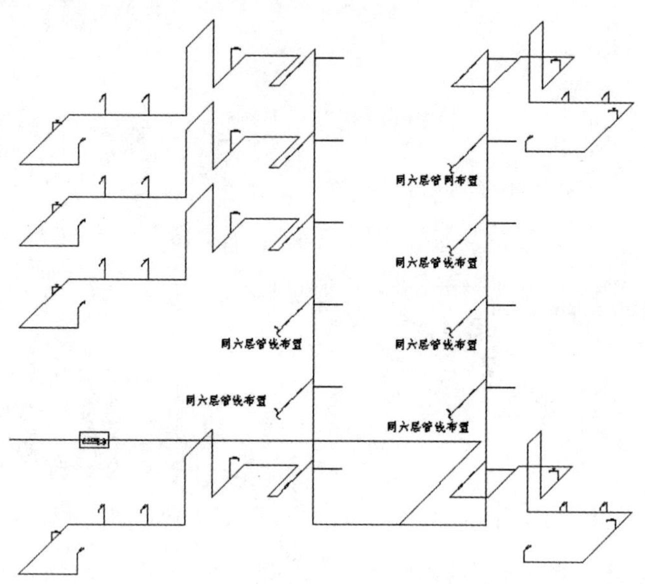

图 11-100　注明相同层管线布置

9. 文字标注

步骤 01 展开“默认”选项卡|“图层”面板上的“图层”下拉列表，将“文字标注”层设置为当前图层。

步骤 02 综合使用“圆”和“多行文字”命令，绘制如图 11-101 所示的给水设备名称，其中圆的半径为 330，文字样式与给水管线相同。

步骤 03 单击“默认”选项卡|“修改”面板上的“复制”按钮，将上面绘制的给水设备名称复制到相应的水龙头处，如图 11-102 所示。

图 11-101　绘制给水设备名称

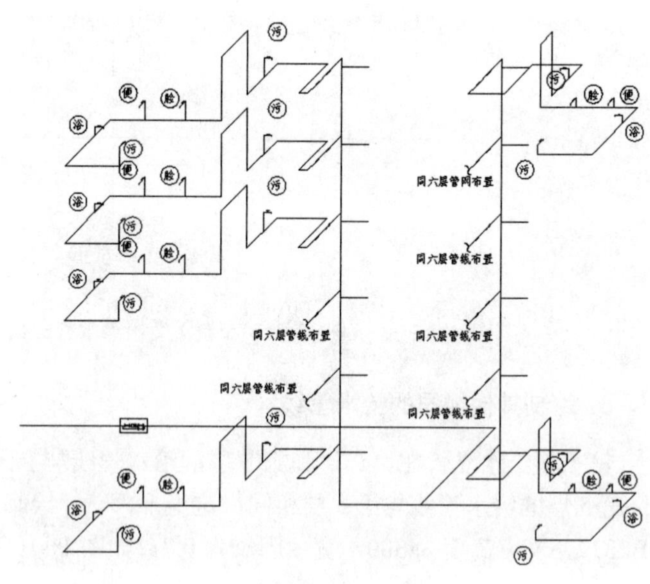

图 11-102　标注各用水设备

步骤04 标注给水管线直径，文字样式与管线布置说明文字样式相同，效果如图 11-103 所示。

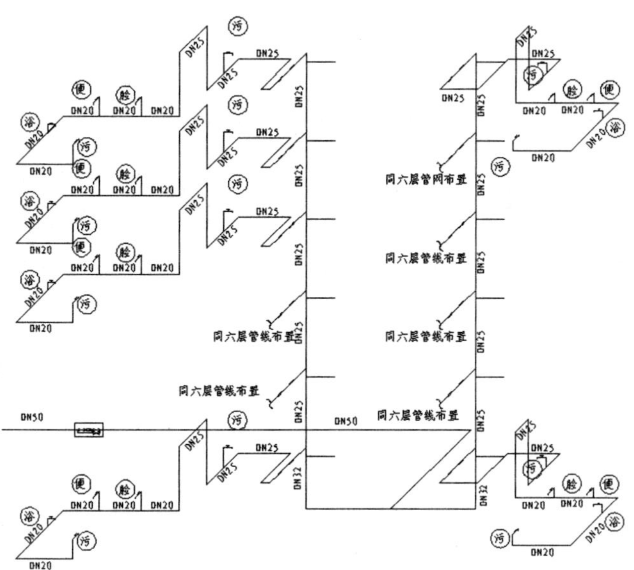

图 11-103　标注给水管线管径

步骤05 单击“默认”选项卡|“注释”面板上的“多重引线”按钮，标注给水立管，效果如图 11-104 所示。

步骤06 综合使用“插入块”“复制”等命令，标注给水管线标高、用水设备给水点标高和楼层标高，效果如图 11-105 所示。

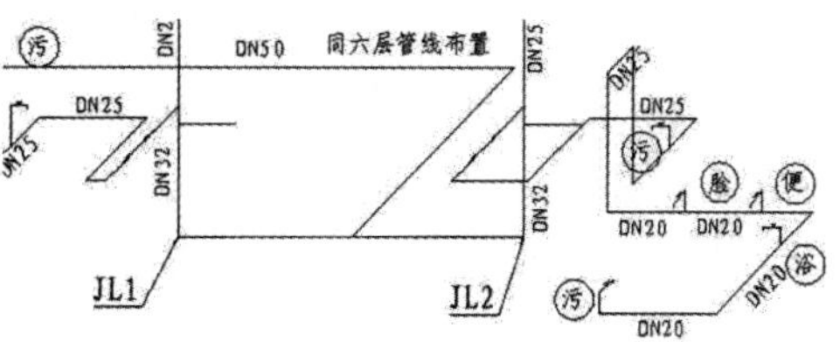

图 11-104　标注给水立管

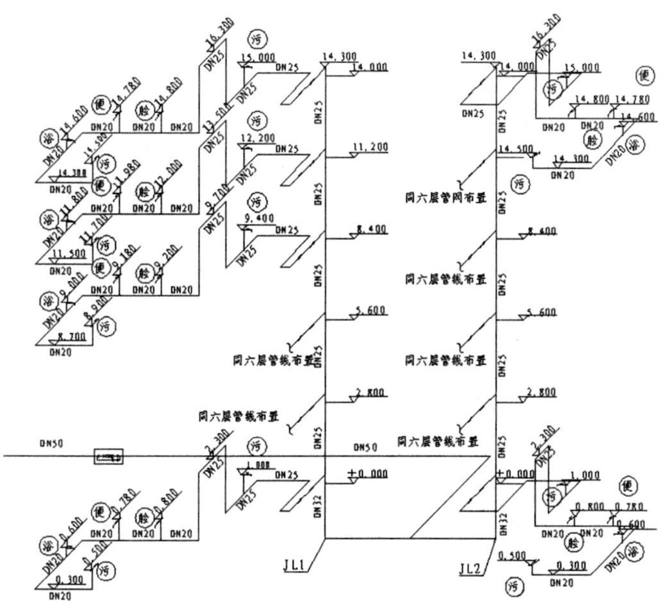

图 11-105　标注标高

步骤 07 单击状态栏上的☰按钮，打开“线宽”的显示功能，然后单击“默认”选项卡|“修改”面板上的“打断”按钮，打断被遮住的管线，如图 11-106 所示。

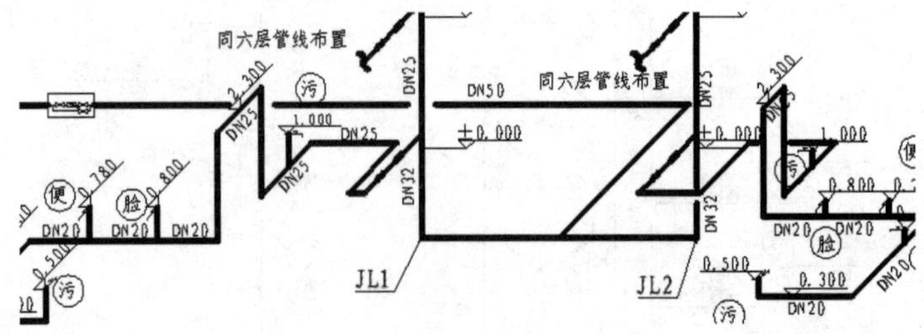

图 11-106　打断被遮住的管线

10. 绘制图题

图题文字样式为仿宋 GB2312，文字高度为 600，宽度因子为 0.7，如图 11-107 所示。将绘制的图题移动到系统图的正下方，单击状态栏上的“线宽”按钮，效果如图 11-76 所示。

给水系统图1: 100

图 11-107　图题

11.4.4　排水系统图操作实例

【例 11-6】绘制排水系统图，如图 11-108 所示。

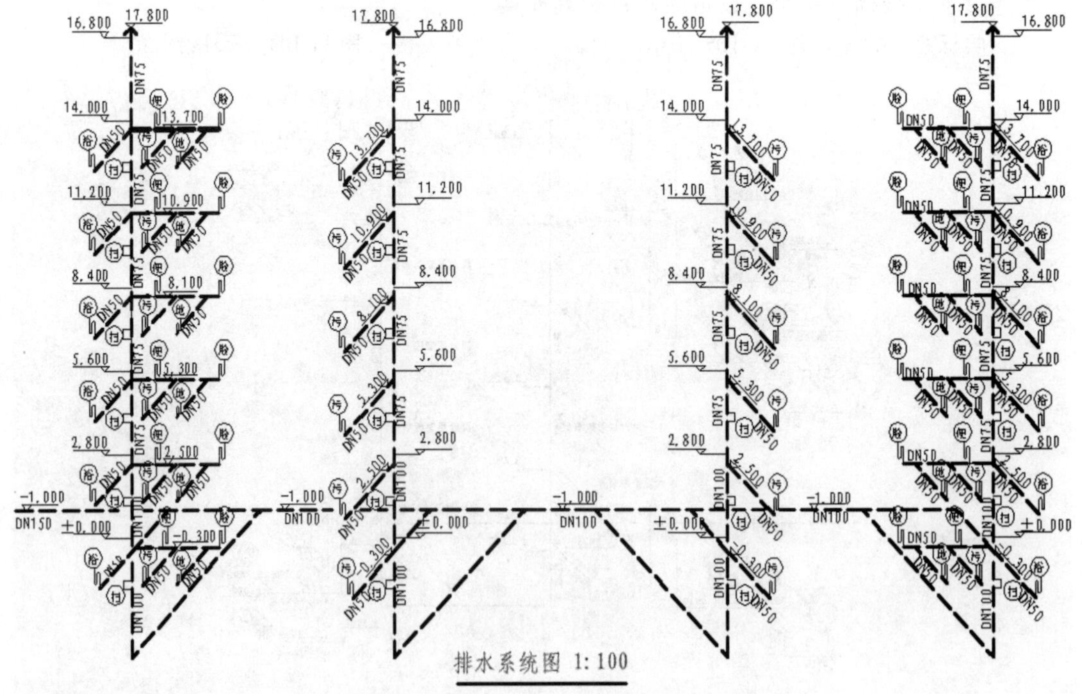

图 11-108　建筑排水系统图

1. 设置图层

单击“默认”选项卡|“图层”面板上的“图层特性”按钮，打开“图层特性管理器”选项板，新建标注、排污图例、排水管线、楼层等图层，具体设置如图 11-109 所示。

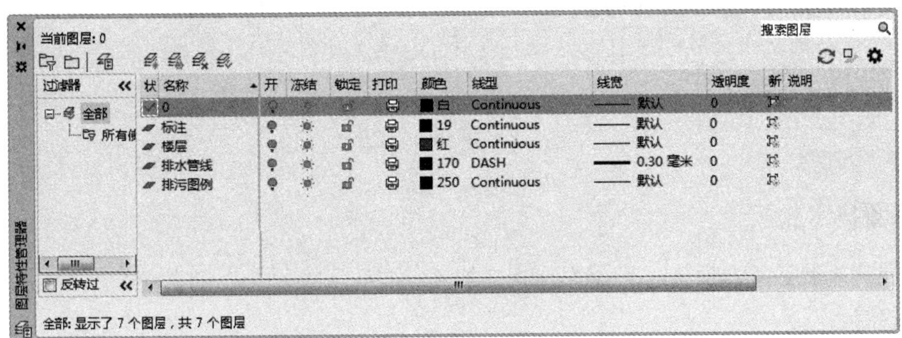

图 11-109 “图层特性管理器”选项板

2. 设置极轴追踪

方法同给水系统，启用极轴追踪，增量角为 45°。

3. 绘制排污图例

步骤 01 展开“默认”选项卡|“图层”面板上的“图层”下拉列表，将“排污图例”层设置为当前层。

步骤 02 综合使用“多段线”“圆”和“单行文字”命令绘制排水图例，文字样式为仿宋 GB2312，文字高度为 300，宽度因子为 0.7，效果如图 11-110 和图 11-111 所示。

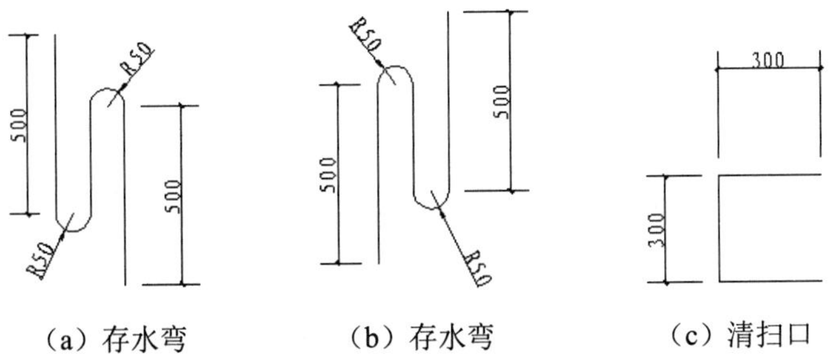

(a) 存水弯 (b) 存水弯 (c) 清扫口

图 11-110 两种不同类型的存水弯和清扫口

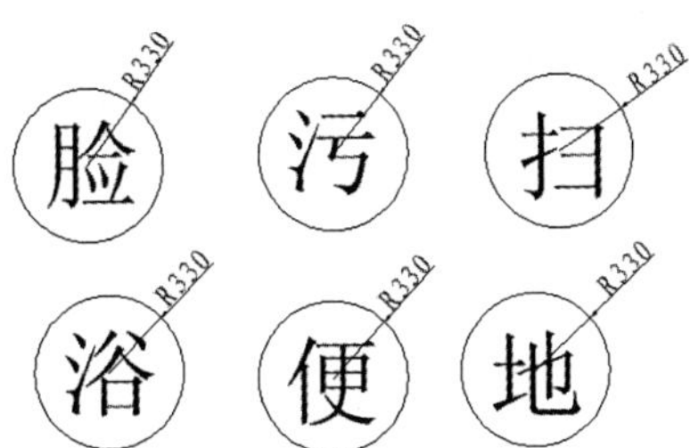

图 11-111 各种排水设备标注示意图

步骤03 单击“默认”选项卡|“修改”面板上的“移动”按钮，将图 11-111 所示的存水弯和标注示意图进行组合，得到本例中需要的排水设备图例，如图 11-112 所示。

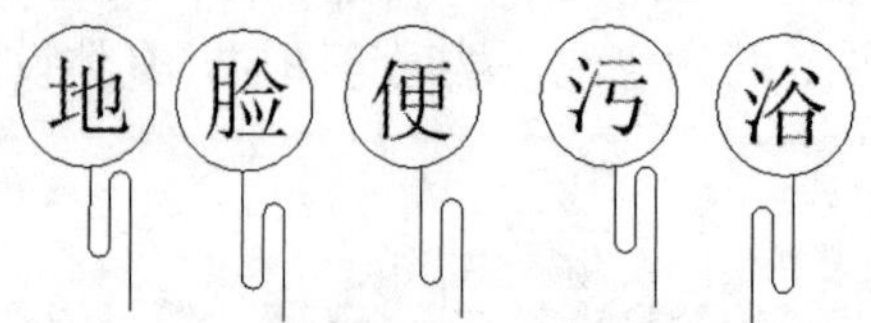

图 11-112 排水图例

4. 布置排水立管

步骤01 展开“默认”选项卡|“图层”面板上的“图层”下拉列表，将“排水管线”层设置为当前层。

步骤02 单击“默认”选项卡|“绘图”面板上的“直线”按钮，配合“极轴追踪”和“对象捕捉追踪”功能绘制倾斜角度为-135° 室外排水管线，并将其复制到其他位置上，效果如图 11-113 所示。

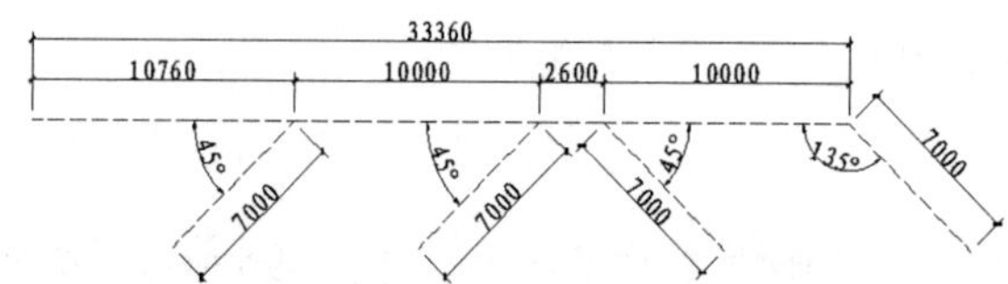

图 11-113 布置室外排水管线

步骤03 单击“默认”选项卡|“绘图”面板上的“直线”按钮，绘制高度为 21100 的垂直，并单击“默认”选项卡|“修改”面板上的“复制”按钮，将垂直排水立管复制到其他位置上，效果如图 11-114 所示。

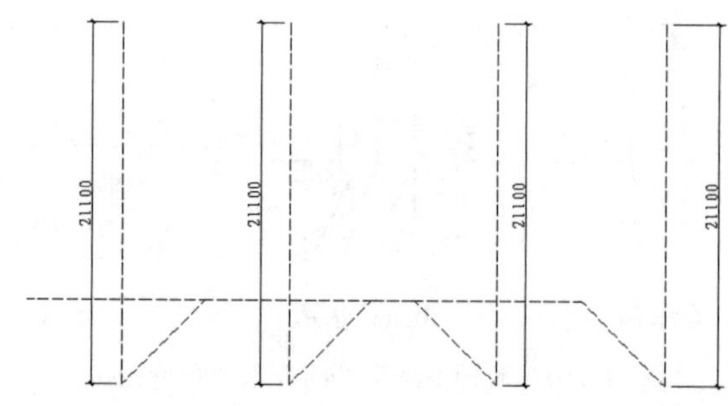

图 11-114 布置排水立管

5. 布置楼层

步骤01 展开“默认”选项卡|“图层”面板上的“图层”下拉列表，将“楼层”层设置为当前层。

步骤02 单击“默认”选项卡|“绘图”面板上的“直线”按钮，配合“矩形阵列”和“复制”命令，绘制一长度为 1000 的水平直线作为楼层示意图，并将其移动到排水立管上，具体位置如图 11-115 所示。

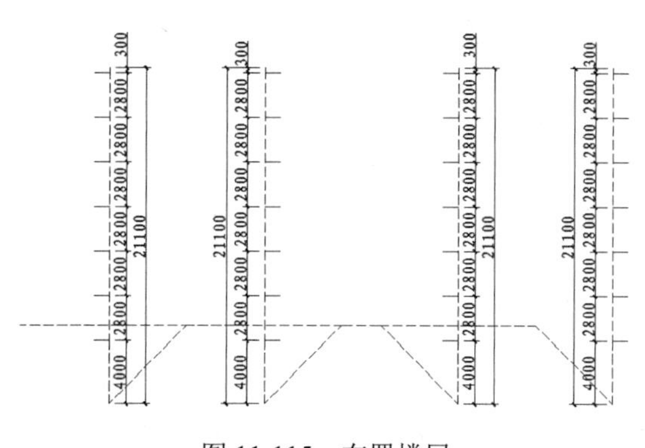

图 11-115　布置楼层

6. 绘制第 6 层的排水管道

根据建筑给排水专业知识，将第 6 层的排水管道布置在第 5 层房顶。

步骤 01 展开“默认”选项卡|“图层”面板上的“图层”下拉列表，将“排水管线”设置为当前层。

步骤 02 单击“默认”选项卡|“绘图”面板上的“直线”按钮，配合“极轴追踪”功能绘制排水管线，如图 11-116~图 11-119 所示。

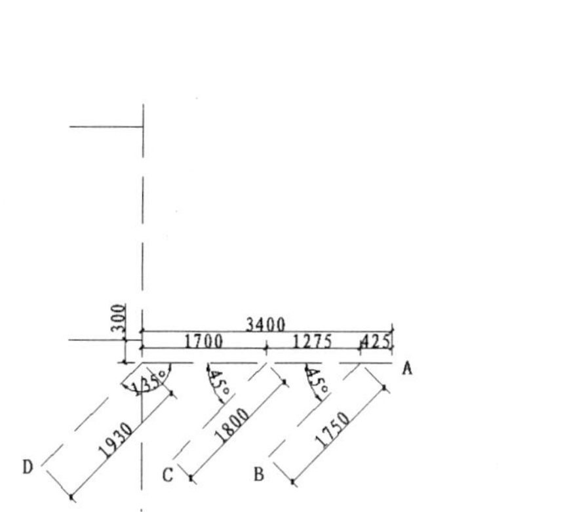

图 11-116　PL1 排水立管在第 6 层的排水管道布置

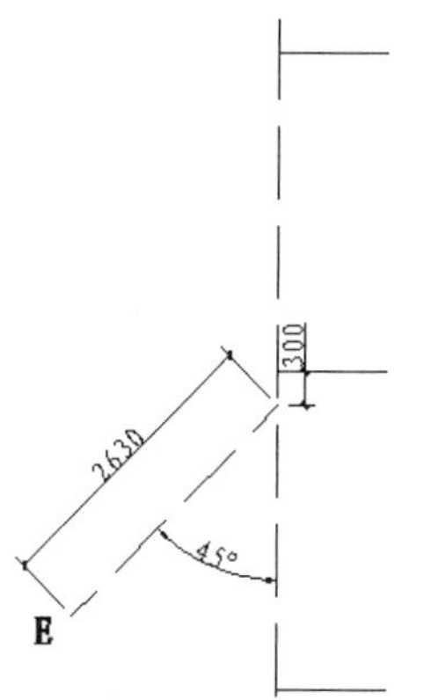

图 11-117　PL2 排水立管在第 6 层的排水管道布置

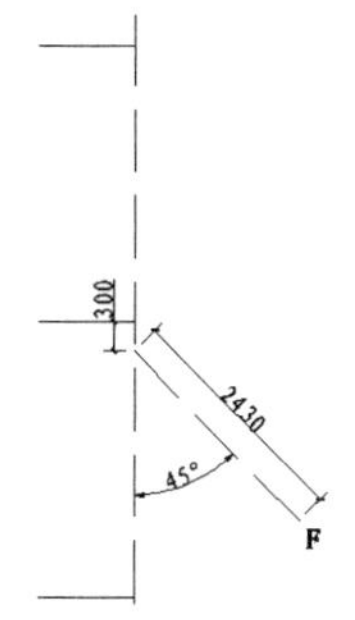

图 11-118　PL3 排水立管在第 6 层的排水管道布置

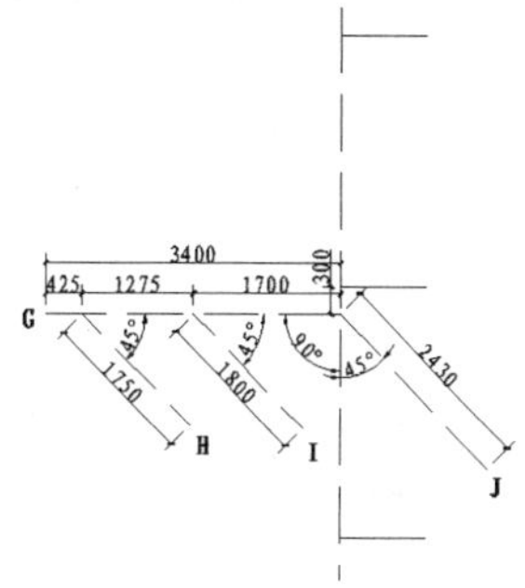

图 11-119　PL4 排水立管在第 6 层的排水管道布置

步骤 03 将步骤（2）绘制的排水图例定义为图块，然后单击“默认”选项卡|“块”面板上的“插入块”按钮，插入到第 6 层排水管道中，效果如图 11-120~图 11-123 所示。

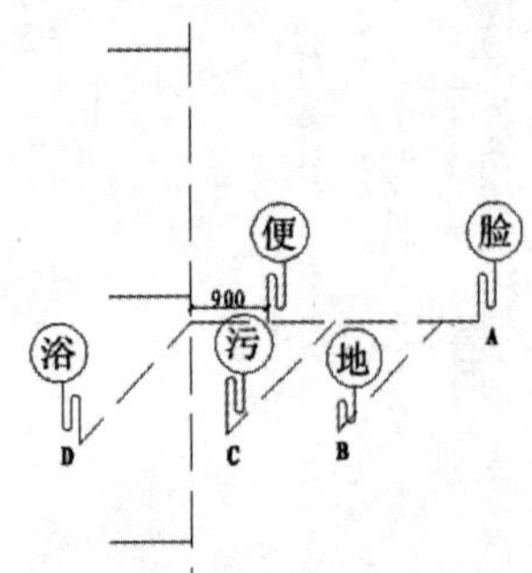

图 11-120　将图例插入 PL1 排水立管在第 6 层的排水管道中

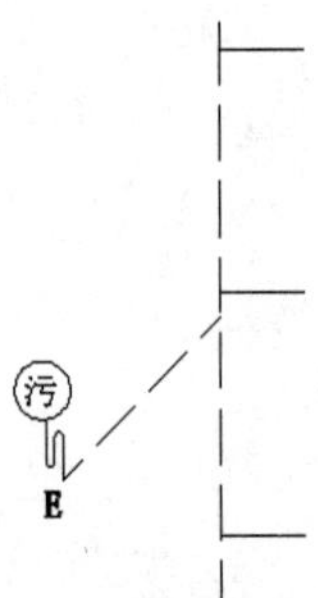

图 11-121　将图例插入 PL2 排水立管在第 6 层的排水管道中

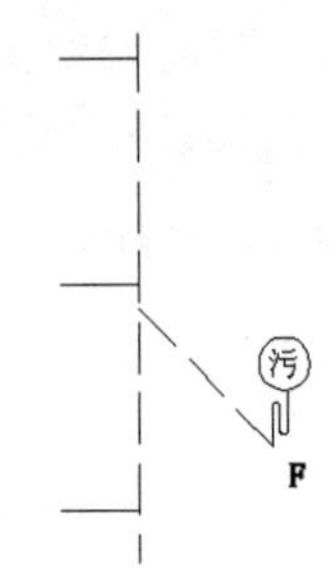

图 11-122　将图例插入 PL3 排水立管在第 6 层的排水管道中

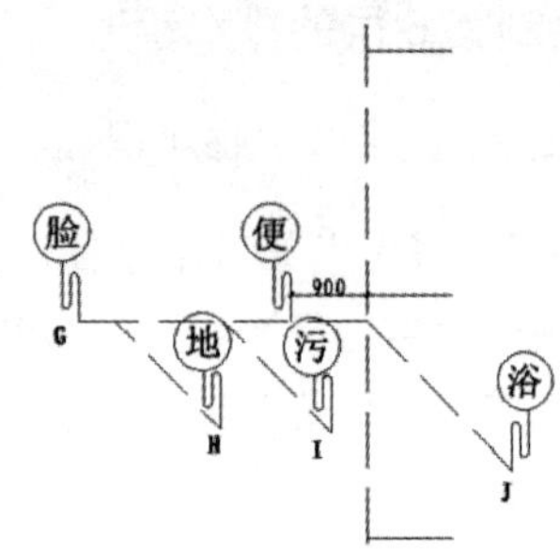

图 11-123　将图例插入 PL4 排水立管在第 6 层的排水管道中

7. 绘制其他各层的排水管道

其他各层的排水管道布置与其对应的第 6 层管道布置相同，可以复制到其他各层。现以第 1 根立管为例绘制其在各层的排水管线。

步骤 01　单击“默认”选项卡|“修改”面板上的“复制”按钮，选择第 1 根立管在第 6 层的排水管线，如图 11-124 所示。

步骤 02　根据命令行的提示捕捉任一点作为基点，然后在命令行输入@2800<-90 作为目标点，将其垂直向下复制 2800 个单位，结果如图 11-125 所示。

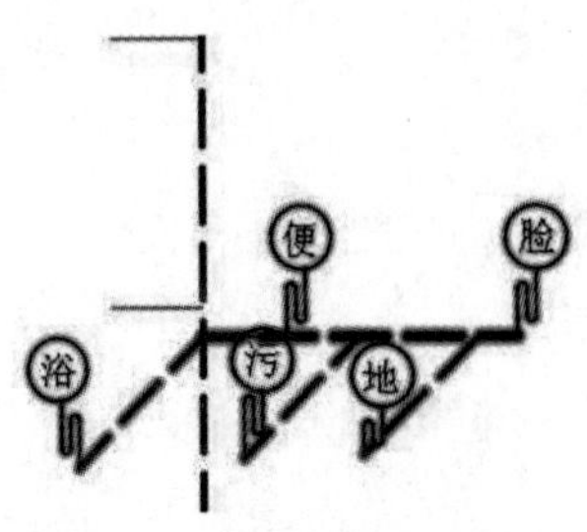

图 11-124　选择排水管线

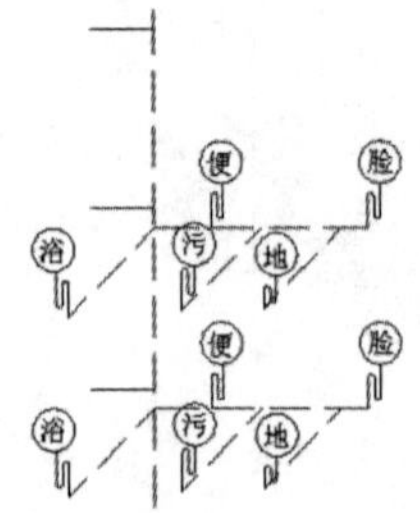

图 11-125　绘制第 5 层的排水管道

步骤 03　继续在命令行“指定第二个点或 [阵列(A)/退出(E)/放弃(U)] <退出>:”提示下，分别输入其他目标点的相对坐标，将第 6 层的排水管道依次向下移动 5600、8400、11200、

14000，效果如图 11-126 所示。

步骤04 多次使用“复制”命令，配合“极轴追踪”和“对象捕捉追踪”功能，分别创建其他立管的排水管线，如图 11-127 和图 11-128 所示。

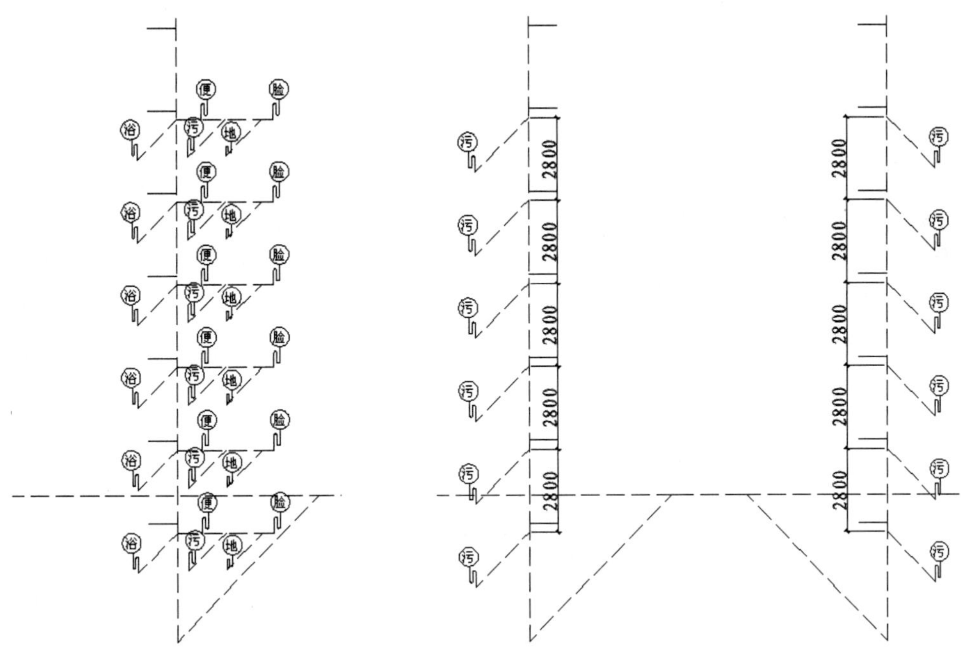

图 11-126 布置第 1 根排水立管的排水管线　　图 11-127 第 2 根和第 3 根排水立管各层管线布置

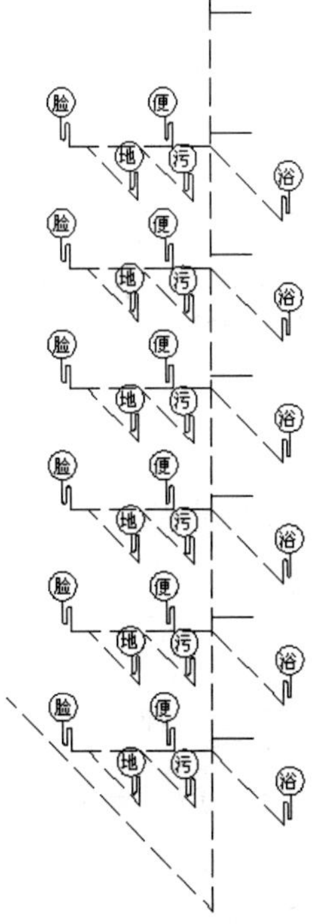

图 11-128 第 4 根排水立管各层管线布置

8. 标注排水系统的标高和管径

步骤01 展开“默认”选项卡|“图层”面板上的“图层”下拉列表，将“标注”层设置为当前层。

步骤02 标注排水管线的高程和管径，效果如图 11-129 所示。

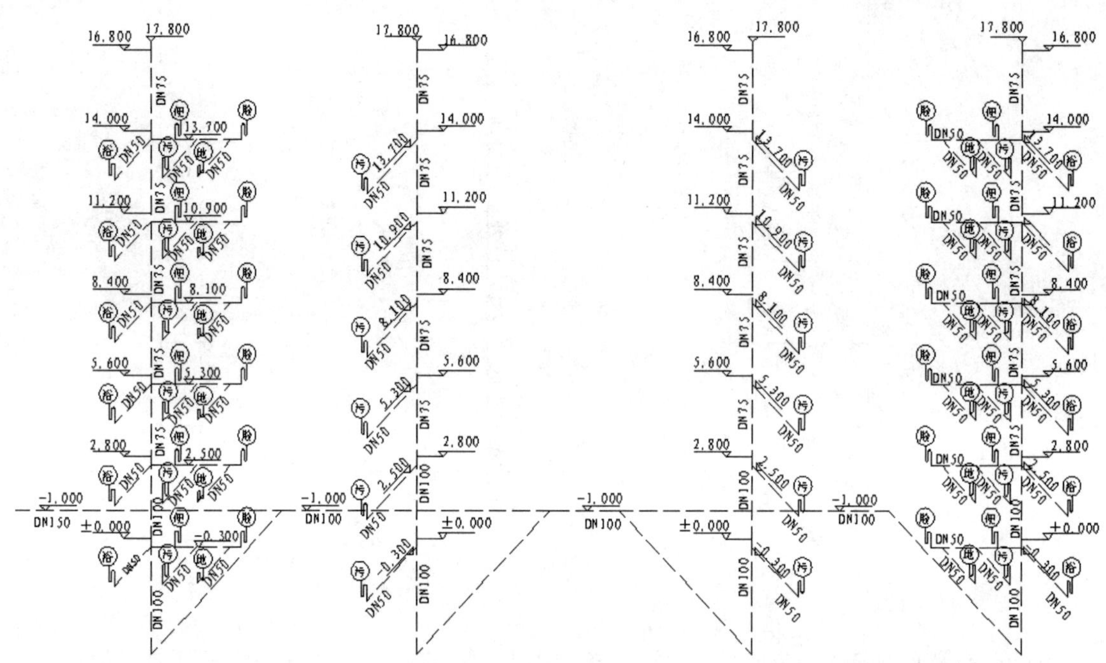

图 11-129　标注标高和管径

9. 绘制伸顶通气帽和打断被遮住的排水管线

步骤01 展开“默认”选项卡|“图层”面板上的“图层”下拉列表，将“排水管线”层设置为当前层。

步骤02 单击“默认”选项卡|“绘图”面板上的“多段线”按钮，将极轴角设置为 45°，配合“极轴追踪”功能分别绘制角度为 225°和 315°的两条倾斜线段，作为伸顶通气帽，效果如图 11-130 所示。

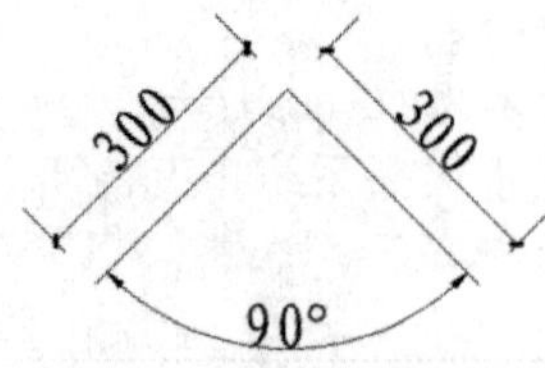

图 11-130　伸顶通气帽

步骤03 单击“默认”选项卡|“修改”面板上的“复制”按钮，将伸顶通气帽复制到每个排水立管顶部。

步骤04 单击“默认”选项卡|“修改”面板上的“打断”按钮，将遮住的排水管线打断，效果如图 11-131 所示。

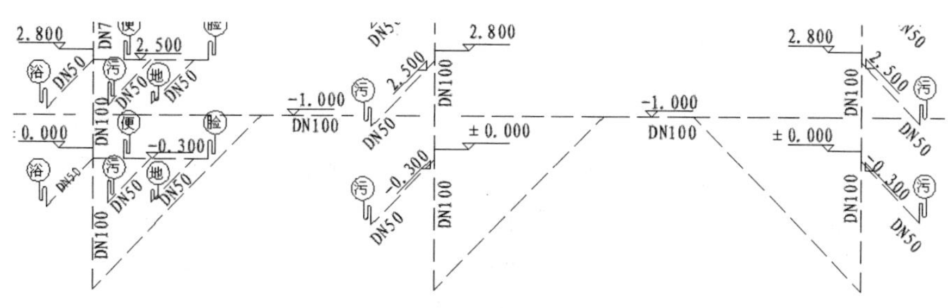

图 11-131　打断被遮住的管线

10. 绘制图题

绘制图题，文字样式为仿宋 GB2321，文字高度为 600，宽度因子为 0.7，如图 11-132 所示。将绘制的图题移动到排水系统图正下方，单击状态栏上的“线宽”按钮，效果如图 11-108 所示。

排水系统图 1:100

图 11-132　图题

11.5　室内自动喷水灭火系统

建筑的安全防火是建筑安全性的一个重要组成部分。必须认真贯彻“以防为主，以消为辅”的原则。在认真做好日常防火的同时，做到建筑物一旦发生火灾，能及时扑救、减少损失、保障生命及财产的安全，这是十分重要的。由于火灾发生时燃烧的物质不同，所以室内灭火材料及方式也不同。室内消防设施目前采用灭火器、消防给水等形式，对于建筑物内一般的灭火，消防给水扑救是最经济、最有效的方法。

室内消防给水系统可以分为消火栓系统、自动喷水灭火系统和水幕消防系统 3 类。本章只介绍自动喷水灭火系统。

11.5.1　自动喷水灭火系统概述

自动喷水灭火系统是一种在发生火灾时，能自动打开喷头喷水灭火并同时发出火警信号的消防灭火设施。据资料统计，自动喷水灭火系统扑灭初期火灾的效率在 97%以上，因此在国外一些国家的公共建筑都要求设置自动喷水灭火系统。

自动喷水灭火系统根据组成构件、工作原理及用途可以分为若干种形式。从工作原理上划分，目前应用的系统主要有湿式系统、干式系统、预作用系统、雨淋系统、水幕系统和水喷雾系统。

1. 湿式自动喷水灭火系统

湿式自动喷水灭火系统适用于室内环境温度不低于 4℃且不高于 70℃的建筑物和构筑物，主要由闭式喷头、管路系统、报警装置、湿式报警阀及供水系统组成。由于在喷水管网中有充满压力的水，故称为湿式自动喷水灭火系统。

2. 干式喷水灭火系统

干式自动喷水灭火系统适用于温度低于 4℃或高于 70℃的建筑物和构筑物，主要由闭式喷头、管路系统、报警装置、干式报警阀及供水系统组成。由于在报警阀上部管路中充以有压气体（空气或氮气），故称为干式自动喷水灭火系统。当建筑物发生火灾，火点温度达到开启闭式喷头时，喷头按开启、排气、充水、灭火的顺序进行工作。该系统灭火时，需先排除管网中的空气，故喷头出水不如湿式系统及时。但管网中平时不充水，对建筑装饰无影响，对环境温度也无要求，适用于采暖期长且建筑物内无采暖的场所。为减少排气时间，一般要求管网的容积不大于 3000L。

3. 预作用喷水灭火系统

不允许有水渍损失的建筑物、构筑物中宜采用预作用喷水系统。预作用喷水灭火系统主要由火灾探测系统、闭式喷头、预作用阀、报警装置及供水系统组成。预作用喷水灭火系统将火灾自动探测控制技术和自动喷水灭火技术相结合，兼容了湿式系统和干式系统的特点。系统平时处于干式状态，当发生火灾时，能对火灾进行初期报警，同时迅速向管网内充水，使系统成为湿式状态，进而喷水灭火。这种系统的转变过程包括预备动作，故称为预作用灭火系统。

4. 雨淋喷水灭火系统

雨淋喷水灭火系统是由开式喷头（用于开式空管系统）、闭式喷头（用于闭式充水系统）、雨淋阀、火灾探测器、报警控制系统及供水系统组成。对于一般火灾危险场所场地，当开式空管自动喷水灭火系统工作时，全部开式喷头会同时喷水，瞬间喷出大量的水覆盖或阻隔整个火区，实现像降雨一样控制和扑灭火灾的效果。

5. 消防水幕系统

水幕系统的系统工作原理与雨淋系统基本相同，只是雨淋系统中使用开式喷头，将水喷洒成锥体状扩散射流，而水幕系统中使用开式水幕喷头，将水喷洒成水帘幕状。因此，它不能直接用来扑灭火灾，而是与防火卷帘、防火幕配合使用，对它们进行冷却和提高它们的耐火性能，阻止火势扩大和蔓延。消防水幕系统也可单独使用，用来保护建筑物的门、窗、洞口或在大空间造成防火水帘，起到防火分隔的作用。

6. 自动喷水——泡沫联用灭火系统

自动喷水——泡沫联用灭火系统是在普通湿式自动喷水灭火系统中并联了一个钢制带橡胶囊的泡沫罐，橡胶囊内装亲水泡沫浓缩液，在系统中配上控制阀和比例混合器就成了自动喷水——泡沫联用灭火系统。

11.5.2 自动喷水灭火系统平面图操作实例

【例 11-7】绘制如图 11-133 所示的自动喷水灭火系统平面图，绘图比例 1:100。

绘制思路：本例绘制与【例 11-1】中同一建筑物的自动喷水灭火系统平面图，因此可以采用【例 11-1】绘制建筑物平面图，然后在此基础上绘制自动喷水灭火系统平面图。

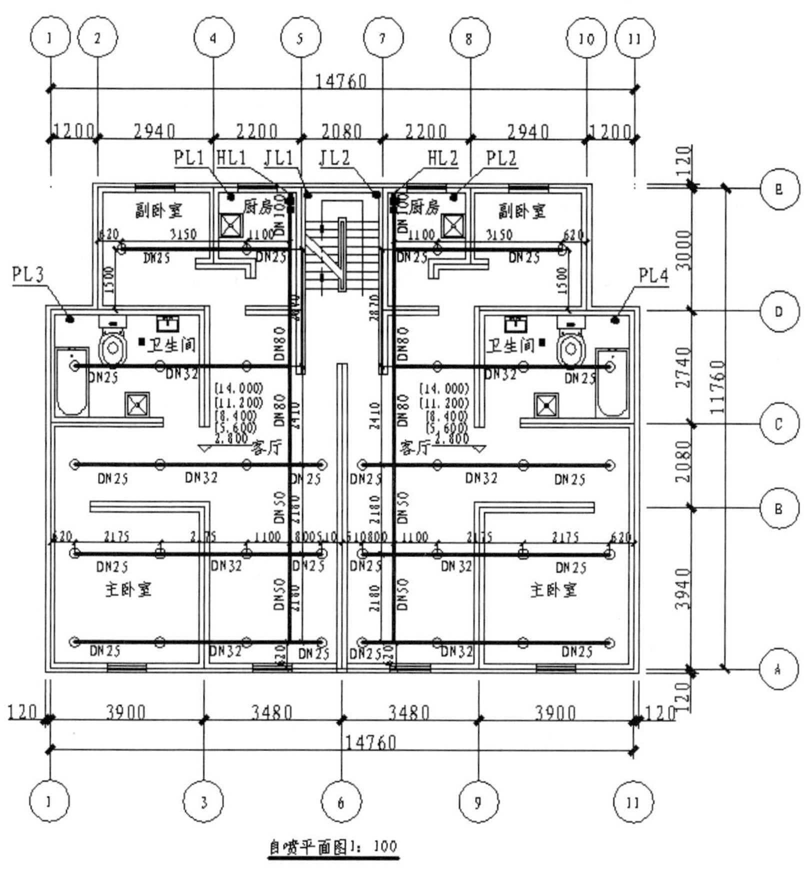

图 11-133　自动喷水灭火平面图

1. 设置图层

打开“图层特性管理器”选项板，新建墙体、轴线、给水管线、排水管线、标注、自喷管线、喷头、阀门和水表等图层，如图 11-134 所示。

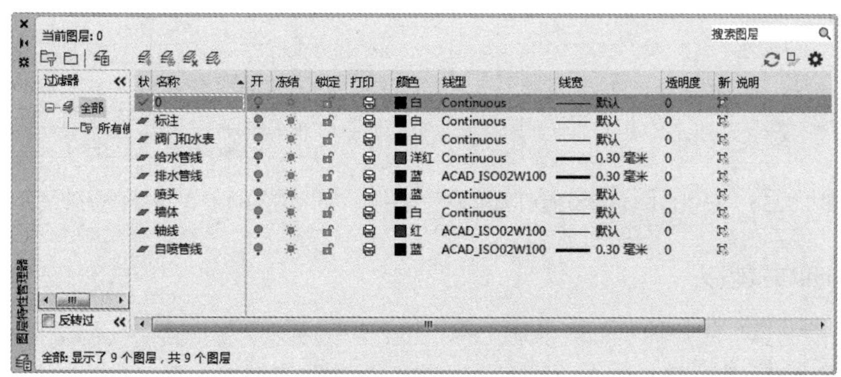

当前图层：0

状	名称	开	冻结	锁定	打印	颜色	线型	线宽	透明度	新	说明
✓	0					白	Continuous	默认	0		
	标注					白	Continuous	默认	0		
	阀门和水表					白	Continuous	默认	0		
	给水管线					洋红	Continuous	0.30 毫米	0		
	排水管线					蓝	ACAD_ISO02W100	0.30 毫米	0		
	喷头					蓝	Continuous	默认	0		
	墙体					白	Continuous	默认	0		
	轴线					红	ACAD_ISO02W100	默认	0		
	自喷管线					蓝	ACAD_ISO02W100	0.30 毫米	0		

图 11-134　设置图层

2. 绘制阀门和水表

步骤01 展开“默认”选项卡|“图层”面板上的“图层”下拉列表，将“阀门和水表”层设置为当前图层。

步骤02 选择“直线”命令、“偏移”命令、“圆心和半径”命令、“单行文字”命令，绘制阀门和水表，效果如图 11-135 所示。其中文字样式为 txt.shx，文字高度为 50，宽度因子为 0.7。

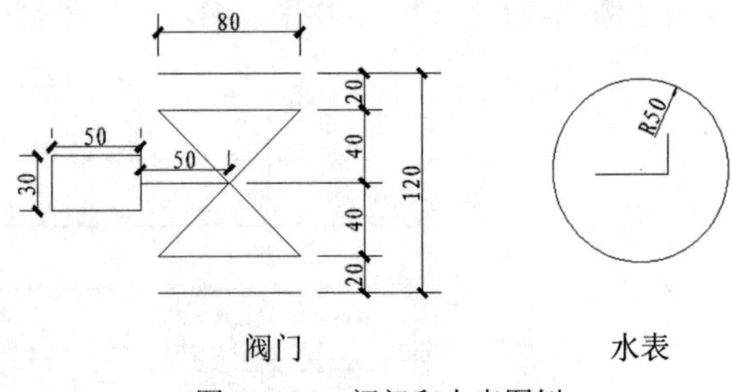

图 11-135　阀门和水表图例

3. 复制给排水平面图

复制【例 11-1】绘制的标准层给排水平面图，将给水管线和排水管线删除，但要保留给水立管的排水立管。

4. 布置自动喷水管线

步骤01 展开“默认”选项卡|“图层”面板上的“图层”下拉列表，将“自喷管线”层设置为当前图层。

步骤02 选择“圆心和半径”命令绘制自喷立管，半径为 25，并将其与前面绘制的阀门和水表图例布置在平面图中，效果如图 11-136 所示。

步骤03 单击“默认”选项卡|“绘图”面板上的“直线”按钮，布置自喷管线，效果如图 11-137 所示。

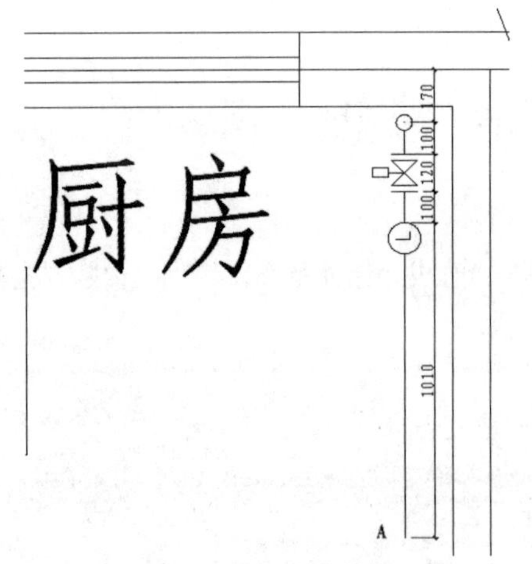

图 11-136　布置自喷立管、阀门和水表

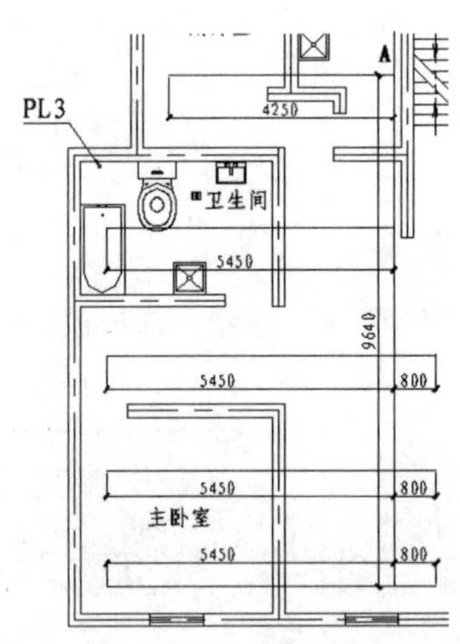

图 11-137　布置自喷管线

5. 绘制和布置喷头

步骤01 展开“默认”选项卡|“图层”面板上的“图层”下拉列表，将“喷头”层设置为当前图层。

步骤02 选择“圆心和半径”命令绘制喷头，半径为 125，并将其布置到自喷管线上，效果如图 11-138 所示。

步骤03 将上面绘制的自喷管线和喷头镜像，如图 11-139 所示。镜像轴线为墙体图中正中间的墙体轴线。

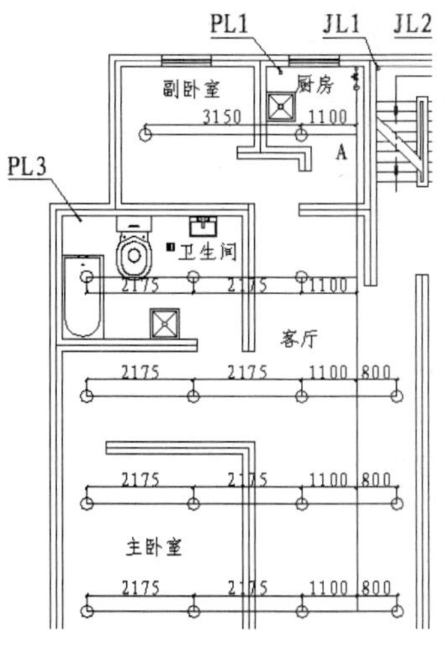

图 11-138 布置喷头

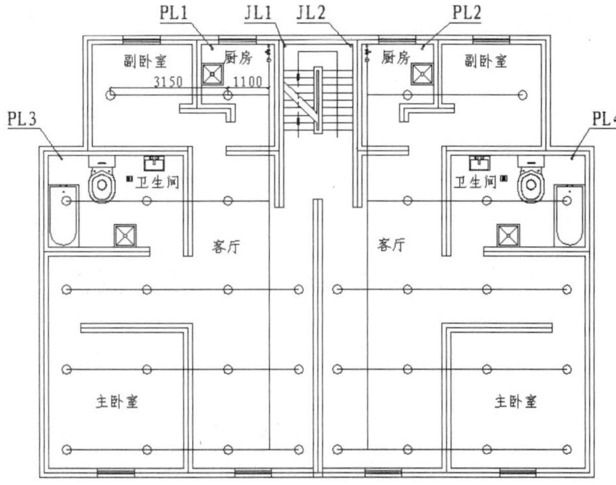

图 11-139 绘制另一半自喷管线和喷头

6. 文字标注

步骤01 展开“默认”选项卡|“图层”面板上的“图层”下拉列表，将“标注”层设置为当前图层。

步骤02 综合使用“线性”“连续”命令，分别标注自喷立管、自喷管线管径、喷头位置及其与墙的距离，效果如图 11-140 所示。

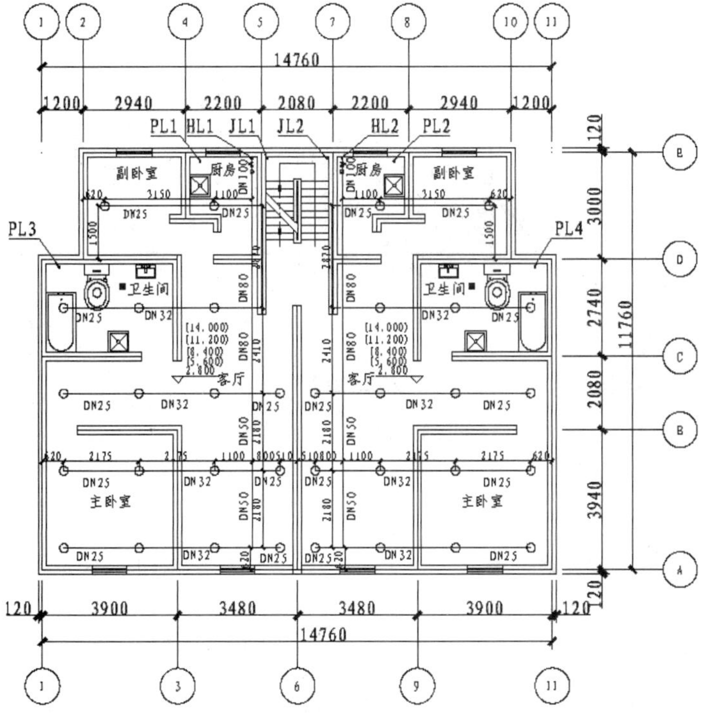

图 11-140 进行标注

7. 绘制图题

绘制图题，文字样式为仿宋 GB2321，文字高度为 300，宽度因子为 0.7，如图 11-141 所示。将绘制的图题移动到平面图正下方，单击状态栏上的“线宽”按钮，效果如图 11-133 所示。

自喷平面图1：100

图 11-141　图题

11.5.3　自动喷水灭火系统系统图操作实例

【例 11-8】绘制与【例 11-7】所绘制平面图相对应的自喷系统图，如图 11-142 所示。

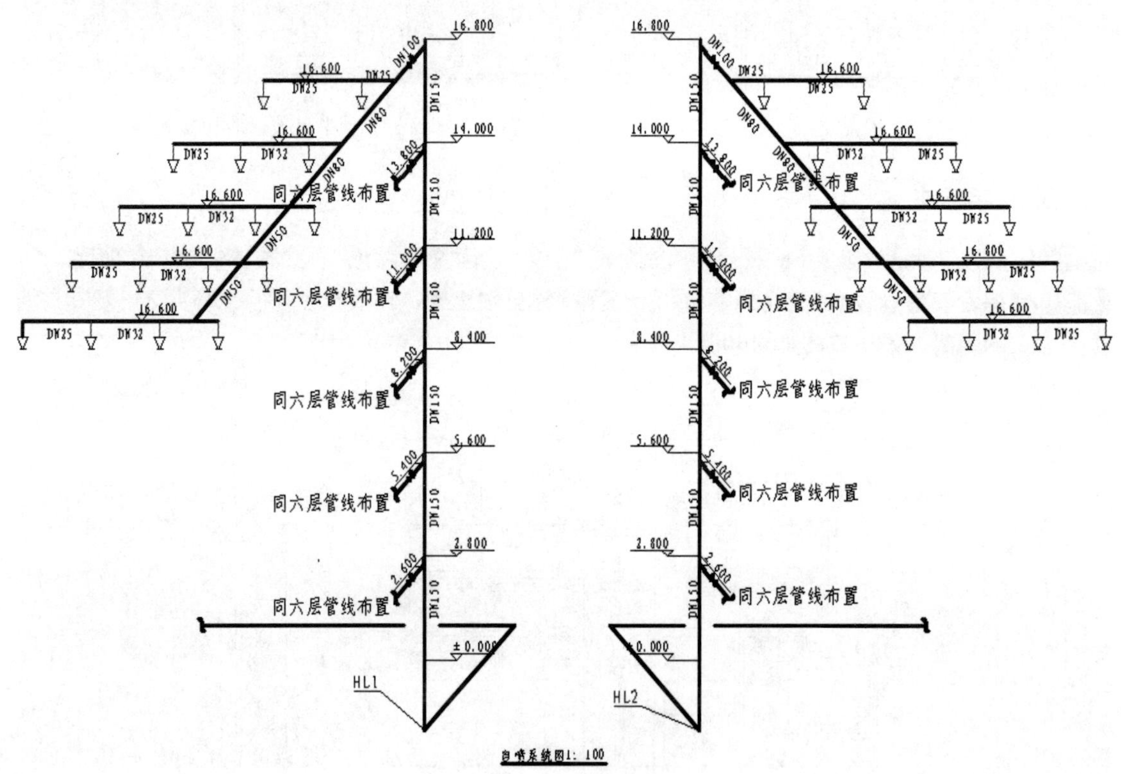

图 11-142　自喷系统图

1. 设置图层

打开“图层特性管理器”选项板，新建自喷管线、喷头、阀门和水表、标注、墙体等图层，如图 11-143 所示。

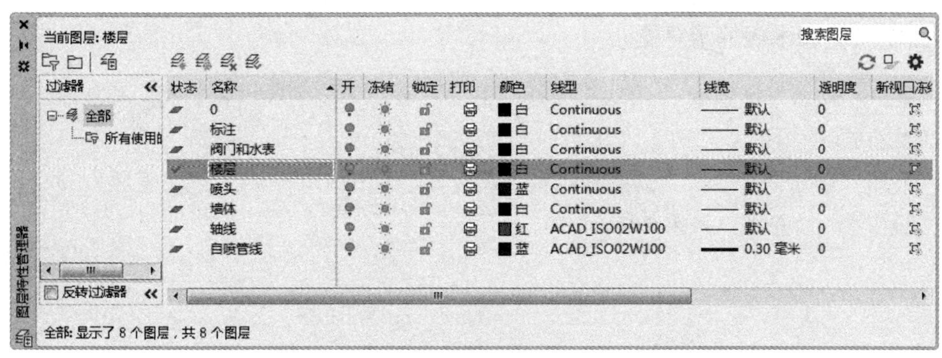

图 11-143　设置图层

2. 绘制自喷主管线

步骤01 展开“默认”选项卡|“图层”面板上的“图层”下拉列表，将“自喷管线”层设置为当前层。

步骤02 按 F10 功能键，打开“极轴追踪”功能，并设置极轴捕捉，增量角为 45°。

步骤03 单击“默认”选项卡|“绘图”面板上的“直线”按钮／，绘制自喷主管线，效果如图 11-144 所示。

3. 布置楼层

步骤01 展开“默认”选项卡|“图层”面板上的“图层”下拉列表，将“楼层”层设置为当前层。

步骤02 单击“默认”选项卡|“绘图”面板上的“直线”按钮／，绘制一条长度为 1000 的水平直线，作为楼层示意图，并将其布置到自喷立管上，效果如图 11-145 所示。

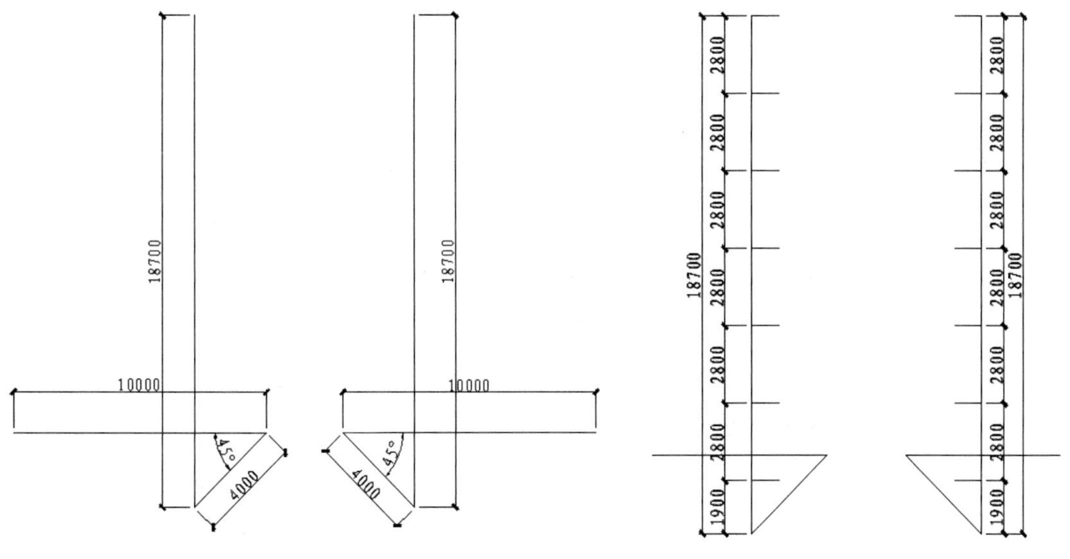

图 11-144　绘制自喷主管线　　图 11-145　布置楼层

4. 绘制阀门和水表的示意图

步骤 01 展开“默认”选项卡|“图层”面板上的“图层”下拉列表，将“阀门和水表”层设置为当前层。

步骤 02 选择“直线”命令、“圆心和半径”命令、“单行文字”命令和“偏移”命令，绘制阀门和水表示意图，效果如图 11-146 所示。

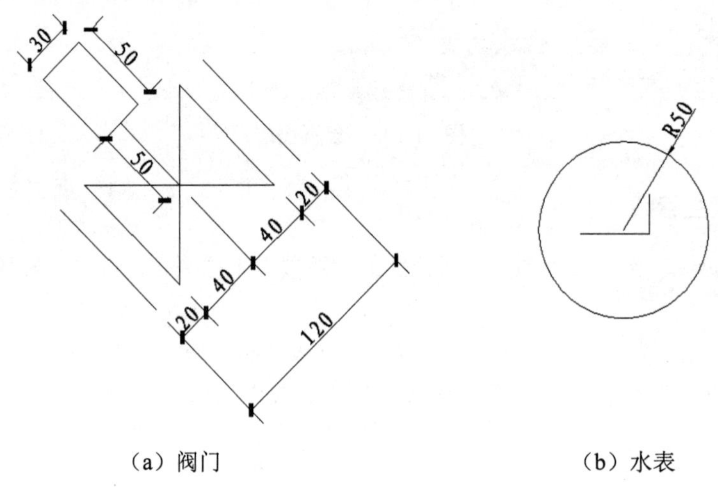

（a）阀门　　（b）水表

图 11-146　阀门和水表图例

5. 绘制第 6 层自喷支管线

步骤 01 展开“默认”选项卡|“图层”面板上的“图层”下拉列表，将“自喷管线”层设置为当前层。

步骤 02 单击“默认”选项卡|“绘图”面板上的“直线”按钮，绘制包括阀门和水表在内的前部分自喷支管，效果如图 11-147 和图 11-148 所示。

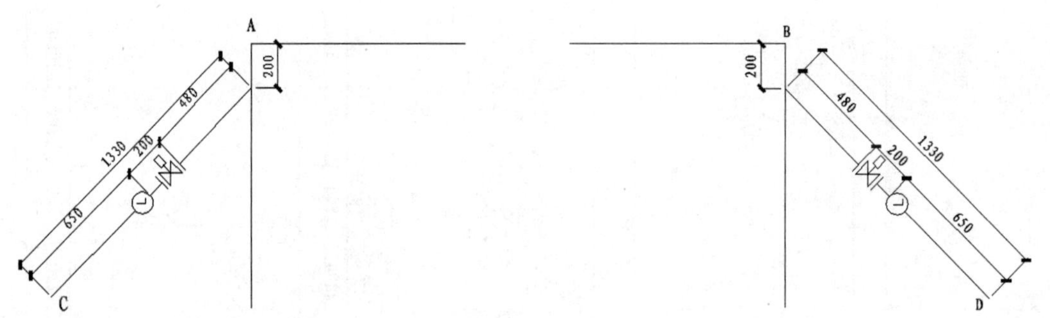

图 11-147　第 1 根自喷立管在第 6 层的部分支管　　图 11-148　第 2 根自喷立管在第 6 层的部分支管

步骤 03 单击“默认”选项卡|“绘图”面板上的“直线”按钮，绘制其他自喷管线，效果如图 11-149 和图 11-150 所示。

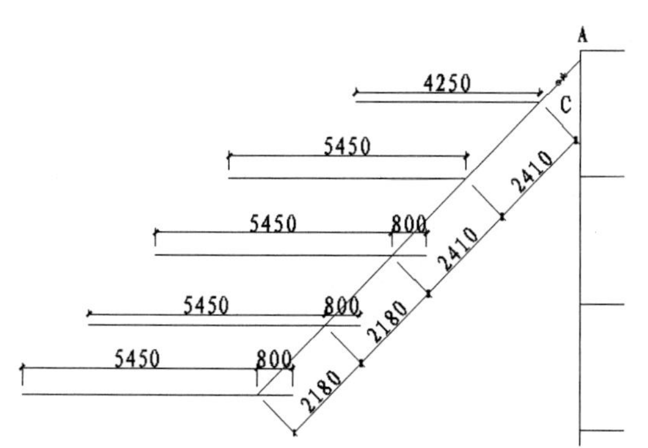

图 11-149 第 1 根自喷立管在第 6 层的支管

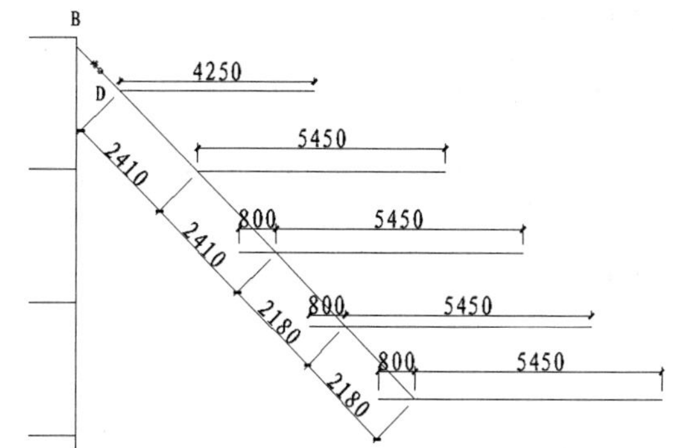

图 11-150 第 2 根自喷立管在第 6 层的支管

6. 布置喷洒头

步骤01 展开“默认”选项卡|“图层”面板上的“图层”下拉列表，将“喷头”层设置为当前层。

步骤02 单击“默认”选项卡|“绘图”面板上的“直线”按钮╱，绘制喷头示意图，如图 11-151 所示。

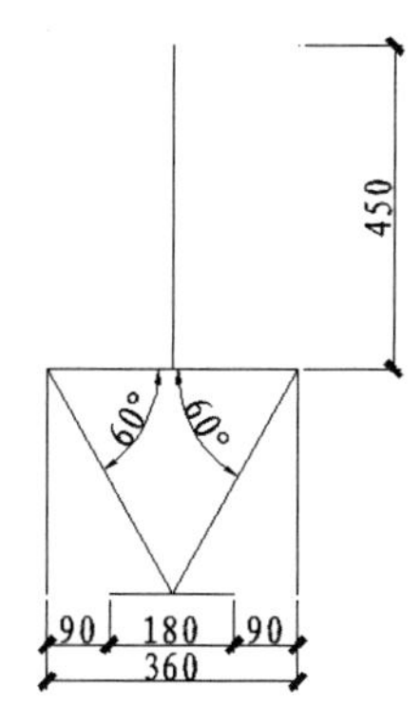

图 11-151 喷头示意图

步骤03 单击“默认”选项卡|“修改”面板上的“复制”按钮，配合“极轴追踪”功能或坐标输入功能将绘制的喷头布置到自喷支管上，效果如图 11-152 和图 11-153 所示。

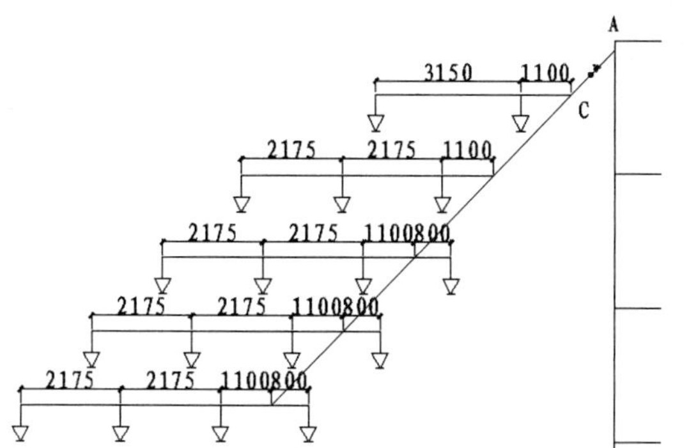

图 11-152 布置第 1 根立管支管上的喷头

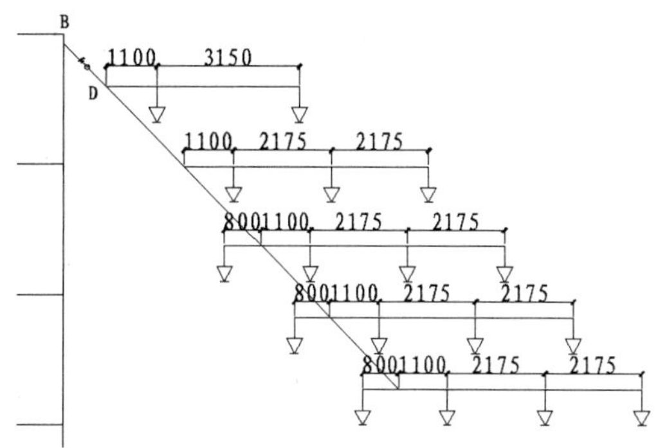

图 11-153 布置第 2 根立管支管上的喷头

步骤 04 其他各层自喷管线布置情况和其对应的第 6 层相同，不用全部画出，只需在图中注明。

7. 文字标注

步骤 01 展开“默认”选项卡|“图层”面板上的“图层”下拉列表，将“标注”层设置为当前层。

步骤 02 进行标高标注、管径标注、文字标注和自喷立管标注等，效果如图 11-154 所示。

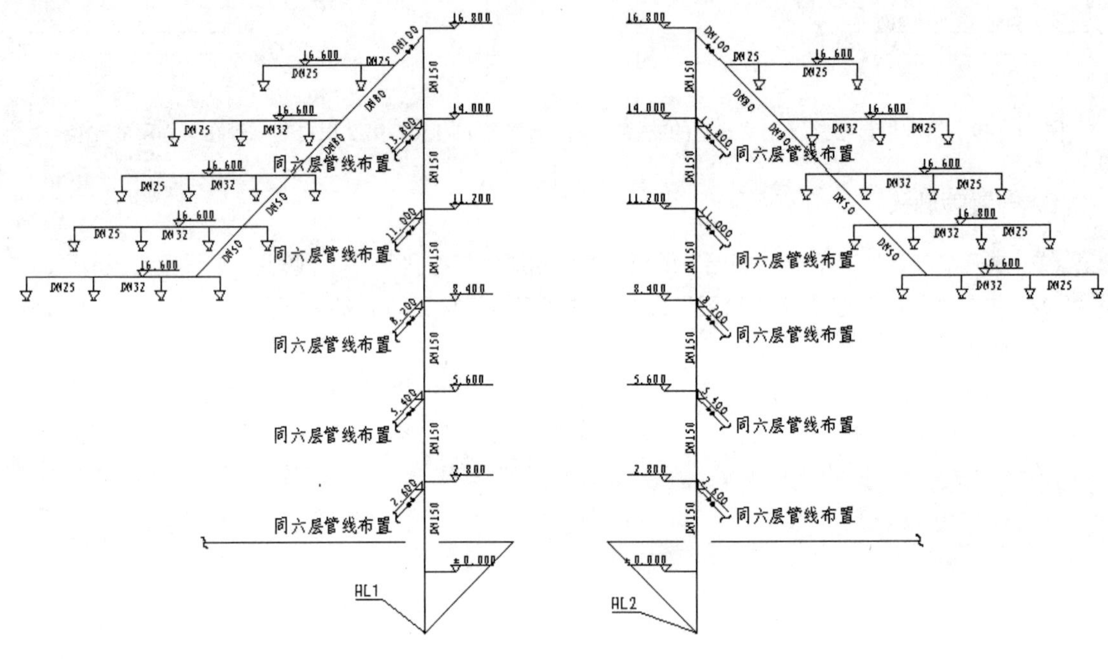

图 11-154 标注

8. 绘制图题

绘制图题，文字样式为仿宋 GB2312，文字高度为 300，宽度因子为 0.7，如图 11-155 所示。将绘制的图题移动到系统图正下方，效果如图 11-142 所示。

<u>自喷系统图1：100</u>

图 11-155 图题

第 12 章 T20 天正给排水 V7.0 绘制给排水工程图

导言

T20 天正给排水 V7.0 是由北京天正工程软件有限公司开发的。该公司总结了多年从事给排水软件的开发经验，结合当前国内同类软件的特点，搜集大量设计单位对给排水软件的设计需求，推出了天正给排水 2021 版（以下简称天正给排水），在给排水专业设计领域中得到了更加广泛的应用。

本章将主要介绍天正给排水中的一些基础知识及其在给排水设计中的应用，包括用户界面、参数设置、建筑平面图、管线、给排水平面图、消防平面图、系统图和水泵间等。

12.1 用户界面

天正给排水保留了 AutoCAD 的所有下拉菜单和图标菜单，未加以补充或修改，从而保持了 AutoCAD 的原汁原味，同时天正也建立了自己的菜单系统和工具条，如图 12-1 所示。

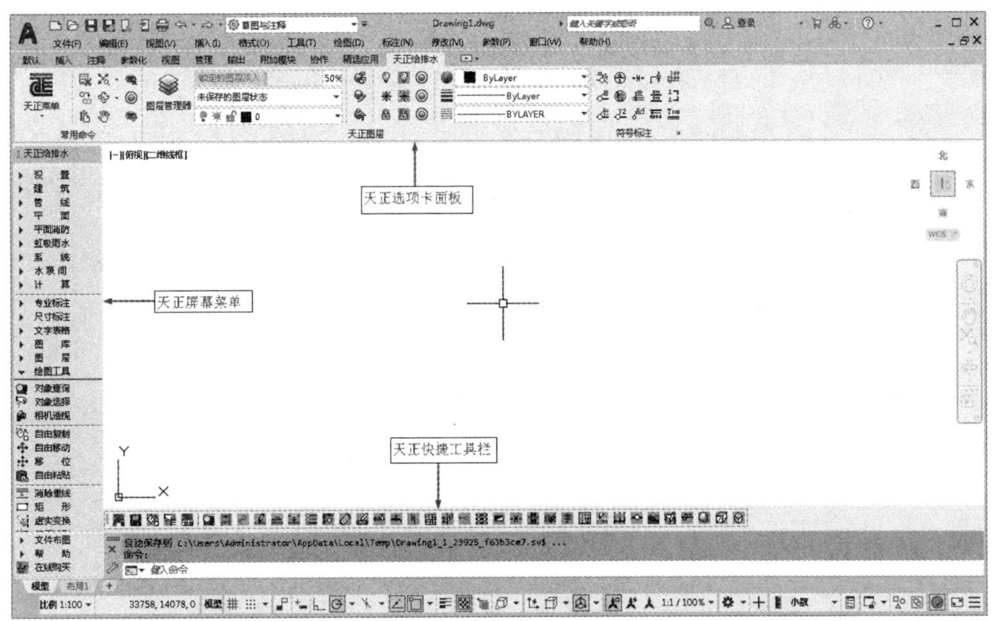

图 12-1 安装天正给排水软件后的 AutoCAD 2021 界面

天正菜单系统包括屏幕菜单和快捷菜单。其中天正给排水菜单分为室外菜单和室内菜单

（本书只介绍室内菜单），如图 12-2 所示。

天正给排水菜单的室外菜单和室内菜单可以通过选择“设置”|“室外菜单”命令或选择“设置”|“室内菜单”命令来相互切换，如图 12-3 所示。

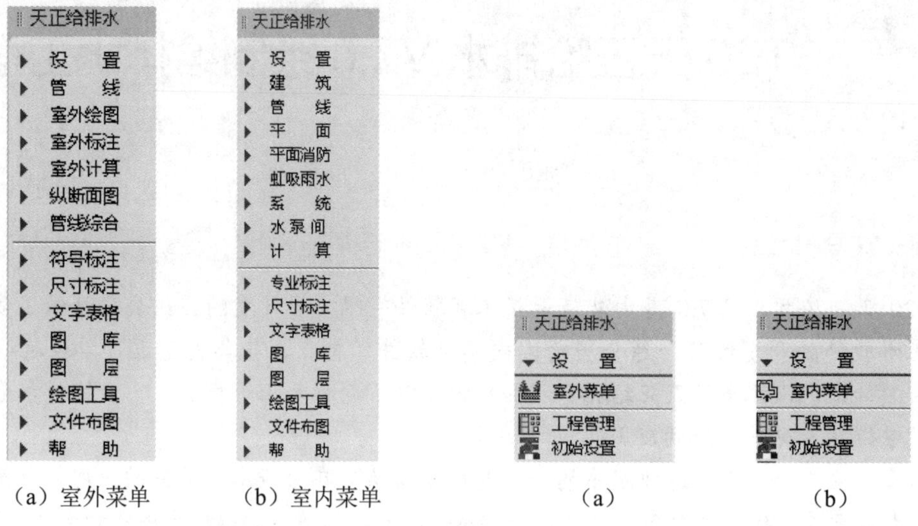

（a）室外菜单　（b）室内菜单　　（a）　（b）

图 12-2　天正给排水菜单　　图 12-3　切换室外、室内菜单

室内菜单主要用来绘制室内给排水系统，示例如图 12-4 所示。室外菜单主要用来绘制室外给排水系统，示例如图 12-5 所示。

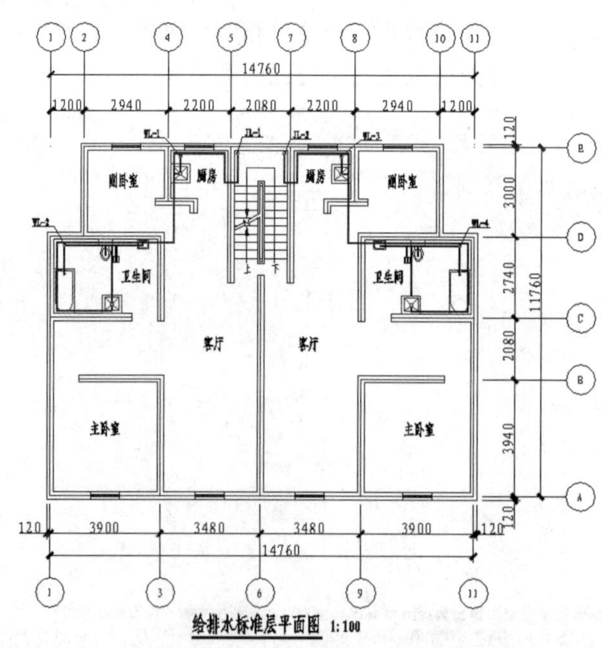

图 12-4　某建筑标准层给排水平面图

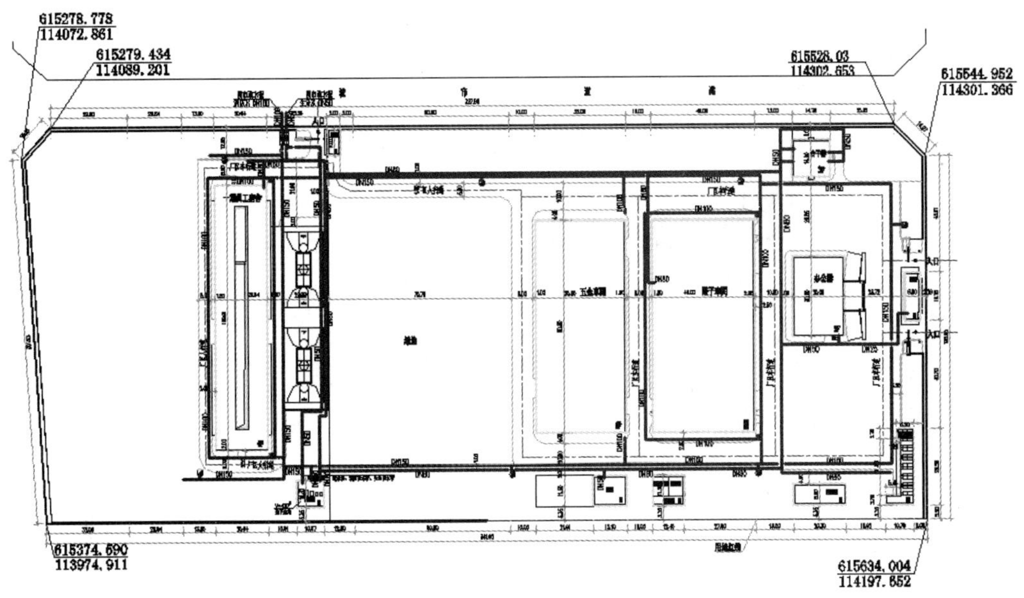

图 12-5　某厂区室外给排水管道布置

12.1.1　屏幕菜单

天正给排水的所有功能调用都可以在屏幕菜单上找到，以树状结构调用多级子菜单。菜单分支子菜单以▶示意，当前菜单的标题以▼示意。所有的分支子菜单都可以单击进入当前菜单，也可以右击弹出菜单，从而维持当前菜单不变。大部分菜单项都有图标，以方便快捷地确定菜单项的位置，如图 12-6 所示。

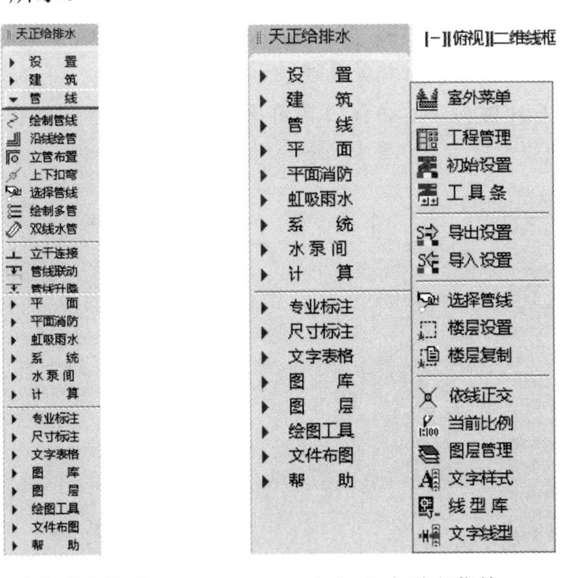

（a）单击弹出菜单　　　　（b）右击弹出菜单

图 12-6　屏幕菜单

对于屏幕分辨率小于 1024×768 的用户存在的菜单显示不完全的现象，天正特别设置了可由用户自定义的不同展开风格的菜单，在天正给排水菜单空白处右击，选择“自定义”命令，从弹出的对话框中进行选择即可，如图 12-7 所示。

如果菜单被关闭，使用 Ctrl + “ + ”组合键可以重新打开。

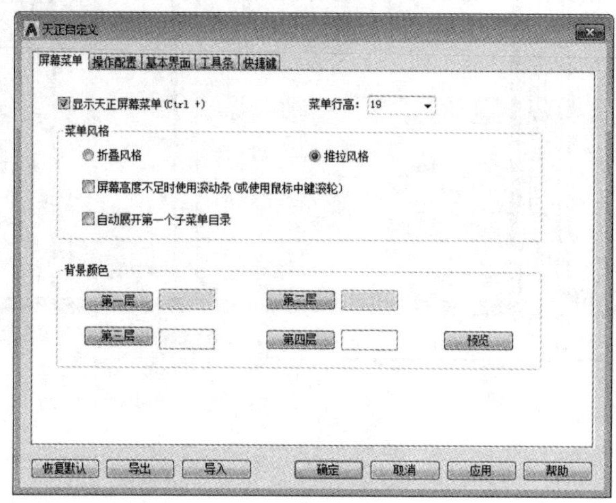

图 12-7 “天正自定义”对话框

12.1.2 快捷菜单

快捷菜单又称右键菜单，在 AutoCAD 绘图区中右击即可弹出。

快捷菜单可通过以下方式打开：

- 光标置于 CAD 对象或天正实体上使之亮显后，右击弹出此对象或实体的相关菜单内容。
- 单击对象或实体后，右击弹出相关菜单，如图 12-8 所示。
- 在绘图区域内按 Ctrl 键同时右击弹出常用命令组成的菜单，如图 12-9 所示。

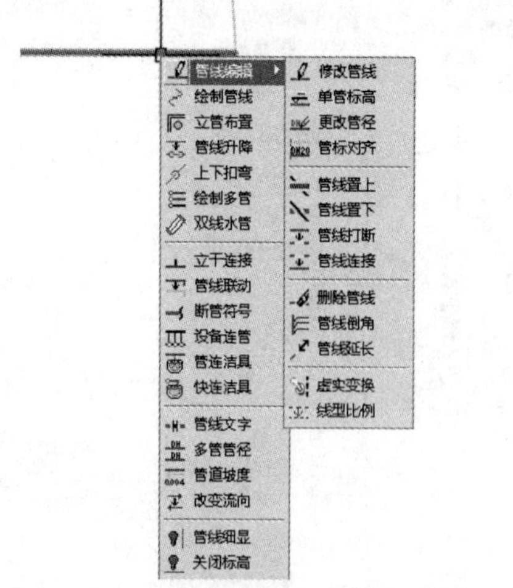

图 12-8 管线编辑右击弹出快捷菜单

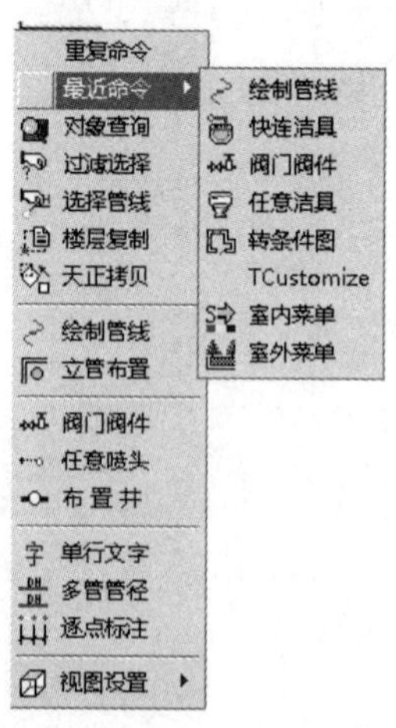

图 12-9 按 Ctrl 键同时右击弹出常用命令组成的菜单

12.1.3 命令行

1. 键盘命令

天正软件大部分功能都可以用命令行输入，屏幕菜单、快捷菜单和键盘命令 3 种形式调用命令的效果是相同的。对于命令行命令，以简化命令的方式提供，如“任意布置”命令对应的键盘简化命令是 RYBZ，采用汉语拼音的第一个字母组成。少数功能只能在菜单中选择，不能从命令行输入，如状态开关等。

2. 命令交互

天正给排水对命令行提示风格做出了比较一致的规范，以下列命令提示为例：

```
请给出欲布置的设备数量 [旋转 90 度(R)]<1>
```

方括号前面为当前的操作提示，尖括号后面为按 Enter 键后所采用的动作，圆括号内为其他可选的动作，输入圆括号内的字母进入该功能，输入圆括号内的字母无须按 Enter 键。这和 AutoCAD 2021 中文版的命令行风格类似。

3. 选择对象

要求单选对象时，遵循前述命令行交互风格，如：

```
请选择起始点<退出>
```

12.1.4 热键

天正给排水 2021 提供了一些热键以加快命令操作，如表 12-1 所示。

表 12-1 常用热键定义

热 键	功 能
F1 键	执行命令过程中查看相关的天正帮助
Tab 键	以当前光标位置为中心缩小视图
“~”键	以当前光标位置为中心放大视图
Ctrl+“-”组合键	文档标签的开关
Ctrl+“+”组合键	屏幕菜单的开关

12.1.5 快捷工具条

选择天正屏幕菜单“设置”|“初始设置”命令，打开“天正设置”对话框，勾选左下侧的“开启天正快捷工具条”复选框，如图 12-10（a）所示，打开天正快捷工具条，如图 12-10（b）所示。天正快捷工具条具有位置记忆功能，并汇集到 AutoCAD 的工具栏组中。

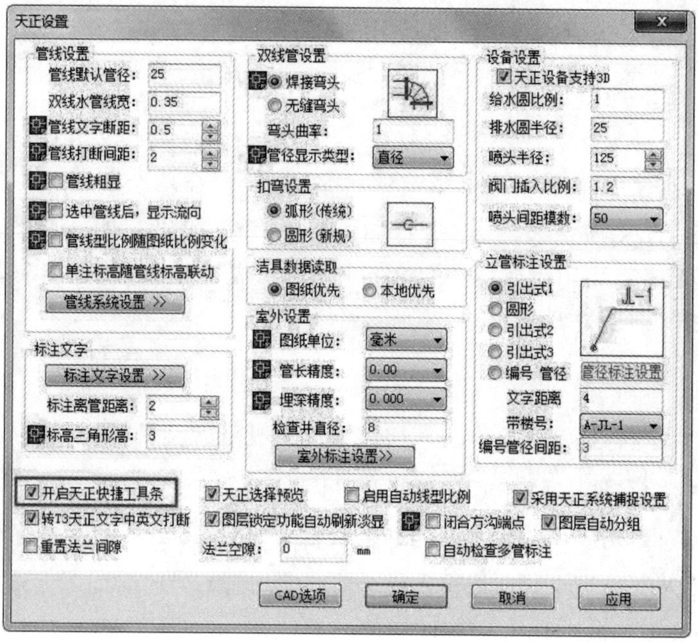

（a）

（b）

图 12-10 开启天正快捷工具条

天正提供的自制工具条菜单可以放置天正给排水的所有命令，也可以定制自己需要的快捷工具条。

单击“工具条”按钮，打开“定制天正工具条”对话框，如图 12-11 所示。

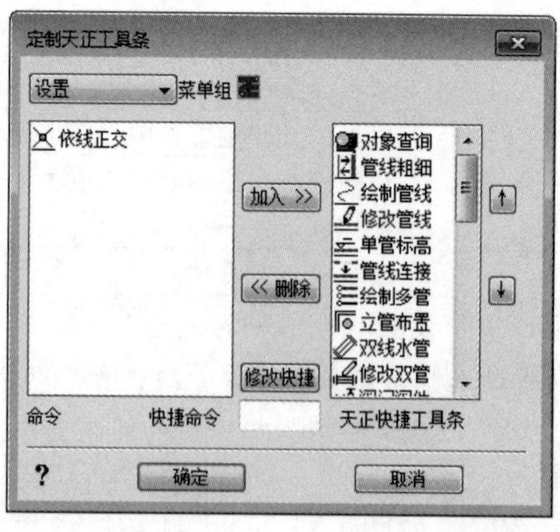

图 12-11 “定制天正工具条”对话框

选择对话框左边的命令选项，然后单击“加入”按钮，就可以把左边选择的工具加入到右边的天正快捷工具条中。也可以选择右边天正快捷工具条中的选项，然后单击“删除”按钮，删除选择的选项。

12.2 参数设置

12.2.1 初始设置

选择“设置”|“初始设置”命令，或单击快捷工具条上的“初始设置”按钮，打开“天正设置”对话框，可以设置天正绘图中图块比例、管线信息和文字的字形、字高及宽高比等初始信息，如图 12-12 所示。

图 12-12 “天正设置”对话框

该选项卡中主要选项的功能如下。

(1)“管线设置”选项组：设置管线的相关参数值，包括以下几个选项：

- “管线默认管径”选项：控制绘制管线时，管径参数的默认值。
- “双线水管线宽”选项：用于设置双线水管的线宽。设定加粗显示以后的线宽，即为在实际出图时的线宽。可以通过选择屏幕菜单中“管线设置”|“管线粗细显示”命令加粗管线。
- “管线文字断距”选项：调节管线文字打断管线的间距大小，修改后当前图形自动更新。
- “管线打断间距”选项：当多根管线形成遮挡时，处于标高高的管线会打断标高低的管线，在此设置其打断距离。修改后，当前图形自动更新。
- “管线粗显”复选框：设置管线是否以粗线形式显示。
- “选中管线后，显示流向”复选框：由于管线中的水流具有流向性，选中此项后管线后会显示其水流流向。

- “管线型比例随图纸比例变化”复选框：勾选此选项后，管线型比例会随着图纸比例的变化而变化，与图纸比例关联，图纸中显示线型“疏密”效果。
- “单注标高随管线标高联动”复选框：勾选此选项，标注标高后，支持标高与管线标高的联动。若不勾选则不联动。
- “管线系统设置”按钮：单击该按钮，打开“管线设置”对话框，如图 12-13 所示。可以对管线宽度、标注、管材、立管样式、立管半径、水流状态等进行初始设置，还可以对图层、标注文字样式等进行设置。

图 12-13 “管线设置”对话框

（2）“双线管弯头设置”选项组：设置双线管弯头的形式，包括焊接弯头和无缝弯头两种。

（3）“扣弯设置”选项组：选择扣弯的表现方式，包括传统弧形和新规范圆形两种。

（4）“室外设置”选项组：修改室外绘图部分的图纸单位、检查井直径、室外标注样式。

（5）“设备设置”选项组：设置排水圆半径、喷头半径和阀门插入比例。

（6）“立管标注设置”选项组：设置立管标注形式，包括引出式 1、引出式 2、引出式 3 和圆形 4 种形式。

（7）“标注文字”选项组：设置标注文字的文字样式、标注距离管线的距离及标高三角形的高度。

12.2.2 当前比例

选择“设置”|“当前比例”命令，用于设置或修改当前比例，命令行提示如下：

```
命令：TPScale
```

```
当前比例<100>:                  //输入比例，如果比例是 1: 1000，则输入 1000
```

安装天正给排水软件后，在绘图界面的下侧的状态栏上会显示当前比例，也可以单击“比例”后面的小三角按钮，在弹出的比例选项中选择比例，如图 12-14 所示。

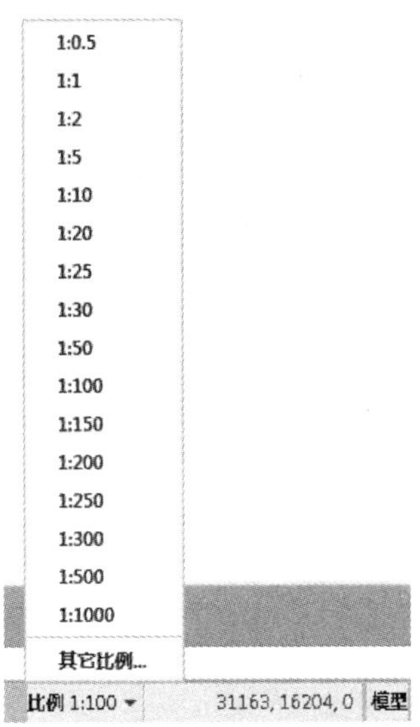

图 12-14　比例选项

在设置了当前比例之后，标注、文字的字高和多段线的宽度等都按新设置的比例绘制。需要说明的是，“当前比例”的值改变后，图形的度量尺寸并没有改变。例如一张当前比例为 1:100 的图，将其当前比例改为 1:50 后，图形的长宽范围都保持不变，再进行尺寸标注时，标注、文字和多段线的字高、符号尺寸与标注线之间的相对间距缩小了一半。

12.2.3　图层管理

“图层管理”命令主要用于设置天正图层系统管线设置、图层及特性设置以及标注文字样式的设置等。选择“设置”|“图层管理”命令，打开“管线设置”对话框，此对话框包括“管线设置”选项卡（见图 12-13）、“图层设置”选项卡和“标注文字样式”选项卡。

在“图层设置”选项卡中包括了天正给排水中各种管线的图层，用户可以对每个图层的图层名、颜色和备注进行修改，如图 12-15 所示。

在“标注文字样式”选项卡中包括了管径、管线、表格等的文字样式、中文字体、英文字体、WIN 字体、字体样式、字高、宽高比等的初始设置，如图 12-16 所示。

对话框主要功能如下：

- “图层标准”下拉列表：主要用于选择不同的已定制的图层标准。
- “置为当前标准”按钮：用于将选定的图层标准置为当前标注。
- “新建标准”按钮：用于创建新的图层标准。
- “删除标准”按钮：用于删除无用的图层标准。
- “图层转换”按钮：用于转换已绘图纸的图层标准。

- “天正线型库”按钮：用于从天正线型库向本图进加载线型或者将本图线型添加入库。
- “标准升级”按钮：可把旧版本图层设置文件根据新版本图层设置内容转换为新的。

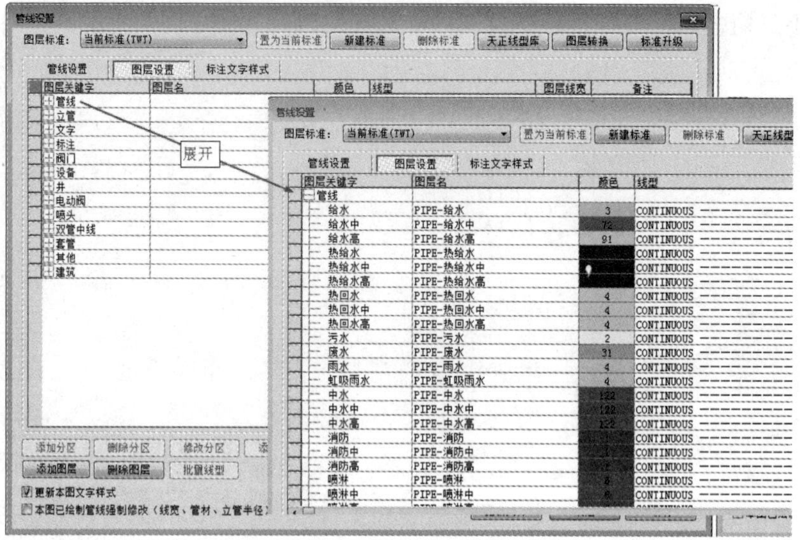

图 12-15　“图层设置”选项卡

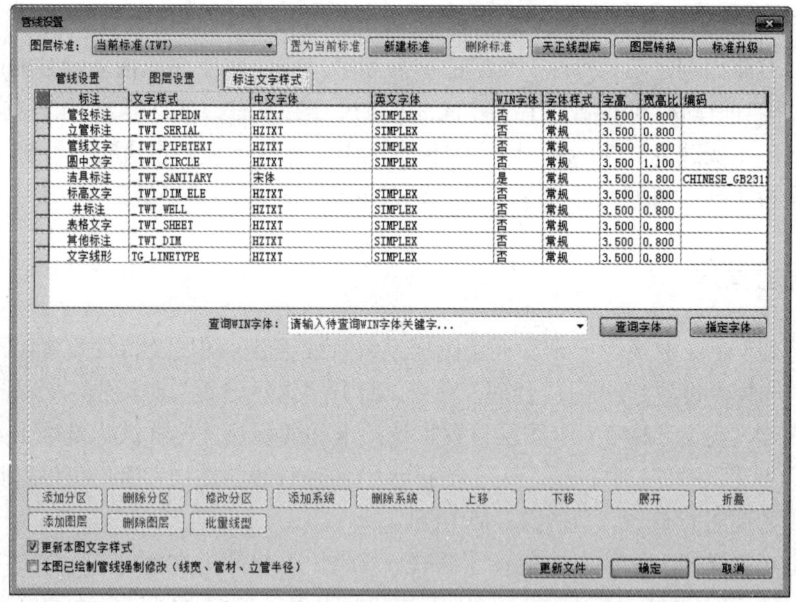

图 12-16　“标注文字样式”选项卡

12.2.4　文字样式

“文字样式”命令主要用于设置天正自定义的文字样式，设置中西文字体参数等。选择“设置”|“文字样式”命令，打开“文字样式”对话框，如图 12-17 所示。

“文字样式”对话框中主要选项的功能如下：

（1）“样式名”选项组：包括“样式名”下拉列表框、“新建”按钮、“重命名”按钮和“删除”按钮。

- “样式名”下拉列表框：用于选择文字样式，包括 STANDARD、ASHADE 和 TG-LINETYPE 等 3 种样式名。
- “新建”按钮：单击该按钮，打开“新建文字样式”对话框，如图 12-18 所示，可以在“样式名”文本框中输入新建的样式名。

图 12-17 “文字样式”对话框

新建文字样式
样式名：
确定
取消

图 12-18 “新建文字样式”对话框

- “重命名”按钮：重命名新建的文字样式名。
- “删除”按钮：删除新建的文字样式。

（2）“中文参数”选项组：设置中文参数，包括“宽高比”文本框和“中文字体”下拉列表框。

- “宽高比”文本框：设置中文字体的宽高比。
- “中文字体”下拉列表框：选择中文字体样式。

（3）“西文参数”选项组：设置西文参数，包括“字宽方向”文本框、“字高方向”文本框和“西文字体”下拉列表框。

- “字宽方向”文本框：设置西文字体字宽比。
- “字高方向”文本框：设置西文字体字高比。
- “西文字体”下拉列表框：选择西文字体样式。

如果使用系统的 Windows 的 TrueType 字体，定义时不同的是，这种字体中西文的比例是合适的，因此不必使用修正功能。在修改字体参数后，单击“预览”按钮，预览区中会显示出变化后的中西文字体的比例关系，供用户观察比较。

12.2.5 线型库

“线型库”命令可以将 AutoCAD 中加载的线型库导入到天正线型库中，选择“设置”|

“线型库”命令，或在命令行输入 XXK 后按 Enter 键，都可以执行“线型库”命令，打开“天正线型库”对话框，如图 12-19 所示。

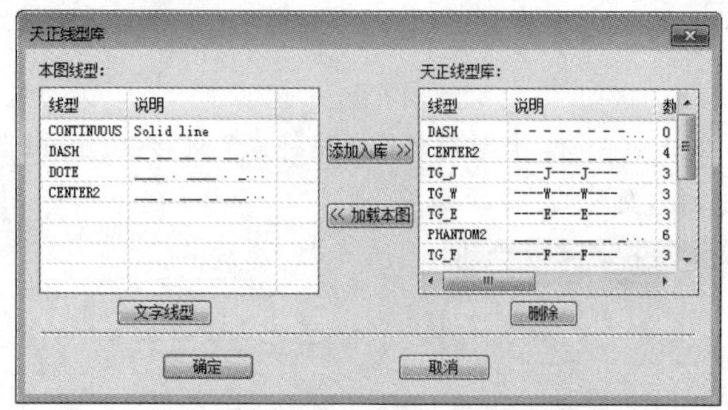

图 12-19 “天正线型库”对话框

“天正线型库”对话框中主要选项的功能如下：

- “本图线型”列表框：显示当前图形的 AutoCAD 线型，可以通过打开 AutoCAD 的“线型管理器”加载其他线型。
- “天正线型库”列表框：显示当前天正线型库中的线型样式。
- “添加入库”按钮：单击该按钮，将本图线型库中的线型添加到天正线形库中。
- “加载本图”按钮：单击该按钮，将本天正线形库中的线型添加到图线型库。
- “删除”按钮：单击该按钮，删除在天正线型库中已经加载的线型。

12.2.6 文字线型

“文字线型”命令主要用于创建带文字的线型。选择“设置”|“文字线型”命令，打开“带文字线型管理器”对话框，如图 12-20 所示，用户可以直接修改长度、间距、上下、边距等参数。

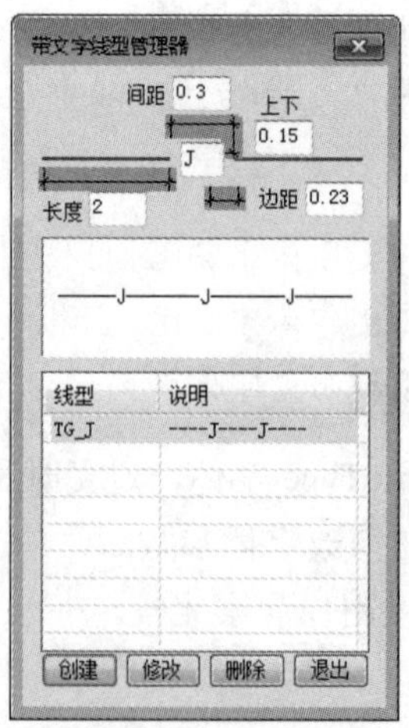

图 12-20 “带文字线型管理器”对话框

“带文字线型管理器”对话框中主要选项的功能如下：

- “创建”按钮：单击该按钮，创建已经设置好的带文字的线型。
- “修改”按钮：单击该按钮，修改已有的带文字线型。
- “删除”按钮：单击该按钮，删除已有的带文字线型。

12.3 建筑平面图

给排水平面图需要在建筑平面图上进行绘制，因此必须首先学会绘制建筑平面图。本节主要介绍几个重要的绘制建筑平面图的命令，如绘制轴网、绘制墙体、门窗、双跑楼梯等。

12.3.1 绘制轴网

轴网是由两组到多组轴线与轴号、尺寸标注组成的平面网格，是建筑物单体平面布置和墙柱构件定位的依据。完整的轴网由轴线、轴号和尺寸标注三个相对独立的系统构成。选择“建筑”|“绘制轴网”命令，打开“绘制轴网”对话框，用于绘制直线轴多和弧线轴网，如图 12-21 所示。

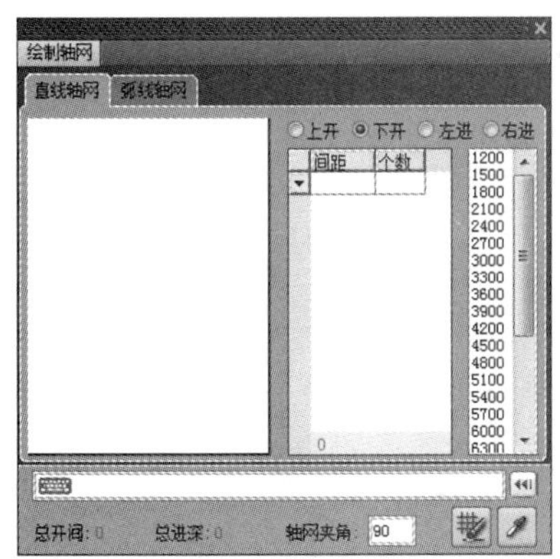

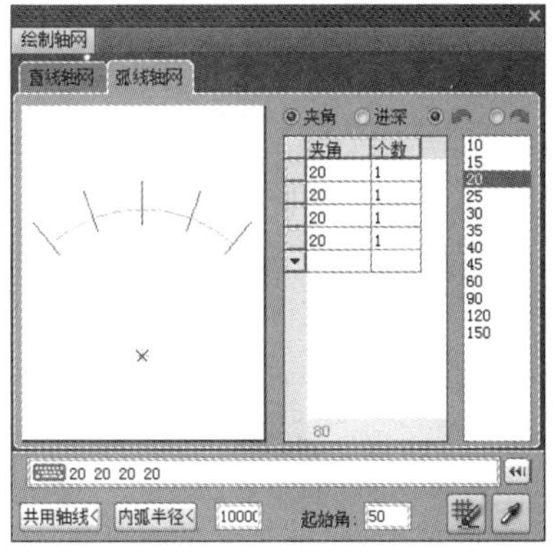

图 12-21 “绘制轴网”对话框

“绘制轴网”对话框中主要选项的功能如下：

- “间距”和“个数”文本框：用户可以在此输入墙体轴线间距和轴线个数。
- “轴网夹角”文本框：选择轴线的夹角，其中 90° 为竖直轴线，0° 为水平轴线。
- “上开”单选按钮：在绘制轴线时绘制出图形上方的主要轴线。
- “下开”单选按钮：在绘制轴线时绘制出图形下方的主要轴线。
- “左进”单选按钮：在绘制轴线时绘制出图形左方的主要轴线。
- “右进”单选按钮：在绘制轴线时绘制出图形右方的主要轴线。

通常见到的圆弧轴网是纵向轴线以一定的角度弯曲，称为纬线，纬线之间的间距是不变的；而横向轴线与纬线始终是垂直的，它们之间的间距是随着圆心角的不同而变化的。在绘制圆弧轴网时，应该先确定初始角度和内弧半径，其中起始角度是相对 0° 来说的，即水平；内弧半径的大小则是相对圆形来说的。

在绘制直线轴网与圆弧轴网组成的轴网时，需要先绘制出直线轴网，然后单击“圆弧轴网”选项卡，在该选项卡中输入弧形轴网的具体尺寸，最后单击“圆弧轴网”选项卡中的“共用轴线”按钮即可。

12.3.2 绘制墙体

“绘制墙体”命令可以连续绘制直墙或弧墙，生成具有一定高度和一定宽度的墙体。选择“建筑” | “绘制墙体”命令，打开“绘制墙体”对话框，如图 12-22 所示。

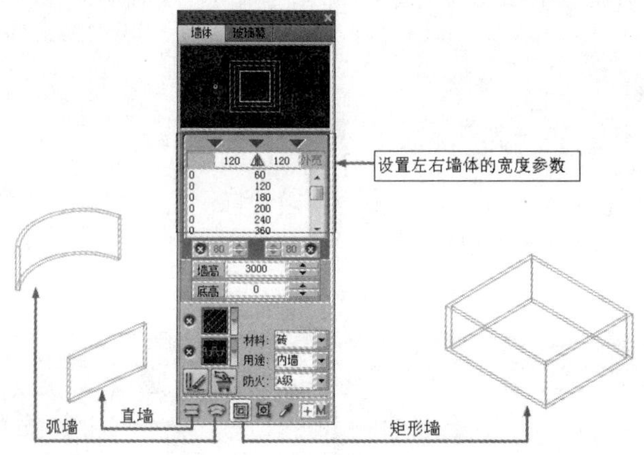

图 12-22 “绘制墙体”对话框

对话框选项的功能如下：

- 左宽和右宽：设置墙线向中心轴线偏移的距离，通过这两个参数的设置可以控制墙体的宽度值，单击“交换”按钮可以交换设置值。
- 墙高：可以设置墙体的高度值，通常取默认值 3000。
- 材料：选择绘制的墙体材料，有“钢筋砼”“混凝土”“填充墙”“砖墙”“石材”“空心砖”等多种材料的墙体可供选择。
- 用途：选择绘制的墙体用途，有外墙、内墙、分户、虚墙、矮墙和卫生隔断共六种用途。
- 防火：用于选择防火级别，有 A 级、B1 级、B2 级、B3 级和无共五种。
- “删除”按钮：单击该按钮可以删除墙体。
- “编辑墙体”按钮：单击该按钮可以编辑墙体。
- “直墙”按钮：单击该按钮可以绘制直线墙体。
- “弧墙”按钮：单击该按钮可以绘制弧形墙体。
- “替换图中已插入的墙体”按钮：单击该按钮可以替换图中已插入的墙体
- “拾取墙参数”按钮：单击该按钮可以提取图上已有天正墙体对象的一系列参数，然后依据这些提取的参数进行绘制新墙体。

除绘制普通墙体之外，还提供了玻璃幕墙的绘制功能，如图 12-23 所示的“玻璃幕墙”选项卡中可直接对玻璃幕墙的立柱、横梁参数进行设置，设置完之后可直接绘制出相关参数的幕墙，省去再对幕墙进行参数编辑的操作。

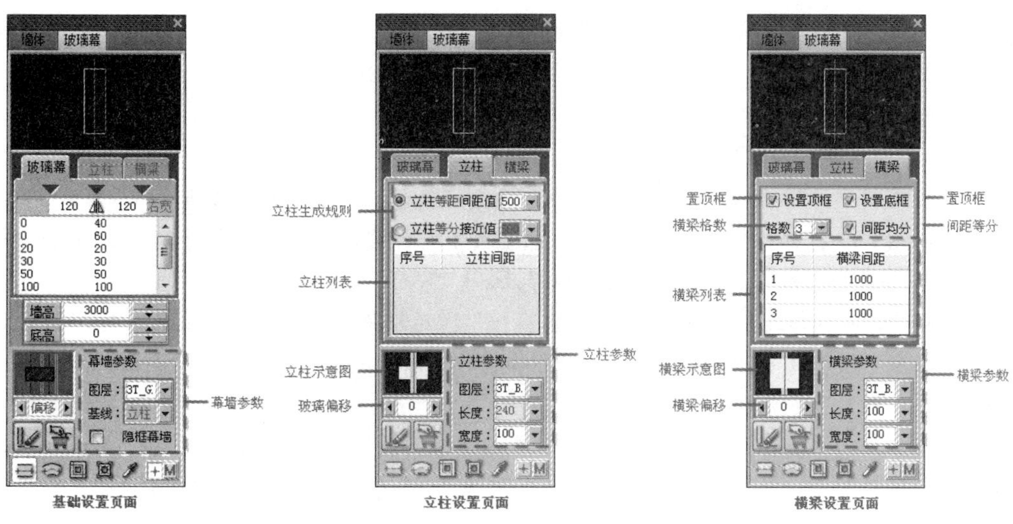

图 12-23 “玻璃幕墙”选项卡

12.3.3 门窗

在天正制图中，门窗一般都是从天正门窗图库中选取门窗的二维和三维形状进行插入的，选择“建筑”|“门窗”命令，可打开“门窗参数”对话框，如图 12-24 所示。

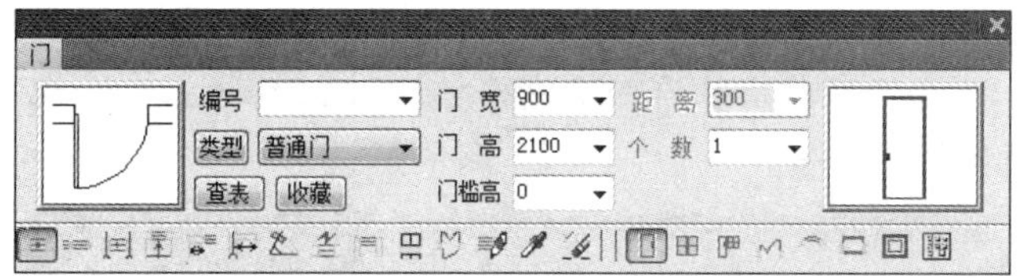

图 12-24 设置门窗参数

“门”对话框中主要按钮的功能如下：

- “自由插入，左鼠标点取的墙段位置插入”按钮：单击该按钮，将门窗插入到单击位置。
- “沿墙顺序插入”按钮：单击该按钮，选择墙体后，系统将沿着选择的直墙顺序插入门窗。
- “依据点取位置两侧的轴线等分插入”按钮：单击该按钮，选择轴线，系统将在轴线的中点插入门窗。
- “在点取的墙段上等分插入”按钮：单击该按钮，可以通过设置门窗的大致位置、开向和数目来等分插入门窗。
- “垛宽定距插入”按钮：单击该按钮，可以通过设置门窗的大致位置和开向来插入门窗。
- “轴线定距插入”按钮：单击该按钮，可以通过设置门窗与轴线的距离来插入门窗。
- “按角度插入弧墙上的门窗”按钮：单击该按钮，可以在弧墙上插入门窗。
- “根据鼠标位置居中或等距插入门窗”按钮：单击该按钮，可以在墙段中按预先定义的规则自动按门窗在墙段中的合理位置插入门窗，可适用于直墙与弧墙。
- “充满整个墙段插入门窗”按钮：单击该按钮，可以插入一个布满整个墙段的门窗。

- “插入上层门窗”按钮：单击该按钮可以在已经存在的门窗上再加一个宽度相同、高度不等的门窗，比如厂房或者大堂的墙体上经常会出现这样的情况。
- “在已有洞口插入多个门窗”按钮：单击该按钮，可以在同一个墙体已有的门窗洞口内再插入其他样式的门窗，常用在防火门、密闭门、户门和车库门中。
- “替换图中已经插入的门窗”按钮：单击该按钮，可以替换前面插入的门窗。
- 拾取门窗参数：用于查询图中已有门窗对象并将其尺寸参数提取到“门”对话框中的功能，方便在原有门窗尺寸基础上加以修改。
- “插门”按钮：单击该按钮，“门窗参数”对话框将呈现门的参数设置界面。
- “插窗”按钮：单击该按钮，“门窗参数”对话框将呈现窗的参数设置界面。
- “插门联窗”按钮：单击该按钮，“门窗参数”对话框将呈现门联窗的参数设置界面。
- “插字母门”按钮：单击该按钮，“门窗参数”对话框将呈现字母门的参数设置界面。
- “插弧窗”按钮：单击该按钮，“门窗参数”对话框将呈现弧窗的参数设置界面。
- “插凸窗”按钮：单击该按钮，“门窗参数”对话框将呈现凸窗的参数设置界面。
- “插矩形洞”按钮：单击该按钮，“门窗参数”对话框将呈现矩形洞的参数设置界面。

12.3.4 双跑楼梯

双跑楼梯是最常见的楼梯形式，由两跑直线梯段、一个休息平台、一个或两个扶手和一组或两组栏杆构成的自定义对象，具有二维视图和三维视图。双跑楼梯可分解为基本构件即直线梯段、平板、扶手栏杆等，注意楼梯方向线是与楼梯相互独立的箭头引注对象。选择“建筑”|“双跑楼梯”命令，打开“双跑楼梯”对话框，如图 12-25 所示。可以在“双跑楼梯”对话框中设置楼梯的类型和相关参数。

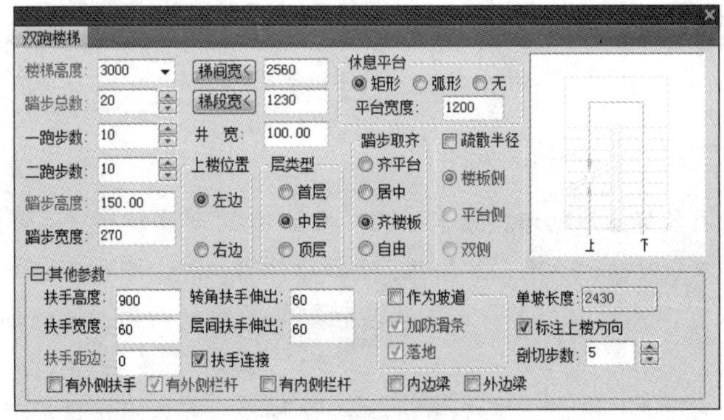

图 12-25 “双跑楼梯”对话框

12.4 管线

12.4.1 绘制管线/沿线绘管

“绘制管线”命令用于在平面图中绘制管线，选择“管线”“绘制管线”或“沿线绘管”

命令，打开“绘制管线”对话框，如图 12-26 所示。

“绘制管线”对话框中各选项功能如下。

- “管线设置”按钮：单击该按钮，打开“管线设置”对话框，设置管线参数，如图 12-13 所示。
- “管线类型”选项组：设置好管线参数后，单击所要绘制管线的相应按钮，绘制相应管线。
- “管径”下拉列表框：选择或输入管线的管径。
- “标高”文本框：设置标高值。
- “等标高管线交叉”选项组：设置对管线交叉处的处理，包括生产四通、管线置上、管线置下 3 种形式。

图 12-26　“绘制管线”对话框

12.4.2　立管布置

“立管布置”命令用于在平面图中绘制立管，在绘制立管时，需要事先选择相应类别的管线。选择“管线”|“立管布置”命令，打开“绘制立管”对话框，如图 12-27 所示。

“绘制立管”对话框中各选项的功能如下：

- “管线设置”按钮：功能同绘制管线。
- “管线类型”选项组：绘制管线前，先选择相应类别的管线，包括给水、热给水、热回水、污水、废水、雨水、中水、消防、喷淋和凝结管线。
- “管径”下拉列表框：选择或输入立管管径。
- “编号”选项：对立管进行编号。
- “布置方式”选项组：设置立管的布置方式，包括任意布置、墙角布置和沿墙布置等 3 种方式。任意布置指的是立管可以随意放置在任何位置，并加以辅助框进行辅助定位布置，辅助框大小可调；墙角布置指的是选取要布置立管的墙角，在墙角布置立管；沿墙布置指的是选取要布置立管的墙线，靠墙布置立管。
- “底标高”和“顶标高”文本框：根据需要输入立管管底和管顶标高。
- “楼号”文本框：输入立管所在的楼号。

图 12-27　“绘制立管”对话框

12.4.3　上下扣弯

选择“管线”|“上下扣弯”命令，或在命令行输入 SXKW 后按 Enter 键，可以在已经绘制的平面管线上插入扣弯。如图 12-28 所示为在一段直线上插入扣弯。扣弯的形式在初始设置中可以调整，有传统弧形和新规范圆形两种，用户可以根据需要进行选择。

```
命令: sxkw
请点取插入扣弯的位置<选择 2 管线交叉处插入扣弯>:          //拾取扣弯位置点
请输入竖管线的另一标高(m)，当前标高=0.000<退出>1.000 //输入竖管线的标高
```

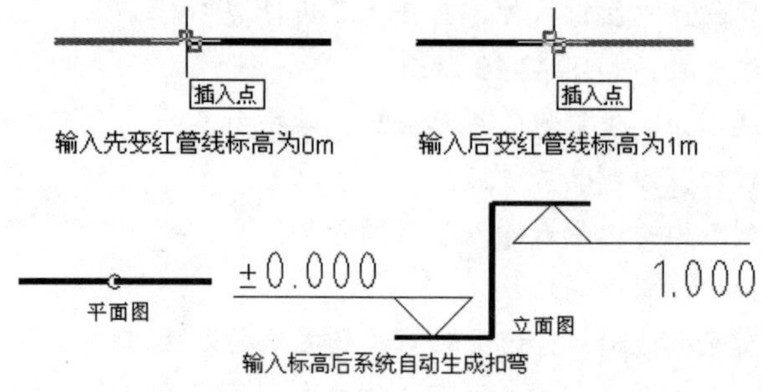

图 12-28　在一段直线上插入扣弯

12.4.4　绘制多管

选择“管线”|“绘制多管”命令，或在命令行输入 HZDG 后按 Enter 键，都可以在平面图中同时绘制多条管线。

从立管引出绘制多管线。执行命令选择立管后，会从各立管的中心点引出与所选立管管线类型相同的管线，直到结束命令，如图 12-29（左）所示。

从管线引出绘制多管线。执行命令选择管线后，在其上点取引出的位置点，则由从此位置点引出与所选管线类型相同的管线，直到结束命令，如图 12-29（右）所示。

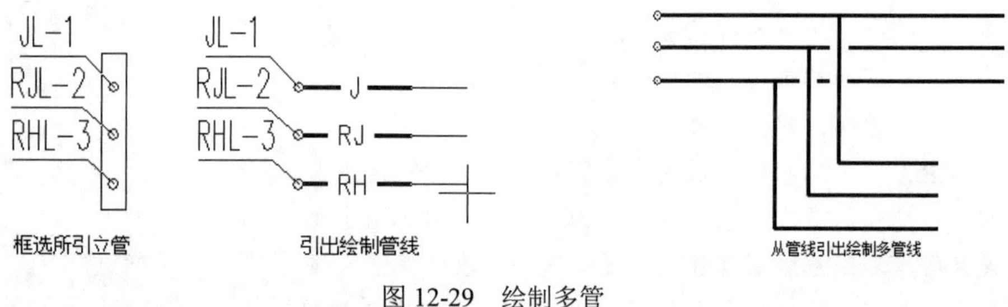

图 12-29　绘制多管

12.4.5　双线水管

“双线水管”命令可以绘制双线水管，可自动生成弯头、三四通、法兰、变径和扣弯。选择“管线”|“双线水管”命令，或者在命令行输入 HSXG 后按 Enter 键，都可以执行“双线水管”命令，打开“绘制双线管”对话框，如图 12-30（左）所示。

在“绘制双管线”对话框中可以设置水管管径、管道连接方式等参数，其中管道连接分为法兰连接、焊接连接两种，如图 12-30（右）所示。

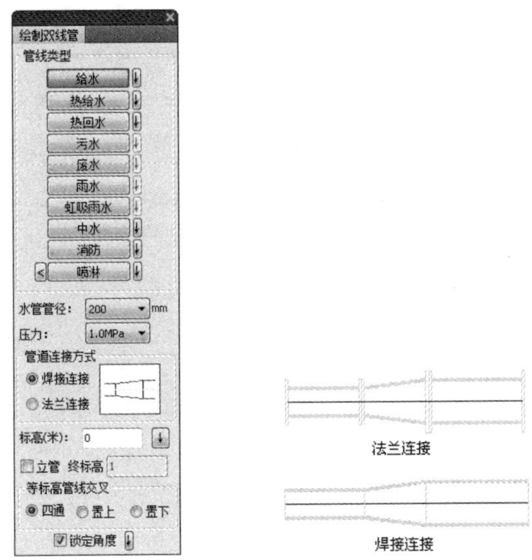

图 12-30 “绘制双管线”对话框及管道连接样式

12.4.6 管线打断

选择“管线”|“管线打断”命令，或者在命令行输入 GXGG 后按 Enter 键，都可以执行“管线打断”命令，可以将一段管线从选取的两点间打断，其具体操作与 AutoCAD 2021 中的“打断”命令相似。如图 12-31 所示为管线打断过程。

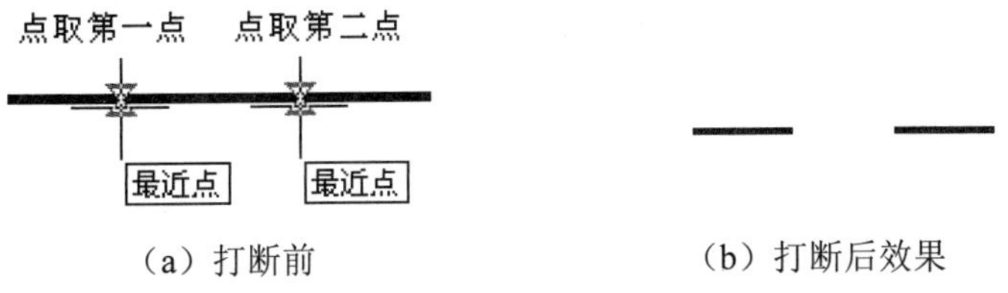

（a）打断前　　（b）打断后效果

图 12-31 管线打断

“管线打断”不同于当管线交叉处存在相互遮挡关系时的打断，打断后的管线是两段独立的管线，而管线交叉处的打断只是由优先级或标高所决定的遮挡，管线并没有被打断。所以不应用此命令对管线交叉处进行打断。

12.4.7 管线连接

选择“管线”|“管线连接”命令，或者在命令行输入 GXLJ 后按 Enter 键，都可以执行“管线连接”命令，将处于同一水平线上的两段管线连接为一段完整的管线；或将延长线相互垂直的两条管线连接成直角；对已形成四通的管线，将其中处于同一直线上的两根管线连接成一条管线后，此线的遮挡关系优先，另一管线被打断。如图 12-32 所示为各种管线连接效果。

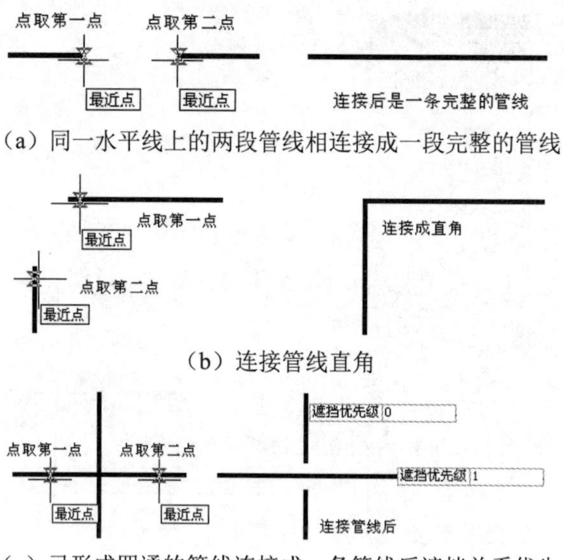

（a）同一水平线上的两段管线相连接成一段完整的管线

（b）连接管线直角

（c）已形成四通的管线连接成一条管线后遮挡关系优先

图 12-32　管线连接效果

12.4.8　管线置上

选择“管线”|“管线置上”命令，或者在命令行输入 GXZS 后按 Enter 键，都可以执行“管线置上”命令，可以修改同标高下遮挡优先级别低的管线，使其置于其他管线之上。选择需要置上的管线，右击确认后，系统会在除此之外的管线中选择一根遮挡优先级别最高的管线，在此之上加一，并赋值给这根需要置上的管线。

如图 12-33 所示为管线置上前后的效果对比。

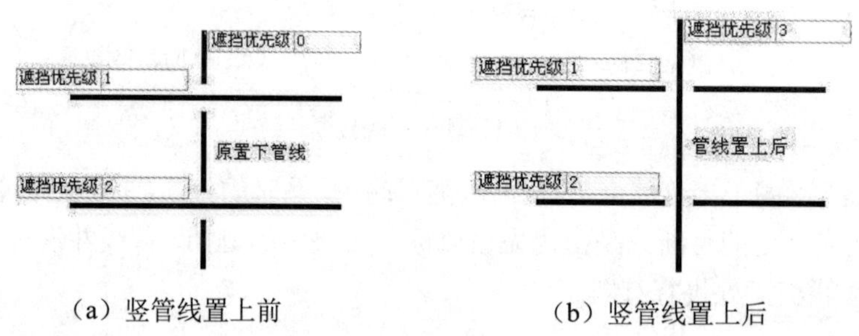

（a）竖管线置上前　　（b）竖管线置上后

图 12-33　管线置上

12.4.9　管线置下

选择“管线”|“管线置下”命令，或者在命令行输入 DXZS 后按 Enter 键，都可以执行“管线置下”命令，修改同标高下遮挡优先级别高的管线，使其置于其他管线之下。

在菜单上或右击选取本命令后，选择需要置下的管线，右击确认后，系统会在除此之外的管线中选择一根遮挡优先级别最低的管线，在此之上减一，并赋值给这根需要置下的管线。

图 12-34 展示了管线置下前后的效果对比。

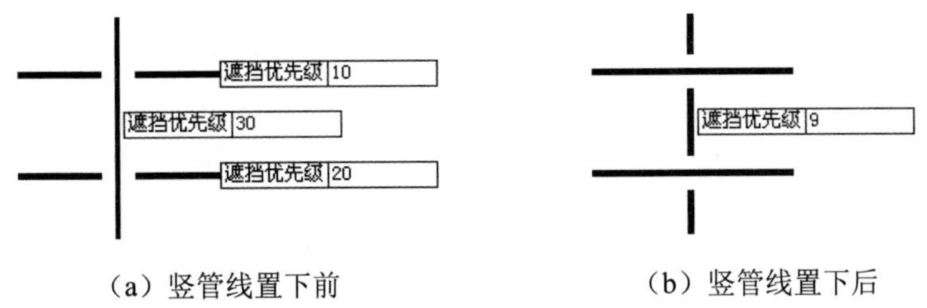

（a）竖管线置下前　　（b）竖管线置下后

图 12-34　管线置下效果

12.4.10　管线延长

选择“管线”|“管线延长”命令，或者在命令行输入 GXYC 后按 Enter 键，都可以执行“管线延长”命令，可以沿管线方向延长管线端点。如图 12-35 所示为管线延长效果。

此外，“管线延长”命令还应用在所生成的给排水系统图、展开图、喷洒系统图、消防系统图中的管线及其上设备的联动延长。

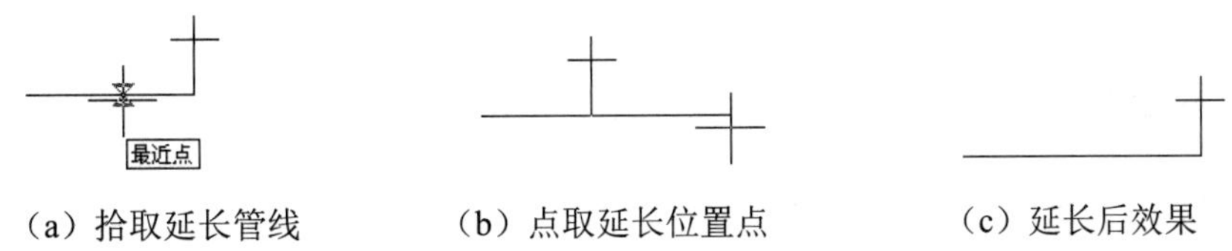

（a）拾取延长管线　　（b）点取延长位置点　　（c）延长后效果

图 12-35　管线延长效果

12.4.11　套管插入

选择“管线”|“套管插入”命令，或者在命令行输入 TGCR 后按 Enter 键，都可以执行“管线插入”命令，可以对穿墙的管线进行套管的插入。套管可以选择刚性套管和柔性套管两种形式。

12.4.12　修改管线

选择“管线”|“修改管线”命令，或者在命令行输入 XGGX 后按 Enter 键，都可以执行“修改管线”命令，选择管线后按 Enter 键，打开“修改管线”对话框，如图 12-36 所示。

可以在该对话框中对所选管线的所有信息和属性进行修改，包括线型、图层、颜色、线宽、管材、管径、遮挡、管线标高等。如果要更改管线的某个属性，只需选中复选框，在其后面的文本框或下拉列表框就会变为可编辑的状态了。

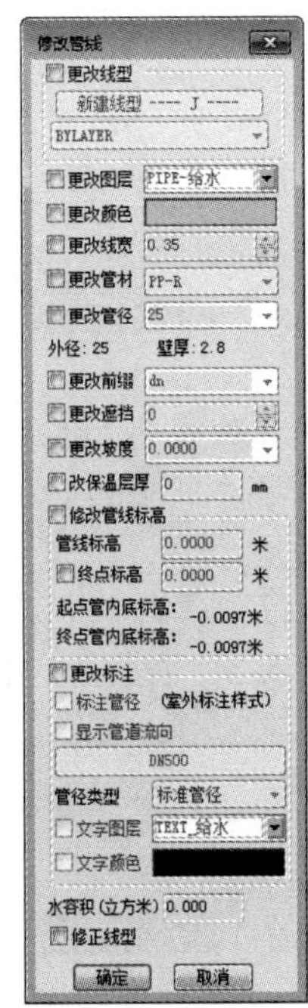

图 12-36　“修改管线”对话框

12.4.13　单管标高

选择“管线”|“单管标高”命令，或者在命令行输入 DGBG 后按 Enter 键，都可以执行“单管标高”命令，以修改选中的单根管线或立管的标高。如图 12-37 所示为单管标高效果。

（a）显示当前管线标高　　（b）输入新的管线标高

图 12-37　管线标高效果

12.4.14　管线倒角

选择“管线”|“管线倒角”命令，或者在命令行输入 GXDJ 后按 Enter 键，都可以执行“管线倒角”命令，可以将主管和支管进行承插连接。执行该命令后，根据提示先选择主干管，再选择支管，输入倒角距离后，由鼠标动态决定倒角的方向，单击确认即可完成管线倒角，如图 12-38 所示。

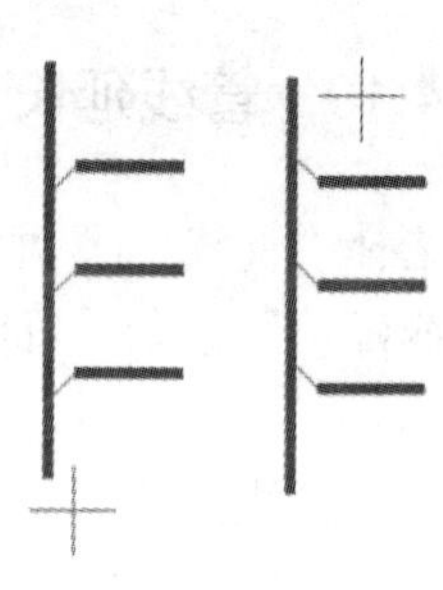

图 12-38　管线倒角

12.4.15　断管符号

选择“管线”|“断管符号”命令，或者在命令行输入 DGFH 后按 Enter 键，都可以执行“断管符号”命令，可以在已经绘制的管线上添加断管符号，如图 12-39 所示。

图 12-39　添加断管符号

12.4.16　设备连管

选择“管线”|“设备连管”命令，或者在命令行输入 SBLG 后按 Enter 键，都可以执行“设备连管”命令，可以将干管与相关的设备连接起来。命令行提示如下：

```
命令：sblg
请选择干管<退出>：
请选择需要连接管线的设备<退出>
请选择需要连接管线的设备<退出>
…
请选择需要连接管线的设备<退出>
```

12.4.17　管材规格

选择“管线”|“管材规格”命令，或者在命令行输入 GCGG 后按 Enter 键，都可以执行

“管材规格”命令，打开“管材规格”对话框，如图 12-40 所示。可以在“管材规格”对话框中设置系统管材的管径。

12.4.18 变更管材

选择“管线”|“变更管材”命令，或者在命令行输入 BGGC 后按 Enter 键，都可以执行“变更管材”命令，打开如图 12-41 所示的“变更管材”对话框，可以将当前图中已有的某种管材的管线修改为另一种管材，同时修改其标注。

图 12-40 “管材规格”对话框

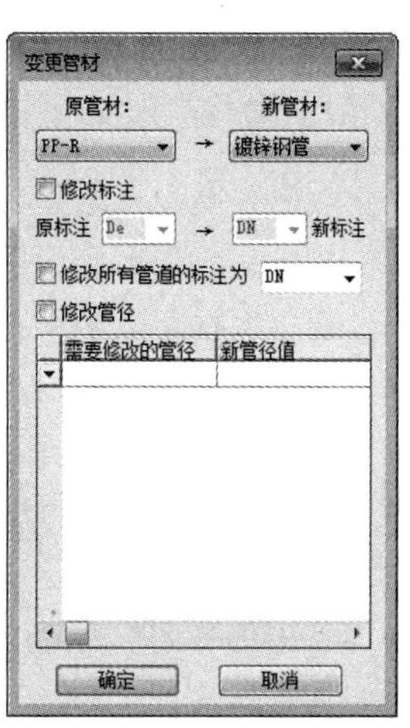

图 12-41 “变更管材”对话框

12.4.19 坡高计算

选择“管线”|“坡高计算”命令，或者在命令行输入 PGJS 后按 Enter 键，都可以执行“坡高计算”命令，可以根据管线的坡度计算连续管线的各段起点、终点标高，根据起点、终点标高反算管线坡度。

12.4.20 碰撞检查

选择“管线”|“碰撞检查”命令，或者在命令行输入 3WPZ 后按 Enter 键，都可以执行“碰撞检查”命令，打开如图 12-42 所示的“碰撞检查”对话框，可以对土建、桥架、风管、水管等构件进行碰撞检查，对于每一个碰撞点会高亮显示，同时显示碰撞构件的信息，双击该信息可以定位到图中的碰撞点。

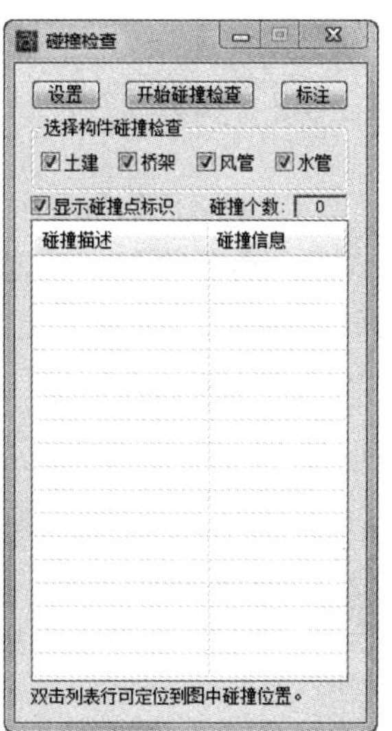

图 12-42 “碰撞检查”对话框

12.5 给排水平面图

12.5.1 给水附件

“给水附件”命令主要用于在管线上插入平面或系统形式的给水附件图块。选择“平面”|“给水附件”命令，或者在命令行输入 GSFJ 后按 Enter 键，都可以执行“给水附件”命令，打开“给水附件”对话框，如图 12-43 所示。

“给水附件”对话框中各选项的功能如下：

- “附件类型”选项组：选择附件类型，包括水龙头、给水点、淋浴头、混水龙头等。选取不同的附件后，右边的“平面”和“系统”显示框会显示相应的图标。
- “附件距管横向距离”文本框：确定附件距管线的横向距离，可以输入距离值。
- “附件标高”选项组：确定附件的标高是随支管的标高，还是输入标高值。
- “连接形式”选项组：确定附件的连接形式是水平连接还是垂直连接。
- “定义洁具当量”选项组：定义洁具的给水当量和额定流量。用户可以使用默认值或查询后输入新值。

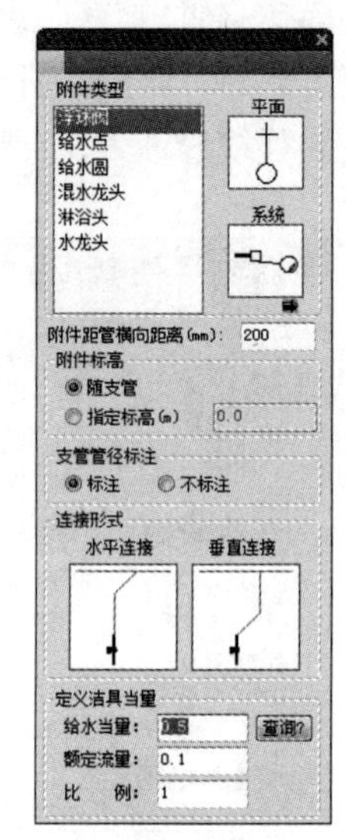

图 12-43 “给水附件”对话框

12.5.2 排水附件

“排水附件”命令主要用于在管线上插入平面或系统形式的排水附件图块。选择“平面”|“排水附件”命令，或者在命令行输入 PSFJ 后按 Enter 键，都可以执行“排水附件”命令，打开“排水附件”对话框，如图 12-44 所示。

“排水附件”对话框中各选项的功能如下：

- “附件类型”选项组：选择附件类型，包括排水点、圆地漏、方地漏、清扫口、雨水斗、毛发聚器、排水漏斗、防爆地漏、两用地漏、多通道地漏和存水地漏。选取不同的附件后，在右面的“平面”和“系统”显示框中会显示相应的图标。
- “定义洁具计算参数”选项组：定义洁具的排水当量和额定流量。

12.5.3 管道附件

“管道附件”命令用于在管线上插入平面或系统形式的管道附件图块。选择“平面”|“管道附件”命令，或者在命令行输入 GDFJ 后按 Enter 键，都可以执行“管道附件”命令，打开“T20 天正给排水软件图块”对话框，如图 12-45 所示。

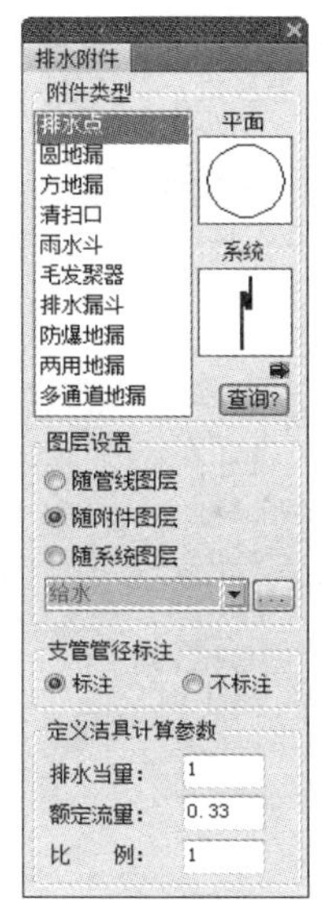

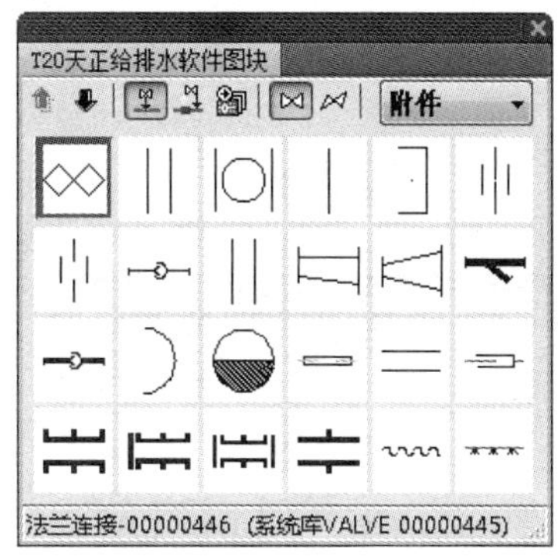

图 12-44 “排水附件”对话框　　图 12-45 “T20 天正给排水软件图块”对话框

在图 12-45 中选择一种管道附件后，命令行提示如下：

```
命令:_gdfj
当前阀门插入比例:1.2
请指定附件的插入点 [放大(E)/缩小(D)/左右翻转(F)]<退出>://捕捉管线，将管道附件插入到适当位置
```

“T20 天正给排水软件图块”对话框中各按钮的功能如下：

- “插入阀件”按钮：选择要插入的附件进行插入。
- “替换阀件”按钮：选择新阀件对管线上原有阀件进行替换。
- “造阀门”按钮：插入新阀门图块。
- “平面阀门”按钮：选择插入平面阀门。
- “系统阀门”按钮：选择插入系统阀门。

12.5.4 常用仪表

“常用仪表”命令用于插入给排水常用仪表，选择“平面”|“常用仪表”命令，或者在命令行输入 CYYB 后按 Enter 键，都可以执行“常用仪表”命令，打开“T20 天正给排水软件图块”对话框，如图 12-46 所示。

在“T20 天正给排水软件图块”对话框中选择一种仪表后，命令行提示如下：

```
命令:_cyyb
当前阀门插入比例:1.2
请指定附件的插入点 [放大(E)/缩小(D)/左右翻转(F)]<退出>://捕捉管线，将所选仪表插入到适当位置
```

12.5.5 修改附件

选择“平面”|“修改附件”命令，或者在命令行输入 XGFJ 后按 Enter 键，都可以执行“修

改附件”命令，以修改图中所有附件的属性。命令行提示如下：

```
命令：_XGFJ
请选择要修改的给水附件或排水附件<退出>找到 1 个      //选择要修改的附件
请选择要修改的给水附件或排水附件<退出>：   //按 Enter 键结束选择，打开“设备编辑”对话框
```

“设备编辑”对话框如图 12-47 所示，各选项功能如下。

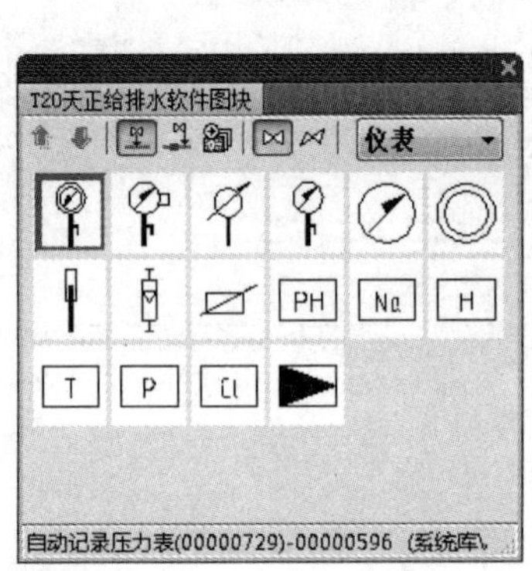

图 12-46 “T20 天正给排水软件图块”对话框（常用仪表）

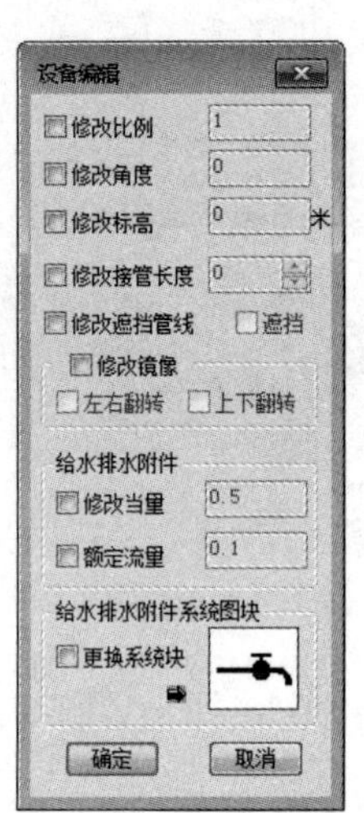

图 12-47 “设备编辑”对话框

- “修改比例”复选框：改变原有比例，对附件进行缩放修改。
- “修改角度”复选框：改变附件的插入角度。
- “修改标高”复选框：改变原来的标高值。
- “修改接管长度”复选框：编辑接管长度。
- “修改遮挡管线”复选框：选择该选项，设置标高后，系统会自动确定遮挡关系。
- “修改镜像”选项组：改变附件方向，可以进行上、下、左、右的镜像修改。
- “给排水附件”选项组：修改给排水附件的当量和额定流量。
- “给水排水附件系统图块”选项组：可以选择“更改系统块”复选框后更改系统块。

12.5.6 设备移动

“设备移动”命令用于移动各种设备，目的在于设备之间发生遮挡关系时，或建筑物与设备放置相冲突时移动设备，使之绕开建筑物或错开其他设备。设备移动后，连接设备与干管的管线会自动形成联动移动，如图 12-48 所示。

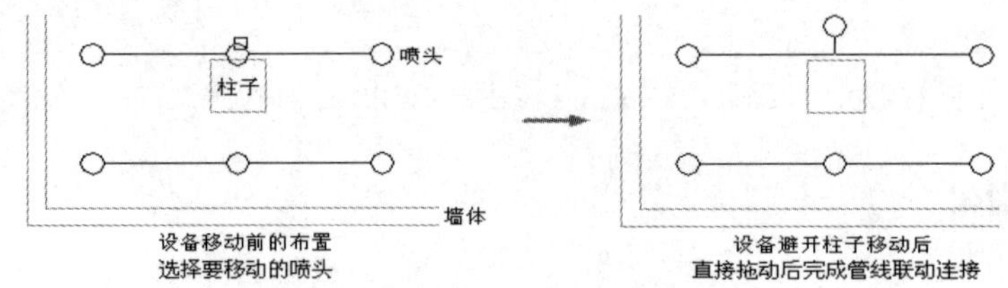

图 12-48 设备移动示例

选择“平面”|“设备移动”命令，或者在命令行输入 SBYD 后按 Enter 键，都可以执行“设备移动”命令，命令行提示如下：

```
命令：SBYD
请选择需要移动的设备<退出>找到 1 个          //选择需要移动的设备
请选择需要移动的设备<退出>                   //按 Enter 键结束选择
点取位置或 [转 90 度(A)/左右翻(S)/上下翻(D)/对齐(F)/改转角(R)/改基点(T)]<退出>:
//选择移动方式，完成移动
```

12.5.7 设备连管

选择“平面”|“设备连管”命令，或者在命令行输入 SBLG 后按 Enter 键，都可以执行“设备连管”命令，可以将给水、排水、消防、喷淋等设备连接到干管上，命令行提示如下：

```
命令：SBLG
请选择干管<退出>:                            //选择干管
请选择需要连接管线的设备<退出>找到 1 个      //选择设备
请选择需要连接管线的设备<退出>               //按 Enter 键结束命令，完成连接
```

如图 12-49 所示为设备连管效果。

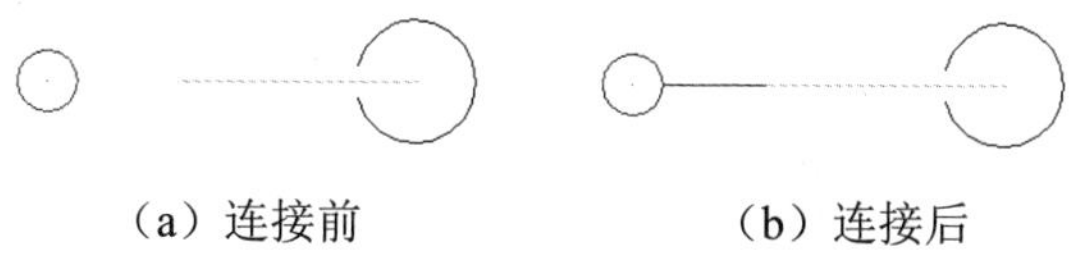

（a）连接前　　（b）连接后

图 12-49　设备连管效果图

12.5.8 设备缩放

选择“平面”|“设备缩放”命令，或者在命令行输入 SBSF 后按 Enter 键，都可以执行“设备缩放”命令，可以对选中的设备进行缩放操作，命令行提示如下：

```
命令：sbsf
请选取要缩放的设备<缩放所有同名设备>:找到 1 个    //选择要缩放的设备
请选取要缩放的设备<缩放所有同名设备>:              //按回车键，完成选择
请输入缩放比例 <1>2                                //输入缩放比例，按 Enter 键，完成缩放
```

12.5.9 任意洁具

“任意洁具”命令主要用于在厨房或厕所中任意布置卫生洁具。选择“平面”|“任意洁具”命令，或者在命令行输入 RYJJ 后按 Enter 键，都可以执行“任意洁具”命令，打开“T20 天正给排水软件图块”对话框，如图 12-50 所示。

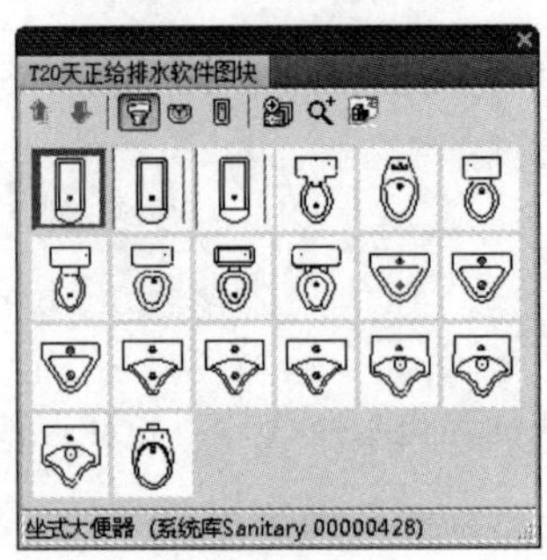

图 12-50 “T20 天正给排水软件图块”对话框（洁具）

在“T20 天正给排水软件图块”对话框中选择一种洁具后，命令行提示如下：

```
命令：ryjj
请指定洁具的插入点 [90 度旋转(A)/左右翻转(F)/放大(E)/缩小(D)/距墙距离(C)/替换(P)]<退出>://捕捉洁具的插入点，完成洁具插入，如图 12-51 所示
```

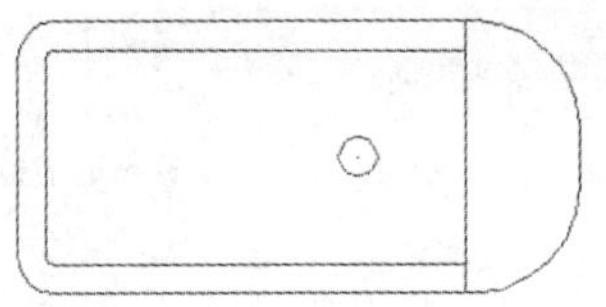

图 12-51 插入的蹲式大便器

“T20 天正给排水软件图块”对话框中各按钮的功能如下：

- “大小便器”按钮：单击该按钮，在“T20 天正给排水软件图块”对话框中显示大小便器图块。
- “洗脸盆”按钮：单击该按钮，在“T20 天正给排水软件图块”对话框中显示洗脸盆图块。
- “浴盆”按钮：单击该按钮，在“T20 天正给排水软件图块”对话框中显示浴盆图块。
- “新图入库”按钮：单击该按钮后，在绘图区域选择要做成图块的图元，并指定插入点，即可完成新图入库。
- “放大”按钮：对选中的洁具进行放大查看。
- “图库管理”按钮：单击该按钮，打开“天正图库管理器”对话框。

12.5.10 定义洁具

选择“平面”|“定义洁具”命令，或者在命令行输入 DYJJ 后按 Enter 键，都可以执行“定义洁具”命令，定义卫生洁具的给水点和排水点，命令行提示如下：

```
命令：DYJJ
请选择要定义的洁具图块(本图每种洁具只需定义一次)：<退出>//选择洁具后，打开如图 12-52 所示的“识别洁具类型”对话框，完成设置后，此图块会自动转为以天正方式定义的洁具图块
请选择洁具方向(给水点指向排水点方向)： //指定洁具方向
洁具方向定义成功
```

如果在执行命令后选择了由“任意洁具”命令插入的洁具，则系统会弹出如图 12-53 所示的“定义洁具”对话框。

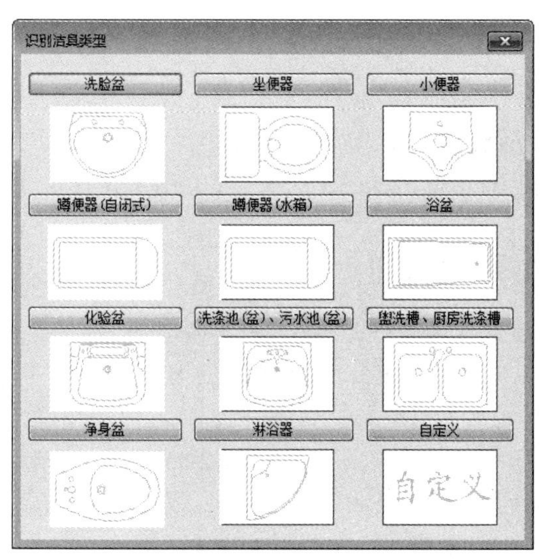

图 12-52 “识别洁具类型”对话框

图 12-53 “定义洁具”对话框

“定义洁具”对话框中主要选项的功能如下：

- “给水点”选项组：用于设置冷水热水给水点位置、给水点的表现形式、给水点的标高及系统图块附件的样式。单击“系统图块”显示框，打开系统图块，选择给水点附件形式。
- “管线标高”选项组：用于设置给水管和热水管的标高。
- “排水点”选项组：用于设置排水点的位置、洁具上的排水圆位置、系统图块附件形式等。
- “【非住宅给水计算】参数”和“【排水计算】参数”选项组：设置非住宅和住宅的给水当量和额定流量参数。
- “选择安装样式”选项组：用于设置洁具的安装样式。

12.5.11 管连洁具

“管连洁具”命令用于将已定义的洁具连接到冷、热水管和污水管上。选择“平面”|“管连洁具”命令，或者在命令行输入 GLJJ 后按 Enter 键，都可以执行“管连洁具”命令，命令行提示如下：

```
命令：GLJJ
请选择支管<退出>:          //选择支管
请选择需要连接管线的洁具<退出>找到 1 个
                          //选择洁具
请选择需要连接管线的洁具<退出>
            //按 Enter 键，弹出“选择连接形式”对话框，设置洁具连接的形式，单击“确定”按钮完成连接，如图 12-54 所示
```

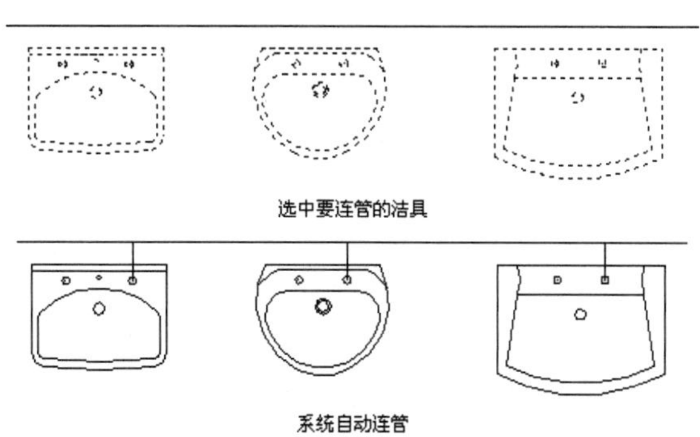

图 12-54 管连洁具效果

另外，“快连洁具”命令与“管连洁具”命令类似，用户可以一次性把管线和

洁具都选择上，将洁具统一连接到选择的管线。

12.5.12 阀门阀件

选择“平面”|“阀门阀件”命令，或者在命令行输入 FMFJ 后按 Enter 键，都可以执行“阀门阀件”命令，打开“T20 天正给排水软件图块”对话框，如图 12-55（左）所示，在管线上插入平面或系统形式的阀门阀件。

“T20 天正给排水软件图块”对话框中各按钮的功能如下：

- “插入阀件”按钮：单击该按钮，选择要插入的阀件进行插入。
- “替换阀件”按钮：单击该按钮，选择新阀件对管线上原有的阀件进行替换。
- “造阀门”按钮：单击该按钮，用来添加新的阀门。
- “平面阀门”按钮：单击该按钮，选择要插入的平面阀门，如图 12-55（左）所示。
- “系统阀门”按钮：单击该按钮，选择要插入的系统阀门，如图 12-55（右）所示。

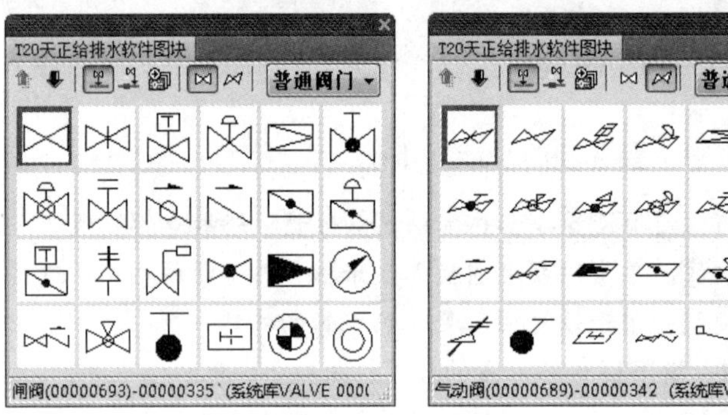

图 12-55 “T20 天正给排水软件图块”对话框（阀门阀件）

12.5.13 转条件图

“转条件图”命令用于对当前打开的一张建筑图根据需要进行给排水条件图转换，在此基础上进行给排水平面图的绘制。执行此命令前需要先打开 DWG 图，再进行转条件图操作。

选择“平面”|“转条件图”命令，或者在命令行输入 ZTJT 后按 Enter 键，都可以执行“转条件图”命令，打开“转条件图”对话框，如图 12-56 所示。

在“转条件图”对话框中选择在转条件图时需要保留的图层，未选的图层及层上的图元信息将被自动删除；设置好保留图层后，先不要单击“转条件图”按钮，而是单击“预演”按钮，框选转图范围，预览转条件图后的 DWG 图，能够达到用户要求时，再单击“转条件图”按钮进行转图。

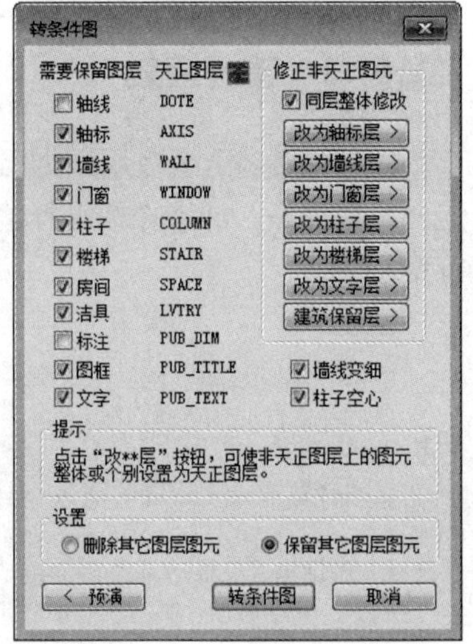

图 12-56 “转条件图”对话框

如果预演不能达到用户要求，从预演状态回到对话框，使用对话框中的“修正非天正图元”下的“同层整体修改”和“改为...层”，依次对每一层进行修正，同时在修改层时系统会自动伴随“预演”查看效果，每层预演状态的所有待转图元成虚线显示，如果用户还要保留另外的未转图元，可直接在预演状态下的图元上点取，程序会自动搜索到这一类图元并将它们变为虚线显示。

如果图纸特别复杂，反复修改后仍不能达到要求，就可采用对话框中的“删门窗编号”和“柱子变空心”命令，预演符合要求后再进行转图。

转化建筑图时，除了需要保留的图层和修正后的图元，系统将删除与之无关的所有信息，包括无用的图层及其上的图元、预演中未显示的图元和已转层之外无关的任何信息。转化后的建筑图表现在墙线变细，柱子由实心变为空心，门窗的编号被删除。如图 12-57 所示为某建筑图转换前后的效果。

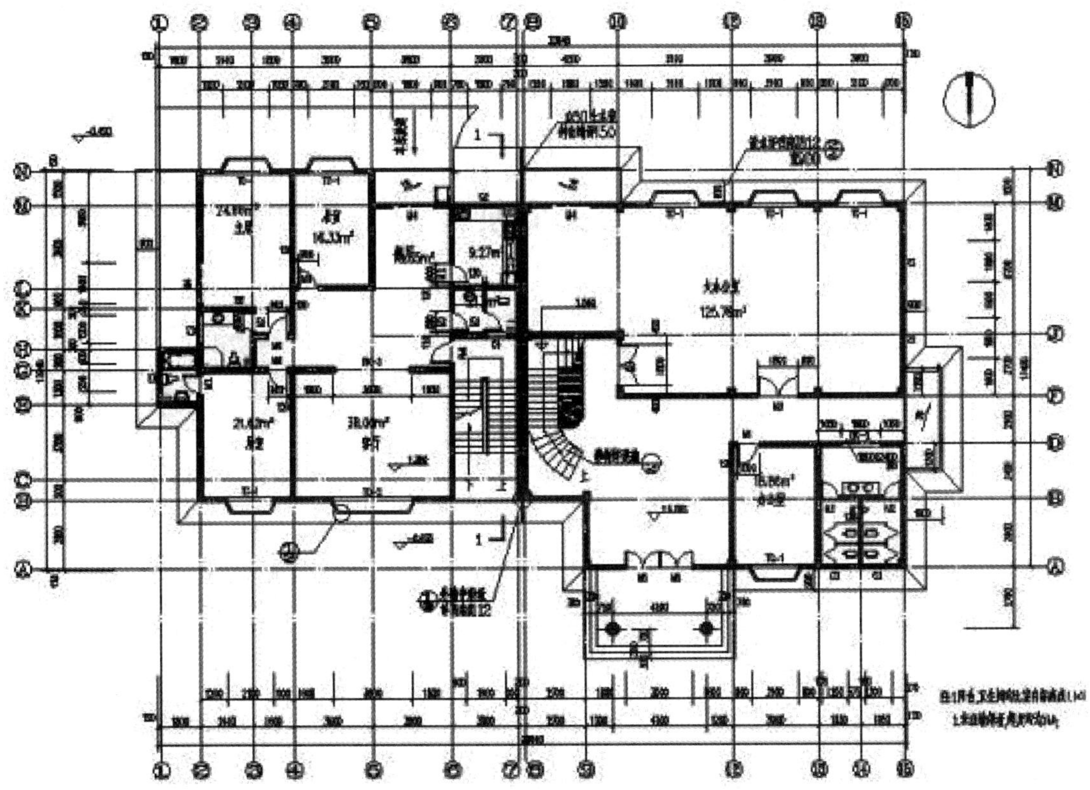

（a）转换前的建筑图

图 12-57　转条件图示例

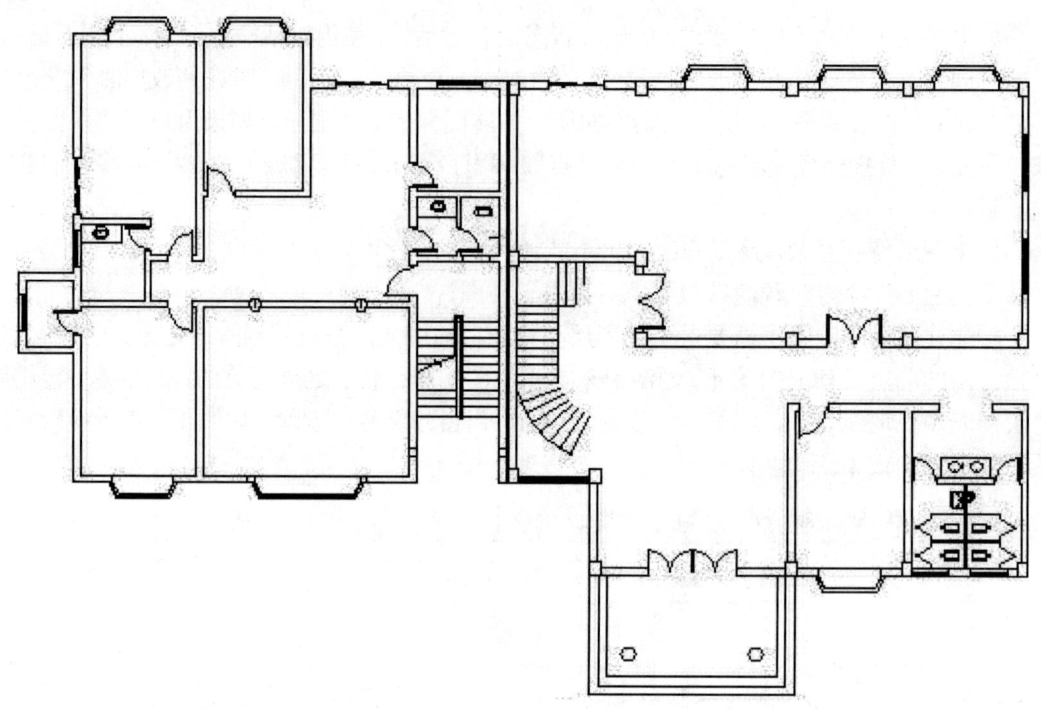

（b）转换后的给排水条件图

图 12-57　转条件图示例（续）

12.5.14　排水倒角

选择“平面”|“排水倒角”命令，或者在命令行输入 PSDJ 后按 Enter 键，都可以执行“排水倒角”命令，可以对排水管道进行倒角操作，排水倒角效果如图 12-58 所示。

命令行提示如下：

```
命令: psdj
请选择管道[改变倒角长度(A)]<退出>:  //输入 A，设置倒角长度
请输入倒角长度(mm)<300>:300          //输入倒角长度
请选择管道[改变倒角长度(A)]<退出>:  //选择需要倒角的管道
```

12.5.15　绘制标准层给排水平面图操作实例

【例 12-1】综合使用天正给排水平面中的相关命令，绘制标准层给排水平面图，最终效果如图 12-4 所示。

1. 绘制墙体

步骤 01　选择“建筑”|“绘制轴网”命令，打开“绘制轴网”对话框，勾选“下开”单选项，然后输入墙体竖直轴线的间距及个数，具体设置如图 12-59 所示。

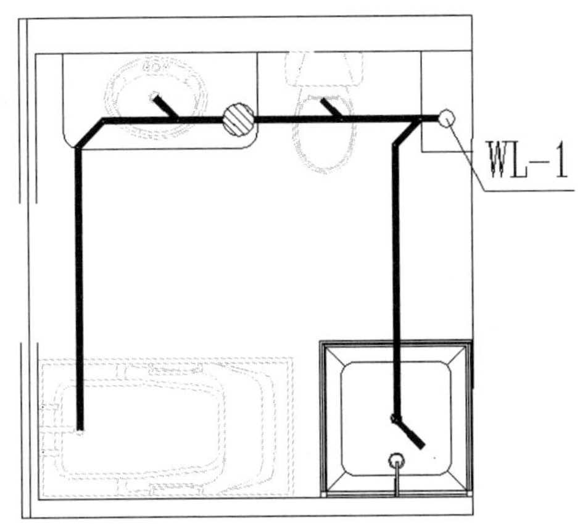

图 12-58　排水倒角效果

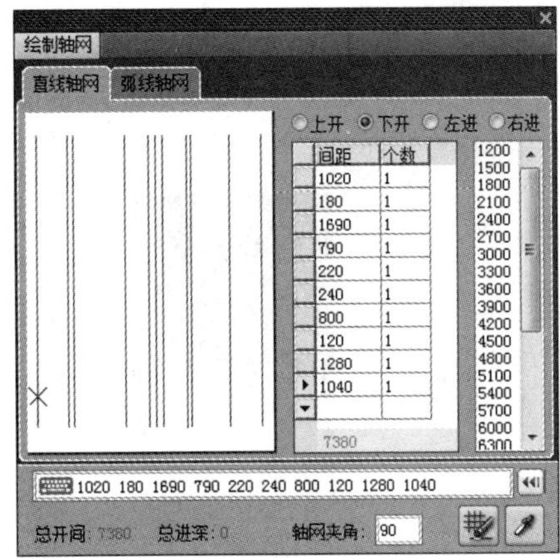

图 12-59　设置竖直轴线

步骤02 在“绘制轴网”对话框中勾选“左进”单选项，然后使用同样的方法输入墙体的水平轴线的间距，具体设置如图 12-60（左）所示。在命令行“请选择插入点[旋转 90 度(A)/切换插入点(T)/左右翻转(S)/上下翻转(D)/改转角(R)]”提示下指定轴网位置，绘制的墙体轴网效果如图 12-60（右）所示。

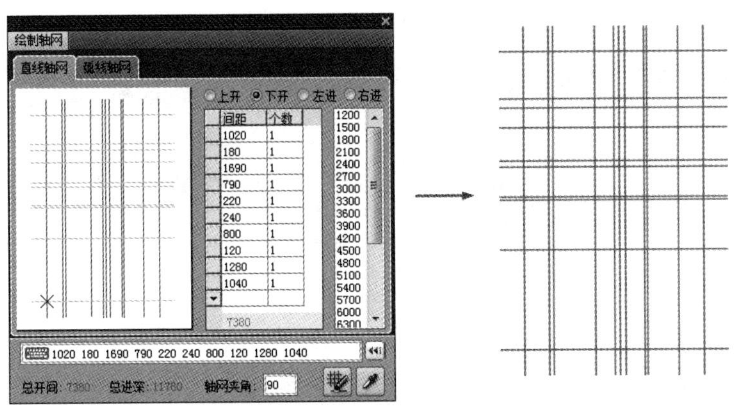

图 12-60　设置参数并绘制轴线网

步骤03 单击“默认”选项卡|“修改”面板上的“修剪”按钮，修剪所绘制的墙体轴网图，效果如图 12-61 所示。

步骤04 单击“默认”选项卡|“修改”面板上的“镜像”按钮，镜像上面绘制的墙体轴线图，镜像轴线为图 12-61 中的直线 CD，然后连接最上面的墙体轴线，效果如图 12-62 所示。

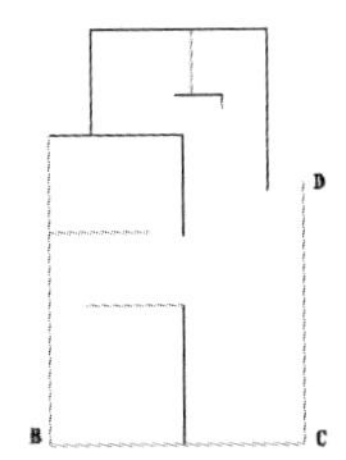

图 12-61　修剪墙体轴线图

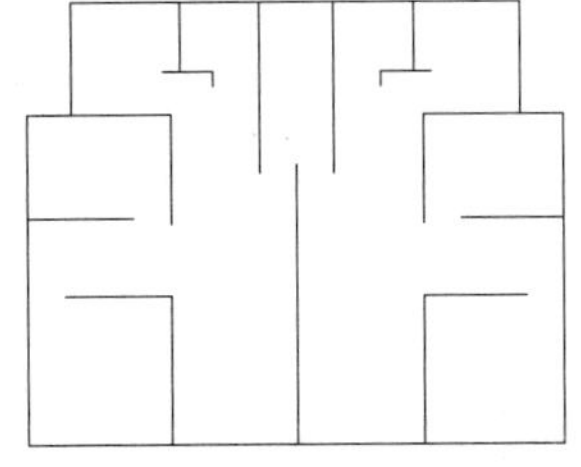

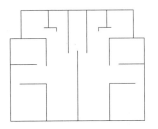

图 12-62　绘制另一半墙体轴线

步骤05 选择“建筑”|“绘制墙体”命令，打开“绘制墙体”对话框，将墙体左宽和右宽都设置为 120，如图 12-63（左）所示，然后通过捕捉墙体上的点来绘制墙体，效果如图 12-63（右）所示。

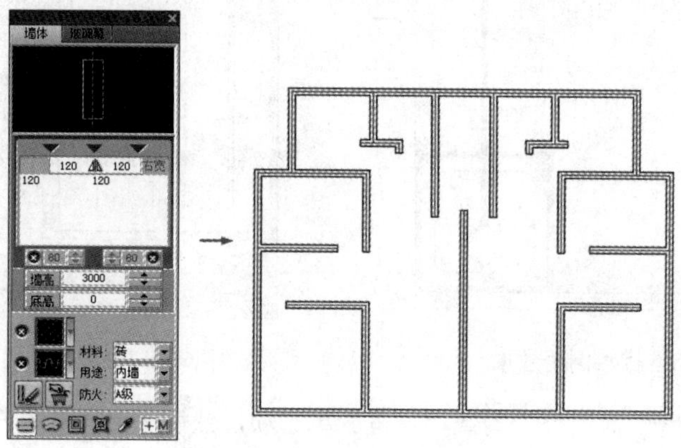

图 12-63　设置参数并绘制墙体

2. 布置窗户

步骤01 选择“建筑”|“门窗”命令，打开“窗”对话框，设置参数如图 12-64 所示。

图 12-64　设置窗户参数

步骤02 单击“依据位置两侧的轴线进行等分插入”按钮，插入窗户，在命令行“点取门窗大致的位置和开向(Shift－左右开)或[多墙插入(Q)]<退出>:”提示下拾取轴线，如图 12-65 所示。

步骤03 在命令行“指定参考轴线[S]/门窗或门窗组个数（1~2）<1>:”提示下按 Enter 键，系统自动分析出拾取位置两侧的轴线，进行等分插入窗子，插入结果如图 12-65 所示。接下来继续根据命令行的提示分别拾取其他位置的轴线，插入窗户，结果如图 12-66 所示。

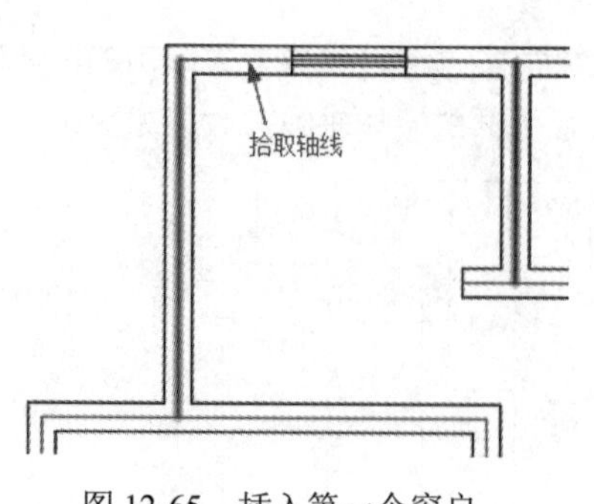

图 12-65　插入第一个窗户

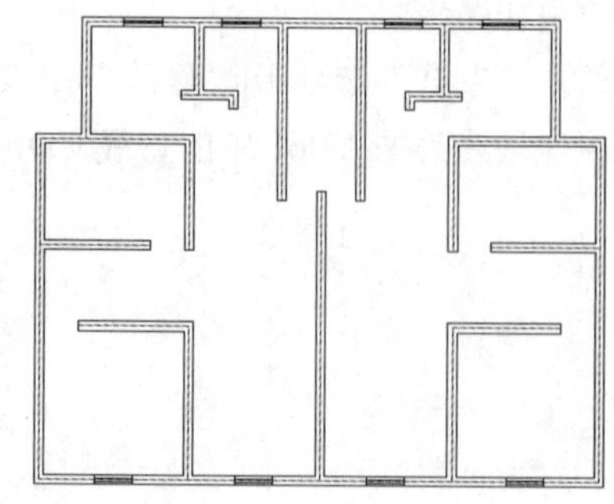

图 12-66　插入其他窗户

3. 插入楼梯

步骤 01 选择“建筑” | “双跑楼梯”命令，打开“双跑楼梯”对话框，具体设置如图 12-67 所示。

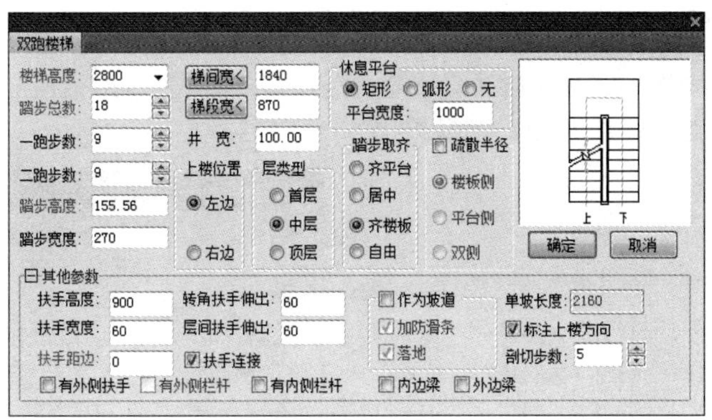

图 12-67 “双跑楼梯”对话框

步骤 02 返回绘图区在命令行“点取位置或 [转 90 度(A)/左右翻(S)/上下翻(D)/对齐(F)/改转角(R)/改基点(T)]<退出>:”提示下捕捉楼梯间左上角内墙线角点，插入楼梯，结果如图 12-68 所示。

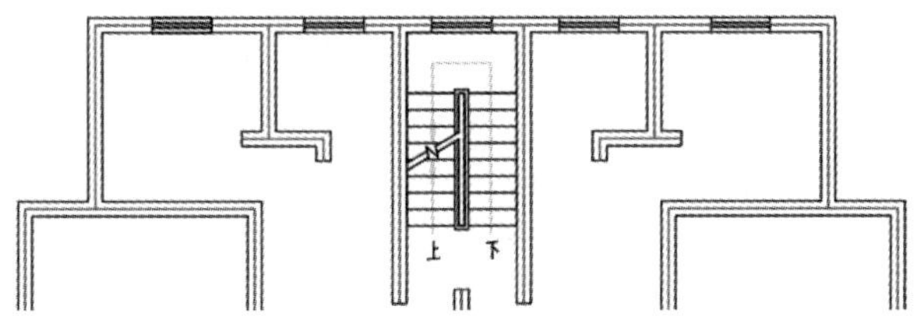

图 12-68 插入楼梯

4. 插入卫生洁具

步骤 01 选择“平面” | “任意洁具”命令，打开“ T20 天正给排水软件图块”对话框，在卫生间插入浴盆、坐便器、洗脸盆和拖布池，在厨房插入拖布池，插入位置如图 12-69 所示。

步骤 02 选择“平面” | “排水附件”命令，或者在命令行输入 PSFJ 后按 Enter 键，打开“排水附件”对话框，在卫生间插入方形地漏，如图 12-70 所示。

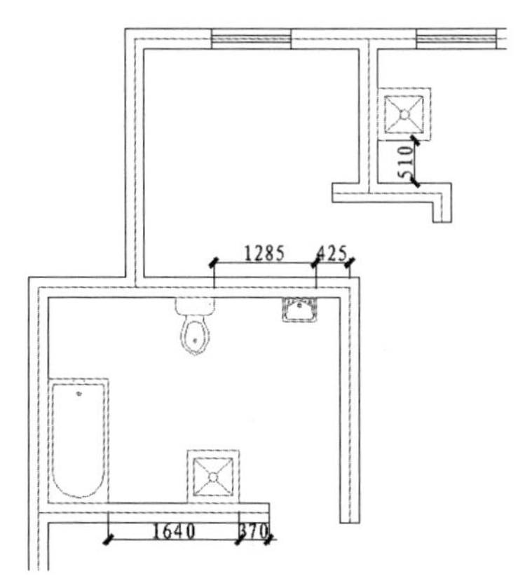

图 12-69 插入卫生洁具

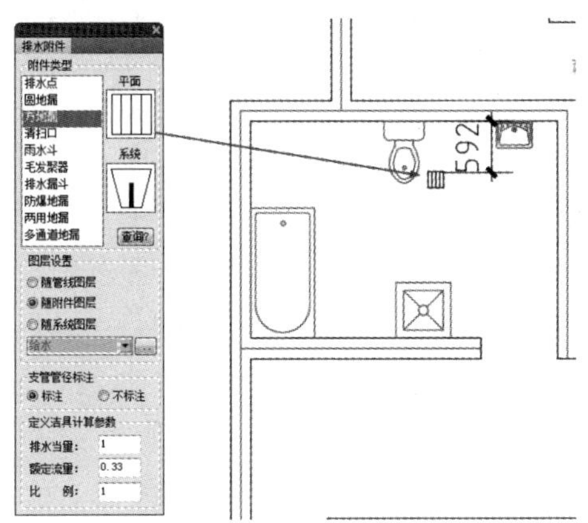

图 12-70 插入地漏

步骤03 单击“默认”选项卡|“修改”面板上的“镜像”按钮，将前面插入的卫生洁具镜像，效果如图 12-71 所示。

5. 标注房间名称

步骤01 选择“文字表格”|“文字样式”命令，打开“文字样式”对话框，新建一个名称为“房间名称”的文字样式，具体设置如图 12-72 所示。

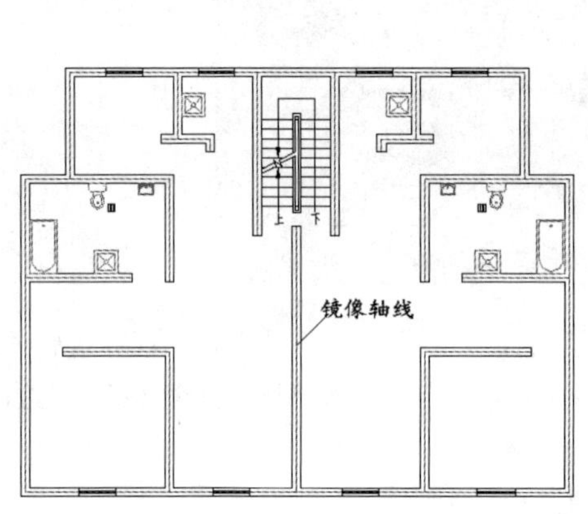

图 12-71 镜像卫生洁具

图 12-72 “文字样式”对话框

步骤02 选择“文字表格”|“单行文字”命令，打开“单行文字”对话框，设置参数如图 12-73 所示，标注房间名称。

步骤03 在“单行文字”对话框中分别输入其他房间名称，对话框其他参数不变，标注其他房间的名称，效果如图 12-74 所示。

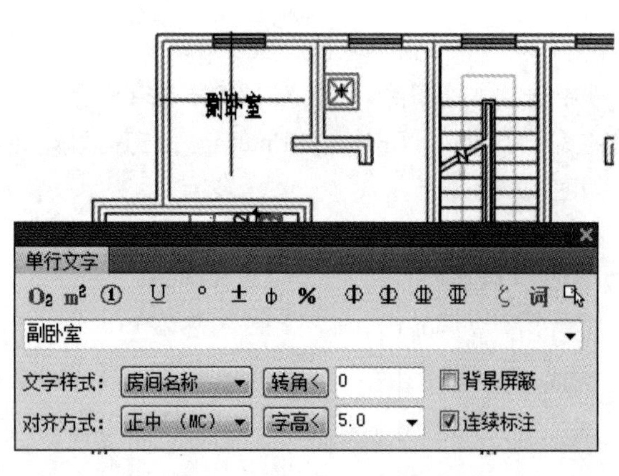

图 12-73 “单行文字”对话框

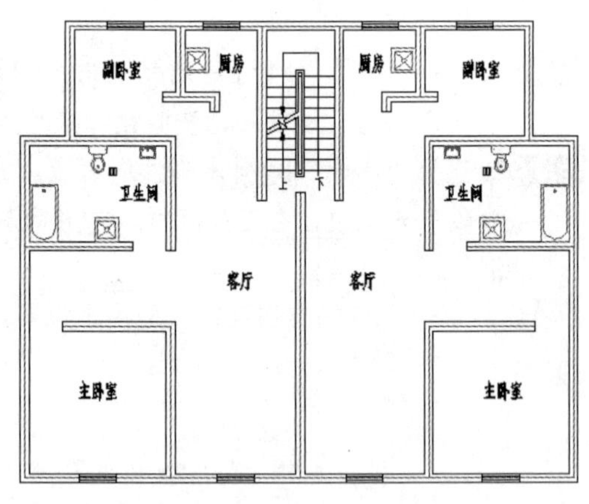

图 12-74 标注房间名称

6. 绘制给水管线

步骤01 选择“管线”|“立管布置”命令，为平面图布置第一根给水立管，设置参数如图 12-75 所示，然后在命令行“请拾取靠近立管的墙线[切换分区(E)/切换系统(Q)]<退出>”提示

下拾取楼梯间内墙拐角处的墙线。

步骤02 选择“管线”|“绘制管线”|“给水管线”命令，配合“正交”功能绘制给水管线，给水管线与墙体的距离均为 100，具体尺寸如图 12-76 所示。

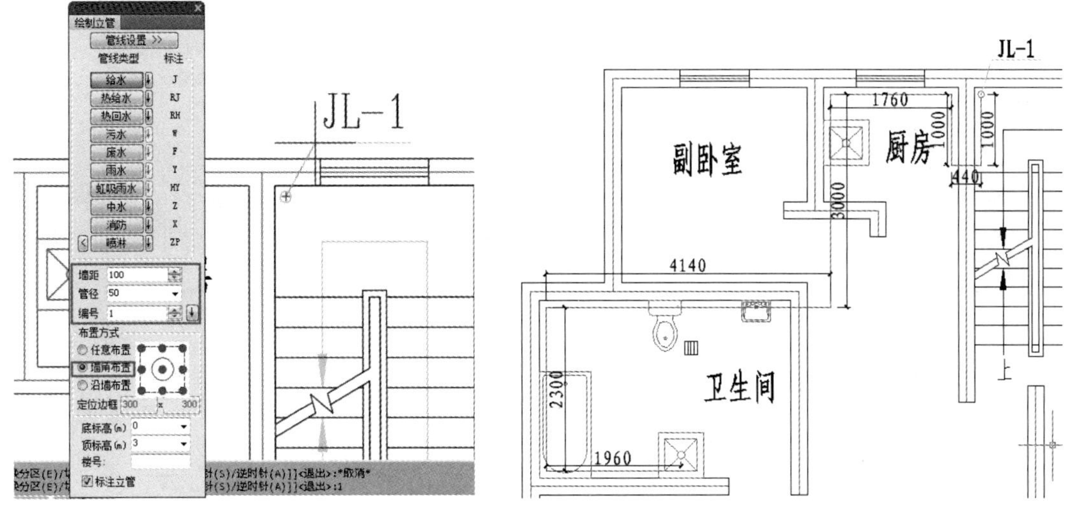

图 12-75 “绘制立管”参数设置

图 12-76 绘制给水管线

步骤03 选择“平面”|“管连洁具”命令，连接给水管线和用水设备。具体方法的示意图如图 12-77 与图 12-78 所示。然后按 Enter 键，系统自动连接给水支管和坐便器，如图 12-79 所示。

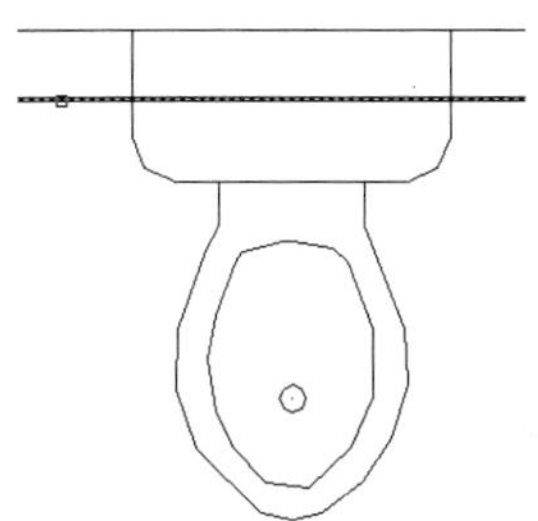

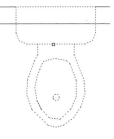

图 12-77 选择给水支管

图 12-78 选择坐便器

图 12-79 连接给水支管和坐便器

步骤04 使用同样的方法连接其他用水设备，效果如图 12-80 所示。

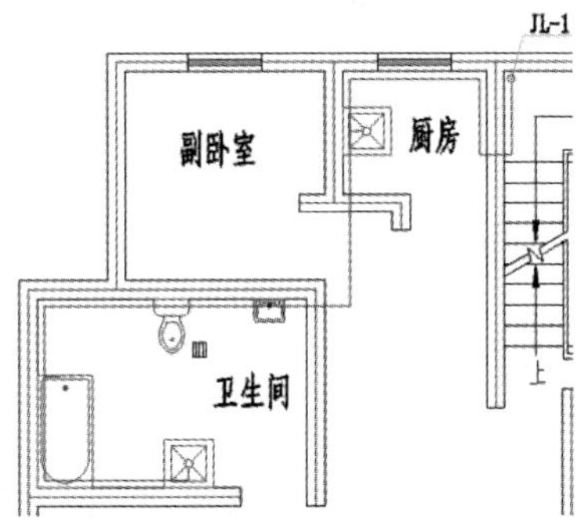

图 12-80 连接其他用水设备

7. 绘制排水管线

步骤 01 选择“管线”|“立管布置”|“污水”命令，绘制排水立管，“绘制立管”对话框参数设置及排水立管绘制效果，如图 12-81 所示。

步骤 02 使用同样的方法布置卫生间内的排水立管。选择“管线”|“绘制管线”|“污水”命令，绘制排水管线，如图 12-82 所示。

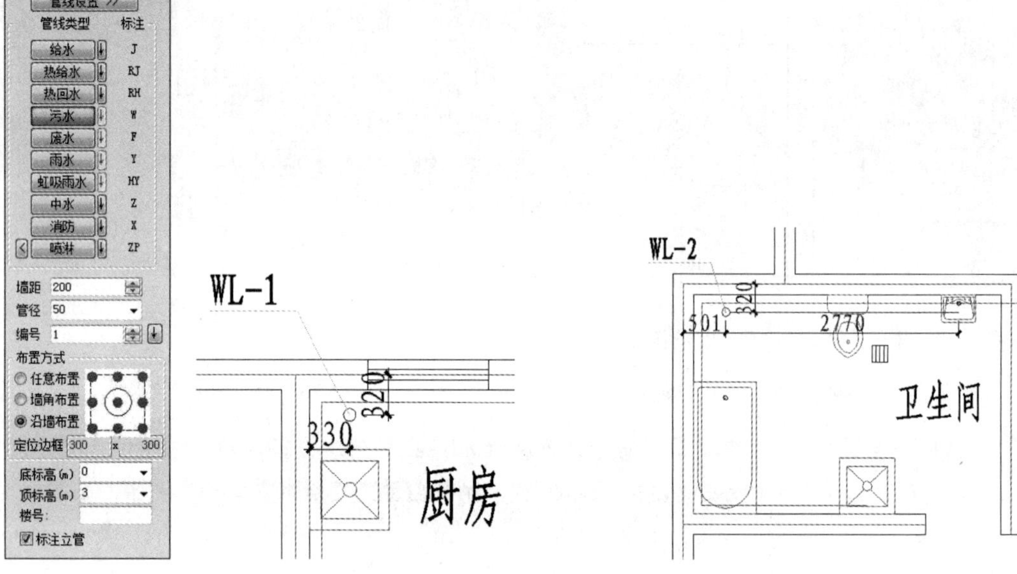

图 12-81　布置厨房内排水立管　　　　图 12-82　布置卫生间内排水立管和管线

步骤 03 采用与绘制给水管线同样的方法连接卫生设备和污水管线，效果如图 12-83 所示。

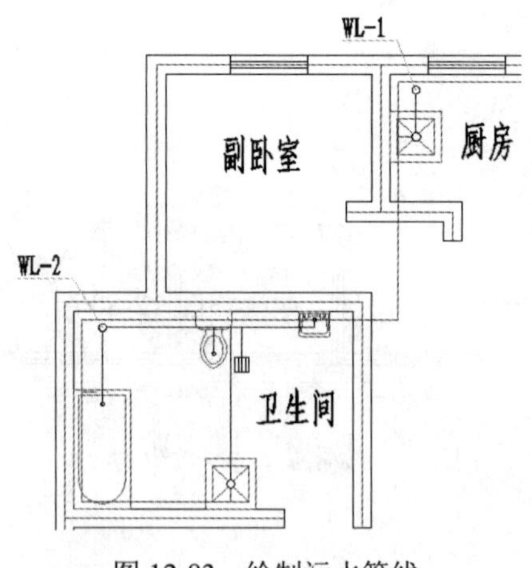

图 12-83　绘制污水管线

8. 绘制另一边的给排水管线

用同样的方法绘制另外一边的给排水管线，或单击“默认”选项卡|“修改”面板上的“镜

像”按钮，对单元平面图左侧的管线进行镜像，结果如图 12-84 所示。

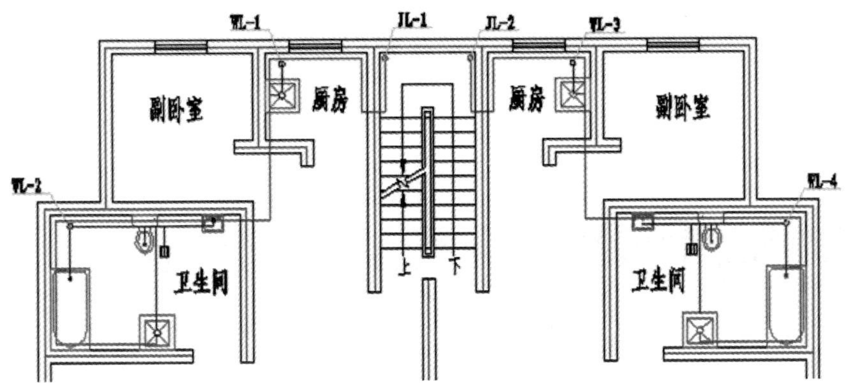

图 12-84　绘制另一边的给排水管线

9. 标注给排水平面图

标注上面绘制的给排水平面图，效果如图 12-85 所示。

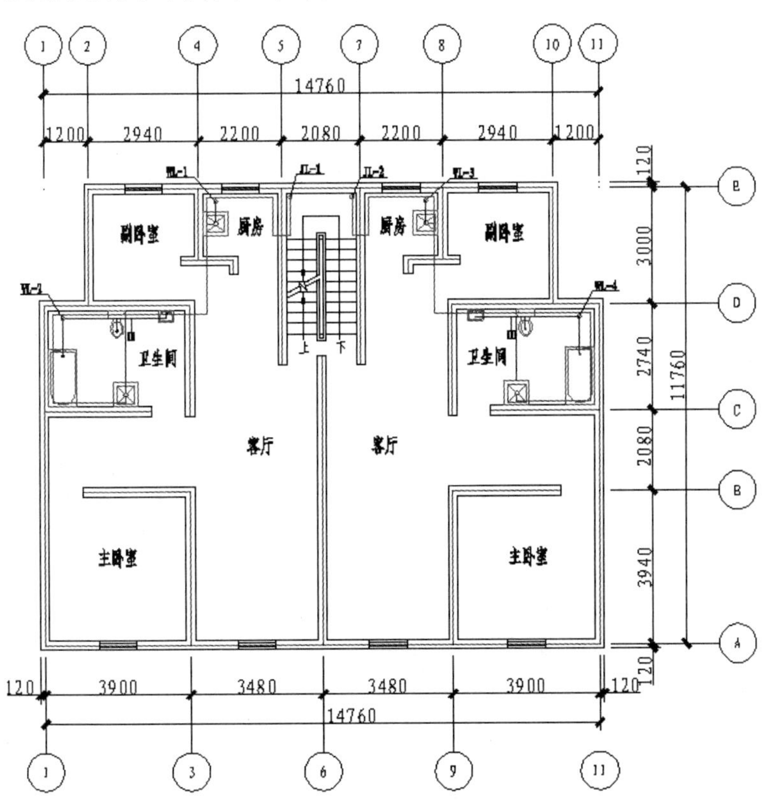

图 12-85　标注给排水平面图

10. 绘制图题

选择“专业标注”|“图名标注”命令，打开“图名标注”对话框，具体设置如图 12-86

所示。在绘图区域单击，绘制的图题如图 12-87 所示。将绘制的图题移动到给排水平面图正下方，如图 12-4 所示。

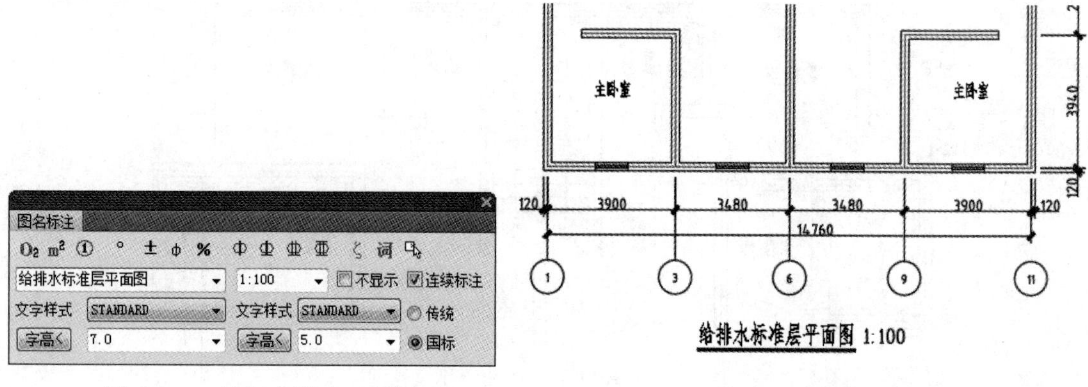

图 12-86 “图名标注”对话框　　　　图 12-87 图题

12.6 消防平面图

12.6.1 布置消火栓

“布消火栓”命令用于设置平面消火栓的形式和系统接管方式，在平面图中布置消火栓。选择“平面消防”|“布消火栓”命令，或者在命令行输入 BXHS 后按 Enter 键，都可以执行“布消火栓”命令，打开“平面消火栓”对话框，如图 12-88（左）所示。

“平面消火栓”对话框中主要选项的功能如下：

- “样式尺寸”选项组：选择要布置的消火栓的连接方式和常用尺寸，可以点选消火栓平面样式图块进行选择，其中连接方式有上接和平接两种形式，单击“样式尺寸”图例，可弹出如图 12-88（右上）所示的样式。
- “常用尺寸”按钮用于修改消火栓箱的尺寸，单击该按钮可弹出如图 12-88（右下）所示的“消火栓尺寸”对话框。
- “布置方式”选项组用于选择消火栓的布置方式，有沿线布置、任意布置和定距布置三种方式。沿线布置就是根据命令行提示选择图中的外部参照、墙线、柱子、直线、弧线等，进行沿线布置消火栓；任意布置就是点取消火栓插入点，任意布置消火栓，或命令行输入 A、F 旋转、翻转消火栓；定距布置就是根据命令行提示拾取布置消火栓的外部参照、墙线、柱子、直线、弧线等，根据输入的间距，与墙端、线端或沿线的消火栓，进行定距布置消火栓。
- “距墙距离”选项：选择消火栓沿墙布置时距离墙的距离。
- “保护半径”文本框：选择或输入保护半径值。
- “压力及保护半径计算”按钮：单击该按钮，打开“消火栓栓口压力计算”对话框，如图 12-89 所示，计算消火栓的栓口水压、保护半径和充实水柱长度的值。

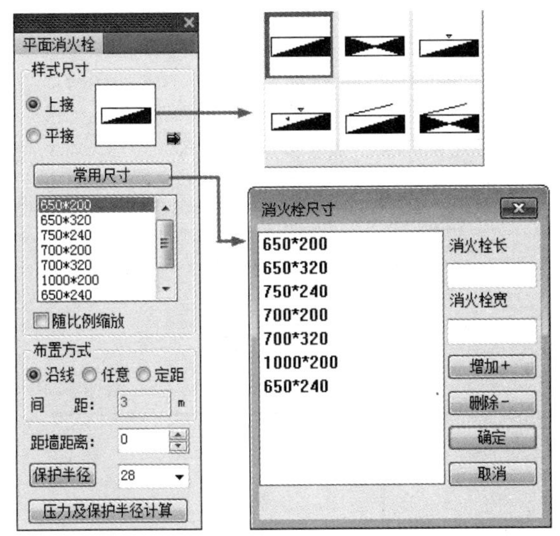

图 12-88 “平面消火栓”对话框

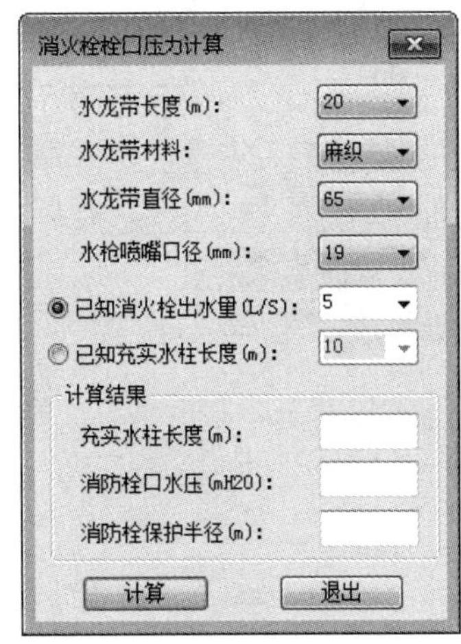

图 12-89 “消火栓栓口压力计算”对话框

12.6.2 连消火栓

“连消火栓”命令用于连接消火栓和立管、消火栓和干管。选择“平面消防”|“连消火栓”命令，或者在命令行输入 LXHS 后按 Enter 键，都可以执行“连消火栓”命令，弹出如图 12-90（左）所示的“连消火栓”对话框，可以设置消火栓样式和接管属性等参数。

“连消火栓”对话框包括“立消连接”和“干消连接”两个选项卡，用于选择消火栓立管连接和干管连接。

“立消连接”选项卡主要选项功能如下：

- “消火栓样式”选项组：用于设置消火栓连接样式，有上接和平接两种。
- “接管属性”选项组：用于设置连接消火栓的管道的标高、管径。
- “立管管径”下拉文本框：用于设置与消火栓连接的立管的管径。

“干消连接”选项卡主要选项功能如下：

- “消火栓样式”选项组：用于设置消火栓连接样式，有上接和平接两种。
- “选择竖管连接样式”选项组：用于选择连接干管和消火栓的竖管的连接样式。
- “竖管属性”选项组：用于设置竖管距消火栓边缘的距离、竖管管径、竖管位置。
- “接管属性”选项组：用于设置连接消火栓支管的标高、管径。
- “干管属性”选项组：用于设置连接消火栓的干管的标高、管径。

设置完成后命令行提示如下：

```
命令: lxhs
请框选消火栓与消防立管(支持多选)<退出>:找到 1 个              //选择需要连接的消火栓和消防立管
请框选消火栓与消防立管(支持多选)<退出>:找到 1 个, 总计 2 个//选择需要连接的消火栓和消防立管
…
请框选消火栓与消防立管(支持多选)<退出>://按回车键, 消火栓和立管完成连接, 如图 12-90 (右) 所示
```

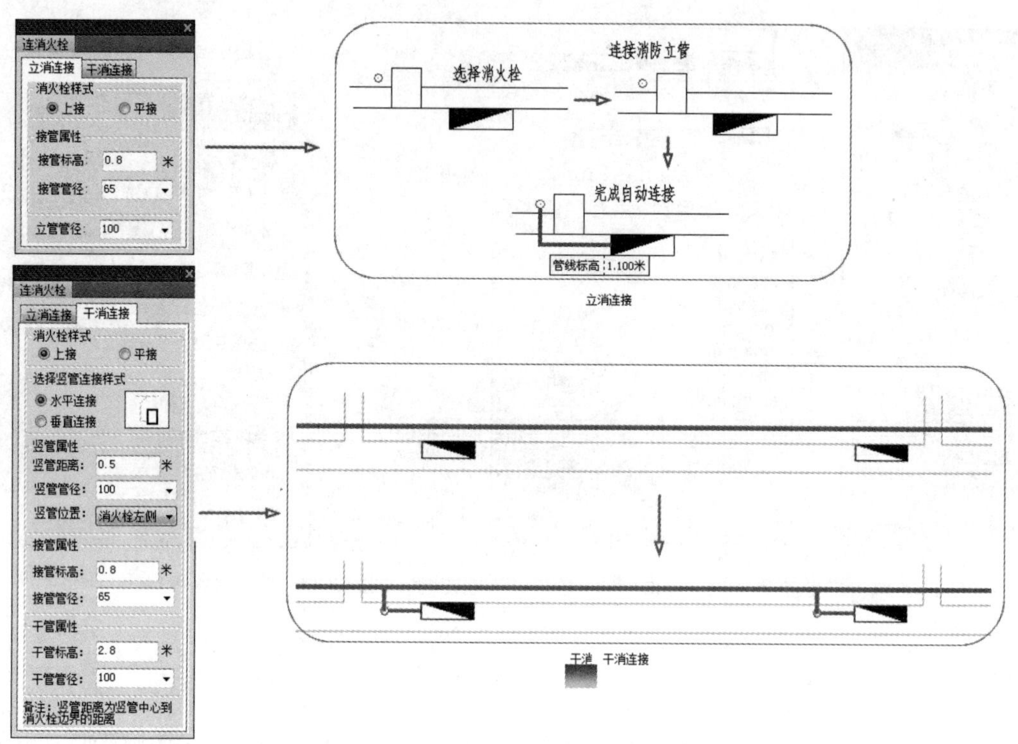

图 12-90　“连消火栓”对话框及连消火栓步骤图

12.6.3　任意布置喷头

选择“平面消防”|“任意喷头”命令，或者在命令行输入 RYPT 后按 Enter 键，都可以执行“任意喷头”命令，打开“任意布置喷头”对话框，在图中自由插入喷头，如图 12-91 所示。

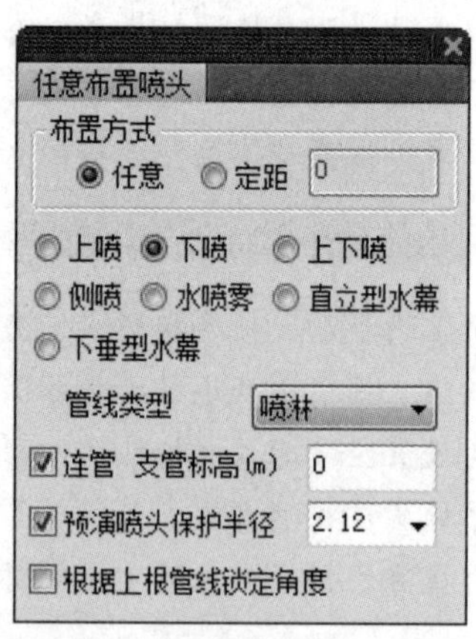

图 12-91　“任意布置喷头”对话框

“任意布置喷头”对话框中主要选项的功能如下：

- “布置方式”选项组：设置喷头的布置方式，包括任意和定距两种方式，如图 12-92 所示。

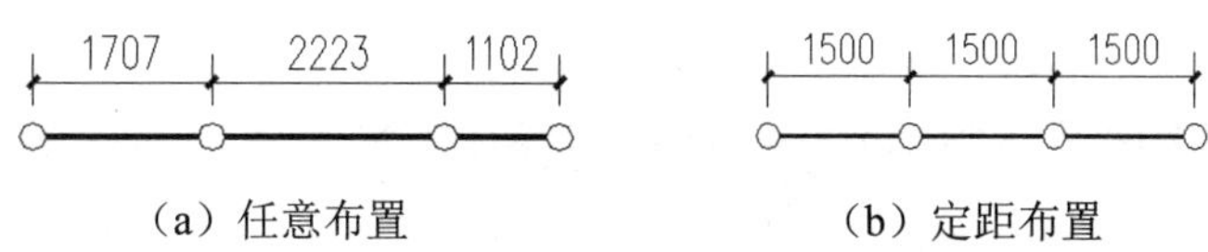

（a）任意布置　　（b）定距布置

图 12-92　消火栓布置方式

- “上喷”“下喷”“上下喷”“侧喷”“水喷雾”“直立型水幕”“下垂型水幕”单选按钮：设置喷头的喷水方式，如图 12-93 所示。

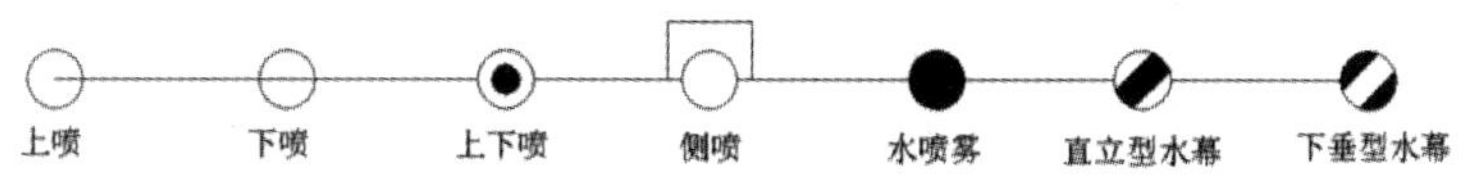

图 12-93　喷头喷水方式

12.6.4　直线喷头

“直线喷头”命令用于在平面图中两个指定点之间按照喷头的数量或间距沿一条直线均匀布置喷头。选择“平面消防”|“直线喷头”命令，或者在命令行输入 ZXPT 后按 Enter 键，都可以执行“直线喷头”命令，打开“两点均布喷头”对话框，如图 12-94 所示。

“两点均布喷头”对话框中主要选项的功能如下：

- “最大喷头间距”文本框：设置喷头最大间距值。
- “最大离墙距离”文本框：设置喷头距离墙的最大距离值。
- “支管标高”文本框：设置绘制管线和设备的标高值。
- “预演喷头保护半径”复选框：选择或输入喷头保护半径，并在绘制喷头时对保护半径进行预演。

如图 12-95 所示为直线布置喷头的效果。

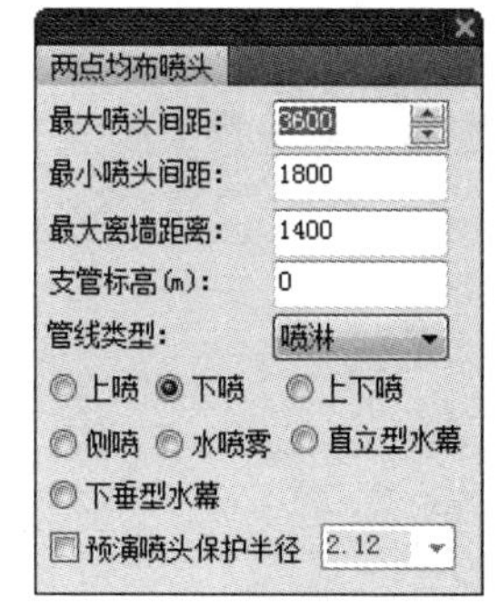

图 12-94　“两点均布喷头”对话框

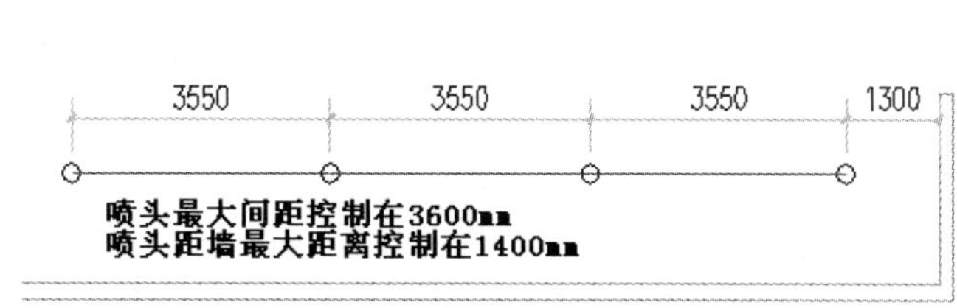

图 12-95　直线布置喷头的效果

12.6.5　矩形喷头

选择“平面消防”|“矩形喷头”命令，或者在命令行输入 JXPT 后按 Enter 键，都可以执行“矩形喷头”命令，打开“矩形布置喷头”对话框，如图 12-96 所示。在绘图区域中，可按

矩形或菱形布置喷头。

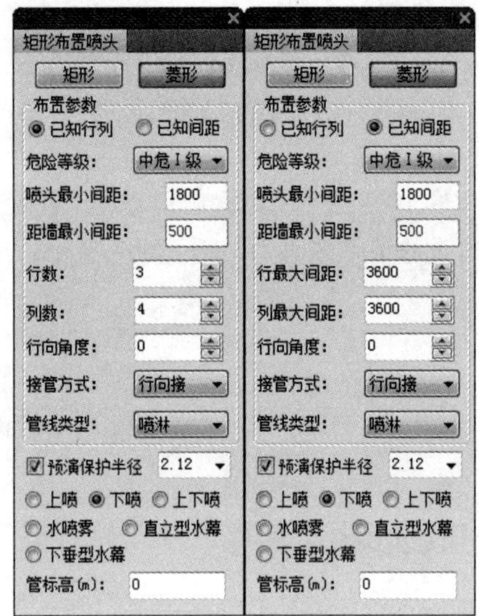

图 12-96　“矩形布置喷头”对话框

“矩形布置喷头”对话框中主要选项功能如下：

- 布置方式：有矩形和菱形两种，如图 12-97 所示。

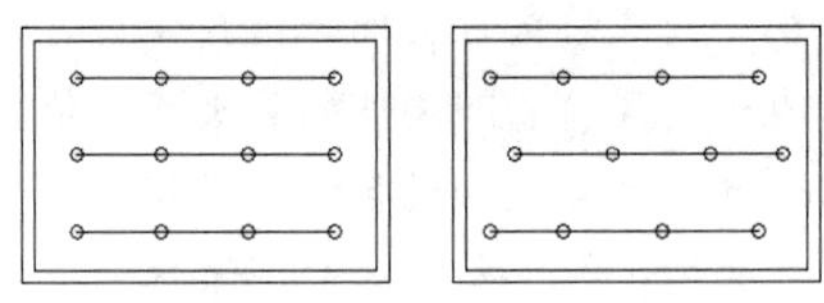

（a）矩形布置　　（b）菱形布置

图 12-97　矩形和菱形两种布置方式

- “布置参数”选项组：对矩形喷头相关参数进行设置，包括以下内容：
  - “危险等级”下拉列表框：包括轻危险级、中危 I 级、中危 II 级和严重危险 4 个等级。根据不同的危险等级控制不同的行列最大间距。
  - “喷头最小间距”文本框：用于输入喷头之间的最小间距。
  - “距墙最小间距”文本框：用于设置喷头距离墙的最小间距。
  - “行最大间距”文本框：选择或输入行最大间距。
  - “列最大间距”文本框：选择或输入列最大间距。
  - “行向角度”文本框：选择绘制喷头时管线的旋转角度。
  - “接管方式”下拉列表框：选择喷头与管道的连接方式，包括行向接、列向接和不连接 3 种方式。
  - “管线类型”下拉列表框：选择管线的类型，有喷淋低区、喷淋中区和喷淋高区 3 种类型。
  - “管标高”文本框：设置绘制管线和设备的标高值。

12.6.6 扇形喷头

选择“平面消防”|“扇形喷头”命令，或者在命令行输入 SXPT 后按 Enter 键，都可以执行“扇形喷头”命令打开“扇形布置喷头”对话框，如图 12-98（左）所示，在绘图区域中按扇形布置喷头，如图 12-98（右）所示。

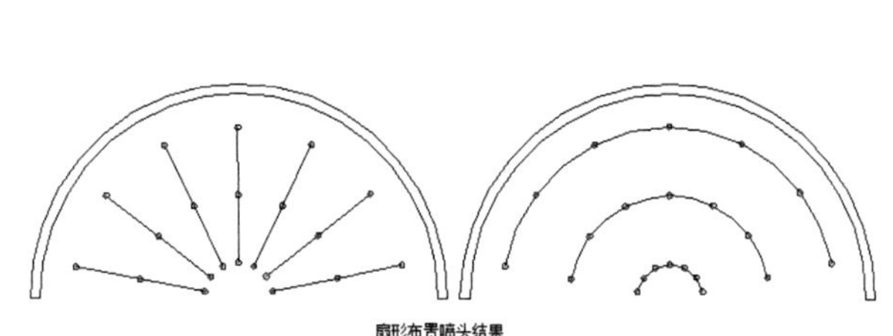

图 12-98 “扇形布置喷头”对话框及示例

“扇形布置喷头”对话框中主要选项的功能如下：

- “危险等级”下拉列表框：包括轻危险级、中危 I 级、中危 II 级、严重危险 4 个等级，由于危险等级的不同从而控制不同的行列最大间距。
- “最大行距”文本框：选择或输入行间距。
- “最大列距”文本框：选择或输入列间距。
- “最大墙距”文本框：输入扇形喷头距离墙的距离。
- “接管方式”下拉列表框：选择喷头与管道的连接方式，分为行向接、列向接和不连管 3 种方式。
- “管标高”文本框：用于直接设置绘制管线和设备的标高
- “管线类型”下拉列表框：选择管线的类型，有喷淋低区、喷淋中区和喷淋高区 3 种类型。
- “喷头方式”单选按钮：有上喷、下喷、上下喷、水喷雾、直立型水幕、下垂型水幕 6 种方式。
- “预演保护半径”复选框：选取此项时，喷头的保护半径变为可编辑状态，可从中选择喷头的保护半径，在绘制喷头时可以对保护半径进行预演。

完成对话框设置，命令行提示如下：

```
请输入扇形大弧起始点<退出>:          //点选弧线上的起始点
请输入扇形大弧终点<退出>:            //点选弧线上的终止点
点取扇形大弧上一点<退出>:            //点选弧线上任意一点
请输入终点<退出>:                    //点选弧线外任意一点
```

12.6.7 等距喷头

选择“平面消防”|“等距喷头”命令，或者在命令行输入 DJPT 后按 Enter 键，都可以执

行“等距喷头”命令打开“等距布喷头”对话框，如图 12-99（左）所示，在绘图区域中等距布置喷头，如图 12-99（右）所示。

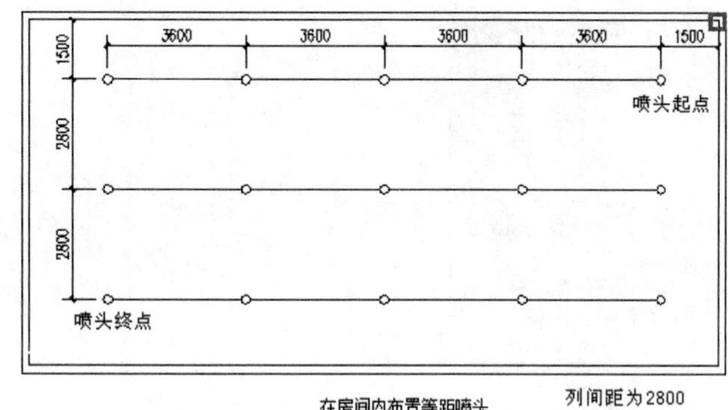

图 12-99 “等距布喷头”对话框及示例

“等距布喷头”对话框中各选项的功能如下：

- “墙角距离”选项组：设置插入点与所布置的第一个喷头之间的距离，包括行向距离和列向距离。
- “布置参数”选项组：包括行间距、列间距、行向角度、接管方式和管标高选项，其具体功能如下：
  - “行间距”文本框：设置喷头之间的行向距离。
  - “列间距”文本框：设置喷头之间的列向距离。
  - “行向角度”文本框：设置绘制喷头时管线的旋转角度。
  - “接管方式”下拉列表框：设置喷头与管线的连接方式，包括行向接、列向接和不接管 3 种。
  - “管标高”文本框：设置管线和设备的标高。
  - “管线类型”下拉列表框：选择管线的类型，有喷淋低区，喷淋中区和喷淋高区 3 种类型。
- 对话框下侧有上喷、下喷、上下喷、水喷雾、直立型水幕、下垂型水幕 6 种喷头方式。
- “预演保护半径”复选框：选择或输入喷头保护半径，并在绘制时显示保护半径的预演。

12.6.8 修改喷头

选择“平面消防”|“修改喷头”命令，或者在命令行输入 XGPT 后按 Enter 键，都可以执行“修改喷头”命令，选择喷头后按 Enter 键，打开“编辑喷头”对话框，如图 12-100 所示。可以在此对话框中对喷头的样式、插入比例等参数进行修改。

“编辑喷头”对话框中各选项的功能如下：

- “修改喷头样式”复选框：选中该复选框可以将已有的喷头修改为开式、闭式、侧墙和侧喷 4 种形式，如图 12-101 所示。

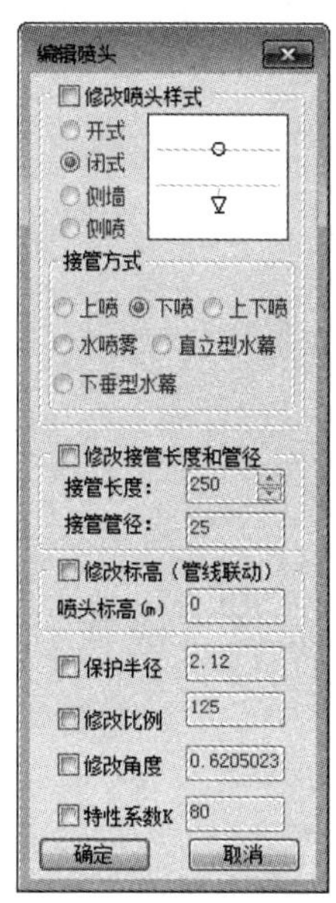

图 12-100　“编辑喷头”对话框

图 12-101　喷头样式

- “接管方式”选项组：设置接管方式，包括上喷、下喷、上下喷、水喷雾、直立型水幕、下垂型水幕 6 种方式。
- “修改接管长度和管径”复选框：选中该复选框，可以在“接管长度”文本框中设置接管长度值；可以在“接管管径”文本框中设置接管管径。
- “修改标高”复选框：选中该复选框，可以在“喷头标高”文本框中设置喷头标高值。输入新的标高值，系统自动完成喷头标高的修改，同时与喷头相连管线的标高也会进行联动修改。
- “保护半径”复选框：选中该复选框，可以在其后的文本框中设置喷头的有效保护半径，单位为 m。
- “修改比例”复选框：选中该复选框，可以在其后的文本框中设置喷头的比例值。
- “修改角度”复选框：选中该复选框，可以在其后的文本框中设置喷头的插入角度。
- “特性系数 K”复选框：选中该复选框，可以在其后的文本框中设置特性系数 K 的值，此数值在喷淋计算中会用到。

12.6.9　喷头定位

选择“平面消防”|“喷头定位”命令，或者在命令行输入 PTDW 后按 Enter 键，都可以执行“喷头定位”命令，测量某喷头、立管到墙或其他喷头的距离和对单个及联动其他喷头进行重新定位，命令行提示如下：

```
命令: _PTDW
请选择需要定位的喷头或立管<退出>:                    //选择一个喷头
```

```
请选择参考位置,如墙、喷头<退出>:                    //选择另一个喷头
请在编辑框内输入新的距离<Enter 键完成, ESC 键退出>400
请选择联动喷头及管线:<只移动本喷头>                  //按 Enter 键结束命令
```

如图 12-102 所示为两个喷头重新定位前后的距离效果。

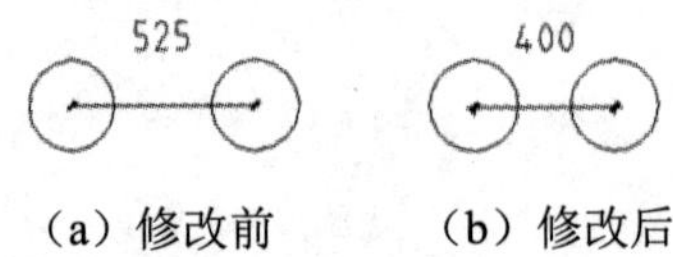

图 12-102　两个喷头重新定位前后的距离效果

12.6.10　喷头尺寸

选择“平面消防”|“喷头尺寸”命令，或者在命令行输入 PTCC 后按 Enter 键，都可以执行“喷头尺寸”命令，标注喷头间距尺寸，命令行提示如下：

```
命令:_PTCC
请选取喷头(所选喷头要共线或共圆)<退出>:找到 4 个，总计 4 个
请选取喷头(所选喷头要共线或共圆)<退出>://按 Enter 键结束选择
请点取尺寸线位置<退出>:                //在喷头上方合适位置处单击即可，如图 12-103 所示
```

图 12-103　标注喷头尺寸

12.6.11　喷淋管径

选择“平面消防”|“喷淋管径”命令，或者在命令行输入 PLGJ 后按 Enter 键，都可以执行“喷淋管径”命令，打开“根据喷头数计算管径”对话框，如图 12-104 所示，计算喷淋管径并标注于图中。

“根据喷头数计算管径”对话框中各选项的功能如下：

- “管径与喷头数对应关系”选项组：用户可以使用原有系统的设置，也可以根据需要手动修改不同管径连接的喷头数。
- “轻危险级”“中危险级”和“严重危险”单选按钮：用于选择建筑物的危险等级。选择不同危险等级时，对应喷头数会发生相应变化。
- “恢复缺省设置”按钮：单击该按钮，系统会将已经修改的喷头数改回原始设置。
- “管径文字高度”文本框：设置管径文字的高度。

在“根据喷头数计算管径”对话框中设置完毕后，单击“确定”按钮，命令行提示如下：

```
命令:_plgj
请选择喷淋干管<退出>//选择已经绘制好的喷淋干管,系统会自动生成与沿干管向支管的水流方向相同的管径标注，如图 12-105 所示
```

图 12-104　“根据喷头数计算管径”对话框

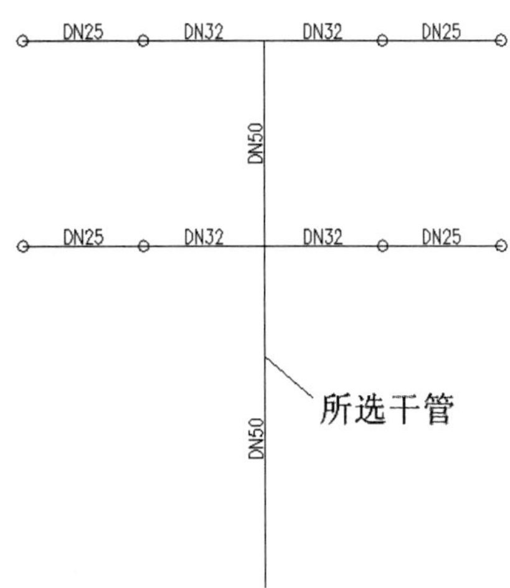

图 12-105　计算后自动标注管径

12.6.12　喷淋计算

选择“平面消防”|“喷淋计算”命令，或者在命令行输入 PLJS 后按 Enter 键，都可以执行“喷淋计算”命令进行喷洒计算，命令行提示如下：

```
命令:_PLJS
请选择喷淋干管<退出>                    //选择图 12-105 中所示的喷淋干管
请输入起点编号<1>1                      //输入起点编号
图中红叉为系统最不利点，请选择计算范围：   //如图 12-106 所示
选择第一点<选取闭合 PLINE 决定作用面积> //选择喷淋干管最低点，拖动鼠标选择图 12-106 中的右半部分为计算范围，如图 12-107 所示，单击确定计算范围，打开“喷洒计算”对话框，如图 12-108 所示
```

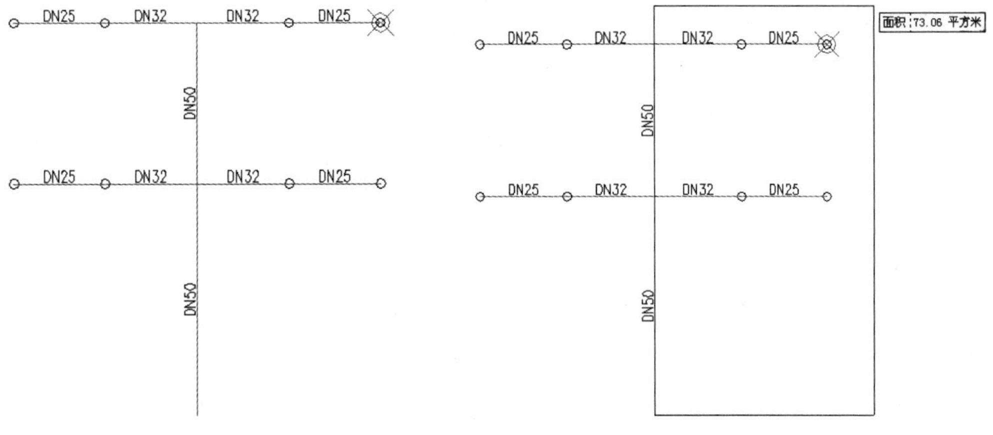

图 12-106　显示系统最不利点

图 12-107　选择喷淋计算范围

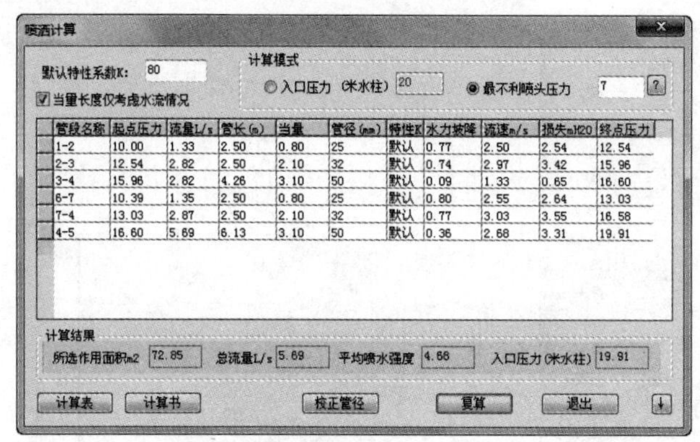

管段名称	起点压力	流量L/s	管长(m)	当量	管径(mm)	特性K	水力坡降	流速m/s	损失mH20	终点压力
1-2	10.00	1.33	2.50	0.80	25	默认	0.77	2.50	2.54	12.54
2-3	12.54	2.82	2.50	2.10	32	默认	0.74	2.97	3.42	15.96
3-4	15.96	2.82	4.26	3.10	50	默认	0.09	1.33	0.65	16.60
6-7	10.39	1.35	2.50	0.80	25	默认	0.80	2.55	2.64	13.03
7-4	13.03	2.87	2.50	2.10	32	默认	0.77	3.03	3.55	16.58
4-5	16.60	5.69	6.13	3.10	50	默认	0.36	2.68	3.31	19.91

图 12-108 “喷洒计算”对话框

12.6.13 设备连管

选择“平面消防”|“设备连管”命令，或者在命令行输入 SBLG 后按 Enter 键，都可以执行“设备连管”命令，将给水、排水和消防设备连接到干管上，命令行提示如下：

```
命令：_SBLG
请选择干管<退出>:                          //选择图 12-109 所示的干管
请选择需要连接管线的设备<退出>找到 6 个，总计 6 个  //选择喷头
请选择需要连接管线的设备<退出>              //按 Enter 键，结束命令，绘制效果如图 12-110 所示
```

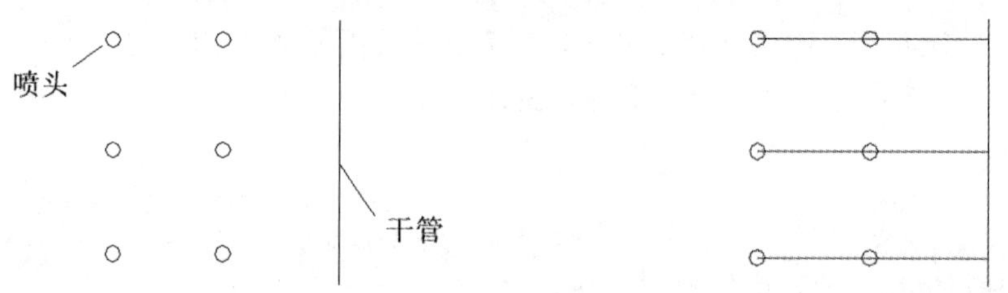

图 12-109 未连接的干管和喷头

图 12-110 连接喷头和干管

12.6.14 设备移动

选择“平面消防”|“设备移动”命令，或者在命令行输入 SBYD 后按 Enter 键，都可以执行“设备移动”命令，将设备移动到其他位置。

命令行提示如下：

```
命令：_SBYD
请选择需要移动的设备<退出>找到 1 个
请选择需要移动的设备<退出>                                   //按 Enter 键结束选择
点取位置或 [转 90 度(A)/左右翻(S)/上下翻(D)/对齐(F)/改转角(R)/改基点(T)]<退出>://指定
设备的新位置
```

如图 12-111 所示为设备移动前后的效果对比。

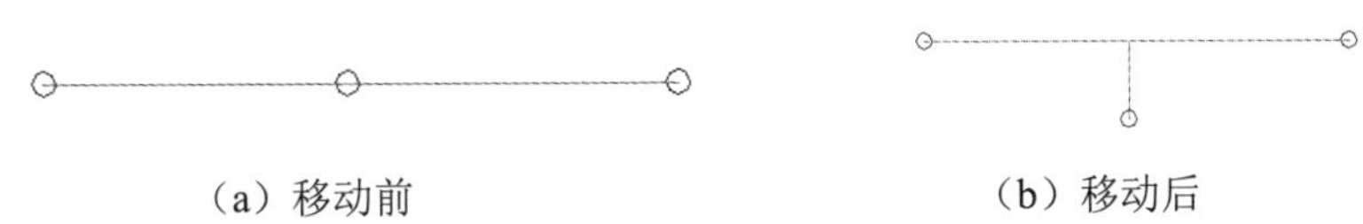

（a）移动前　　（b）移动后

图 12-111　设备移动前后效果对比

设备移动的目的在于设备之间发生遮挡关系时，或建筑物与设备放置相冲突时，移动设备使之绕开建筑物或错开其他设备。设备移动后，连接设备与干管的管线会自动形成联动移动。

12.6.15　系统附件

“系统附件”命令用于在系统图上绘制各种系统附件。选择“平面消防”|“系统附件”命令，或者在命令行输入 XTFJ 后按 Enter 键，都可以执行“系统附件”命令，弹出“T20 天正给排水软件图块”对话框，如图 12-112 所示。

列表中显示各种给水附件的图示，选择一种给水附件，命令行提示如下：

```
命令:_xtfj
请指定系统附件的插入点 [90° 旋转(A)/左右翻转(F)/放大(E)/缩小(D)]<退出>://指定给水附件的插入点或对附件进行旋转、翻转、缩放等操作
```

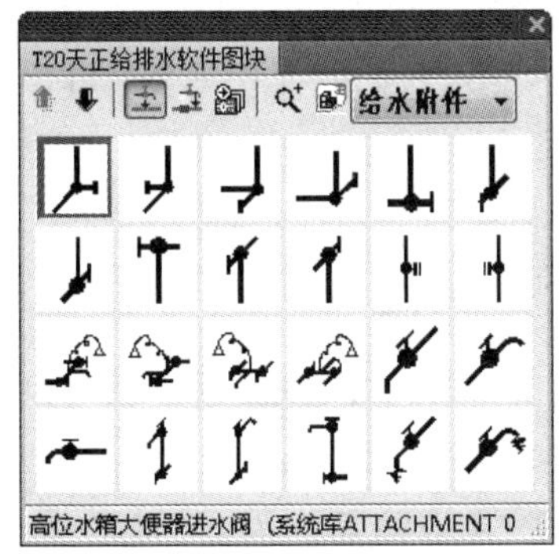

（a）给水附件　　（b）排水附件

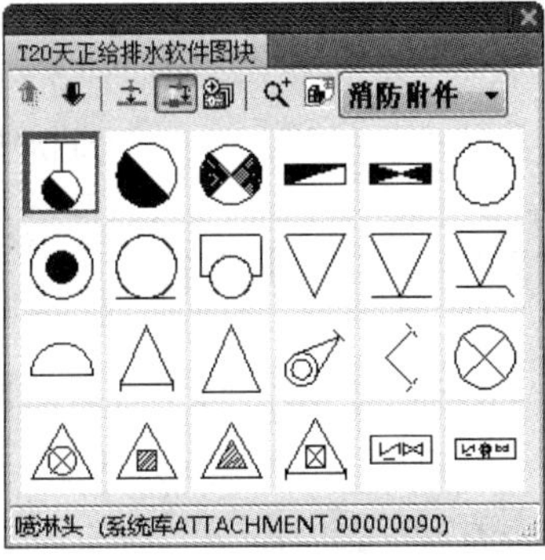

（c）消防附件

（d）其他设备

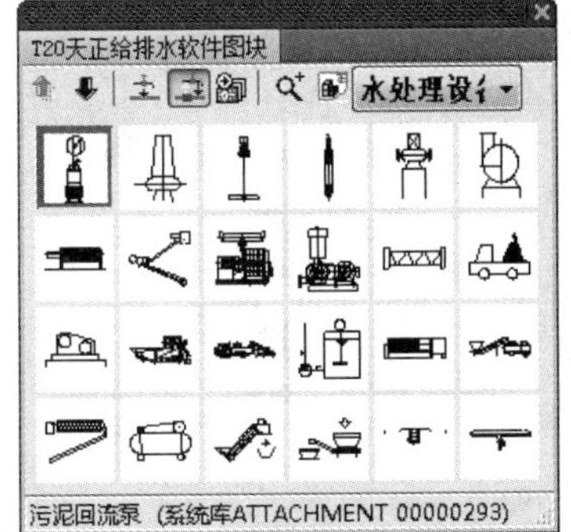

（e）水处理设备

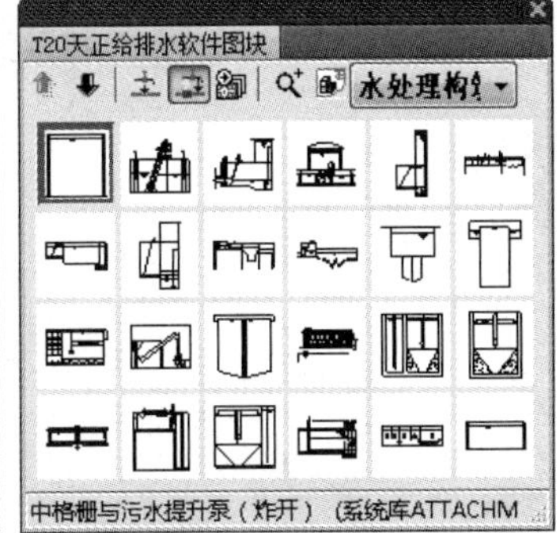

（f）水处理构筑物

图 12-112　插入系统附件

12.6.16 保护半径

选择“平面消防”|“保护半径”命令，或者在命令行输入 BHBJ 后按 Enter 键，都可以执行“保护半径”命令，显示所有喷头及消火栓的保护半径，命令行提示如下：

```
命令：_bhbj
请选择要显示的消火栓、灭火器或喷头范围[选取闭合 PLINE(P)/修改保护半径(R)]:<整张图>找到 1 个
请选择要显示的消火栓、灭火器或喷头范围[选取闭合 PLINE(P)/修改保护半径(R)]:<整张图>
红色是喷淋保护范围，白色是消火栓或灭火器保护范围
*取消*
```

如图 12-113 所示为显示消火栓的保护半径效果。

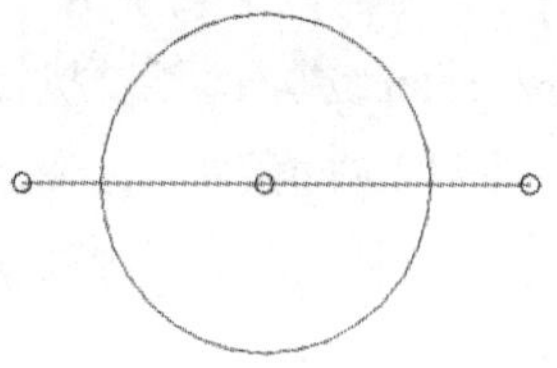

图 12-113 显示消火栓的保护半径

在菜单中选择保护半径命令后，点选图中的消防喷淋设备或消火栓，按 Enter 键，弹出“保护半径”对话框，可以对保护半径参数进行设置。设置完成后，显示它们的保护半径，其中红色是喷淋保护范围，按任意键退出半径显示。

12.6.17 最远路径

选择“平面消防”|“最远路径”命令，或者在命令行输入 ZYLJ 后按 Enter 键，都可以执行“最远路径”命令，在喷淋系统中搜索出最远计算路径，命令行提示如下：

```
命令：_zylj
请选择主干管(搜索指定干管所连最远路径):<指定范围搜索>          //选择主干管
立管距最不利点距离：9798.12                                   //系统自动计算最不利点距离
```

如图 12-114 显示了喷淋系统中的最远计算路径。

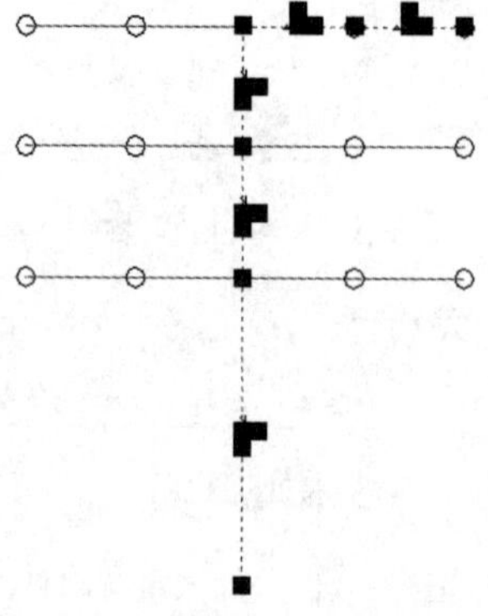

图 12-114 显示喷淋系统中的最远计算路径

12.6.18 交点喷头

选择“平面消防”|“交点喷头”命令，或者在命令行输入 JDPT 后按 Enter 键，都可以执行“交点喷头”命令，打开“交点布置喷头”对话框，如图 12-115 所示。在绘制好的辅助线网格交点处插入喷头，如图 12-116 所示。

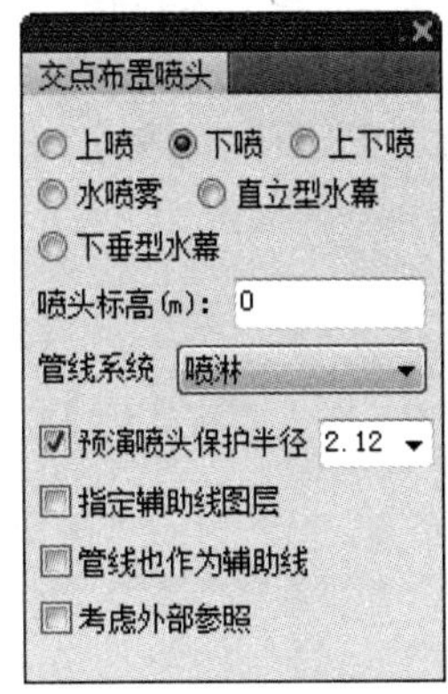

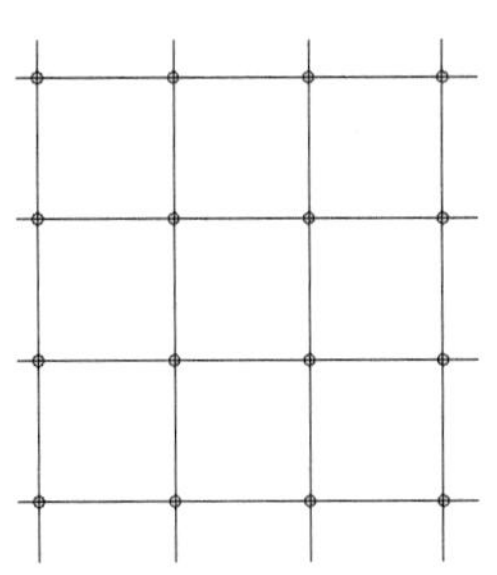

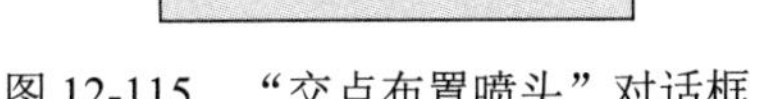

图 12-115 “交点布置喷头”对话框　　图 12-116 在绘制好的辅助线网格交点处插入喷头

12.6.19 弧线喷头

“弧线喷头”命令用于定位三点布置弧线喷头。选择“平面消防”|“弧线喷头”命令，或者在命令行输入 HXPT 按 Enter 键，都可以执行“弧线喷头”命令，打开“弧线均布喷头”对话框，如图 12-117 所示。如图 12-118 所示为弧线均布喷头效果图。

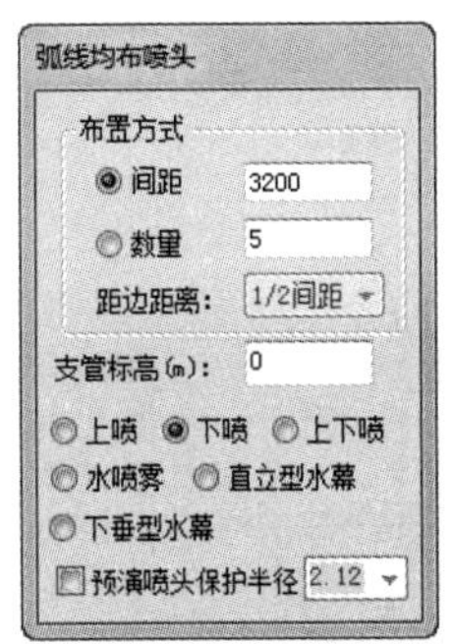

图 12-117 “弧线均布喷头”对话框　　图 12-118 弧线均布喷头

“弧线均布喷头”对话框中主要选项的功能如下：

- “布置方式”选项组：设置布置方式，包括“间距”和“数量”单选按钮和“距边距离”文本框。
  - “间距”单选按钮：选中该单选按钮，在其后的文本框中输入喷头的布置间距。
  - “数量”单选按钮：选中该单选按钮，在其后的文本框中输入喷头的布置数量。
  - “距边距离”文本框：可以在其后的文本框中输入喷头的距边距离。
- “支管标高”文本框：在其后的文本框中设置支管的标高值。

- “喷头方式”单选按钮：有上喷、下喷、上下喷、水喷雾、直立型水幕、下垂型水幕 6 种方式。
- “预演喷头保护半径”复选框：选取此项时，喷头的保护半径变为可编辑状态，可从中选择喷头的保护半径，在绘制喷头时可以对保护半径进行预演。

12.6.20 喷头转化

选择“平面消防”|“喷头转化”命令，或者在命令行输入 PTZH 后按 Enter 键，都可以执行“喷头转化”命令，可以将图块或圆转化为天正的喷头。命令行提示如下：

```
命令：_ptzh
请选择需要转化的样板喷头(圆或者图块)：<退出>//选择图块或者圆
请选择需要转化的范围：<退出>指定对角点：找到 4 个，总计 4 个//选定需要转化成喷头的所有图块或者圆
请选择需要转化的范围：<退出>//按 Enter 键，完成转化
共有 4 个喷头被转化为天正喷头
```

12.6.21 绘制标准层自喷平面图操作实例

【例 12-2】综合使用天正给排水消防平面中的各种命令，绘制标准层自喷管线平面图，如图 12-119 所示。

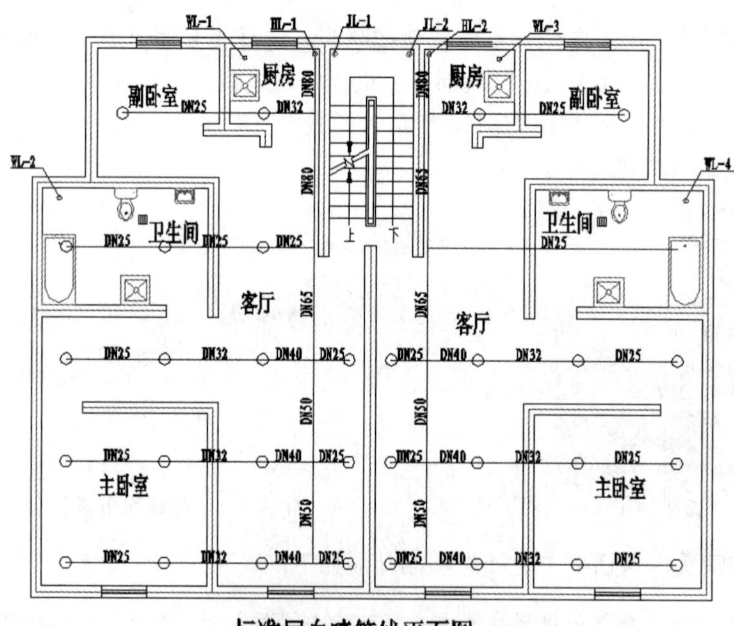

图 12-119 标准层自喷管线平面图

1. 复制墙体图

单击“默认”选项卡|“修改”面板上的“复制”按钮，复制【例 12-1】中的墙体图，

如图 12-120 所示。

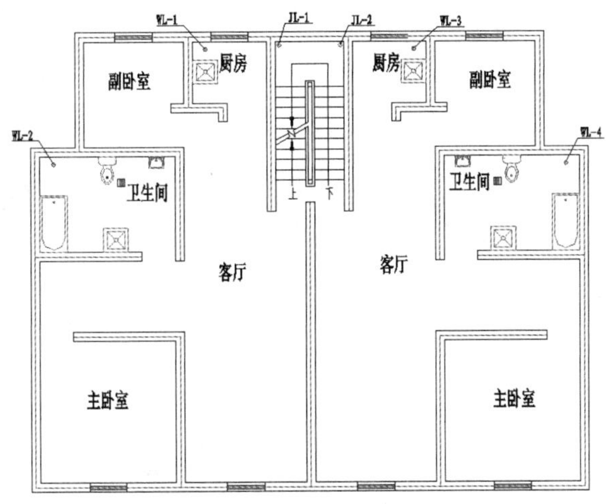

图 12-120　复制墙体图

2. 布置自喷立管

选择“管线”|“立管布置”命令，在打开的“绘制立管”对话框中设置参数如图 12-121 所示，为平面图布置自喷立管，墙距为 100，布置后的效果如图 12-122 所示。

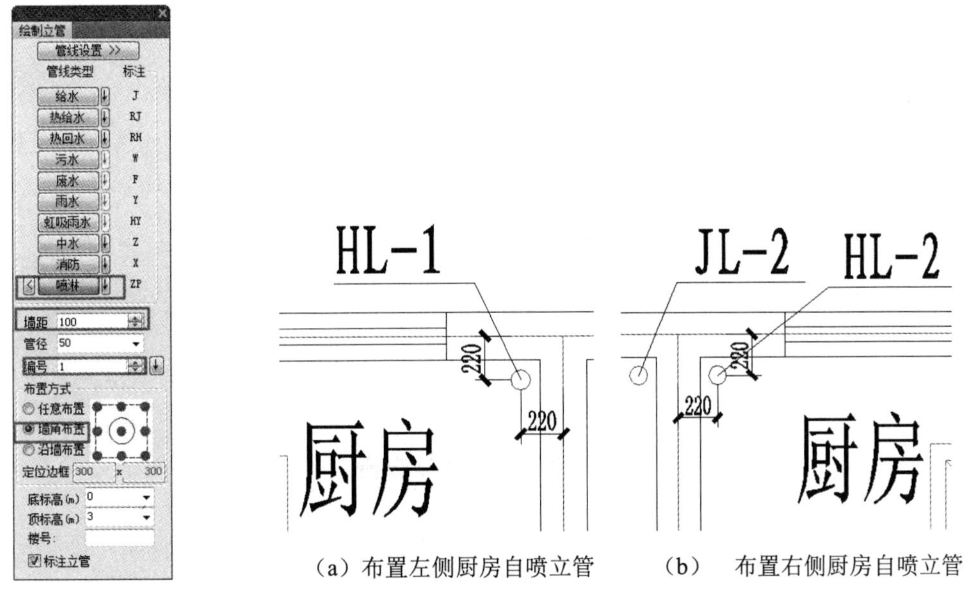

（a）布置左侧厨房自喷立管　（b）　布置右侧厨房自喷立管

图 12-121　“绘制立管”对话框　　　图 12-122　布置立管效果

3. 绘制自喷管线

步骤 01　选择“管线”|“绘制管线”|“喷淋”命令，绘制自喷管线，效果如图 12-123 和图 12-124 所示。

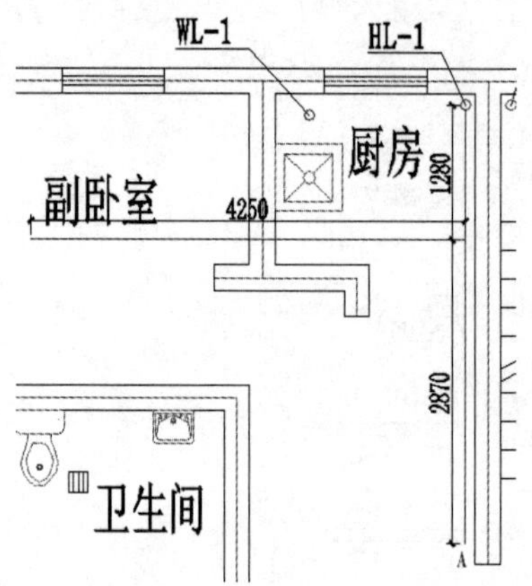

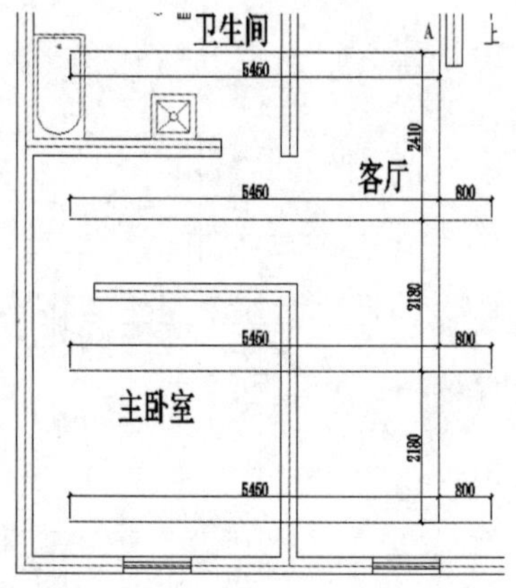

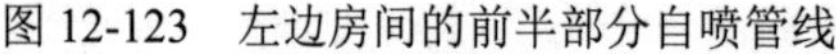

图 12-123　左边房间的前半部分自喷管线　　图 12-124　左边房间的后半部分自喷管线

步骤 02 单击“默认”选项卡|“修改”面板上的“镜像”按钮，将上面绘制的左边房间中的自喷管线镜像，效果如图 12-125 所示。

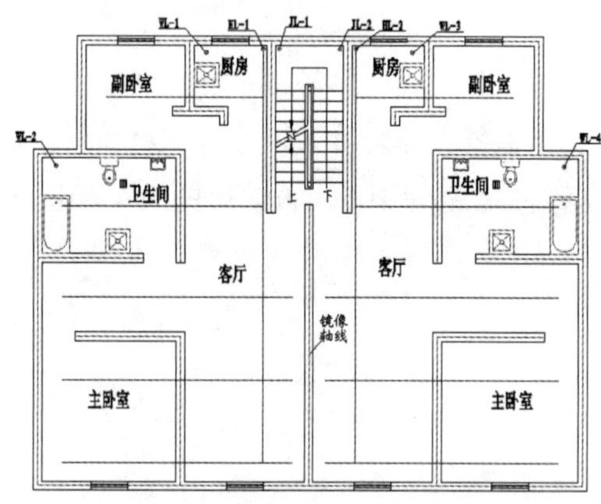

图 12-125　绘制另一边房间的自喷管线

4. 布置喷头

步骤 01 选择“平面消防”|“任意喷头”命令，打开“任意布置喷头”对话框，具体设置如图 12-126 所示。

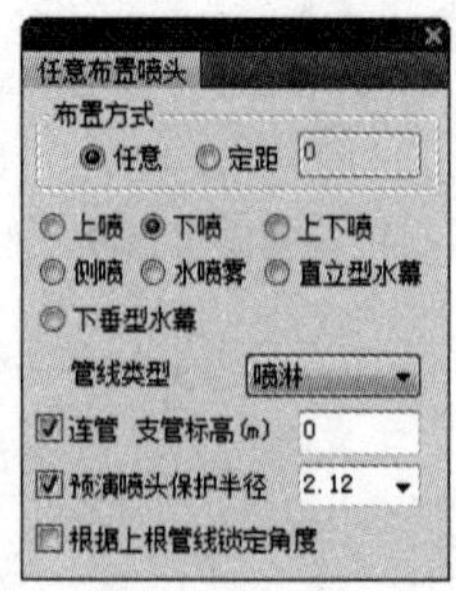

图 12-126　“任意布置喷”对话框

步骤 02 在布置的自喷管线上捕捉点来布置喷头，效果如图 12-127 和图 12-128 所示。

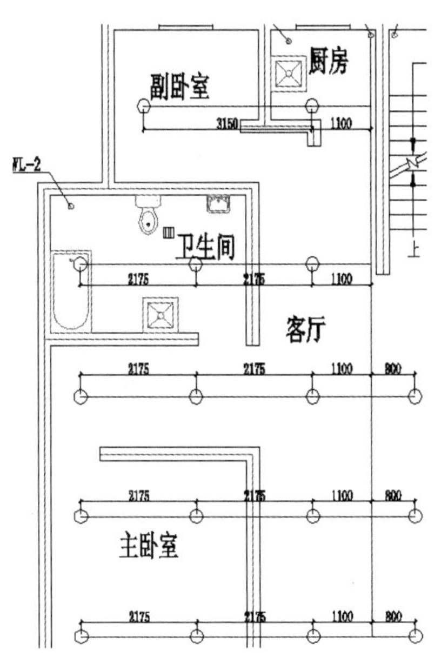

图 12-127　左边房间内的喷头布置

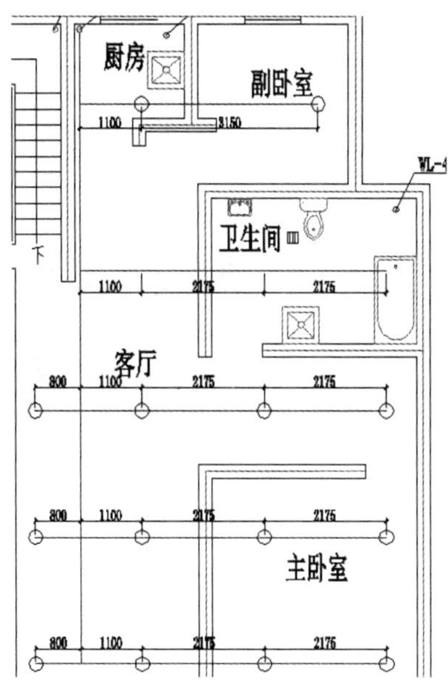

图 12-128　右边房间内的喷头布置

5. 标注自喷管线管径

步骤 01　选择“平面消防”|“喷淋管径”命令，打开“根据喷头数计算管径”对话框，具体设置如图 12-129 所示。

步骤 02　单击“确定”按钮，在绘图区域内单击连接自喷立管的第一条管线，系统会根据“根据喷头数计算管径”对话框中的设置自动标注自喷管线管径，效果如图 12-130 所示。

图 12-129　“根据喷头数计算管径”对话框

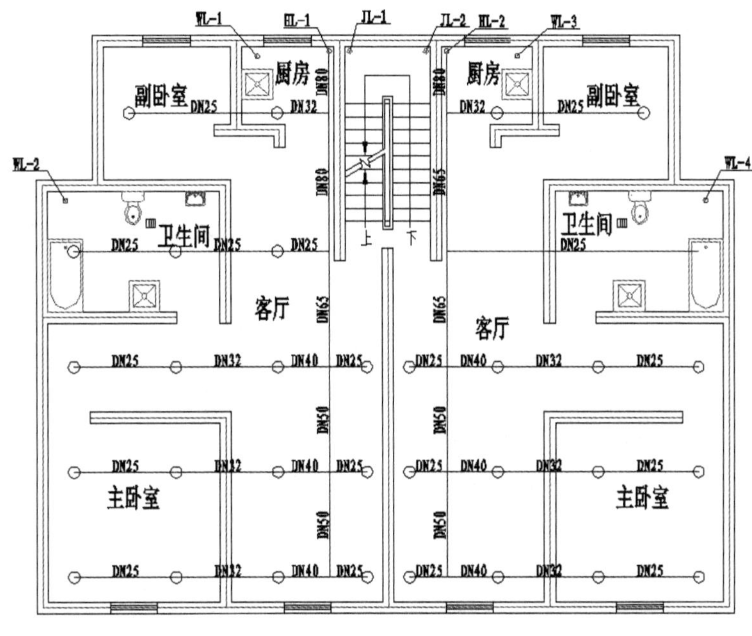

图 12-130　标注自喷管线管径

6. 绘制图题

选择“专业标注”|“图名标注”命令，打开“图名标注”对话框，具体设置如图 12-131 所示。绘制的图题如图 12-132 所示。将绘制的图题移动到平面图的正下方，效果如图 12-119 所示。

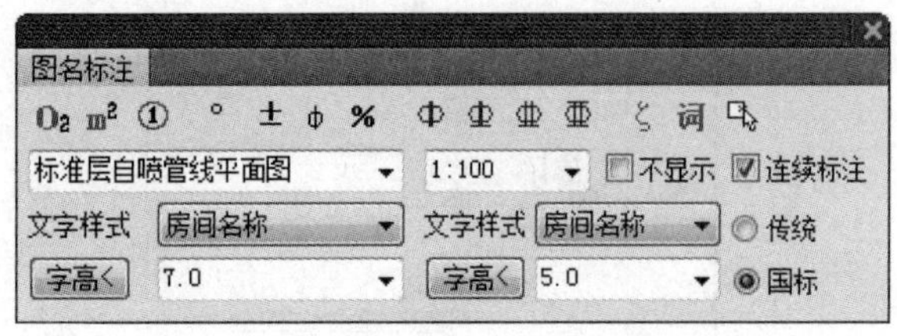

图 12-131 “图名标注”对话框

标准层自喷管线平面图 1:100

图 12-132 图题

12.7 系统

在天正给排水中，系统提供了由平面管线信息自动绘制给水、热给水、热回水、污水、废水、雨水、中水、消防、喷淋等系统图的功能。

12.7.1 系统生成

选择“系统”|“系统生成”命令，或者在命令行输入 XTSC 后按 Enter 键，都可以执行“系统生成”命令，打开“平面图生成系统图”对话框，如图 12-133 所示。

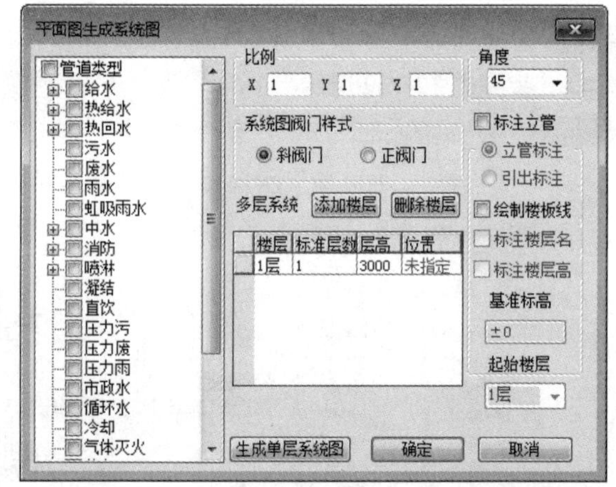

图 12-133 “平面图生成系统图”对话框

“平面图生成系统图”对话框主要选项的功能如下：

- “管道类型”下拉列表框：用于选择所生成系统图的管线类型。注意，此选项必须与被转换平面图内的管线类型相一致。
- “角度”下拉列表框：可依据用户需要选择生成系统图的角度，有 30° 和 45° 两个选项。
- “比例”文本框：用于修改 X 轴、Y 轴和 Z 轴的系统图生成比例。
- “添加楼层”按钮和“删除楼层”按钮：添加或删除相同楼层的种类数量。
- “楼层”选项：显示相同楼层种类的序号。
- “标准层数”选项：输入同形式楼层的数量。
- “层高”选项：输入层高。
- “位置”选项：用于确定生成系统图的平面图的范围，以及生成多层系统图时的相连立管接线点位置。注意，在未确定所选平面范围及连接基点之前，“位置”选项显示“未指定”，而已经选定的则显示“已框选”。

- “绘制楼板线”复选框：选择是否在系统图上绘制楼板线。
- “标注楼层名”复选框：选择是否在系统图上显示楼层名。
- “标注楼层高”复选框：选择是否在系统图上标注楼层标高。
- “基准标高”文本框：在系统图上显示为首层地面标高，单位为米。
- “起始楼层”下拉框：用于设置系统图中的起始楼层的层数及显示方式。

12.7.2 喷洒系统

“喷洒系统”命令主要用于生成喷洒系统图。选择“系统”|“喷洒系统”命令，或者在命令行输入 PSXT 后按 Enter 键，都可以执行“喷洒系统”命令，打开“喷洒系统”对话框，如图 12-134 所示。“喷洒系统”对话框中各选项的功能如下：

- “楼层数”文本框：可以通过调整按钮增加或减少楼层数，也可直接输入。注意，如果想生成带有地下室的，需要把地下和地上的楼层总数填入文本框中。
- “定义层高”文本框：可以输入每层高度，也可以使用默认值；如果只想改变某一层或几层高度，单击“定义层高”按钮，打开“定义楼层间距”对话框，如图 12-135 所示，用户可以在此对话框中定义楼层间距。

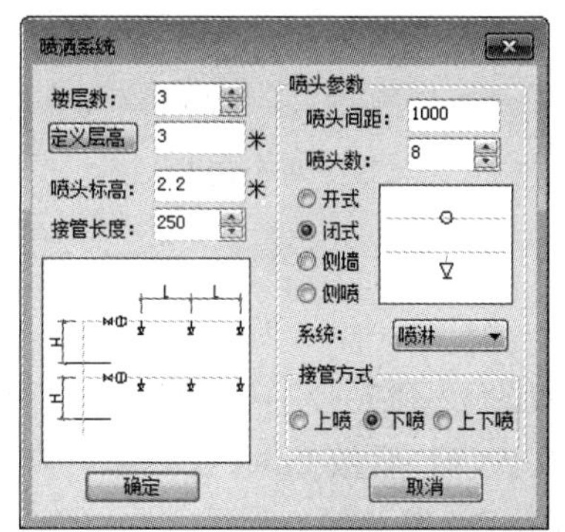

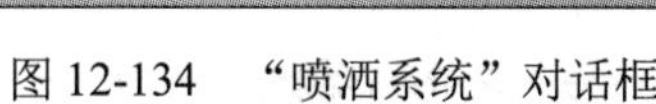
图 12-134 “喷洒系统”对话框

图 12-135 “定义楼层间距”对话框

- “喷头标高”文本框：输入喷头的标高值，或使用系统默认值。
- “接管长度”文本框：通过调整按钮增加或减少喷头接管长度，也可直接输入。
- “喷头间距”文本框：调整喷头与喷头间的距离，系统依据规范设置为 1000，也可以根据实际需要进行修改。
- “喷头数”文本框：设置支管上的喷头数，可通过微调按钮增加或减少喷头，或采用系统默认值。
- “接管方式”选项组：用以改变喷头的接管方式，包括上喷、下喷和上下喷 3 种形式。

12.7.3 消防系统

“消防系统”命令主要用于生成消防系统图。选择“系统”|“消防系统”命令，或者在命令行输入 XFXT 后按 Enter 键，都可以执行“消防系统”命令，打开“消火栓系统”对话框，

如图 12-136（左）所示，在对话框内输入相应参数，返回绘图区生成消防系统图，如图 12-136（右）所示。

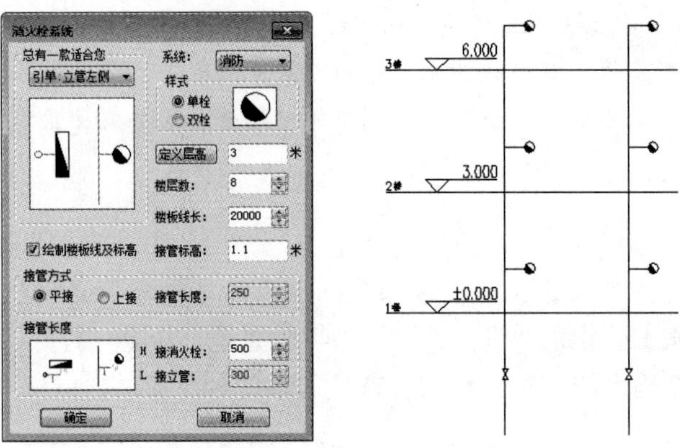

图 12-136 “消火栓系统”对话框及消防系统图示例

“消火栓系统”对话框中主要选项的功能如下：

- “总有一款适合您”下拉列表框：用于设置立管与消火栓的位置。
- “样式”选项组：用于选择消火栓的形式，包括单栓和双栓两个选项。
- “定义层高”文本框：定义楼层高度，其功能和“喷洒系统”对话框（见图 12-134）中的“定义层高”文本框相同。
- “接管方式”选项组：用于选择接管方式，包括平接和上接两个选项。

12.7.4 排水原理

“排水原理”命令主要用于生成排水原理图，如图 12-137（左）所示，可用于排水计算。选择“系统”|“排水原理”命令，或者在命令行输入 PXYL 后按 Enter 键，都可以执行“排水原理”命令，打开“绘制污水展开图”对话框，如图 12-137（右）所示。

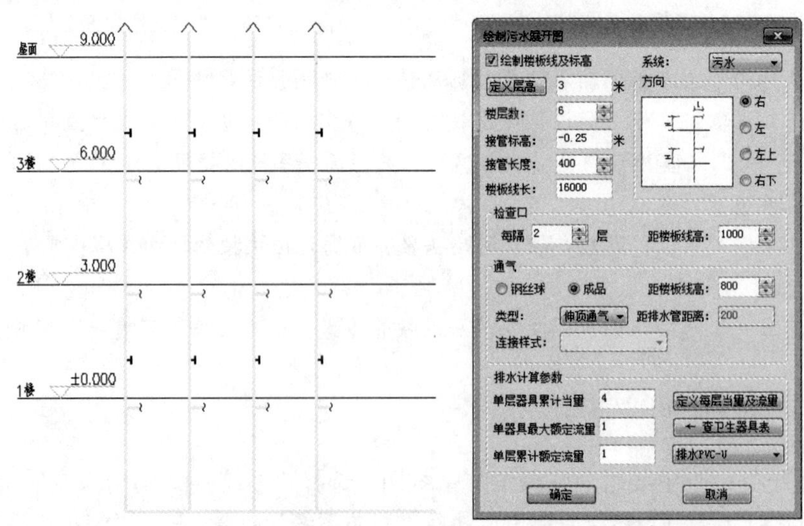

图 12-137 排水原理图示例及“绘制污水展开图”对话框

“绘制污水展开图”对话框中主要选项的功能如下：

- “绘制楼板线及标高”复选框：勾选该复选框，可以绘制楼板线及标高。
- “定义层高”文本框：用于定义楼层高。
- “楼层数”微调文本框：用于设置楼层数量。
- “接管标高”文本框：用于设置横支管标高。
- “接管长度”微调文本框：用于设置横支管长度。
- “楼板线长”文本框：用于设置楼板线长度。
- “系统”按钮：用于选择排水系统的种类，有污水和废水。
- “方向”选项组：用于设置原理图的方向。
- “检查口”选项组：用于选择自动生成检查口的位置。
- “通气”选项组：用于选择通气类型以及相应的链接方式。类型包括伸顶通气、专用通气、自循环通气。
- “排水计算参数”选项组：用于设置排水当量、定额流量、计算管材参数。

12.7.5 住宅给水

“住宅给水”命令用于进行住宅给水原理图的绘制，支持多立管给水原理图。选择“系统”|“住宅给水”命令，或者在命令行输入 GSYL 后按 Enter 键，都可以执行“住宅给水”命令，打开“绘制住宅给水原理图”对话框，如图 12-138 所示。

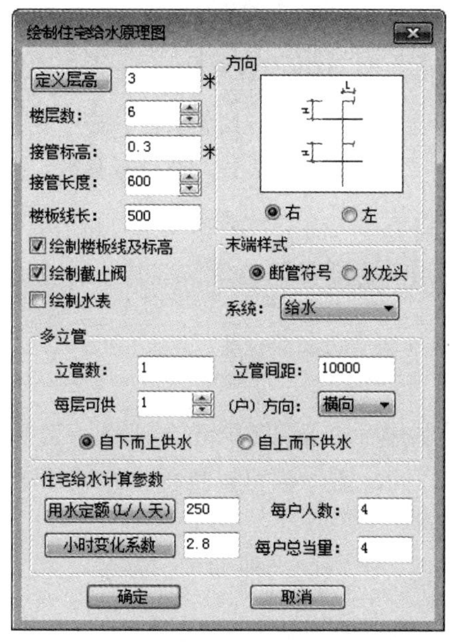

图 12-138 “绘制住宅给水原理图”对话框

用户可以通过修改层高、楼层数、标高、接管长度、楼板线长、方向、末端样式和管材等参数来确定展开图的样式，并可修改住宅给水的计算参数即每层立管的实际供给户数，系统会根据这些信息绘制出展开图，为后续修改当量和住宅给水计算提供依据。

12.7.6 公建给水

“公建给水”命令用于进行公建给水原理图的绘制，并添加或修改卫生器具的给水当量。选择“系统”|“公建给水”命令，或者在命令行输入 GJGS 后按 Enter 键，都可以执行“公建给水”命令，打开“绘制公共建筑给水原理图”对话框，如图 12-139 所示。

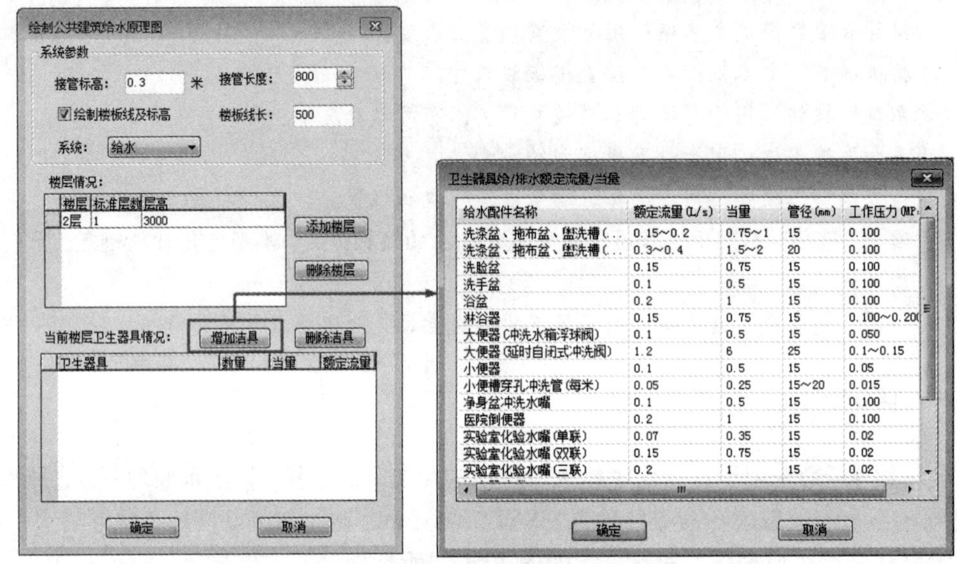

图 12-139 “绘制公共建筑给水原理图”对话框

“绘制公共建筑给水原理图”对话框中主要选项的功能如下：

- “系统参数”选项组：设置接管标高、接管长度、楼板线长度等参数。
- “楼层情况”选项组：设置楼层、楼层数、层高等参数。

与“住宅给水”命令所不同的是，由于“公建给水”命令是采用当量法进行系统的水力计算，所以需要详细定义各个楼层卫生器具的当量情况。

12.7.7 绘展开图

“绘展开图”命令用于绘制展开立面图和展开原理图。选择“系统”|“绘展开图”命令，或者在命令行输入 HZKT 后按 Enter 键，都可以执行“绘展开图”命令，打开“绘制展开图”对话框，如图 12-140（左）所示。

“绘制展开图”对话框中主要选项的功能如下：

- “系统”下拉列表框：用于选择系统的种类。
- “方向”选项组：用于设置支管与立管的相对位置。

在“绘制展开图”对话框中选择好所需系统，如污水，然后再根据需要设置合适的参数，单击“确定”按钮即可插入到图中，接下来再配合使用“管线倒角”“绘制管线”等命令进行修整完善，即可快速绘制出多层的排水系统图，如图 12-140（右）所示。

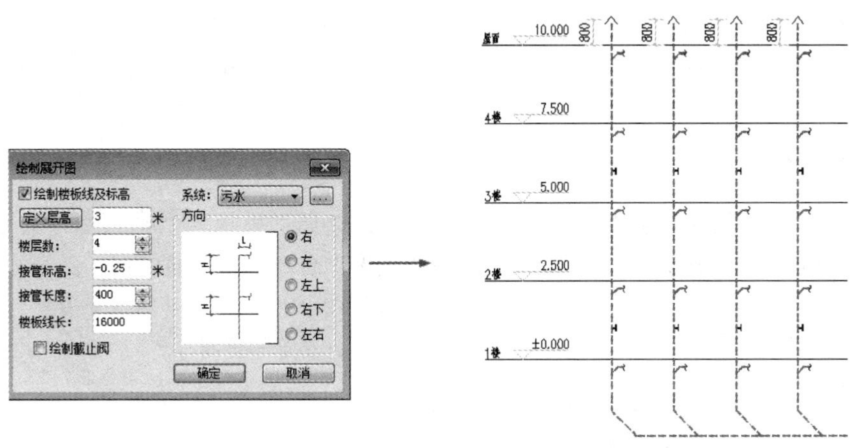

图 12-140　“绘制展开图”对话框及多层排水系统图

12.7.8　系统附件

“系统附件”命令用于在系统图上绘制各种系统附件。选择“系统” | “系统附件”命令，或者在命令行输入 XTFJ 后按 Enter 键，都可以执行“系统附件”命令，打开“T20 天正给排水软件图块”对话框，如图 12-141 所示。

“T20 天正给排水软件图块”对话框中主要选项的功能如下：

- “给水附件”列表：单击该下拉列表，用户可以在弹出的菜单中选择附件类型，其中给水、排水、消防、其他设备附件的列表如图 12-141 和图 12-142 所示。

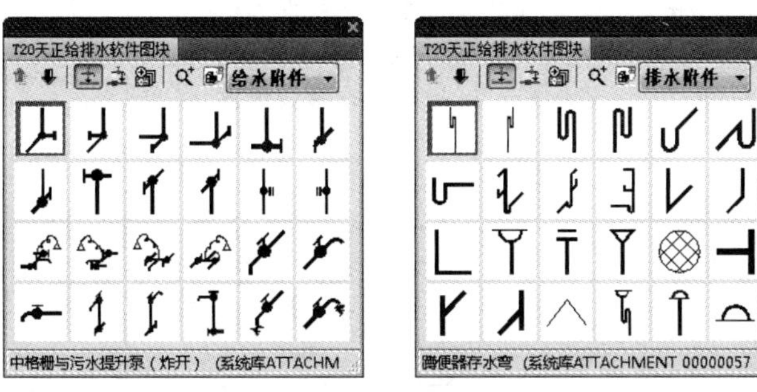

图 12-141　给水附件和排水附件

图 12-142　消防附件和其他设备

- “插入附件”按钮：单击该按钮，将选中的附件插入到图中。
- “替换附件”按钮：单击该按钮，将图中已有的附件替换为现在选择的按钮。

12.7.9 通气帽

“通气帽”命令用于在管线的末端绘制通气帽。选择“系统”|“通气帽”命令，或者在命令行输入 TQM 后按 Enter 键，都可以执行“通气帽”命令，插入通气帽。命令行提示如下：

```
命令：_TQM
请选择需要插入通气帽的管线<退出>                    //选择管线
请选择需要插入通气帽的管线<退出>                    //按 Enter 键结束选择
通气帽选用 1:钢丝球 2:成品 3:蘑菇型 <钢丝球>:       //选择通气帽类型
请选择靠近标注端的管线<退出>:                       //选择插入通气帽一端的管线
请输入通气帽管长<800>:                              //输入通气帽管长
请点取尺寸线位置<退出>:                             //选择尺寸线位置
```

12.7.10 检查口

“检查口”命令主要用于在距地面一定高度插入检查口，并标注尺寸或不标注尺寸，如图 12-143 所示。

选择“系统”|“检查口”命令，或者在命令行输入 JCK 后按 Enter 键，都可以执行“检查口”命令，命令行提示如下：

```
命令：_JCK
请输入检查口距地面距离<1000>:          //输入检查口离地面的距离
请点取检查口所在地面位置:<退出>        //单击拾取地面位置
请点取检查口所在地面位置:<退出>        //按 Enter 键结束选择
请点取尺寸线位置<退出>:                //选择尺寸线位置
```

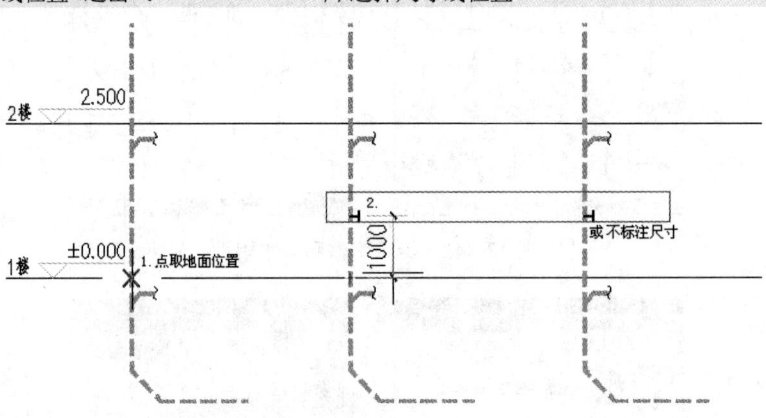

图 12-143　插入检查口示例

12.7.11 消火栓

“消火栓”命令主要用于布置单消火栓和双消火栓。选择“系统”|“消火栓”命令，或

者在命令行输入 XHS 后按 Enter 键，都可以执行“消火栓”命令，命令行提示如下：

```
命令:_XHS
请点取消火栓插入点[选择地面位置(W)/放大(E)/缩小(D)/左右翻转(F)/双栓(S)/平接管(1)/上
接管(2)/不接管(3)]<完成>:
//点取消火栓插入点
```

在命令行输入 E、D、F、S 四个选项简写，可以分别调整消火栓的放大、缩小、左右翻转及双栓形式；输入 1、2、3 则用于选择接管的方式，如图 12-144 所示。

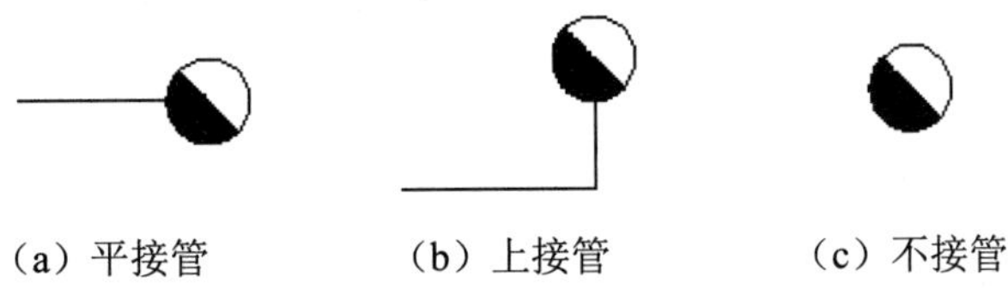

（a）平接管　　（b）上接管　　（c）不接管

图 12-144　消火栓的三种接管方式

12.7.12　绘制自喷系统图操作实例

【例 12-3】在**【例 12-2】**的基础上，使用天正给排水的相关命令自动生成自喷系统图，如图 12-145 所示。

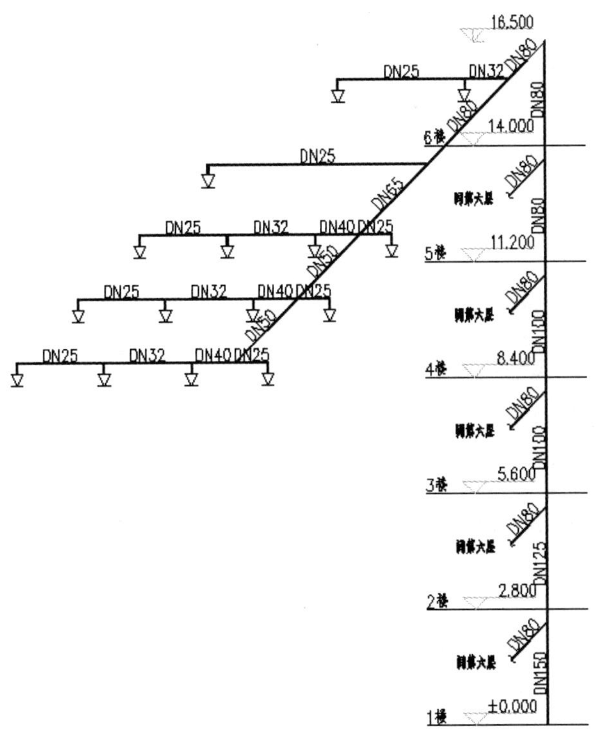

自喷系统图 1:100

图 12-145　自喷系统图

1. 设置自喷管线的起点和终点高度

分别设置【例 12-2】中绘制的标准层自喷平面图中自喷管线的起点高度和终点高度，具体方法如下：

步骤 01 双击其中一条自喷管线，打开"修改管线"对话框，设置管线的起点标高和终点标高均为 2.5m，其他设置如图 12-146 所示。

步骤 02 利用同样的方法将所有自喷管线的起点和终点标高均设置为 2.5m。

步骤 03 双击自喷立管 HL-1，打开"修改立管"对话框，修改图层、管材、前缀等参数设置，如图 12-147 所示。

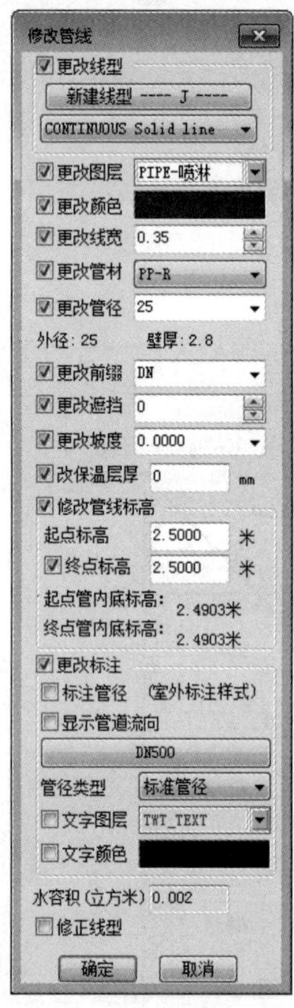

图 12-146 "修改管线"对话框

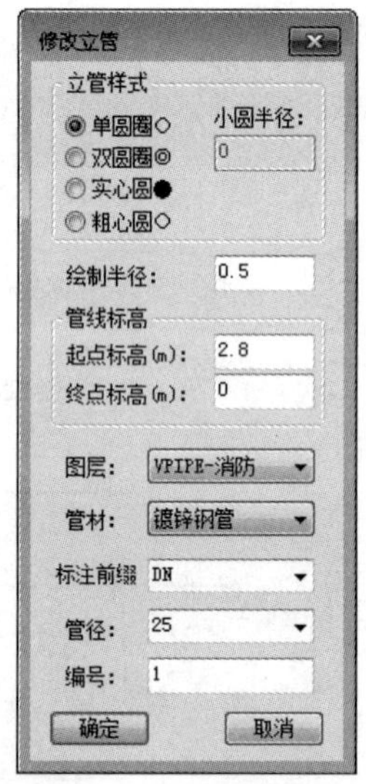

图 12-147 "修改立管"对话框

2. 生成自喷系统图

步骤 01 选择"系统"|"系统生成"命令，打开"平面图生成系统图"对话框，修改管道类型、角度、层数及层高等参数，如图 12-148 所示。

步骤 02 双击图 12-148 中的"未指定"文本框，命令行提示选择生成系统图的所有平面管线，具体选择区域如图 12-149 所示。

图 12-148 “平面图生成系统图”对话框

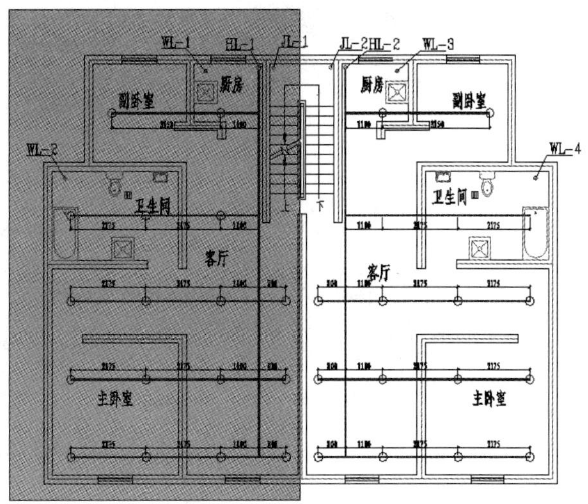

图 12-149 选择平面管线

步骤 03 按 Enter 键，选择自喷立管 HL-1 的圆心，返回到“平面图生成系统图”对话框。

步骤 04 单击“确定”按钮，指定系统图的位置，效果如图 12-150 所示。

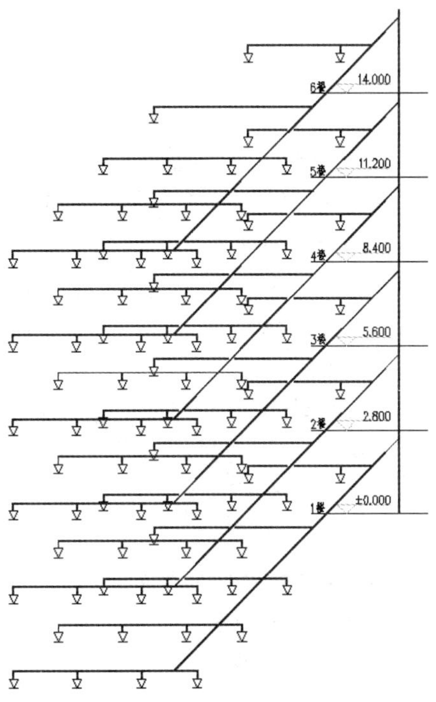

图 12-150 生成的系统图

3. 标注自喷管线的管径

步骤 01 选择“平面消防”|“喷淋管径”命令，打开如图 12-151（左）所示的“根据喷头计算管径”对话框，单击“确定”按钮，返回绘图区选择喷淋干管，效果如图 12-151（右）所示。

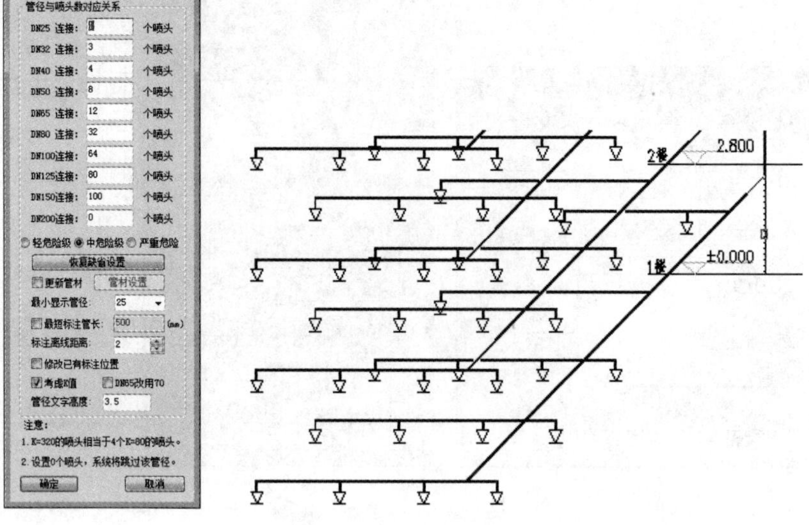

图 12-151　“根据喷头计算管径”对话框及选择喷淋干管

步骤 02 标注管径，效果如图 12-152 所示。

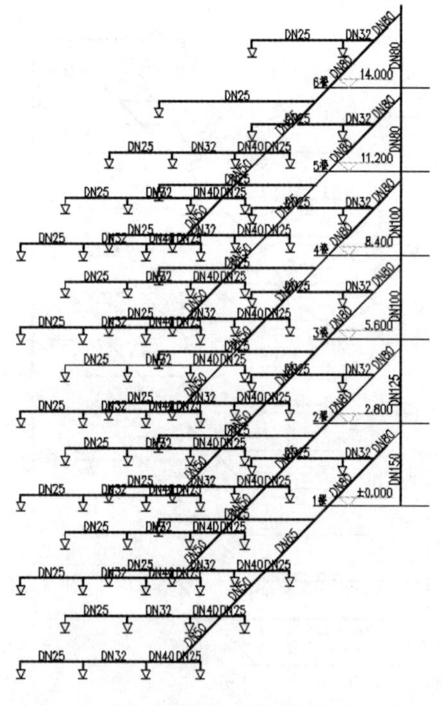

图 12-152　标注管径

4. 修改系统图

步骤 01 由于各个楼层的自喷管线布置相同，为了表达清楚，本例只保留第 6 层的自喷管线，效果如图 12-153 所示。

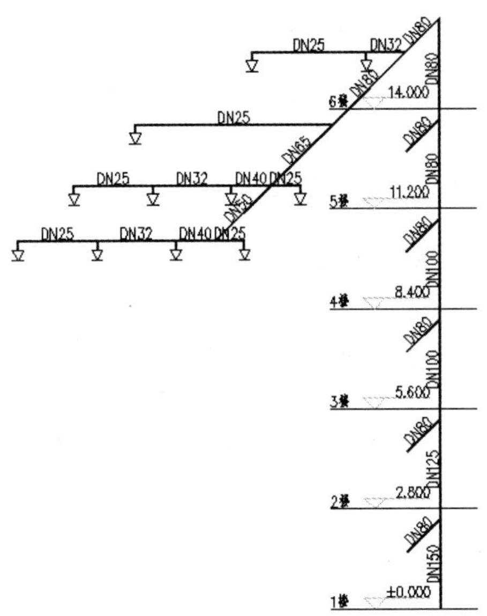

图 12-153　只保留第 6 层的自喷管线

步骤 02 选择“管线”|“断管符号”命令，或在命令行输入 DGFH 后按 Enter 键，在 1~5 层的自喷管线上添加断管符号。

步骤 03 对 1~5 层的自喷管线进行文字说明，效果如图 12-154 所示。

步骤 04 选择“专业标注”|“连注标高”命令，标注第 6 层自喷管线，效果如图 12-155 所示。

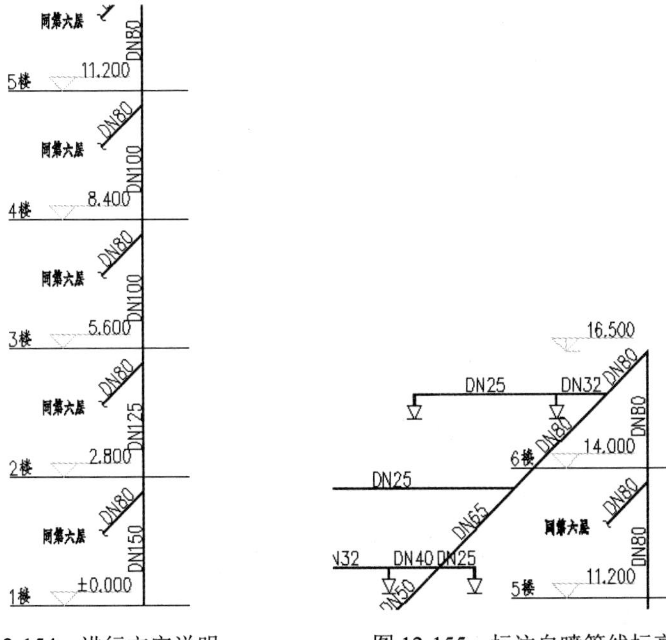

图 12-154　进行文字说明　　　图 12-155　标注自喷管线标高

5. 绘制图题

选择“专业标注”|“图名标注”命令，绘制图题，效果如图 12-156 所示。将绘制的图题

移动到自喷系统图正下方，效果如图 12-145 所示。

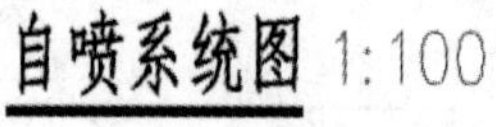

自喷系统图 1:100

图 12-156　图题

12.7.13　绘制给水系统图操作实例

【例 12-4】使用天正给排水系统命令绘制如图 12-157 所示的给水系统图。

绘制思路：本例绘制与【例 12-1】给排水平面图相对应的给水系统图，因此可以在【例 12-1】所绘制的给排水平面图的基础上，通过设置管线标高生成系统图，再做修改就可以完成给水系统图的绘制。

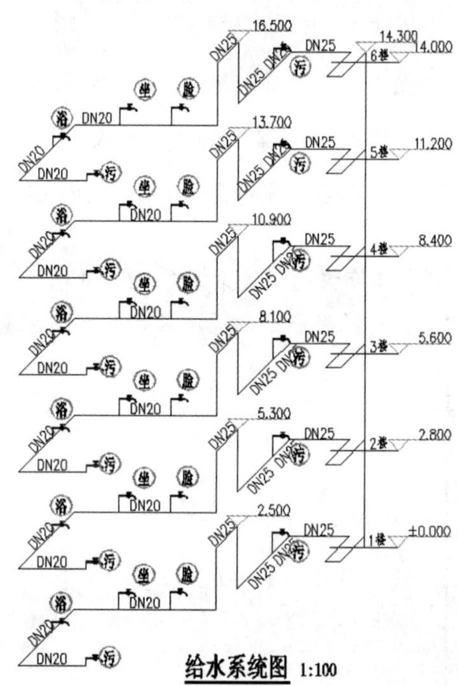

图 12-157　给水系统图

1. 设置给排水平面图中给水管线的标高

步骤 01　双击平面图中的给水管线，打开“修改管线”对话框，设置给水管线起点标高和终点标高均为 0.3m，具体操作同【例 12-3】。

步骤 02　用同样的方法，双击给水立管 JL1，打开“修改立管”对话框，设置其起点标高为 0m，终点标高为 2.8m。

2. 生成系统图

步骤 01　选择“系统”|“系统生成”命令，打开“平面图生成系统图”对话框，具体设置如图 12-158 所示。

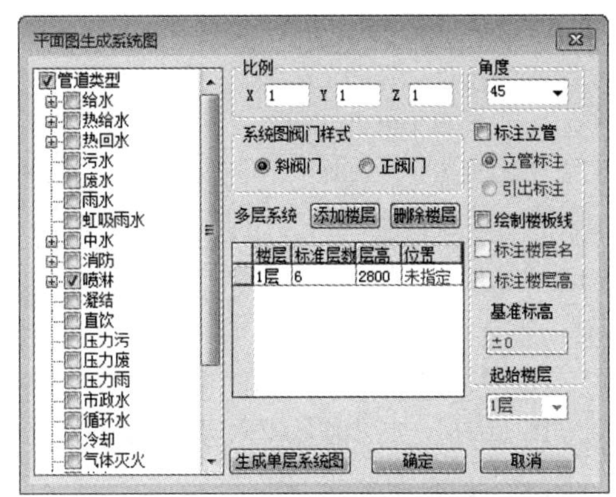

图 12-158 “平面图生成系统图”对话框

步骤 02 双击“未指定”文本框，返回到绘图区域，选择生成系统图的平面给水管线，选择区域如图 12-159 所示。

步骤 03 指定基点为给水立管 JL1 的圆心，接着在绘图区域的空白处指定系统图生成位置，效果如图 12-160 所示。

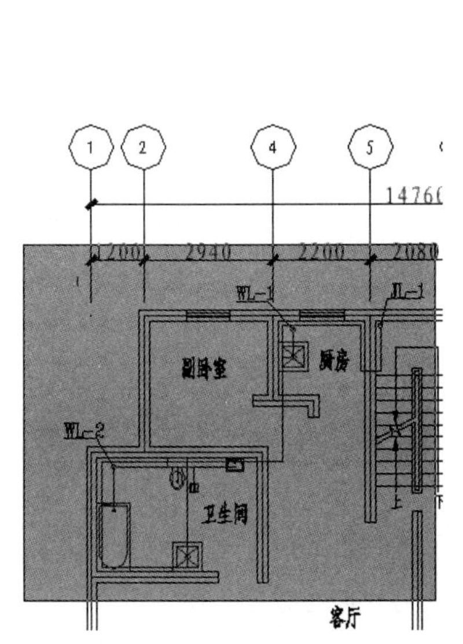

图 12-159 选择平面给水管线

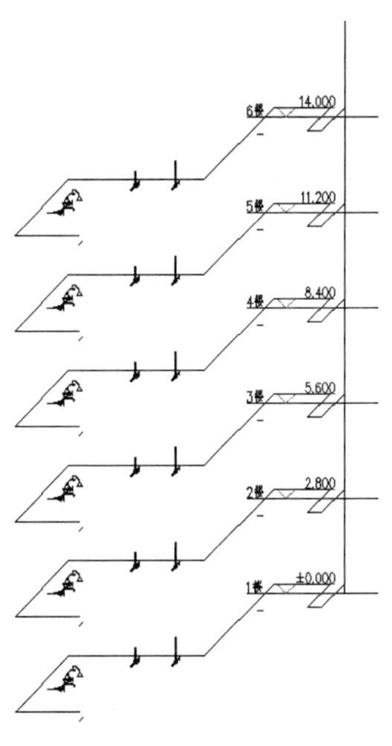

图 12-160 生成系统图

3. 修改第六层给水系统图

步骤 01 将系统自动生成的水龙头和非主要给水管线删除，将第六层楼层长度减小为原来的一半，并将标高移动到楼层最右侧，修改后效果如图 12-161 所示。

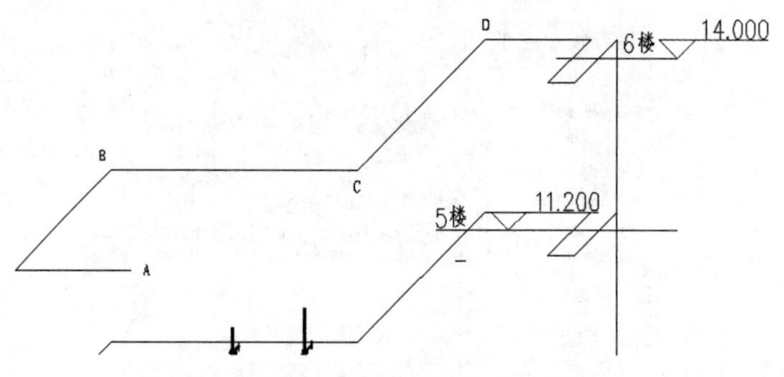

图 12-161　初步修改第六层给水管线

步骤 02 修改 CD 给水管线，效果如图 12-162 所示。

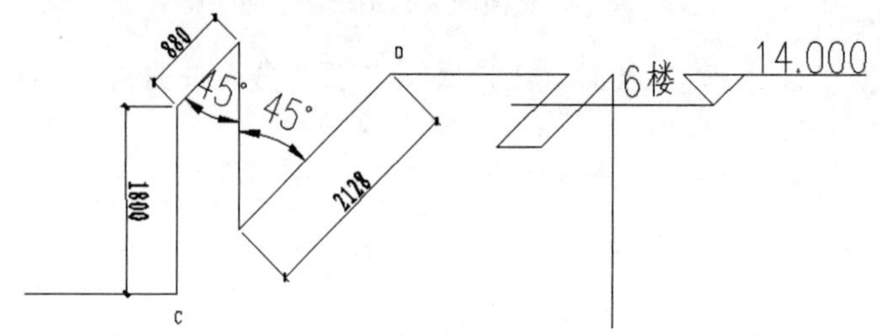

图 12-162　修改 CD 给水管线

步骤 03 插入各卫生器具给水管线，效果如图 12-163 和图 12-164 所示。

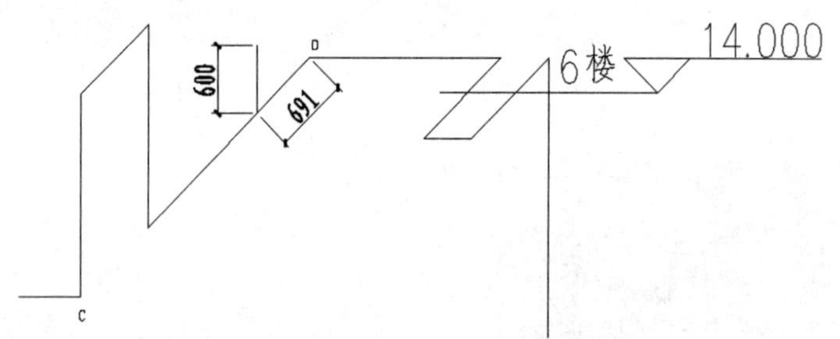

图 12-163　插入第一个污水池给水管线

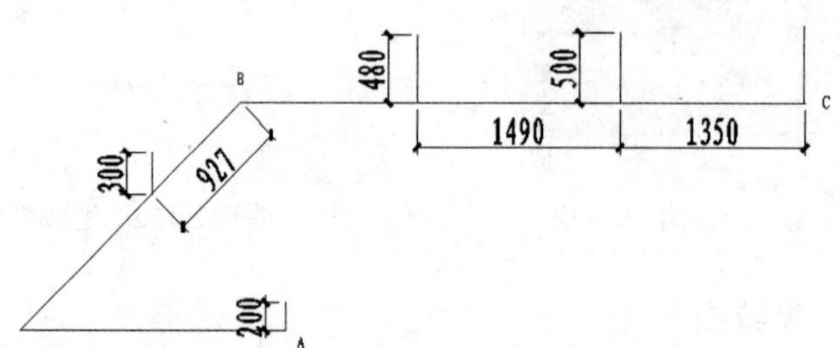

图 12-164　插入其余卫生设备给水管线

步骤 04 选择“系统”|“系统附件”命令，打开“T20 天正给排水软件图块—系统附件”对话框，选择普通水龙头，在各给水点插入水龙头，效果如图 12-165 所示。

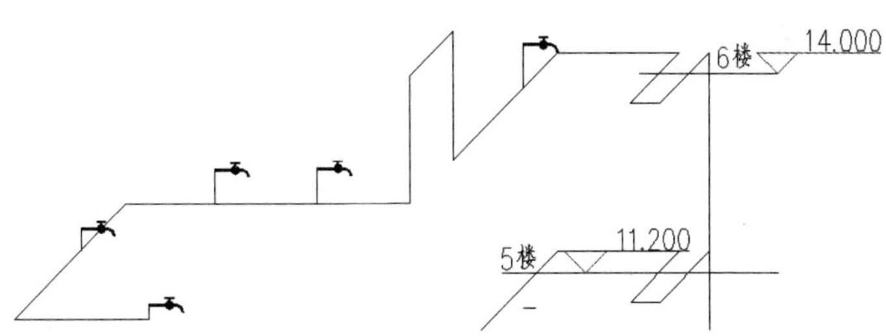

图 12-165　插入水龙头

步骤 05 选择“专业标注”|“多管管径”命令，打开“管径标注”对话框，具体设置如图 12-166 所示。选择给水管线，如图 12-167 所示。按 Enter 键，标注效果如图 12-168 所示。

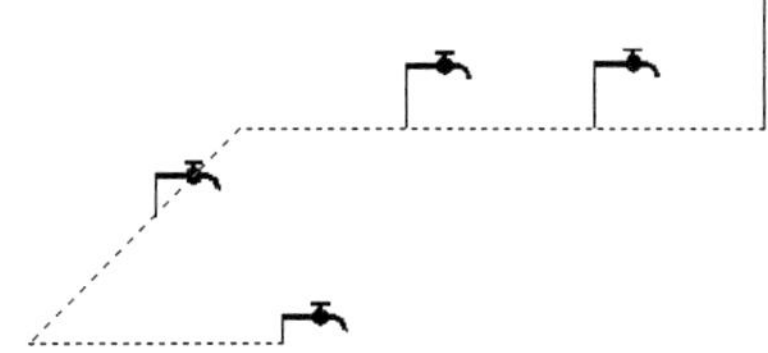

图 12-166　“管径标注”对话框

图 12-167　选择给水管线

步骤 06 使用同样的方法标注第六层其他给水管线管径，效果如图 12-169 所示。

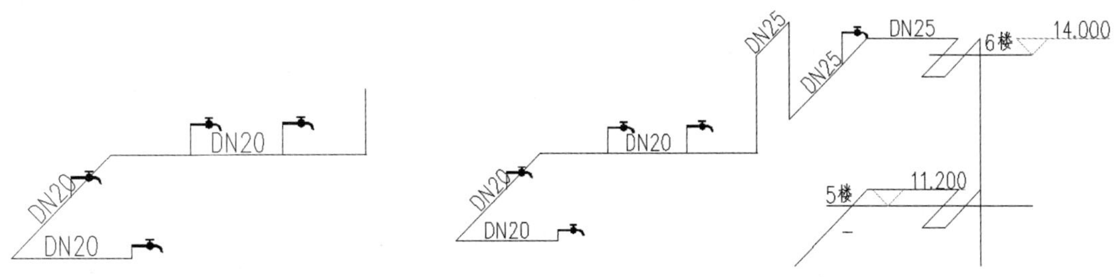

图 12-168　标注管径

图 12-169　标注其他给水管线管径

步骤 07 选择“专业标注”|“标注洁具”命令，打开“洁具标注”对话框，具体设置如图 12-170 所示。标注效果如图 12-171 所示。

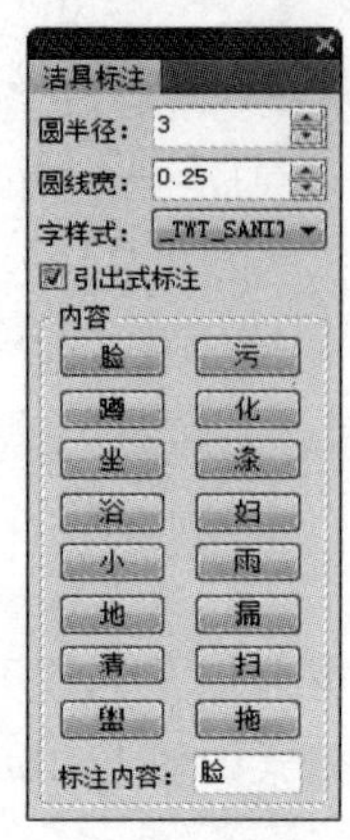

图 12-170　“洁具标注”对话框

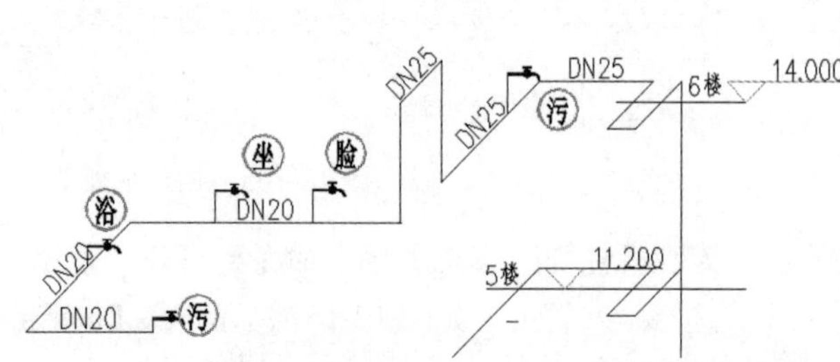

图 12-171　标注洁具

步骤 08 选择“专业标注”|“单注标高”命令，打开“单注标高”对话框，具体设置如图 12-172 所示。标注第六层给水引出管高程和给水管线通过门处的标高，效果如图 12-173 所示。

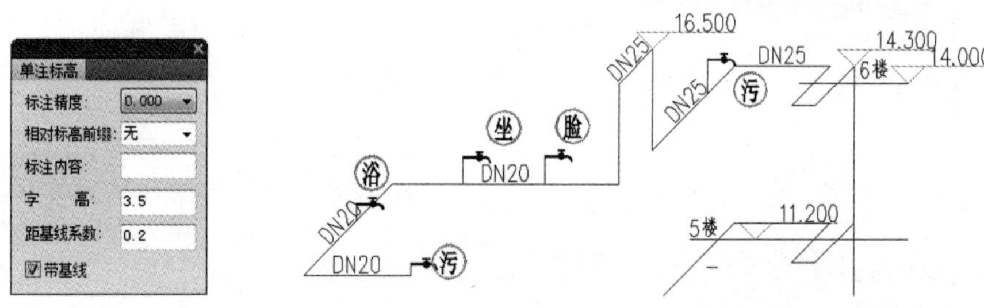

图 12-172　“单注标高”对话框　　图 12-173　标注高程

4. 修改其他各层给水系统图

使用同样的方法修改其他各层的给水管线，效果如图 12-174 所示。

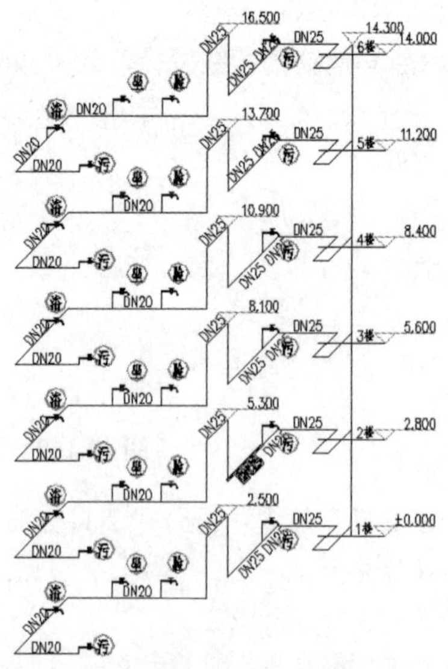

图 12-174　修改其他各层给水管线

5. 绘制图题

选择“专业标注”|“图名标注”命令，绘制图题，如图 12-175 所示。将绘制的图题移动到给水系统图正下方，最终效果如图 12-157 所示。

给水系统图 1:100

图 12-175　图题

12.8　水泵间

12.8.1　绘制水箱

“绘制水箱”命令主要用于绘制圆形水箱和方形水箱。选择“水泵间”|“绘制水箱”命令，或者在命令行输入 HZSX 后按 Enter 键，都可以执行“绘制水箱”命令，打开“绘制水箱”对话框，如图 12-176 所示。“绘制水箱”对话框中各选项的功能如下：

- “水箱视图”选项组：用于选择插入水箱的形式，有平面、主立面和左立面 3 种形式。
- “水箱参数”选项组：用于选择水箱的形状（包括圆立、圆卧和方形），输入水箱的高、长、宽和容积等参数。也可以单击“标准水箱”按钮，打开“选择水箱”对话框，从中选择不同规格的水箱，如图 12-177 所示。

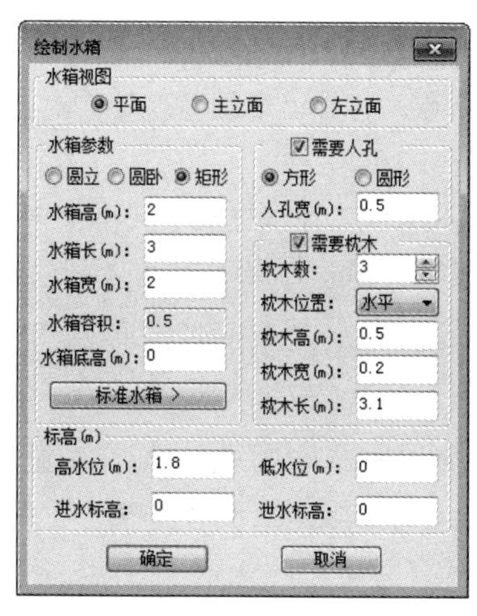

图 12-176　“绘制水箱”对话框

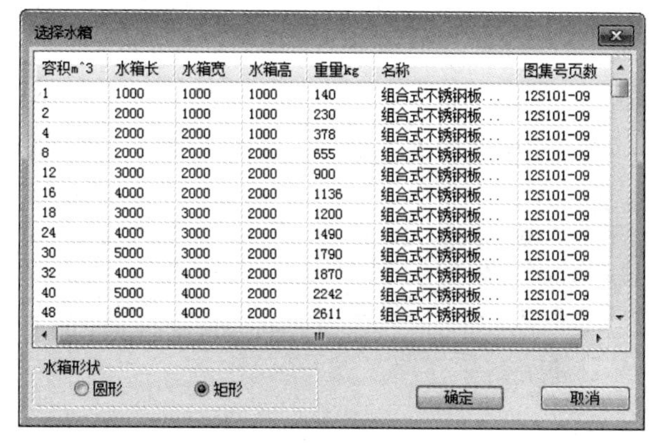

容积m^3	水箱长	水箱宽	水箱高	重量kg	名称	图集号页数
1	1000	1000	1000	140	组合式不锈钢板...	12S101-09
2	2000	1000	1000	230	组合式不锈钢板...	12S101-09
4	2000	2000	1000	378	组合式不锈钢板...	12S101-09
8	2000	2000	2000	655	组合式不锈钢板...	12S101-09
12	3000	2000	2000	900	组合式不锈钢板...	12S101-09
16	4000	2000	2000	1136	组合式不锈钢板...	12S101-09
18	3000	3000	2000	1200	组合式不锈钢板...	12S101-09
24	4000	3000	2000	1490	组合式不锈钢板...	12S101-09
30	5000	3000	2000	1790	组合式不锈钢板...	12S101-09
32	4000	4000	2000	1870	组合式不锈钢板...	12S101-09
40	5000	4000	2000	2242	组合式不锈钢板...	12S101-09
48	6000	4000	2000	2611	组合式不锈钢板...	12S101-09

图 12-177　“选择水箱”对话框

- “需要人孔”复选框：选中该复选框后，可以设置人孔的形状，在“人孔宽”文本框中输入人孔的宽度值。
- “需要枕木”复选框：选中该复选框后，可以在“枕木数”文本框中输入枕木数；可以在“枕木位置”下拉列表框中选择枕木的位置，包括水平和垂直两种；可以在“枕木宽”“枕木高”“枕木长”文本框中设置枕木的尺寸。

- “标高”选项组：包括“高水位”“低水位”“进水标高”和“泄水标高”4个文本框。用户可以在相应的文本框中进行设置，其中高水位和低水位在绘制水箱立面图和生成的剖面图中显示，而进水标高和泄水标高用来在立面图或剖面图上调整、修改已经绘制的进水管和泄水管标高。

设置完成后，单击“确定”按钮，返回到绘图区域，命令行提示如下：

```
命令:_hzsx
请点取水箱插入点<退出>:      //在绘图区域点取插入点，插入水箱后效果如图 12-178（左）所示，
插入的水箱是一个实体，双击可进入对话框进行编辑；在转换轴测视图可看到其三维形式，如图 12-178（右）
所示。
```

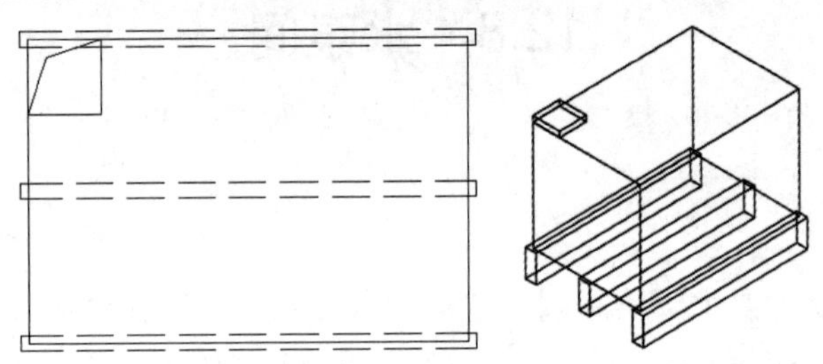

图 12-178　插入的方形平面水箱

水箱是一个实体，双击即可进入对话框对其进行编辑；在转换轴测视图和着色渲染后，可看到其三维形式。

12.8.2　溢流管

“溢流管”命令主要用于在水箱上增加溢流管。选择“水泵间”|“溢流管”命令，或者在命令行输入 YLG 后按 Enter 键，都可以执行“溢流管”命令，打开“增加溢流管”对话框，如图 12-179 所示。

在“增加溢流管”对话框中的“转折标高”文本框中输入 1.5，“泄水标高”文本框中输入 -0.2，如图 12-179 所示，单击“确定”按钮，返回到绘图区域，命令行提示如下：

```
命令:_ylg
请选择平面方水箱<退出>:          //选择前面插入的方形水箱
请点取溢流管位置<退出>:          //点取溢流管位置
请点取溢流管引出位置<退出>:      //点取溢流管引出位置，如图 12-180 所示
```

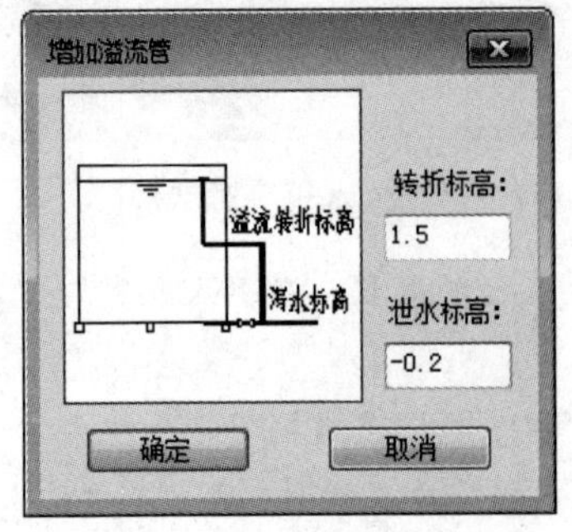

图 12-179　“增加溢流管”对话框

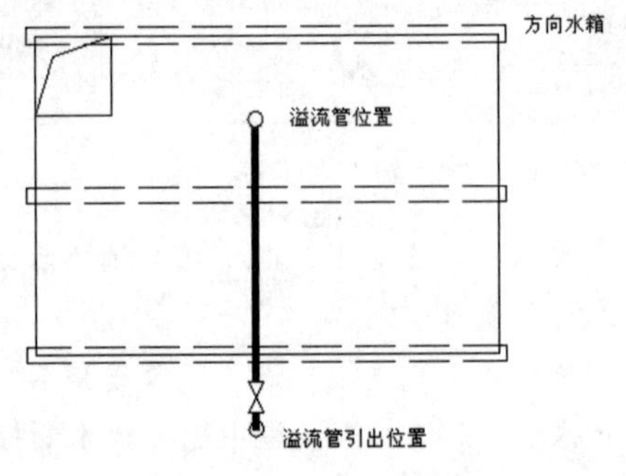

图 12-180　增加溢流管

12.8.3 进水管

选择“水泵间”|“进水管”命令，或者在命令行输入 JSG 后按 Enter 键，都可以执行“进水管”命令，在水箱上增加进水管，命令行提示如下：

```
命令:_JSG
请选择平面方水箱<退出>:              //选择平面水箱
请点取进水管位置<退出>:              //单击点 A
请点取进水管引出位置<退出>:          //单击点 B
请点取第二个进水管位置<退出>:        //单击点 C
请输入进水管标高<退出>:1.7          //输入进水管标高，一般为最高水位+浮球阀高度，如图 12-181 所示
```

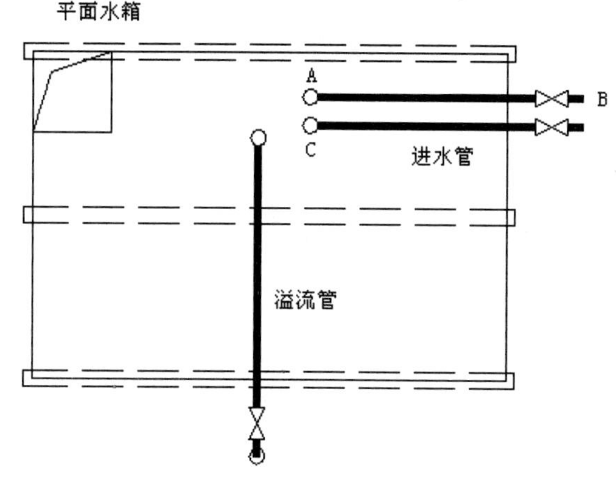

图 12-181　增加进水管

12.8.4 水箱系统

选择“水泵间”|“水箱系统”命令，或者在命令行输入 SXXT 后按 Enter 键，都可以执行“水箱系统”命令，将平面水箱图转换为水箱系统轴测图，命令行提示如下：

```
命令:_SXXT
选择自动生成系统图的所有平面图管线和水箱<退出>:找到 1 个//选择前面绘制的水箱、溢流管和给水管
选择自动生成系统图的所有平面图管线和水箱<退出>://按 Enter 键结束选择
请点取系统图位置<退出>:                       //拾取系统图位置，效果如图 12-182 所示
```

12.8.5 水泵选型

选择“水泵间”|“水泵选型”命令，或者在命令行输入 SBXX 后按 Enter 键，都可以执行“水泵选型”命令，打开“水泵选型”对话框，如图 12-183 所示。

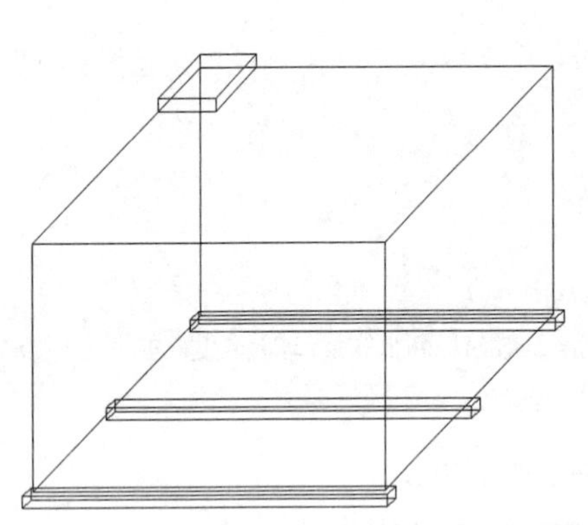

图 12-182　生成的水箱系统图

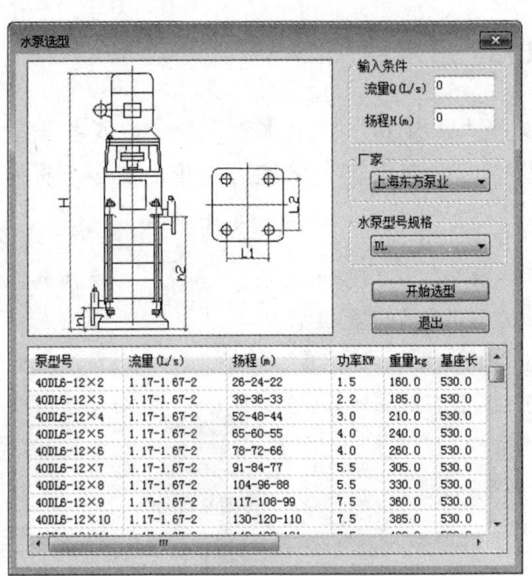

图 12-183　“水泵选型”对话框

可以在“水泵选型”对话框中的“流量”和“扬程”两个文本框中输入相应数值，单击“开始选型”按钮，系统会根据输入的流量和扬程自动选择合适的水泵型号与规格。

12.8.6　绘制水泵

选择“水泵间”|“绘制水泵”命令，或者在命令行输入 HZSB 后按 Enter 键，都可以执行“绘制水泵”命令，打开“绘制水泵”对话框，绘制平面立式、卧式水泵，如图 12-184 所示。

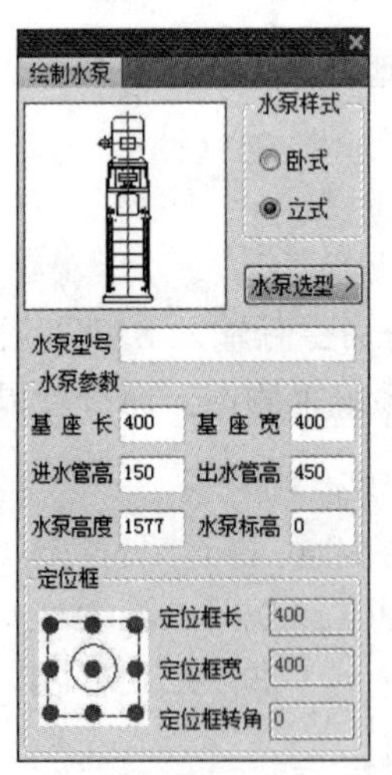

图 12-184　“绘制水泵”对话框

“绘制水泵”对话框中各选项的功能如下：

- “基座长”文本框：用于设置水泵基座长度。
- “基座宽”文本框：用于设置水泵基座宽度。
- “水泵高度”文本框：用于设置水泵的高度。

- “进水管高”和“出水管高”文本框：用于调整已经绘制好的进出水管道标高。
- “水泵样式”选项组：用于选择水泵样式，包括卧式和立式两种。
- “水泵型号”文本框：显示选定的水泵型号。
- “水泵标高”文本框：用于设置水泵基础的高度。
- “水泵选型”按钮：单击该按钮，打开“水泵选型”对话框，根据流量和扬程选择水泵。
- “剖面样式”预览框：选择水泵剖面的样式，单击预览框中的水泵剖面图，打开“剖面样式”对话框，有多种剖面样式可供选择，如图 12-185 所示。

如图 12-186 所示为立式和卧式平面水泵。

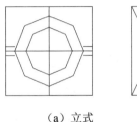

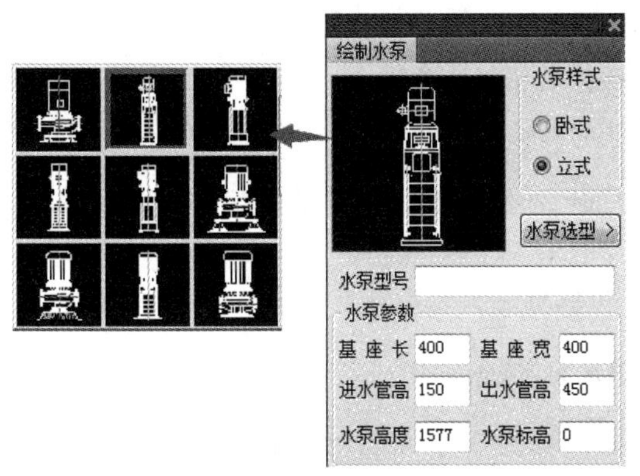

图 12-185　多种水泵剖面样式

（a）立式

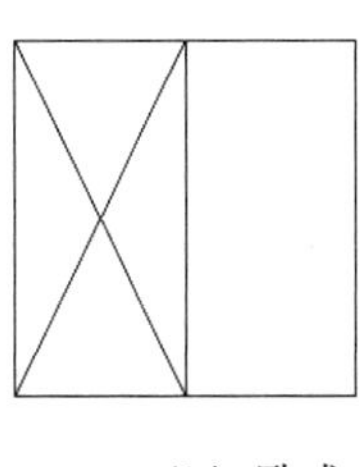

（b）卧式

图 12-186　立式和卧式平面水泵

12.8.7　水泵基础

“水泵基础”命令主要用于绘制水泵基础。选择“水泵间”|“水泵基础”命令，或者在命令行输入 SBJC 后按 Enter 键，都可以执行“水泵基础”命令，打开“绘制水泵基础”对话框，如图 12-187 所示。

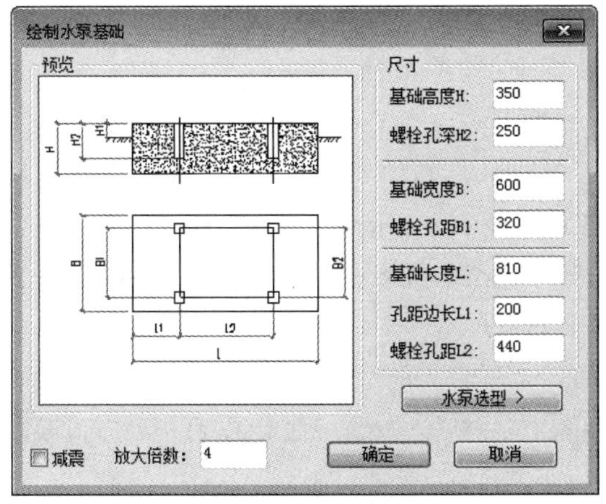

图 12-187　“绘制水泵基础”对话框

“绘制水泵基础”对话框中各选项的功能如下：

（1）“预览”框：预览绘制的水泵基础。

（2）“尺寸”选项组：用于设置水泵基础的参数，包括基础高度、螺栓孔深、基础宽度、螺栓孔距、基础长度、孔距边长、螺栓孔距 7 个选项，各选项的功能如下：

- “基础高度”文本框：设置水泵基础的高度值。
- “螺栓孔深”文本框：设置水泵基础中螺栓的孔深。
- “基础宽度”文本框：设置水泵基础的宽度值。
- “螺栓孔距”文本框：设置水泵基础中螺栓的孔距值。
- “基础长度”文本框：设置水泵基础的长度值。
- “孔距边长”文本框：设置水泵基础中螺栓的孔距边长值。
- “螺栓孔距”文本框：设置水泵基础中螺栓的孔距值。

（3）“水泵选型”按钮：单击该按钮，打开“水泵选型”对话框，根据流量和扬程选择水泵。

（4）“减震”复选框：设置水泵基础是否包括减震。

如图 12-188 所示为不减震水泵基础和减震水泵基础。

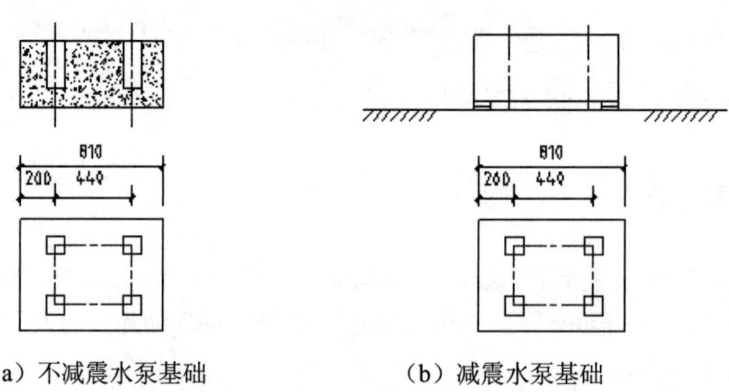

（a）不减震水泵基础　　（b）减震水泵基础

图 12-188　绘制水泵基础

12.8.8　进出水管

“进出水管”命令主要用于绘制水泵的进出水管，并可以自动确定标高和绘制相关的阀门。选择“水泵间”|“进出水管”命令，或者在命令行输入 JCSG 后按 Enter 键，都可以执行“进出水管”命令，命令行提示如下：

```
命令：_JCSG
请选择要连接的水泵<退出>://选择已经绘制的立式水泵，打开“绘制水泵进出水管”对话框，具体设置如图 12-189 所示，单击“确定”按钮返回到绘图区域
请点取管线终点<退出>://在立式水泵的左侧单击
请点取管线终点<退出>://在立式水泵的右侧单击，绘制效果如图 12-190 所示
```

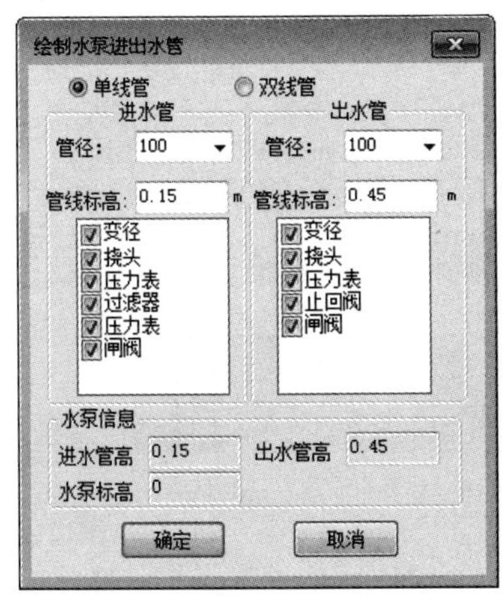

图 12-189 “绘制水泵进出水管”对话框

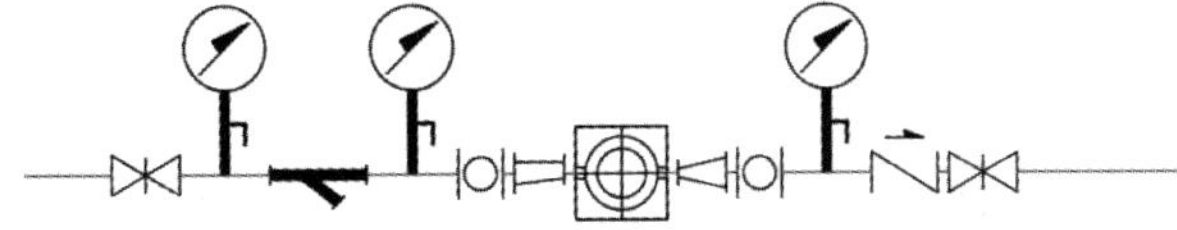

图 12-190 插入的进出水管

12.8.9 剖面剖切

选择“水泵间” | “剖面剖切”命令，弹出“剖切符号”对话框，如图 12-191 所示，可以设置剖切编号、剖切符号形式以及编号的文字样式，命令行提示如下：

```
命令:_TSECTION
点取第一个剖切点<退出>:          //拾取点 A
点取第二个剖切点<退出>:          //拾取点 B
点取剖视方向<当前>:              //在水泵的下方单击，绘制效果如图 12-192 所示
```

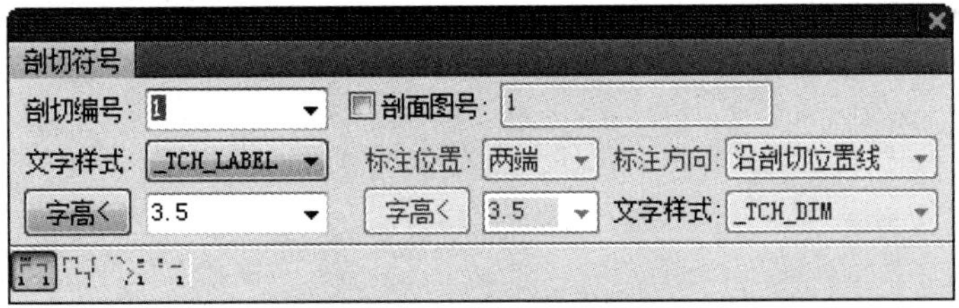

图 12-191 “剖切符号”对话框

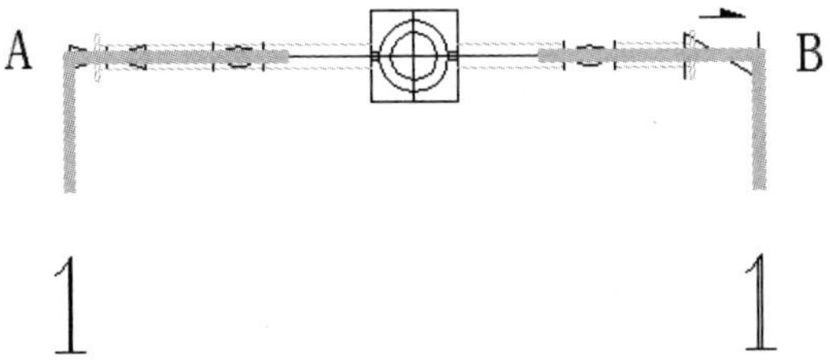

图 12-192 绘制水泵剖切符号

12.8.10 剖面生成

选择“水泵间” | “剖面生成”命令，或者在命令行输入 SBPM 后按 Enter 键，都可以执

行“剖面生成”命令，读取剖切符号，自动生成水泵剖面图，命令行提示如下：

```
命令：_sbpm
请选择剖切符号[手动绘制剖切符号(S)]<退出>:        //选择图剖切线，如图 12-193 所示
请选择需要剖切的范围:指定对角点：找到 1 个       //选择要剖切的范围，如图 12-194 所示
请选择需要剖切的范围:                           //按 Enter 键完成选择
请点取系统图位置<退出>:                         //指定剖面图位置，如图 12-195 所示
```

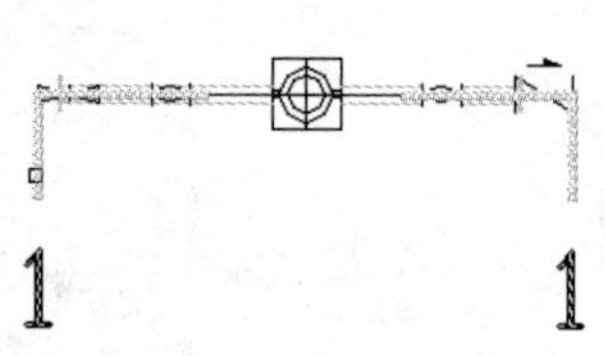

图 12-193　选择剖切线

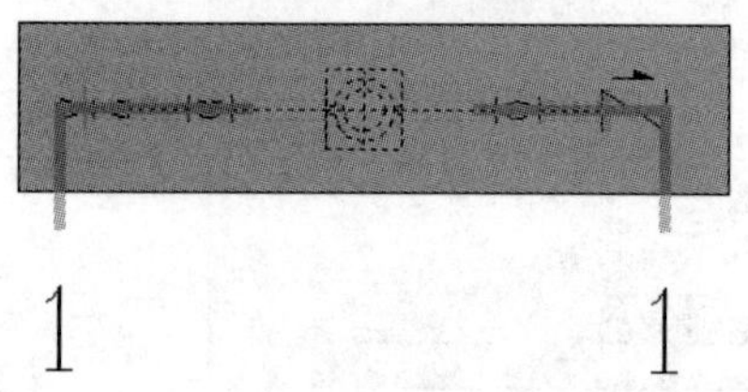

图 12-194　选择剖切范围

12.8.11　双线水管

“双线水管”命令绘制双线水管，可自动生成弯头、三四通、法兰、变径和扣弯。选择“水泵间”|“双线水管”命令，或者在命令行输入 HSXG 后按 Enter 键，都可以执行“双线水管”命令，打开“绘制双管线”对话框，如图 12-196 所示。

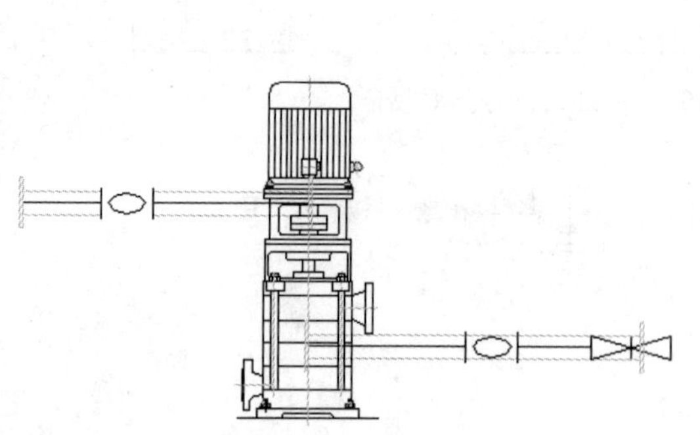
图 12-195　水泵剖面图

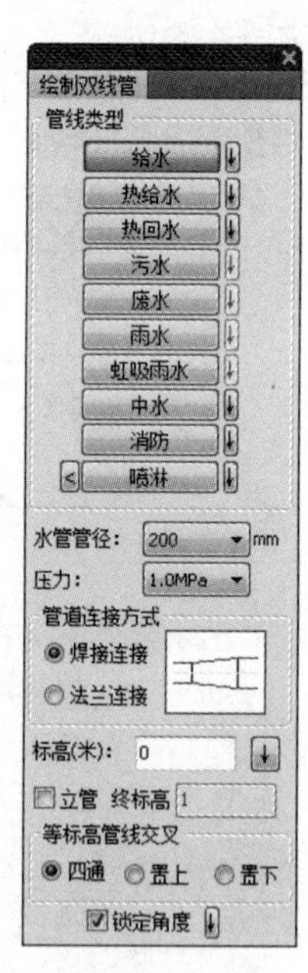

图 12-196　“绘制双管线”对话框

“绘制双管线”对话框中各选项的功能如下：

- “水管管径”下拉列表框：选择水管管径。
- “管道连接方式”选项组：包括“焊接连接”单选按钮、“法兰连接”单选按钮、“压力”下拉列表框、“法兰直径”文本框和“法兰厚度”文本框 5 个选项，具体功能如下：

  - “焊接连接”和“法兰连接”单选按钮：选择水管的连接方式。
  - “压力”下拉列表框：设置水管的压力值。
- “标高”文本框：确定所绘制双管线的标高。
- “立管”复选框：选中该复选框后，可以在其后的“终标高”文本框中设置初始标高值，用来绘制立管。

如图 12-197 所示为法兰连接的双线管和焊接连接的双线管。

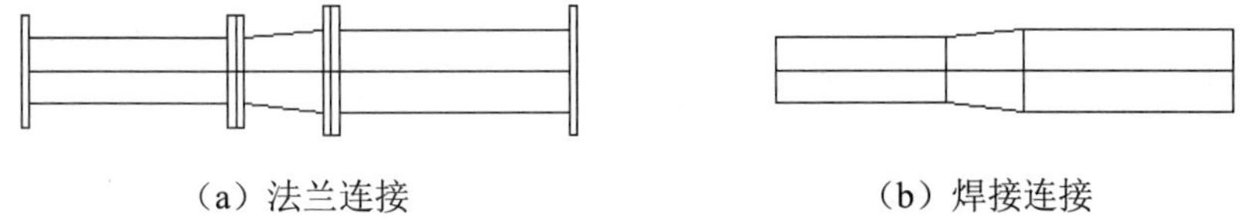

（a）法兰连接　　（b）焊接连接

图 12-197　法兰连接的双线管和焊接连接的双线管

12.8.12　双线阀门

“双线阀门”命令用于在双线水管上插入阀门阀件，并打断水管。选择“水泵间”|“双线阀门”命令，或者在命令行输入 SXFM 后按 Enter 键，都可以执行“双线阀门”命令，打开“T20 天正给排水软件图块”对话框，如图 12-198 所示。

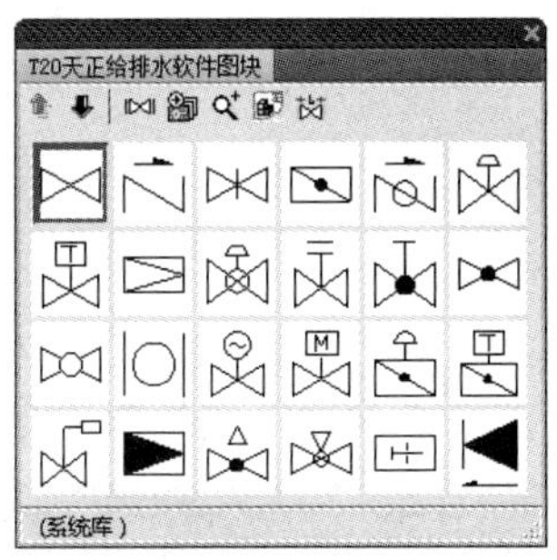

图 12-198　“T20 天正给排水软件图块”对话框

使用双线阀门命令可以在双线水管上插入阀门阀件，并打断水管。在“T20 天正给排水软件图块—双线阀门”对话框中选择某一阀门后，命令行提示如下：

```
命令: _sxfm
请指定阀件的插入点 [左右翻转(F)/上下翻转(D)]<退出>:      //捕捉双线管的点 A
请指定阀件的插入点 [左右翻转(F)/上下翻转(D)]<退出>:      //按 Enter 键结束命令，绘制效果如图
12-199 所示
```

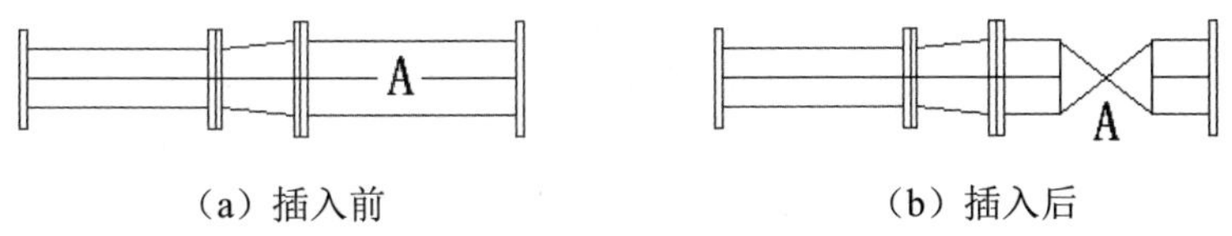

（a）插入前　　（b）插入后

图 12-199　插入双线阀门

12.8.13 单线阀门

“单线阀门”命令主要用于在单线水管上插入阀门阀件，并打断水管。选择“水泵间”|“单线阀门”命令，或者在命令行输入 FMFJ 后按 Enter 键，都可以执行“单线阀门”命令，打开“T20 天正给排水软件图块”对话框，如图 12-200 所示。

在“T20 天正给排水软件图块”对话框选择某一阀门后，命令行提示如下：

```
命令:_fmfj
当前阀门插入比例:1.2
请指定阀件的插入点 [放大(E)/缩小(D)/左右翻转(F)]<退出>:
//指定阀件的插入点点 A，绘制效果如图 12-201 所示
```

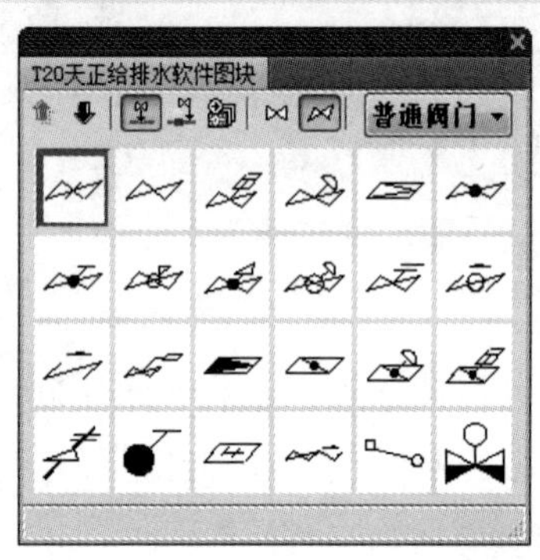
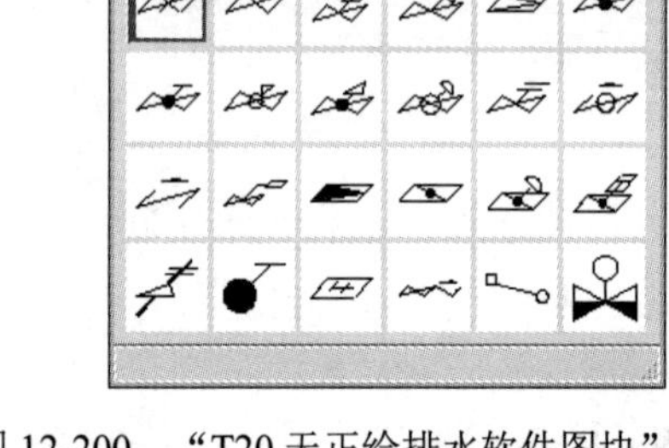

图 12-200 “T20 天正给排水软件图块”对话框

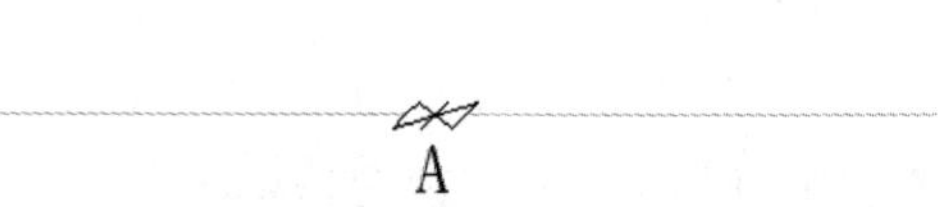

图 12-201 插入单线阀门

12.8.14 管道附件

选择“水泵间”|“管道附件”命令，或者在命令行输入 GDFJ 后按 Enter 键，都可以执行“管道附件”命令，打开“T20 天正给排水软件图块”对话框，如图 12-202 所示。

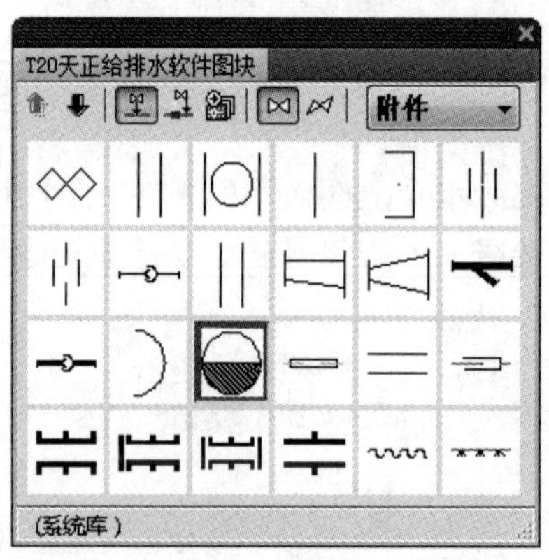

图 12-202 “T20 天正给排水软件图块”对话框

使用“管道附件”命令可以在管线上插入平面或系统形式的管道附件图块，方法和前面的插入双线阀门相同。

附录

快捷命令的使用

使用快捷命令，可以提高绘图的效率，我们在这里给读者列出常见的 AutoCAD 命令的快捷命令，方便读者绘图时使用。

基本绘图命令

快捷命令	对应命令	菜单操作	功 能
L	LINE	绘图→直线	绘制直线
XL	XLINE	绘图→构造线	绘制构造线
PL	PLINE	绘图→多段线	绘制多段线
POL	POLYGON	绘图→正多边形	绘制正三角形、正方形等正多边形
REC	RECTANGLE	绘图→矩形	绘制日常所说的长方形
A	ARC	绘图→圆弧	绘制圆弧，圆弧是圆的一部分
C	CIRCLE	绘图→圆	绘制圆
SPL	SPLINE	绘图→样条曲线	绘制样条曲线
EL	ELLIPSE	绘图→椭圆	绘制椭圆或椭圆弧
I	INSERT	插入→块	弹出“插入”对话框，插入块
B	BLOCK	绘图→块→创建	弹出“块定义”对话框，定义新的图块
PO	POINT	绘图→点→单点	创建多个点
H	BHATCH	绘图→图案填充	创建填充图案
GD	GRADIENT	绘图→渐变色	创建渐变色
REG	REGION	绘图→面域	创建面域
TB	TABLE	绘图→表格	创建表格
MT/T	MTEXT	绘图→文字→多行文字	创建多行文字
ME	MEASURE	绘图→点→定距等分	创建定距等分点
DIV	DIVIDE	绘图→点→定数等分	创建定数等分点

维绘图编辑命令

快捷命令	对应命令	菜单操作	功 能
E	ERASE	修改→删除	将图形对象从绘图区删除
CO/CP	COPY	修改→复制	可以从原对象以指定的角度和方向创建对象的副本
MI	MIRROR	修改→镜像	创建相对于某一对称轴的对象副本
O	OFFSET	修改→偏移	根据指定距离或通过点，创建一个与原有图形对象平行或具有同心结构的形体
AR	ARRAY	修改→阵列	按矩形或者环形有规律地复制对象
M	MOVE	修改→移动	将图形对象从一个位置按照一定的角度和距离移动到另外一个位置

（续表）

快捷命令	对应命令	菜单操作	功　能
RO	ROTATE	修改→旋转	绕指定基点旋转图形中的对象
SC	SCALE	修改→缩放	通过一定的方式在 X、Y 和 Z 方向按比例放大或缩小对象
S	STRETCH	修改→拉伸	以交叉窗口或交叉多边形选择拉伸对象，选择窗口外的部分不会有任何改变；选择窗口内的部分会随选择窗口的移动而移动，但也不会有形状的改变，只有与选择窗口相交的部分会被拉伸
TR	TRIM	修改→修剪	将选定的对象在指定边界一侧的部分剪切掉
EX	EXTEND	修改→延伸	将选定的对象延伸至指定的边界上
BR	BREAK	修改→打断	通过打断点将所选的对象分成两部分，或删除对象上的某一部分
J	JOIN	修改→合并	将几个对象合并为一个完整的对象，或者将一个开放的对象闭合
CHA	CHAMFER	修改→倒角	使用成角的直线连接两个对象
F	FILLET	修改→圆角	使用与对象相切并且具有指定半径的圆弧连接两个对象
X	EXPLODE	修改→分解	将合成对象分解为多个单一的组成对象
PE	PEDIT	修改→对象→多段线	对多段线进行编辑或者将其他图线转换成多段线
SU	SUBTRACT	修改→实体编辑→差集	差集
UNI	UNION	修改→实体编辑→并集	并集
IN	INTERSECT	修改→实体编辑→交集	交集

尺寸标注命令

快捷命令	对应命令	菜单操作	功　能
D	DIMSTYLE	格式→标注样式	创建和修改尺寸标注样式
DLI	DIMLINEAR	标注→线性	创建线性尺寸标注
DAL	DIMALIGNED	标注→对齐	创建对齐尺寸标注
DAR	DIMARC	标注→弧长	创建弧长标注
DOR	DIMORDINATE	标注→坐标	创建坐标标注
DRA	DIMRADIUS	标注→半径	创建半径标注
DDI	DIMDIAMETER	标注→直径	创建直径标注
DJO	DIMJOGGED	标注→折弯	创建折弯半径标注
DJL	DIMJOGLINE	标注→折弯线性	创建折弯线性标注
DAN	DIMANGULAR	标注→角度	创建角度标注
DBA	DIMBASELINE	标注→基线	创建基线标注
DCO	DIMCONTINUE	标注→连续	创建连续标注
DCE	DIMCENTER	标注→圆心标记	创建圆心标记
TOL	TOLERANCE	标注→公差	创建形位公差
LE	QLEADER	-	创建引线或者引线标注
DED	DIMEDIT	-	对延伸线和标注文字进行编辑
MLS	MLEADERSTYLE	格式→多重引线样式	创建和修改多重引线样式
MLD	MLEADER	标注→多重引线	创建多重引线
MLC	MLEADERCOLLECT	修改→对象→多重引线→合并	合并多重引线
MLA	MLEADERALIGN	修改→对象→多重引线→对齐	对齐多重引线

文字相关命令

快捷命令	对应命令	菜单操作	功 能
ST	STYLE	格式→文字样式	创建文字样式
DT	TEXT	绘图→文字→单行文字	创建单行文字
MT	MTEXT	绘图→文字→多行文字	创建多行文字
ED	DDEDIT	修改→对象→文字→编辑	编辑文字
SP	SPELL	工具→拼写检查	拼写检查
TS	TABLESTYLE	格式→表格样式	创建表格样式
TB	TABLE	绘图→表格	创建表格

其他

快捷命令	对应命令	菜单操作	功 能
H	HATCH	绘图→图案填充	创建图案填充
GD	GRADIENT	绘图→渐变色	创建渐变色
HE	HATCHEDIT	修改→对象→图案填充	编辑图案填充
BO	BOUNDARY	绘图→边界	创建边界
REG	REGION	绘图→面域	创建面域
B	BLOCK	绘图→块→创建	创建块
W	WBLOCK	-	创建外部块
ATT	ATTDEF	绘图→块→定义属性	定义属性
I	INSERT	插入→块	插入块文件
BE	BEDIT	工具→块编辑器	在块编辑器中打开块定义
Z	ZOOM	视图→缩放	缩放视图
P	PAN	视图→平移→实时	平移视图
RA	REDRAWALL	视图→重画	刷新所有视口的显示
RE	REGEN	视图→重生成	从当前视口重生成整个图形
REA	REGENALL	视图→全部重生成	重生成图形并刷新所有视口
UN	UNITS	格式→单位	设置绘图单位
OP	OPTIONS	工具→选项	打开“选项”对话框
DS	DSETTINGS	工具→草图设置	打开“草图设置”对话框

特性相关命令

快捷命令	对应命令	菜单操作	功 能
LA	LAYER	格式→图层	打开“图层特性管理器”，创建和管理图层
COL	COLOR	格式→颜色	设置新对象颜色
LT	LINETYPE	格式→线型	设置新对象线型
LW	LWEIGHT	格式→线宽	设置新对象线宽
LTS	LTSCALE	-	设置线型比例因子
REN	RENAME	格式→重命名	更改指定项目的名称
MA	MATCHPROP	修改→特性匹配	将选定对象的特性应用于其他对象
ADC/DC	ADCENTER	工具→选项板→设计中心	打开设计中心
MO	PROPERTIES	工具→选项板→特性	打开特性选项板
OS	OSNAP	-	设置对象捕捉模式
SN	SNAP	-	设置捕捉

（续表）

快捷命令	对应命令	菜单操作	功　能
DS	DSETTINGS	-	设置极轴追踪
EXP	EXPORT	文件→输出	输出数据，以其他文件格式保存图形中的对象
IMP	IMPORT	文件→输入	将不同格式的文件输入当前图形中
PRINT	PLOT	文件→打印	创建打印
PU	PURGE	文件→图形实用工具→清理	删除图形中未使用的项目
PRE	PREVIEW	文件→打印预览	创建打印预览
TO	TOOLBAR	-	显示、隐藏和自定义工具栏
V	VIEW	视图→命名视图	命名视图
TP	TOOLPALETTES	工具→选项板→工具选项板	打开工具选项板窗口
MEA	MEASUREGEOM	工具→查询→距离	测量距离、半径、角度、面积、体积等
PTW	PUBLISHTOWEB	文件→网上发布	创建网上发布
AA	AREA	工具→查询→面积	测量面积
DI	DIST	-	测量两点之间的距离和角度
LI	LIST	工具→查询→列表	创建查询列表

视窗缩放

快捷命令	对应命令
P	PAN 平移
Z＋空格＋空格	实时缩放
Z	局部放大
Z+P	返回上一视图
Z＋E	显示全图

常用 Ctrl 组合键

Ctrl 组合键	对应命令
【Ctrl】＋1	PROPERTIES 修改特性
【Ctrl】＋2	ADCENTER 打开设计中心
【Ctrl】＋3	TOOLPALETTES 打开工具选项板
【Ctrl】＋9	COMMANDLINEHIDE 控制命令行开关
【Ctrl】＋0	CleanScreenON 全屏显示
【Ctrl】＋O	OPEN 打开文件
【Ctrl】＋N、M	NEW 新建文件
【Ctrl】＋P	PRINT 打印文件
【Ctrl】＋S	SAVE 保存文件
【Ctrl】＋Z	UNDO 放弃
【Ctrl】＋A	全部旋转
【Ctrl】＋X	CUTCLIP 剪切
【Ctrl】＋C	COPYCLIP 复制
【Ctrl】＋V	PASTECLIP 粘贴
【Ctrl】＋B	SNAP 栅格捕捉
【Ctrl】＋F	OSNAP 对象捕捉
【Ctrl】＋G	GRID 栅格

（续表）

Ctrl 组合键	对应命令
【Ctrl】+L	ORTHO 正交
【Ctrl】+W	对象追踪
【Ctrl】+U	极轴

常用功能键

快捷命令	对应命令
【F1】	HELP 帮助
【F2】	文本窗口
【F3】	OSNAP 对象捕捉
【F4】	3DOSNAP 三维对象捕捉
【F5】	等轴测平面切换
【F6】	动态 UCS
【F7】	GRIP 栅格
【F8】	ORTHO 正交
【F9】	SNAPMODE 捕捉
【F10】	极轴追踪
【F11】	AUTOSNAP 对象捕捉追踪
【F12】	DYNMODE 动态输入